Knies/Schierack/Berger

Elektrische Anlagentechnik

Lernbücher der Technik

herausgegeben von Dipl.-Gewerbelehrer Manfred Mettke, Oberstudiendirektor a. D.

Bisher liegen vor:

Bauckholt, Grundlagen und Bauelemente der Elektrotechnik

Felderhoff/Busch, Leistungselektronik

Hofmann/Spindler, Werkstoffe in der Elektrotechnik

Freyer, Nachrichten-Übertragungstechnik

Heiderich/Meyer, Technische Probleme lösen mit C/C++

Knies/Schierack/Berger, Elektrische Anlagentechnik

Schaaf/Böcker, Mikrocomputertechnik

Seidel/Hahn, Werkstofftechnik

Wilfried Knies
Klaus Schierack
Manfred Berger

Elektrische Anlagentechnik

Kraftwerke, Netze, Schaltanlagen, Schutzeinrichtungen

8., aktualisierte Auflage

HANSER

Autoren:

Dipl.-Ing. (FH) Oberstudienrat a. D. Wilfried Knies

Dipl.-Ing. Studiendirektor a.D. Klaus Schierack

Bearbeiter:

Dipl.-Ing. Dr. techn. Manfred Berger, HTBLuVA St. Pölten

FSC www.fsc.org MIX Papier aus verantwortungsvollen Quellen FSC® C083411

Bibliografische Information der Deutschen Nationalbibliothek:
Die Deutsche Nationalbibliothek verzeichnet diese Publikation in der Deutschen Nationalbibliografie; detaillierte bibliografische Daten sind im Internet über http://dnb.d-nb.de abrufbar.

Kolbergerstraße 22 | 81679 München | info@hanser.dee
Internet: www.hanser-fachbuch.de

Lektorat: Frank Katzenmayer
Herstellung: Frauke Schafft
Covergestaltung: Max Kostopoulos
Coverkonzept: Marc Müller-Bremer, www.rebranding.de, München
Titelbild: © stock.adobe.com/Comofoto
Satz: Manfred Berger
Druck und Bindung: CPI books GmbH, Leck
Printed in Germany

Print-ISBN 978-3-446-47715-5
E-Book-ISBN 978-3-446-47836-7

Vorwort des Herausgebers

Was können Sie mit diesem Buch lernen?

Wenn Sie dieses Lehrbuch durcharbeiten, dann erhalten Sie umfassende Qualifikationen, die Sie zur Handlungsfähigkeit im Bereich der elektrischen Anlagentechnik führen. Der Umfang dessen, was wir Ihnen anbieten, orientiert sich an

- den Studienplänen der Fachhochschulen für Technik,
- den Lehrplänen der höheren technischen und gewerblichen Lehranstalten,
- den Lehrplänen der Fachschulen für Technik in den Bundesländern,
- den Anforderungen der beruflichen Praxis,
- dem Stand der Technik.

Sie werden systematisch mit der Struktur, dem Aufbau, dem Verhalten, dem Schutz, der Berechnung und Projektierung von Kraftwerken, Netzen und Schaltanlagen vertraut gemacht. Jeder Problemkreis ist dabei praxisgerecht aufgearbeitet. Das heißt, Sie gehen stets folgenden Fragen nach:

- Welche schaltungstechnische und/oder technische Problemlösung liegt vor?
- Welche Gesetzmäßigkeiten gibt es zu hinterfragen?
- Welche Funktionsprinzipien werden wirksam?
- Welche Arbeitsmethoden und Arbeitsmittel müssen eingesetzt werden?
- Wo liegen die Anwendungsmöglichkeiten und ihre Grenzen?

Wer kann mit diesem Buch lernen?

Jeder, der

- sich weiterbilden möchte,
- die Grundlagen der Mathematik beherrscht und
- Kenntnisse über Grundlagen der Elektrotechnik besitzt.

Das können sein:

- Studenten an Fachhochschulen und Berufsakademien,
- Schüler an höheren technischen und gewerblichen Lehranstalten,
- Schüler an Fachschulen für Technik,

- Schüler an beruflichen Gymnasien, Berufsoberschulen und Berufsfachschulen,
- Facharbeiter, Gesellen und Meister, während und nach der Ausbildung,
- Umschüler und Rehabilitanden,
- Teilnehmer an Fort- und Weiterbildungskursen,
- Autodidakten,

vor allem im Fachbereich Elektrotechnik.

Wie können Sie mit diesem Buch lernen?

Ganz gleich, ob Sie mit diesem Buch in Schule, Betrieb, Lehrgang oder zu Hause im „stillen Kämmerlein" lernen, es wird Ihnen letztlich Freude machen.

Warum?

Ganz einfach, weil Ihnen hier ein Buch vorgelegt wird, das in seiner Gestaltung die Gesetze des menschlichen Lernens beachtet. Deshalb werden Sie in jedem Kapitel zuerst mit dem bekannt gemacht, was Sie am Ende können sollen, nämlich mit den Lernzielen.

– Ein Lernbuch also! –

Danach beginnen Sie sich mit dem Lerninhalt, dem Lehrstoff, auseinanderzusetzen: schrittweise aufgebaut, ausführlich beschrieben und umgesetzt in die technisch-wissenschaftliche Darstellung. Zur Vertiefung stellen Ihnen die Autoren Beispiele vor.

– Ein unterrichtsbegleitendes Lehrbuch. –

Jetzt können und sollten Sie sofort die Übungsaufgaben durcharbeiten, um das Gelernte zu festigen. Der wesentliche Lösungsgang und das Ergebnis der Übungen stehen auf *plus.hanser-fachbuch.de* für Sie zur Verfügung.

– Also auch ein Arbeitsbuch mit Lösungen. –

Sie wollen sicher sein, dass Sie richtig und vollständig gelernt haben. Deshalb bieten Ihnen die Autoren zur Lernerfolgskontrolle lernzielorientierte Tests an. Ob Sie richtig geantwortet haben, können Sie aus den Lösungen *plus.hanser-fachbuch.de* ersehen.

– Lernzielorientierte Tests mit Lösungen. –

Trotz intensiven Lernens durch Beispiele, Übungen und Bestätigung des Gelernten im Test, als erste Wiederholung, verliert sich ein Teil des Wissens und Könnens wieder. Wenn Sie nicht bereit sind, regelmäßig und bei Bedarf zu wiederholen!

– Schließlich noch ein Repetitorium! –

Für das Aufsuchen entsprechender Kapitel verwenden Sie das Inhaltsverzeichnis am Anfang des Buches, für die Suche bestimmter Begriffe steht das Stichwortverzeichnis am Ende des Buches zur Verfügung.

– Selbstverständlich mit Inhalts- und Stichwortverzeichnis. –

Sicherlich werden Sie durch intensives Arbeiten mit diesem Buch Ihre „Bemerkungen zur Sache" unterbringen und es so zu Ihrem individuellen Arbeitsmittel ausweiten.

– Am Ende ist Ihr Buch entstanden.

Möglich wurde dieses Lernbuch für Sie durch die Bereitschaft der Autoren und die intensive Unterstützung des Verlages mit seinen Mitarbeitern. Ihnen sollten wir herzlich danken. Beim Lernen wünsche ich Ihnen viel Freude und Erfolg!

Ihr Herausgeber *Manfred Mettke*

Vorwort der Autoren

In der elektrischen Anlagentechnik vollzieht sich ebenso wie auf anderen Gebieten der Elektrotechnik eine rasche Entwicklung. Versorgungszuverlässigkeit und Sicherheit erlangen immer größere Bedeutung und beeinflussen die Methoden und Verfahren für das Berechnen, Bemessen und Bewerten von Anlagen. Dies findet seinen Niederschlag in den Normen, die größtenteils einer ständigen Überarbeitung bzw. Neufassung unterliegen.

Wenn auch der Rahmen durch die Norm vorgegeben ist, so sind die Projektierung, der Bau und der Betrieb von Anlagen der elektrischen Energietechnik ohne die Kenntniss der physikalischen Zusammenhänge und der mathematischen Lösungsmethoden nicht denkbar. Dazu gehört das Wissen um die Aufgaben und Funktionsweisen der verschiedenen Schalt- und Überwachungselemente sowie die Fähigkeit der Interpretation technischer Dokumentationen.

Die Technik elektrischer Anlagen zur Erzeugung, Übertragung und Verteilung der elektrischen Energie durchsetzt viele angrenzende Fachgebiete. Das vorliegende Buch will in diese Technik einführen und insbesondere Problemlösungen für Niederspannungs- und Mittelspannungsanlagen vorstellen. Auf ergänzende Themen, wie z. B. der Selektivschutz in Mittel- und Hochspannungsnetzen oder die Prüfung der Schutzmaßnahmen, wird zugunsten einer thematischen Eingrenzung nicht eingegangen.

Die Autoren ließen sich von dem Gedanken leiten, den Lernenden ein Werk anzubieten, das sowohl den Aufbau und die Wirkungsweise der Anlagenelemente (Betriebsmittel) vorstellt als auch Anleitung und Hilfestellung für die selbständige Projektierung elektrischer Anlagen gibt. Ein Großteil des Buches ist daher auch der Berechnung gewidmet. Alle wichtigen Grundgleichungen sind abgeleitet, wobei auf die Differential- und Integralrechnung verzichtet wird. Alle Problemstellungen und Lösungsansätze orientieren sich an den Forderungen, die sich aus der Anlagenprojektierung ergeben. An zahlreichen praktischen Beispielen wird der Lernende sowohl mit den theoretischen Zusammenhängen und physikalischen Grundlagen vertraut gemacht als auch zu einer einsichtigen Anwendung der Regeln der Technik geführt.

Ein großes Angebot an Übungsbeispielen und zusammenfassenden Tests fordern den Lernenden permanent zur aktiven Überprüfung seines Wissens auf. Die tätige Auseinandersetzung mit dem Lernstoff trägt dazu bei, dass die Lernziele und die angestrebte Handlungsfähigkeit erreicht werden.

Durch die Vielzahl der Hinweise auf die Normen sowie durch zahlreiche Diagramme und Tabellen eignet sich das Buch auch als technisches Handbuch für den in der Praxis stehenden Techniker.

Wilfried Knies und *Klaus Schierack*

Vorwort zur siebten Auflage

Zuerst möchte ich den Autoren Wilfried Knies und Klaus Schierack besten Dank für die Erstellung und laufende Bearbeitung des Buches aussprechen. Ich selbst habe nun die Überarbeitung zur siebten Auflage übernommen.

Seit Erscheinen der sechsten Auflage haben sich sowohl im Bereich der Normen als auch in der Elektrizitätswirtschaft selbst viele Änderungen ergeben. Daher wurden die Verweise auf die Normen auf den aktuellen Stand gebracht. Zusätzlich sind jetzt auch die österreichischen und teilweise auch die europäischen Normen angeführt. Im Anhang befindet sich eine tabellarische Gegenüberstellung der österreichischen (ÖVE/ÖNORM), der deutschen (DIN VDE) und der europäischen EN-Normen. Dem derzeitigen Umbruch in der Elektrizitätswirtschaft, der großangelegten Neuausrichtung der Erzeugungsstruktur wurde durch entsprechende Ergänzungen Rechnung getragen.

Das Layout des Buches wurde an das aktuelle Hanser-Layout angepasst. Für Hervorhebungen werden Textboxen folgender Art verwendet:

- Angabe der Lernziele
- Rechenbeispiele, im Textteil durchgerechnet
- Übungsbeispiele: Angabe im Textteil, Lösung auf *plus.hanser-fachbuch.de*
- Definitionen, Regeln und Hervorhebungen

Die Lösungsteile der Übungsbeispiele und Lernzielfragen sind nun auf *plus.hanser-fachbuch.de* ausgelagert. In den Abbildungen wurden Schaltungssymbole und Bezeichnungen aktualisiert. Das Literaturverzeichnis wurde aktualisiert und ergänzt.

Ich bedanke mich bei allen für die zahlreichen Anregungen und Verbesserungsvorschläge und hoffe, dass ich auch in Zukunft für eine gelungene Weiterentwicklung des Buches zahlreiche Anregungen erhalte.

St. Pölten, Januar 2021 *Manfred Berger*

Vorwort zur achten Auflage

Bei dieser Auflage wurden Fehler, die bei der Erstellung der siebten Auflage entstanden sind, ausgebessert.

St. Pölten, April 2023 *Manfred Berger*

Hinweis zu den auszugsweise verwendeten Normeninhalten:

OVE-Normenauszüge im Buch erfolgen mit freundlicher Genehmigung durch den Österreichischen Verband für Elektrotechnik.

Auszüge aus DIN-Normen mit VDE-Klassifikation sind für die angemeldete limitierte Auflage wiedergegeben mit Genehmigung 62.023 des DIN Deutsches Institut für Normung e.V. und des VDE Verband der Elektrotechnik Elektronik Informationstechnik e.V. Für weitere Wiedergaben oder Auflagen ist eine gesonderte Genehmigung erforderlich.

Maßgebend für das Anwenden der DIN-VDE und OVE-Normen sind deren Fassungen mit dem neuesten Ausgabedatum, die bei der VDE VERLAG GmbH, Bismarckstr. 33, D-10625 Berlin, *www.vde-verlag.de*, bzw. bei Austrian Standards International, Heinestraße 38, A-1020 Wien, *www.austrian-standards.at*, erhältlich sind.

Die Autoren danken der Internationalen Elektrotechnischen Kommission (IEC) für die Erlaubnis zur Reproduktion von Daten der IEC-Normen. Alle derartigen Auszüge unterliegen dem Urheberrecht der IEC, Genf, Schweiz. Alle Rechte sind vorbehalten. Weitere Informationen zur IEC finden Sie unter *www.iec.ch*. IEC hat keine Verantwortung für die korrekte Reproduktion der Normeninhalte durch die Autoren. Weiters ist IEC in keiner Weise für den weiteren Inhalt des Buches verantwortlich.

DIN-Normen ohne VDE-Klassifikation sind mit Erlaubnis von DIN Deutsches Institut für Normung e.V. wiedergegeben. Maßgebend für das Anwenden der DIN-Normen sind deren Fassungen mit dem neuesten Ausgabedatum, die bei der Beuth Verlag GmbH, Am DIN Platz, Burggrafenstraße 6, D-10787 Berlin, *www.beuth.de*, erhältlich sind.

Inhalt

1 Übersicht über die elektrische Anlagentechnik

Die stark wachsende Elektrifizierung auf allen Gebieten des täglichen Lebens führte in den letzten Jahrzehnten zu einer Steigerung und Konzentration der installierten elektrischen Leistungen in Industrie, Gewerbe, öffentlichen Gebäuden und Hausinstallationen. Die technische Disziplin, die sich mit den Methoden der Gestaltung, Berechnung, Installation und Überwachung von Anlagen der elektrischen Energieversorgung und Energienutzung befasst, ist die elektrische Anlagentechnik.

> **!** Elektrische Anlagen sind Anlagen zur Erzeugung, Übertragung, Verteilung, Umwandlung, Speicherung und Nutzung der elektrischen Energie. ■

Gelegentlich wird für elektrische Anlagen noch der klassische Begriff „Starkstromanlagen" verwendet. Die umfassende Aufgabenstellung der elektrischen Anlagentechnik erfordert eingehende Kenntnisse:

- der Bedingungen, unter denen die Energieversorgung bzw. -nutzung erfolgen,
- der elektrischen Betriebsmittel als Teil der elektrischen Anlage,
- des Aufbaus des gesamten Anlagensystems und dessen Verhalten bei den verschiedenen Betriebsbedingungen im ungestörten und gestörten Betrieb.

Durch die hohe Bedeutung, die die elektrische Energie hat, werden besondere Anforderungen an die Zuverlässigkeit und Wirtschaftlichkeit der elektrischen Anlagen gestellt. Deshalb muss die elektrische Anlagentechnik stets um technische Lösungen bemüht sein, die geringste Anlagen- und Betriebskosten bei größter Versorgungssicherheit und größtmöglicher Schonung der Energiereserven und der Umwelt garantieren. Die elektrische Anlagentechnik muss sicherstellen, dass:

- die Abnehmer in ausreichender Menge mit elektrischer Energie versorgt werden,
- die elektrische Energie jederzeit mit den vereinbarten Kennwerten zur Verfügung steht,
- im Störungsfall nur der gestörte Netzteil von der Energieversorgung abgetrennt wird,
- die Nutzung der elektrischen Energie bei sachgemäßer Handhabung ungefährlich ist,
- die elektrischen Anlagen mit dem bestmöglichen Wirkungsgrad geplant werden,
- die notwendigen Anlagen eine möglichst geringe Belastung der Umwelt hervorrufen.

Bild 1.1 zeigt die Anwendungsgebiete der elektrischen Anlagentechnik innerhalb der elektrischen Energietechnik.

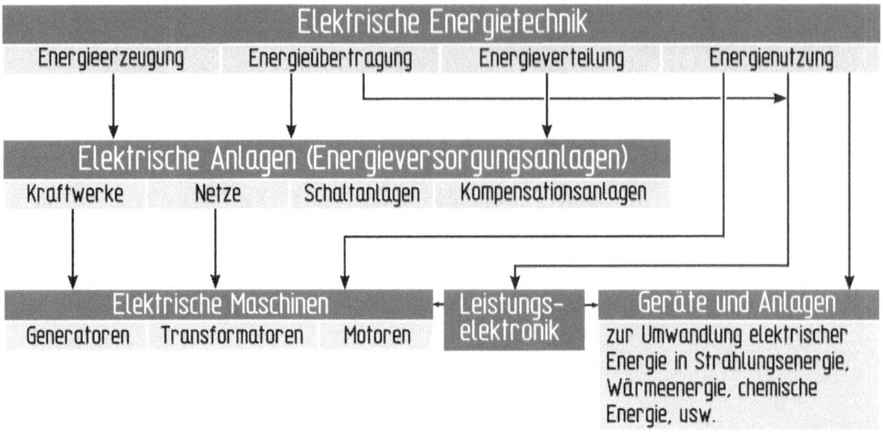

Bild 1.1 Übersicht über die elektrische Anlagentechnik

Den Schwerpunkt bilden die Anlagen zur elektrischen Energieversorgung. Anlagen zur elektrischen Energieversorgung sind:

- die elektrischen Einrichtungen der Kraftwerke,
- die Netze mit ihren Schutzeinrichtungen, Kabeln, Leitungen und Erdungsanlagen,
- die Schaltanlagen mit den verschiedenen Schaltgeräten.

Die Übertragung der elektrischen Energie erfolgt aus wirtschaftlichen Gründen auf verschiedenen Spannungsebenen. Dadurch sind die entsprechenden Anlagen sehr unterschiedlichen Beanspruchungen ausgesetzt. Mit den Problemen der Hoch- und Höchstspannungsanlagen und ihren technischen Lösungen beschäftigt sich die Hochspannungstechnik. Mit den Nieder- und Mittelspannungsanlagen setzt sich das vorliegende Buch auseinander. In diesem Rahmen werden auch Betriebsmittel und Anlagensysteme der Hochspannungstechnik vorgestellt, wenn Unterschiede oder Besonderheiten herausgestellt werden sollen.

Viele Aufgaben sind für die elektrische Anlagentechnik nur im Verbund mit anderen Fachgebieten zu lösen. So ergeben sich Schnittstellen:

- mit der Kraftwerkstechnik bei den Anlagen zur elektrischen Energieerzeugung,
- mit der Hochspannungstechnik bei den Hoch- und Höchstspannungsanlagen,
- mit der Elektrizitätswirtschaft bei der Überwachung und Führung des Energieflusses und der damit zusammenhängenden Ansteuerung der Schaltanlagen.

Die nahtlosen Übergänge an den Schnittstellen müssen durch sinnvolle Abgrenzung der Anlagen und eindeutige Abstimmung der technischen Daten erreicht werden. Zur elektrischen Anlagentechnik gehören deshalb auch entsprechende Grundkenntnisse aus den angrenzenden Fachgebieten.

2 Kraftwerke

Lernziele

Nach Durcharbeitung dieses Kapitels können Sie

- die verschiedenen Energieformen erläutern,
- den Energieumwandlungsprozess und das Wärmeschaltbild eines Wärmekraftwerks erklären,
- die Arbeitsweise der Anlagenteile eines Kohlekraftwerkes beschreiben,
- die Maßnahmen zur Minderung der Umweltbelastung bei Kohlekraftwerken erläutern,
- die bei Wärmekraftwerken erreichbaren Wirkungsgrade begründen,
- den Aufbau der elektrischen Anlage eines Kraftwerksblockes beschreiben,
- die Arbeitsweise und Sicherheitsmaßnahmen eines Kernkraftwerkes erläutern,
- die verschiedenen Ausbauformen von Wasserkraftwerken beschreiben,
- den Aufbau und die Einsatzmöglichkeiten von Wind- und photovoltaischen Kraftwerken erläutern,
- den Einsatz der verschiedenen Kraftwerke im Bereich der öffentlichen Elektrizitätsversorgung begründen.

2.1 Energieformen

Die Natur stellt dem Menschen Energie in vielfältiger Form (z.B. Licht-, Wärme-, Kernenergie) zur Verfügung. Nur selten jedoch kann diese vom Menschen dort genutzt werden, wo sie von der Natur bereitgestellt wird. Es sind deshalb Systeme notwendig, die die verschiedenen Primärenergien in gut speicherbare und/oder transportierbare Sekundärenergien umwandeln, um diese dann an einem gewünschten Ort zu einer gewünschten Zeit in die gewünschte Nutzenergie umwandeln zu können.

Zu den wichtigsten Sekundärenergien zählt neben den Kraftstoffen, Heizölen und Erdgas mit ca. 20% (Sektor Haushalte in Deutschland) die elektrische Energie. Sie wird in Kraftwerken unterschiedlichster Art und Leistungsgröße aus fast allen Primärenergien gewonnen.

> Energieformen, die unmittelbar der Natur entnommen werden, bezeichnet man als Primärenergien.
>
> Energieformen, die zum Zwecke des besseren Transports oder der Speicherung aus Primärenergien gewonnen werden, bezeichnet man als Sekundärenergien.

Tabelle 2.1 Energieformen

Primärenergien	Sekundärenergien
feste, flüssige, gasförmige Brennstoffe	elektrische Energie
Kernbrennstoffe	Benzin, Heizöl
Wasserkraft	Fernwärme
Meeresenergie	
Windkraft	
Erdwärme	
Sonnenstrahlung	
Biomasse	

Unter allen Energieformen nimmt die elektrische Energie eine Schlüsselposition ein, da sie auf vielfältige Art wirtschaftlich erzeugt, transportiert und wieder in andere Energieformen umgewandelt werden kann.

2.2 Wärmekraftwerke

2.2.1 Allgemeines

Der größte Teil der elektrischen Energie wird in den meisten Ländern noch immer in Wärmekraftwerken gewonnen. Dampfkraftwerke sind Anlagen, die in mehreren Stufen

- die Energie fossiler Brennstoffe (Kohle, Öl, Gas),
- die Energie von Kernbrennstoffen (Uran),
- die Strahlungsenergie der Sonne,
- die Wärmeenergie im Erdinneren

in elektrische Energie umwandeln. Prinzipiell arbeiten alle Dampfkraftwerke nach dem gleichen Verfahren entsprechend Bild 2.1.

Wärmeenergie wird in einem Verdampfer in Bewegungsenergie des Dampfes umgesetzt. Der Dampf durchströmt anschließend eine Turbine und gibt dabei einen Teil seiner Energie in Form von Rotationsenergie ab. Die Turbine treibt einen Generator an, der die Rotationsenergie in elektrische Energie umwandelt. Die Restenergie des Abdampfes wird über einen Kondensator mit nachgeschaltetem Kühlsystem an die Umwelt abgegeben. Die wesentlichen Unterschiede zwischen den verschiedenen Arten von Wärmekraftwerken liegen in der ersten Umwandlungsstufe, d.h. in der Umwandlung der Primärenergie in die Wärmeenergie des Arbeitsstoffes. Als Arbeitsstoff verwenden Dampfkraftwerke Wasser. Dieses

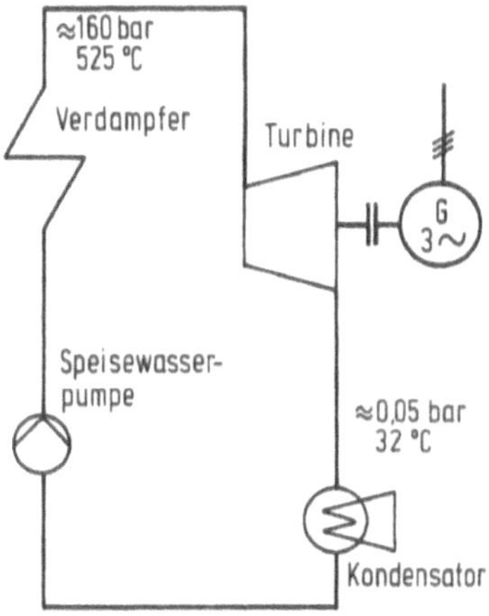

Bild 2.1
Prinzipschaltplan eines Dampfkraftwerkes

durchläuft bei den Energieumwandlungen einen Kreisprozess, in welchem es sowohl in flüssiger als auch in dampfförmiger Form vorkommt.

Je nach Kraftwerksart können die Zustandsgrößen des Wassers folgende Werte annehmen:

- Drücke: $0,05\,\text{bar} \ldots 300\,\text{bar}$,
- Temperaturen: $290\,\text{K} \ldots 850\,\text{K}$.

2.2.2 Arbeitsprozess der Dampfkraftanlage

Für den Arbeitsstoff Wasser gibt es keine exakten Gleichungen zur Bestimmung der Zustandsgrößen. Man arbeitet deshalb mit experimentell bestimmten Werten, die in Zustandsdiagrammen oder Zustandstabellen festgehalten sind. Der ideale Kreisprozess des Wassers (Clausius-Rankine-Prozess) wird nachfolgend anhand des T,s-Diagramms (Bild 2.2) erläutert.

Als spezifische Entropie wird das Verhältnis der Wärmemenge Q zur Temperatur T je kg eines Arbeitsstoffes bezeichnet. So hat z.B. bei einem Druck von 1 bar und einer Temperatur von 373 K das Wasser ($x = 0$) eine spezifische Entropie von $1,3\,\frac{\text{kJ}}{\text{kg·K}}$. Durch Zuführung der Verdampfungswärme steigt die spezifische Entropie bis zur vollständigen Verdampfung ($x = 1$) auf $7,3\,\frac{\text{kJ}}{\text{kg·K}}$ an, wobei die Temperatur konstant bleibt.

Es bedeuten:

T ... Temperatur in K
s ... spezifische Entropie in $\frac{\text{kJ}}{\text{kg·K}}$
x ... Dampfgehalt

Von den Grenzkurven für $x = 0$ und $x = 1$ wird das Nassdampfgebiet umschlossen. Links von der unteren Grenzkurve liegt das Flüssigkeitsgebiet, rechts von der oberen Grenzkurve

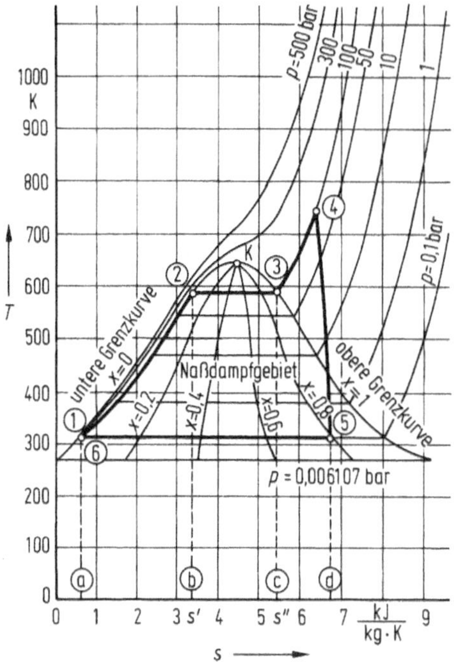

Bild 2.2
T,s-Diagramm des idealen Wasser-Dampf-Kreisprozesses bei einem Verdampferdruck von 100 bar

- Bei $x = 0$ liegt nur Flüssigkeit vor.
- Bei $x = 1$ liegt nur Dampf vor.
- Bei $0 < x < 1$ liegt Nassdampf vor, das heißt, ein Teil des Wassers ist flüssig, der restliche Teil ist dampfförmig.

das Gebiet des überhitzten Dampfes. Die Kurven für $0 < x < 1$ geben den Anteil des Dampfes im Nassdampfgebiet an.

Wie aus dem T,s-Diagramm hervorgeht, nimmt die Siedetemperatur des Wassers mit steigendem Druck zu. Die Wärmemenge, die notwendig ist, um das Wasser zu verdampfen, nimmt mit steigendem Druck ab (Abstand zwischen der unteren und oberen Grenzkurve bei konstantem Druck und konstanter Temperatur). Im kritischen Punkt K wird die Verdampfungswärme Null.

K ... Kritischer Punkt für Wasser

- Kritische Temperatur: $T_K = 647,3\,K$
- Kritischer Druck: $p_K = 221,2\,bar$

Zur Erklärung des T,s-Diagramms sollen folgende Verhältnisse im Verdampfer angenommen werden:

Druck im Verdampfer	$p = 100\,bar$
Temperatur des Speisewassers	$T_1 = 319\,K$
Endtemperatur des überhitzten Dampfes	$T_4 = 740\,K$

Damit lassen sich Temperatur, Druck und spezifische Entropie des Kreisprozesses aus dem T,s-Diagramm direkt ablesen:

(1)	Das Wasser liegt ausschließlich als Flüssigkeit vor ($T_1 = 319\,K$; $p_1 = 100\,bar$).
(1)-(2)	Das Wasser wird bis zum Siedepunkt erwärmt ($T_2 = 584\,K$; $p_2 = 100\,bar$).
(2)-(3)	Das Wasser wird verdampft ($T_3 = 584\,K$; $p_3 = 100\,bar$).
(3)-(4)	Der Dampf von 100 bar wird auf $T_4 = 740\,K$ überhitzt.
(4)-(5)	Der Dampf wird auf $p_5 = 0{,}1\,bar$ bei annähernd gleichbleibender Entropie entspannt. Dabei sinkt die Dampftemperatur auf $T_5 = 319\,K$. Der Dampf liegt jetzt als Nassdampf vor ($x = 0{,}8$).
(5)-(6)	Der Dampf wird bei konstanter Temperatur von 319 K und konstantem Druck von 0,1 bar verflüssigt (kondensiert).
(6)-(1)	Der Wasserdruck wird von $p_6 = 0{,}1\,bar$ auf den Verdampferdruck von $p_1 = 100\,bar$ erhöht. Hierbei erfolgt eine geringfügige Temperaturerhöhung ($\Delta T < 1\,K$), die vernachlässigt werden kann.

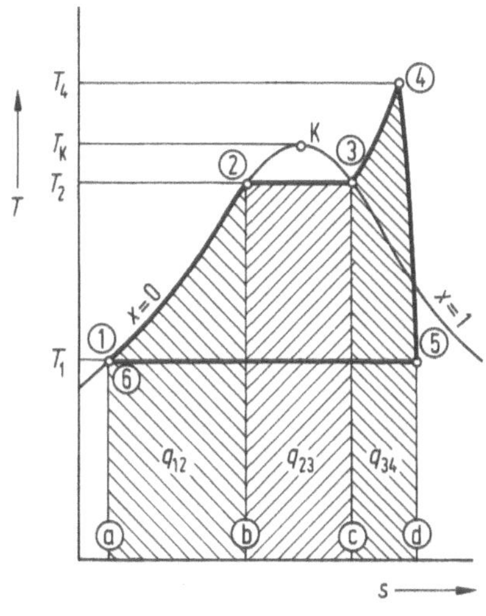

Bild 2.3
Umgesetzte Wärmemengen beim Clausius-Rankine-Kreisprozess

Die große technische Bedeutung des T,s-Diagramms liegt in der anschaulichen Darstellung der umgesetzten spezifischen Wärmemengen als Flächen unter der Kurve einer Zustandsänderung. Damit lassen sich die dem Prozess zugeführte Wärme, die abgeführte Wärme und die gewinnbare mechanische Arbeit (Wärmewert der geleisteten Arbeit) direkt als Flächen ablesen (Bild 2.3).

Fläche 1-2-b-a:	Zugeführte Wärme q_{12} bis zum Siedepunkt
Fläche 2-3-c-b:	Zugeführte Verdampfungswärme q_{23}
Fläche 3-4-d-c:	Zugeführte Überhitzungswärme q_{34}
Fläche 5-d-a-6:	Abgeführte Kondensationswärme q_{56}
Fläche 1-2-3-4-5:	Gewinnbare mechanische Arbeit w_{45}

Vergleicht man die Flächen miteinander, so erkennt man, dass wesentlich mehr Wärme zugeführt wird, als mechanische Arbeit gewonnen werden kann.

Übung 2.1

Es soll angenommen werden, dass alle Zustände des T,s-Diagramms technisch realisiert werden könnten. Wie müsste dann der vorgeschriebene Kreisprozess verändert werden, damit eine größere mechanische Arbeit gewonnen werden kann?

Übung 2.2

Begründen Sie, warum im Kreisprozess eine Kondensation des Dampfes (5)-(6) erfolgen muss und nicht eine denkbare Verdichtung mit Kompressoren auf den Ausgangsdruck von $p_1 = 100\,\text{bar}$ durchgeführt werden kann.

Im Kreisprozess nach Bild 2.2 beträgt der Dampfgehalt des Abdampfes (Punkt 5) nur noch 80% ($x = 0,8$). Zum Schutz der Turbinenschaufeln sollte der Dampf jedoch keine größere Nässe als 10% erreichen, da die sich bildenden Wassertröpfchen wegen ihrer hohen Aufprallgeschwindigkeit Beschädigungen an der Turbine hervorrufen würden. Eine geringere Nässe erreicht man, wenn der aus der Turbine austretende Dampf, kurz bevor der Dampfzustand das Nassdampfgebiet erreicht, nochmals in den Dampferzeuger zurückgeführt und auf die Überhitzungstemperatur T_4 wieder aufgeheizt wird. Diesen Vorgang nennt man Zwischenüberhitzung. Wie aus Bild 2.4a hervorgeht, kann die Zwischenüberhitzung nur bei einem niedrigeren Druck (5'-4) erfolgen. Nach der Zwischenüberhitzung wird der Dampf zum Mitteldruckteil der Turbine geleitet, deren Welle mit dem Hochdruckteil starr gekoppelt ist (Bild 2.4b). Zur besseren Ausnutzung wird der Abdampf des Mitteldruckteils meistens noch in einem nachgeschalteten Niederdruckteil weiter entspannt.

Übung 2.3

Wie verändert sich die gewinnbare mechanische Arbeit durch Zwischenüberhitzung des Dampfes?

Die einzelnen Teilprozesse des Wasser-Dampf-Kreisprozesses laufen in folgenden Anlagenteilen der Dampfkraftanlage ab (Bild 2.4a):

- Der Verdampfer führt die Flüssigkeitswärme q_{12} , die Verdampfungswärme q_{23} und die Überhitzungswärme q_{34}, zu (Fläche 1-2-3-4'-d'-a).
- Der Zwischenüberhitzer führt die Überhitzungswärme $q_{5'4}$ zu (Fläche 5'-4-d-d').
- Der Hochdruckteil der Turbine gibt die mechanische Arbeit $w_{4'5'}$ an den Generator ab (Fläche 1'-2-3-4'-5').
- Der Mitteldruckteil der Turbine gibt die mechanische Arbeit w_{45} an den Generator ab (Fläche 1-1'-5'-4-5).
- Der Kondensator führt die Kondensationswärme q_{56} an den Kühlkreislauf ab (Fläche a-6-5-d).
- Die Speisewasserpumpe bringt das Speisewasser auf den Verdampferdruck und führt ihm dabei eine vernachlässigbar kleine Wärmemenge w_{61} zu.

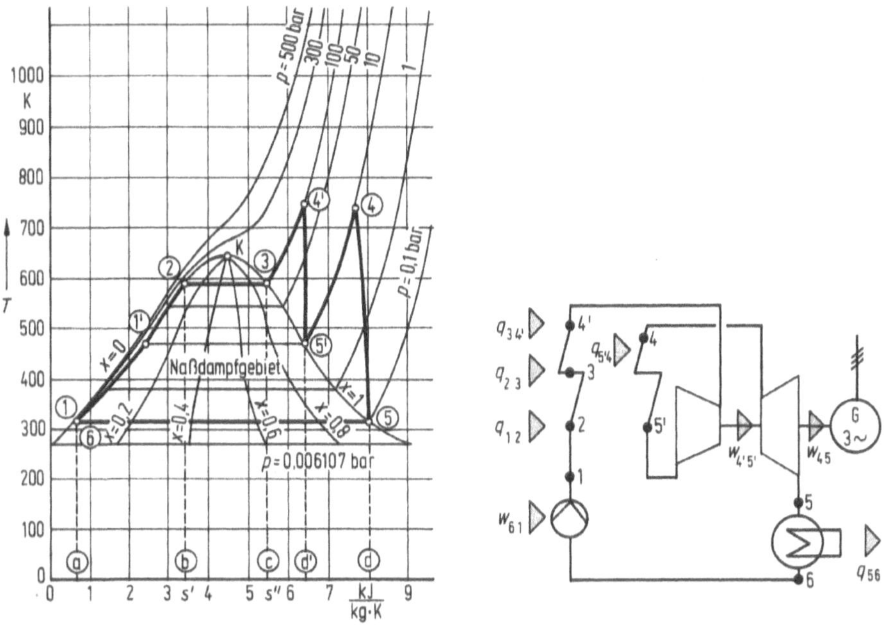

a) T,s-Diagramm b) Energiebilanz

Bild 2.4 Dampfkraftwerksprozess mit Zwischenüberhitzung

Zur Bewertung eines Kreisprozesses wird folgende allgemeine Definition angewendet:

$$\text{Wirkungsgrad} = \frac{\text{Nutzenergie}}{\text{zugeführte Energie}}$$

Für den Kreisprozess in Bild 2.2 errechnet sich somit der sogenannte thermische Wirkungsgrad wie folgt:

$$\eta_{\text{th}} = \frac{w_{45}}{q_{12} + q_{23} + q_{34} + w_{61}}$$

Beispiel 2.1

Für den Kreisprozess aus Bild 2.2 soll der thermische Wirkungsgrad ermittelt werden.

Lösung:

Durch Auszählen (Planimetrieren) der Flächen unter den verschiedenen Kurvenabschnitten des T,s-Diagramms erhält man für:

$$q_{12} = 1220\,\frac{\text{kJ}}{\text{kg}} \qquad q_{23} = 1240\,\frac{\text{kJ}}{\text{kg}}$$

$$q_{34} = 820\,\frac{\text{kJ}}{\text{kg}} \qquad q_{56} = 1950\,\frac{\text{kJ}}{\text{kg}}$$

$$w_{61} = 0\,\frac{\text{kJ}}{\text{kg}} \qquad w_{45} = q_{12} + q_{23} + q_{34} + w_{61} - q_{56} = 1330\,\frac{\text{kJ}}{\text{kg}}$$

$$\eta_{\text{th}} = \frac{w_{45}}{q_{12} + q_{23} + q_{34} + w_{61}} = \frac{1330\,\frac{\text{kJ}}{\text{kg}}}{3280\,\frac{\text{kJ}}{\text{kg}}} = 0{,}405 = 40{,}5\,\%$$

■

Übung 2.4

Ermitteln Sie den thermischen Wirkungsgrad für den Kreisprozess in Bild 2.4.

Wie aus Übung 2.4 hervorgeht, wird der thermische Wirkungsgrad durch die Zwischenüberhitzung des Dampfes erhöht. Eine weitere Verbesserung erreicht man durch eine Vorwärmung des Speisewassers. Hierbei werden durch Anzapfen der Turbine Teile des Dampfes entnommen und Wärmetauschern im Speisewasserkreis zugeführt. Der thermische Wirkungsgrad hängt ab:

- vom Kondensationsdruck (Gegendruck),
- von Dampfdruck und -temperatur,
- von der Zwischenüberhitzung,
- von der Speisewasservorwärmung.

Übung 2.5

Begründen Sie mit Hilfe der Wasserdampftafel, Tabelle 2.2, warum in Kraftwerken der Kondensationsdruck praktisch nicht unter 0,05 bar abgesenkt werden kann.

Tabelle 2.2 Auszug aus der Wasserdampftafel (Sättigungszustand)

p in bar	t in °C
0,01	6,9828
0,02	17,513
0,03	24,1
0,04	28,983
0,05	32,898
0,06	36,183
0,07	39,025
0,08	41,534
0,09	43,787

Übung 2.6

Wodurch wird die Höhe des Dampfdruckes und der Dampftemperatur in der Praxis begrenzt?

Übung 2.7

Weisen Sie anhand des T,s-Diagramms nach, dass der thermische Wirkungsgrad durch eine Speisewasservorwärmung verbessert werden kann.

Bei dem beschriebenen Wasser-Dampf-Kreisprozess wurde davon ausgegangen, dass die Dampfkraftanlage verlustlos arbeitet. In der Praxis führen jedoch Einflussgrößen wie z.B. Wärmeverluste der Kesselanlage und der Rohrleitungen, Strömungsverluste in den Rohrleitungen, Ventilen, Pumpen und in der Turbine dazu, dass der erreichbare thermische Wirkungsgrad entsprechend geringer ist. Moderne Dampfkraftwerke erreichen einen thermischen Wirkungsgrad von 50%.

2.2.3 Fossil befeuerte Kraftwerke

Alle fossil befeuerten Kraftwerke sind nach dem gleichen Prinzip aufgebaut. Am Beispiel eines Braunkohle-Dampfkraftwerkes sollen die wichtigsten Funktionsbereiche und Anlagenteile eines Kraftwerkes nachfolgend beschrieben werden. Bild 2.5 zeigt das Wärmeschaltbild eines 600 MW-Blocks des Kraftwerkes Neurath der Rheinisch-Westfälischen Elektrizitätswerk Aktiengesellschaft (RWE).

Im Kessel wird die aufbereitete Kohle verfeuert. Der entstehende Dampf wird im Überhitzer weiter erwärmt, über die Dampfleitung dem Hochdruckteil einer dreistufigen Turbine zugeführt, die den Generator antreibt. Der entspannte und abgekühlte Dampf, welcher der zweiteiligen Niederdruckstufe der Turbine entströmt, wird in dem nachgeschalteten Kondensator durch Kühlung mit Kühlwasser kondensiert. Das Kondensat wird von der Kondensatpumpe über Speisewasservorwärmer (Niederdruck-Wärmetauscher) in den Speisewasserbehälter gefördert und von da mit der Speisewasserpumpe über Speisewasservorwärmer (Hochdruck-Wärmetauscher) wieder zum Verdampfen in den Kessel gepumpt. Das Speisewasser wird durch Entnahmedampf sowohl aus der Hochdruckstufe als auch aus der Mitteldruckstufe und den Niederdruckstufen vorgewärmt.

Übung 2.8

Ermitteln Sie näherungsweise aus dem Wärmeschaltbild in Bild 2.5 mit Hilfe des T,s-Diagramms (Bild 2.6) die Zustandsgrößen Druck und Temperatur

a) des Dampfes vor der Zwischenüberhitzung (Annahme $x = 1$),

b) des zwischenüberhitzten Dampfes,

c) des Kondensates,

d) des Speisewassers vor Eintritt in den Dampferzeuger,

e) des Entnahme-Sattdampfes zum Antrieb der Speisewasserpumpe.

■

Übung 2.9

Welche Aufgabe hat die Hauptkondensatpumpe?

■

2.2.3.1 Dampferzeuger

Die Verbrennung der Kohle erfolgt etwa bei Temperaturen von 1500 K. Die heißen Rauchgase strömen an den Rohren des Dampferzeugers vorbei nach oben (Bild 2.7) und geben dabei Wärme an die verschiedenen Rohrsysteme ab. Der Dampferzeuger ist so aufgebaut, dass ein möglichst optimaler Wärmeübergang von den Rauchgasen auf das Wasser

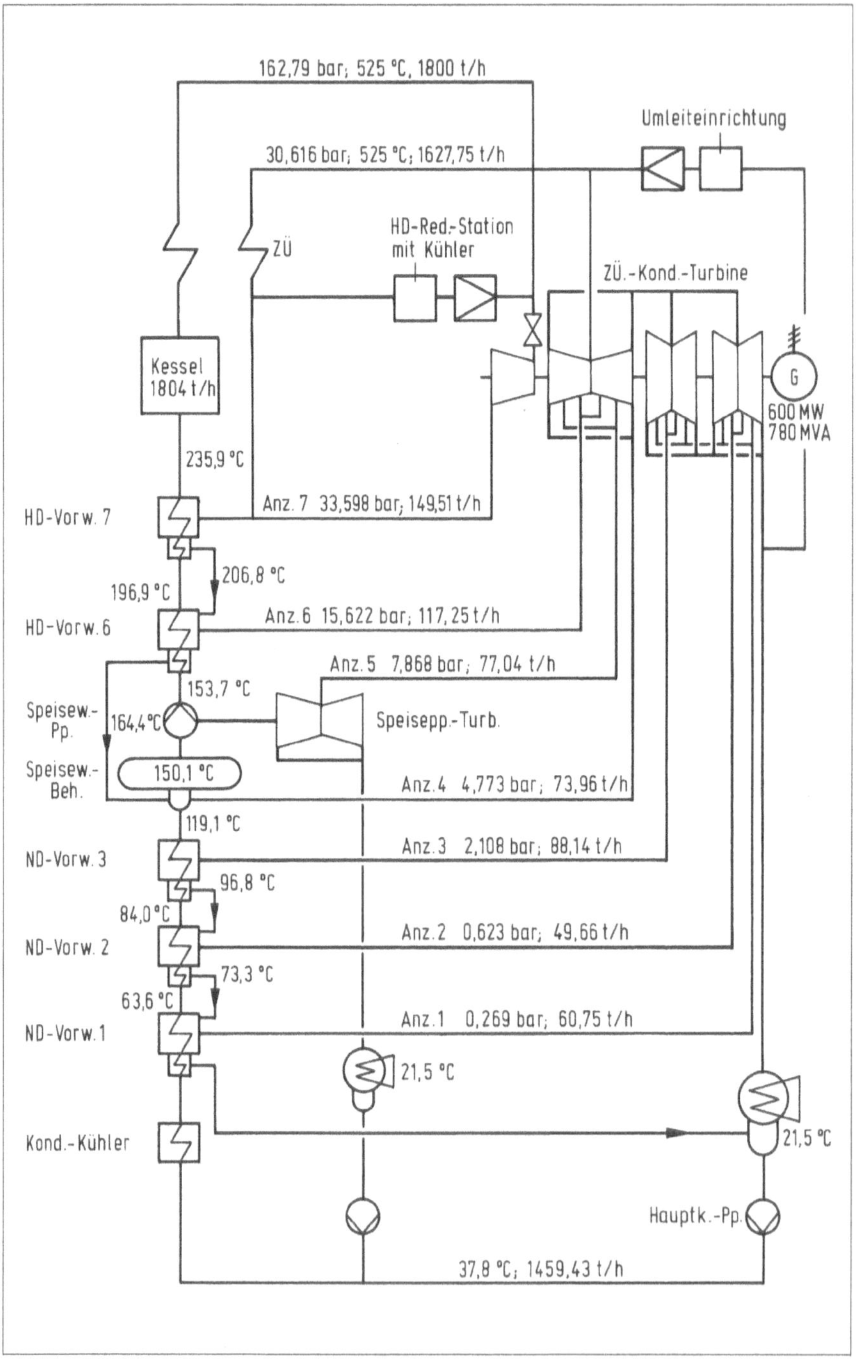

Bild 2.5 Wärmeschaltbild 600 MW-Block des Braunkohle-Kraftwerkes Neurath

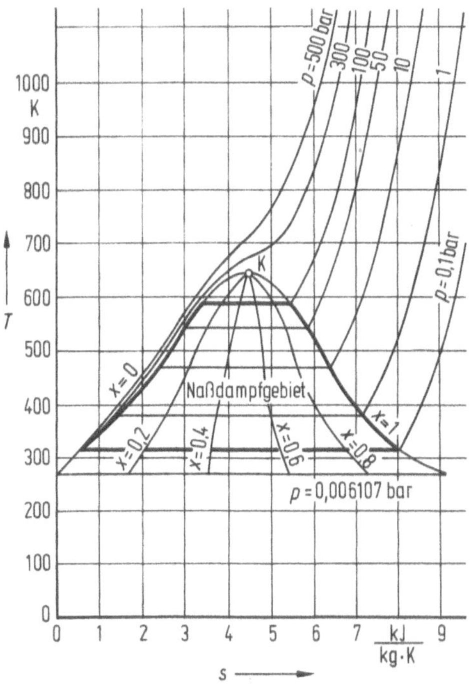

Bild 2.6
T,s-Diagramm für Wasserdampf

bzw. auf den Dampf erfolgen kann. Danach verlassen die Rauchgase den Dampferzeuger, durchströmen den Luftvorwärmer und werden in nachgeschalteten Rauchgasreinigungsanlagen entstaubt, entstickt und entschwefelt. Anschließend werden sie über einen Kamin an die Umwelt abgegeben.

2.2.3.2 Turbine

In der Turbine wird ein Teil der im Dampf enthaltenen Wärmeenergie in einzelnen Stufen in Rotationsenergie umgewandelt. Zu jeder Stufe gehört ein Kranz von Leitschaufeln (das sogenannte Leitrad), die den Dampf jeweils unter dem günstigsten Winkel auf die mit der Welle fest verbundenen Laufschaufeln (das sogenannte Laufrad) leiten (Bild 2.8a).

Beim Auftreffen auf die Laufräder wird der Dampf umgelenkt und übt dabei eine Kraft aus, welche die Laufräder und damit die Welle in Bewegung setzt (Bild 2.8b). Die Strömung des Dampfes in der Turbine wird durch die Druckdifferenz zwischen Dampferzeuger (z.B. 163 bar) und Kondensator (z.B. 0,06 bar) hervorgerufen.

Turbinen, welche ein großes Druckgefälle verarbeiten müssen, benötigen eine große Anzahl von Stufen. Da mit abnehmendem Druck das Volumen des Dampfes zunimmt, müssen die Schaufeln in Strömungsrichtung des Dampfes länger ausgeführt werden.

Die vielen Stufen lassen sich nicht in einem Gehäuse unterbringen, weil die Lagerabstände der Welle und die Temperaturunterschiede im Gehäuse zu groß werden.

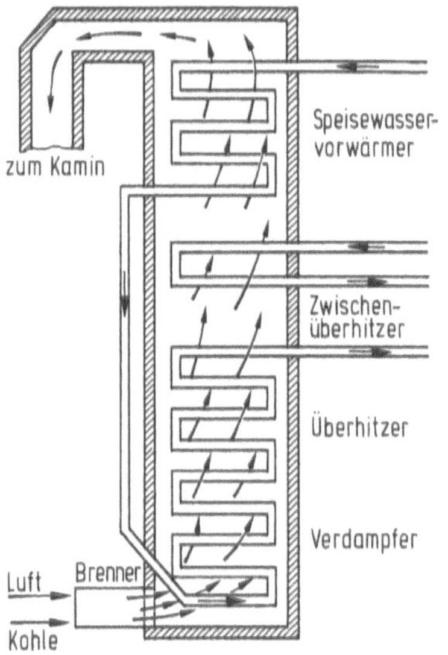

Bild 2.7
Prinzip eines Dampferzeugers

Den verschiedenen Temperaturzonen im Dampferzeuger sind bestimmte Rohrleitungssysteme zugeordnet:

- Im Feuerraum befindet sich der Verdampfer, in welchem der Übergang von Wasser in Dampf erfolgt.
- Darauf folgt der Überhitzer, in welchem der Dampf auf die Überhitzungstemperatur erhitzt wird.
- Im Zwischenüberhitzer wird dem Dampf nach Durchströmen des Hochdruckteils der Turbine nochmals Wärmeenergie zugeführt.
- Am Ende der Heizflächen des Dampferzeugers wird das Speisewasser erwärmt.

Man unterteilt die Turbine daher meist in die drei Gehäuseteile:

- Hochdruckteil (HD),
- Mitteldruckteil (MD),
- Niederdruckteil (ND).

Außerdem unterscheidet man bei den Gehäuseteilen noch zwischen einflutigen und doppelflutigen. Bei einer einflutigen Turbine strömt der Dampf in einer Richtung durch die Turbine (Bild 2.8a). Bei doppelflutigen Turbinen strömt der Dampf in der Mitte der Turbine ein und teilt sich in zwei Richtungen auf (Bild 2.9). Dies hat den Vorteil, dass sich die Kräfte in axialer Richtung aufheben. Hochdruckteile sind meist einflutig, Mittel- und Niederdruckteile sind meist doppelflutig ausgeführt.

2.2.3.3 Kondensator

Um das ausnutzbare Wärmegefälle zu vergrößern, muss der Dampf im Kondensator niedergeschlagen werden, was einen Entzug größerer Energiemengen notwendig macht. Hierfür sind beträchtliche Kühlwassermengen erforderlich. Je niedriger die Kühlwassertemperatur ist, desto besser ist das Vakuum und damit die Ausnutzung der Dampfenergie, d.h. desto größer wird der thermische Wirkungsgrad.

Der Kondensator besteht aus einer Kammer, in der ein umfangreiches Rohrleitungssystem aus vielen tausend Messingrohren installiert ist. Durch dieses Rohrleitungssystem wird Kühlwasser gepumpt. An der Außenseite der Rohre kondensiert der Dampf und gibt dabei seine Kondensationswärme an das Kühlwasser ab. Die aus den Rohren gebildete Kondensationsfläche beträgt bei einer 600-MW-Turbine etwa 23000 m^2. Der Kühlwasserbedarf liegt bei etwa 52000 m^3/h.

Das kondensierte Wasser wird von der Hauptkondensatpumpe abgesaugt und in den Speisewasserbebälter gepumpt. Der Speisewasserbehälter übernimmt im gesamten Kreislauf

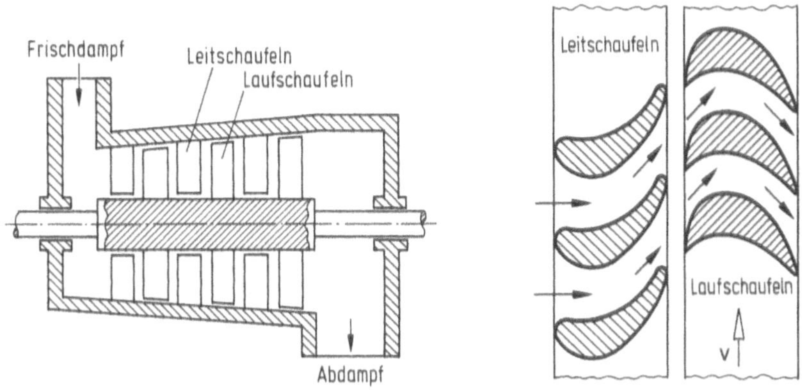

a) Aufbau, einflutige Turbine b) Wirkungsweise

Bild 2.8 Prinzipieller Aufbau und Wirkungsweise der Dampfturbine

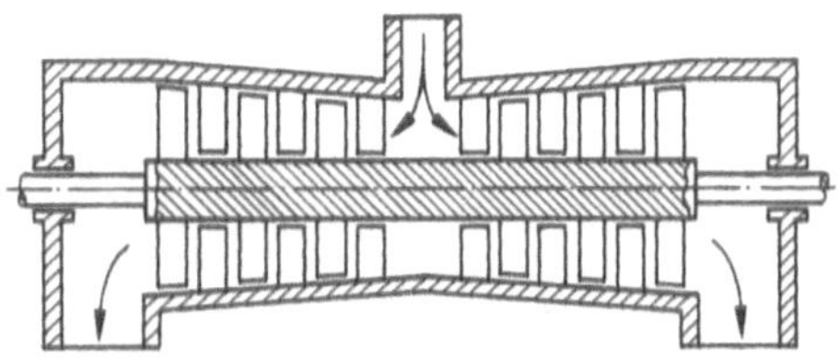

Bild 2.9
Prinzip einer doppelflutigen Turbine

eine Pufferfunktion und sorgt zusätzlich für eine Beseitigung der im Wasser gelösten Gase. Diese Entgasung ist sehr wichtig, da insbesondere der Sauerstoff durch Korrosion die Rohrleitungen und Turbine gefährdet.

2.2.3.4 Speisewasserpumpe

Die Speisewasserpumpe fördert das Speisewasser aus dem Speisewasserbehälter mit hohem Druck (z.B. 163 bar) in das Rohrleitungssystem des Dampferzeugers. Für einen 600-MW-Kraftwerksblock ist hierfür ein Leistungsbedarf von etwa 14 MW erforderlich. Moderne Speisewasserpumpen werden deshalb meist direkt von einer eigenen, kleinen Turbine angetrieben. Bei älteren Anlagen und kleineren Kraftwerksblöcken werden auch Elektromotoren als Antriebe eingesetzt.

2.2.3.5 Kraftwerkswirkungsgrad

Wie aus der Energiebilanz des Wasser-Dampf-Kreisprozesses hervorgeht, ist es nicht möglich, die gesamte zugeführte Wärme in mechanische Arbeit umzuwandeln. Dazu kommen die Verluste in den verschiedenen Anlageteilen sowie der Eigenbedarf des Kraftwerkes.

Bei fossil befeuerten Kraftwerken liegt der Wirkungsgrad zwischen 35 und 42%. Das bedeutet, dass 58 bis 65% der zugeführten Wärme nicht zur elektrischen Energieerzeugung genutzt werden können. Die Bestimmung des Kraftwerkswirkungsgrades erfolgt aus den Betriebsdaten des jeweiligen Kraftwerkes.

Beispiel 2.2

Aus den Betriebsdaten eines Braunkohlekraftwerkes werden folgende Werte entnommen:

tägliche Energieabgabe:	$W_{ab} = 62,6\,\text{GWh}$
täglicher Kohleverbrauch:	$K = 73000\,\text{t}$
Heizwert der Kohle:	$H = 8339\,\frac{\text{kJ}}{\text{kg}}$

Lösung:

Der tägliche Kohleverbrauch entspricht einem Wärmeverbrauch von:

$$Q_{zu} = K \cdot H = 73 \cdot 10^6\,\text{kg} \cdot 8339\frac{\text{kJ}}{\text{kg}} = 608,747 \cdot 10^9\,\text{kJ}$$

Die Umrechnung in elektrische Energie ergibt:

$$W_{zu} = \frac{Q_{zu}}{3600\frac{\text{s}}{\text{h}}} = \frac{608,747 \cdot 10^9\,\text{kJ}}{3600\frac{\text{s}}{\text{h}}} = 169,1 \cdot 10^6\,\text{kWh} = 169,1\,\text{GWh}$$

Damit ist der Kraftwerkswirkungsgrad:

$$\eta_{KW} = \frac{W_{ab}}{W_{zu}} = \frac{62,6\,\text{GWh}}{169,1\,\text{GWh}} = 0,37$$

Die Größe des Kraftwerkswirkungsgrades hängt von den Einzelwirkungsgraden ab, die in den verschiedenen Anlagenteilen erzielt werden. Für moderne Großkraftwerke können näherungsweise folgende Werte angenommen werden:

Thermischer Wirkungsgrad:	$\eta_{th} = 0,50$
Kesselwirkungsgrad:	$\eta_K = 0,95$
Wirkungsgrad der Dampfleitungen:	$\eta_L = 0,98$
Wirkungsgrad der Turbine:	$\eta_T = 0,87$
Wirkungsgrad des Generators:	$\eta_G = 0,98$
Eigenbedarfsfaktor:	$\epsilon = 0,06$

Mit den angenommenen Einzelwirkungsgraden errechnet sich der Kraftwerkswirkungsgrad zu:

$$\eta_{KW} = \eta_{th} \cdot \eta_K \cdot \eta_L \cdot \eta_T \cdot \eta_G \cdot (1-\epsilon) = 0,50 \cdot 0,95 \cdot 0,98 \cdot 0,87 \cdot 0,98 \cdot 0,94 = 0,37$$

■

Der Kraftwerkswirkungsgrad wird bestimmt:

- durch den thermischen Wirkungsgrad,
- durch die Verluste, die in den einzelnen Anlagenteilen auftreten,
- durch den Eigenbedarf, der für den Betrieb des Kraftwerkes erforderlich ist.

Die Betrachtung der Einzelwirkungsgrade zeigt, dass der größte Teil der nicht nutzbaren Wärme beim Wasser-Dampf-Kreisprozess über das Kühlwasser an die Umwelt abgegeben wird. D.h., dass der Kraftwerkswirkungsgrad wesentlich durch den thermodynamischen Umwandlungsprozess beeinflusst wird.

Übung 2.10

Ein Kohlekraftwerk soll täglich 48 GWh in das öffentliche Netz einspeisen und dabei mit einem Kraftwerkswirkungsgrad von 36% arbeiten.

Berechnen Sie den täglichen Kohlebedarf K in t und den spezifischen Kohleverbrauch k in kg/kWh

a) für ein Braunkohlekraftwerk,
b) für ein Steinkohlekraftwerk.

Tabelle 2.3 Heizwerte verschiedener Energieträger

Energieträger	Menge	Heizwert in kJ
Braunkohle	1 kg	8347
Steinkohle	1 kg	29719
Erdöl (roh)	1 kg	42622
Dieselkraftstoff	1 kg	42705
Klärschlamm	1 kg	8499
Brenntorf	1 kg	14235
Flüssiggas	1 kg	45887
Erdgas	1 m^3	31736
Erdölgas	1 m^3	41868
Uran 235	1 kg	$9 \cdot 10^{10}$

2.2.3.6 Rauchgasreinigung

Bestünde die in einem Kohlekraftwerk verfeuerte Kohle aus reinem Kohlenstoff (C) und die Verbrennungsluft aus reinem Sauerstoff (O_2), so würden die Rauchgase ausschließlich Kohlendioxid (CO_2) enthalten:

$$C + O_2 \rightarrow CO_2 + \text{Verbrennungswärme}$$

Bei der Verbrennung von Kohle werden jedoch auch die nicht brennbaren Bestandteile freigesetzt. Als Staubablagerungen belasten diese Stoffe die Umwelt und müssen deshalb durch geeignete Filter zurückgehalten werden. Von den verschiedenen Filterarten (Zyklonfilter, Nassfilter, Tuchfilter, Elektrofilter) werden Elektrofilteranlagen am häufigsten eingesetzt. Elektrofilteranlagen filtern mehr als 99% der unverbrennbaren Feststoffe aus dem Rauchgas.

Die Schwefelverbindungen in der Kohle verbrennen zu Schwefeldioxid (SO_2), das über den sauren Regen die gesamte Umwelt stark belastet. Alle neu errichteten großen Kohlekraftwerke haben deshalb eine Rauchgasentschwefelung. Als wirksamste Methode hat sich das sogenannte Nassverfahren mit Gips als Endprodukt erwiesen. In einem aufwendigen Prozess wird unter Zugabe von Kalkmilch das SO_2 aus dem Rauchgas ausgewaschen und in Gips (Calciumsulfat) umgewandelt.

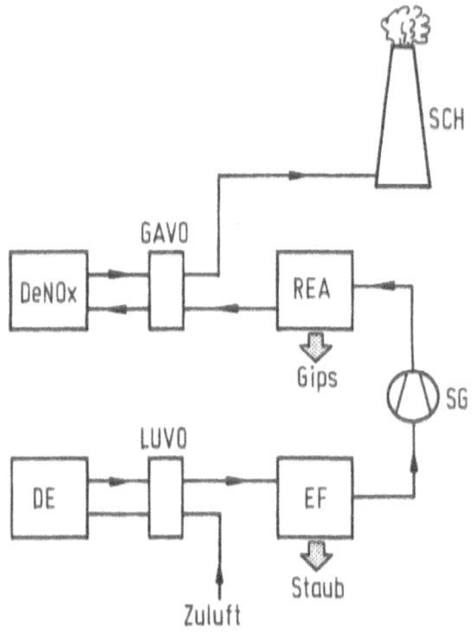

Bild 2.10
Prinzipschaltbild einer Rauchgasableitung

DE ... Dampferzeuger
LUVO ... Luftvorwärmer
EF ... Elektrofilter
SG ... Sauggasgebläse
REA ... Rauchgasentschwefelungsanlage
GAVO ... Rauchgasvorwärmer
DeNOx ... Rauchgasentstickungsanlage
SCH ... Schornstein

Rauchgasentschwefelungsanlagen sind in der Lage, über 85 % des Schwefeldioxids aus dem Rauchgas zu entfernen. Die Stickstoffverbindungen in der Kohle sowie die Oxidation des Luftstickstoffes als Folge der hohen Verbrennungstemperatur führen zur Bildung von Stickoxiden. Die schädigende Wirkung von Stickoxiden ist noch nicht im vollen Umfang erforscht. Fest steht offenbar, dass sie wesentlich dazu beitragen, das für die Pflanzen schädliche Ozon entstehen zu lassen.

Ferner verursachen sie eine überhöhte Stickstoffbelastung (Überdüngung) der gesamten Natur, die das Gleichgewicht bei der Nährstoffversorgung der Pflanzen beeinträchtigt. Während sich die Verfahren zur Entstaubung und Entschwefelung seit Jahren vielfach bewährt haben, befinden sich z.Zt. noch mehrere Verfahren zur Entstickung in der Erprobungsphase.

! Entstickungsanlagen sollen die Stickoxide in den Rauchgasen bis zu 90 % reduzieren. ■

Bild 2.10 zeigt das Prinzipschaltbild einer Rauchgasableitung über die verschiedenen Rauchgasreinigungsanlagen eines modernen Kohlekraftwerkes. Die Rauchgase durchströmen nach Verlassen des Dampferzeugers die vorgenannten Reinigungsanlagen und werden anschließend mit Hilfe eines oder mehrerer Gebläse in den Schornstein abgeleitet. Dieser verteilt die gereinigten Rauchgase in möglichst hohe Luftschichten, so dass die restlichen Schadstoffe nur noch in geringer Konzentration auf die Erde niedergehen.

Die anfallenden Abfallstoffe Staub und Gips werden von der Bauwirtschaft weiterverwertet (Straßenbau, Betonindustrie, Gipsprodukte). Die Ausrüstung der Kohlekraftwerke mit Rauchgasreinigungsanlagen erfordert einen sehr großen Kapitaleinsatz und mindert darüber hinaus den Gesamtwirkungsgrad eines Kraftwerkes um 1 bis 2 Prozent. Damit steigen die Erzeugungskosten je nach Kohlequalität und Verfahren um fast 1 Cent je kWh.

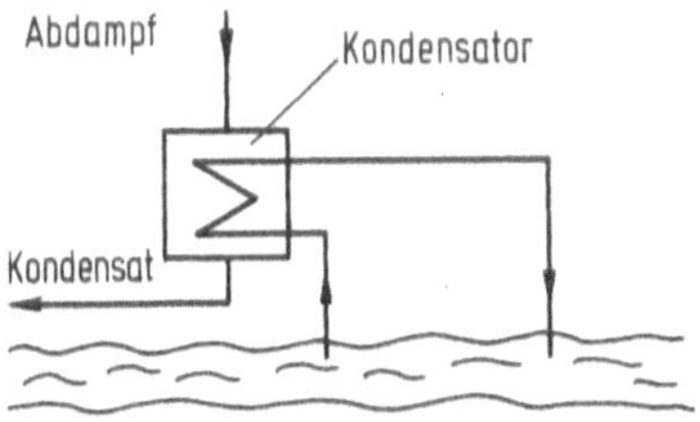

Bild 2.11
Prinzip einer Durchlaufkühlung

Übung 2.11

Die Betriebsdaten für den 24-stündigen Betrieb eines 740 MW-Steinkohlekraftwerkes enthalten u.a. folgende Angaben:
6000 t Steinkohleverbrauch; 7,5 % Ascheanteil der Steinkohle; 31 t Grobasche vom Kessel; 416 t Feinasche vom Elektrofilter; $6 \cdot 10^7\,\mathrm{m^3}$ Rauchgasmenge.

a) Mit welcher Staubkonzentration p in $\mathrm{mg/m^3}$ sind die Abgase hinter dem Elektrofilter noch belastet?
b) Mit welchem Abscheidegrad n in % arbeitet der Elektrofilter?

2.2.3.7 Kühlverfahren

Wie bereits bekannt, erfolgt die Wärmeabfuhr bzw. Kühlung im Kondensator. Je 100 MW Kraftwerksleistung wird dabei der Kondensator je Sekunde von 2 bis $3\,\mathrm{m^3}$ Kühlwasser durchströmt. Als Kühlwasser kann nur sehr reines Wasser verwendet werden, damit keine Ablagerungen, Verstopfungen und Beschädigungen den Betrieb der Kühlwasserpumpen und des Kondensators beeinträchtigen. Frischwasser, das dem Kühlkreislauf zugeführt wird, muss deshalb vorher eine entsprechende Aufbereitung erfahren.

Das einfachste und wirtschaftlichste Kühlverfahren ist die Durchlaufkühlung (Bild 2.11). Das gesamte benötigte Kühlwasser wird einem Fluss entnommen und diesem nach Aufnahme der Abwärme wieder zugeführt. Der Nachteil dieses Verfahrens besteht darin, dass eine Gewässererwärmung nur im Rahmen ökologisch zulässiger Grenzen erlaubt ist. Damit ist die obere Grenze der zulässigen Kraftwerksleistung entsprechend eingeengt.

Die Kraftwerksleistung lässt sich erhöhen, wenn an Stelle der Durchlaufkühlung eine Ablaufkühlung eingesetzt wird (Bild 2.12a). Bei diesem Verfahren wird das erwärmte Kühlwasser zuerst durch einen Kühlturm geleitet, wo es einen großen Teil seiner Wärme an die Umgebungsluft abgibt. Das anschließend wieder in den Fluss eingeleitete Wasser ist dann soweit abgekühlt, dass die zulässige Gewässerbelastung nicht überschritten wird.

Bei nicht ausreichendem Frischwasserangebot ist eine Rückkühlung des Kühlwassers in einem Kühlturm erforderlich. Man spricht dann von einer Kreislaufkühlung. Bild 2.12b zeigt das Prinzip einer Kreislaufkühlung mit einem Nasskühlturm, wie sie heute in Großkraftwerken angewendet wird. Da der Kreislauf nicht vollkommen geschlossen ist, treten Wasserverluste durch Verdunstung auf. Gleichzeitig wird ein geringer Teil des Kühlwassers aus dem Kreislauf abgeleitet und erneuert, um eine Eindickung der Salze im Kühlwasser zu vermeiden.

Aus beiden Verlustquellen ergibt sich, dass die Kreislaufkühlung mit Nasskühlturm einen ständigen Bedarf an Frischwasser benötigt. Bei einem 600 MW-Block sind das etwa $2400\,\mathrm{m^3}$

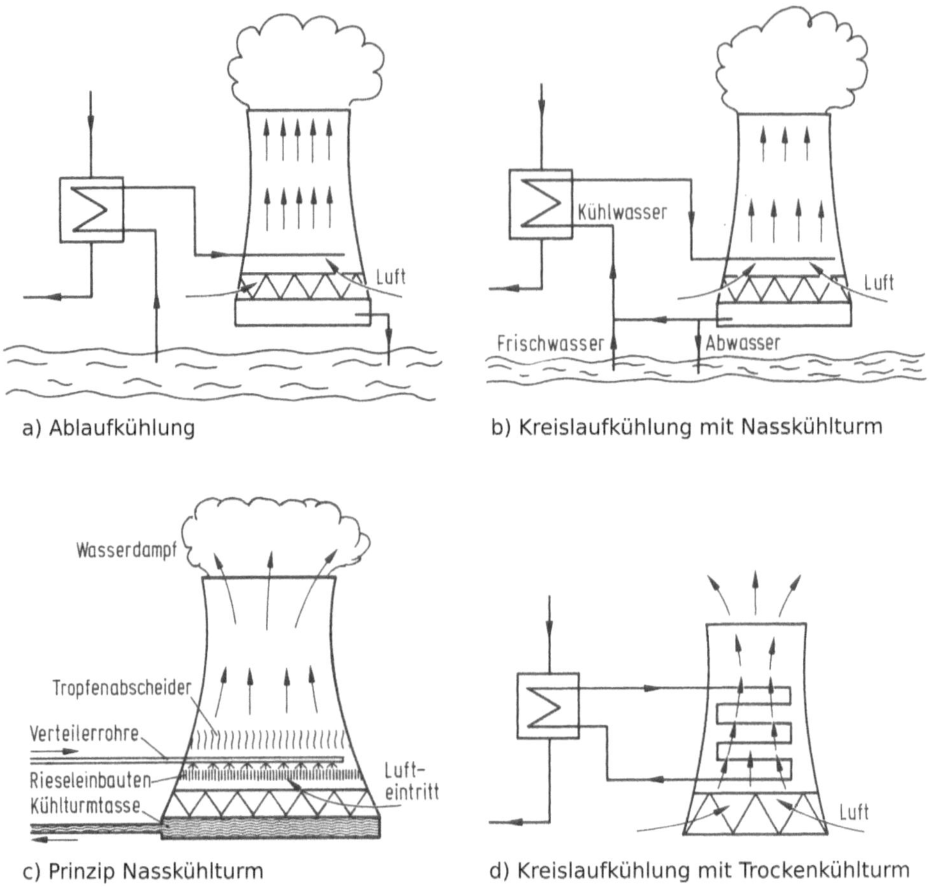

Bild 2.12 Kühlverfahren

je Stunde. Etwa die Hälfte des Frischwassers verdunstet, die andere Hälfte wird als Abwasser abgeleitet.

Im Nasskühlturm (Bild 2.12c) wird das Kühlwasser auf eine Höhe von etwa 10 m gepumpt. Von dort rieselt es aus den Verteilerrohren zur gleichmäßigen Verteilung über ein Plattensystem (Rieseleinbauten) in ein Auffangbecken (Kühlturmtasse). Im Gegenstrom wird es dabei von einem starken Luftzug gekühlt. Die feinen Wassertröpfchen, die durch den Luftzug nach oben gerissen werden, hält der Tropfenabscheider zurück, der oberhalb der Verteilerrohre angeordnet ist.

Der Luftzug wird je nach Bauart künstlich mit Hilfe von Ventilatoren (Ventilator-Kühlturm) oder durch die natürliche Kaminwirkung (Naturzug-Kühlturm) erzeugt. Nasskühltürme werden heute bei allen großen Wärmekraftwerken verwendet. Sie sind technisch ausgereift und wirtschaftlich. Allerdings wird immer wieder die Frage diskutiert, in welchem Maße sie die Umwelt beeinträchtigen.

Dabei geht es im einzelnen um die Klärung folgender Fragen:

- Wie steht es mit Schattenbildung?
- Wie steht es mit erhöhten Niederschlägen, Nebel- und Glatteisbildung?
- Wie steht es mit Ablagerungen von Salzen?
- Wie steht es mit Temperaturveränderung?
- Wie steht es mit Emission schädlicher Keime?
- Wie steht es mit Emission von Asbest und Schmutzstoffen?
- Wie steht es mit Geräuschbelästigung?
- Wie steht es mit Radioaktivität?

Die Antworten können nur durch Gutachten für jeden speziellen Fall gegeben werden. Sicher ist, dass Nasskühltürme in ihrer nahen Umgebung einige Auswirkungen meteorologischer Art haben. Deshalb haben häufig sowohl die Kraftwerke als auch Umweltschutzorganisationen bzw. örtliche Bürgerinitiativen Messstationen eingerichtet, die bestimmte Einflussgrößen überwachen und eventuelle Veränderungen in der Umwelt über längere Zeit registrieren.

Übung 2.12

Ein 600 MW-Block mit Kreislaufkühlung hat bei Vollastbetrieb einen Frischwasserbedarf von $2400\,m^3/h$. Wie viele kg Kühlwasser werden je kWh erzeugter elektrischer Energie verdunstet? ■

Um die nachteiligen Auswirkungen der Nasskühlung auf die Umwelt in Zukunft auszuschalten, bemüht man sich heute um die Entwicklung von Trockenkühltürmen. In diesen bleiben Wasser und Luft voneinander getrennt (Bild 2.12d). Das Wasser kreist in Rohren, an denen die Luft vorbeistreicht. Damit wird eine Verdunstung vermieden, so dass keine Wasserdampfschwaden entstehen. Da jedoch auf den starken Kühleffekt der Verdunstung verzichtet wird, ist die trockene Kühlung weniger wirkungsvoll. Dieser Nachteil muss durch größere Kühlflächen ausgeglichen werden. Nach dem heutigen Stand der Technik ist ein Trockenkühlturm zweieinhalb bis dreimal größer als ein Nasskühlturm gleicher Leistung.

2.2.3.8 Kraft-Wärme-Kopplung

Wie aus den Betrachtungen zum Kraftwerkswirkungsgrad hervorgeht, wird der größte Teil der nicht nutzbaren Wärme über das Kühlwasser an die Umwelt abgegeben. Diese Tatsache führt zu der Überlegung, die Abwärme zu Heizzwecken weiter zu nutzen und so den Gesamtwirkungsgrad bei der Nutzung der Primärenergie zu erhöhen.

Den Verbund eines Wärmekraftwerkes mit einer Wärmeverbrauchsanlage (z.B. Fernheizung) bezeichnet man als Kraft-Wärme-Kopplung. ■

Eine Kraft-Wärme-Kopplung kann allerdings nicht bei jedem Wärmekraftwerk angewendet werden, da für die Nutzung der Abwärme bestimmte Voraussetzungen erfüllt sein müssen. Für Fernheizzwecke werden Vorlauftemperaturen um 400 K benötigt. Diese Temperaturen können nur erreicht werden, wenn der Dampf vorzeitig die Turbine verlässt. Dadurch wird zwar die elektrische Energieausbeute geringer, da aber ein Teil der Abwärme zur Beheizung von Wohnräumen oder technischen Einrichtungen genutzt wird, steigt der Gesamtwirkungsgrad des Energieumwandlungsprozesses an. Für eine Vorlauftemperatur von 400 K muss der Dampf bereits bei $p > 2$ bar der Turbine entnommen werden.

Der Bedarf an Wärme ist im allgemeinen auf die Heizperiode während der kalten Jahreszeit beschränkt. Ein Kraftwerk hingegen muss aus wirtschaftlichen Gründen das ganze Jahr über in Betrieb sein. Außerhalb der Heizperiode muss die Abwärme über ein Kühlsystem an die Umwelt abgegeben werden. Damit sinkt der Gesamtwirkungsgrad entsprechend ab.

Bei Heizkraftwerken mit Fernwärmeversorgung richtet sich somit der Gesamtwirkungsgrad nach der jeweiligen Betriebsweise. In Zeiten geringen Wärmebedarfs muss ein Teil der Abwärme über die Kühlung an die Umwelt abgegeben werden. In Zeiten hohen Wärmebedarfs hingegen kann der Vorteil der Kraft-Wärme-Kopplung genutzt werden.

Wegen der hohen Kosten des Fernheizungsnetzes ist ein wirtschaftlicher Transport der Heizwärme nur im Umkreis von etwa 40 km gegeben. Es muss deshalb ein räumlich dicht angesiedelter Abnehmerkreis vorhanden sein, um die Wärme kostengünstig anbieten zu können. Die Kraft-Wärme-Kopplung ist nur in dicht besiedelten Gebieten wirtschaftlich.

Aus den genannten Voraussetzungen ergibt sich, dass ein Kraftwerk mit Kraft-Wärme-Kopplung (Heizkraftwerk) in seiner Konzeption den speziellen Bedingungen angepasst sein muss. Bild 2.13 zeigt den prinzipiellen Aufbau der Kraft-Wärme-Kopplung in einem Heizkraftwerk.

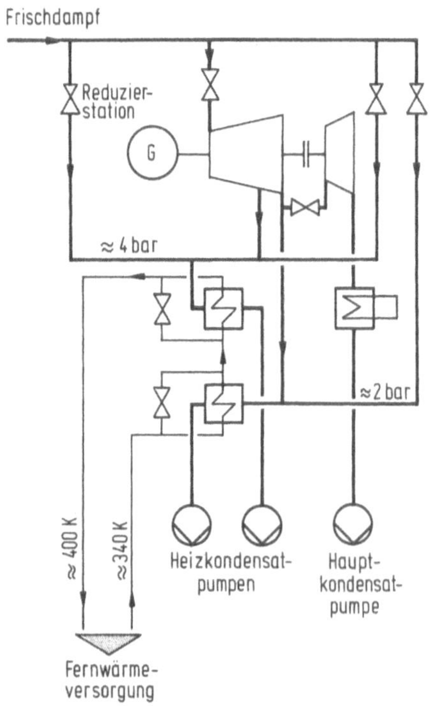

Bild 2.13
Kraft-Wärme-Kopplung in einem Heizkraftwerk

Der Frischdampf durchströmt die zweigehäusige Turbine, die im Hochdruckteil zwei Anzapfungen zur Auskopplung von Dampf für die Fernwärmeversorgung besitzt. Der Abdampf des Niederdruckteils wird im Kondensator niedergeschlagen und gibt dabei seine Restwärme über das Kühlwasser und den Kühlturm an die Umgebung ab. Übersteigt der Wärmebedarf der Fernheizung einen bestimmten Betrag, dann wird der Niederdruckteil abgekoppelt, so dass die Turbine im reinen Gegendruckbetrieb arbeitet.

Der vorzeitig ausgekoppelte Dampf (Dampfdruck je nach Anzapfung 2 bis 15 bar) wird durch mehrere Wärmetauscher, die von dem Heizwasser des Fernwärmenetzes durchströmt werden, geleitet. Dabei kondensiert der Dampf und überträgt die Kondensationswärme auf das Heizwasser, das sich dabei auf etwa 400 K erwärmt. Diese Art der Kraft-Wärme-Kopplung nennt man wegen des über Normaldruck liegenden Dampfdruckes an den Anzapfungen der Turbine Gegendruckbetrieb. Anwendung findet die Kraft-Wärme-Kopplung:

- in großen Industrieanlagen, die das ganze Jahr über Heizdampf benötigen und deshalb ihren Bedarf an Wärme- und elektrischer Energie aus betriebseigenen Heizkraftwerken decken,
- in Städten und Großgemeinden, die wegen der zunehmenden Umweltverschmutzung durch kleine Heizanlagen sowie der Nachfrage nach größerem Wohnkomfort zentrale Fernwärmeversorgungsanlagen betreiben.

2.2.3.9 Elektrische Anlage

Kernstück der elektrischen Anlage eines Kraftwerkes sind die Synchrongeneratoren. Tabelle 2.4 zeigt die technischen Daten von zwei Generatoren unterschiedlicher Leistung im Kohlekraftwerk Niederaussem.

Tabelle 2.4 Generatordaten

		Generator A	Generator B
Drehfrequenz	1/min	3000	3000
Leistung	MVA	214	780
Spannung	kV	10,5	21
Strom	kA	11,8	21,5
Leistungsfaktor	$\cos\varphi$	0,7	0,77
Kühlmittel		H_2	H_2
Kühlmitteldruck	bar	2	5

Während die Generatoren in Kohlekraftwerken normalerweise einheitlich mit der Drehfrequenz von 3000 min^{-1} drehen (in Kernkraftwerken ist die Drehfrequenz wegen der größeren Turbinenabmessungen geringer), sind die Klemmenspannungen je nach Leistungsgröße unterschiedlich. Gebräuchliche Generatorspannungen sind:

- 6,30 kV … für kleinere Einheiten,
- 10,5 kV … bis 150 MW,
- 21,0 kV … bis 740 MW,
- 27,0 kV … bis 1300 MW (Kernkraftwerke).

Die großen Wärmeverluste, die bei der Energieumwandlung in den großen Leistungseinheiten entstehen, erfordern eine besonders wirkungsvolle Kühlung der Wicklungen. Am weitesten verbreitet sind:

- Wasserstoffkühlung:
  Durch den gesamten Generatorinnenraum wird Wasserstoff (H_2) als Kühlgas gedrückt, das in einem nachgeschalteten Kühler ständig rückgekühlt wird.
- Wasserkühlung:
  Die Wicklungen des Generators sind als Hohlleiter ausgebildet, durch die vollentsalztes und damit nicht leitfähiges Wasser als Kühlmedium gepumpt wird. Ein Kühler sorgt auch hier für ständige Rückkühlung.

Die Erregung eines Generators erfolgt entweder durch eine Erregermaschine, die starr mit der Generatorwelle gekuppelt ist, oder über Gleichrichter, welche direkt von den Generatorklemmen gespeist werden.

Zur Einspeisung der elektrischen Leistung in das Höchstspannungsnetz wird die Generatorspannung von einem sogenannten Maschinentransformator auf die Netzspannung transformiert.

Maschinentransformatoren sind je nach Kraftwerksleistung als Dreiphasentransformatoren oder als Transformatorenbank aus drei Einphasentransformatoren ausgeführt. Tabelle 2.5 enthält die technischen Daten der Maschinentransformatoren zu den Generatoren in Tabelle 2.4.

Tabelle 2.5 Transformatordaten

	Einheit	Maschinen-Trafo A	Maschinen-Trafo B
Bemessungsleistung	MVA	200	3·266
Bemessungsspannung	kV	10,5/245	21/420
Bemessungsstrom	kA	11/0,47	21,9/1,09
Kurzschlussspannung	%	13	15,5
Schaltgruppe		Yd5	Yd5

Dampferzeuger, Turbine, Generator und Maschinentransformator bilden innerhalb eines Kraftwerks eine Systemeinheit, die als Block bezeichnet wird.

Durch diese Blockbildung werden Störungen räumlich begrenzt und ein Totalausfall des Kraftwerkes vermieden. Ferner sind einzelne Blöcke übersichtlicher und deshalb wartungs- und bedienungsfreundlicher als eine komplette Großanlage.

Bild 2.14 zeigt den Übersichtsschaltplan eines Blockes mit der zugehörigen Eigenbedarfsanlage.

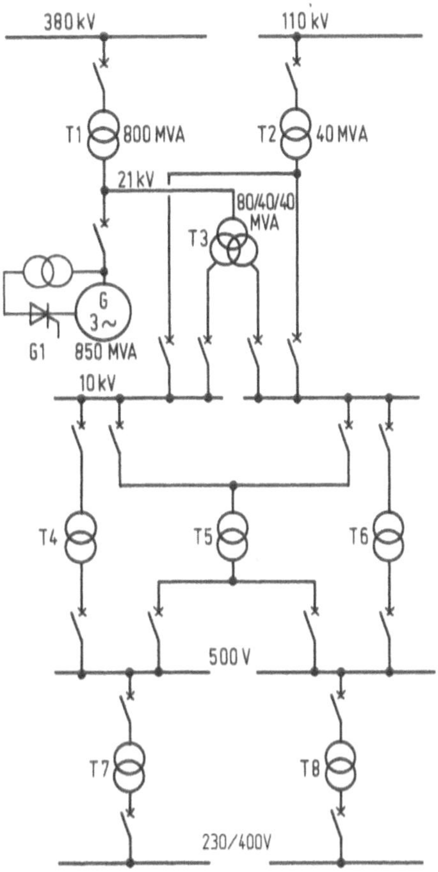

Bild 2.14
Elektrische Anlage eines Kraftwerksblockes

Die im Generator G1 erzeugte elektrische Energie wird mit 21 kV dem Maschinentransformator T1 zugeführt, dort auf 380 kV hochgespannt und in das Versorgungsnetz eingespeist. Über den Maschinentransformator kann in umgekehrter Energieflussrichtung die elektrische An- und Abfahrenergie des Blockes aus dem 380 kV-Netz bezogen werden. Hierzu wird der Generator mit dem Generatorschalter vom Netz getrennt. Das 380 kV-Netz versorgt dann über den Dreiwickler-Eigenbedarfstransformator T3 den Block.

Für die verschiedenen Verbraucher im Block stehen die Versorgungsspannungen 10 kV, 500 V und 230/400 V zur Verfügung. Bei elektrischen Störungen im Bereich zwischen Generator und 380 kV-Netz, die zum Ausfall der Eigenversorgung führen würden, kann auf die Versorgung durch das 110 kV-Netz über den Transformator T2 umgeschaltet werden. Damit wird ein sicheres Abfahren des Blockes gewährleistet.

Bild 2.15 zeigt den Übersichtsschaltplan der gesamten elektrischen Anlage des Braunkohlekraftwerkes Neurath der RWE.

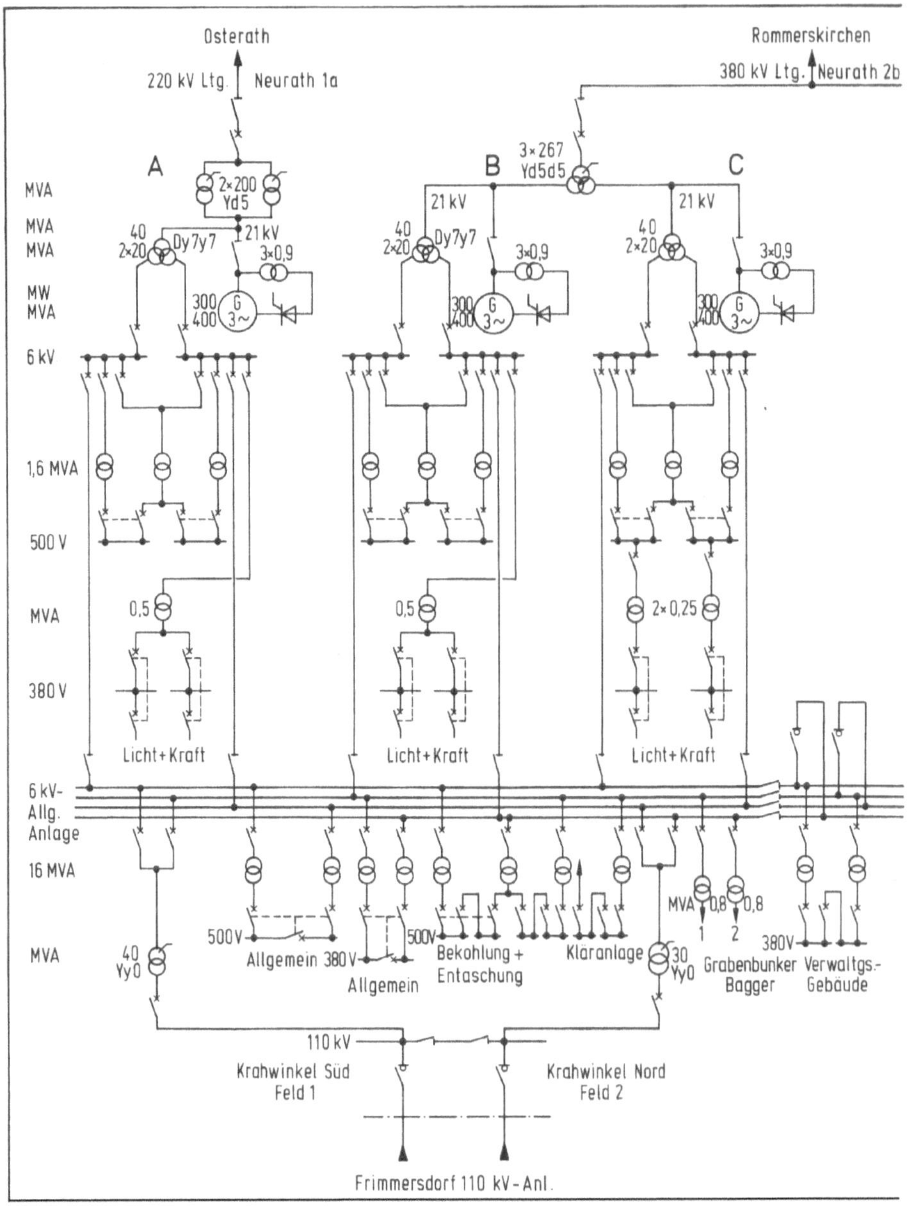

Hochspannungen

Einspeisung für die Anfahr-Anlage:	110 kV
Oberspannung Block A:	220 kV
Oberspannung Block B-E:	380 kV

Bild 2.15 Übersichtsschaltplan des Braunkohlekraftwerks Neurath mit Eigenbedarfsanlagen und Netzanschlüssen.

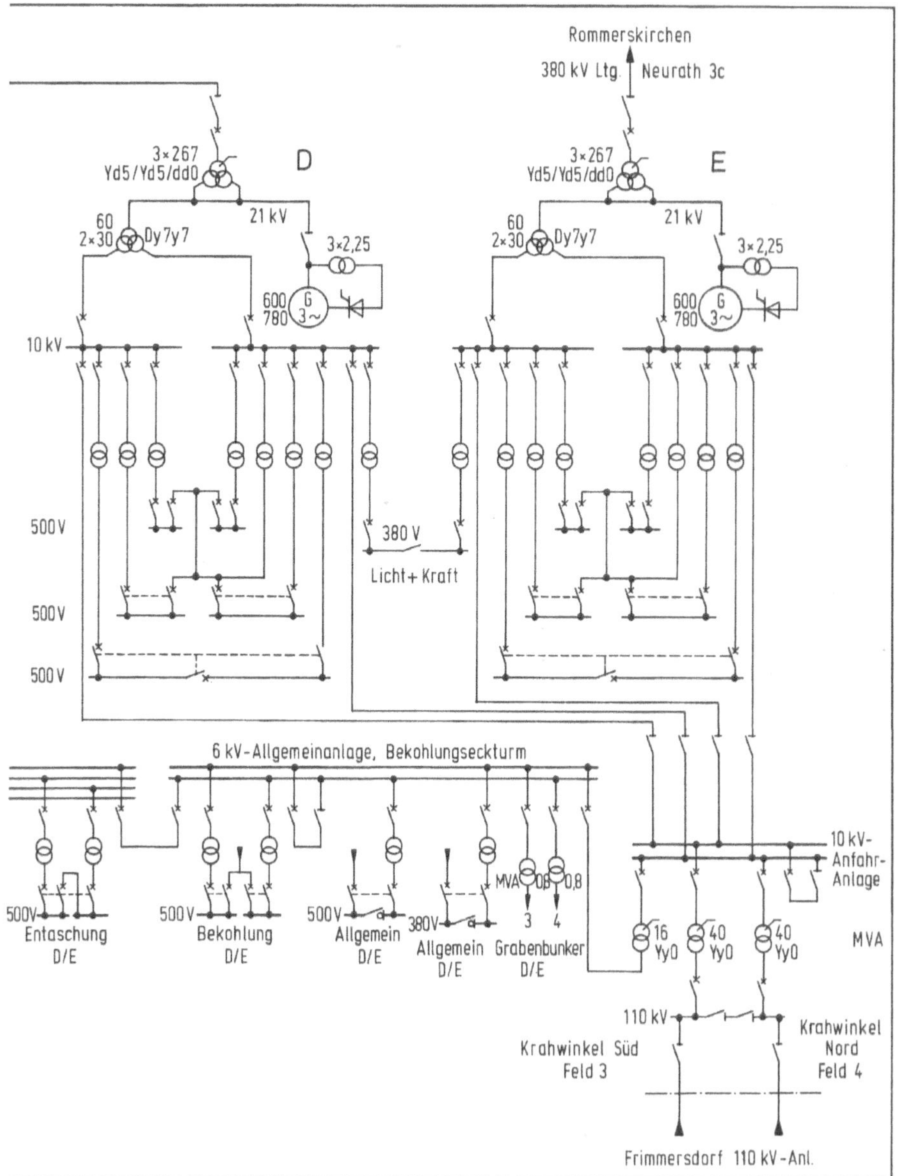

Mittelspannungen:
Generator Block A; B; C; D; E: 21 kV
Eigenbedarf Allgemein und Block A, B, C: 6 kV
Eigenbedarf Allgemein und Block D, E: 10 kV

Niederspannungen:
Eigenbedarf Allgemein
Block A-E: 500V / 400V / 230V

2.2.4 Kernkraftwerke

2.2.4.1 Allgemeines

Kernkraftwerke sind Wärmekraftwerke, die in einem Reaktor die Kernbindungsenergie von Kernbrennstoffen in Wärmeenergie umwandeln. Die Entwicklung der Kerntechnik hat eine Vielzahl von Reaktorarten hervorgebracht. Die häufigste Anwendung finden die sogenannten Leichtwasserreaktoren (2020 waren von weltweit 440 Reaktorblöcken fast 90 % als Leichtwasserreaktor ausgeführt).

Als Leichtwasserreaktor werden alle H_2O-moderierten und -gekühlten Reaktoren bezeichnet. Bei Leichtwasserreaktoren unterscheidet man zwischen Druckwasserreaktor und Siedewasserreaktor. Fast 70 % der Leichtwasserreaktoren sind als Druckwasserreaktor ausgeführt.

Man unterscheidet:

- Siedewasserreaktoren,
- Druckwasserreaktoren,
- Schwerwasserreaktoren,
- schnelle Brutreaktoren,
- Hochtemperaturreaktoren.

Wirtschaftlich bedeutsam sind heute im Allgemeinen nur die Leichtwasserreaktoren. Siedewasserreaktoren findet man nur noch in älteren Kernkraftwerken. Beim Siedewasserreaktor siedet das als Kühlmittel und Moderator dienende Wasser in der Spaltzone. Der entstehende Dampf wird dabei direkt zum Antrieb der Turbine verwendet. Da die modernen Kernkraftwerke ausschließlich mit Druckwasserreaktoren ausgerüstet sind, soll dieses System nachfolgend näher betrachtet werden.

2.2.4.2 Brennstoff

Der Brennstoff – eigentlich müsste man Spaltstoff sagen – für Leichtwasserreaktoren ist das Schwermetall Uran-235. Uran findet man als Erz in der Erde. Aber nur 0,7 % des natürlichen Urans bestehen aus Uran-235. Der Rest von 99,3 % ist nicht spaltbares Uran-238. Damit das spaltbare Uran-235 in Leichtwasserreaktoren genutzt werden kann, reichert man es bis auf 3 % an, so dass der Brennstoff aus 3 % Uran-235 und zu 97 % aus nichtspaltbarem Uran-238 besteht. In Kernkraftwerken mit schwerem Wasser als Moderator kann Natururan direkt genutzt werden. Das angereicherte Uran wird anschließend zu Urandioxid-Tabletten weiterverarbeitet. Erst jetzt ist Uran ein für ein Kernkraftwerk brauchbarer Brennstoff.

Der nutzbare thermische Energieinhalt von 1 kg angereichertem Uran beträgt bei einmaliger Nutzung 700 MWh.

Die Urandioxid-Tabletten werden in 4 bis 5 m lange Hüllrohre aus Edelstahl eingebracht, gasdicht verschweißt und zu einem Brennelement gebündelt. Mehrere gitterförmig angeordnete Brennelemente bilden den Reaktorkern.

2.2.4.3 Druckwasserreaktor

Der Reaktorkern sitzt in einem Reaktordruckbehälter, der aus einem Stahlzylinder mit halbkugelförmigem Behälterboden besteht. Der Durchmesser beträgt ca. 5 m, die Höhe ca. 13 m, die Wanddicke ca. 250 mm. Für den Brennelementewechsel ist der Deckel an den Zylinder angeschraubt. Der Reaktordruckbehälter ist mit leichtem Wasser (H_2O) gefüllt und durch Rohrleitungen mit dem übrigen System verbunden (Bild 2.16).

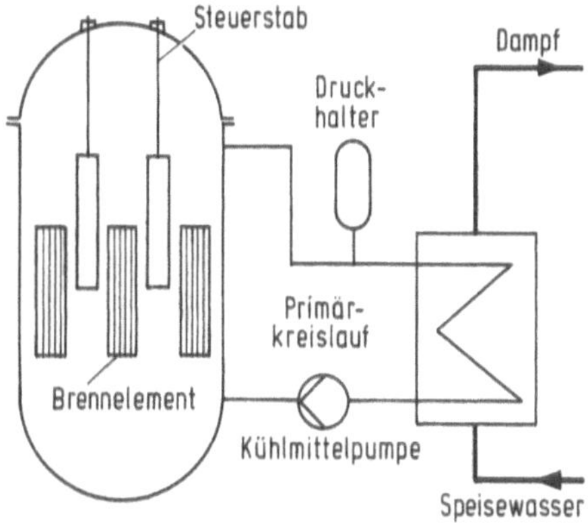

Bild 2.16
Prinzip eines Druckwasserreaktors

Trifft ein langsames Neutron auf einen Atomkern des Uran-235, so kann der Kern in zwei Teile spalten (Spaltprodukt). Dabei werden schnelle Neutronen frei, die durch das Wasser (Moderator) abgebremst werden und somit ihrerseits wieder neue Kerne spalten können und so fort. Dieser selbständige Vorgang wird „Kettenreaktion“ genannt (Bild 2.17).

Zur Einleitung einer Kettenreaktion müssen die Neutronen durch einen Moderator auf eine bestimmte Geschwindigkeit abgebremst werden. Als Moderatoren werden verwendet:

- Leichtes Wasser H_2O,
- Schweres Wasser D_2O,
- Graphit C (Hochtemperaturreaktor).

Würden alle freiwerdenden Neutronen eine neue Spaltung auslösen, dann käme es zu einem sprunghaften Anwachsen der Kettenreaktion. Dies wird dadurch verhindert, dass man Steuerstäbe aus Cadmium oder Borkarbid zwischen die Rohre der Brennelemente schiebt, welche die freiwerdenden Neutronen alle oder zum Teil absorbieren und somit die Kettenreaktion unterbrechen oder ein Anwachsen verhindern. Steht für eine Spaltung gerade noch ein Neutron zur Verfügung so wird der Reaktor als kritisch bezeichnet (Bild 2.17).

> **!** Durch Ein- oder Ausfahren der Steuerstäbe ist eine Leistungsregelung oder Abschaltung des Reaktors möglich.

Die bei der Kernspaltung freiwerdende Wärmeenergie erwärmt die Brennelemente und erhitzt dabei das vorbeiströmende Wasser des Primärkreislaufs von etwa 570 K auf 605 K. Da der Druck von einem Druckhalter auf etwa 155 bar gehalten wird, kommt das Wasser nicht zum Sieden; d.h. es entsteht kein Wasserdampf. Das erhitzte Wasser durchströmt anschließend mehrere Dampferzeuger, gibt dort einen Teil seiner Wärmeenergie an das Speisewas-

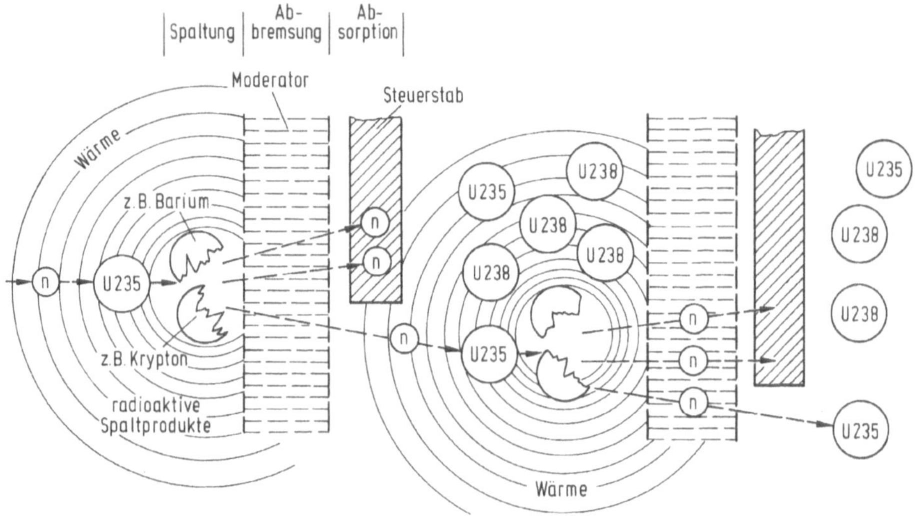

Bild 2.17 Steuerung der Kettenreaktion durch Absorption von Neutronen

ser einer Dampfkraftanlage (Sekundärkreis) ab und wird wieder in das Reaktordruckgefäß zurückgeführt. Durch das Zweikreissystem wird erreicht, dass die im Primärkreis auftretenden radioaktiven Stoffe nicht mit dem Wasser-Dampf-Kreislauf der Dampfkraftanlage in Berührung kommen.

2.2.4.4 Sicherheitsmaßnahmen

Die Problematik der Kernenergie liegt in den physikalischen Gegebenheiten der Kernspaltung begründet. Die bei der Spaltung entstehenden Spaltprodukte geben eine starke radioaktive Strahlung ab. Da diese in zu großer Menge für den Menschen gefährlich ist, muss die Abgabe der Strahlung nach außen verhindert werden. Dazu sind mehrere Sicherheitsbarrieren entsprechend Bild 2.18 vorgesehen.

Von besonderer Bedeutung für die Sicherheit des Druckwasserreaktors ist das Kernnotkühlsystem und das Nachkühlsystem (Bild 2.19). Das Kernnotkühlsystem soll im Schadensfall einen Kühlmittelverlust im Primärkreis ausgleichen. Dazu ist ein Flutsystem vorgesehen, welches in Abhängigkeit vom Druck im Primärkreis das in einem Flutbehälter vorgehaltene Wasser in das Reaktordruckgefäß fördert. Das Nachkühlsystem soll die nach einer Schnellabschaltung noch über längere Zeit entstehende Nachwärme über einen separaten Wärmetauscher an die Umwelt abgeben. Die Nachwärme entsteht durch die nur langsam abklingende Radioaktivität des Spaltmaterials.

Sie kann nach einer Schnellabschaltung (Notabschaltung) kurzzeitig noch bis zu 5% der Nennleistung betragen. Als Sicherheitsmaßnahme gegen eine Überhitzung des Reaktorkerns, die zur gefürchteten Kernschmelze führt (Super-GAU), ist das Nachkühlsystem moderner Kernkraftwerke aus vier unabhängigen Strängen aufgebaut, von denen nur zwei zur Beherrschung des Notfalles benötigt werden und zwei in Reserve stehen.

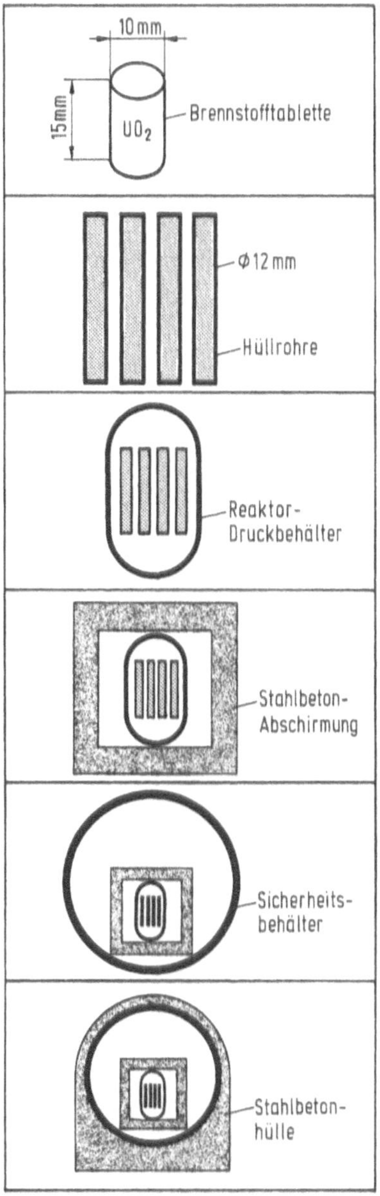

Bild 2.18
Sicherheitsbarrieren eines Kernkraftwerkes mit Druckwasserreaktor:

1. Die Spaltprodukte bleiben zum größten Teil in den gesinterten Brennstofftabletten fest eingebettet.
2. Diese Tabletten befinden sich in gasdicht verschweißten Hüllrohren, die aus einer Spezialstahllegierung bestehen.
3. Die Summe der Hüllrohre, die den Reaktorkern bilden, werden von einem dickwandigen (250 mm) Reaktordruckbehälter aus hochfestem Stahl umgeben.
4. Die radioaktive Strahlung, die eventuell noch den Reaktordruckbehälter durchdringt, wird von einer 2 m dicken Stahlbetonabschirmung aufgefangen. Diese Umhüllung gibt darüber hinaus dem gesamten radioaktiven System einen wirksamen mechanischen Schutz bei Störfällen.
5. Um zu verhindern, dass radioaktive Teilchen oder Gase unkontrolliert ins Freie gelangen, ist die Betonabschirmung mit einem kugelförmigen, gasdicht verschlossenen Stahl-Sicherheitsbehälter von 30 mm Wandstärke umschlossen. Innerhalb des Sicherheitsbehälters wird ständig ein Unterdruck erzeugt. Damit können radioaktive Partikel, die in einem Störfall dorthin vordringen, das Reaktorgebäude nicht verlassen und durch entsprechende Einrichtungen abgesaugt werden.
6. Als Schutz vor Einwirkungen von außen, wie z.B. Absturz eines Flugzeugs, Erdbeben usw., ist der Sicherheitsbehälter nochmals von einer Stahlbetonhülle umgeben.

Übung 2.13

Ein Kernkraftwerk mit einer Kraftwerksnettoleistung von 1100 MW arbeitet mit einem Kraftwerkswirkungsgrad von 33%. Die Energieabgabe erfolgt mit Nennleistung an 300 Tagen im Jahr. Ein Drittel der Brennelemente wird jährlich entladen und gegen neue ausgetauscht.
Wieviel Tonnen angereichertes Uran enthält der Reaktor?

■

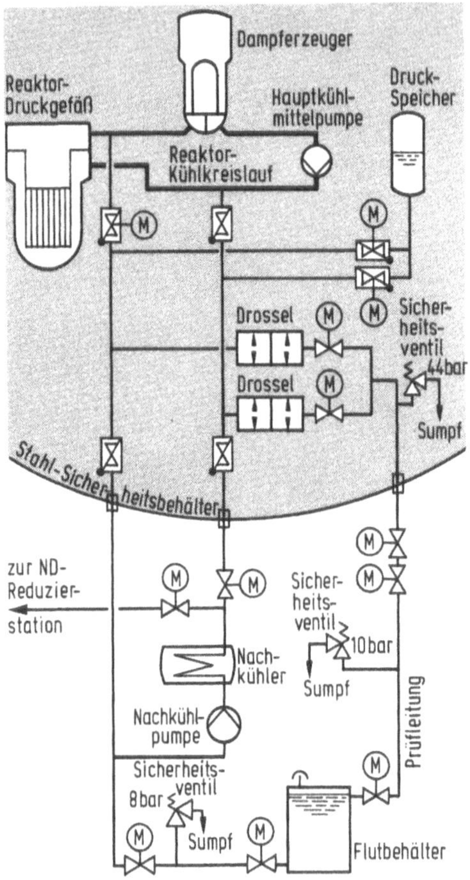

Bild 2.19
Kernnot-und Nachkühlsystem des Druckwasserreaktors Biblis A

2.3 Kraftwerke regenerativer Energiequellen

2.3.1 Allgemeines

Regenerative Energien sind Primärenergien, die laufend von der Natur ergänzt werden.

Regenerative (erneuerbare) Energien sind unter anderem:

- potentielle Energie des Wassers,
- Windenergie,
- Sonnenenergie,
- Biogas.

Die Nutzung dieser Energien für die Elektrizitätserzeugung begann bereits gegen Ende des 19. Jahrhunderts mit dem Bau von Wasserkraftwerken. Sie setzte sich fort mit der elektrischen Energieerzeugung aus Wind, Sonne, Biomasse und Müll. Die Beiträge der genannten Energieträger an der Elektrizitätsversorgung sind sehr unterschiedlich. Tabelle 2.6 zeigt die Anteile am Beispiel Deutschland im Jahr 2022. Es wird erwartet, dass insbesondere die Nutzung der Windenergie in den kommenden Jahren einen deutlichen Zuwachs erfährt.

Tabelle 2.6 Nutzung regenerativer Energiequellen zur Stromerzeugung in Deutschland, Quelle der Datensätze: Umweltbundesamt

Regenerative Energiequelle	Öko-Stromproduktion 2022 in TWh
Wasser	17,5
Wind	125,3
Biomasse	50,2
Sonne	60,8
Gesamt	253,8

Mit 254 TWh deckten die regenerativen Energien in 2022 etwa 46 % des Gesamtbedarfs an elektrischer Energie in Deutschland. Bei den Vorstellungen, welchen Beitrag diese Energiequellen in Zukunft leisten könnten, tut sich jedoch oft eine Lücke zwischen Wunsch und Wirklichkeit auf. Ein wesentlicher Grund für die gegebene Situation liegt in den unterschiedlichen Leistungsdichten der verschiedenen Energiequellen.

> Unter Leistungsdichte wird die angebotene Energie pro Zeiteinheit und Flächen- bzw. Volumeneinheit verstanden. ■

Im Vergleich zu fossilen und nuklearen Brennstoffen mit sehr hohen und der Wind und Sonnenenergie mit geringen Leistungsdichten weist die Energie des Wassers eine mittlere Leistungsdichte auf. Dadurch ist hier eher eine wirtschaftliche Nutzung als bei anderen regenerativen Energien gegeben.

Trotzdem wäre es verfehlt, die heutige Wirklichkeit mit den zukünftigen Möglichkeiten gleichzusetzen. Allerdings werden große Anstrengungen erforderlich sein, wenn die zukünftige Elektrizitätsversorgung durch eine vermehrte Nutzung regenerativer Energiequellen wesentlich unterstützt oder gar gesichert werden soll.

2.3.2 Wasserkraftwerke

Ausgangspunkt der Energieumwandlungskette eines Wasserkraftwerkes ist die potentielle Energie des Wassers. Wasser besitzt immer dann potentielle Energie, wenn es aufgestaut oder in einem See gespeichert wird. Auf dem Weg zur Turbine wird die potentielle Energie in kinetische Energie umgewandelt und anschließend auf das Laufrad der Wasserturbine übertragen. Die Turbine treibt einen Generator an, der die Rotationsenergie in elektrische Energie umwandelt (Bild 2.20).

Die elektrische Leistung eines Wasserkraftwerkes wird durch die je Sekunde zugeführte Wassermenge, die Fallhöhe (Differenz zwischen Oberwasser und Unterwasser) und den Kraftwerkswirkungsgrad bestimmt. Die kinetische Energie des Wassers beträgt nach der zurückgelegten Fallhöhe H bei atmosphärischem Druck:

$$W_{kin} = F_G \cdot H \quad \text{mit} \quad F_G = m \cdot g \quad \text{und} \quad m = \rho \cdot V$$
$$W_{kin} = V \cdot \rho \cdot g \cdot H \tag{2.1}$$

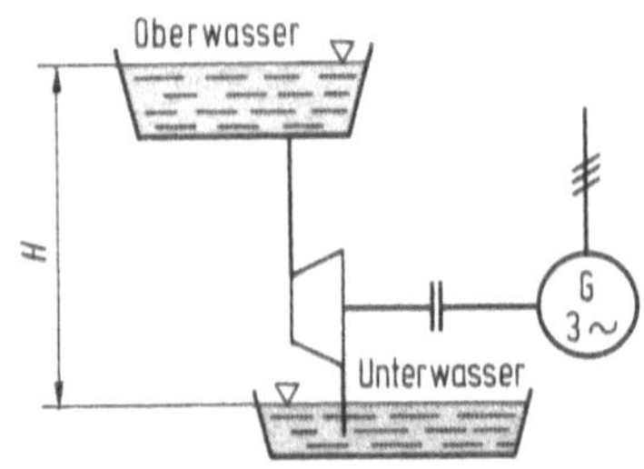

Bild 2.20
Prinzip eines Wasserkraftwerkes

Beispiel 2.3

Bei einem Wasserlauf stehen je Sekunde $3{,}5\,m^3$ Wasser mit $3{,}1\,m$ Gefälle zur Verfügung. Wie viele kW lassen sich daraus gewinnen, wenn der Kraftwerkswirkungsgrad mit 80% angenommen wird?

Lösung:

$$W_{kin} = 3{,}5\ m^3 \cdot 10^3 \tfrac{kg}{m^3} \cdot 9{,}81 \tfrac{N}{kg} \cdot 3{,}1\,m = 106439\,Ws = 106{,}44\,kJ$$

Wird diese Energie der Turbine je Sekunde zugeführt, ergibt sich eine Leistung von:

$$P_{zu} = \frac{W_{kin}}{t} = \frac{106439\,Ws}{1\,s} = 106{,}44\,kW$$

Für die Einspeisung in das Netz steht damit zur Verfügung:

$$P_{ab} = P_{zu} \cdot \eta_K = 106{,}44\ kW \cdot 0{,}8 = 85{,}2\,kW$$

Da die Ausnutzung mit einem möglichst hohen Wirkungsgrad erfolgen soll, kommen je nach Wassermenge und Fallhöhe unterschiedliche Turbinen zum Einsatz (Bild 2.21).

- Zur Abarbeitung des geringen Gefälles (Niederdruckkraftwerke) und der großen Wassermengen hat sich die Kaplan-Turbine als günstigste Bauart erwiesen.
- Wegen der großen Fallhöhen (Mitteldruck- bzw. Hochdruckkraftwerke) kommen bei Speicherkraftwerken Francis-Turbinen oder
- bei sehr großem Gefälle Pelton-Turbinen zum Einsatz.

Die vielfältige Art, wie die Wasservorräte von der Natur bereitgestellt werden, hat zu verschiedenen Ausbauformen von Wasserkraftwerken geführt.

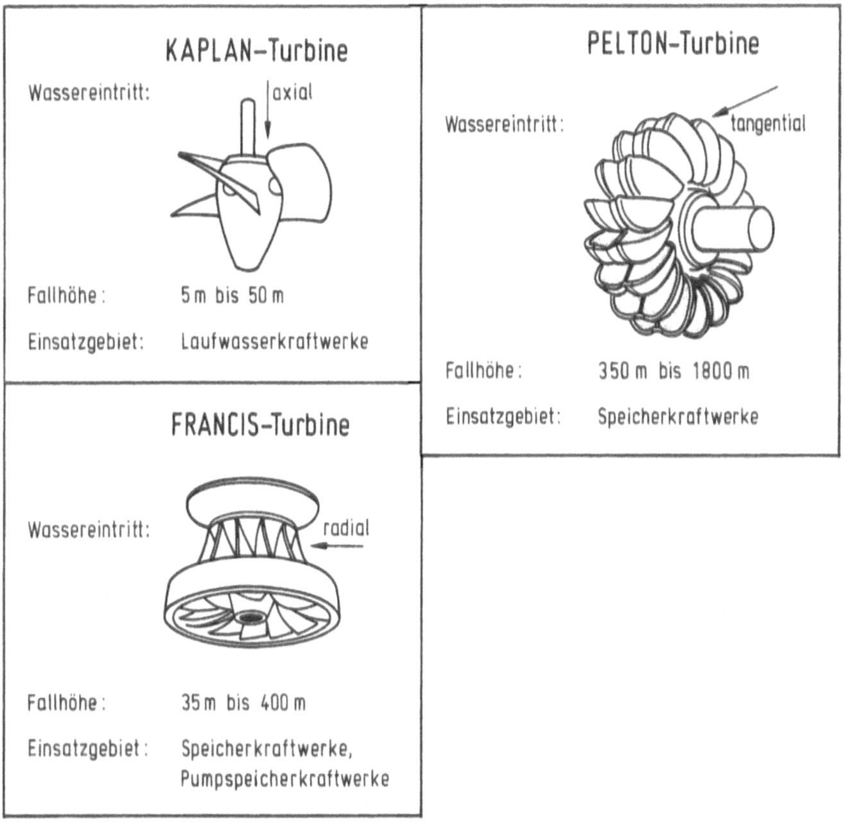

Bild 2.21 Arten und Anwendungsbereiche von Turbinen

2.3.2.1 Laufwasserkraftwerke

Laufwasserkraftwerke nutzen das natürliche Gefälle eines Flusses aus. Sie verarbeiten das ständig nachfließende Wasser und haben nur eine begrenzte Speichermöglichkeit. Wasser, welches nicht unmittelbar genutzt werden kann, fließt über das Wehr und ist damit für die Elektrizitätserzeugung verloren. Laufwasserkraftwerke werden deshalb zur Deckung des Grundlastbedarfs an elektrischer Energie eingesetzt. Bild 2.22 zeigt beispielhaft den Längsschnitt eines Laufwasserkraftwerkes mit Kaplanturbinen in der Ausführungsform als Rohrturbinen (horizontale Bauweise).

Übung 2.14

Der Turbinenwirkungsgrad der 4 Turbinen des Moselkraftwerkes Enkirch beträgt 90 %, der Getriebewirkungsgrad 99 %, siehe Bild 2.22. Je Turbine steht eine Wassermenge von 95 m^3/s mit einem Gefälle von 5,1 m zur Verfügung.

Für welche Leistung muss jeder Generator mindestens ausgelegt sein bei $\cos\varphi = 0{,}8$ und einem Generatorwirkungsgrad von 97 %?

■

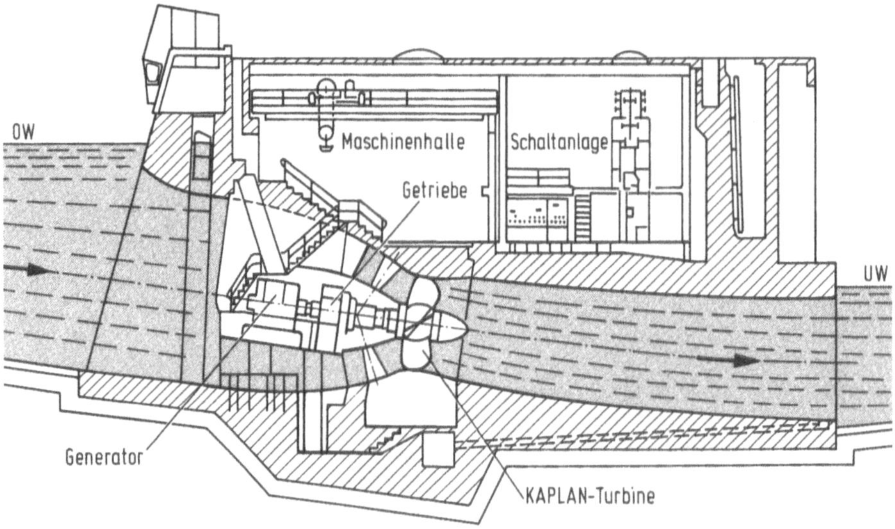

Bild 2.22 Längsschnitt durch das Moselkraftwerk Enkirch

Der Gesamtwirkungsgrad eines Laufwasserkraftwerkes wird im Wesentlichen durch die Verluste in den Turbinen, Getrieben, Generatoren sowie durch den Eigenbedarf bestimmt. Für die verschiedenen Anlagenteile können näherungsweise die Einzelwirkungsgrade von Tabelle 2.7 angenommen werden.

Tabelle 2.7 Anlagenwirkungsgrade und Eigenbedarf von Laufwasserkrafterken

Wirkungsgrade		von	bis
Turbine	η_T	0,83	0,94
Getriebe	$\eta_Ü$	0,98	0,99
Generator	η_G	0,92	0,98
Eigenbedarf	ϵ	0,005	0,01

Somit ergeben sich Kraftwerkswirkungsgrade von:

$$\eta_K = \eta_T \cdot \eta_Ü \cdot \eta_G \cdot (1 - \epsilon) = 0{,}75 \text{ bis } 0{,}90$$

2.3.2.2 Speicherkraftwerke

Speicherkraftwerke werden in geeigneten Geländeformen mit einem natürlichen Wasserzulauf in der Regel durch den Bau von Talsperren errichtet. Im Unterschied zu Laufwasserkraftwerken ist eine kontinuierliche Nutzung des zufließenden Wassers nicht möglich oder nicht zweckmäßig. Sie bieten vielmehr den Vorteil, dass sie in Zeiten verminderten Energiebedarfs die potentielle Energie des Wassers ansammeln können. Bei steigendem Bedarf kann dann aus dem Speicherbecken mehr Wasser entnommen werden als augenblicklich zufließt. Speicherkraftwerke werden daher in der Elektrizitätsversorgung zur Spitzenbedarfsdeckung eingesetzt. Bild 2.23 zeigt den Querschnitt mit den wichtigsten Komponenten eines Speicherkraftwerkes.

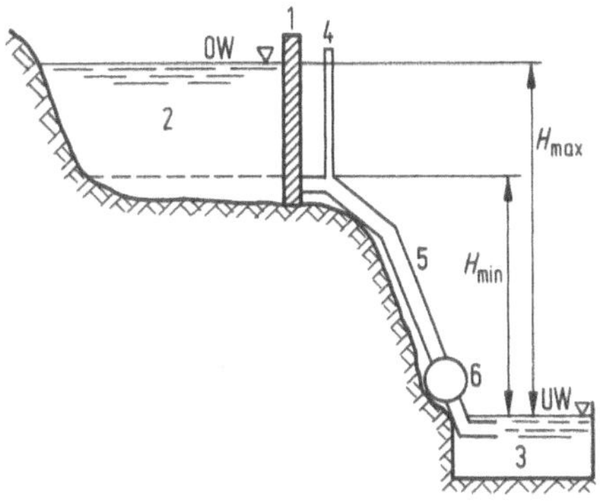

Bild 2.23
Speicherkraftwerk
1 Staumauer
2 Oberbecken
3 Unterbecken
4 Wasserschloss
5 Fallrohr
6 Turbine
OW Oberwasser
UW Unterwasser
H_{max} maximale Fallhöhe
H_{min} minimale Fallhöhe

Übung 2.15

Für ein Speicherkraftwerk mit einer mittleren Nettoleistung von 160 MW und einer durchschnittlichen Jahresbenutzungsdauer von 2000 h ist die jährlich benötigte Zuflussmenge des Speichersees zu ermitteln.

Das Kraftwerk hat ein mittleres Gefälle von 780 m und es soll mit einem Kraftwerkswirkungsgrad von 80% gerechnet werden. Ein Wasserverlust soll nicht angenommen werden! ■

2.3.2.3 Pumpspeicherkraftwerke

In Pumpspeicherkraftwerken wird das von den Turbinen verarbeitete Wasser in einem Unterbecken aufgefangen, um dann in Zeiten des Energieüberschusses im Netz wieder in das Oberbecken zurückgepumpt zu werden. Bild 2.24a zeigt ein entsprechendes Tagesbetriebsdiagramm. Pumpspeicherkraftwerke bieten somit die Möglichkeit, elektrische Energie in potentielle Energie des Wassers zurückzuverwandeln und solange zu speichern, bis die elektrische Energie für Bedarfsspitzen benötigt wird.

Den Aufbau eines Pumpspeicherkraftwerkes zeigt Bild 2.24b. Dabei treibt im Pumpbetrieb der als Motor geschaltete Generator die eingekuppelte Pumpe an oder es ist eine Pumpe mit eigenem Antriebsmotor installiert. Um nicht allzugroße Wassermengen pumpen zu müssen, legt man Pumpspeicherkraftwerke mit möglichst großem Gefälle (Hoch- oder Mitteldruckkraftwerke) an.

Trotz der Kosten für das Hochpumpen ist der Betrieb von Pumpspeicherkraftwerken wirtschaftlich. Das liegt zum einen an den guten Wirkungsgraden der Wasserkraftwerke und Pumpanlagen, zum anderen an den günstigen Energiekosten während der Schwachlastzeiten. Betrachtet man den Gesamtwirkungsgrad eines Pumpspeicherkraftwerkes, so setzt sich dieser aus dem Wirkungsgrad bei Turbinenbetrieb η_{TB}, aus dem Wirkungsgrad bei Pumpbetrieb η_{PB} und aus dem Eigenbedarf zusammen:

$$\eta_{PS} = \eta_{TB} \cdot \eta_{PB} \cdot (1 - \epsilon)$$

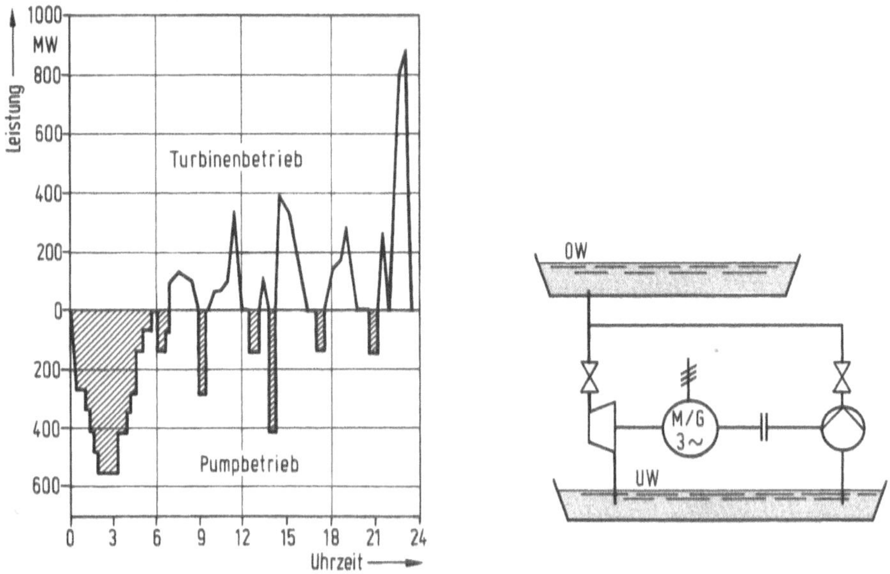

a) Tagesbetriebsdiagramm b) Prinzipschema

Bild 2.24 Pumpspeicherkraftwerk

Mit dem Wirkungsgrad des Pumpenmotors η_M und dem Wirkungsgrad der Pumpe η_P ist:

$$\eta_{PS} = \eta_T \cdot \eta_Ü \cdot \eta_G \cdot \eta_M \cdot \eta_P \cdot (1 - \epsilon)$$

Als Anhaltswert kann angenommen werden: $\eta_{PS} = 0{,}65$ bis $0{,}75$

Übung 2.16

Zur Deckung der Belastungsspitzen eines Versorgungsnetzes ist ein Pumpspeicherkraftwerk (ohne natürlichen Zufluss) mit den nachstehenden Nenndaten vorgesehen.

Leistungsabgabe der Turbinen	132,0	MW
Leistungsaufnahme der Pumpen	100,0	MW
Wassermenge Turbinen	100,0	m^3/s
Wassermenge Pumpen	55,0	m^3/s
Fallhöhe max.	165,2	m
mittl.	155,7	m
min.	145,7	m
Generatorwirkungsgrad	0,97	
Motorwirkungsgrad	0,94	
Eigenbedarfsfaktor	0,7	%
Nutzinhalt Speicherbecken	1,53	$10^6\,m^3$
Jahresabgabe	200,0	GWh
Jahresaufnahme	300,0	GWh

Ermitteln Sie für Nennbetrieb:

a) die Zeit, nach der das Speicherbecken entleert ist,
b) die Pumpzeit für eine Füllung des Speicherbeckens,
c) die Jahresstunden im Generatorbetrieb,
d) die Jahresstunden im Pumpbetrieb,
e) den Pumpspeicherwirkungsgrad.

2.3.3 Windkraftwerke

Windkraftwerke wandeln mit Hilfe von Windturbinen (Windkonverter) einen Teil der Strömungsenergie der Luft in Rotationsenergie und anschließend über Getriebe (oder direkt) und Generator in elektrische Energie um (Bild 2.25).

Da ein Teil der Windenergie mit der Abluft wieder abströmt, kann ein Windkonverter im günstigsten Fall nur die Differenz zwischen zu- und abströmender Windenergie in Rotationsenergie umwandeln. Die erzielbare Rotationsleistung errechnet sich aus der je Sekunde zuströmenden Windenergie multipliziert mit einem Leistungsbeiwert c_P.

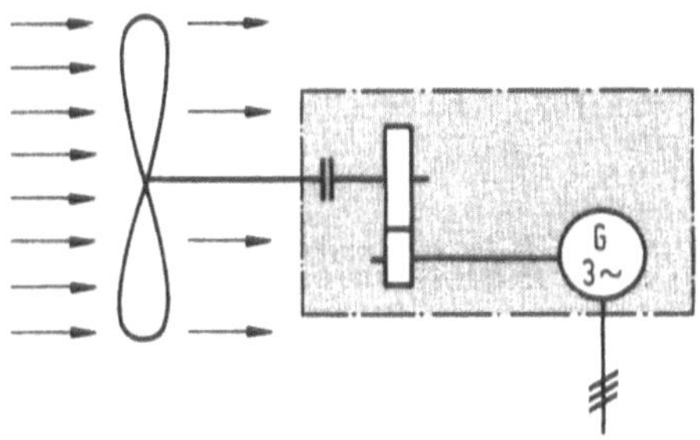

Bild 2.25
Prinzip eines Windkraftwerkes

c_p ist eine konstruktionsbedingte Maschinenkonstante.
Als technische Grenze gilt $c_p < 0{,}5$.

Die starke Abhängigkeit der Leistung von der Windgeschwindigkeit lässt erkennen, wie wichtig der Aufstellungsort einer Windkraftanlage für eine optimale Energieausbeute ist. Dabei hat sich gezeigt, dass eine sinnvolle Nutzung nur dann gegeben ist, wenn an möglichst vielen Tagen im Jahr eine Windgeschwindigkeit von mindestens 4 m/s vorhanden ist.

Diese Verhältnisse findet man in Deutschland vorwiegend in Küstenregionen, auf Inseln sowie in Mittelgebirgs- und Hochgebirgslagen vor. Entsprechend unterschiedlich ist die regionale Verteilung der Standorte (Tabelle 2.8).

Ein entscheidender Nachteil der Nutzung der Windenergie ist die relativ geringe und unregelmäßige Verfügbarkeit. Das bedeutet, dass die volle Leistung nur zeitweise zur Verfügung steht. Die restliche Zeit arbeiten die Anlagen im Teillastbetrieb oder können überhaupt keine Leistung abgeben. Die zeitlichen Schwankungen der Leistung im Minuten- und Stundenbereich können zwar durch das Zusammenfassen vieler Einzelanlagen zu einem regionalen Verbund geglättet werden, bei großräumigen Windflauten oder Schwachwindperioden muss jedoch auf konventionelle Kraftwerke, die in Reserve stehen, zurückgegriffen werden.

Beispiel 2.4

Eine Windkraftanlage mit einem Rotordurchmesser von 50 m wird mit einer Windgeschwindigkeit von 12 m/s ($\rho = 1{,}22\,\text{kg/m}^3$) beaufschlagt. Welche Leistung kann der Konverter umsetzen, wenn der Leistungsbeiwert mit $c_\text{p} = 0{,}41$ angegeben wird?

Lösung:

Kinetische Energie des Windes:

$$E_\text{K} = \frac{m \cdot v^2}{2} \qquad m = A \cdot v \cdot t \cdot \rho \qquad A = \frac{D^2 \cdot \pi}{4}$$

$$E_\text{K} = \frac{D^2 \cdot \pi \cdot v^3 \cdot t \cdot \rho}{8}$$

Im Wind enthaltene Leistung:

$$P_\text{W} = \frac{D^2 \cdot \pi \cdot v^3 \cdot \rho}{8}$$

Vom Konverter umgesetzte Leistung:

$$P = c_\text{p} \frac{D^2 \cdot \pi \cdot v^3 \cdot \rho}{8} \tag{2.2}$$

$$P = 0{,}41 \frac{(50\text{m})^2 \cdot \pi \cdot \left(12\frac{\text{m}}{\text{s}}\right)^3 \cdot 1{,}22\frac{\text{kg}}{\text{m}^3}}{8} = 848{,}57 \cdot 10^3\,\frac{\text{kg} \cdot \text{m}^2}{\text{s}^3} \approx 848\,\text{kW}$$

■

Übung 2.17

a) Wie groß ist die Leistung des Windkonverters in Beispiel 2.4, wenn die Windgeschwindigkeit auf den halben Wert absinkt?
b) Wie groß ist die erzielte Leistung je m^2 überstrichene Rotorfläche bei $v = 12\,\text{m/s}$?

■

Windkraftwerke ermöglichen somit zwar eine Einsparung anderer Primärenergien, solange jedoch keine wirtschaftlichen Speichermöglichkeiten bestehen, können sie keine konventionellen Kraftwerke ersetzen.

Windkraftwerke werden heute für Leistungen von 10 kW bis 7,5 MW gebaut. Sie arbeiten normalerweise im Netzparallelbetrieb, d.h. die elektrische Energieversorgung erfolgt zunächst über das Ortsnetz. Sobald die Windgeschwindigkeit 3 m/s übersteigt, schaltet sich die Windkraftanlage automatisch ein und übernimmt ganz oder teilweise die Versorgung. Wird die elektrische Energie vom Betreiber selbst nicht genutzt, kann der überschüssige Anteil in das Stromnetz eingespeist werden.

Tabelle 2.8 Anzahl der Windkraftanlagen und installierte Windkraft-Leistung in den Bundesländern, Stand 31.12. 2022, Quelle: Deutschland – Deutsche WindGuard GmbH; Österreich – IG Windkraft.

Bundesland Deutschland	Anzahl	Install. Leistung in MW	Bundesland Österreich	Anzahl	Install. Leistung in MW
Niedersachsen	6156	12084	Niederösterreich	762	1861
Brandenburg	3992	8273	Burgenland	448	1346
Nordrhein-Westfalen	3603	6755	Steiermark	114	294
Schleswig-Holstein	3110	7456	Oberösterreich	31	50
Sachsen-Anhalt	2800	5344	Kärnten	10	28
Mecklenburg-Vorpommern	1837	3573	Wien	9	7
Rheinland-Pfalz	1761	3891	Salzburg	0	0
Hessen	1150	2389	Tirol	0	0
Bayern	1143	2613	Vorarlberg	0	0
Sachsen	880	1326			
Thüringen	863	1797			
Baden-Württemberg	776	1745			
Saarland	212	520			
Bremen	87	201			
Hamburg	67	122			
Berlin	6	17			
Gesamt	28443	58106	Gesamt	1374	3586

2.3.4 Photovoltaische Kraftwerke

Die einfachste Art der Elektrizitätserzeugung ist die direkte Umwandlung des Sonnenlichtes mit Hilfe von Solarzellen. Die Entwicklung dieser Technologie – auch Photovoltaik genannt – hat in den letzten Jahren große Fortschritte gemacht (Bild 2.26).

Es gibt heute ausgereifte Anlagen sowohl für die Einzelversorgung kleiner Verbraucher wie Parkscheinautomaten, Solarboote, Wohnmobile usw. als auch größere Anlagen zur Versorgung von Wohnhäusern, öffentlichen Gebäuden, Sportstätten usw. Letztere werden meist mit dem öffentlichen Netz verbunden (netzgekoppelte Anlagen), um Produktionsschwankungen durch Einspeisung/Netzbezug auszugleichen.

Die Nutzung der Sonnenenergie bietet vielfältige Vorteile gegenüber allen anderen Energiewandlungsverfahren. Sie ist unerschöpflich und praktisch an jedem Ort verfügbar. Ihre photovoltaische Umwandlung ist umweltfreundlich. Die technischen Anlagen sind verschleißarm und erfordern bei den klimatischen Bedingungen in Mitteleuropa nur wenig Wartung.

Den genannten Vorzügen steht jedoch der Nachteil gegenüber, dass die Elektrizitätserzeugung in photovoltaischen Kraftwerken heute noch sehr viel teurer ist als in thermischen Kraftwerken. Als Ursache hierfür lassen sich folgende Gründe anführen:

- Die klimatischen Verhältnisse in Mitteleuropa erlauben nur eine geringe Ausbeute der Sonnenenergie. So beträgt zwar die maximale Sonneneinstrahlung im Schnitt $1000\,\text{W/m}^2$, jedoch erzielt man im Verlauf des Jahres unter Berücksichtigung von Tag und Nacht sowie der Bewölkung nur eine durchschnittliche Strahlungsdichte von 100 bis $120\,\text{W/m}^2$ (Bild 2.27).
- Die starken Schwankungen der verfügbaren Sonnenenergie je nach Wetterlage, Tages- und Jahreszeit erfordern für eine sichere Elektrizitätsversorgung den Rückgriff auf Tagesspeicher (z.B. Batterien, Solar-Wasserstoff-Anlagen) und/oder auf in Bereitschaft stehende konventionelle Kraftwerke. Damit verringert sich die Jahresbenutzungsdauer und somit die Wirtschaftlichkeit der konventionellen Kraftwerke.
- Bei dem heutigen Entwicklungsstand beträgt der Wirkungsgrad der einsetzbaren Solarzellen je nach Siliziumstruktur zwischen 6 und 22 %. Damit ergibt sich eine erzeugbare elektrische Leistung von durchschnittlich 20 bis $23\,\text{W/m}^2$.

Die wirtschaftliche Nutzung der Sonnenenergie wird beeinträchtigt durch:

- zeitliche Schwankungen der Einstrahlung bei geringer Strahlungsdichte,
- kleine Solarzellenwirkungsgrade.

Beispiel 2.5

Ein 1000 MW-Kernkraftwerk soll durch ein photovoltaisches Kraftwerk ersetzt werden. Welche Fläche muss der Solargenerator haben, wenn eine durchschnittliche Leistungsdichte von $120\,\text{W/m}^2$ und ein Solarzellenwirkungsgrad von 18% angenommen wird.

Lösung:

$$A = \frac{1000 \cdot 10^6\,\text{W}}{120\frac{\text{W}}{\text{m}^2} \cdot 0,18} = 46,29 \cdot 10^6\,\text{m}^2 = 4629\,\text{ha}$$

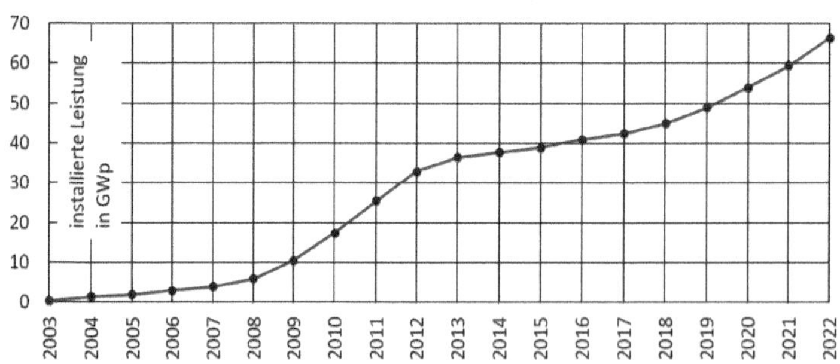

Bild 2.26 Entwicklung netzgekoppelter Photovoltaikanlagen in Deutschland, Quelle: Fraunhofer ISE

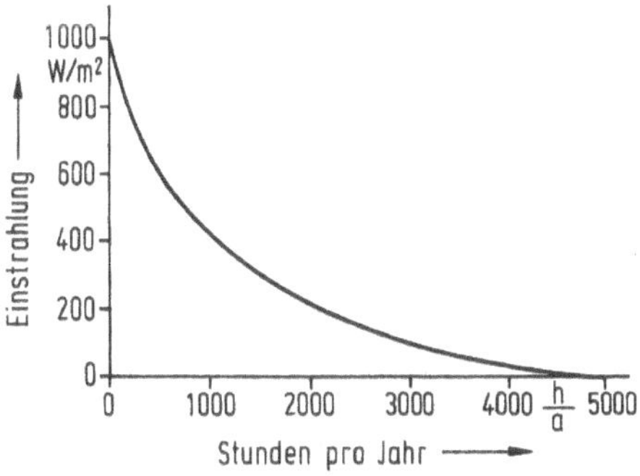

Bild 2.27
Mittlere Jahresdauerlinie der Strahlungsdichte auf eine 30 Grad geneigte Südfläche in Deutschland

Das Beispiel zeigt, dass vergleichbare photovoltaische Kraftwerke bei dem heutigen Stand der Technik riesige Solarflächen erfordern. Damit verbunden sind nicht nur entsprechend hohe Kosten, sondern auch nicht abschätzbare Probleme, die durch die Bebauung der hierfür benötigten Flächen entstehen.

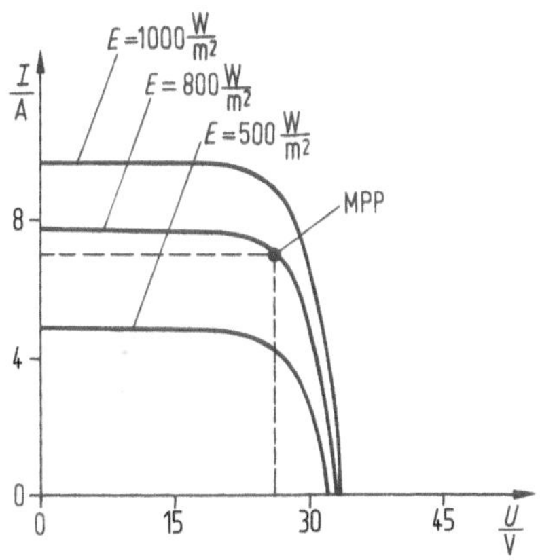

Bild 2.28
Strom-Spannungs-Charakteristik eines Solarmoduls für $\vartheta = 25\,°C$

Die Angaben zur Leistungscharakteristik von Solargeneratoren werden normalerweise auf $1000\,W/m^2$ Einstrahlung und 25 °C Zellentemperatur bezogen und in einem Diagramm (Bild 2.28) dargestellt. Die Auslegung erfolgt dabei so, dass das Produkt aus U und I möglichst groß wird.

Das Optimum liegt im MPP (Maximum-Power-Point), gemessen in W_P (Watt peak). Diese Spitzenleistung wird normalerweise als Nennleistung des Solargenerators angegeben. Sie ist nur ein rechnerischer Wert, der aus verschiedenen Gründen (Eigenerwärmung, Streuung der Moduldaten, Verschmutzung der Oberfläche, Stromleitungsverluste der Anlage) in der Praxis nicht erreicht werden kann. Bild 2.29 zeigt den Übersichtsschaltplan einer photovoltaischen Anlage mit einer Leistung von 480 kW_P.

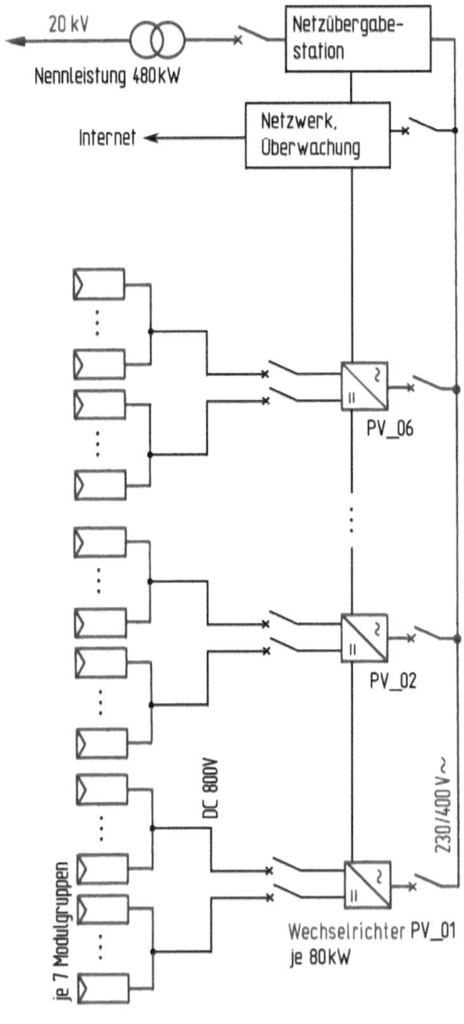

Bild 2.29
Übersichtsschaltplan einer 480 kW$_P$ photovoltaischen Anlage

Sechs Solarfelder wandeln die eingestrahlte Sonnenenergie in elektrische Energie um. Die einzelnen Solarzellen sind durch Reihen- und Parallelschaltung zu Modulen und diese wiederum zu Modulgruppen zusammengeschaltet. Je 2 Modulgruppen werden getrennt zum Wechselrichter geführt. Dadurch ist es möglich, Strom und Spannung entsprechend anzupassen. Wechselrichter wandeln anschließend den Gleichstrom in einen netzsynchronen Drehstrom, der über einen Transformator in das 20 kV-Mittelspannungsnetz eingespeist wird.

Da die Energielieferung der photovoltaischen Anlage ohne Zwischenspeicherung in Batterien erfolgt, spricht man hier vom direkt netzgekoppelten Betrieb.

Mittels Überwachungsstation können Messdaten abgefragt und Status- sowie Störungsmeldungen weitergeleitet werden. In der Netzübergabestation erfolgt die Überwachung des Netzzustandes und die Energiemessung.

Übung 2.18

Ein Solargenerator soll für eine jährliche Elektrizitätserzeugung von 200 MWh ausgelegt werden. Am Aufstellungsort muss mit einer durchschnittlichen Einstrahlung von 120W/m^2 gerechnet werden. Als Solarzellen sollen 16 cm · 16 cm große Siliziumzellen mit einem Wirkungsgrad von 18 % und einer Zellenspannung von 0,45 V bei Vollast verwendet werden. Der Solargenerator wird aus Modulen zusammengeschaltet, die aus je 60 Solarzellen in Reihenschaltung bestehen.

Ermitteln Sie die Fläche und Leistung des Solargenerators.

2.4 Kraftwerkseinsatz

2.4.1 Allgemeines

Aus wirtschaftlichen und technischen Gründen hat jede Kraftwerksart ihre spezifische Aufgabe im Rahmen der öffentlichen Elektrizitätsversorgung. Diese Aufgabe wird durch die Höhe der Erzeugungskosten je kWh, die Charakteristik der Leistungsregelung und durch den Vorrat an Primärenergie bestimmt. Ferner muss ein Teil der gesamten Kraftwerksleistung (etwa 20%) stets als Reserve für störungsbedingt ausfallende Kraftwerkseinheiten bereitstehen.

Als Sicherheit für unvorhersehbare Engpässe dient die sogenannte freie Leistungsreserve. Sie muss in Bereitschaft stehen, wenn durch Kraftwerksrevisionen, länger andauernde Reparaturarbeiten, verspätete Inbetriebnahme von neuen Kraftwerken oder Netzen oder nicht abschätzbaren Energiebedarf die Elektrizitätsversorgung gefährdet werden könnte.

Die unterschiedlichen Aufgaben, die den verschiedenen Kraftwerken in einem Versorgungskonzept zugewiesen sind, erfordern eine zentrale Einsatzplanung und Einsatzsteuerung. Anhand von Erfahrungswerten vergangener Belastungsperioden werden die zu erwartenden Netzbelastungen vorausgeschätzt und entsprechend den Marktmechanismen Steuerbefehle an die Kraftwerke und Netzschaltanlagen übermittelt.

Die Einsatzweise eines Kraftwerkes wird bestimmt durch:

- den Strommarkt (Liefermöglichkeiten, Erzeugungskosten),
- die Charakteristik der Leistungsregelung,
- den Vorrat an Primärenergie,
- die notwendige Reservehaltung.

2.4.2 Netzbelastung

Der elektrische Energiebedarf eines Versorgungsgebietes ist nicht gleichmäßig über 24 Stunden verteilt, sondern es treten erhebliche Schwankungen während der verschiedenen Tageszeiten auf. Trägt man diese unterschiedlichen Netzbelastungen eines Tages graphisch auf, so erhält man ein Tagesbelastungsdiagramm.

Bild 2.30 zeigt die Tagesbelastungsdiagramme eines bestimmten Versorgungsgebietes für einen Wintertag und einen Sommertag. Deutlich sind die schwache Belastung während der Nacht, das sogenannte Nachttal, und die Tagesspitze am Mittag zu erkennen. Je nach Wirtschaftsstruktur eines Versorgungsgebietes (z. B. Großindustrie, Mittelständische Betriebe, Wohngebiet) können sich sehr unterschiedliche Belastungskurven ergeben.

2.4.3 Einsatzplanung

Die Tagesbelastungsdiagramme in Bild 2.30a lassen erkennen, dass ein bestimmter Leistungsanteil der Tagesbelastung während des ganzen Tages benötigt wird. Diese Last be-

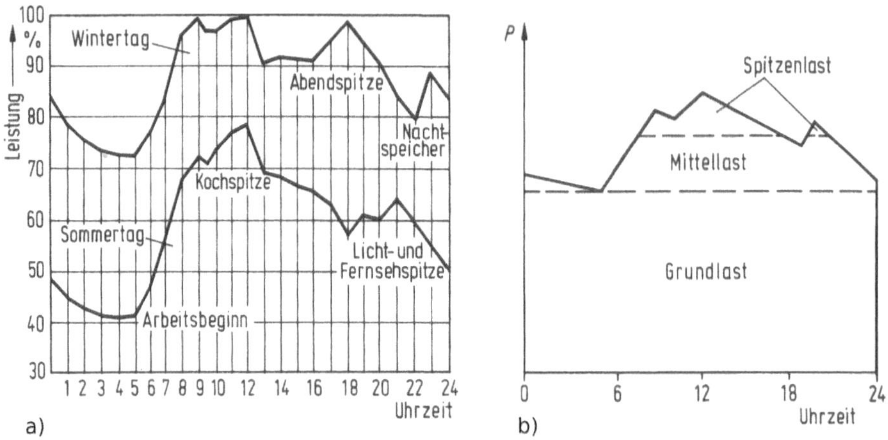

Bild 2.30 Tagesbelastungsdiagramme

zeichnet man als Grundlast (Bild 2.30b). In diesem Bereich werden Laufwasser-, Braunkohle- und Kernkraftwerke eingesetzt, da sie mit den niedrigsten Erzeugungskosten arbeiten. Der Bereich in der Mitte des Tagesbelastungsdiagramms (Bild 2.30b) wird als Mittellast bezeichnet. Die in diesem Bereich eingesetzten Kraftwerke sind meist einen großen Teil des Tages in Betrieb und werden nur während der Schwachlastzeit abgeschaltet. Diese Kraftwerke müssen in ihrer Leistungsabgabe gut regelbar sein, da sie sich der wechselnden Tagesbelastung anpassen müssen. Im Mittellastbereich werden Steinkohle-, Erdgas- und Heizölkraftwerke eingesetzt.

Den oberen Teil des Tagesbelastungsdiagramms nennt man Spitzenlast. Die Kraftwerke, die in diesem Bereich eingesetzt werden, sind nur kurze Zeit im Betrieb. Wichtig ist, dass die hierfür vorgesehenen Kraftwerke kurzfristig eingesetzt werden können und gut regelbar sind. Diese Forderungen erfüllen Speicher-, Pumpspeicher- und Gasturbinenkraftwerke. Sie können z.T. in weniger als zwei Minuten vom Stillstand auf volle Leistung gebracht werden, während z.B. ein Kohlekraftwerk hierfür mehrere Stunden benötigt.

Tagesbelastungsdiagramme weisen nicht immer einen ausgeprägten Unterschied zwischen Grund- und Mittellast auf. So sind an Tagen mit sehr hohem Energiebedarf auch Mittellastkraftwerke rund um die Uhr im Einsatz. Ein Beispiel hierfür zeigt Bild 2.31.

! Der Einsatz der verschiedenen Kraftwerksarten erfolgt nach wirtschaftlichen und technischen Gesichtspunkten als

- Grundlastkraftwerk,
- Mittellastkraftwerk,
- Spitzenlastkraftwerk.

Aus den verschiedenen Aufgaben im Rahmen der Elektrizitätsversorgung ergeben sich für die einzelnen Kraftwerke sehr unterschiedliche Betriebsstunden in einem Jahr. Man spricht von der Jahresbenutzungsdauer T_b eines Kraftwerkes. Sie wird bestimmt aus der jährlich abgegebenen elektrischen Energie W_a in kWh und der maximal erzeugten Leistung

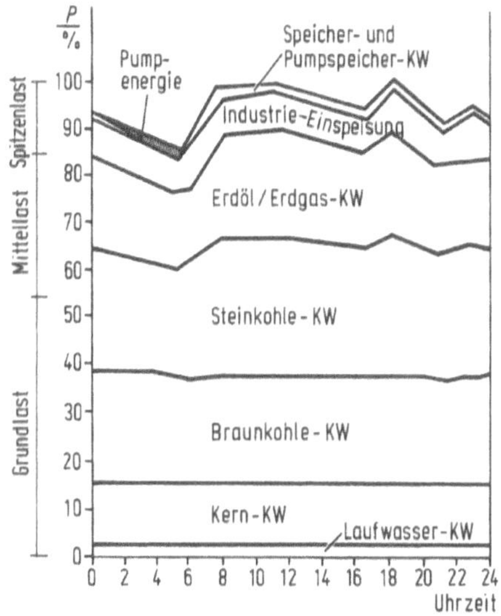

Bild 2.31 Tagesbelastungsdiagramm am Tage der Jahreshöchstlast

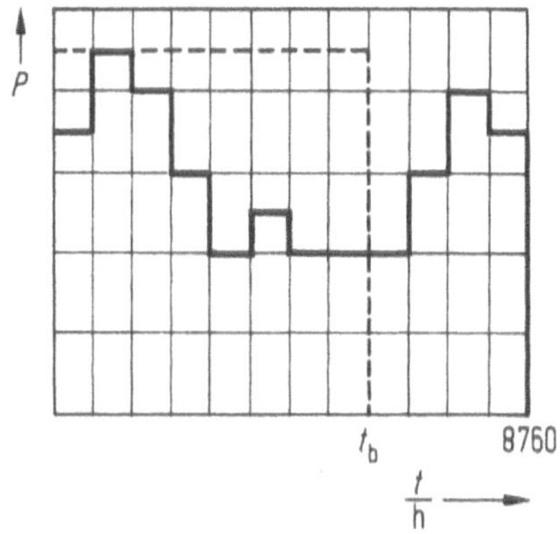

Bild 2.32 Ermittlung der Jahresbenutzungsdauer T_b

P_m in kW zu:

$$T_b = \frac{W_a}{P_m} \quad \text{in} \quad \text{h} \tag{2.3}$$

Bild 2.32 zeigt vereinfacht die während der einzelnen Monate eines Jahres abgegebene Leistung. Die Fläche unterhalb der Kurve entspricht der im Jahr abgegebenen elektrischen Energie. Bildet man ein flächengleiches Rechteck mit der maximal erzeugten Leistung als Höhe, so ergibt sich auf der Zeitachse die Jahresbenutzungsdauer T_b.

! Die Jahresbenutzungsdauer gibt an, wie viele Stunden ein Kraftwerk mit maximaler Leistung arbeiten müsste, um den gleichen Energiebetrag zu erzeugen, der von ihm während eines Jahres geliefert wurde. ■

Damit die Generatoren über längere Zeit mit günstigem Wirkungsgrad arbeiten, muss die Einsatzplanung so erfolgen, dass die Jahresbenutzungsdauer eines Kraftwerkes möglichst groß wird. Allerdings wird der erreichbare Wert wesentlich durch die Aufgabe bestimmt, die einem Kraftwerk innerhalb der Gesamtversorgung zugewiesen ist. Erfahrungsgemäß werden für die Jahresbenutzungsdauer je nach Einsatzbereich etwa Werte nach Tabelle 2.9 erzielt.

Die Entscheidung, welche Kraftwerke zu welcher Zeit und mit welcher Leistung zur Deckung des elektrischen Energiebedarfs herangezogen werden, wird vom Strommarkt bestimmt und in den Lastverteilerzentralen der EVU überwacht.

Diese zentralen Leitstellen sind so ausgestattet, dass sie jederzeit über den Netzzustand informiert sind und kurzfristig Anweisungen zur Einsatzsteuerung von Kraftwerken und

Tabelle 2.9 Typische Werte für die Jahresbenutzungsdauer von Kraftwerken

Kraftwerkstyp	T_b in h
Grundlastkraftwerke	6000
Mittellastkraftwerke	4000
Spitzenlastkraftwerke	2000

Schalteinrichtungen an die nachgeordneten Stellen erteilen können (Redispatch). Die Einsatzsteuerung der Kraftwerke muss sicherstellen, dass:

- in jedem Augenblick Verbrauch und Erzeugung im Gleichgewicht stehen,
- zu jeder Zeit eine ausreichende Leistungsreserve für Kraftwerksausfälle vorhanden ist,
- insgesamt die elektrische Energie zu möglichst günstigen Kosten erzeugt wird.

2.5 Lernzielorientierter Test zu Kapitel 2

1. Was versteht man unter dem thermischen Wirkungsgrad?
2. Durch welche Größen kann der thermische Wirkungsgrad verbessert werden?
3. Beantworten Sie anhand des T,s-Diagramms in Bild 2.4 folgende Fragen:
   a) Welche Fläche entspricht der mechanischen Arbeit, welche die Hochdruckturbine an den Generator abgibt?
   b) Welche Fläche entspricht der mechanischen Arbeit, welche die Mitteldruckturbine an den Generator abgibt?
   c) Welche Fläche entspricht der Wärme, die an den Kondensator abgeführt wird?
4. Was versteht man unter Zwischenüberhitzung und weshalb wird sie durchgeführt?
5. Ein 600 MW-Kraftwerksblock (Generatorleistung) wurde nachträglich mit einer Rauchgasentschwefelungsanlage (REA) und einer Rauchgasentstickungsanlage (DeNOx) ausgerüstet. Die Verluste in % der Gesamtenergie betragen:

Abwärme Kondensator	47,8
Dampferzeuger	12,0
Turbine	0,2
Generator	0,6
Transformator	0,1
Eigenbedarf ohne REA + DeNOx	3,3
Eigenbedarf REA	0,8
Eigenbedarf DeNOx	0,1

   Berechnen Sie:
   a) Die Netto-Kraftwerksleistung ohne Rauchgasreinigung,
   b) Die Netto-Kraftwerksleistung mit REA + DeNOx,
   c) Die Steigerung der Eigenbedarfsleistung mit REA + DeNOx in %.

6. Erläutern Sie das Prinzip der Kraft-Wärme-Kopplung.
7. Beschreiben Sie den prinzipiellen Aufbau eines Kraftwerksblocks und erläutern Sie die Gründe für die Aufteilung eines Kraftwerks in mehrere Blöcke.
8. Beschreiben Sie das Prinzip der Leistungsregelung bei einem Druckwasserreaktor.
9. Welche Sicherheitssysteme sollen einen Druckwasserreaktor vor Überhitzung (Kernschmelze) schützen?
10. Welche Aufgabe haben Pumpspeicherkraftwerke in der Elektrizitätsversorgung?
11. Erläutern Sie die prinzipielle Bedeutung von Wind- und Solarkraftwerken für die gesamte Elektrizitätsversorgung?
12. Erläutern Sie den Unterschied zwischen Grund-, Mittel- und Spitzenlastkraftwerken.

3 Netze

3.1 Aufbau von Netzen

Lernziele

Nach Durcharbeitung dieses Abschnittes können Sie

- die Verwendung unterschiedlicher Netzspannungen begründen,
- die verschiedenen Netzstrukturen mit ihren Vor- und Nachteilen erläutern,
- die unterschiedlichen Verteilungssysteme erklären,
- den Aufbau von Freileitungen beschreiben,
- die allgemeinen Kriterien für die Auswahl eines Kabels zusammenstellen,
- die Hauptelemente eines Kabels beschreiben,
- aus der Kennzeichnung eines Kabels den Aufbau ableiten,
- gebräuchliche Niederspannungskabel beschreiben,
- Maßnahmen zur Feldsteuerung bei Mittelspannungskabeln erläutern,
- verschiedene Bauformen von Hochspannungskabeln beschreiben und ihre Wirkprinzipien erläutern.

3.1.1 Allgemeines

Als Netze bezeichnet man die Gesamtheit aller Einrichtungen, wie Freileitungen, Kabel, Umspannanlagen und Schaltanlagen, die zur Übertragung und Verteilung der elektrischen Energie notwendig sind.

Netze übertragen die elektrische Energie mit Gleichstrom, Wechselstrom oder Drehstrom über Freileitungen oder Kabel. Dabei wird normalerweise das System gewählt, welches mit der größtmöglichen Wirtschaftlichkeit arbeitet.

Ein Übertragungssystem ist wirtschaftlich, bei:

- minimalen Aufwendungen für den Betrieb (Verluste, Wartung),
- minimalen Anlagenkosten (Kapitaldienst, Verzinsung, Abschreibung).

Ein verlustarmer Betrieb bedeutet, dass die elektrische Energie mit einem möglichst großen Wirkungsgrad übertragen wird. Wie diese Forderung erfüllt werden kann, soll nachfolgend am Beispiel einer Wechselstromleitung (Bild 3.1) untersucht werden.

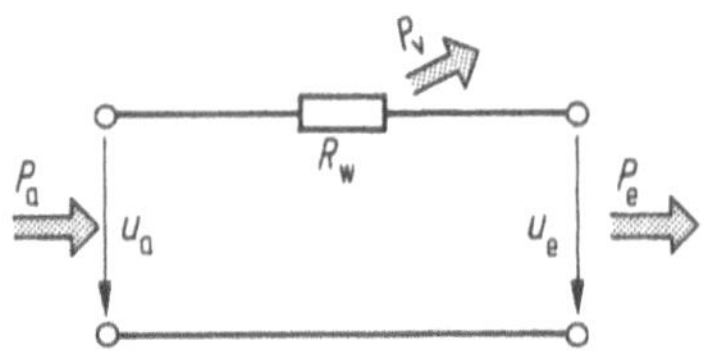

Bild 3.1
Vereinfachtes Ersatzschaltbild einer Wechselstromleitung

Der Übertragungswirkungsgrad ist festgelegt als das Verhältnis der am Leitungsende abgegebenen Wirkleistung P_e zur aufgenommenen Wirkleistung P_a:

$$\eta_ü = \frac{P_e}{P_a} \tag{3.1}$$

Die Differenz der beiden Leistungen ist die Verlustleistung P_v:

$$P_v = P_a - P_e \tag{3.2}$$

Damit ist:

$$\eta_ü = \frac{P_e}{P_e + P_v} \tag{3.3}$$

Dividiert man Gleichung (3.3) durch P_e, wird:

$$\eta_ü = \frac{1}{1 + \frac{P_v}{P_e}} = \frac{1}{1 + \frac{P_v \cdot P_e}{P_e^2}}$$

Mit Gleichung (3.36):

$$P_v = I^2 \cdot R_w \qquad \text{und} \qquad P_e = U_e \cdot I \cdot \cos\varphi_e$$

wird der Übertragungswirkungsgrad:

$$\eta_ü = \frac{1}{1 + \frac{R_w \cdot P_e}{(U_e \cdot \cos\varphi_e)^2}} \tag{3.4}$$

Der Gleichung (3.4) ist zu entnehmen, dass sich der Übertragungswirkungsgrad einer Leitung für eine bestimmte Verbraucherleistung P_e vergrößert, wenn die Verbraucherspannung U_e erhöht wird. Setzt man für die Wechselstromleistungen die entsprechenden Leistungen einer Drehstromleitung ein, so erhält man ebenfalls Gleichung (3.4):

$$P_v = 3 \cdot I^2 \cdot R_w \qquad \text{und} \qquad P_e = \sqrt{3} \cdot U_e \cdot I \cdot \cos\varphi_e$$

Beispiel 3.1

Eine Drehstrom-Kupferleitung von $300\,\text{mm}^2$ soll eine Leistung von $100\,\text{kW}$ bei $\cos\varphi = 0{,}97$ mit einem Übertragungswirkungsgrad von $95\,\%$ übertragen. Es sind die erforderlichen Verbraucherspannungen bei Leitungslängen von $10\,\text{km}$ und $100\,\text{km}$ zu ermitteln.

Lösung:

Aus Gleichung (3.4) ergibt sich die Verbraucherspannung zu:

$$U_\text{e} = \sqrt{\frac{R_\text{W} \cdot P_\text{e}}{(\cos\varphi_\text{e})^2 \cdot \left(\frac{1}{\eta_\text{ü}} - 1\right)}} = \sqrt{\frac{l \cdot P_\text{e}}{\gamma \cdot A \cdot (\cos\varphi_\text{e})^2 \cdot \left(\frac{1}{\eta_\text{ü}} - 1\right)}}$$

Für $l_1 = 10\,\text{km}$ ist:

$$U_\text{e1} = \sqrt{\frac{10^4\,\text{m} \cdot 100 \cdot 10^3\,\text{W}}{56\,\frac{\text{m}}{\Omega\cdot\text{mm}^2} \cdot 300\,\text{mm}^2 \cdot (0{,}97)^2 \cdot \left(\frac{1}{0{,}95} - 1\right)}} = 1096\,\text{V}$$

und für $l_2 = 100\,\text{km}$ ist:

$$U_\text{e2} = 3467\,\text{V}$$

■

Mit einer Erhöhung der Übertragungsspannung vergrößern sich jedoch gleichzeitig die Anlagenkosten als Folge der Leitungsisolation. Die günstigste Übertragungsspannung für eine bestimmte Übertragungsleistung muss deshalb durch Optimieren von Anlagenkosten und Übertragungswirkungsgrad ermittelt werden. Grundsätzlich lässt sich jedoch feststellen:

Die Übertragung großer Leistungen über große Entfernungen ist nur mit hohen Übertragungsspannungen wirtschaftlich.

■

Übung 3.1

Stellen Sie für die Leitung im Beispiel 3.1 die Abhängigkeit der erforderlichen Netzspannung von der Leitungslänge im Bereich von $0\,\text{km}$ bis $200\,\text{km}$ graphisch dar und diskutieren Sie den Kurvenverlauf.

■

3.1.2 Netzspannungen

Die Serienfertigung der elektrischen Betriebsmittel erfordert, dass elektrische Netze nur mit bestimmten genormten Spannungswerten betrieben werden. Man ermittelt deshalb zunächst den rechnerisch günstigsten Wert und wählt dann als Netzspannung den nächstgelegenen Normwert aus Tabelle 3.1.

Je nach Höhe der Nennspannung unterscheidet man im Sprachgebrauch zwischen Niederspannungs-, Mittelspannungs-, Hochspannungs- und Höchstspannungsnetzen. Bild 3.2 gibt einen Überblick über die verschiedenen Netzspannungsebenen.

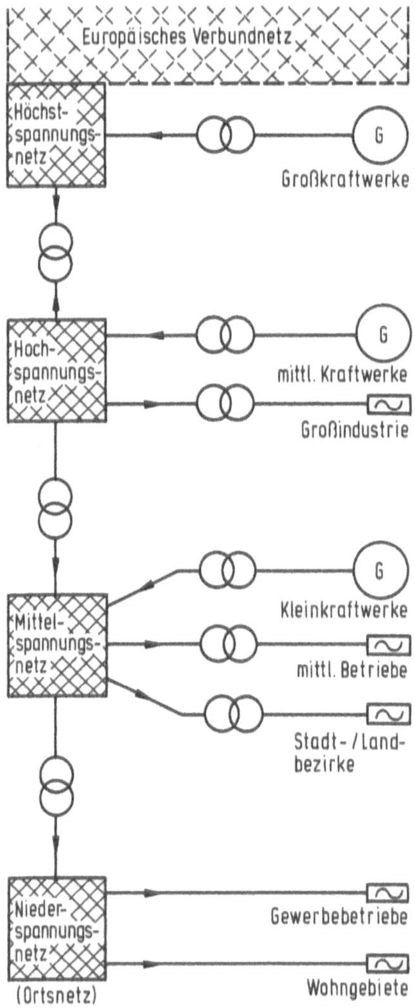

Bild 3.2
Überblick über die verschiedenen Netzspannungsebenen:
Die Höchstspannungsnetze werden im europäischen ENTSO-E Übertragungsnetz mit Spannungen von 220 kV und 380 kV betrieben. Sie übertragen die elektrische Energie von den Großkraftwerken zu den Abnahmeschwerpunkten in ganz Europa. Sie überbrücken große Entfernungen und übernehmen die überregionale Elektrizitätsversorgung.
Die Übertragungsspannung der Hochspannungsnetze beträgt normalerweise 110 kV. Hochspannungsnetze werden über Umspannanlagen aus einem Höchstspannungsnetz und/oder aus mittleren Kraftwerken gespeist. Sie übertragen die elektrische Energie zu Verbrauchsschwerpunkten von 90 bis 100 MW. Damit versorgen sie die Großindustrie, Städte und größere Versorgungsgebiete. Hochspannungsnetze übernehmen damit die regionale Elektrizitätsversorgung.
Für die Mittelspannungsnetze wird Hochspannung auf 10 kV oder 20 kV heruntertransformiert. Mit diesen Netzen werden Industriebetriebe, Großgewerbe, öffentliche Einrichtungen sowie Stadt- und Landbezirke versorgt. Gegebenenfalls kann eine zusätzliche Einspeisung durch Kleinkraftwerke erfolgen.
Die Versorgung von Wohngebieten und Gewerbebetrieben bis zu einer Gesamtleistung von etwa 1000 kW übernehmen Niederspannungsnetze (Ortsnetze). Sie beziehen die elektrische Energie über Ortsnetzstationen, welche die Mittelspannung auf 230 V/400 V transformieren.

3.1.3 Netzstrukturen

Aus wirtschaftlichen und versorgungstechnischen Gründen muss die Struktur eines Netzes auf die jeweilige Versorgungsaufgabe abgestimmt sein. Das führt dazu, dass für Versorgungsgebiete mit unterschiedlicher Leistungsdichte (MW/km^2) entsprechend unterschiedliche Netzstrukturen aufgebaut werden müssen.

Merkmale einer Netzstruktur sind:

- die Anzahl der Speisepunkte,
- die Art der Speisung,
- der Grad der Vermaschung.

Tabelle 3.1 Vorzugswerte der Normspannungen für Drehstrom-Vierleiter- oder Dreileiternetze nach ÖVE ÖNORM EN 60038

Netztyp	Nennspannung
Niederspannungsnetze ≦ 1 kV	230/400 V
	400/690 V
	1 kV
1 kV < Mittelspannungsnetze ≦ 35 kV	3 kV
	6 kV
	10 kV
	20 kV
	35 kV
35 kV < Hochspannungsnetze ≦ 230 kV	66 kV
	110 kV
	220 kV
Höchstspannungsnetze > 245 kV	380 kV

Speisepunkte sind Stellen eines Netzes, an denen die zugeführte elektrische Energie umgespannt, umgeformt oder unverändert auf eine oder mehrere abgehende Leitungen verzweigt wird. Je nach der geforderten Versorgungssicherheit erfolgt die Speisung über mehrere Leitungen, die entweder aus einer gemeinsamen Energiequelle (Bild 3.3) oder aus verschiedenen unabhängigen Energiequellen (Bild 3.4) versorgt werden.

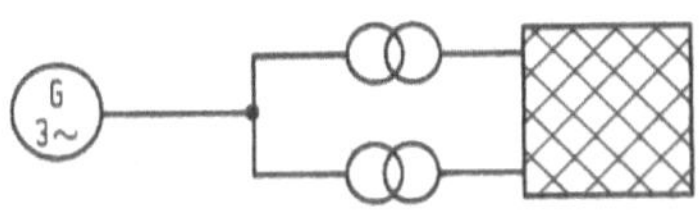

Bild 3.3 Speisung aus einer Energiequelle über 2 Leitungen

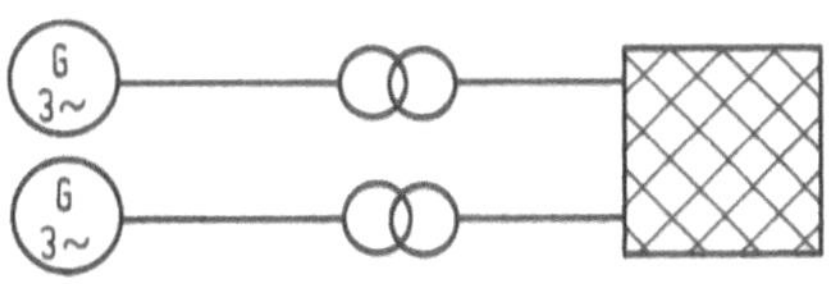

Bild 3.4 Speisung aus zwei unabhängigen Energiequellen

Sind mehrere Leitungsstrecken eines Netzes untereinander verbunden, dann spricht man von einer Vermaschung des Netzes. Unter den vielfältigen Strukturen elektrischer Netze lassen sich zwei Grundstrukturen mit unterschiedlichen Merkmalen unterscheiden: unvermaschte Netze und vermaschte Netze.

In einem unvermaschten Netz, auch Strahlennetz genannt (Bild 3.5), erfolgt der Energiefluss vom Speisepunkt aus strahlenförmig in mehrere Leitungsstrecken. Der in eine Richtung gerichtete Energiefluss ermöglicht eine einfache Netzüberwachung (s. Abschnitt 5.3 „Selektivität in Niederspannungsnetzen"). Nachteilig hingegen sind der zum Leitungsende hin zunehmende Spannungsabfall mit den damit verbundenen Leitungsverlusten. Ferner der Umstand, dass bei einer Störabschaltung nahe der Speisestelle alle nachgeordneten Verbraucher mit von der Energieversorgung getrennt werden.

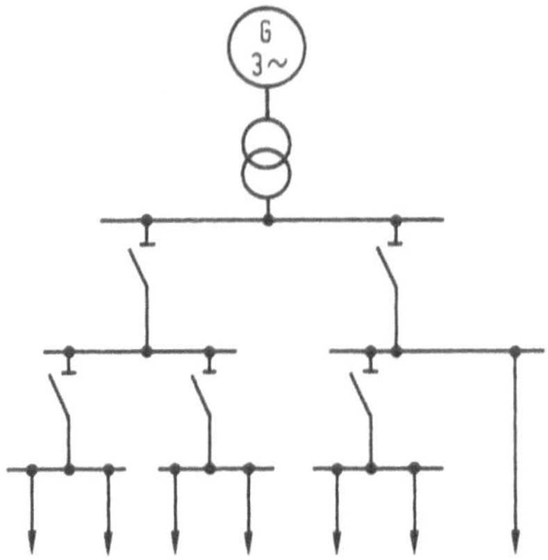

Bild 3.5
Strahlennetz

Merkmale eines unvermaschten Netzes sind:

- einfache Netzüberwachung,
- großer Spannungsabfall am Leitungsende,
- große Leitungsverluste,
- kleiner Kurzschlussstrom,
- geringe Versorgungssicherheit.

Vermaschte Netze versorgen die Abnehmer über mindestens zwei Leitungen und ermöglichen mehrere Einspeisungen. Dadurch verringern sich der Spannungsabfall und die Leitungsverluste.

Im Störungsfall kann der fehlerhafte Netzabschnitt herausgeschaltet werden, so dass die Versorgung der übrigen Abnehmer nicht beeinträchtigt wird. Damit bieten vermaschte Netze eine wesentlich größere Versorgungssicherheit als unvermaschte Netze.

Nachteilig wirken sich hingegen die hohen Kurzschlussströme aus, da deren Beherrschung entsprechend aufwendige Schaltgeräte erfordern. Die Vermaschung bewirkt ferner, dass die elektrischen Verhältnisse unübersichtlich und deshalb schwierig vorherzubestimmen sind.

Je nach dem Grad der Vermaschung spricht man von Ringnetzen und Maschennetzen. Im Ringnetz (Bild 3.6) wird die elektrische Energie vom Speisepunkt parallel in zwei Ringstrecken, deren Enden über einen Schalter verbunden sind, eingespeist. Der Kuppelschalter ermöglicht sowohl den Betrieb als Ringnetz als auch als Strahlennetz.

Ein Maschennetz (Bild 3.7) entsteht, wenn ein Ringnetz durch Querverbindungen so verknüpft wird, dass sich mehrere Maschen bilden. Je enger die Vermaschung ist, desto geringer sind die Spannungsabfälle und Leitungsverluste und desto größer wird die Versorgungssicherheit. Andererseits vergrößern sich die Kurzschlussströme und die Schwierigkeiten bei der Überwachung der elektrischen Verhältnisse im Netz.

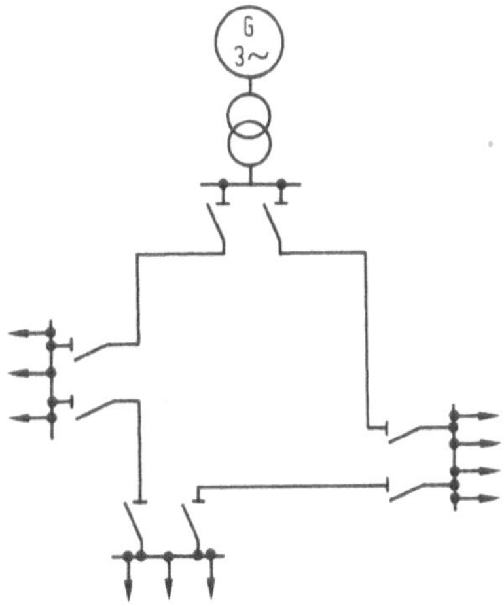

Bild 3.6 Ringnetz

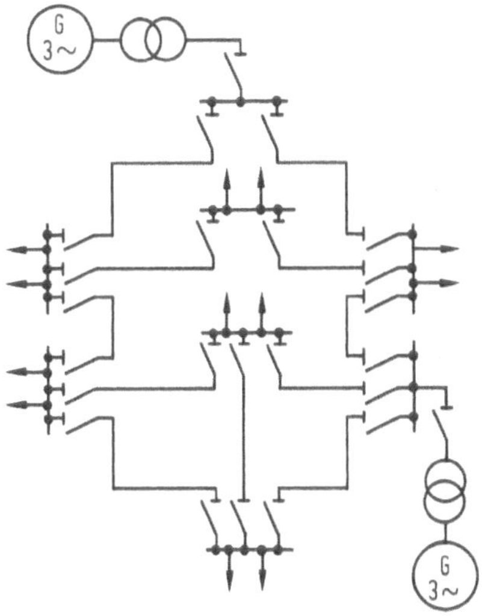

Bild 3.7 Maschennetz mit 2 Speisepunkten

Merkmale eines vermaschten Netzes sind:

- geringer Spannungsabfall,
- geringe Leitungsverluste,
- hohe Versorgungssicherheit,
- großer Kurzschlussstrom,
- aufwendige Schaltanlage.

Die Merkmale zeigen, dass jede Netzstruktur neben Vorteilen auch Nachteile besitzt. Für die Netzplanung bedeutet das, dass eine sorgfältige Analyse des Netzbetriebs erfolgen muss, bevor die am besten geeignete Netzstruktur festgelegt wird. Dabei ist grundsätzlich zunächst von folgenden Forderungen auszugehen:

- einfacher Netzaufbau,
- standardisierte Betriebsmittel,
- große Versorgungssicherheit,
- kleine Verluste,
- günstige Erweiterungsmöglichkeit.

Da keine der beschriebenen Grundstrukturen alle Forderungen erfüllen kann, wird häufig eine flexible Lösung bevorzugt. Das Netz wird als vermaschtes Netz (Ringnetz, Maschennetz) erstellt, im Betrieb aber so aufgetrennt, dass mehrere unvermaschte Zweige entstehen. Damit werden im ungestörten Betrieb die Vorteile des Strahlennetzes genutzt. Tritt eine Störung auf, dann können durch entsprechende Schaltmaßnahmen das fehlerbehaftete Netzelement herausgetrennt und die nachgeschalteten Verbraucher durch Zuschaltung an einen anderen Maschenzweig weiter versorgt werden (Bild 3.8). Ferner bietet der Aufbau des Maschennetzes die Möglichkeit, spätere Erweiterungen so durchzuführen, dass eine möglichst günstige Lastverteilung erhalten bleibt.

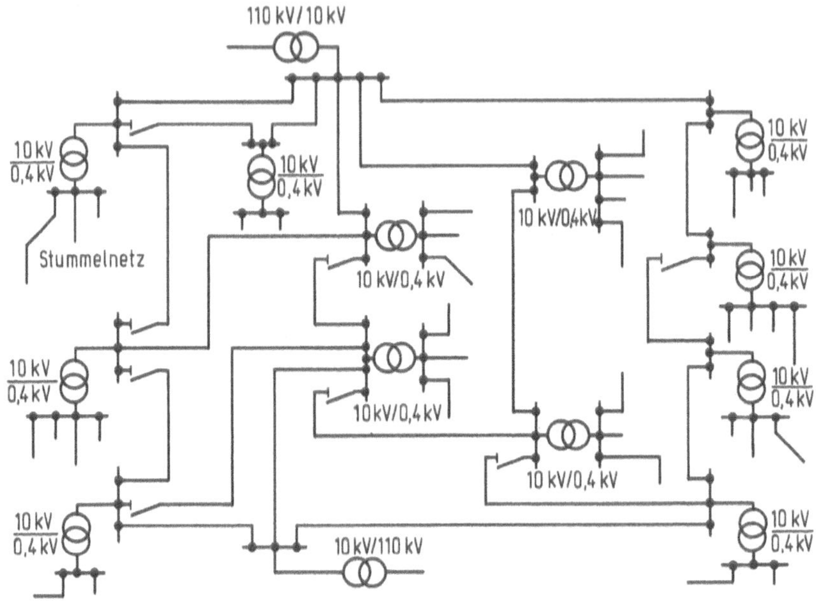

Bild 3.8 Aufgetrennt betriebenes 10 kV-Maschennetz mit 400 V-Stummelnetzen

Strahlennetze dienen in öffentlichen Netzen vorwiegend zur Versorgung von Neubaugebieten und abgelegenen Verbrauchern. Als sogenannte Niederspannungs-Stummelnetze finden sie als Teile von öffentlichen Versorgungsnetzen Anwendung. Sie versorgen ausgehend von einem Knotenpunkt eines vermaschten Netzes größere Verbrauchereinheiten wie Hochhäuser, Gewerbebetriebe, Fertigungsanlagen oder Verwaltungsgebäude.

In der Industrie haben die Einfachheit in Planung, Wartung und Betrieb und nicht zuletzt die vergleichsweise kurzen Leitungsabschnitte den Ausschlag gegeben, dass das Strahlennetz die vorherrschende Netzstruktur ist.

Vermaschte Netze werden auf allen Spannungsebenen der öffentlichen und innerbetrieblichen Elektrizitätsversorgung verwendet. Während die Niederspannungs-, Mittelspannungs- und Hochspannungsnetze im Allgemeinen als aufgetrennte Ring- oder Maschennetze betrieben werden, erfolgt der Betrieb der Höchstspannungsnetze immer bei einem bestimmten Vermaschungsgrad.

Höchstspannungsnetze übernehmen ausschließlich den Transport – und nicht die Verteilung – der elektrischen Energie und müssen deshalb über Querverbindungen mit anderen Leitungen, Netzen und Kraftwerken gekuppelt sein, um durch wechselnden Energieaustausch eine optimale Elektrizitätsversorgung sicherzustellen.

3.1.4 Netz-Verteilungssysteme

Unter Verteilungssystem wird der Aufbau eines Netzes hinsichtlich

- der verwendeten Stromart,
- der Anzahl der aktiven Leiter der Einspeisung,
- der Art der Erdverbindungen im Netz verstanden.

Eine Zusammenstellung üblicher Netze nach Stromart und aktiver Leiterzahl der Einspeisung zeigt Tabelle 3.2.

Tabelle 3.2 Anzahl der aktiven Leiter in Netzen mit verschiedenen Stromarten

Stromart	aktive Leiter
Gleichstrom	2
	3
Einphasen-Wechselstrom	2
	3
Zweiphasen-Wechselstrom	3
Dreiphasen-Wechselstrom	3
	4

Die Art der Erdverbindungen wird nach DIN VDE 0100 Teil 100 (ÖVE ÖNORM E 8101-3-31) durch mindestens zwei Buchstaben angegeben. Der erste Buchstabe kennzeichnet die Erdungsverhältnisse des Spannungserzeugers (Transformator, Generator usw.):

T	Spannungserzeuger direkt geerdet (T von terre (franz.) = Erde)
I	Isolierung aller aktiven Teile von Erde oder Verbindung über eine Impedanz (I von isolated (engl.) = isoliert)

Der zweite Buchstabe kennzeichnet die Erdungsverhältnisse leitfähiger Körper in einer elektrischen Anlage (Gehäuse, Konstruktionsteile usw.).

T	Körper direkt geerdet
N	Körper direkt mit dem Betriebserder verbunden (N von neutral)

Weitere Buchstaben kennzeichnen die Anordnung des Neutralleiters N und des Schutzleiters PE im TN-Netz (PE von protection earth (engl.) = Schutzerde).

S	Neutralleiter und Schutzleiter sind als getrennte Leiter verlegt (S von separated (engl.)= getrennt)
C	Neutralleiter und Schutzleiter sind im PEN-Leiter kombiniert (C von combinated (engl.)= kombiniert)

Für Dreiphasen-Wechselstromnetze (Drehstromnetze) werden abhängig vom Anwendungsbereich die Verteilungssysteme TN, TT oder IT verwendet.

TN-Netzsysteme

In TN-Netzen sind die Spannungserzeuger direkt geerdet (Betriebserde). Die Körper der elektrischen Anlagen sind über PE-Leiter oder PEN-Leiter mit der Betriebserde verbunden. Je nachdem, ob der Schutzleiter und der Neutralleiter getrennt verlegt oder kombiniert sind, unterscheidet man zwischen dem TN-C-Netz, dem TN-S-Netz und dem TN-C-S-Netz. Im TN-C-Netz (Bild 3.9) ist im gesamten Netzverlauf die Neutralleiter- und Schutzleiterfunktion im PEN-Leiter zusammengefasst (kombiniert).

Im TN-S-Netz (Bild 3.10) ist der PE-Leiter und N-Leiter im gesamten Netz getrennt verlegt. Im TN-C-S-Netz (Bild 3.11) ist nur in einem Teil des Netzes die Neutralleiter- und Schutzleiterfunktion im PEN-Leiter zusammengefasst. Im restlichen Netz sind PE-Leiter und N-Leiter getrennt verlegt.

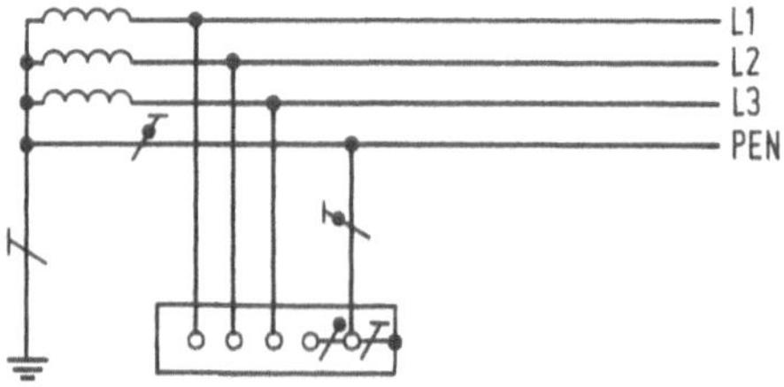

Bild 3.9 TN-C-Netzsystem

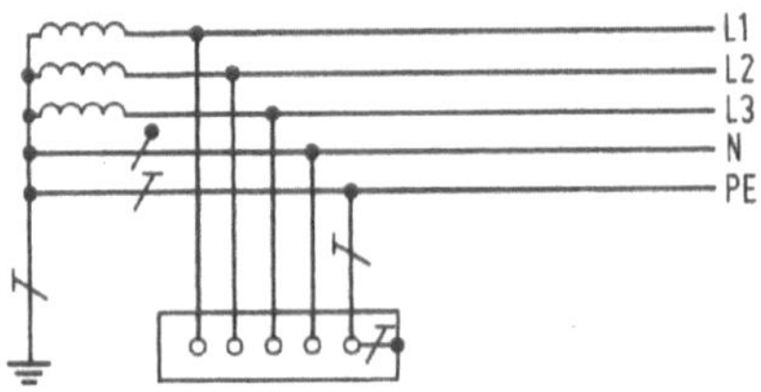

Bild 3.10 TN-S-Netzsystem

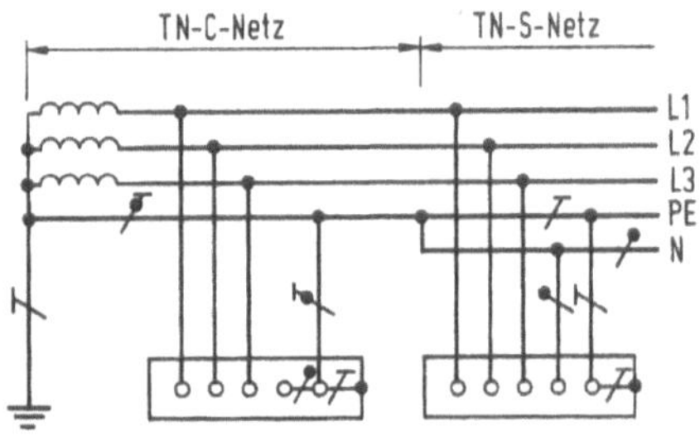

Bild 3.11 TN-C-S-Netzsystem

TT-Netzsystem

Im TT-Netzsystem (Bild 3.12) ist der Spannungserzeuger direkt geerdet (Betriebserder). Die Körper der elektrischen Anlage sind ebenfalls direkt geerdet. Die Erder der Körper sind getrennt vom Betriebserder angeordnet.

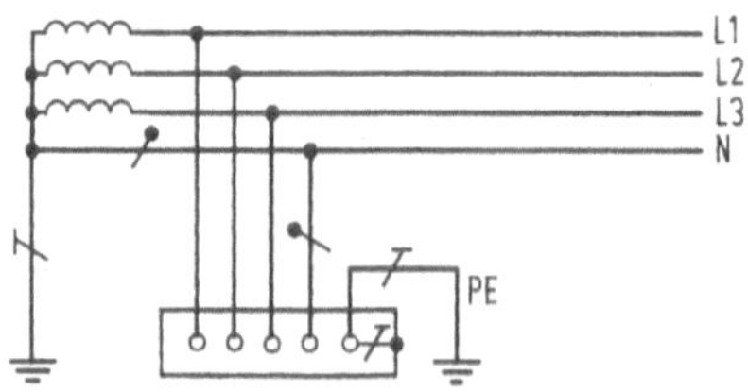

Bild 3.12 TT-Netzsystem

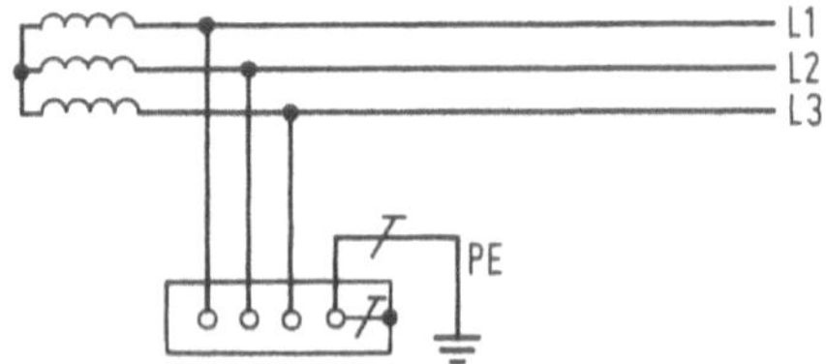

Bild 3.13 IT-Netzsystem

IT-Netzsystem

Im IT-Netzsystem (Bild 3.13) ist der Spannungserzeuger von der Erde isoliert. Die Körper der elektrischen Anlage sind direkt geerdet.

3.1.5 Freileitungen

3.1.5.1 Allgemeines

Freileitungen sind elektrische Anlagen zur Übertragung elektrischer Energie.

Eine Freileitung besteht aus:

- Masten,
- oberirdisch verlegten Leitungen,
- Isolatoren,
- Erdungen.

Bei der Planung einer Freileitung müssen vielfältige Gesichtspunkte untersucht werden, bevor über die endgültige Ausführung entschieden werden kann. Das Ergebnis ist meist ein Kompromiss aus sich zum Teil widersprechenden Forderungen. Solche Forderungen sind z.B.:

- kurze Leitungslänge,
- geradlinige Leitungsführung,
- wenig Kreuzungen mit anderen Freileitungen,
- wenig Kreuzungen mit Eisenbahnen, Straßen, Flüssen, Bauwerken,
- geringe topographische Höhenunterschiede,
- geeignete Bodenverhältnisse für Mastgründungen und Erdung,
- Vermeidung von Gebieten mit hoher Luftverschmutzung,
- Vermeidung von explosionsgefährdeten Anlagen, Flugplätzen und Sperrgebieten,
- geringer Eingriff in die Landschaft und in die Natur.

Nach Festlegung der Freileitungstrasse, die bei Hochspannungsfreileitungen ein umfangreiches Genehmigungsverfahren erfordert, wird zunächst die wirtschaftlichste Spannweite der Leitungen zwischen den Masten ermittelt, da diese die Konstruktion der Masten bestimmt.

Bild 3.14 zeigt, wie die Gesamtkosten einer Freileitung von der Spannweite abhängen. Man erkennt deutlich ein Minimum der Gesamtkosten bei einer bestimmten Spannweite. Dies erklärt sich damit, dass sich die Mastkosten bei größeren Spannweiten zunächst verringern, um jenseits der optimalen Spannweite wieder anzusteigen.

Die technische Ausführung einer Freileitung ist in den Bestimmungen DIN VDE 0210 bzw. ÖVE ÖNORM EN 50341 (über 1 kV) und DIN VDE 0211 bzw. ÖVE ÖNORM L1 (bis 1 kV) festgelegt. Diese Bestimmungen regeln sowohl die Bemessung und Ausführung der elektrischen und mechanischen Bauteile als auch die Mindestabstände bei der Leitungsführung.

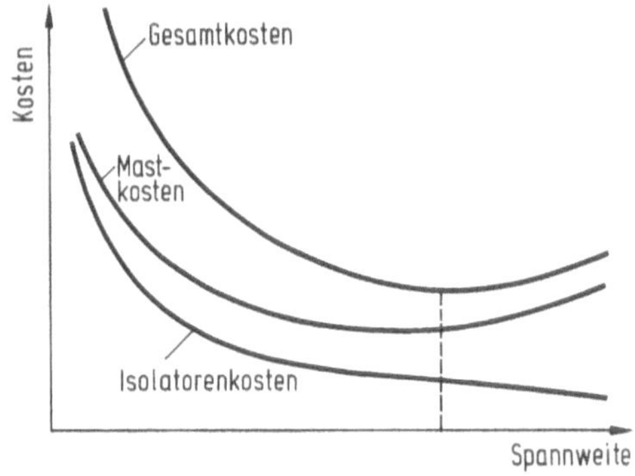

Bild 3.14
Ermittlung der optimalen Spannweite

3.1.5.2 Masten

Der Freileitungsbau hat im Laufe der Elektrifizierung eine Vielzahl von Mastformen entwickelt, aus denen sich in den verschiedenen Ländern zum Teil recht unterschiedliche nationale Standards herausgebildet haben. Merkmale einer Bauform sind die Ausführung der Tragwerke und die geometrische Anordnung der Leiter eines bzw. mehrerer Stromkreise (Mastbild).

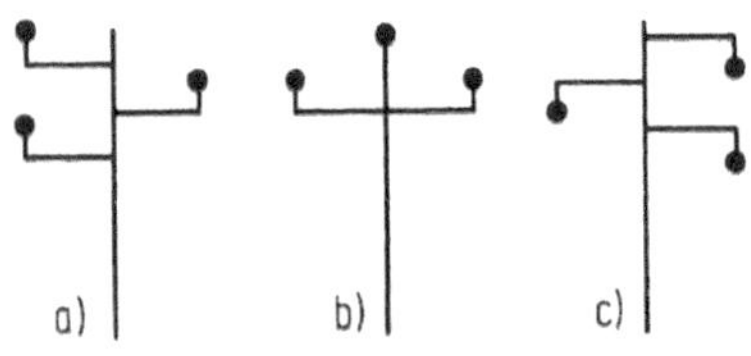

Bild 3.15 Mastbilder einfacher Holzmasten mit Stützisolatoren (a, b) bzw. Hängeisolatoren (c)

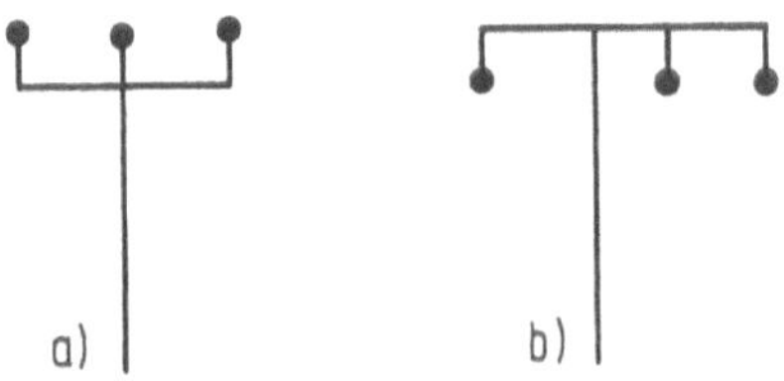

Bild 3.16 Mastbilder von Stahlbetonmasten mit Stützisolatoren (a) bzw. Hängeisolatoren (b)

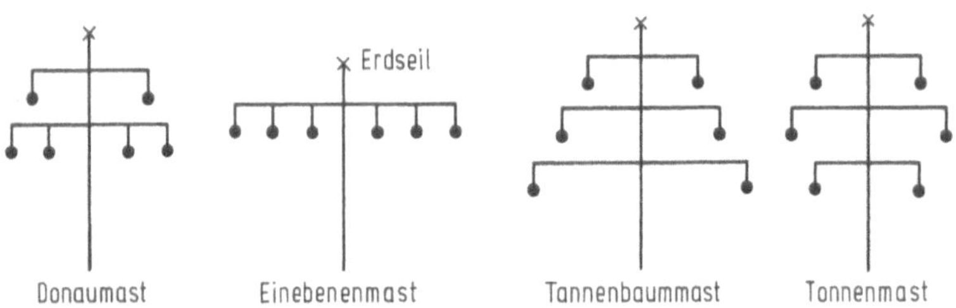

Bild 3.17 Mastbilder von Stahlgittermasten mit Drehstrom-Doppelleitungen

Als Tragwerke verwendet man für Niederspannungsleitungen einfache Holzmasten (Bild 3.15), für Mittelspannungsleitungen neben Holzmasten hauptsächlich Betonmasten (Bild 3.16) und für Hoch- und Höchstspannungsleitungen Stahlgittermasten (Bild 3.17). Unabhängig vom Mastbild gibt es innerhalb einer Bauform für die verschiedenen mechanischen Beanspruchungen in der Freileitungstrasse unterschiedliche Mastarten.

Man unterscheidet:

- Tragmasten,
- Abspannmasten,
- Endmasten.

Bild 3.18 zeigt Masten für unterschiedliche mechanische Beanspruchungen. Wichtig für die Standfestigkeit der Freileitungsmasten ist ihre sichere Verankerung im Erdreich. Während bei mittlerer Bodenbeschaffenheit für Holz- und Betonmasten ein Eingraben mit anschließendem Feststampfen des Bodens meist genügt, erfordern Gittermasten zum Teil recht aufwendige Betonfundamente.

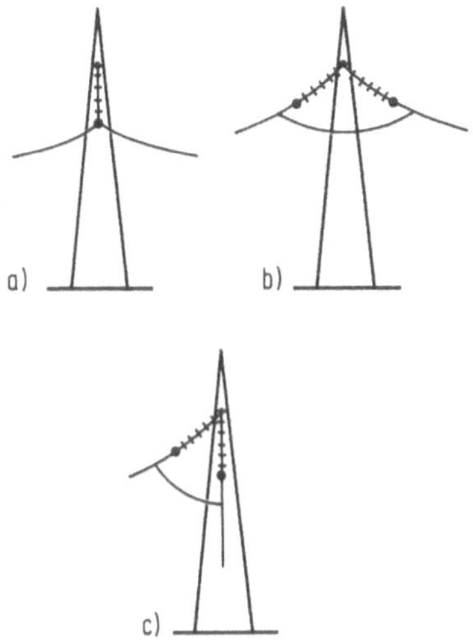

Bild 3.18
Masten für unterschiedliche mechanische Beanspruchungen:

a) Tragmast:
Haben nur die Aufgabe, die Leiterseile und Isolatoren bei gerader Leitungsführung zu tragen. Sie können hauptsächlich nur vertikale Kräfte aufnehmen.

b) Abspannmast:
Bilden Festpunkte im Leitungsverlauf. Neben den Aufgaben von Tragmasten müssen sie bei Seilbruch die horizontalen Seilzugkräfte aufnehmen. Eine Sonderform für Richtungsänderungen sind die Winkelabspannmasten.

c) Endmast:
Werden bei Übergängen von Freileitungen auf Kabel eingesetzt. Sie haben die Aufgabe, alle einseitig horizontal wirkenden Seilzugkräfte aufzunehmen.

3.1.5.3 Leiter

Für Freileitungen werden meist blanke Drähte und Seile als Leiter verwendet. Als Leitermaterial findet man in älteren Nieder- und Mittelspannungsanlagen noch vorwiegend Kupfer, das jedoch heute weitgehend von Aluminium verdrängt worden ist. Im Hoch- und Höchstspannungsbereich ist ausschließlich Aluminium als Leitermaterial im Einsatz.

Zur Verbesserung der mechanischen Festigkeit werden die Aluminiumdrähte um einen Stahlkern zu einem Aluminium/Stahl-Seil gelegt (Bild 3.19). Höchstspannungsleitungen werden heute vorwiegend als Bündelleiter (Bild 3.20) ausgeführt, da Einseilleiter wegen der zu hohen Randfeldstärke sogenannte Koronaverluste und damit verbundene hochfrequente Störspannungen hervorrufen.

Bei Bündelleitern wird der Gesamtquerschnitt eines Phasenleiters in mehrere parallele Teilleiterseile aufgeteilt, die in Abständen von 50 m bis 70 m durch elektrisch leitende Abstandhalter fixiert sind. Hierdurch wird ein Zusammenschlagen der Teilleiter als Folge elektrischer oder mechanischer Einflüsse verhindert.

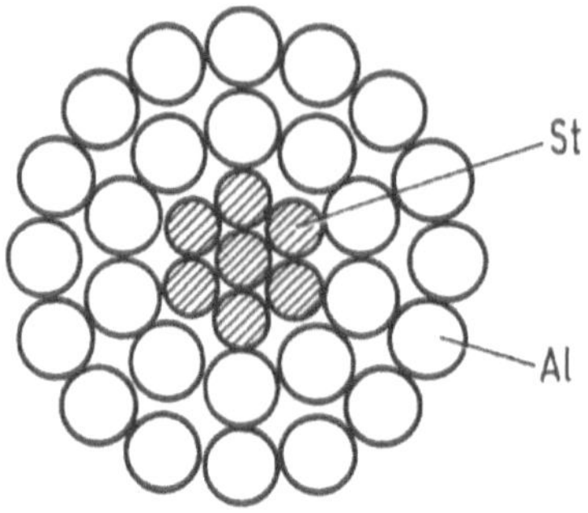

Bild 3.19 Schnitt durch ein Aluminium/Stahl-Seil 240/40 mm²

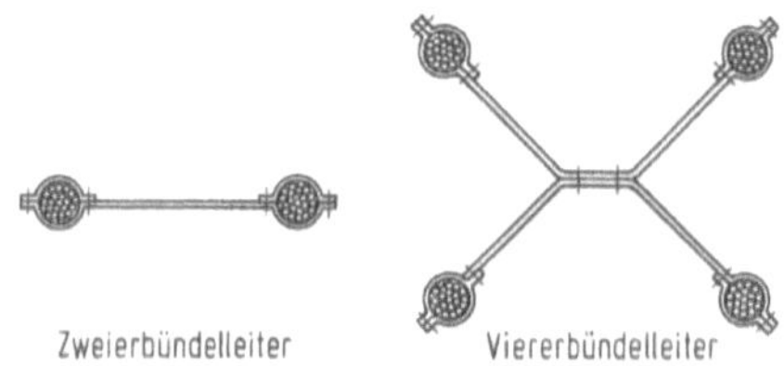

Bild 3.20 Bündelleiter mit Abstandhalter

Unter Korona (lat. corona = Kranz) versteht man die selbständige Sprühentladung in der unmittelbaren Umgebung der Leiteroberfläche. Ursache hierfür ist ein stark inhomogenes elektrisches Feld hoher Feldstärke an der Leiteroberfläche bei verhältnismäßig geringer Feldstärke im übrigen Raum. Bei hoher Netzspannung und kleinem Leiterradius kann die Feldstärke in Leiternähe so groß werden, dass sie für eine Stoßionisation und damit für eine unvollständige Entladung in der den Leiter umgebenden dünnen Luftschicht ausreicht. Dabei wird der Leiter von einem leuchtenden Kranz umgeben.

Bei der Ermittlung der Koronaverluste begnügt man sich wegen der vielfältigen Einflüsse (Oberflächenbeschaffenheit, Witterung) mit Erfahrungswerten. Näherungsweise können als Jahresmittelwerte für 110 kV-Leitungen $\approx 0,5\,\text{kW/km}$ und für 380 kV-Leitungen $\approx 3\,\text{kW/km}$ angenommen werden.

Teilt man den erforderlichen Gesamtquerschnitt einer Phase auf mehrere Teilleiter auf (Vergrößerung der Oberfläche) und bündelt sie mit Hilfe der Abstandhalter, dann zeigt sich, dass die Feldverteilung des Bündelleiters eine geringere Randfeldstärke aufweist als der Einseilleiter (Bild 3.21), so dass die störende Koronaerscheinung vermieden wird.

Durch die Bündelung werden außerdem die Induktivität der Leitung verkleinert und die Kapazität erhöht, so dass der Blindwiderstandsbelag der Leitung kleiner wird (Bild 3.22). Damit verringert sich der Wellenwiderstand, was eine Erhöhung der natürlichen Leistung zur Folge hat (s. Abschnitt 3.3.5).

Ein betriebswirtschaftlicher Vorteil der Bündelleiter liegt darin, dass unterschiedliche Anlagen mit einem Seiltyp ausgerüstet werden können. So wird z.B. ein Aluminium/Stahl-Seil 240/40 mm² als Einfachseil für 110 kV-, als Zweierbündel für 220 kV- und als Viererbündel für 380 kV-Leitungen verwendet.

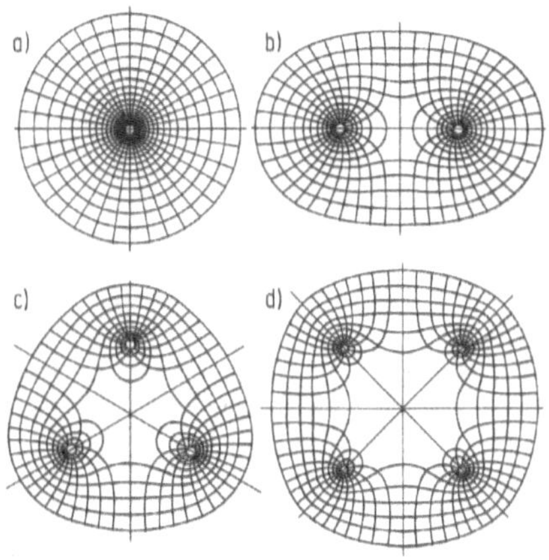

Bild 3.21 Feldbilder eines:
a) Einseil-,
b) Zweierbündel-,
c) Dreierbündel-,
d) Viererbündelleiters

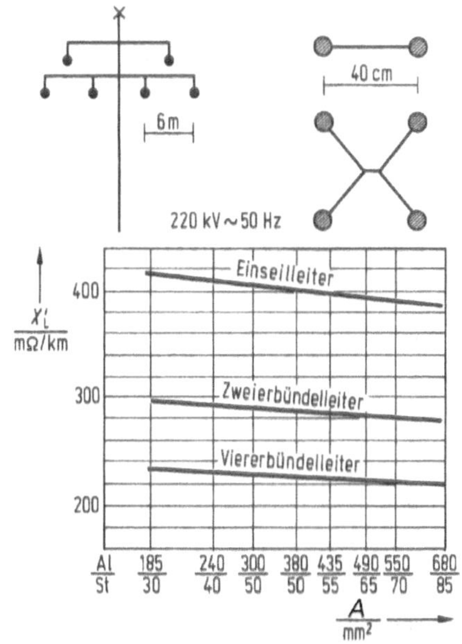

Bild 3.22 Abhängigkeit des Blindwiderstandsbelags X'_L vom Seilquerschnitt A und von der Anordnung der Teilleiter im Bündel

3.1.5.4 Isolatoren

Isolatoren haben die Aufgabe, die spannungsführenden Leiter mechanisch mit den Masten zu verbinden und sie sowohl untereinander als auch gegen die geerdeten Masten galvanisch zu trennen. Hieraus ergeben sich folgende Forderungen:

- gutes Isoliervermögen auch bei ungünstigen Betriebsbedingungen (Wärme, Kälte, Nebel, Regen, Verschmutzung) und
- hohe mechanische Festigkeit bei wechselnder Belastung (Zugspannungen, Wind, Eis).

Als Werkstoffe für Isolatoren haben sich in der Vergangenheit Glas und Porzellan bewährt. In der Zukunft ist auch mit der Verwendung von Kunststoffen zu rechnen.

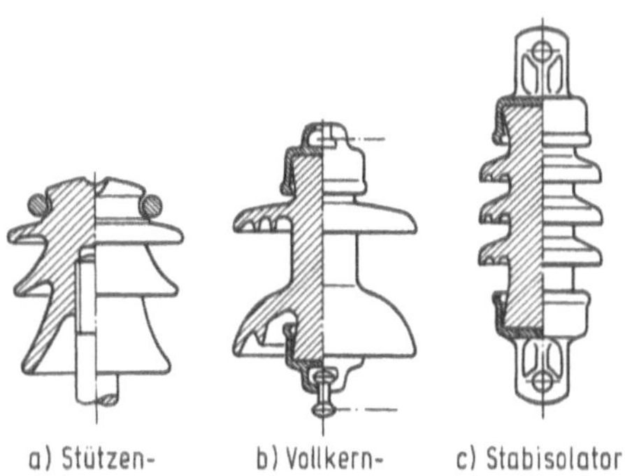

Bild 3.23
Stützen- (a) und Hängeisolatoren (b, c)

Bei den Bauformen unterscheidet man zwischen Stützenisolatoren und Hängeisolatoren. Stützenisolatoren werden überwiegend für Niederspannungs- und Mittelspannungsfreileitungen bis 35 kV verwendet.

Bei höheren Spannungen werden Volumen und Gewicht der Stützenisolatoren größer als bei Hängeisolatoren, so dass letztere wirtschaftlicher sind und deshalb zum Einsatz kommen. Bild 3.23 zeigt einige Ausführungen von Isolatoren.

Bei Spannungen über etwa 60 kV werden Isolatorketten zum Schutz vor Lichtbogenschäden mit Lichtbogenschutzarmaturen (Ringe, Hörner usw.) aus Stahl ausgerüstet (Bild 3.24).

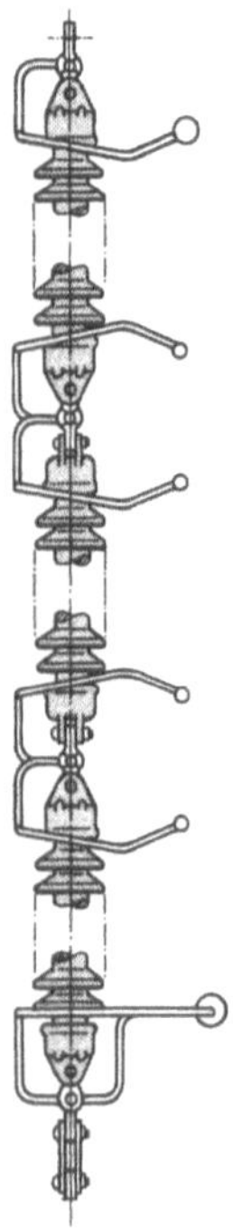

Bild 3.24
Isolatorkette mit Einhorn-Lichtbogenschutzarmaturen:
Im Falle eines Lichtbogens brennt dieser zwischen den Enden der Armaturen, so dass der Isolierkörper nicht beschädigt wird.
Bei hohen Spannungen haben die Lichtbogenschutzarmaturen darüber hinaus die Aufgabe, eine möglichst gleichmäßige Feldverteilung längs der Isolatorkette herzustellen.

3.1.5.5 Erdungen

Zur Vermeidung von Gefahren bei indirektem Berühren muss jede Freileitungsanlage mit Schutzerdungen versehen werden. D.h., alle Stahl- und Stahlbetonmasten sowie die Metallteile an Holzmasten müssen geerdet werden (s. Abschnitt 6.4).

Zum Schutz gegen atmosphärische Entladungen erhalten insbesondere Hochspannungsfreileitungen zusätzlich eine Blitzschutzerdung. Diese besteht aus einem (oder mehreren) Erdseil, welches an der Mastspitze verlegt und mit dem Mast leitend verbunden ist. Damit übernimmt das Erdseil auch die Aufgabe, alle Schutzerdungen miteinander zu verbinden, so dass bei Erdschluss der Strom aufgeteilt (Bild 3.25) und die Gefährdungsspannung am Mast verringert wird (s. Abschnitt 6.4).

Die Erfahrung hat gezeigt, dass Blitzentladungen vorzugsweise über das Erdseil erfolgen. Dieses leitet die Ladungen über die benachbarten Masten zur Erde ab. Unterhalb des Erd-

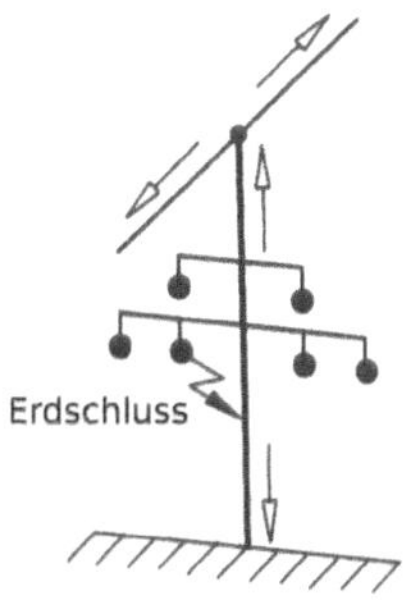

Bild 3.25 Stromaufteilung durch ein Erdseil

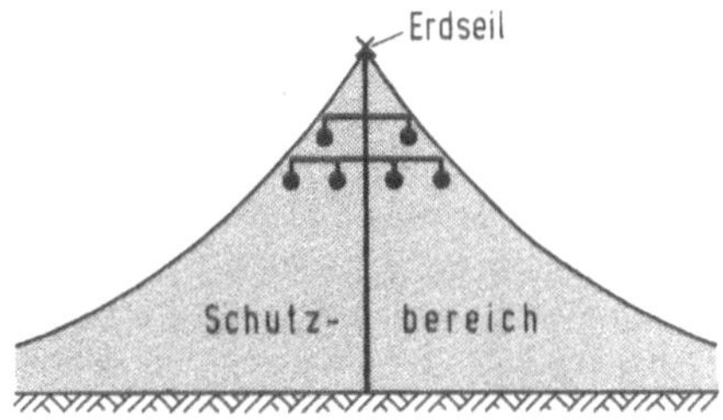

Bild 3.26 Schutzbereich eines Erdseiles

seils bildet sich ein Schutzbereich aus (Bild 3.26), in welchem nur sehr selten (1 bis 2 %) Blitzentladungen beobachtet werden. Die Phasenleiter werden damit weitgehend gegen Blitzentladungen abgeschirmt.

Erdseile haben die Aufgabe:

- bei Erdschluss den zur Masterde abfließenden Strom und damit die Gefährdungsspannung zu verringern,
- die Leitungen vor Blitzeinschlägen zu schützen.

3.1.6 Starkstromkabel

3.1.6.1 Allgemeines

Starkstromkabel sind Leitungen zum Transport elektrischer Energie, die je nach Ausführung für Verlegung im Erdboden, im Wasser, im Freien, in Kabelkanälen oder in Innenräumen geeignet sind. Dementsprechend ist ihr Aufbau so, dass sie gegen Feuchtigkeit, chemische Zersetzung und mechanische Belastungen besonders widerstandsfähig sind.

Aus den vielfältigen Anwendungsbereichen hat sich ein großes Sortiment von Starkstromkabeln entwickelt, welches alle Netzspannungsbereiche, verschiedene Aderzahlen und Aderformen, eine breite Abstufung der Leiterquerschnitte und unterschiedliche Isolierstoffe, Schutzmäntel und Abschirmungen umfasst. Aus den Kenndaten und dem Aufbau der angebotenen Kabeltypen muss der Anwender das Kabel auswählen, welches für die vorgegebenen Betriebsbeanspruchungen am besten geeignet ist. Hierzu sind entsprechende Auswahlkriterien festzulegen.

Auswahlkriterien sind:

- Nennspannung, Aderzahl und -art, Leiterquerschnitt (s. Abschnitt 3.2.1),
- mechanische und chemische Beanspruchung,
- Sonderausführung aufgrund eines speziellen Einsatzes.

Als Nennspannung wird die Spannung zwischen Leiter und Erde (U_0) und zusätzlich die Spannung zwischen den Außenleitern (U) angegeben, z.B. $U_0/U = 0{,}6/1\,\text{kV}$. Der Leiterquerschnitt wird u.a. aufgrund der zu übertragenden Leistung und der Umgebungsverhältnisse aus den Belastbarkeitstabellen ermittelt, die den jeweiligen Kabelnormen zu entnehmen sind (s. Abschnitt 5.2.2).

Bei der Bemessung des Leiterquerschnitts wird davon ausgegangen, dass die angegebene Belastung der „normalen" Betriebsart entspricht. Als normale Betriebsart gilt die sogenannte EVU-Last, wie in Bild 3.27. Bei dieser Last wird davon ausgegangen, dass über 24 Stunden ein erdverlegtes Kabel im Mittel eine Belastung von 70 % der Größtlast erfährt. Man spricht in diesem Fall von einem Belastungsgrad von 0,7.

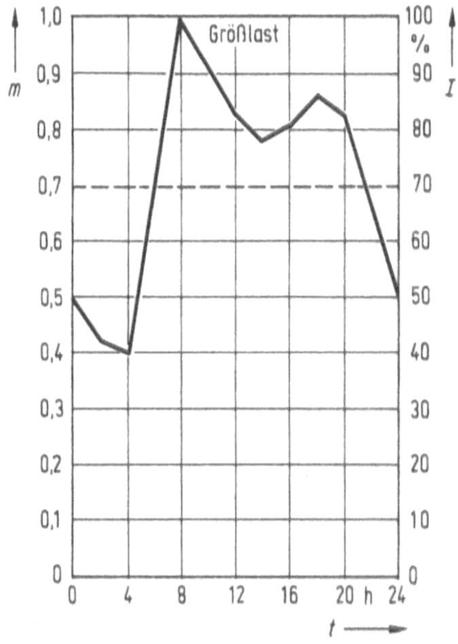

Bild 3.27
Tageslastspiel (EVU-Last) und Belastungsgrad m
Man erhält den Belastungsgrad eines Kabels, indem man über 24 Stunden in Abständen von 15 Minuten den Mittelwert der in dieser Zeit auftretenden Lastspitzen im Verhältnis zur Größtlast in ein Diagramm einträgt.
Bildet man anschließend aus der Fläche unter der Lastkurve ein flächengleiches Rechteck, so ergibt die Höhe des Rechtecks den Belastungsgrad m.

$$m = \frac{\text{Durchschnittslast}}{\text{Größtlast}} = \frac{1}{24\,\text{h} \cdot I_{\text{max}}} \cdot \sum_{t=0}^{24\text{h}} I \cdot t$$

I_{max} ... Größtlast als Mittelwert der Lastspitze über 15 min

Für Belastungsgrade von 0,5 bis 1,0 gibt DIN VDE 0276 Teil 1000 Umrechnungsfaktoren zur Korrektur der höchstzulässigen Stromwerte der Belastungstabellen an. Die mechanische Belastbarkeit wird durch entsprechende Ausführung des Kabel-Schutzmantels erreicht. Bei erhöhten mechanischen Belastungen (insbesondere Zugbelastungen) sind Kabeltypen zu wählen, die eine Bewehrung aus Stahlband oder Stahldrähten besitzen.

Für Sonderzwecke werden Kabel mit speziellem Aufbau oder mit zusätzlichen Bauelementen hergestellt. So gibt es z.B. selbsttragende Luftkabel, zugfeste Kabel, Schacht- und Grubenstreckenkabel, Fluss- und Seekabel, Schiffskabel, Kabel für Bergsenkgebiete usw.

3.1.6.2 Aufbau der Starkstromkabel

Für den Aufbau der verschiedenen Starkstromkabel gelten die Bestimmungen in Tabelle 3.3. Grundsätzlich ist jedes Kabel aus den drei Grundelementen Leiter, Isolierung und Schutzmantel aufgebaut (Bild 3.28). Die Werkstoffe und Ausführungen können jedoch recht unterschiedlich sein und gegebenenfalls durch spezielle Elemente ergänzt werden.

Tabelle 3.3 Aufbaubestimmungen und Prüfungen von Starkstromkabeln

Spannungsbereich	Kabelart	VDE	ÖNORM
NS/MS	PVC-isoliert	0271	–
NS	PVC/VPE-isoliert	0276-603	E 8200-603
MS	VPE-isoliert	0276-620	E 8200-620
HS	VPE-isoliert	0276-632	E 8200-632
HS	ND-Öl	0276-633	–
HS	Gasinnendruck	0276-634	–
HS	Gasaußendruck	0276-635	–

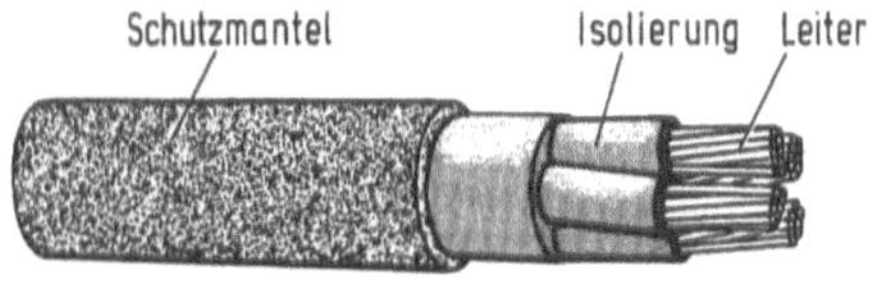

Bild 3.28
Prinzipieller Aufbau eines Starkstromkabels

Als Leiterwerkstoffe werden Kupfer und Aluminium verwendet. Der Leiteraufbau kann ein- oder mehrdrähtig, die Querschnittsform rund, oval, sektorförmig oder hohl sein. Querschnitte ab 25 mm^2 Cu werden ausschließlich mehrdrähtig ausgeführt, um eine ausreichende Biegefähigkeit sicherzustellen. Die Leiterform wird nach Möglichkeit so ausgeführt, dass ein großer Füllfaktor erreicht wird (z.B. Sektorleiter), der eine gute Ausnutzung des Kabelquerschnittes ermöglicht. Bild 3.29 zeigt Querschnittsformen elektrischer Leiter und ihre Kurzbezeichnungen.

Für die Isolierung der Leiter (Aderisolierung) werden heute vorwiegend Kunststoffe, immer seltener Papier mit Massetränkung (Massekabel) verwendet. Kunststoffisolierte Kabel sind einfach und sauber zu verlegen. Da sie keine Tränkmasse besitzen, entfallen die hiermit verbundenen Probleme wie die Gefahr einer Hohlraumbildung durch Wanderung oder Zersetzung der Tränkmasse. Kunststoffisolierte Kabel benötigen keinen Bleimantel als Schutz gegen Feuchtigkeit, welche die elektrische Festigkeit herabsetzt, und haben deshalb ein geringeres Gewicht.

Kunststoffe für Kabelisolierungen sind:

- PVC (Polyvinylchlorid),
- PE (Polyethylen),
- VPE (vernetztes Polyethylen).

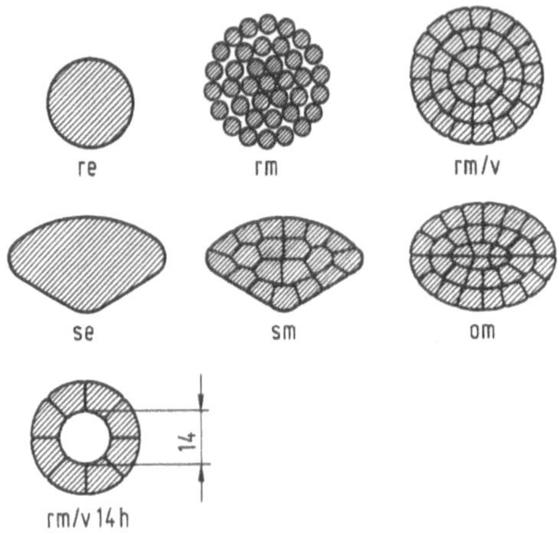

Bild 3.29
Leiterformen, es bedeuten:
e eindrähtiger Leiter
m mehrdrähtiger Leiter
o ovalförmiger Leiterquerschnitt
r kreisförmiger Leiterquerschnitt
s sektorförmiger Leiterquerschnitt
/v verdichteter Leiter
14h Hohlleiter mit 14 mm Ölkanaldurchmesser

Kabel werden zum Schutz gegen Feuchtigkeit, mechanische und chemische Einflüsse mit einem Schutzmantel versehen. Dieser muss den Bedingungen der Umwelt angepasst sein, in der das Kabel verlegt wird. Normalerweise besteht der Schutzmantel aus einer Hülle aus PVC, Blei oder Aluminium. Darüber kann noch zum Schutz gegen extreme mechanische Belastungen eine Bewehrung aus Stahlband oder Stahldrähten angeordnet sein. Zum Schutz der Bewehrung gegen Korrosion wird abschließend eine Schutzhülle aus Kunststoff angebracht.

! Der Schutzmantel von Kabeln kann folgende Elemente enthalten:

- einen PVC-, Blei- oder Aluminiummantel,
- eine Bewehrung aus Stahlband oder -draht,
- eine Schutzhülle aus Kunststoff.

■

3.1.6.3 Typenbezeichnung von Starkstromkabeln

Aus der Typenbezeichnung eines Starkstromkabels kann der Aufbau, die Aderzahl, der Leiterquerschnitt, die Leiterform, die Nennspannung und die Farbe des Außenmantels entnommen werden. Für den Aufbau werden Kurzzeichen verwendet, die in radialer Folge (von innen beginnend) die einzelnen Elemente des Kabels beschreiben. Bild 3.30 zeigt anhand eines Beispiels den Aufbau der Typenbezeichnung von Starkstromkabeln. Die für die Bauartbezeichnung verwendeten Kurzzeichen und deren Bedeutung sind in Tabelle 3.4 in alphabetischer Reihenfolge zusammengestellt und durch Beispiele verdeutlicht.

Bauart-bezeichnung	Leiter-bezeichnung	Nenn-spannung	Mantel-farbe
NAYCWY	3 × 70 sm	0,6/1 kV	sw

Bild 3.30
Typenbezeichnung eines Starkstromkabels

Tabelle 3.4 Nationale Kurzzeichen (DE) für die Bauartbezeichnung von Starkstromkabeln

Kurzzeichen	Bedeutung	Beispiel
A	nach N: Aluminiumleiter, am Ende: äußere Schutzhülle aus Faserstoffen	N**A**KLEY, NKF**A**
B	Bewehrung aus Stahlband	NK**B**A
C	konzentrischer Leiter aus Kupfer	NY**C**Y
CE	konzentr. Leiter aus Kupfer über jeder Einzelader	NY**CE**Y
CW	wellenförmiger konzentrischer Leiter aus Kupfer	NY**CW**Y
D	Druckschutzbandage	NÖK**D**EFOA
E	einzeln mit Metallmantel und Korrosionsschautz umgebene und verseilte Adern (Mehrmantelkabel) Schutzhülle mit eingebetteter Schicht aus Elastomerband oder Kunststofffolie	N**E**KBA, NAKL**E**Y
F	Stahlflachdrahtbewehrung	NK**F**A
(FL)	Schirmbereich längswasserdicht und Diffusionssperre	A2X(**FL**)2Y
FO	offene Stahlflachdrahtbewehrung (≈ 50% Deckung)	NK**FO**A
-fl	flammwidriger Überzug	NKBA-**fl**
G	Gegenwendel aus Flachdraht Gummiisolierung	NKF**G**, N**G**K
Gb	Gegen- oder Haltewendel aus Stahlband (≥ 50% Deckung)	NKF**Gb**
H	Schirmung beim Hochstädter-Kabel leitfähige Schichten über Leiter und Isolierung von Kunststoffkabeln	N**H**KRA, NY**H**SY
I	Gasinnendruckkabel	N**I**KDEY
-J	Kabel mit grün-gelbem Schutzleiter	NKBA-**J**
K	Bleimantel	N**K**FA
-K	Korrosionsschutz	NKBAS-**K**
KL	gepresster, glatter Aluminiummantel	N**KL**Y
KLD	gepresster Aluminiummantel mit Dehnungselementen	NÖ**KLD**EY
KW	Stahlbandwellmantel	N**KW**EY
N	genormtes Kabel	**N**YKF
O	ohne Bewehrung	MK**O**
-O	Kabel ohne grün-gelben Schutzleiter	NYY-**O**
Ö	Ölkabel	N**Ö**KDEFOA
P	Gasaußendruckkabel	N**P**KDvFStA
Q	Beflechtung aus verzinktem Stahldraht	NGK**Q**
R	Stahlrunddrahtbewehrung	NHK**R**A
RO	offene Stahlrunddrahtbewehrung (≈ 50% Deckung)	NK**RO**A
-R	Rostschutzanstrich der Bewehrung	NKFGb-**R**
S	Schirm aus Kupfer	NYH**S**Y
SE	Kupferschirm über jeder Einzelader (dann entfällt Kurzzeichen H)	NY**SE**Y
St	Stahlrohr	NIvF**St**A
u	unmagnetisch unverseilte Kabel	NÖK**u**DY, NIAGl**u**ST2Y
v	verseilte Kabel verstärkte Kunststoffschutzhülle oder -mantel	NPKD**v**FStA, NAKLEY**v**
-w	Wärmebeständigkeit	NKBA-**w**
2X	Isolierung aus vernetztem Polyethylen (VPE)	N**2X**SY
Y	Isolierung, Mantel oder Schutzhülle aus Polyvinylchlorid (PVC)	N**Y**KRA, NY**Y**, NÖKuD**Y**
2Y	Isolierung, Mantel oder Schutzhülle aus Polyethylen (PE)	NIKLE**2Y**
Z	Bewehrung aus Z-förmigem Stahlprofildraht	NK**Z**A

3.1.6.4 Niederspannungskabel

Im Niederspannungsbereich werden heute ausschließlich kunststoffisolierte Kabel verwendet. Zwar findet man in bestehenden Anlagen noch Massekabel, jedoch werden diese im Zuge der Erneuerung durch Kabel mit PVC- oder VPE-Isolierung ersetzt. Es sollen deshalb nachfolgend nur Beispiele der letztgenannten Bauarten vorgestellt werden, siehe Bilder 3.31, 3.32, 3.33.

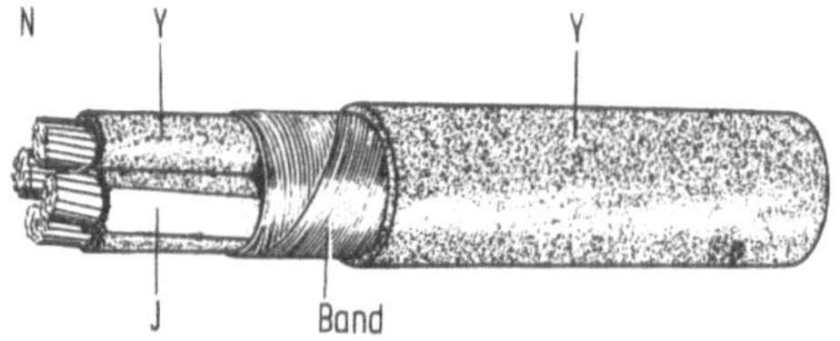

Bild 3.31 NYY bzw. NAYY
Diese PVC-isolierte Bauart kann überall dort verwendet werden, wo keine mechanischen Beschädigungen zu erwarten sind, z.B. in Innenräumen, im Freien und im Erdreich für Industrieanlagen, Schaltanlagen und in Ortsnetzen.
z.B.: NYY-J 4 x 25 rm 0,6/1 kV sw

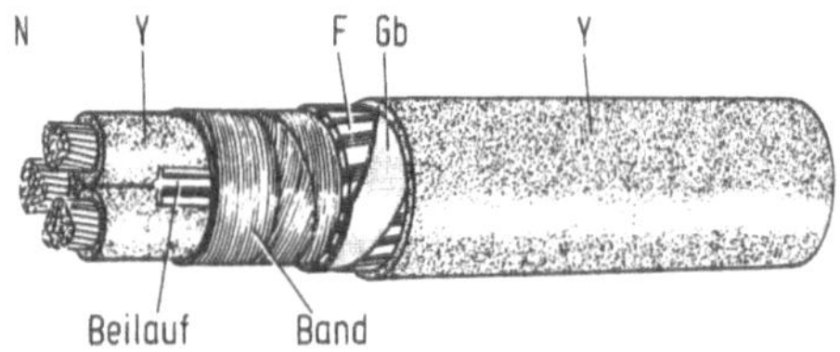

Bild 3.32 NYFGbY bzw. NAYFGbY
Diese Bauart ist gegenüber der vorher besprochenen zusätzlich mit einer Stahlflachdrahtbewehrung (F) und einer Gegen- oder Haltewendel aus Stahlband (Gb) ausgestattet. Dadurch ist das Kabel gegen erhöhte mechanische Beanspruchung bei der Montage oder während des Betriebs geschützt.
z.B.: NYFGbY 3 x 70 sm 0,6/1 kV sw

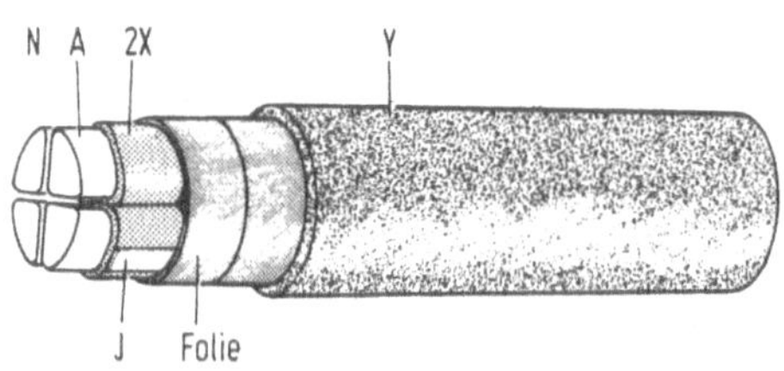

Bild 3.33 NA2XY
Zur höheren thermischen Auslastung ist diese Bauart mit einer VPE-Isolierung (2X) versehen. Der Schutzmantel ist aus PVC. Das Kabel ist vorgesehen für die Verlegung in Innenräumen, im Freien und im Erdreich bei extremen Betriebsbedingungen (hohe Umgebungstemperatur, Häufung von Kabeln). Es wird eingesetzt in Kraftwerken, Industrieanlagen, Schaltanlagen und Ortsnetzen.
z.B.: NA2XY-J 4 x 95 se 0,6/1 kV sw

3.1.6.5 Mittelspannungskabel

Bis zu einer Nennspannung von 3,6/6 kV unterscheiden sich die Mittelspannungskabel in der Bauart nicht von den Niederspannungskabeln. In diesem Bereich werden neben VPE bzw. PVC-isolierten Kabeln noch vereinzelt Massekabel eingesetzt. Ihr Aufbau soll deshalb an dieser Stelle vorgestellt werden.

NKBY bzw. NAKBY

Die Leiter dieser Bauart besitzen eine Isolierung aus gewickelten Papierstreifen, die mit einer zähflüssigen, isolierenden Flüssigkeit („Masse") getränkt und mit einer gemeinsamen Papierisolierung, dem Gürtel (Gürtelkabel), umwickelt sind. Die Papierisolierung ist elektrisch sehr hochwertig, sie muss jedoch durch einen wasserdichten Mantel aus Blei (K) gegen Feuchtigkeit geschützt werden (Bild 3.34). Alle Massekabel haben daher einen Metallmantel. Zum Schutz gegen mechanische Beschädigungen ist der weiche Bleimantel mit bitumengetränkten Faserstofflagen und einer darüber liegenden Stahlbandbewehrung (B) umgeben, der seinerseits durch einen PVC-Mantel vor chemischen Einflüssen geschützt wird.

Anwendung findet dieses Massekabel bei Verlegung in Erde, wenn ein erhöhter Korrosionsschutz erforderlich ist. Eine Verlegung in Innenräumen ist zulässig. Bei Höhenunterschieden in der Trasse müssen wegen der „Wanderung" der Tränkmasse jedoch kunststoffisolierte Kabel verwendet werden. Bei Spannungen > 6 kV genügt der einfache Aufbau nicht mehr, da die hohe dielektrische Beanspruchung durch das elektrische Feld zu einem Durchschlag der Isolierung führen kann.

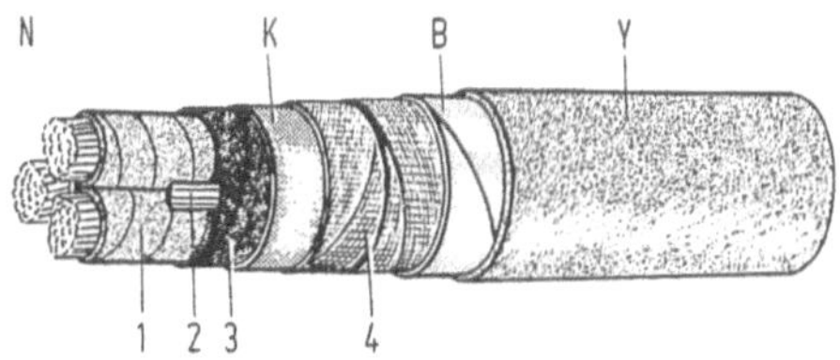

Bild 3.34 NKBY 3 x 70 sm 3,6/6 kV r
1 Papier-Isolierhülle
2 Beilauf
3 Gürtel-Isolierhülle (getränktes Papier)
4 Faserstofflagen in Masse

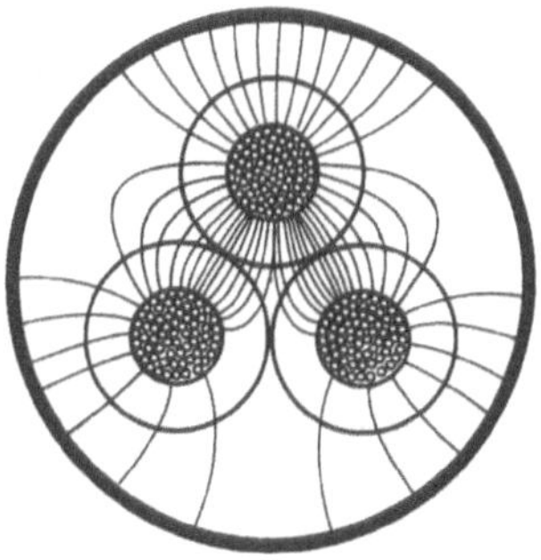

Bild 3.35 Feldverteilung eines Dreileiter-Gürtelkabels zu einem bestimmten Zeitpunkt einer Periode

Ursache hierfür ist die starke Feldverdichtung an den Leiteroberflächen der Dreileiterkabel (Bild 3.35), die insbesondere in den Fehlstellen der Isolierung (metallische Einschlüsse, Lunker, Fremdatome usw.) zu unzulässig hohen örtlichen Feldstärken führt. Dadurch werden Elektronen freigesetzt und beschleunigt, die eine Glimmentladung (Korona) auslösen. Es bildet sich ein gasgefüllter Kanal, der sich bei genügender Intensität so weit ausbreitet, dass es zum Durchschlag kommt (Bild 3.36).

Je nach Spannungsbeanspruchung und Isolierstoffdicke kann der Vorgang sehr schnell ablaufen oder aber erst nach längerer Zeit zum Durchschlag führen (elektrische Alterung). Zur Vermeidung der beschriebenen Gefahr werden konstruktive Maßnahmen getroffen, die das elektrische Feld so steuern, dass seine Dichte um den Leiter gleichmäßig ist und die Isolierung nur in Richtung ihrer höchsten elektrischen Festigkeit beansprucht wird. Beide Forderungen erfüllt ein radial verlaufendes elektrisches Feld.

Die größte Feldverzerrung tritt an der Oberfläche eines mehrdrähtigen Leiters auf. Um das elektrische Feld zu vergleichmäßigen, bringt man zwischen Leiter und Aderisolation ei-

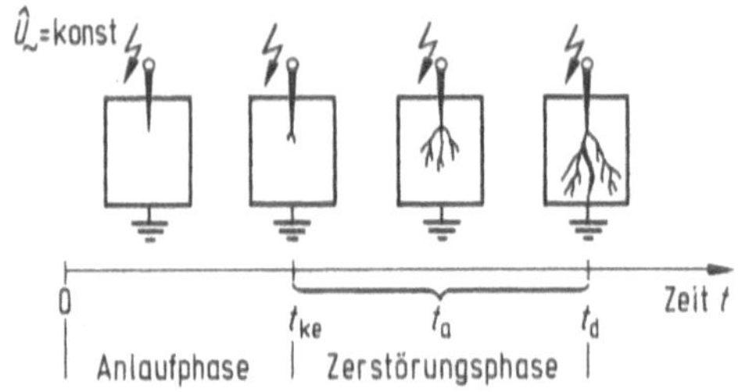

Bild 3.36 Durchschlagsvorgang in einem Feststoff ausgehend von einer Nadelspitze als Störstelle (nach *Philippow*)

t_{ke} Kanaleinsetzzeit
t_d Durchschlagzeit
t_a Kanalaufbauzeit

ne leitende Schicht z.B. aus leitenden Papierlagen oder leitfähigen Kunststoffschichten auf (innere Leitschicht). Dadurch wird die Leiteroberfläche geglättet und die Ursache der Feldverzerrung an der Leiteroberfläche beseitigt (Bild 3.37).

Zur Steuerung des gesamten Feldverlaufs wird über der Aderisolierung eine weitere Leiterschicht z.B. aus Graphit gelegt. Man verwendet heute bevorzugt Graphit, weil dieser gut haftet und dadurch Hohlräume vermieden werden. Damit sich zwischen der äußeren Leitschicht und Erde kein Potential ausbilden kann, muss diese geerdet werden. Hierzu wird im Allgemeinen ein Kupferschirm angebracht. Zum Schutz der feldbegrenzenden Graphitschicht befindet sich zwischen dieser und dem Schirm eine Schicht aus leitfähigem Gewebeband oder leitfähigem Krepppapier.

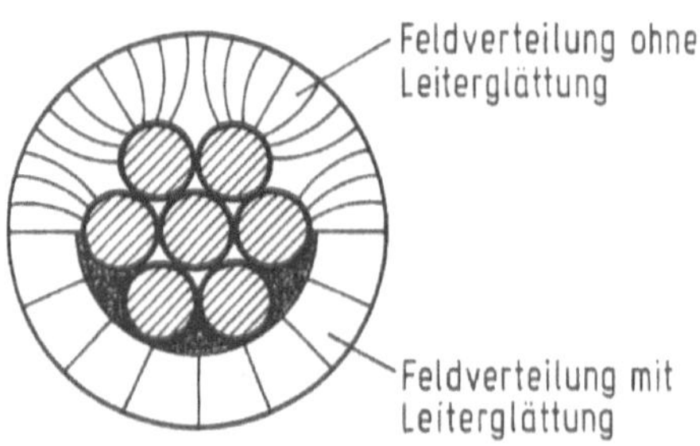

Bild 3.37 Prinzip der Leiterglättung

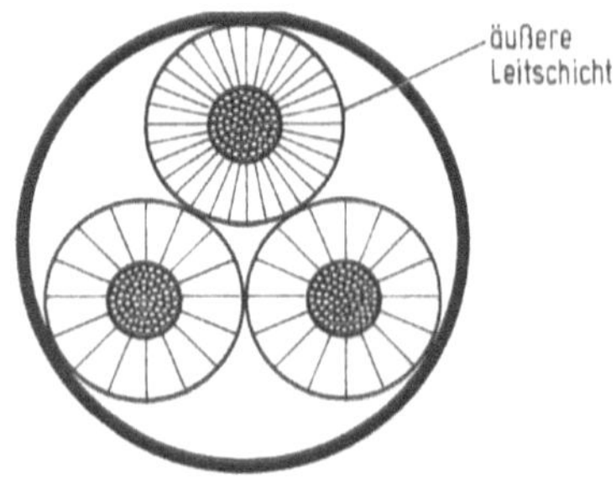

Bild 3.38 Feldverteilung bei einem Radialfeldkabel zu einem bestimmten Zeitpunkt einer Periode

Durch die Erdung der äußeren Leitschicht liegt damit bei Drehstromkabeln zwischen der inneren und äußeren Leitschicht die Strangspannung $U_0 = U_n / \sqrt{3}$ an, d.h. die Aderisolation wird gleichmäßig mit der Strangspannung beansprucht. Das elektrische Feld hat einen radialen Verlauf. Man bezeichnet diese Kabel deshalb als Radialfeldkabel (Bild 3.38).

Aus den vorangegangenen Ausführungen sowie aus Bild 3.38 geht hervor, dass der Raum um die abgeschirmten Adern feldfrei ist. Dies ist von Bedeutung, weil etwaige Hohlräume im Bereich der Aderumhüllung nicht dazu führen können, dass durch Entladevorgänge das Kabel allmählich zerstört werden kann. Hohlräume können sich z.B. beim Verlegen eines Kabels in den Zwickelräumen der Aderisolierung bilden, da sich beim Hin- und Herbiegen die Adern und Zwickelisolierung (Beilauf) gegeneinander bewegen. Im Betrieb führen die wechselnden Belastungen dazu, dass sich die Temperaturen und damit die Volumen der Leiter und Isolierung ständig ändern. Auf diese Weise kann es durch Lockern des Verseilbandes der Adern oder durch plastisches Verhalten der Isolierung zu Hohlraumbildungen kommen.

N2XSY bzw. NA2XSY

Diese Bauart ist gekennzeichnet durch eine Aderisolierung aus VPE sowie durch die feldbegrenzenden inneren und äußeren Leitschichten der Adern (Bild 3.39). Ein gemeinsamer Cu-Schirm sorgt für die Verbindung der äußeren Leitschichten mit der Erde. Ein PVC-Mantel schützt gegen mechanische und chemische Umwelteinflüsse.

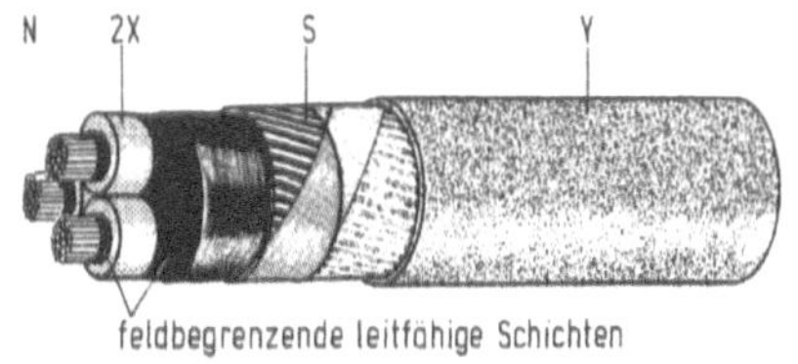

Bild 3.39 N2XSY 3 x 50 rm 6/10 kV r

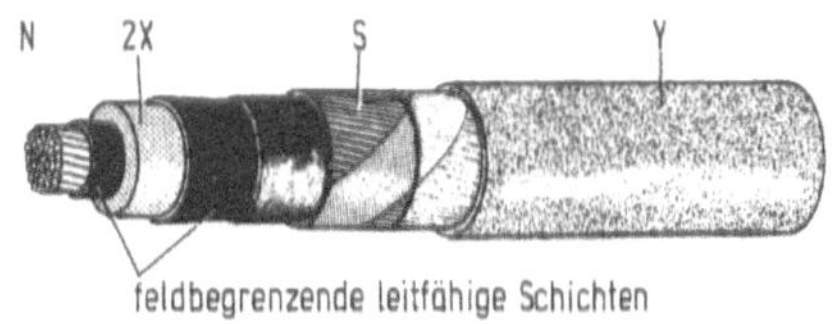

Bild 3.40 N2XSY 1 x 120 rm 18/30 kV r

Anwendung findet das Kabel in Industrie- und Schaltanlagen sowie in Verteilernetzen speziell auch als Steilhangkabel. Die Verlegung kann in Innenräumen, im Freien und in der Erde erfolgen. Der Kabeltyp N2XSY bzw. NA2XSY wird, ebenso wie andere Kabeltypen, auch als einadriges Kabel ausgeführt (Bild 3.40).

Üblich ist diese Bauart bei Spannungen ab 20 kV. Das Kabel hat ebenfalls einen Cu-Schirm mit einer darunter liegenden äußeren Leitschicht. Dadurch ist sichergestellt, dass sich weder innerhalb der Isolierung noch zwischen dieser und dem Schutzmantel unzulässig hohe Feldstärken ausbilden.

Einadrige Kabel haben gegenüber dreiadrigen Kabeln bestimmte Vorteile, die jedoch je nach Anwendungsfall unterschiedlich zu gewichten sind. Deshalb müssen bei der Auswahl die Vor- und Nachteile beider Bauarten zusammengestellt und sorgfältig gegeneinander abgewogen werden. Die Vorteile einadriger Kabel sind:

- der geringere Außendurchmesser ermöglicht größere Lieferlängen (Kabeltrommel),
- höhere Strombelastbarkeit (DIN VDE 0298),
- größere Biegsamkeit und geringeres Gewicht erleichtern die Verlegung,
- einfachere Reparatur, Verlegung eines Reserveleiters möglich.

Als Nachteile sind zu beachten:

- Nebeneinander verlegte Kabel benötigen im Kabelgraben mehr Platz. Sie bilden dabei ein unsymmetrisches System, da sich ihre Magnetfelder nicht mehr aufheben. Deshalb ist bei größeren Längen eine räumliche Anordnung im Dreieck oder eine zyklische Vertauschung erforderlich.
- Durch das magnetische Wechselfeld werden in den Metallmänteln Spannungen induziert, die zusätzliche Verluste verursachen. Sollen diese aus wirtschaftlichen Gründen oder mit Rücksicht auf die Belastbarkeit vermieden werden, dann sind besondere Maßnahmen bei der Erdung der Metallmäntel erforderlich.

3.1.6.6 Hochspannungskabel

Für Spannungen > 60 kV genügen bei Massekabeln die Maßnahmen zur Steuerung des elektrischen Feldes allein nicht mehr, sondern man setzt die Aderisolation unter Öl- oder Gasdruck. Mit beiden Verfahren wird erreicht, dass sich selbst bei großen Belastungsschwankungen keine glimmfähigen Gasräume ausbilden können. Man bezeichnet deshalb diese Kabel als „thermisch stabil". Mittlerweile sind auch im Hochspannungsbereich die papierisolierten Kabel durch Kabel mit VPE-Isolierung verdrängt. Die guten dielektrischen Eigenschaften dieses Kunststoffes erübrigen aufwendige Maßnahmen zur Beherrschung der hohen Feldstärken, wie sie bei Massekabeln erforderlich sind. Dadurch wird nicht nur die Verlegung einfacher, sondern es entfallen alle Nebenaggregate, die für die Vorhaltung der Druckmittel erforderlich sind. Da VPE-isolierte Kabel keine Tränkmasse haben, brauchen keine besonderen Maßnahmen bei Verlegung in Steigungen getroffen zu werden.

NÖKuDEY bzw. NÖAKuDEY

Dieses einadrige Ölkabel (Bild 3.41) besitzt wie die Massekabel eine Papierisolierung, die jedoch mit dünnflüssigem Öl getränkt ist, welches sich durch Längskanäle im Kabel zu einem Ausgleichsgefäß hin ausdehnen kann. Dabei steht die Aderisolierung ständig unter einem Öldruck von 2 bis 4 bar, so dass sich keine Gasräume und damit keine Glimmentladungen ausbilden können. Das Kabel ist daher unempfindlich gegen Temperaturschwankungen und somit thermisch stabil. Aus diesem Grund ist auch die Spannungsfestigkeit von Ölkabeln größer als die von Massekabeln.

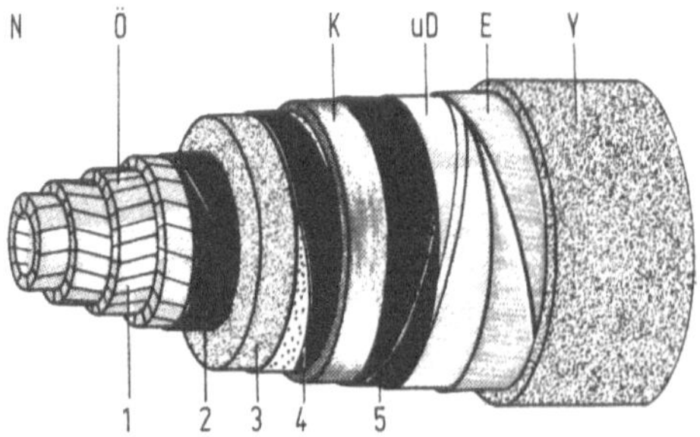

Bild 3.41
NÖKuDEY 1 x 800 rm/v12h 64/110 kV r

1 Cu-Hohlleiter
2 Rußpapier zur Leiterglättung
3 getränkte Papierisolierung
4 Aderabschirmung (Rußpapier und H-Folie)
5 Polster (bituminiertes Papier)

NPKDvFSt2Y bzw. NPAKDvFSt2Y

Diese Bauart wird als Gasaußendruckkabel (P) bezeichnet, weil auf die von einem Bleimantel (K) umgebene Aderisolierung von außen ein gasförmiges Druckmittel (z.B. Stickstoff) mit einem Druck von etwa 15 bar wirkt (Bild 3.42). Dadurch wird verhindert, dass sich bei Abkühlung der Aderisolierung glimmfähige Hohlräume bilden. Durch den ovalen Querschnitt der Ader und des Bleimantels kann der Mantel allen Verformungen bei Temperaturschwankungen membranartig folgen. Mit den beschriebenen Maßnahmen ist die thermische Stabilität des Kabels gewährleistet.

Über der Verseilung (v) der drei Adern befindet sich eine Stahlflachdrahtbewehrung (F), an der die verseilten Adern in das umgebende Stahlrohr (St) eingezogen werden. Zum Schutz gegen Korrosion ist abschließend das Stahlrohr mit einer PE-Schutzhülle (2Y) umgeben.

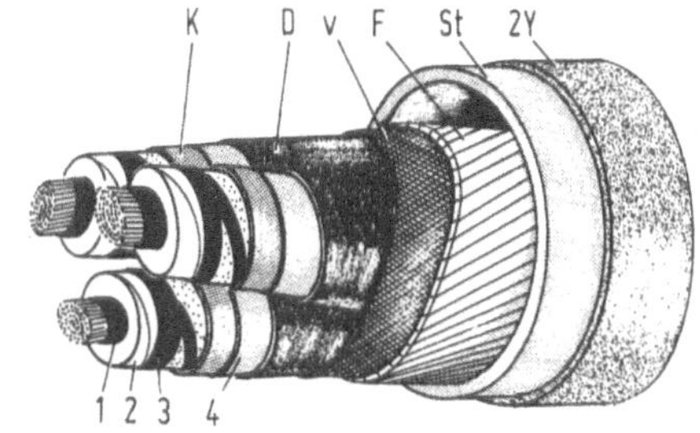

Bild 3.42
NPKDvFSt2Y 3 x 240 om/v 64/110 kV r

1 Rußpapier zur Leiterglättung
2 getränkte Papierisolierung
3 Aderabschirmung (Rußpapier und H-Folie)
4 Polster (bituminiertes Papier)

2XS(FL)2Y bzw. A2XS(FL)2Y

Im Gegensatz zu dem vorher beschriebenen papierisolierten Kabel hat dieses einadrige Kunststoffkabel einen sehr einfachen Aufbau (Bild 3.43). Über der Aderisolierung aus VPE (2X) befindet sich ein längswasserdichter Schirm (FL), der von einem äußeren Schichtenmantel aus Aluminiumband und PE (2Y) umgeben ist. Dieses Kabel ist damit nicht so gut gegen mechanische Beanspruchungen geschützt wie z.B. ein Gasaußendruckkabel. Dieser Nachteil muss bei der Planung beachtet werden.

Seine thermoelastische Eigenschaft erhält das Kabel dadurch, dass die verschiedenen Leitschichten extrudiert werden und damit eine fest verschweißte Einheit mit der VPE-Isolierung bilden.

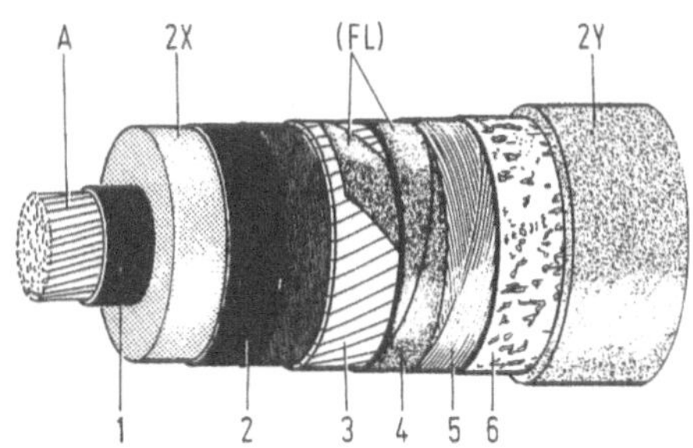

Bild 3.43
A2XS(FL)2Y 1 x 300 rm/35 35/60 kV s

1 extrudierte innere Leitschicht
2 äußere Leitschicht
3 Kupferschirm 35 mm^2
4 längswasserdichte Einbettung der Schirmdrähte
5 leitfähige Bänder
6 Aluminiumband

3.1.7 Lernzielorientierter Test zu Abschnitt 3.1

1. Für eine bestehende Wechselstromleitung wird die Verbraucherspannung von 220 V auf 230 V erhöht. Um wieviel Prozent kann jetzt die Last bei gleichem Übertragungswirkungsgrad und Leistungsfaktor erhöht werden?
2. Warum werden Ringnetze und allgemein Maschennetze bevorzugt aufgetrennt (als Strahlennetze) betrieben?
3. Erläutern Sie die Begriffe „Netzstruktur“ und „Verteilungssystem“.
4. Welche Aufgabe hat der Stahlkern in einem Freileitungsseil?

5. Ergänzen Sie die Tabelle durch Zuweisung der Eigenschaften „groß" bzw. „klein":

	Strahlennetz	Maschennetz
Spannungsabfall		
Kurzschlussstrom		
Versorgungssicherheit		
Aufwand für Netzschutz		

6. Warum werden Freileitungen als Bündelleiter ausgeführt?
7. Welche Aufgabe haben die Lichtbogenarmaturen an Isolatorketten?
8. Welche Aufgabe hat das Erdseil bei Freileitungen?
9. Welche Kriterien bestimmen die richtige Auswahl eines Kabels?
10. Welche Aufgabe haben die Leitschichten bei Mittel- und Hochspannungskabeln?
11. Warum werden papierisolierte Kabel mit einem Mantel aus Blei oder Aluminium ausgerüstet?
12. Welcher Belastungsgrad ergibt sich für ein Kabel, das entsprechend dem untenstehenden Tagesdiagramm belastet wird?

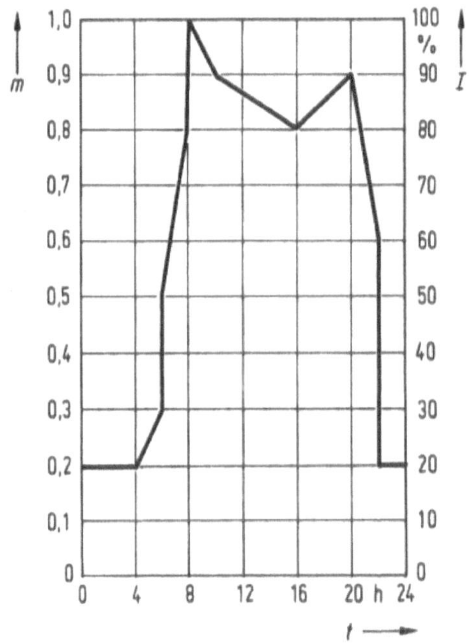

13. Welche Gefahr entsteht durch die Bildung von Hohlräumen in der Isolation?
14. Welche Ursachen führen zur Hohlraumbildung in einer Isolation?
15. Nennen Sie Gründe für die zunehmende Verwendung von kunststoffisolierten Kabeln.
16. Warum werden in Steilhängen bevorzugt kunststoffisolierte Kabel verwendet?
17. Bestimmen Sie den Aufbau des Kabels NYCY 1 x 70 rm/6 5,8/10 kV r.
18. Warum werden bei höheren Spannungen bevorzugt Einleiterkabel eingesetzt?

3.2 Bemessung elektrischer Leitungen

Lernziele

Nach Durcharbeitung dieses Abschnittes können Sie

- Gesichtspunkte der Leitungsbemessung für Freileitungen, isolierte Leitungen und Kabel erläutern,
- Gleichungen zur Berechnung der Leitungskonstanten interpretieren und anwenden,
- Leitungskonstanten mit Hilfe von Tabellen und Diagrammen ermitteln,
- Ersatzschaltbilder für Gleich-, Wechsel- und Drehstromleitungen erläutern.

3.2.1 Gesichtspunkte der Projektierung

Bei der Projektierung von Leitungsanlagen sind vornehmlich folgende Grundfragen zu beantworten, die auf allen Netzspannungsebenen gleichermaßen gestellt werden müssen:

- Welche Abnehmerstruktur ist gegeben (z.B. Industrie, Gewerbe, Haushalt)?
- Welche zeitliche und örtliche Verteilung der Belastung liegt vor?
- Über welche Entfernung müssen die Leistungen übertragen werden?
- Welche Leitungsarten können abhängig von örtlichen Gegebenheiten und der Wirtschaftlichkeit gewählt werden?

Die Klärung dieser Ausgangsfragen bildet die Basis für den weiteren Ablauf der Planung, die durch die nachfolgend beschriebenen Einflussgrößen bestimmt wird.

Einflussgrößen der Leitungsbemessung sind:

- mechanische Festigkeit,
- thermische Beanspruchung,
- Spannungsabfall,
- Verlustleistung,
- Abschaltbedingungen.

3.2.1.1 Mechanische Festigkeit

Mechanisch können Leitungen Druck- und Zugbeanspruchungen sowohl während des Betriebes als auch bei der Verlegung ausgesetzt sein. Das Leitermaterial, die Isolierung und die Bewehrung müssen die auftretenden Kräfte aufnehmen, ohne dass die Leitung Schaden nimmt. Für die verschiedenen Anwendungsbereiche werden deshalb von den Herstellern eine Vielzahl von Ausführungsarten angeboten. So können z.B. Kabel mit Aluminiummantel vorteilhaft dort eingesetzt werden, wo mit starken Erschütterungen zu rechnen ist, weil Aluminium gegen Schwingungen wenig empfindlich ist. Dies ist z.B. bei Brücken- oder Bahnkabeln der Fall. Sollen Kabel in Flüssen, Seen, Schächten, Gruben, in Bergsenkgebieten oder an Steilhängen verlegt werden, sind sie besonders hohen Druck- und/oder Zugbeanspruchungen ausgesetzt. Den mechanischen Schutz muss dabei hauptsächlich die Bewehrung übernehmen.

Auch bei normalen Einsatzbedingungen muss die mechanische Festigkeit beachtet werden. So ist nach DIN VDE 0100 bzw. ÖVE ÖNORM E8101 für feste geschützte Verlegung von Niederspannungskabeln und -leitungen ein Mindestquerschnitt von $1,5\,\text{mm}^2$ bei Kupfer und von $2,5\,\text{mm}^2$ bei Aluminium vorgeschrieben.

Festigkeitsberechnungen sind für Kabel und isolierte Leitungen in der Regel jedoch nicht erforderlich. Bei Freileitungen hingegen rufen das Gewicht der Leitungsseile, Eis- und Windlasten Kräfte hervor, die Leitungsseile, Isolatoren und Maste so unterschiedlich beanspruchen, dass hier stets eine Festigkeitsberechnung durchgeführt werden muss.

Neben dem Verwendungszweck spielen für die Auswahl eines bestimmten Leitungstyps häufig aber auch wirtschaftliche Überlegungen eine Rolle. Mechanische Kräfte treten ferner aufgrund der magnetischen Wirkung des elektrischen Stromes auf, so dass die Leitungen besonders im Kurzschlussfall großen dynamischen Beanspruchungen ausgesetzt sind. Die innerhalb bewehrter mehradriger Kabel wirkenden Kurzschlussstromkräfte werden von der Verseilung, dem Mantel und der Bewehrung aufgenommen.

In der Regel sind für mehradrige Kabel bei Stoßkurzschlussströmen bis 63 kA (Scheitelwert) keine besonderen Maßnahmen erforderlich (s. Abschnitt 3.4.3). Bei nebeneinander liegenden Einleiterkabeln bestimmen die auftretenden Kräfte den Abstand der Befestigungspunkte (Schellenabstände).

> **!** Die mechanische Beanspruchung bestimmt die Bauart und die Verlegung der verwendeten Leitung. ■

3.2.1.2 Thermische Beanspruchung

Leitungen werden während des Betriebes durch den elektrischen Strom erwärmt. Dabei wird bei Kabeln und isolierten Leitungen nicht nur der Leiter erwärmt, sondern auch die ihn umgebende Isolation. Meistens besteht die Isolation aus organischen Isolierstoffen, die bei Erwärmung einem Alterungsprozess unterliegen, so dass sich die Isoliereigenschaften verschlechtern.

Aus diesem Grund sind maximal zulässige Leitertemperaturen festgelegt, die hauptsächlich vom verwendeten Isolierstoff abhängen und nicht überschritten werden dürfen. Beispielsweise gilt für PVC-isolierte Kabel als dauernd zulässige Betriebstemperatur 70 °C und für VPE-Isolierung 90 °C. Längere Überlastungen und dadurch hervorgerufene höhere Leitertemperaturen können die Lebensdauer von Kabeln und isolierten Leitungen erheblich verkürzen.

Maximalen thermischen Beanspruchungen sind Leitungen bei Kurzschluss ausgesetzt. Allerdings lässt man für diesen Fall wegen der Kurzzeitigkeit und Seltenheit eines Kurzschlusses höhere Leitertemperaturen zu.

> **!** Leitungen sind nach der thermischen Belastung im Betriebs- und Störfall zu bemessen. ■

3.2.1.3 Spannungsabfall

Die Spannung am Verbraucher ist nicht konstant, sie ist von der Belastung abhängig. Der Abnehmer elektrischer Energie hat aber einen Anspruch darauf, dass die Netzspannungsschwankungen festgesetzte Grenzwerte nicht überschreiten, weil die angeschlossenen Geräte nur bei der Bemessungsspannung ihre Bemessungsleistung abgeben, und die Bemessungsspannung der Geräte auf die Nennspannung des Netzes abgestimmt ist. Nach ÖVE ÖNORM EN 60038 wird z.B. empfohlen, dass unter normalen Netzbedingungen die Spannung an den Hausanschlüssen von der Nennspannung nicht mehr als +10% und -10% abweichen soll.

Ist die Spannung zu niedrig, ist ein bestimmungsgemäßer Betrieb nicht möglich. Beispielsweise sinkt der Lichtstrom von Halogenlampen bei einem Spannungsrückgang von 10% um etwa 30%. Der Spannungsabfall auf der Leitung darf also eine bestimmte Höhe nicht überschreiten, damit die am Ende angeschlossenen Verbraucher die notwendige Klemmenspannung erhalten.

Der Spannungsabfall bestimmt den Leiterquerschnitt bzw. die maximal zulässige Leitungslänge. ■

3.2.1.4 Verlustleistung

Neben dem Spannungsabfall tritt auch eine Verlustleistung auf der Leitung auf, die die Wirtschaftlichkeit einer Anlage maßgeblich mitbestimmt.

Die Verlustleistung beeinflusst die Wirtschaftlichkeit einer Leitungsanlage. ■

3.2.1.5 Abschaltbedingung in Netzsystemen

In Netzsystemen (s. Abschnitt 3.1.4) muss als Schutzmaßnahme gegen gefährliche Körperströme (Schutz gegen elektrischen Schlag) im Fehlerfall (Körperschluss) ein bestimmter Mindestkurzschlussstrom fließen, damit die Überstromschutzeinrichtungen innerhalb festgelegter Zeiten abschalten. Ein großer Kurzschlussstrom setzt aber eine kleine Leitungsimpedanz voraus, die oft nur durch Vergrößerung des Leiterquerschnittes erreicht werden kann.

In Niederspannungs-Netzsystemen werden die Leiterquerschnitte bzw. die maximalen Leitungslängen auch durch die Abschaltbedingung bestimmt. ■

Niederspannungsnetze der öffentlichen Stromversorgung sind von der Abschaltbedingung ausgenommen. Maßgebend für die Bemessung einer Leitung ist nie einer der vorgenannten Gesichtspunkte allein. Jedoch kann je nach Einsatzbereich bzw. Netzspannungsebene eines der Kriterien im Vordergrund stehen.

So wird z.B. bei der Überbrückung großer Entfernungen weniger die thermische Beanspruchung als das Einhalten eines bestimmten Spannungsabfalls oder Leistungsverlusts die Hauptrolle spielen. Die Projektierung einer Leitungsanlage folgt dem Ablauf des in Bild

3.44 dargestellten Planungsprozesses. Die Methoden der Berechnung sind dabei gemäß der unterschiedlichen Höhe der Spannungen, dem unterschiedlichen Einfluss der Netzelemente auf die Größe der Kurzschlussströme und des Spannungsabfalls sowie den unterschiedlichen Einsatzbedingungen zu modifizieren.

In den folgenden Abschnitten werden Sie u.a. mit den verschiedenen Berechnungsverfahren vertraut gemacht. Dazu müssen jedoch zunächst die Kenngrößen, die sogenannten Leitungskonstanten, ermittelt werden.

Leitungskonstanten sind:

- der Wirkwiderstand R_w,
- die Induktivität L,
- die Betriebskapazität C_b.

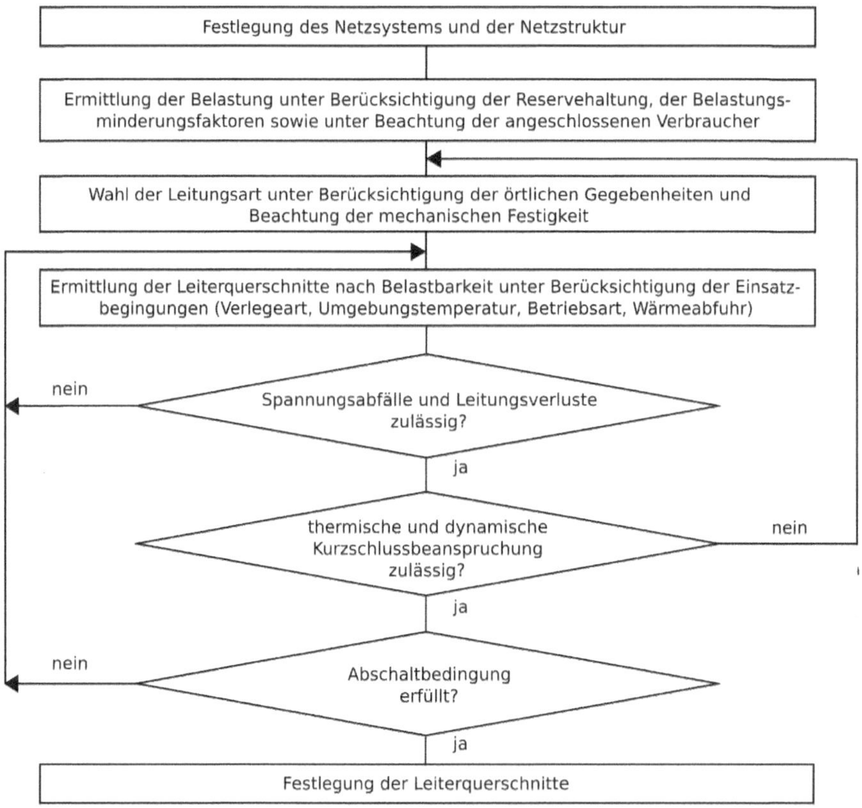

Bild 3.44 Ablauf der Leitungsbemessung

3.2.2 Kenngrößen elektrischer Leitungen

3.2.2.1 Wirkwiderstand

Auf einer Leitung entstehen Verluste, die sich zunächst aufgrund ihres Gleichstromwiderstandes (Leiterwiderstandes) R ergeben. Den Leiterwiderstand erhält man für einen Einzelleiter bei 20 °C aus der folgenden bekannten Gleichung:

$$R_{20} = \frac{l}{\gamma_{20} \cdot A} \tag{3.5}$$

l ... Leiterlänge
A ... Leiterquerschnitt
γ_{20} ... Leitfähigkeit des Leitermaterials bei 20 °C

Nach DIN 48200 beträgt bei 20 °C die Leitfähigkeit für:

	Kupfer	Aluminium
Leitfähigkeit γ_{20} in $\frac{\text{m}}{\Omega \cdot \text{mm}^2}$	56,0	35,4

Da sich eine Leitung im Betrieb erwärmt, ist es häufig erforderlich, mit dem Widerstandswert bei Betriebstemperatur zu rechnen. Für den Warmwiderstand R_ϑ bei einer bestimmten Temperatur ϑ gilt die bekannte Gleichung:

$$R_\vartheta = R_{20} \cdot (1 + \alpha_{20} \cdot \Delta\vartheta) \tag{3.6}$$

$\Delta\vartheta$ ... Temperaturänderung in K
α_{20} ... Temperaturbeiwert bei 20 °C in $\frac{1}{\text{K}}$

Nach ÖVE/ÖNORM EN 60865-1 (DIN VDE 0103) gilt:

	Kupfer	Aluminium
Temperaturbeiwert α_{20} bei 20 °C in $\frac{1}{\text{K}}$	0,0039	0,0040

Neben den Gleichstromverlusten entstehen bei Kabeln in Wechsel- und Drehstromsystemen zusätzliche Verluste, die u.a. durch die Stromverdrängung im Leiter (Skin-Effekt) sowie durch Wirbelströme im Metallmantel verursacht werden. Diese Verluste werden durch einen Zusatzwiderstand ΔR berücksichtigt, der Tabellen entnommen werden kann.

Der Wirkwiderstand R_w von Kabel setzt sich aus dem Gleichstromwiderstand R_ϑ und dem Zusatzwiderstand ΔR zusammen. Somit gilt für den Wirkwiderstand:

$$R_\text{w} = R_\vartheta + \Delta R \tag{3.7}$$

Es hat sich als zweckmäßig erwiesen, den Wirkwiderstand einer Leitung auf die Längeneinheit 1 km zu beziehen. Damit erhält man für einen bestimmten Leiterquerschnitt eine Konstante mit der Einheit $\frac{\Omega}{\text{km}}$. Man bezeichnet diese Konstante als Widerstandsbelag R'_w.

Beispiel 3.2

Bei einer Betriebstemperatur von 70 °C ist die elektrische Leitfähigkeit von Kupfer zu ermitteln!

Lösung:

Leiterwiderstand bei 20 °C $$R_{20} = \frac{l}{\gamma_{20} \cdot A} \tag{3.8}$$

Leiterwiderstand bei 70 °C $$R_{70} = \frac{l}{\gamma_{70} \cdot A} \tag{3.9}$$

Werden die Gleichungen (3.8) und (3.9) in Gleichung (3.6) eingesetzt, ergibt sich:

$$\frac{l}{\gamma_{70} \cdot A} = \frac{l}{\gamma_{20} \cdot A} \cdot (1 + \alpha_{20} \cdot \Delta\vartheta)$$

$$\Rightarrow \quad \gamma_{70} = \frac{\gamma_{20}}{1 + \alpha_{20} \cdot \Delta\vartheta} \tag{3.10}$$

Mit Zahlenwerten: $$\gamma_{70} = \frac{56 \frac{\mathrm{m}}{\Omega \cdot \mathrm{mm}^2}}{1 + 0{,}0039 \frac{1}{\mathrm{K}} \cdot 50\,\mathrm{K}}$$

$$\gamma_{70} = 46{,}86 \frac{\mathrm{m}}{\Omega \cdot \mathrm{mm}^2}$$

■

Übung 3.2

Berechnen Sie den Zahlenwert, der mit dem Gleichstromwiderstand einer Kupferleitung bei 20 °C multipliziert den Gleichstromwiderstand bei 160 °C ergibt.

■

Der Wirkwiderstandsbelag R'_w ist der auf die Längeneinheit $1\,\mathrm{km}$ bezogene Wirkwiderstand einer Leitung.

$$R'_\mathrm{w} = \frac{R_\mathrm{w}}{l} \quad \text{in } \frac{\Omega}{\mathrm{km}} \tag{3.11}$$

Für den Wirkwiderstand einer Leitung gilt damit:

$$R_\mathrm{w} = R'_\mathrm{w} \cdot l \quad \text{in } \Omega, \quad \text{mit } l \text{ in km} \tag{3.12}$$

■

Beispiel 3.3

Der Wirkwiderstand eines $300\,\mathrm{m}$ langen Drehstromkabels sei $74{,}7\,\mathrm{m\Omega}$. Wie groß ist der Widerstandsbelag?

Lösung:

$$R'_\mathrm{w} = \frac{R_\mathrm{w}}{l} = \frac{74{,}7 \cdot 10^{-3}\,\Omega}{0{,}3\,\mathrm{km}}$$

$$R'_\mathrm{w} = 0{,}249 \frac{\Omega}{\mathrm{km}}$$

■

Tabelle 3.5 Daten von PVC-isolierten Kabeln 0,6/1 kV (NYY)
$I_{R,L}$, $I_{R,E}$ ... Belastbarkeit bei Verlegung in Luft/Erde, m'_{Cu} ... spezifische Kupfermasse, d_a ... Kabelaußendurchmesser, m' ... spezifische Gesamtmasse.

Aderzahl und Nennquerschnitt mit Leiteraufbau	$I_{R,L}$	$I_{R,E}$	m'_{Cu}	d_a	m'
mm^2	A	A	$\frac{kg}{km}$	mm	$\frac{kg}{km}$
1x16 RE	107	84	154	11	255
1x25 RM	138	114	240	12	370
1x35 RM	164	139	336	14	474
1x50 RM	195	169	480	16	614
1x70 RM	238	213	672	17	828
1x95 RM	286	264	912	19	1.120
1x120 RM	325	307	1.152	21	1.375
1x150 RM	365	352	1.440	23	1.660
1x185 RM	413	406	1.776	25	2.050
1x240 RM	479	483	2.304	28	2.634
1x300 RM	541	557	2.880	30	3.295
1x400 RM	614	646	3.840	32	4.231
1x500 RM	693	747	4.800	34	5.284
1x630 RM	777	858	6.048	42	6.850
3x1,5 RE	27	20	43	13	244
3x2,5 RE	36	25	72	14	294
3x4 RE	47	34	115	16	393
3x6 RE	59	43	173	17	481
3x10 RE	79	59	288	18	669
3x16 RE	102	79	461	20	889
3x16 RM	102	79	461	20	889
3x25 RM	133	106	720	25	1.350
3x35 SM	159	129	1.008	25	1.547
3x50 SM	188	157	1.440	29	2.010
3x70 SM	232	199	2.016	32	2.701
3x95 SM	280	246	2.736	35	3.598
3x120 SM	318	285	3.456	38	4.366
3x150 SM	359	326	4.320	42	5.372
3x185 SM	406	374	5.328	47	6.630
3x240 SM	473	445	6.912	53	8.536
4x1,5 RE	27	20	58	14	278
4x2,5 RE	36	25	96	15	340
4x4 RE	47	34	154	17	460
4x6 RE	59	43	230	18	570
4x10 RM/RE	79	59	384	20	802
4x16 RM/RE	102	79	614	22	1.092
4x25 RM	133	106	960	27	1.632
4x35 SM	159	129	1.344	27	1.959
4x50 SM	188	157	1.920	32	2.595
4x70 SM	232	199	2.688	36	3.488
4x95 SM	280	246	3.648	41	4.637
4x120 SM	318	285	4.608	43	5.689
4x150 SM	359	326	5.760	49	6.973
4x185 SM	406	374	7.104	54	8.663
4x240 SM	473	445	9.216	60	11.140

Übung 3.3

Bestimmen Sie den Wirkwiderstandsbelag eines Drehstromkabels 0,6/1 kV NYY 4 x 120 mm² bei 20 °C sowie bei der zulässigen Betriebstemperatur. Der Zusatzwiderstand ist zu vernachlässigen.

Übung 3.4

Aus den Grundlagen ist die Gleichung zur Berechnung der Drehstrom-Verlustleistung $P_V = 3 \cdot I^2 \cdot R$ bekannt.

Berechnen Sie mit den Werten der Tabelle 3.5 die längenbezogene Verlustleistung eines Kabels 0,6/1 kV NYY 4 x 50 mm² bei Verlegung in Erde.

3.2.2.2 Induktivität

Leitungen besitzen aufgrund der bei Wechselstrom entstehenden magnetischen Wechselfelder eine Induktivität L und damit auch einen induktiven Blindwiderstand X_L:

$$X_L = \omega \cdot L \tag{3.13}$$

Für $f = 50\,\text{Hz}$ ist die Kreisfrequenz ω:

$$\omega = 2 \cdot \pi \cdot f = 2 \cdot 3{,}14 \cdot 50\,\text{Hz} = 314\,\text{s}^{-1}$$

Die auf die Längeneinheit 1 km bezogene Induktivität heißt Induktivitätsbelag L' in $\frac{\text{mH}}{\text{km}}$. Der induktive Widerstandsbelag ergibt sich allgemein aus:

$$X'_L = \omega \cdot L' \tag{3.14}$$

In Tabelle 3.6 sind für eine Reihe von Leiteranordnungen Gleichungen zur Berechnung des Induktivitätsbelags angegeben. Exemplarisch soll für eine Wechselstromdoppelleitung nachfolgend die Gleichung erläutert werden.

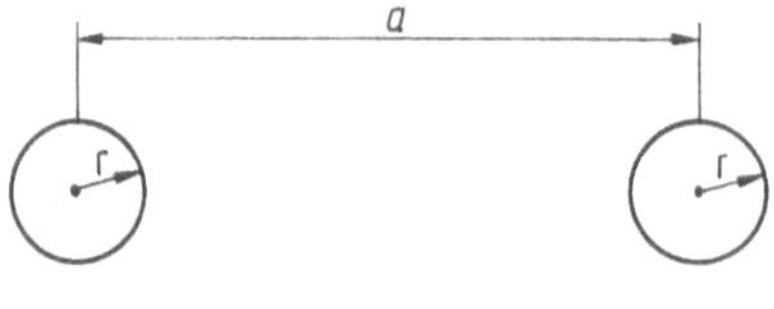

Bild 3.45
Wechselstromdoppelleitung (Hin- und Rückleiter)

Betrachtet man die Anordnung von zwei geraden parallelen Leitern, die in gegensätzlicher Richtung vom Strom durchflossen werden (Bild 3.45), so lautet die Gleichung für die Induktivität eines Leiters:

$$L = \frac{\mu_0 \cdot l}{2 \cdot \pi} \cdot \left(\ln \frac{a}{r} + \frac{1}{4} \right) \tag{3.15}$$

l ... Leiterlänge
a ... Achsenabstand der Leiter
r ... Leiterradius

Tabelle 3.6 Induktivitätsbelag in mH/km je Leiter für symmetrisch betriebene Drehstromsysteme (Kabel ohne metallische Mäntel und Schirme)
Ersatzradius des Leiters: $\rho = 0{,}779 \cdot r$, $\mu_0 = 4 \cdot \pi \cdot 10^{-4}$H/km

Leiteranordnung	Berechnungsgleichungen
2-Leiter-Anordnung 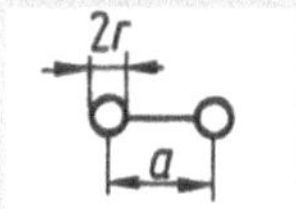	$L' = \frac{\mu_0}{2 \cdot \pi} \cdot \left(\ln \frac{a}{r} + \frac{1}{4}\right)$, $L' = 0{,}2 \cdot \ln \frac{a}{\rho}$
Dreieckszerlegung 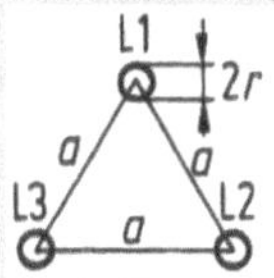 $a_{12} = a_{23} = a_{31} = a$	$L'_{L1} = L_{L2'} = L_{L3'} = L'$ $L' = 0{,}2 \cdot \ln \frac{a}{\rho}$
Einebenenverlegung 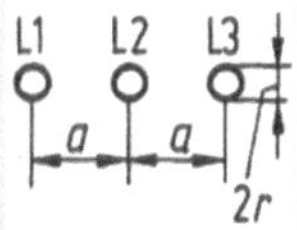	Mittlerer Induktivitätsbelag: $L'_m = 0{,}2 \cdot \ln \frac{\bar{a}}{\rho}$ Mittlerer geometrischer Abstand: $\bar{a} = a \cdot \sqrt[3]{2}$
Allgemeine Lage 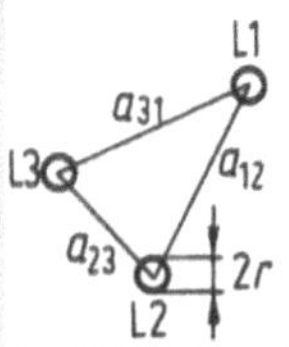	Mittlerer Induktivitätsbelag: $L'_m = 0{,}2 \cdot \ln \frac{\bar{a}}{\rho}$ Mittlerer geometrischer Abstand: $\bar{a} = \sqrt[3]{a_{12} \cdot a_{23} \cdot a_{31}}$

Die Gleichung gilt unter der Voraussetzung, dass sich ein magnetisch neutraler Stoff ($\mu = \mu_0$) um jeden Leiter befindet. Wie man aus der vorstehenden Gleichung erkennt, ist die Induktivität um so kleiner, je näher die Leiter beieinander liegen; denn je kleiner a ist, desto kleiner ist auch $\ln \frac{a}{r}$.

Übung 3.5

Weshalb sind die Induktivitäten von Freileitungen größer als die von Kabeln? ■

Häufig wird zur Vereinfachung mit dem Ersatzradius des Leiters gerechnet (s. Tabelle 3.6), der sich folgendermaßen herleitet: In etwas anderer mathematischer Schreibweise lautet die Gleichung (3.12):

$$L = \frac{\mu_0 \cdot l}{2 \cdot \pi} \cdot \left(\ln a - \ln r + \frac{1}{4}\right)$$

Setzt man: $-\ln \rho = -\ln r + \frac{1}{4}$

folgt hieraus für den Ersatzradius eines Leiters: $\rho = r \cdot e^{-\frac{1}{4}} = r \cdot 0{,}779$

Übung 3.6

Leiten Sie die Zahlenwertgleichung $L' = 0{,}2 \cdot \ln \frac{a}{\rho}$ in $\frac{\text{mH}}{\text{km}}$ für den Induktivitätsbelag je Leiter einer symmetrisch betriebenen Drehstromleitung in Dreieckverlegung aus der Gleichung (3.15) ab.

■

Übung 3.7

Bei welchem Verhältnis von Leiterabstand zu Leiterdurchmesser beträgt die Gesamtinduktivität einer Einphasenleitung je km 0,8 mH?

■

Übung 3.8

Stellen Sie die Abhängigkeit der mittleren Induktivität je km des Leiters eines Drehstromsystems vom Abstand a folgender Verlegeanordnung graphisch dar.

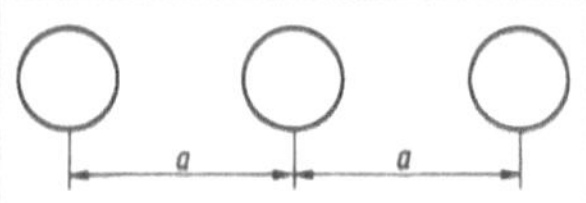

Einleiterkabel NYY 1 x 240 mm², Kabelaußendurchmesser $D = 30\,\text{mm}$

■

3.2.2.3 Kapazität

Leiter, zwischen denen eine elektrische Spannung besteht, sind immer von einem elektrischen Feld umgeben. Das Speichervermögen elektrischer Energie, die in diesem Feld steckt, ist bei einer bestimmten Spannung durch die Kapazität der Leiteranordnung gegeben. Bild 3.46 zeigt die Anordnung zweier paralleler Leiter. Die gegenseitige Kapazität der Leiter C_g ist von den Leiterabmessungen, der Leiteranordnung und von der Permittivität (Dielektrizitätskonstanten) ϵ abhängig.

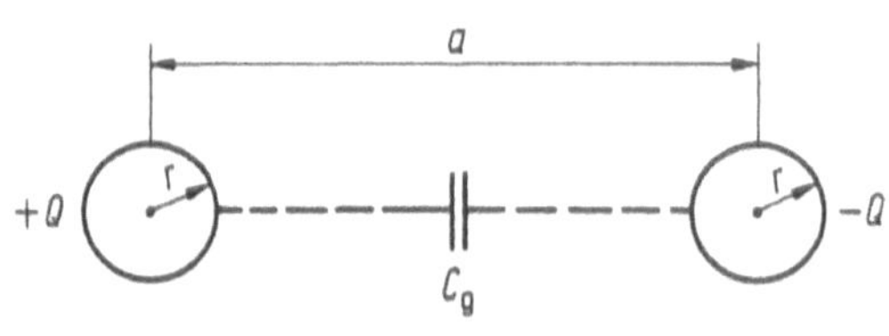

Bild 3.46 Gegenseitige Kapazität einer ungeschirmten Doppelleitung ohne Erde (Freileitung)

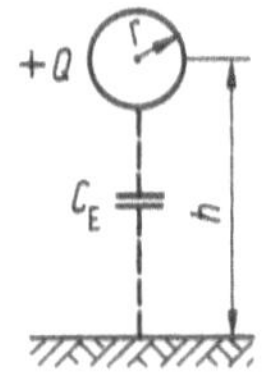

Bild 3.47 Erdkapazität eines einzelnen Leiters

Besteht zwischen einem Leiter und der Erde eine Spannung, so tritt auch eine Erdkapazität C_E auf (Bild 3.47). Sind mehr als zwei Leiter vorhanden, wie dies z.B. bei einem Drehstromsystem der Fall ist, dann bildet sich sowohl zwischen je zwei Leitern als auch zwischen jedem Leiter und der Erde ein elektrisches Feld aus.

Für eine symmetrisch betriebene Drehstromfreileitung in Dreiecksanordnung ohne Erdseil ergeben sich somit die Teilkapazitäten nach Bild 3.48.

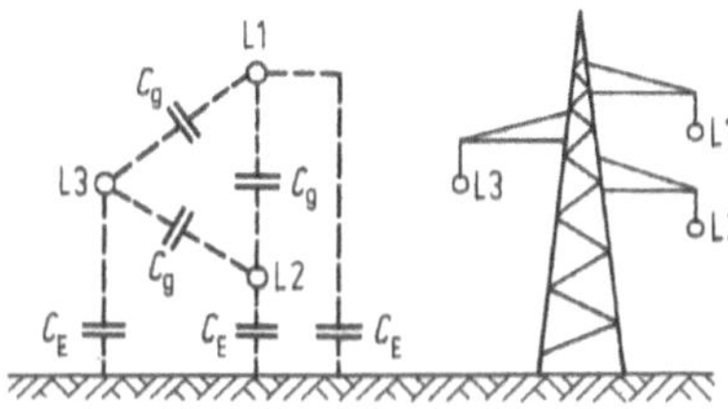

Bild 3.48 Teilkapazitäten einer Drehstromfreileitung ohne Erdseil

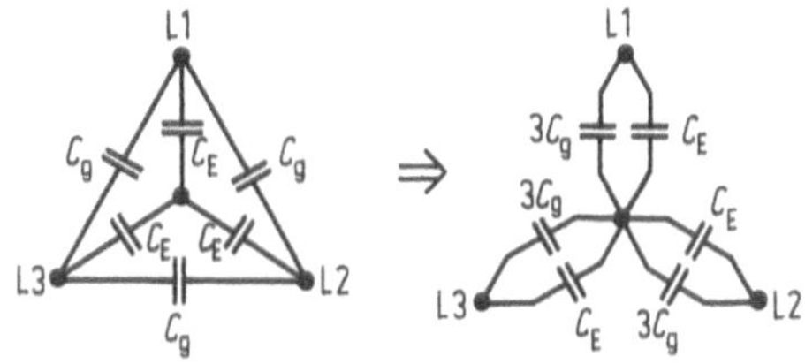

Bild 3.49 Ersatzschaltung der Teilkapazitäten einer Drehstromfreileitung ohne Erdseil

Die Gesamtschaltung der Teilkapazitäten vereinfacht sich, wenn die Dreieckschaltung der gegenseitigen Kapazitäten in eine äquivalente Sternschaltung transformiert wird. Die gegenseitigen Kapazitäten $3 \cdot C_g$ liegen damit parallel zu den Erdkapazitäten C_E (Bild 3.49).

Fasst man die parallel geschalteten Teilkapazitäten je Strang zusammen, so erhält man die Betriebskapazität C_b je Strang des Systems:

$$C_b = C_E + 3 \cdot C_g \tag{3.16}$$

Damit ergibt sich die Ersatzschaltung nach Bild 3.50. Mit diesem Ansatz und unter der Voraussetzung, dass der Abstand der Leiter gegenüber ihrem Radius sehr groß ist ($a \gg r$), findet man für die Betriebskapazität je Leiter einer Drehstromfreileitung ohne Erdseil:

$$C_b = \frac{2 \cdot \pi \cdot \epsilon \cdot l}{\ln \frac{\overline{a}}{r}} \tag{3.17}$$

l ... Länge des Leiters
r ... Leiterradius
$\epsilon = \epsilon_0 \cdot \epsilon_r$ ... Permittivität (Dielektrizitätskonstante)
$\overline{a}$ ... mittlerer geometrischer Abstand der Leiter, siehe Tabelle 3.6

Bild 3.51 verdeutlicht die Betriebskapazität von Drehstromkabeln mit radialer Feldverteilung (vgl. Abschnitt 3.1.6.5).

Für derartige Kabel errechnet sich die Betriebskapazität je Leiter aus:

$$C_b = \frac{2 \cdot \pi \cdot \epsilon \cdot l}{\ln \frac{R_M}{R_L}} \tag{3.18}$$

R_M ... Innenradius des Mantels
R_L ... Leiterradius

Übung 3.9

Beweisen Sie die Gültigkeit der Gleichung (3.16) durch Dreieck-Stern-Umwandlung der Teilkapazitäten aus Bild 3.49. ■

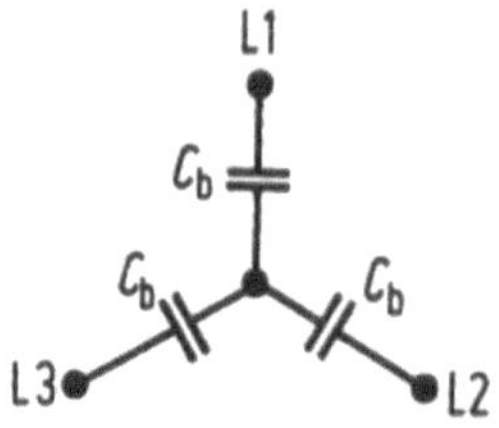

Bild 3.50 Betriebskapazität einer Drehstromfreileitung ohne Erdseil

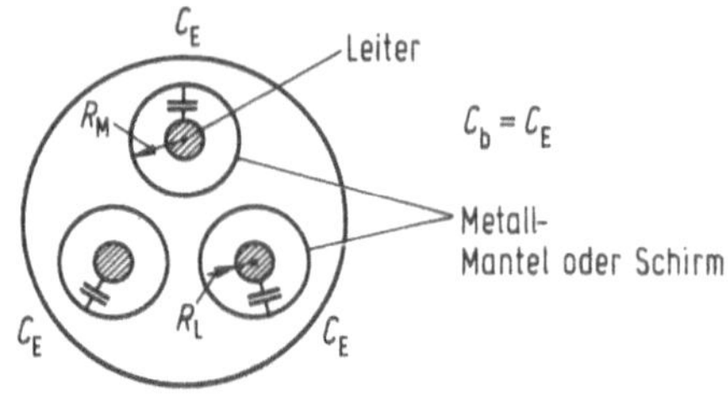

Bild 3.51 Betriebskapazität eines Drehstromkabels

Wie die vorstehenden Gleichungen zeigen, ist die Betriebskapazität eines Kabels oder einer Leitung von deren Abmessungen und deren Aufbau abhängig. Die Kapazität einer Leitung hängt ab von:

- der Länge der Leiter,
- dem Abstand der Leiter,
- dem Radius der Leiter,
- der Permittivität (Dielektrizitätskonstanten).

Übung 3.10

Erläutern Sie an Hand der Gleichung (3.17), welchen Einfluss eine Verringerung des Abstandes der Leiter auf die Kapazität hat.

Übung 3.11

Zeichnen Sie die Koppelkapazitäten zwischen den Leitern bzw. zwischen Leiter und Erde (Mantel, Schirm, Metallfolie) für die dargestellten Drehstromkabel ein.

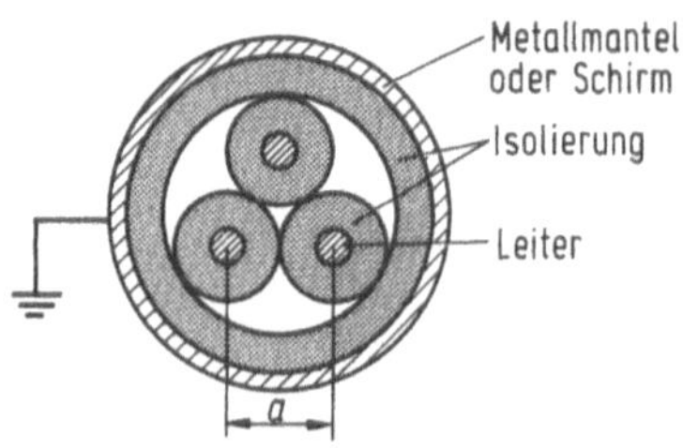

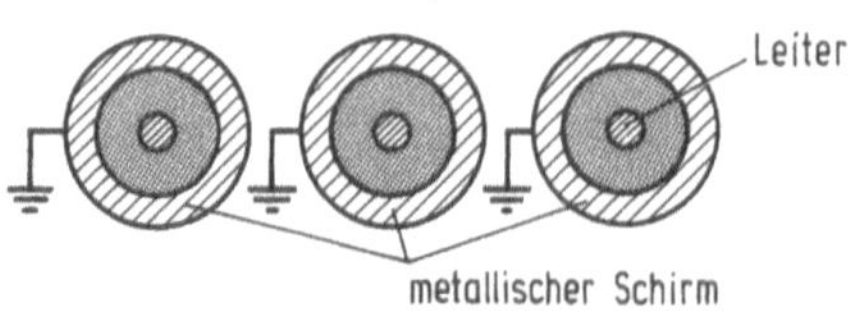

Die genaue Berechnung der Kapazitäten von Kabeln mit nicht radialer Feldverteilung ist schwierig, und es ergeben sich je nach Bauart auch erhebliche Unterschiede. Man ist daher auf Messergebnisse angewiesen, die Tabellen oder Diagrammen entnommen werden können. Die Kapazität einer Leitung wird im Allgemeinen ebenfalls auf die Längeneinheit 1 km bezogen und Kapazitätsbelag C' genannt. Somit gilt für die Betriebskapazität und den kapazitiven Blindwiderstand einer Leitung:

$$C_\mathrm{b} = C_\mathrm{b}' \cdot l, \quad X_\mathrm{C} = \frac{1}{\omega \cdot C_\mathrm{b}' \cdot l} \quad \text{mit } C_\mathrm{b}' \text{ in } \frac{\mathrm{F}}{\mathrm{km}} \text{ und } l \text{ in km} \tag{3.19}$$

Beispiel 3.4

Gegeben ist ein 10 kV-PVC-Kabel mit Kupferleitern und Einzeladerabschirmung 3 x 50/6 mm² von 5 km Länge bei symmetrischem Drehstrombetrieb.
Zu berechnen sind:
a) die Betriebskapazität,
b) der kapazitive Ladestrom.

Lösung:
Der Hersteller gibt das Diagramm in Bild 3.52 zur Bestimmung des Kapazitätsbelags an. Aus dem Diagramm ist zu entnehmen:

$$C_\mathrm{b}' = 0{,}75\,\frac{\mu\mathrm{F}}{\mathrm{km}}$$

Hiermit ergibt sich: $C_\mathrm{b} = C_\mathrm{b}' \cdot l = 0{,}75\,\frac{\mu\mathrm{F}}{\mathrm{km}} \cdot 5\,\mathrm{km} = 3{,}75\,\mu\mathrm{F}$

Aus Bild 3.52 entnimmt man für ein Radialfeldkabel $C_\mathrm{e} = C_\mathrm{b}$. Damit liegt an C_b nicht die Außenleiterspannung $U_\mathrm{n} = 10\,\mathrm{kV}$, sondern die Strangspannung:

$$U_\mathrm{C} = U_0 = \frac{U_\mathrm{n}}{\sqrt{3}} = \frac{10^4\,\mathrm{V}}{\sqrt{3}} = 5{,}8\,\mathrm{kV}$$

Mit $X_\mathrm{C} = \frac{1}{\omega \cdot C_\mathrm{b}}$ ergibt sich der Ladestrom zu $I_\mathrm{C} = \frac{U_0}{X_\mathrm{C}} = U_0 \cdot \omega \cdot C_\mathrm{b}$

$$I_\mathrm{C} = \frac{10^4\,\mathrm{V}}{\sqrt{3}} \cdot 2 \cdot \pi \cdot 50\,\frac{1}{\mathrm{s}} \cdot 3{,}75 \cdot 10^{-6}\,\frac{\mathrm{As}}{\mathrm{V}} = 6{,}8\,\mathrm{A}$$

■

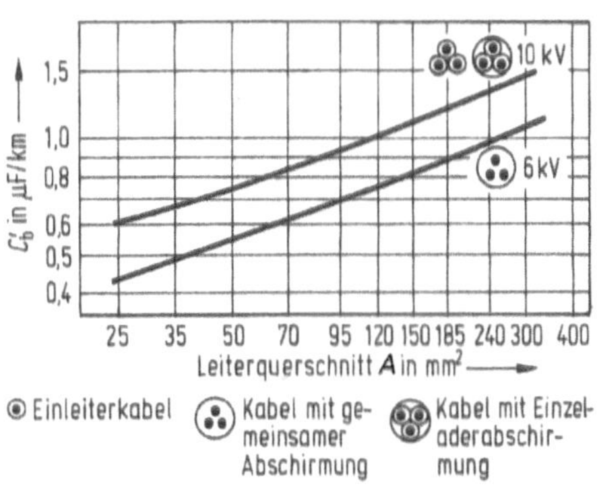

Bild 3.52
Kapazitätsbeläge C_b', von PVC-Kabel bei 70 °C Betriebstemperatur

Übung 3.12

Berechnen Sie für eine 15 km lange 10 kV-Drehstromfreileitung, 50 Hz, Al/-Stahl 35/6 mm²

a) den Wirkwiderstand bei 50 °C, wenn nur der Al-Querschnitt berücksichtigt wird und $\gamma_{20} = 34,5 \frac{\text{m}}{\Omega\cdot\text{mm}^2}$ vorausgesetzt wird,
b) den mittleren induktiven Blindwiderstand,
c) die Betriebskapazität,
d) den Ladestrom,

wenn angenommen wird, dass die Leiter im Abstand von 0,8 m nebeneinander aufgehängt sind und der Seildurchmesser 8,1 mm beträgt.

■

Beispiel 3.5

Für ein 110 kV-Drehstromkabelnetz ist die maximal übertragbare Leistung bei Wirklast in Abhängigkeit von der Kabellänge zu bestimmen. Für das Netz sollen Einleiterölkabel mit einem Leiterquerschnitt von $A = 400\,\text{mm}^2$ Cu verwendet werden. Die zulässige Strombelastbarkeit beträgt bei Verlegung in Erde (nebeneinanderliegend) 650 A. Der Kapazitätsbelag C_b' ist Bild 3.53 zu entnehmen.

Lösung:

$I_\text{z} = 650\text{A}$ Aus Bild 3.53: $C_\text{b}' = 0,34\,\frac{\mu\text{F}}{\text{km}}$

Maximal übertragbare Leistung:

$$S_\text{max} = U \cdot I_\text{z} \cdot \sqrt{3} = 110\,\text{kV} \cdot 650\,\text{A} \cdot 1,732 = 123,8\,\text{MVA}$$

Ladeleistung je km:

$$Q_\text{C}' = U^2 \cdot \omega \cdot C_\text{b}' = (110\,\text{kV})^2 \cdot 314\,\tfrac{1}{\text{s}} \cdot 0,34\,\tfrac{\mu\text{F}}{\text{km}} = 1,29\,\tfrac{\text{Mvar}}{\text{km}}$$

Übertragbare Wirkleistung:

$$P = \sqrt{(S_\text{max})^2 - (Q_\text{C})^2} = \sqrt{(S_\text{max})^2 - \left(Q_\text{C}' \cdot l\right)^2} = \sqrt{15326,4\,(\text{MVA})^2 - 1,66\left(\tfrac{\text{Mvar}}{\text{km}}\right)^2 \cdot l^2}$$

Wertetabelle und grafische Darstellung:

l / km	Q_c / Mvar	P / MW
0	0,0	123,8
10	12,9	123,1
20	25,8	121,1
30	38,8	117,6
40	51,7	112,6
50	64,6	105,7
60	77,5	96,7
70	90,4	84,8
80	103,6	68,6
90	116,3	43,4
96	123,8	≈ 0

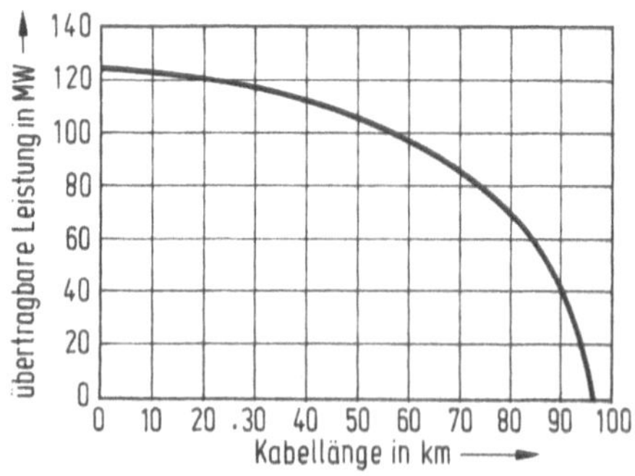

■

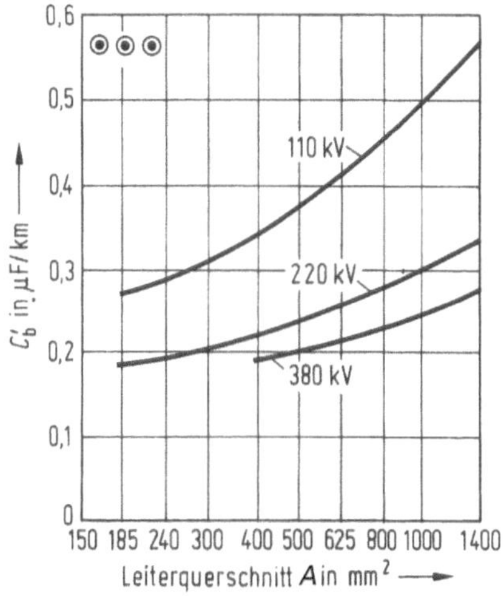

Bild 3.53
Kapazitätsbeläge von Hochspannungs-Einleiter-Ölkabel

Übung 3.13

Ermitteln Sie für das Kabelnetz in Beispiel 3.5 die übertragbare Scheinleistung in Abhängigkeit von der Kabellänge, wenn die Belastung durch die angeschlossenen Verbraucher mit einem Leistungsfaktor von $\cos\varphi = 0{,}9$ induktiv erfolgt. ■

3.2.3 Messung der Leitungskonstanten

Messtechnisch können die Beläge an kurzen Abschnitten einer Leitung ermittelt werden. Aufgrund des Wirkspannungsabfalls $I \cdot R'_W \cdot l$ und des induktiven Spannungsabfalls $I \cdot \omega \cdot L' \cdot l$, die bei Stromfluss entstehen, können der Wirkwiderstandsbelag und der Induktivitätsbelag im Kurzschlussversuch festgestellt werden. Den Kapazitätsbelag erhält man mit Hilfe des Ladestromes $U \cdot \omega \cdot C'_b \cdot l$ im Leerlauf einer Leitung.

Ersatzschaltbilder

Mit den bisher kennengelernten Kenngrößen lässt sich das elektrische Verhalten einer Leitung beschreiben. Als Grundlage der Berechnung dient häufig ein Ersatzschaltbild, das sich aus diesen Größen ableiten lässt.

Betrachtet man zunächst eine aus Hin- und Rückleiter bestehende Gleichstromleitung, so kann diese durch ihren Gleichstromwiderstand $R_\vartheta = R'_\vartheta \cdot 2 \cdot l$ dargestellt werden. Dieser teilt sich je zur Hälfte auf Hin- und Rückleiter auf, so dass sich das Ersatzschaltbild nach Bild 3.54 zeichnen lässt.

Fasst man Hin- und Rückleiter zusammen, vereinfacht sich das Ersatzschaltbild gemäß Bild 3.55. Wird eine Leitung durch eine Wechselspannungsquelle gespeist, tritt neben dem Wirkwiderstand ein induktiver und ein kapazitiver Blindwiderstand auf. Der induktive Blindwiderstand berücksichtigt die Widerstandserhöhung, die bei Stromänderung durch

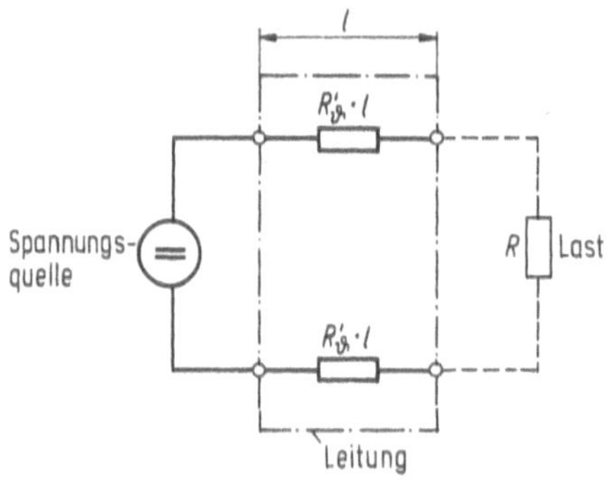

Bild 3.54 Ersatzschaltbild einer Gleichstromleitung

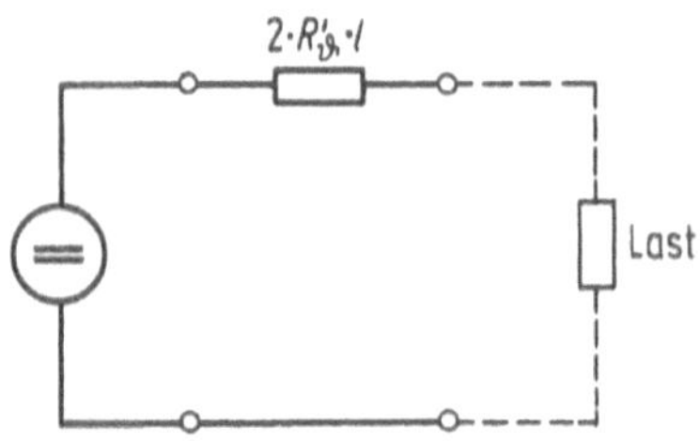

Bild 3.55 Vereinfachtes Ersatzschaltbild einer Gleichstromleitung

die Selbstinduktion hervorgerufen wird. Weil das magnetische Feld stromabhängig ist, stellt man sich den induktiven Blindwiderstand mit dem Wirkwiderstand in Reihe geschaltet vor. Der kapazitive Blindwiderstand erfasst den Ladevorgang auf der Leitung. Weil das elektrische Feld spannungsabhängig ist, wird dieser Widerstand parallel geschaltet. Grundsätzlich ist es möglich, ersatzweise den kapazitiven Widerstand am Anfang oder am Ende der Leitung anzuordnen. Häufig wird die Betriebskapazität wegen des damit erreichbaren geringeren rechnerischen Aufwands je zur Hälfte an den Anfang und an das Ende der Leitung gelegt. Mit diesem Modell ergibt sich das Ersatzschaltbild in Bild 3.56.

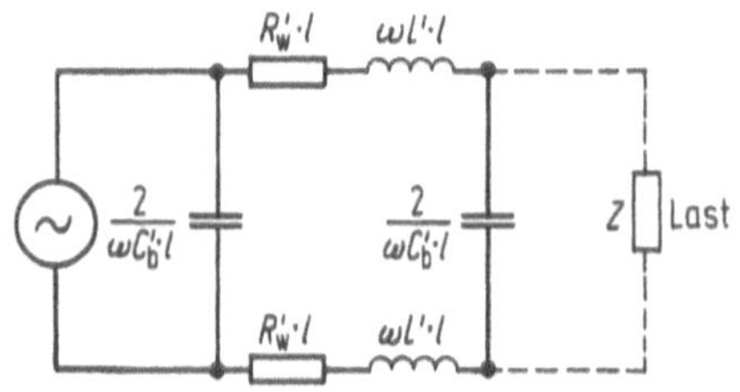

Bild 3.56 Ersatzschaltbild einer Wechselstromleitung

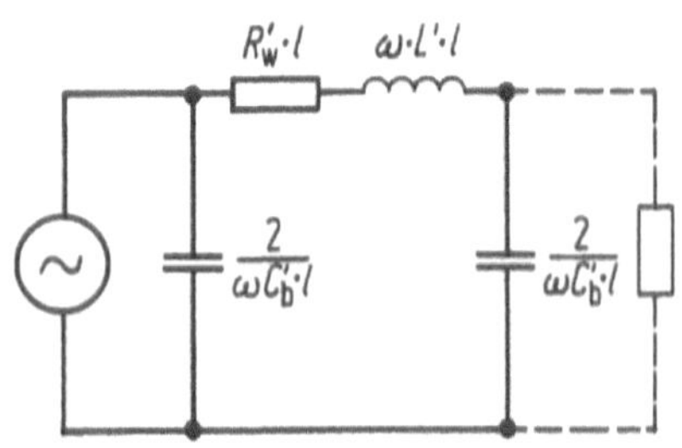

Bild 3.57 Einphasiges Ersatzschaltbild einer Drehstromleitung

Geht man bei Drehstromleitungen davon aus, dass sie symmetrisch betrieben werden, dann braucht nur ein Leiter betrachtet zu werden, so dass das Ersatzschaltbild (Π-Ersatzschaltbild) nach Bild 3.57 einphasig dargestellt werden kann.

Vergleicht man im Beispiel 3.4 und in der Übung 3.12 die Größe der Ladeströme mit der Dauerbelastbarkeit der Leitungen, so zeigt sich, dass die Ladeströme nur wenige Prozent der Belastungsströme betragen. Im Beispiel 3.4 beträgt der Ladestrom 6,8 A bei einer Dauerbelastbarkeit von 170 A. In der Übungsaufgabe ist der Unterschied noch deutlicher, nämlich 275 mA zu 145 A! Berücksichtigt man außerdem, dass die Ströme bei Belastung der Leitungen geometrisch addiert werden müssen, dann kann der kapazitive Strom und damit die Betriebskapazität vernachlässigt werden. Dies ist im Allgemeinen im Niederspannungs- und Mittelspannungsbereich gebräuchlich. Es gilt dann das Ersatzschaltbild nach Bild 3.58, das den nachfolgenden Berechnungen zugrunde gelegt wird.

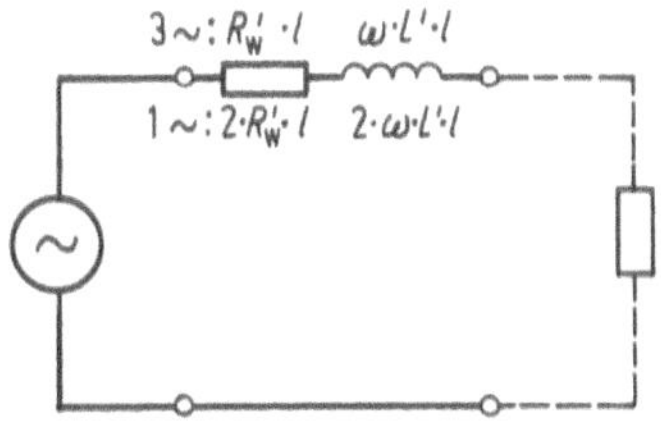

Bild 3.58
Vereinfachtes Ersatzschaltbild einer Wechsel- bzw. Drehstromleitung

3.2.4 Lernzielorientierter Test zu Abschnitt 3.2

1. Welche Kriterien bestimmen die Bemessung elektrischer Leitungen?
2. Nennen Sie die Eigenschaften elektrischer Leitungen, welche die elektrischen Größen bei der Übertragung elektrischer Energie beeinflussen.
3. Was versteht man unter Widerstandsbelag?
4. Zeichnen Sie das Ersatzschaltbild einer symmetrisch betriebenen Drehstromleitung.
5. Um wieviel Prozent ist der Wirkwiderstand bei Betriebstemperatur eines Kabels NYY 4 x 185 mm^2 0,6/1 kV größer als
   a) bei 20 °C?
   b) bei 50 °C?
6. Weshalb wird bei Einleiterkabeln in Drehstromverlegung die Induktivität um so kleiner, je näher die Kabel beieinander liegen?
7. Weshalb besitzen elektrische Leitungen eine Kapazität?
   (a) Weil auch über die Isolation ein Strom fließt.
   (b) Weil die elektrische Spannung zwischen den Leitern ein elektrisches Feld hervorruft.
   (c) Weil die induktive Blindleistung auch negativ sein kann.
   (d) Weil die Dielektrizitätszahl der Isolation größer ist als die von Luft.
   (e) Weil zwischen einem Spannung führenden Leiter und Erde ein Potentialunterschied besteht.
8. Welche Aussage(n) ist (sind) richtig?
   (a) Kabel besitzen eine größere Kapazität als Freileitungen.
   (b) Die Kapazität ist vom Kabel- bzw. Leitungsaufbau unabhängig.
   (c) Freileitungen besitzen eine größere Induktivität als Kabel.
   (d) Die Kapazitäten von Freileitungen und Kabeln unterscheiden sich nur unwesentlich.
9. Für ein Dreileiter-Gürtelkabel 3 x 95 mm^2 Cu 5,8/10 kV wird bei 10 m Kabellänge und 50 Hz ein Ladestrom von 7,8 mA gemessen. Wie groß ist die Betriebskapazität des Kabels?

3.3 Spannungsänderung und Verlustleistung

Lernziele

Nach Durcharbeitung dieses Abschnittes können Sie

- das Zeigerdiagramm der Spannungen einer belasteten Leitung aus dem Ersatzschaltbild ableiten,
- Gleichungen zur Berechnung des Spannungsabfalls und der Verlustleistung einer am Ende belasteten Leitung kritisch anwenden,
- an mehreren Stellen belastete Leitungen berechnen,
- mehrfach belastete Ringleitungen berechnen,
- Wellenwiderstand und natürliche Leistung einer Leitung erklären und aus deren Kennwerten berechnen,
- die Zusammenhänge bei unter- und übernatürlichem Betrieb einer Leitung beschreiben,
- Maßnahmen zur Verringerung von Spannungsänderungen bei Fernleitungen nennen.

3.3.1 Allgemeines

Über die Höhe des zulässigen Spannungsabfalls werden in verschiedenen technischen Bestimmungen für Niederspannungsnetze Angaben gemacht:

- DIN VDE 0100 Teil 520, bzw. ÖVE ÖNORM E 8101-5-52,
- AVBEltV (Verordnung über allgemeine Bedingungen für die Elektrizitätsversorgung von Tarifkunden der EVU (Energie-Versorgungs-Unternehmen)),
- in Deutschland: TAB (Technische Anschlussbedingungen für den Anschluss an das Niederspannungsnetz der VDEW (Vereinigung Deutscher Elektrizitätswerke)),
  in Österreich: TAEV (Technischen Anschlussbedingungen für den Anschluss an öffentliche Versorgungsnetze mit Betriebsspannungen bis 1000 Volt.),
- DIN 18015 bzw. ÖVE ÖNORM E 8015 jeweils Teil 1.

Die Bestimmungen besagen, dass

- der Spannungsabfall zwischen dem Anfang der Verbraucheranlage und den zu versorgenden Betriebsmitteln nicht mehr als 4% der Nennspannung des Netzes betragen soll,
- der Spannungsabfall in der elektrischen Anlage hinter der Messeinrichtung 3% nicht überschreiten soll,
- zwischen der Übergabestelle des EVU und der Messeinrichtung die Spannungsabfälle nach Tabelle 3.7 zulässig sind.

Der prozentuale Spannungsabfall wird grundsätzlich auf die Nennspannung des Netzes bezogen.

Tabelle 3.7 Zulässige Spannungsabfälle nach TAB

Leistungsbedarf in kVA	zul. max. Spannungsabfall in %
bis 100	0,50
über 100 bis 250	1,00
über 250 bis 400	1,25
über 400	1,50

Berücksichtigt man, dass nach ÖVE/ÖNORM EN 60038 unter normalen Netzbedingungen die Spannung an den Hausanschlüssen um höchstens +10% und -10% von der Nennspannung abweichen soll, so darf im ungünstigsten Fall eine Abweichung der Spannung am Verbraucher von $\Delta u = 10\%$ von der Nennspannung nach unten auftreten. Bezogen auf eine Nennspannung des Netzes von 400 V ergibt sich die Spannungsänderung ΔU in V zu:

$$\Delta U = \frac{U_\mathrm{n} \cdot \Delta u}{100\,\%} \qquad \Delta U = \frac{400\,\mathrm{V} \cdot 10\,\%}{100\,\%} = 40\,\mathrm{V} \tag{3.20}$$

Am Verbraucher ergibt sich damit eine Mindestspannung von

$$U = U_\mathrm{n} - \Delta U = 400\,\mathrm{V} - 40\,\mathrm{V} = 360\,\mathrm{V}$$

Im Allgemeinen halten die EVU bis zum Hausanschluss einen maximalen Spannungsabfall von 5% ein, so dass ein solch extrem niedriger Spannungswert am Verbraucher nicht anstehen wird. Voraussetzung dafür ist natürlich, dass die zulässigen Spannungsabfälle in der Verbraucheranlage nicht überschritten werden.

Für Mittelspannungsnetze liegen die Verhältnisse etwas anders. Man wählt hier den Spannungsabfall, der wirtschaftlich am günstigsten ist. In jeder Leitung bzw. jeder Unterstation wird die Spannung dann so eingestellt, dass die Spannung auf der Niederspannungsseite der gespeisten Transformatoren nahezu der Nennspannung entspricht.

Dies kann durch einstellbare Zusatztransformatoren erfolgen, die in einzelne Leitungen oder in ganze Gruppen von ähnlich belasteten Leitungen geschaltet werden. Eine andere Möglichkeit ist die, dass man die einzelnen Netztransformatoren oberspannungsseitig umschaltbar ausführt, so dass man durch Zu- bzw. Abschalten von Windungen die Spannung niederspannungsseitig auf den erforderlichen Wert bringen kann. Häufig erfolgt diese Anpassung bereits auf der 110 kV-Ebene.

3.3.2 Leitung am Ende belastet

Der Veranschaulichung der Berechnung diene folgendes Beispiel: In einem Industrienetz $3 \sim 400\,\mathrm{V}, 50\,\mathrm{Hz}$ ist eine Unterverteilung mit einer Leistung von 150 kW bei einem Leistungsfaktor von 0,8 induktiv über ein 150 m langes Kabel NYY 4 x 120 mm^2 anzuschließen. Welcher Spannungsabfall tritt auf dem Anschlusskabel auf?

Das Versorgungsschema zeigt Bild 3.59. In Richtung des Energieflusses gesehen, soll die Strecke $\overline{\mathrm{AE}}$ das Kabel mit der Länge l, dem Wirkwiderstandsbelag R'_w, und dem induktiven Blindwiderstandsbelag X'_L symbolisieren.

Es bedeuten ferner:

P_e	...	Wirkleistung am Kabelende
$\underline{U}_a$	...	Außenleiterspannung am Kabelanfang
$\underline{U}_e$	...	Außenleiterspannung am Kabelende
$\cos\varphi_e$	...	Leistungsfaktor am Kabelende

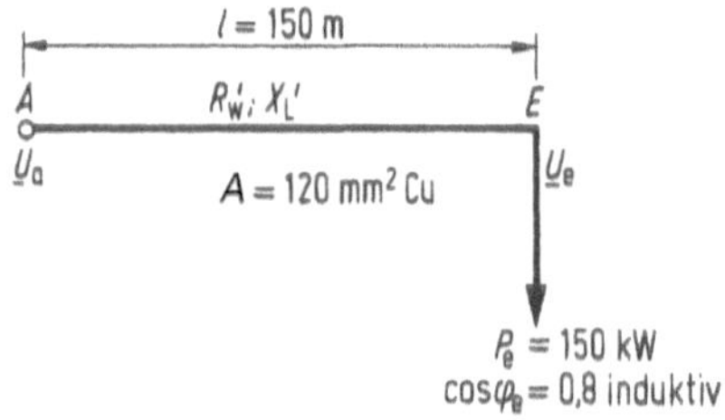

Bild 3.59 Versorgungsschema (A ... Kabelanfang, E ... Kabelende)

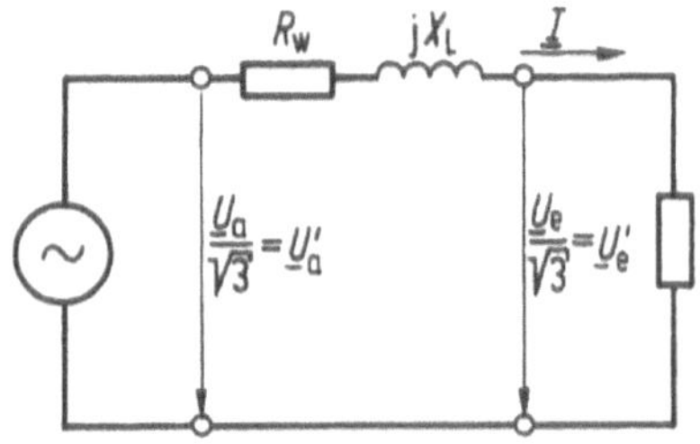

Bild 3.60 Ersatzschaltbild der Anlage

Das Ersatzschaltbild der Anlage ist in Bild 3.60 dargestellt. Entsprechend der Definition der einphasigen Ersatzschaltung – es wird nur ein Leiter des Drehstromsystems betrachtet – liegt am Anfang der Schaltung die Strangspannung:

$$\underline{U}'_a = \frac{\underline{U}_a}{\sqrt{3}} \quad \text{und am Ende} \quad \underline{U}'_e = \frac{\underline{U}_e}{\sqrt{3}}$$

Hinweis:
Wechselstromschaltungen werden zweckmäßigerweise mit Hilfe der komplexen Rechnung gelöst. Die Aufgabe besteht nun darin, bei gegebener Spannung $\underline{U}'_e$ die Spannung $\underline{U}'_a$ zu finden. Hierzu wird nachfolgend das Zeigerdiagramm der Spannungen aus dem Ersatzschaltbild abgeleitet. Auf die Ersatzschaltung lässt sich der kirchhoffsche Maschensatz anwenden:

$$R_W \cdot \underline{I} + jX_L \cdot \underline{I} + \underline{U}'_e - \underline{U}'_a = 0$$

Die Spannung am Anfang des Kabels ergibt sich somit aus der geometrischen Addition der Spannung am Kabelende und der Spannungsabfälle:

$$\underline{U}'_a = \underline{U}'_e + R_W \cdot \underline{I} + jX_L \cdot \underline{I}$$

Die allgemeine Konstruktion des Zeigerdiagrammes erfolgt entsprechend Bild 3.61. Wie aus dem Diagramm zu erkennen ist, unterscheidet sich die Phasenverschiebung des Stromes gegenüber der Spannung am Ende des Kabels $\underline{U}'_e$ von der Phasenverschiebung des Stromes gegenüber der Spannung am Anfang des Kabels $\underline{U}'_a$.

Somit ist die Phasenlage der Spannungen zueinander ebenfalls unterschiedlich. Für den Betrieb von Mittelspannungs- und Niederspannungsnetzen ist jedoch die Phasenlage der Spannungen zueinander im Allgemeinen nicht von Bedeutung. Wichtig sind vielmehr die Beträge der Spannungen.

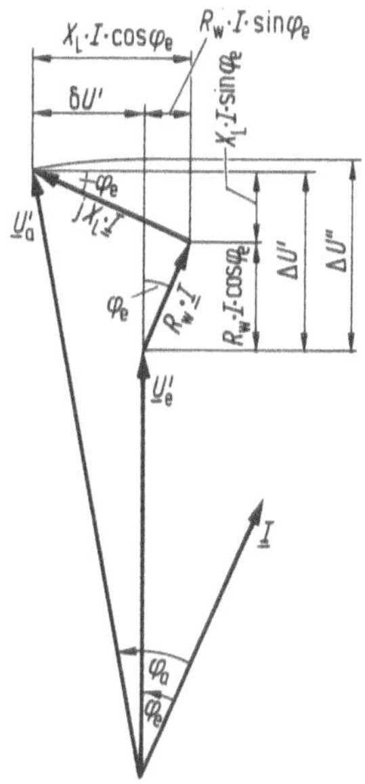

Bild 3.61
Zeigerdiagramm der Spannungen

Man beginnt mit der Spannung $\underline{U}'_e$, die grundsätzlich in beliebiger Lage dargestellt werden kann und zeichnet den Strom $\underline{I}$ um Phasenwinkel φ_e nacheilend. Der Wirkspannungsabfall $R_w \cdot |\underline{I}|$ ist in Richtung von $\underline{I}$ und der induktive Spannungsabfall $X_L \cdot |\underline{I}|$ um 90 ° voreilend aufzutragen. Die geometrische Summe aller Spannungen ergibt als Resultierende die Spannung $\underline{U}'_a$ am Anfang des Kabels.

Schlägt man einen Kreisbogen mit dem Radius $\underline{U}'_a$ bis zum Schnitt mit dem verlängerten Zeiger $\underline{U}'_e$, so erhält man die Differenz der beiden Spannungsbeträge $U'_a - U'_e$, also den gesuchten Spannungsverlust $\Delta U''$:

$$\Delta U'' = U'_a - U'_e$$

Nunmehr soll mit den gegebenen Werten des Beispiels das Zeigerdiagramm gezeichnet werden. Um die an R_W und X_L auftretenden Spannungsabfälle bestimmen zu können, muss der Strom I bekannt sein. Unter der Voraussetzung, dass am Kabelende die Nennspannung ansteht, berechnet sich dieser nach der Gleichung:

$$I = \frac{P_e}{\sqrt{3} \cdot U_n \cdot \cos\varphi_e} = \frac{150\,\text{kW}}{\sqrt{3} \cdot 400\,\text{V} \cdot 0{,}8} = 270{,}63\,\text{A}$$

Die einzelnen Zeigergrößen werden wie folgt ermittelt (der Zusatzwiderstand ΔR ist dabei vernachlässigt):

aus $\cos\varphi_e = 0{,}8$: $\varphi_e = 36{,}9°$

Wirkwiderstandsbelag: $R'_W = \dfrac{1}{\gamma_{70} \cdot A} = \dfrac{1000\,\text{m/km}}{46{,}86\,\frac{\text{m}}{\Omega\cdot\text{mm}^2} \cdot 120\,\text{mm}^2} = 0{,}178\,\frac{\Omega}{\text{km}}$

Induktiver Widerstandsbelag: $X'_L = 0{,}08\,\frac{\Omega}{\text{km}}$, siehe Tabelle 3.12

Wirkwiderstand: $R_W = R'_W \cdot l = 0{,}178\,\frac{\Omega}{\text{km}} \cdot 0{,}15\,\text{km} = 0{,}0267\,\Omega$

Induktiver Blindwiderstand: $X_L = X'_L \cdot l = 0{,}08\,\frac{\Omega}{\text{km}} \cdot 0{,}15\,\text{km} = 0{,}012\,\Omega$

Wirkspannungsabfall: $\Delta U_R = I \cdot R_W = 270{,}63\,\text{A} \cdot 0{,}0267\,\Omega = 7{,}23\,\text{V}$

Induktiver Spannungsabfall: $\Delta U_X = I \cdot X_L = 270{,}63\,\text{A} \cdot 0{,}012\,\Omega = 3{,}25\,\text{V}$

Wegen der Größenverhältnisse zwischen den Spannungsabfällen $\Delta\underline{U}_R$, $\Delta\underline{U}_X$ und den Spannungen $\underline{U}'_a$, $\underline{U}'_e$ lässt sich das gesamte Zeigerdiagramm maßstäblich kaum zu Papier bringen. Die Spannungsabfälle müssten dann sehr klein dargestellt werden, so dass nur ein sehr ungenaues Ablesen des Spannungsabfalls $\Delta U''$ möglich wäre. Man verzichtet daher auf die vollständige Darstellung und zeichnet nur das sogenannte „Kopfdiagramm", dessen Maßstab entsprechend groß gewählt werden kann (Bild 3.62).

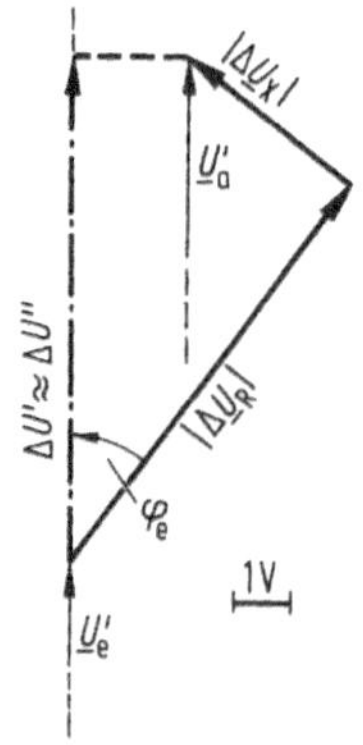

Bild 3.62
Kopfdiagramm des Spannungsabfalls

Für praktische Berechnungen wünscht man nun eine einfache Berechnungsgleichung, mit der angenähert, d.h. für praktische Zwecke hinreichend genau, der Betrag des Spannungsunterschieds zwischen den Spannungen am Anfang und Ende des Kabels ermittelt werden kann.

Aus Bild 3.61 und Bild 3.62 ist zu entnehmen, dass für kleine Phasendifferenzen ($\Delta\varphi = \varphi_a - \varphi_e$) näherungsweise auch die Strecke $\Delta U'$ als Differenz der Spannungsbeträge $\Delta U'_a$ und $\Delta U'_e$ angenommen werden kann.

Aus der Geometrie des Diagramms ergibt sich somit für den Betrag des Spannungsabfalls:

$$\Delta U' = \Delta U_R \cdot \cos\varphi_e + \Delta U_X \cdot \sin\varphi_e$$
$$\Delta U' = 7{,}23\,\mathrm{V} \cdot \cos 36{,}9° + 3{,}25\,\mathrm{V} \cdot \sin 36{,}9° = 7{,}73\,\mathrm{V} \tag{3.21}$$

Senkrecht zu $\Delta U'$ ist eine weitere Komponente des Spannungsabfalls $\delta U'$ feststellbar, für die gilt:

$$\delta U' = \Delta U_X \cdot \cos\varphi_e + \Delta U_R \cdot \sin\varphi_e$$

Der Spannungsabfall $\Delta U'$ wird als Längsspannungsabfall, der Spannungsabfall $\delta U'$ als Querspannungsabfall bezeichnet. Der Querspannungsabfall ist für Nieder- und Mittelspannungsanlagen ohne praktische Bedeutung. In der weiteren Berechnung bleibt er daher unberücksichtigt. Mit den getroffenen Vereinfachungen gilt für den Spannungsabfall je Strang:

$$\Delta U' = U'_a - U'_e \tag{3.22}$$

Im Drehstromnetz ist es jedoch üblich, den Spannungsabfall als Außenleiterspannung anzugeben. Dieser ergibt sich zu:

$$\Delta U = \sqrt{3} \cdot \Delta U' = \sqrt{3} \cdot 7{,}73\,\mathrm{V} = 13{,}39\,\mathrm{V} \tag{3.23}$$

Soll die Außenleiterspannung am Ende des Kabels $U_e = 400\,\text{V}$ sein, ergibt sich somit für:

$$U_a = U_e + \Delta U = 400\,\text{V} + 13{,}39\,\text{V} = 413{,}39\,\text{V}$$

Übung 3.14

Wie groß wird bei der angenommenen Belastung von 150 kW, $\cos\varphi_e = 0{,}8$ induktiv die Spannung am Ende, wenn das Kabel des vorstehenden Beispiels mit 400 V eingespeist wird? ■

Wie aus dem Beispiel und der Übung 3.14 zu entnehmen ist, wird die Spannung am Ende einer Leitung im Allgemeinen von der Nennspannung abweichen, so dass eine Korrektur des Stromes nach der ersten Berechnung der Spannung erforderlich wäre. Der Spannungsabfall müsste deshalb durch Iteration, d.h. durch wiederholte Berechnung des Spannungsabfalls mit jeweils verbesserten Strom- und Spannungswerten bestimmt werden.

In Netzen mit Spannungsabfällen von 3 % bis 5 % ist dieses Wiederholungsverfahren jedoch nicht notwendig. Der Fehler bei der vereinfachten Berechnung liegt innerhalb der Genauigkeit der angenommenen Belastungswerte eines Netzes. In der Praxis wird der Spannungsabfall nach Gleichung (3.20) in Prozent der Nennspannung angegeben:

$$\Delta u = \frac{\Delta U}{U_n} \cdot 100\,\%$$

Mit Gleichung (3.21) und Gleichung (3.23) errechnet sich der Spannungsabfall im Drehstromnetz zu:

$$\Delta U = \sqrt{3} \cdot I \cdot \left(R_w \cdot \cos\varphi_e + X_L \cdot \sin\varphi_e\right) \tag{3.24}$$

Setzt man diese Gleichung ein, so erhält man für den relativen Spannungsabfall:

$$\Delta u = \frac{\sqrt{3} \cdot I \cdot \left(R_w \cdot \cos\varphi_e + X_L \cdot \sin\varphi_e\right)}{U_n} \cdot 100\,\% \tag{3.25}$$

Der Term $I \cdot \cos\varphi_e$ stellt hierin den Einfluss des Wirkstromes und $I \cdot \sin\varphi_e$ den Einfluss des Blindstromes auf den Spannungsabfall dar.

Weil von den am Ende der Leitung angeschlossenen Verbrauchern meistens die Wirkleistungen bekannt sind, wird Gleichung (3.25) weiter umgeformt. Es gilt für Drehstrom:

$$I = \frac{P_e}{\sqrt{3} \cdot U_n \cdot \cos\varphi_e}$$

In Gleichung (3.25) eingesetzt, ergibt sich der relative Spannungsabfall zu:

$$\Delta u = \frac{P_e \cdot \left(R_w \cdot \cos\varphi_e + X_L \cdot \sin\varphi_e\right)}{U_n^2 \cdot \cos\varphi_e} \cdot 100\,\% \tag{3.26}$$

Setzt man ferner $R_w = R'_w \cdot l$ und $X_L = X'_L \cdot l$ so erhält man damit den relativen Spannungsabfall einer induktiv belasteten Drehstromleitung zu:

$$\Delta u = \frac{P_e \cdot l \cdot \left(R'_w \cdot \cos\varphi_e + X'_L \cdot \sin\varphi_e\right)}{U_n^2 \cdot \cos\varphi_e} \cdot 100\,\% \quad \text{oder}$$

$$\Delta u = \frac{P_e \cdot l \cdot \left(R'_w + X'_L \cdot \tan\varphi_e\right)}{U_n^2} \cdot 100\,\% \tag{3.27}$$

Wendet man Gleichung (3.27) auf das gewählte Beispiel an, so ergibt sich für den relativen Spannungsabfall:

$$\Delta u = \frac{150 \cdot 10^3\,\mathrm{W} \cdot 0{,}15\,\mathrm{km} \cdot \left(0{,}178\,\frac{\Omega}{\mathrm{km}} + 0{,}08\,\frac{\Omega}{\mathrm{km}} \cdot \tan 36{,}9°\right) \cdot 100\,\%}{(400\,\mathrm{V})^2} = 3{,}35\,\%$$

und für den absoluten Spannungsabfall $\Delta U = 0{,}0334 \cdot 400\,\mathrm{V} = 13{,}39\,\mathrm{V}$

Für eine Wechselstromleitung ist:

$$U'_\mathrm{a} = U_\mathrm{a} \quad \text{und} \quad U'_\mathrm{e} = U_\mathrm{e}$$

$$\text{daraus folgt} \quad \Delta U = \Delta U' \tag{3.28}$$

$$\Delta U = I \cdot \left(R_\mathrm{W} \cdot \cos\varphi_\mathrm{e} + X_\mathrm{L} \cdot \sin\varphi_\mathrm{e}\right)$$

Entsprechend Gleichung (3.25) berechnet sich somit der relative Spannungsabfall einer Wechselstromleitung zu:

$$\Delta u = \frac{I \cdot \left(R_\mathrm{W} \cdot \cos\varphi_\mathrm{e} + X_\mathrm{L} \cdot \sin\varphi_\mathrm{e}\right)}{U_\mathrm{n}} \cdot 100\,\% \tag{3.29}$$

Nach dem Ersatzschaltbild Bild 3.58 gilt für die Wechselstromleitung:

Wirkwiderstand $R_\mathrm{W} = R'_\mathrm{W} \cdot 2 \cdot l$
Induktiver Blindwiderstand $X_\mathrm{L} = X'_\mathrm{L} \cdot 2 \cdot l$
und für den Strom $I = \dfrac{P_\mathrm{e}}{U_\mathrm{n} \cdot \cos\varphi_\mathrm{e}}$

Für die Wechselstromleitung wird damit der relative Spannungsabfall speziell für induktive Belastung:

$$\Delta u = \frac{P_\mathrm{e} \cdot 2 \cdot l \cdot \left(R'_\mathrm{W} \cdot \cos\varphi_\mathrm{e} + X'_\mathrm{L} \cdot \sin\varphi_\mathrm{e}\right)}{U_\mathrm{n}^2 \cdot \cos\varphi_\mathrm{e}} \cdot 100\,\% \quad \text{oder}$$

$$\Delta u = \frac{P_\mathrm{e} \cdot 2 \cdot l \cdot \left(R'_\mathrm{W} + X'_\mathrm{L} \cdot \tan\varphi_\mathrm{e}\right)}{U_\mathrm{n}^2} \cdot 100\,\% \tag{3.30}$$

Vergleicht man die Gleichungen (3.27) und (3.30) miteinander, so erkennt man, dass bei einer symmetrisch belasteten Drehstromleitung der Spannungsabfall nur halb so groß ist wie bei einer entsprechenden Wechselstromleitung. Für Wechselstromleitungen geringen Querschnitts zur Versorgung von Verbrauchern geringer Leistung, wie sie z.B. in der Hausinstallation vorkommen, lässt sich Gleichung (3.30) weiter vereinfachen.

Als Beispiel wird eine Mantelleitung NYM 3x1,5 mm^2 mit dem Wirkwiderstandsbelag $R'_\mathrm{W} = 14{,}47\,\frac{\Omega}{\mathrm{km}}$ und dem induktiven Widerstandsbelag $X'_\mathrm{L} = 0{,}115\,\frac{\Omega}{\mathrm{km}}$ gewählt. Für den Leistungsfaktor wird $\cos\varphi_\mathrm{e} = 0{,}9$ induktiv angenommen. Betrachtet man nur den Klammerausdruck im Zähler der Gleichung (3.30), so erhält man:

$$\left(R'_\mathrm{W} \cdot \cos\varphi_\mathrm{e} + X'_\mathrm{L} \cdot \sin\varphi_\mathrm{e}\right) = (14{,}47 \cdot 0{,}9 + 0{,}115 \cdot 0{,}44)\,\frac{\Omega}{\mathrm{km}} =$$

$$(13{,}02 + 0{,}05)\,\frac{\Omega}{\mathrm{km}} = 13{,}07\,\frac{\Omega}{\mathrm{km}}$$

Wie man sieht ist das Produkt $X'_\mathrm{L} \cdot \sin\varphi_\mathrm{e}$ gegenüber dem Produkt $R'_\mathrm{W} \cdot \cos\varphi_\mathrm{e}$ vernachlässigbar. Gleichung (3.30) vereinfacht sich somit zu:

$$\Delta u = \frac{P_\mathrm{e} \cdot 2 \cdot l \cdot R'_\mathrm{W} \cdot 100\,\%}{U_\mathrm{n}^2}$$

Setzt man weiters für:

$$R'_\mathrm{w} = \frac{1}{\gamma_\vartheta \cdot A} \quad \text{und} \quad P_\mathrm{e} = U_\mathrm{n} \cdot I \cdot \cos\varphi_\mathrm{e}$$

γ_ϑ ... Leitfähigkeit bei Betriebstemperatur

so ergibt sich der relative Spannungsabfall für Wechselstromleitungen mit geringem Querschnitt zu:

$$\Delta u = \frac{P_\mathrm{e} \cdot 2 \cdot l \cdot 100\,\%}{\gamma_\vartheta \cdot A \cdot U_\mathrm{n}^2} \quad \text{oder}$$
$$\Delta u = \frac{I \cdot \cos\varphi_\mathrm{e} \cdot 2 \cdot l \cdot 100\,\%}{\gamma_\vartheta \cdot A \cdot U_\mathrm{n}} \tag{3.31}$$

Beispiel 3.6

Ein Drehstrommotor mit einer Bemessungsleistung von 11 kW, einem Leistungsfaktor von 0,86 und einem Wirkungsgrad von 88 % ist über ein 150 m langes Kabel NYY 5x6 mm² an ein Drehstromnetz 400 V, 50 Hz anzuschließen. Ist der Leiterquerschnitt richtig gewählt, wenn der Spannungsabfall höchstens 3 % betragen darf?

Gegeben:

$P_\mathrm{r} = 11\,\mathrm{kW}$	$U_\mathrm{n} = 400\,\mathrm{V}$
$\cos\varphi_\mathrm{r} = \cos\varphi_\mathrm{e} = 0{,}86$	$\eta_\mathrm{r} = 0{,}88$
$\Delta u_\mathrm{zul} = 3\,\%$	$l = 150\,\mathrm{m}$
$A = 6\,\mathrm{mm^2}$ Cu	X'_L siehe Tabelle 3.12

Lösung:
Das Kabel muss die dem Motor zugeführte Leistung übertragen:

Elektrische Leistung: $P_\mathrm{e} = \dfrac{P_\mathrm{r}}{\eta_\mathrm{r}} = \dfrac{11\,\mathrm{kW}}{0{,}88} = 12{,}5\,\mathrm{kW}$

Leitungsbeläge: $R'_\mathrm{w} = \dfrac{1}{\gamma_{70} \cdot A} = \dfrac{1000\,\mathrm{m/km}}{46{,}86\,\frac{\mathrm{m}}{\Omega\cdot\mathrm{mm^2}} \cdot 6\,\mathrm{mm^2}} = 3{,}56\,\frac{\Omega}{\mathrm{km}}, \quad X'_\mathrm{L} = 0{,}1\,\frac{\Omega}{\mathrm{km}}$

Mit Gleichung (3.27) erhält man für den relativen Spannungsabfall:

$$\Delta u = \frac{P_\mathrm{e} \cdot l \cdot (R'_\mathrm{w} + X'_\mathrm{L} \cdot \tan\varphi_\mathrm{e})}{U_\mathrm{n}^2} \cdot 100\,\% =$$
$$\Delta u = \frac{12{,}5 \cdot 10^3\,\mathrm{W} \cdot 0{,}15\,\mathrm{km} \cdot (3{,}56\,\frac{\Omega}{\mathrm{km}} + 0{,}1\,\frac{\Omega}{\mathrm{km}} \cdot \tan 30{,}68°) \cdot 100\,\%}{(400\,\mathrm{V})^2} = 4{,}24\,\% > 3\,\%$$

Der Spannungsabfall ist also zu hoch. Schätzungsweise erfüllt ein Nennquerschnitt von 10 mm² den zulässigen Spannungsabfall von 3 %. ■

Übung 3.15

Berechnen Sie den Spannungsabfall des Beispiels 3.6 für einen Querschnitt von 10 mm². ■

Übung 3.16

Zeichnen Sie das Zeigerdiagramm einer Drehstromleitung, wenn Sie am Ende mit 300 A belastet ist, und der $\cos\varphi_e = 0,83$ induktiv beträgt. Der Wirkwiderstand der Leitung ist $12 \cdot 10^{-3}\,\Omega$ und der induktive Blindwiderstand $8 \cdot 10^{-3}\,\Omega$. Die Leitung wird mit 400 V eingespeist.

Wie groß ist die Spannung am Ende der Leitung?

Beispiel 3.7

Eine Unterverteilung mit einer Anschlussleistung von 40 kW ist im 230/400 V-Netz über ein 40 m langes Kabel NYY 4 x 16 mm² (X_L' siehe Tabelle 3.12) an eine Hauptverteilung angeschlossen. Der $\cos\varphi_e$ wird mit 0,9 induktiv angenommen.

In einem Tabellenbuch findet sich zur Berechnung des relativen Spannungsabfalls Δu für Drehstromleitungen allgemein die Gleichung:

$$\Delta u = \frac{P_e \cdot l \cdot 100\%}{\gamma \cdot A \cdot U_n^2} \tag{3.32}$$

Die Rechenergebnisse aus Gleichung (3.27) und Gleichung (3.32) sollen miteinander verglichen werden.

Gegeben:

$P_e = 40\,\text{kW}$	$l = 40\,\text{m}$
$\cos\varphi_e = 0,9$	$A = 16\,\text{mm}^2$ Cu

Lösung:

Es wird zunächst nach Gleichung (3.27) gerechnet.

Leitungsbeläge:

$$\text{Leitungsbeläge:}\quad R_w' = \frac{1}{\gamma_{70} \cdot A} = \frac{1000\,\text{m/km}}{46,86\,\frac{\text{m}}{\Omega\cdot\text{mm}^2} \cdot 16\,\text{mm}^2} = 1,33\,\frac{\Omega}{\text{km}},\quad X_L' = 0,09\,\frac{\Omega}{\text{km}}$$

$$\Delta u = \frac{40 \cdot 10^3\,\text{W} \cdot 0,04\,\text{km} \cdot \left(1,33\,\frac{\Omega}{\text{km}} + 0,09\,\frac{\Omega}{\text{km}} \cdot \tan 25,94°\right) \cdot 100\%}{(400\,\text{V})^2} = 1,37\% < 3\%$$

Die Lösung nach Gleichung (3.32) ergibt sich wie folgt:

$$\Delta u = \frac{P_e \cdot l \cdot 100\%}{\gamma_{70} \cdot A \cdot U_n^2} =$$

$$\Delta u = \frac{40 \cdot 10^3\,\text{W} \cdot 40\,\text{m} \cdot 100\%}{46,86\,\frac{\text{m}}{\Omega\cdot\text{mm}^2} \cdot 16\,\text{mm}^2 \cdot (400\,\text{V})^2} = 1,33\%$$

Der relative Fehler im Ergebnis nach Gleichung (3.32) beträgt somit:

$$f = \frac{1,33 - 1,37}{1,37} = -0,029 = -2,9\%$$

Im Allgemeinen ist ein Fehler bis ±10 % für praktische Zwecke noch hinnehmbar, so dass hier durchaus mit Gleichung (3.32) gerechnet werden könnte. Für Leitungen und Kabel in der Hausinstallation wird daher häufig Gleichung (3.32) für Querschnitte bis 16 mm² Cu angewandt.

Übung 3.17

Wie groß wird der relative Fehler, wenn in Beispiel 3.7 anstelle von γ_{70} mit γ_{20} gerechnet wird? ■

Übung 3.18

Nach DIN 18015 bzw. ÖVE/ÖNORM E 8015 ist bei der Planung von elektrischen Anlagen in Wohngebäuden für die Berechnung des Spannungsabfalls der Bemessungsstrom des vorgeschalteten Überstromschutzorgans I_{rSi} zugrunde zu legen.

Formen Sie Gleichung (3.32) so um, dass darin der Bemessungsstrom des Überstromschutzorgans direkt eingesetzt werden kann. ■

Neben dem Spannungsabfall ist aus wirtschaftlichen Gründen die Verlustleistung P_V von Bedeutung. Diese berechnet sich für ein Drehstromsystem aus den Verlustleistungen der drei Leiter:

$$P_\text{V} = 3 \cdot I^2 \cdot R_\text{W} \tag{3.33}$$

Bezieht man die Verlustleistung auf die zu übertragende Leistung P_e, dann ergibt sich die relative Verlustleistung zu:

$$\Delta p = \frac{P_\text{V}}{P_\text{e}} \cdot 100\,\% \tag{3.34}$$

Damit ergibt sich die relative Verlustleistung für die Drehstromleitung zu:

$$\Delta p = \frac{3 \cdot l \cdot R'_\text{W} \cdot I^2}{P_\text{e}} \cdot 100\,\% \quad \text{und mit} \quad I = \frac{P_\text{e}}{\sqrt{3} \cdot U_\text{n} \cdot \cos\varphi_\text{e}}$$
$$\Delta p = \frac{l \cdot R'_\text{W} \cdot P_\text{e}}{U_\text{n}^2 \cdot \cos^2\varphi_\text{e}} \cdot 100\,\% \tag{3.35}$$

Für ein Wechselstromsystem berechnet sich die relative Verlustleistung entsprechend aus den Verlusten der beiden Leiter. Mit:

$$P_\text{V} = I^2 \cdot R_\text{W} \quad \text{und} \quad I = \frac{P_\text{e}}{U_\text{n} \cdot \cos\varphi_\text{e}} \tag{3.36}$$

ergibt sich die relative Verlustleistung für die Wechselstromleitung zu:

$$\Delta p = \frac{2 \cdot l \cdot R'_\text{W} \cdot I^2}{P_\text{e}} \cdot 100\,\% \quad \text{und} \quad \Delta p = \frac{2 \cdot l \cdot R'_\text{W} \cdot P_\text{e}}{U_\text{n}^2 \cdot \cos^2\varphi_\text{e}} \cdot 100\,\% \tag{3.37}$$

Wie man aus Gleichung (3.35) und Gleichung (3.37) erkennt, ist die Verlustleistung – gleiche Spannung vorausgesetzt – bei Drehstrom nur halb so groß wie bei Wechselstrom.

Für das Kabel aus dem Eingangsbeispiel des Abschnitts 3.3.2 (NYY 4x120 mm²; 150 m; 3 ~ 400 V; 150 kW) erhält man nach Gleichung (3.35) eine relative Verlustleistung von:

$$\Delta p = \frac{0{,}15\,\text{km} \cdot 0{,}178\,\frac{\Omega}{\text{km}} \cdot 150 \cdot 10^3\,\text{W} \cdot 100\,\%}{(400\,\text{V})^2 \cdot 0{,}8^2} = 3{,}91\,\%$$

Die absolute Verlustleistung ergibt sich damit nach Gleichung (3.34) zu:

$$P_\mathrm{v} = \frac{\Delta p \cdot P_\mathrm{e}}{100\,\%} = \frac{3,91\,\% \cdot 150\,\mathrm{kW}}{100\,\%} = 5,87\,\mathrm{kW}$$

Beispiel 3.8

Wie groß ist für das Eingangsbeispiel des Abschnitts 3.3.2 der Wirkungsgrad der Energieübertragung $\eta_\mathrm{ü}$?

Lösung:

Der Wirkungsgrad ist definiert als das Verhältnis der abgegebenen Leistung zur zugeführten Leistung. Wird dem Kabel die Leistung $P_\mathrm{e} = 150\,\mathrm{kW}$ entnommen, muss zusätzlich die Verlustleistung $P_\mathrm{v} = 5,87\,\mathrm{kW}$ eingespeist werden. Die zugeführte Leistung ist somit:

$$P_\mathrm{a} = P_\mathrm{e} + P_\mathrm{v} = 150\,\mathrm{kW} + 5,87\,\mathrm{kW} = 155,87\,\mathrm{kW}$$

Damit wird der Wirkungsgrad der Energieübertragung nach Gleichung (3.3):

$$\eta_\mathrm{ü} = \frac{P_\mathrm{e}}{P_\mathrm{e} + P_\mathrm{v}} = \frac{P_\mathrm{e}}{P_\mathrm{a}} = \frac{150\,\mathrm{kW}}{155,87\,\mathrm{kW}} = 0,96 = 96\,\%$$

■

Übung 3.19

Welcher Leiterquerschnitt ist erforderlich, wenn 80 kW über ein Drehstromkabel NYY von 200 m Länge bei einer Spannung von 400 V und einem Leistungsfaktor von 0,9 induktiv zu übertragen sind und eine Verlustleistung von 5 % nicht überschritten werden darf?

■

3.3.3 Leitung mehrfach belastet

Häufig kommt es vor, dass ein Leitung nicht nur Verbraucher an ihrem Ende zu versorgen hat, sondern dass sich im Zuge der Leitung mehrere Abnahmestellen befinden. Als Beispiele sind hier zu nennen:

- Hauptversorgungssysteme größerer Wohn- oder Verwaltungsgebäude,
- Speiseleitungen zur Versorgung von Maschinen und Geräten in Industrie- und Gewerbebetrieben,
- Strahlennetze der öffentlichen Stromversorgung.

Im Allgemeinen wird die Leitung vom Einspeisepunkt bis zum letzten Ausspeisepunkt im gleichen Querschnitt ausgeführt. Die Kostenersparnis durch Querschnittsabstufung würde in der Regel durch zusätzliche Überstromschutzeinrichtungen und deren Montage wieder aufgehoben. Dazu würden Probleme der Selektivität (siehe Abschnitt 5.3) treten.

Es wird daher im Folgenden davon ausgegangen, dass zwischen Anfang und Ende der Leitung der gleiche Leiterquerschnitt verlegt ist. Das Versorgungsschema einer Anlage mit drei Verbrauchern zeigt Bild 3.63.

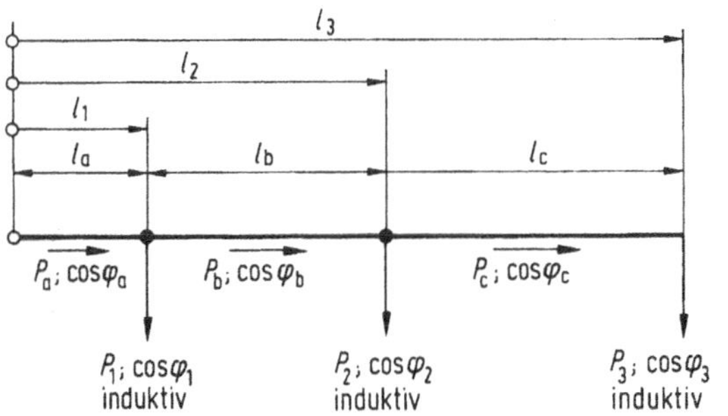

Bild 3.63
Schema einer an drei Stellen belasteten Leitung

Die Verbraucher entnehmen die Wirkleistungen P_1, P_2 und P_3 mit den induktiven Leistungsfaktoren $\cos\varphi_1$, $\cos\varphi_2$ und $\cos\varphi_3$. Auf den Leitungsabschnitten l_a, l_b und l_c treten dabei die Teilspannungsabfälle ΔU_a, ΔU_b und ΔU_c auf. Der Spannungsabfall bis zum letzten Verbraucher ergibt sich aus der Summe dieser Teilspannungsabfälle zu:

$$\Delta U = \Delta U_a + \Delta U_b + \Delta U_c$$

Zur Berechnung der Teilspannungsabfälle benötigt man zunächst die Belastungen der einzelnen Leitungsabschnitte, die sogenannten Streckenleistungen:

Leitungsabschnitt l_a ist belastet mit $P_a = P_1 + P_2 + P_3$,
Leitungsabschnitt l_b ist belastet mit $P_b = P_2 + P_3$,
Leitungsabschnitt l_c ist belastet mit $P_c = P_3$.

Jeder Leitungsabschnitt ist also mit der Summe aller in Energieflussrichtung nachgeschalteten Verbraucherleistungen belastet. Mit Gleichung (3.27) ergeben sich für die drei Teilspannungsabfälle folgende Beziehungen:

$$\Delta u_a = \frac{P_a \cdot l_a \cdot \left(R'_w + X'_L \cdot \tan\varphi_a\right)}{U_n^2} \cdot 100\,\%$$

$$\Delta u_b = \frac{P_b \cdot l_b \cdot \left(R'_w + X'_L \cdot \tan\varphi_b\right)}{U_n^2} \cdot 100\,\%$$

$$\Delta u_c = \frac{P_c \cdot l_c \cdot \left(R'_w + X'_L \cdot \tan\varphi_c\right)}{U_n^2} \cdot 100\,\%$$

Der gesamte Spannungsabfall auf der Leitung bis zum Abzweig 3 errechnet sich damit zu:

$$\Delta u = P_a \cdot l_a \cdot \frac{\left(R'_w + X'_L \cdot \tan\varphi_a\right) \cdot 100\,\%}{U_n^2} + P_b \cdot l_b \cdot \frac{\left(R'_w + X'_L \cdot \tan\varphi_b\right) \cdot 100\,\%}{U_n^2} + P_c \cdot l_c \cdot \frac{\left(R'_w + X'_L \cdot \tan\varphi_c\right) \cdot 100\,\%}{U_n^2} \tag{3.38}$$

Wird für das Produkt $P \cdot \tan\varphi$ die Blindleistung Q eingeführt, erhält man:

$$\Delta u = \left[R'_w \cdot (P_a \cdot l_a + P_b \cdot l_b + P_c \cdot l_c) + X'_L \cdot (Q_a \cdot l_a + Q_b \cdot l_b + Q_c \cdot l_c)\right] \cdot \frac{100\,\%}{U_n^2} \tag{3.39}$$

Wie aus den Gleichungen (3.38) und (3.39) hervorgeht, müssen zur Berechnung des Spannungsabfalls entweder die Phasenwinkel oder die Blindleistungen auf den Leitungsabschnitten ermittelt werden. Weil diese Berechnungen für die Praxis zu umfangreich sind, wird Gleichung (3.38) nachfolgend vereinfacht. Die Bruchterme in Gleichung (3.38) werden durch die Faktoren c_a, c_b und c_c ersetzt. Damit wird:

$$\Delta u = P_a \cdot l_a \cdot c_a + P_b \cdot l_b \cdot c_b + P_c \cdot l_c \cdot c_c \tag{3.40}$$

Die Faktoren c_a, c_b und c_c beinhalten die Abhängigkeit des Spannungsabfalls von den Phasenwinkeln φ_a, φ_b und φ_c. Diese wiederum sind von den Leistungen und Leistungsfaktoren der Verbraucher in den Abzweigen abhängig. Weichen die Leistungsfaktoren der Abzweige nicht sehr voneinander ab, kann man vereinfachend annehmen:

$$c_a = c_b = c_c$$

Dies ist immer dann möglich, wenn über die Leitung gleichartige Verbraucher, wie z.B. Motoren, versorgt werden. So liegt für dreipolige Niederspannungs-Drehstrom-Käfigläufer-Motoren mit Bemessungsleistungen von 15 kW bis 250 kW der $\cos\varphi$ zwischen 0,85 und 0,88, für zweipolige Maschinen liegt er zwischen 0,88 und 0,9.

Rechnet man für alle Leitungsabschnitte mit dem größten auftretenden Phasenwinkel φ_g, so wird der errechnete Spannungsabfall größer als bei genauer Rechnung. Liefert diese vereinfachte Rechnung einen Spannungsabfall, der den zulässigen Spannungsabfall nur geringfügig überschreitet, wird man deshalb von einer Erhöhung des Leiterquerschnitts absehen können. Liegt der errechnete Näherungswert unterhalb des zulässigen Grenzwertes, so ist die Leitung allemal richtig dimensioniert. Mit $c_g = c_a = c_b = c_c$ lässt sich für Gleichung (3.40) vereinfacht schreiben:

$$\Delta u = c_g \cdot (P_a \cdot l_a + P_b \cdot l_b + P_c \cdot l_c)$$
$$\text{mit} \quad c_g = \frac{R'_w + X'_L \cdot \tan\varphi_g}{U_n^2} \cdot 100\,\% \tag{3.41}$$

Werden in den Gleichungen (3.41) jetzt noch die Zweigleistungen P_1, P_2, P_3 und die Leitungslängen der Abzweige bis zum Einspeisepunkt l_1, l_2, l_3 eingeführt, dann erhält man eine Beziehung, in der die sogenannten „Lastmomente" auftreten.

! Das Produkt $P \cdot l$ (Leistung · Leitungslänge) bezeichnet man als Lastmoment. ■

Der Begriff des Lastmoments wurde analog dem Begriff des Drehmoments ($F \cdot l$) der Mechanik entlehnt. Wie bereits festgestellt wurde, gilt für die Streckenleistungen und nach Bild 3.63 für die Leitungslängen:

$$P_a = P_1 + P_2 + P_3 \qquad P_b = P_2 + P_3 \qquad P_c = P_3$$
$$l_a = l_1 \qquad l_a + l_b = l_2 \qquad l_a + l_b + l_c = l_3$$

Mit diesen Beziehungen führt die Umformung von Gleichung (3.41) zu dem Zusammenhang:

$$\Delta u = c_g \cdot (P_1 \cdot l_1 + P_2 \cdot l_2 + P_3 \cdot l_3) \quad \text{und für allgemein n Zweige folgt daraus:}$$
$$\Delta u = c_g \cdot \sum P_n \cdot l_n \tag{3.42}$$

oder mit dem größten auftretenden Phasenwinkel φ_g:

$$\Delta u = \frac{(R'_w + X'_L \cdot \tan\varphi_g) \cdot 100\,\%}{U_n^2} \cdot \sum P_n \cdot l_n \tag{3.43}$$

Übung 3.20

Für Leitungen in Wohngebäuden mit Leiterquerschnitten bis $16\,\text{mm}^2$ Cu wird im Allgemeinen $\cos\varphi = 1$ angenommen.

Leiten Sie für diesen Fall die Berechnungsgleichung aus Gleichung (3.43) ab!

Beispiel 3.9

In einem Industriebetrieb werden drei Gebäude über eine Hauptleitung gemäß nachfolgendem Bild versorgt.

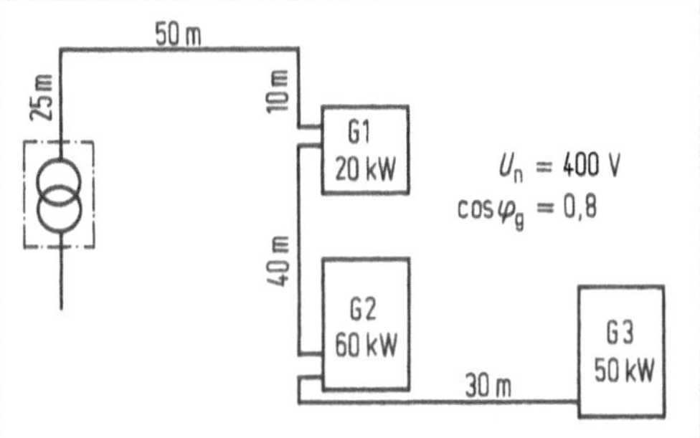

Weil die Leistungsfaktoren der Zweige nicht genau bekannt sind, wird wegen der vorwiegend motorischen Last als ungünstigster Leistungsfaktor $\cos\varphi_g = 0,8$ induktiv angenommen. Welcher Leiterquerschnitt ist zu wählen, wenn ein Kabel NYY in Erde verlegt werden soll und der zulässige Spannungsabfall 2,7 % beträgt?

Gegeben:

$P_1 = 20\,\text{kW}$	$P_2 = 60\,\text{kW}$
$P_3 = 50\,\text{kW}$	$\cos\varphi_g = 0,8$ induktiv

Lösung:

Der Leitungsabschnitt l_a wird wie folgt belastet:

$$P_a = P_1 + P_2 + P_3 = 130\,\text{kW}$$

$$I_a = \frac{P_a}{U_n \cdot \sqrt{3} \cdot \cos\varphi_g} = \frac{130 \cdot 10^3\,\text{W}}{400\,\text{V} \cdot \sqrt{3} \cdot 0,8} = 234,55\,\text{A}$$

Die Tabelle 3.5 liefert den vorläufigen Querschnitt und in Folge die Leitungsbeläge:

$$A = 95\,\text{mm}^2$$

$$R'_w = \frac{1}{\gamma_{70} \cdot A} = \frac{1000\,\text{m/km}}{46,86\,\frac{\text{m}}{\Omega\cdot\text{mm}^2} \cdot 95\,\text{mm}^2} = 0,225\,\frac{\Omega}{\text{km}}, \quad \text{Tabelle 3.12: } X'_L = 0,082\,\frac{\Omega}{\text{km}}$$

Die Überprüfung des Spannungsabfalls erfolgt nach Gleichung (3.42):

$$\text{Mit:} \quad c_g = \frac{R'_w + X'_L \cdot \tan\varphi_g}{U_n^2} \cdot 100\,\% =$$

$$= \frac{0,225\,\frac{\Omega}{\text{km}} + 0,082\,\frac{\Omega}{\text{km}} \cdot \tan 36,9°}{(400\,\text{V})^2} \cdot 100\,\% = 0,178 \cdot 10^{-3}\,\frac{\%}{\text{kWm}}$$

Summe der Lastmomente:

$$\sum P_n \cdot l_n = 20\,\text{kW} \cdot 85\,\text{m} + 60\,\text{kW} \cdot 125\,\text{m} + 50\,\text{kW} \cdot 155\,\text{m} = 16950\,\text{kWm}$$

Spannungsabfall:

$$\Delta u = c_g \cdot \sum P_n \cdot l_n = 0,178 \cdot 10^{-3}\,\frac{\%}{\text{kWm}} \cdot 16950\,\text{kWm} = 3,02\,\%$$

Da der Spannungsabfall > $2,7\,\%$ ist, muss die Berechnung mit dem nächst größeren Nennquerschnitt wiederholt werden.

Die Nachrechnung mit $A = 120\,\text{mm}^2$ ergibt $\Delta u = 2,52\,\%$.

Somit wird gewählt: Kabel NYY 4 x 120 mm²

Übung 3.21

Im Beispiel 3.9 wurde der Faktor c_g mit der Einheit $\frac{\%}{\text{kWm}}$ angegeben.

Beweisen Sie, dass die Einheit richtig gewählt ist!

Beispiel 3.10

Ein Drehstromkabel 400 V, 50 Hz ist gemäß nachfolgendem Bild belastet. Es soll der maximale Spannungsabfall berechnet werden.

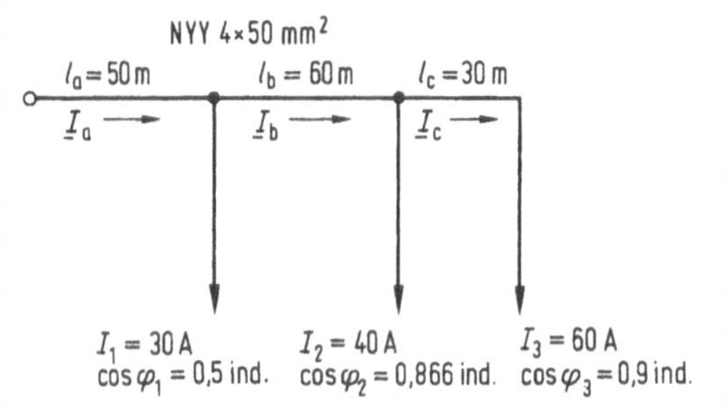

Lösung:

Weil die Leistungsfaktoren sich sehr voneinander unterscheiden und die Rechnung mit $\cos\varphi_g = 0,5$ als zu grob erscheint, müssen die Phasenwinkel auf den Leitungsabschnitten l_a, l_b, l_c ermittelt werden.

Hierzu kann sowohl eine graphische als auch eine rechnerische Lösungsmethode gewählt werden.

Graphische Lösung:

Aus den gegebenen Leistungsfaktoren ergeben sich für die Abzweige folgende Phasenwinkel:

$$\varphi_1 = 60°\ \text{ind.},\quad \varphi_2 = 30°\ \text{ind.},\quad \varphi_3 = 25,8°\ \text{ind.}$$

Die Stromzeiger werden nun maßstäblich entsprechend ihren Phasenwinkeln zum Spannungszeiger – der zweckmäßigerweise horizontal dargestellt wird – nacheilend gezeichnet:

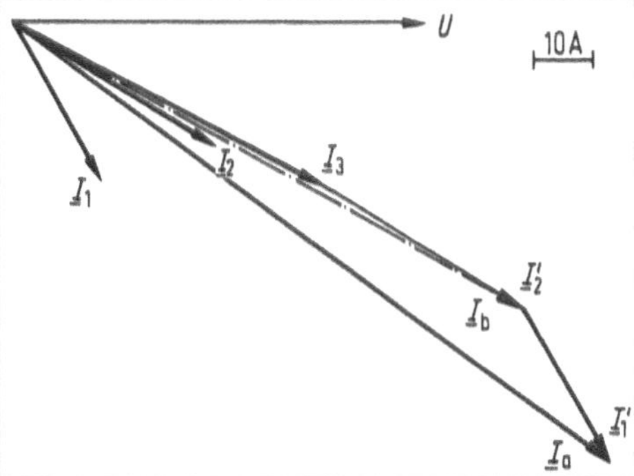

Entsprechend der Belastung der einzelnen Leitungsabschnitte werden nun die Zweigströme geometrisch addiert. Aus dem Zeigerdiagramm lassen sich dabei folgende Werte für Betrag und Phasenwinkel ablesen:

$\underline{I}_a = \underline{I}_1 + \underline{I}_2 + \underline{I}_3$	$I_a \approx 128\,\text{A};\ \varphi_a \approx 35°$ ind.
$\underline{I}_b = \underline{I}_2 + \underline{I}_3$	$I_b \approx 100\,\text{A};\ \varphi_b \approx 27°$ ind.
$\underline{I}_c = \underline{I}_3$	$I_c = 60\,\text{A};\ \varphi_c = 25{,}8°$ ind.

Rechnerische Lösung:
Rechnerisch wird die Aufgabe mit Hilfe der komplexen Rechnung gelöst.

Mit: $\underline{I}_1 = 30\,\text{A} \cdot e^{-j60°}$, $\underline{I}_2 = 40\,\text{A} \cdot e^{-j30°}$, $\underline{I}_3 = 60\,\text{A} \cdot e^{-j25{,}8°}$

ergibt sich für die Ströme in den Leitungsabschnitten l_a, l_b, l_c:

$$\underline{I}_a = \underline{I}_1 + \underline{I}_2 + \underline{I}_3 = 126{,}3\,\text{A} \cdot e^{-j34{,}9°}$$

$$\underline{I}_b = \underline{I}_2 + \underline{I}_3 = 99{,}9\,\text{A} \cdot e^{-j27{,}5°}, \qquad \underline{I}_c = \underline{I}_3 = 60\,\text{A} \cdot e^{-j25{,}8°}$$

Der Vergleich der beiden Lösungsmethoden zeigt, dass auch die zeichnerische Lösung recht genaue Ergebnisse liefert.

Mit den Strömen in den Leitungsabschnitten lässt sich nun der Spannungsabfall wie folgt berechnen:

$$\Delta u = \Delta u_a + \Delta u_b + \Delta u_c = \sum_{i=a}^{c} \Delta u_i$$

Es ist nach Gleichung (3.40): $\Delta u = P_a \cdot l_a \cdot c_a + P_b \cdot l_b \cdot c_b + P_c \cdot l_c \cdot c_c = \sum_{i=a}^{c} P_i \cdot l_i \cdot c_i$

und nach Gleichung (3.25): $\Delta u = \dfrac{\sqrt{3} \cdot 100\,\%}{U_n} \cdot \sum_{i=a}^{c} \left[I_i \cdot l_i \cdot \left(R_w' \cdot \cos\varphi_i + X_L' \cdot \sin\varphi_i \right) \right]$

und nach Gleichung (3.24): $\Delta U = \sqrt{3} \cdot \sum_{i=a}^{c} \left[I_i \cdot l_i \cdot \left(R_w' \cdot \cos\varphi_i + X_L' \cdot \sin\varphi_i \right) \right]$

Leitungsbeläge der Leitung:

$$R_w' = \frac{1}{\gamma_{70} \cdot A} = \frac{1000\,\text{m/km}}{46{,}86\,\frac{\text{m}}{\Omega \cdot \text{mm}^2} \cdot 50\,\text{mm}^2} = 0{,}427\,\frac{\Omega}{\text{km}},\ \text{Tabelle 3.12: } X_L' = 0{,}083\,\frac{\Omega}{\text{km}}$$

Damit ergibt sich der absolute Spannungsabfall:

$$\Delta U = \sqrt{3} \cdot \Big[126{,}3\,\text{A} \cdot 0{,}05\,\text{km} \cdot (0{,}427 \cdot 0{,}82 + 0{,}083 \cdot 0{,}57)\,\tfrac{\Omega}{\text{km}} +$$

$$+ 99{,}9\,\text{A} \cdot 0{,}06\,\text{km} \cdot (0{,}427 \cdot 0{,}89 + 0{,}083 \cdot 0{,}46)\,\tfrac{\Omega}{\text{km}} +$$

$$+ 60\,\text{A} \cdot 0{,}03\,\text{km} \cdot (0{,}427 \cdot 0{,}9 + 0{,}083 \cdot 0{,}44)\,\tfrac{\Omega}{\text{km}} \Big] =$$

$$\Delta U = \sqrt{3} \cdot (2{,}51 + 2{,}51 + 0{,}76)\,\text{V} = 10{,}0\,\text{V}$$

und der relative Spannungsabfall: $\Delta u = \dfrac{\Delta U}{U_\text{n}} \cdot 100\,\% = 2{,}50\,\%$

■

Übung 3.22

In einem Wohngebiet wird ein Teil der Wohnungen über eine Stichleitung aus der zugeordneten Ortsnetzstation versorgt.

Welcher Spannungsabfall tritt bei $\cos\varphi = 0{,}9$ auf, wenn als Kabel NAYY 4 x 150 mm^2 verlegt wird?

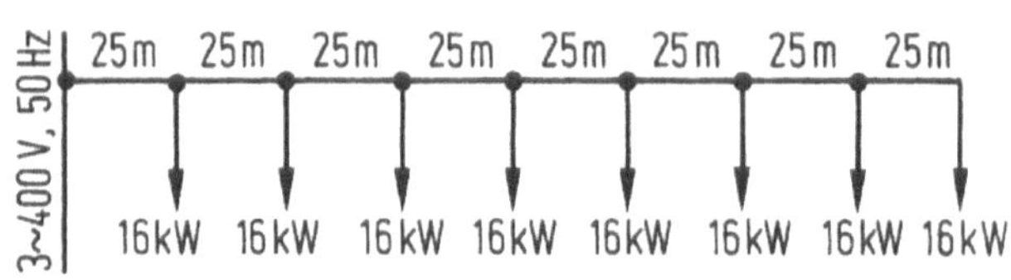

■

Übung 3.23

Leiten Sie eine allgemein gültige Gleichung für eine Leitung mit x gleichmäßig verteilten Lastabnahmestellen ab!

■

Übung 3.24

Eine Mittelspannungsfreileitung für 20 kV, 50 Hz Drehstrom besitzt Abnahmestellen im Abstand von 10 km und 13 km von der Einspeisestelle.

Der Wirkwiderstandsbelag der Freileitung beträgt 0,28 Ω/km, der Induktivitätsbelag beträgt 0,95 mH/km.

a) Welche Leistung kann die zweite Abnahmestelle bei einem $\cos\varphi = 0{,}8$ induktiv aufnehmen, wenn der ersten Abnahmestelle eine Leistung von 2 MW entnommen wird und der Spannungsabfall höchstens 5% betragen soll?
b) Wie groß wird der Strom an der Einspeisestelle, wenn die Leitung mit der Gesamtleistung belastet wird?

■

Übung 3.25

Eine Transformatorenstation speist drei Werkshallen eines Industriebetriebes mit 690 V Drehstrom. Eine in der Planung befindliche vierte Halle benötigt etwa 50 kW bei einem Leistungsfaktor von $\cos\varphi = 0,8$. Der Spannungsabfall bis zur Halle 3 beträgt $4,1\,\%$.

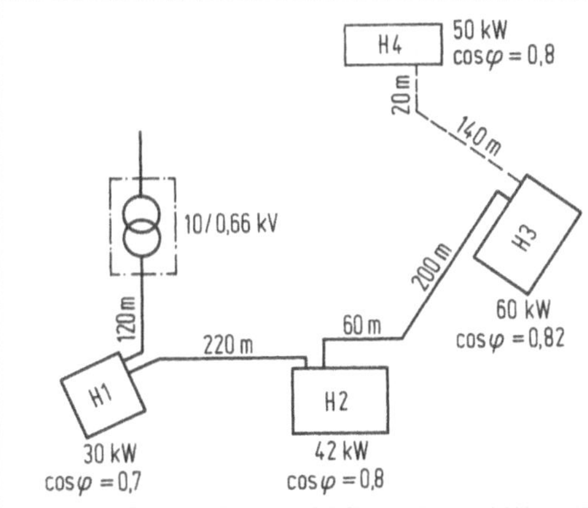

Wie groß wird der Gesamtspannungsabfall in %, wenn das Kabel NAYY 4 x 150 mm², das die ersten drei Hallen versorgt, mit dem gleichen Querschnitt weiter verlegt wird? ■

3.3.4 Ringleitung mehrfach belastet

Bild 3.64 zeigt die Anlage eines Industrienetzes. Die Werkhallen 1 bis 3 sollen an eine Hauptleitung angeschlossen werden. Der Aufwand an Leitungsmaterial ist erheblich, wenn der Spannungsabfall die zulässigen Grenzen nicht überschreiten soll. Schaltet außerdem bei Überlast oder Kurzschluss die Überstromschutzeinrichtung an der Einspeisestelle ab, ist die gesamte Anlage stromlos.

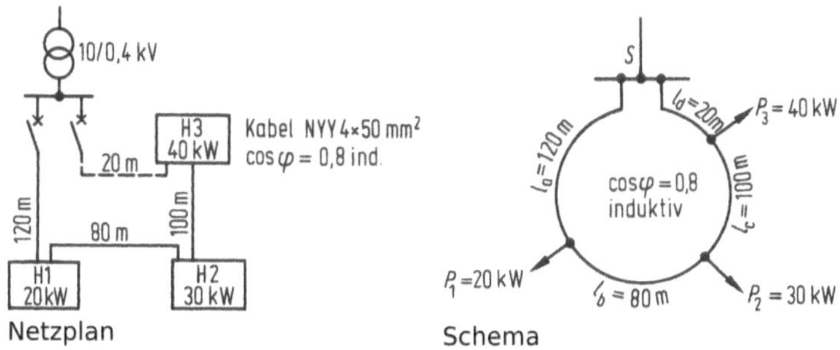

Bild 3.64 Netzplan und Schema einer Ringleitung

Die Nachteile lassen sich vermeiden, wenn entweder zwei Hauptleitungen verlegt werden oder, was sich hier augenscheinlich anbietet, die Hauptleitung zu einem Ring geschlossen wird. Zum besseren Verständnis der rechnerischen Behandlung wird die Ringleitung als gestreckte Leitung durch Auftrennen der Speisestelle S gezeichnet. Es entsteht so das Schema einer zweiseitig gespeisten Leitung mit den Ersatzspeisepunkten A und B entsprechend Bild 3.65.

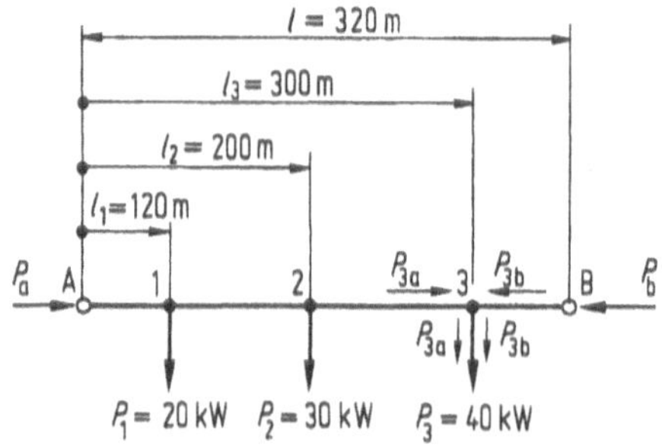

Bild 3.65
Gestrecktes Schema einer Ringleitung

An den beiden Ersatzeinspeisepunkten liegen somit die gleichen Spannungen nach Größe und Phasenlage. Es soll auch hier vorausgesetzt werden, dass die Ringleitung mit dem gleichen Leiterquerschnitt verlegt wird.

Auf der Leitung muss es nun einen Punkt geben, der von beiden Seiten gespeist wird. Ist dieser sogenannte „Tiefpunkt" bekannt, dann kann die Leitung so behandelt werden, als handele es sich um zwei „getrennte" mehrfach belastete Leitungen.

! Der Tiefpunkt einer Ringleitung ist der Lastpunkt, der von beiden Ersatzspeisepunkten mit elektrischer Energie beliefert wird. ■

Es wird angenommen, der Tiefpunkt liege im Lastpunkt 3. Die Leistung P_3 setzt sich dann aus einem vom Ersatzspeisepunkt A kommenden Leistungsfluss P_{3a} und einem vom Ersatzspeisepunkt B kommenden Leistungsfluss P_{3b} zusammen.

Analog der Stromverzweigung in einer Parallelschaltung kann die Lastaufteilung nur dann im Lastpunkt 3 erfolgen, wenn der Spannungsabfall ΔU_{A3} auf dem Leitungsabschnitt $\overline{A3}$ genau so groß ist wie der Spannungsabfall ΔU_{B3} auf dem Leitungsabschnitt $\overline{B3}$. Daraus folgt: $\Delta U_{A3} = \Delta U_{B3}$

Außerdem wird vorausgesetzt, dass der Leistungsfaktor auf den Leitungsabschnitten gleich groß angenommen werden kann, so dass für alle Lastmomente wie folgt gesetzt werden kann:

Faktor c: $$\frac{R'_w + X'_L \cdot \tan\varphi}{U_n^2} \cdot 100\,\% = c$$

Dann ist: $$\Delta u_{A3} = c \cdot (P_1 \cdot l_1 + P_2 \cdot l_2 + P_{3a} \cdot l_3)$$

und: $$\Delta u_{B3} = c \cdot [P_{3b} \cdot (l - l_3)]$$

Daraus folgt: $$P_1 \cdot l_1 + P_2 \cdot l_2 + P_{3a} \cdot l_3 = P_{3b} \cdot (l - l_3)$$

Es gilt: $P_{3a} + P_{3b} = P_3$ und $P_{3b} = P_b$

Hieraus folgt: $P_1 \cdot l_1 + P_2 \cdot l_2 + P_3 \cdot l_3 = P_b \cdot l$

und nach P_b aufgelöst: $P_b = \frac{P_1 \cdot l_1 + P_2 \cdot l_2 + P_3 \cdot l_3}{l}$

Für n Abnahmestellen ergibt sich damit für den vom Speisepunkt B kommenden Leistungsfluss P_b:

$$P_b = \frac{\sum\limits_{A} P_n \cdot l_n}{l} \tag{3.44}$$

Allgemein gilt für die Ermittlung des Leistungsflusses im Speisepunkt B:

Der Leistungsfluss für den Speisepunkt B einer Ringleitung errechnet sich aus der Summe aller vom Speisepunkt A ausgehenden Lastmomente dividiert durch die Gesamtlänge der Leitung. ■

Übung 3.26

Stellen Sie für eine Ringleitung mit 3 Lastpunkten die allgemeinen Gleichungen der Leistungsflüsse P_a und P_b auf, wenn angenommen wird, dass der Tiefpunkt im Lastpunkt 1 liegt. ■

Für das gewählte Beispiel wird:

$$P_b = \frac{20\,\text{kW} \cdot 120\,\text{m} + 30\,\text{kW} \cdot 200\,\text{m} + 40\,\text{kW} \cdot 300\,\text{m}}{320\,\text{m}} = \frac{20400\,\text{kWm}}{320\,\text{m}} = 63{,}75\,\text{kW}$$

Für den vom Speisepunkt A kommenden Leistungsfluss P_a muss gelten:

$$P_a = (\sum P_n) - P_b$$
$$P_a = 90\,\text{kW} - 63{,}75\,\text{kW} = 26{,}25\,\text{kW} \tag{3.45}$$

Aus den Ergebnissen der Leistungsflüsse in A und in B geht hervor, dass der Tiefpunkt nicht bei Gebäude 3 (Lastpunkt 3) liegen kann, wie zunächst angenommen wurde. Er liegt vielmehr bei Gebäude 2 (Lastpunkt 2), wie die folgende Rechnung zeigt. Lastpunkt 2 erhält vom Speisepunkt A die Leistung P_{2a}:

$$P_{2a} = P_a - P_1 = 26{,}25\,\text{kW} - 20\,\text{kW} = 6{,}25\,\text{kW}$$

und vom Speisepunkt B die Leistung P_{2b}:

$$P_{2b} = P_b - P_3 = 63{,}75\,\text{kW} - 40\,\text{kW} = 23{,}75\,\text{kW}$$

also insgesamt:

$$P_2 = P_{2a} + P_{2b} = 6{,}25\,\text{kW} + 23{,}75\,\text{kW} = 30\,\text{kW}$$

Zur Berechnung des Spannungsabfalls wird die Ringleitung jetzt im Tiefpunkt aufgeteilt und wie zwei getrennte mehrfach belastete Leitungen behandelt (Bild 3.66).

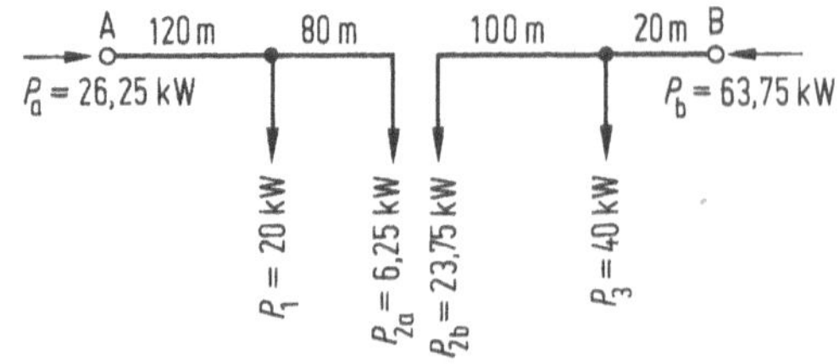

Bild 3.66
Ringleitung im Tiefpunkt aufgeteilt

Die Berechnung erfolgt dann nach dem bereits bekannten Prinzip der einseitig gespeisten, mehrfach belasteten Leitung:

Nach Gl. (3.42) gilt: $\Delta u = c_g \cdot \sum P_n \cdot l_n$

Leitungsbeläge: $R'_w = \dfrac{1}{\gamma_{70} \cdot A} = \dfrac{1000\,\text{m/km}}{46{,}86\,\frac{\text{m}}{\Omega \cdot \text{mm}^2} \cdot 50\,\text{mm}^2} = 0{,}427\,\frac{\Omega}{\text{km}}$,

Tabelle 3.12: $X'_L = 0{,}083\,\frac{\Omega}{\text{km}}$

Damit erhält man: $c = \dfrac{0{,}427\,\frac{\Omega}{\text{km}} + 0{,}083\,\frac{\Omega}{\text{km}} \cdot \tan 36{,}9^\circ}{(400\,\text{V})^2} \cdot 100\,\% =$

$c = 0{,}306 \cdot 10^{-3}\,\frac{\%}{\text{kWm}}$

Speisepunkt A: $\sum_A P_n \cdot l_n = 20\,\text{kW} \cdot 120\,\text{m} + 6{,}25\,\text{kW} \cdot 200\,\text{m} = 3650\,\text{kWm}$

Rel. Spannungsabfall: $\Delta u = 0{,}306 \cdot 10^{-3}\,\frac{\%}{\text{kWm}} \cdot 3650\,\text{kWm} = 1{,}12\,\%$

Speisepunkt B: $\sum_B P_n \cdot l_n = 40\,\text{kW} \cdot 20\,\text{m} + 23{,}75\,\text{kW} \cdot 120\,\text{m} = 3650\,\text{kWm}$

Für die Summe der Lastmomente des Speisepunktes B ergibt sich also der gleiche Wert wie für die Summe der Lastmomente von A. Damit ist der Spannungsabfall von B bis zum Tiefpunkt der Leitung gleich dem Spannungsabfall von A bis zum Tiefpunkt, wie vorausgesetzt wurde.

Bei einseitiger Speisung hätte die Leitung 90 kW übertragen müssen. Nunmehr wird sie maximal mit 63,75 kW belastet. Damit wird auch der Spannungsabfall relativ gering. Dies bedeutet, dass ein kleinerer Querschnitt verlegt werden kann. Entsprechend:

$$I = \frac{63{,}75 \cdot 10^3\,\text{W}}{\sqrt{3} \cdot 400\,\text{V} \cdot 0{,}8} = 115\,\text{A}$$

ergibt sich aus Tabelle 3.5 für Verlegung in Erde ein Querschnitt von:

$A = 35\,\text{mm}^2$

Übung 3.27

Berechnen Sie für die Ringleitung in Bild 3.64 den Spannungsabfall bei einem Leiterquerschnitt von 35 mm² Cu.

■

Beispiel 3.11

Es ist ein Ortsnetz nach dem dargestellten Bild gegeben. Der zulässige Spannungsabfall soll 3 % betragen. Zu berechnen ist der Leiterquerschnitt für ein Kabel des Typs NYY, verlegt in Erde.

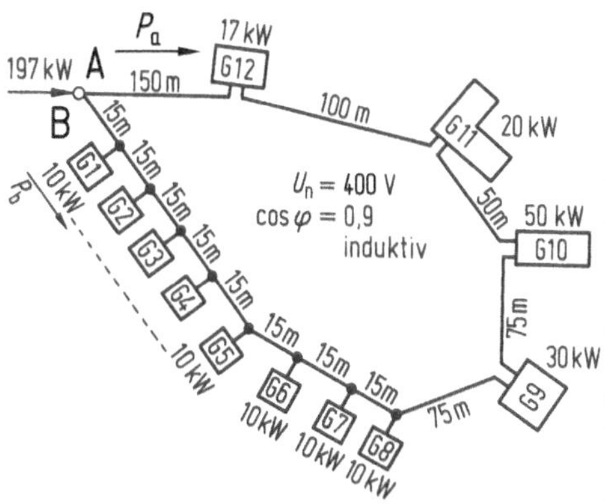

Lösung:
Es werden zunächst die Leistungsflüsse und der Tiefpunkt bestimmt. Wie aus der Abbildung des Ortsnetzes hervorgeht, sind vom Einspeisepunkt B bis zum Lastpunkt G8 die Lasten gleichmäßig verteilt. Aus Übung 3.23 ergab sich für die Summe der Lastmomente einer einseitig gespeisten Leitung mit x gleichmäßig verteilten Lasten:

$$\sum P_x \cdot l_x = P' \cdot l' \cdot \frac{x}{2} \cdot (x+1) \tag{3.46}$$

Hiermit und mit Gleichung (3.44) erhält man für den Leistungsfluss P_a:

$$P_a = \frac{P' \cdot l' \cdot \frac{x}{2} \cdot (x+1) + \sum\limits_{n=x+1}^{i} P_n \cdot l_n}{l} \tag{3.47}$$

Mit $P' = 10\,\text{kW}$, $l' = 15\,\text{m}$ und $x = 8$ ergibt sich:

$$P_a = \frac{10\,\text{kW} \cdot 15\,\text{m} \cdot 4 \cdot 9 + 30\,\text{kW} \cdot 195\,\text{m} + 50\,\text{kW} \cdot 270\,\text{m} + 20\,\text{kW} \cdot 320\,\text{m} + 17\,\text{kW} \cdot 420\,\text{m}}{570\,\text{m}}$$

$$P_a = 67{,}18\,\text{kW}$$

Gleichung (3.45) liefert:

$$P_b = \left(\sum_{n=1}^{12} P_n\right) - P_a = 197\,\text{kW} - 67{,}18\,\text{kW} = 129{,}82\,\text{kW}$$

Der Tiefpunkt liegt damit im Lastpunkt G10. Er erhält vom Speisepunkt A:

$$P_{10a} = P_a - (P_{12} + P_{11}) = 67{,}18\,\text{kW} - (17\,\text{kW} + 20\,\text{kW}) = 30{,}18\,\text{kW}$$

und vom Speisepunkt B:

$$P_{10b} = P_b - (x \cdot P' + P_9) = 129{,}82\,\text{kW} - (8 \cdot 10\,\text{kW} + 30\,\text{kW}) = 19{,}82\,\text{kW}$$

Die Kontrollrechnung für Lastpunkt G10 ergibt:

$$P_{10} = P_{10a} + P_{10b} = 30,18\,\text{kW} + 19,82\,\text{kW} = 50\,\text{kW}$$

Die Lastmomente bis zum Tiefpunkt werden nun aus den Produkten der Leistung jeder Teilstrecke und der Länge dieser Teilstrecke bis zum Einspeisepunkt gebildet und addiert.

In Richtung des Leistungsflusses P_b errechnet sich somit das Lastmoment zu:

$$\sum_{n=1}^{10} P_n \cdot l_n = 10\,\text{kW} \cdot 15\,\text{m} \cdot 4 \cdot 9 + 30\,\text{kW} \cdot 195\,\text{m} + 19,82\,\text{kW} \cdot 270\,\text{m} = 16601\,\text{kWm}$$

Durch die große Abnehmerzahl im Ring kann davon ausgegangen werden, dass nicht alle Verbraucher gleichzeitig eingeschaltet sind. Man rechnet deshalb mit einem Gleichzeitigkeitsfaktor g, der hier mit 0,8 angenommen werden soll.

Dies bedeutet, dass nur 80 % der Verbraucher gleichzeitig eingeschaltet sind. Damit wird die reduzierte Summe der Lastmomente:

$$g \cdot \sum P_n \cdot l_n = 0,8 \cdot 16601\,\text{kWm} = 13281\,\text{kWm}$$

Zur Berechnung des Spannungsabfalls wird der Leiterquerschnitt gewählt, der mit dem größeren der beiden Leistungsflüsse $P_b = 129,82\,\text{kW}$ belastet werden kann.

Tabelle 3.5 liefert: $A = 95\,\text{mm}^2$

Leitungsbeläge:

$$R'_w = \frac{1}{\gamma_{70} \cdot A} = \frac{1000\,\text{m/km}}{46,86\,\frac{\text{m}}{\Omega \cdot \text{mm}^2} \cdot 95\,\text{mm}^2} = 0,225\,\frac{\Omega}{\text{km}}, \text{ Tabelle 3.12: } X'_L = 0,082\,\frac{\Omega}{\text{km}}$$

Damit erhält man für c:

$$c = \frac{0,225\,\frac{\Omega}{\text{km}} + 0,082\,\frac{\Omega}{\text{km}} \cdot \tan 25,84^\circ}{(400\,\text{V})^2} \cdot 100\,\% = 0,165 \cdot 10^{-3}\,\frac{\%}{\text{kWm}}$$

Damit ergibt sich der relative Spannungsabfall unter Berücksichtigung des Gleichzeitigkeitsfaktors g:

$$\Delta u = c \cdot g \cdot \sum P_n \cdot l_n$$
$$\Delta u = 0,165 \cdot 10^{-3}\,\frac{\%}{\text{kWm}} \cdot 13281\,\text{kWm} = 2,19\,\% < 3\,\% \quad (3.48)$$

■

Übung 3.28

Ein 10 kV-Drehstrom-Mittelspannungsringnetz nach dem angegebenen Bild besteht aus zwei Kabelsträngen NYSEY 3 x 95/6 mm², die als offener Ring geschaltet sind.

Das Kabel hat die Leitungskonstanten $R'_w = 0,228\,\Omega/\text{km}$; $X'_L = 0,097\,\Omega/\text{km}$. Der Leistungsfaktor betrage $\cos\varphi = 0,8$ induktiv. Es wird ein Gleichzeitigkeitsfaktor von $g = 0,7$ angenommen.

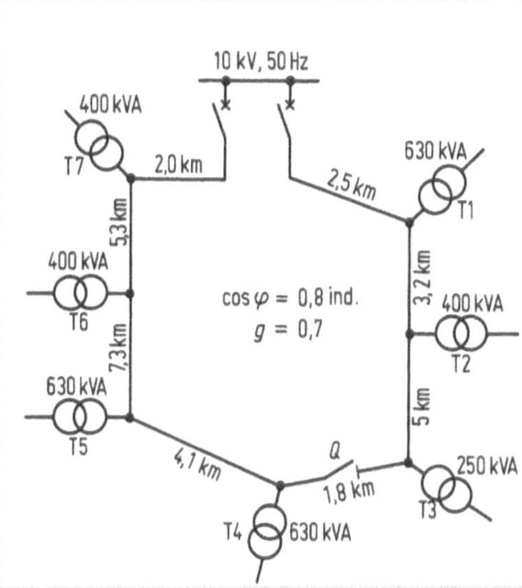

Berechnen Sie:

a) den maximalen Spannungsabfall bei geschlossenem Schalter Q,
b) den Spannungsabfall bei einem Leitungsbruch zwischen Station T5 und T6 bei geschlossenem Schalter Q.

■

3.3.5 Fernleitungen

Fernleitungen werden überwiegend als Freileitungen mit Spannungen $\geqq$ 110 kV betrieben. Bei solchen Hoch- und Höchstspannungsleitungen kann der kapazitive Leitungsbelag nicht mehr vernachlässigt werden. Der Wirkwiderstandsbelag hingegen ist gegenüber dem induktiven Leitungsbelag vernachlässigbar klein. Es wird daher angenommen, dass die elektrische Energie verlustfrei übertragen wird.

Mit der getroffenen Vernachlässigung erhält man mit den Leitungskonstanten L_b' und C_b' für ein Leitungselement Δl das Ersatzschaltbild nach Bild 3.67. Man kann sich die Leitung nun so vorstellen, als wäre sie aus mehreren homogenen Leitungselementen des Ersatzschaltbildes mit je gleichen Leitungskonstanten zusammengesetzt (Bild 3.68).

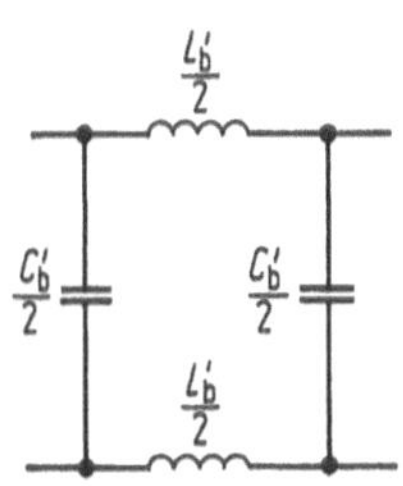

Bild 3.67 Leitungselement Δl einer Fernleitung

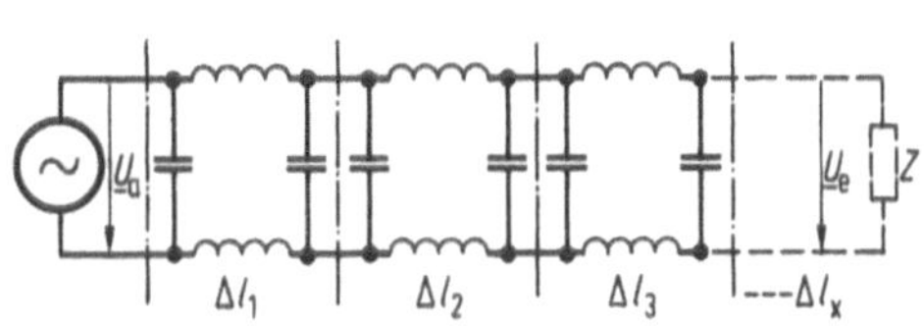

Bild 3.68 Ersatzschaltbild einer Fernleitung

Um die Vorgänge bei der Energieübertragung auf einer Fernleitung zu erklären, wird das Wellenmodell elektrischer Spannungen und Ströme herangezogen. Bei der Ausbreitung elektromagnetischer Wellen wird Energie transportiert. Pflanzt sich also eine Welle vom Leitungsanfang zum Leitungsende hin fort, so trägt sie eine bestimmte Energie mit sich. Setzt man zunächst voraus, dass sich elektromagnetische Wellen mit der Lichtgeschwindigkeit c fortpflanzen, erhält man bei einer Frequenz von 50 Hz für die Wellenlänge λ:

$$\lambda = \frac{c}{f} = \frac{300000\,\frac{\text{km}}{\text{s}}}{50\,\frac{1}{\text{s}}} = 6000\,\text{km}$$

Nimmt man einmal an, eine Leitung wäre unendlich lang, so würde die Energie von Leitungselement zu Leitungselement ständig weitertransportiert. Die Leitung würde damit ständig Energie aufnehmen, ohne diese jemals an einen Verbraucher weiterzugeben.

Bei endlicher Länge einer Leitung wird die Energie nach einer endlichen Laufzeit am Leitungsende ankommen. Ist die Länge einer Leitung klein im Vergleich zur Wellenlänge, so spielt die Zeit zur Übertragung der elektrischen Energie praktisch keine Rolle. Man kann die Vorgänge am Leitungsanfang und am Leitungsende dann als gleichzeitig ansehen. Für Mittel- und Niederspannungsleitungen sowie HS-Leitungen in der Größenordnung von 100 km bis 200 km Länge kann dies in der Regel angenommen werden. Anders liegen die Verhältnisse bei Leitungslängen in der Größenordnung der Wellenlänge der elektromagnetischen Wellen. Im Folgenden sollen nun die Vorgänge bei Leerlauf, Kurzschluss und Belastung auf einer endlich langen Fernleitung näher untersucht werden.

3.3.5.1 Leerlauf

Betrachtet man eine 6000 km lange Fernleitung, die mit 50 Hz betrieben wird, so breitet sich die Energie entsprechend einer vollen Sinusschwingung mit der Wellenlänge $\lambda = 6000\,\text{km}$ über die Leitung aus. Da die Leitung am Ende offen ist, kann die ankommende Energie von keinem Verbraucher aufgenommen werden. Strom- und Spannungswelle stauen sich sozusagen vom Leitungsende zum Leitungsanfang hin auf, sie werden reflektiert. Es treten damit je eine hinlaufende Strom- und Spannungswelle und je eine rücklaufende Strom- und Spannungswelle auf. Der Vorgang ist vergleichbar mit der Reflexion einer mechanischen Welle am freien Ende ihres Trägers. Physikalisch lässt sich der Sachverhalt anhand der Ersatzschaltung in Bild 3.68 veranschaulichen:

Von der Spannungsquelle geht zunächst eine Stromwelle aus, die die Kapazität am Leitungsanfang auflädt. Durch die Induktivität zeitlich verzögert, wird anschließend die Kapazität am Ende des Leitungselements aufgeladen. Gleichzeitig erfolgt auch die Aufladung der Kapazität des folgenden Leitungselements. Dieser Vorgang wiederholt sich, bis Strom- und Spannungswelle am Ende der Leitung ankommen. Die Leitungskapazität am Ende lädt sich also zeitverzögert auf und gibt ihre Energie zeitverzögert wieder an die Leitung zurück. D.h. Strom- und Spannungswelle werden am Leitungsende reflektiert. Wegen der angenommenen Verlustlosigkeit der Leitung haben die reflektierten Wellen die gleiche Energie wie die hinlaufenden Wellen. Die Wellen werden also mit der vollen Amplitude reflektiert (Bild 3.69).

> **Im Leerlauf wird die gesamte elektrische Energie reflektiert.**

Durch die Überlagerung der hinlaufenden mit den rücklaufenden Wellen bilden sich längs der Leitung eine stehende Stromwelle und eine stehende Spannungswelle aus (Bild 3.69). Dies bedeutet, dass längs der Leitung ganz unterschiedliche Effektivwerte der elektrischen Größen gemessen werden. Es gibt Stellen, an denen die Spannung dauernd Null ist und Stellen, an denen der Effektivwert der Spannung dauernd einen Höchstwert oder einen anderen Wert der Sinusfunktion hat. Entsprechend sind die Verhältnisse für die Stromverteilung längs der Leitung.

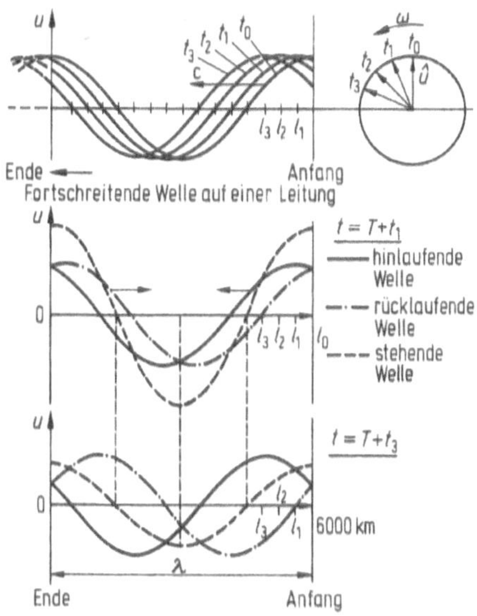

Bild 3.69 Fortschreitende Welle und Überlagerung von hinlaufender und rücklaufender Welle bei 50 Hz und $l = \lambda$

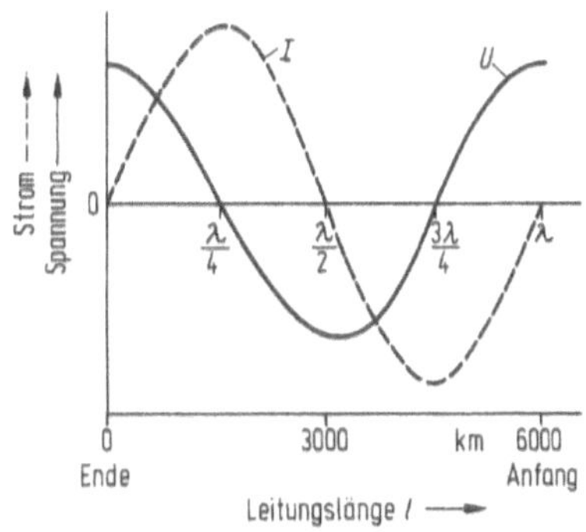

Bild 3.70 Stehende Strom- und Spannungswelle zwischen Ende und Anfang einer Leitung bei 50 Hz

Für eine verlustlose leerlaufende Leitung muss die Spannung am Ende genauso groß sein wie am Anfang, während der Strom am Ende Null sein muss. Weil die Länge der Leitung der Wellenlänge entsprechen soll, folgt, dass am Ende und am Anfang die Spannung ihren Höchstwert haben muss. Daraus ist zu schließen, dass Strom und Spannung um $\lambda/4$ räumlich (örtlich) zueinander verschoben sind (Bild 3.70).

Betrachtet man für ein beliebiges Leitungselement Δl den zeitlichen Verlauf von Strom und Spannung an der Leitungskapazität, dann muss gerade dann, wenn die Spannung dort ihr Maximum erreicht, der Strom Null sein; erreicht der Strom sein Maximum, dann muss die Spannung Null sein, das heißt, neben der räumlichen Verschiebung tritt auch eine zeitliche Verschiebung von $\omega t = \pi/2$ auf. Strom und Spannung können demnach nicht gleichzeitig ein Maximum haben. Da dieser Zusammenhang für alle Leitungselemente gilt, folgt, dass an allen Stellen der Leitung, an denen der Strom seinen Nulldurchgang hat, die Spannung ein Maximum haben muss.

Die zeitliche Verschiebung von Strom und Spannung verursacht auf der Leitung eine räumliche Verschiebung von Strom und Spannung.

Auf die mathematische Herleitung dieser Zusammenhänge wird hier verzichtet. Sie führt für die verlustlose am Ende belastete Leitung zu folgenden Beziehungen:

$$\underline{U}_{\mathrm{a}} = \underline{U}_{\mathrm{e}} \cdot \cos\left(\omega \cdot \sqrt{L_{\mathrm{b}}' \cdot C_{\mathrm{b}}'} \cdot l\right) + \mathrm{j}\underline{I}_{\mathrm{e}} \cdot \sqrt{\frac{L_{\mathrm{b}}'}{C_{\mathrm{b}}'}} \cdot \sin\left(\omega \cdot \sqrt{L_{\mathrm{b}}' \cdot C_{\mathrm{b}}'} \cdot l\right)$$

$$\underline{I}_{\mathrm{a}} = \underline{I}_{\mathrm{e}} \cdot \cos\left(\omega \cdot \sqrt{L_{\mathrm{b}}' \cdot C_{\mathrm{b}}'} \cdot l\right) + \mathrm{j}\underline{U}_{\mathrm{e}} \cdot \sqrt{\frac{C_{\mathrm{b}}'}{L_{\mathrm{b}}'}} \cdot \sin\left(\omega \cdot \sqrt{L_{\mathrm{b}}' \cdot C_{\mathrm{b}}'} \cdot l\right)$$

Für den Leerlauf ist $\underline{I}_{\mathrm{e}} = 0$, so dass für den Betrag der Spannung am Anfang der Leitung gilt:

$$U_{\mathrm{a}} = U_{\mathrm{e}} \cdot \cos\left(\omega \cdot \sqrt{L_{\mathrm{b}}' \cdot C_{\mathrm{b}}'} \cdot l\right) \tag{3.49}$$

Die Spannung verteilt sich also nach einer Cosinus-Funktion über die Leitung. Wie aus Gleichung (3.49) hervorgeht, wird für $l = 0$, also für das Ende der Leitung, der Cosinus gleich eins, d.h. die Spannung U_{e} am Ende ist gleich der Spannung U_{a} am Anfang. Für $l = \lambda$ muss ebenfalls der Cosinus gleich eins werden. Für $l = \lambda/2$ wird der Cosinus gleich minus eins, das heißt, bestenfalls wird $U_{\mathrm{e}} = U_{\mathrm{a}}$.

Da der Cosinus nicht größer als eins werden kann, wird für alle l, die von den vorgenannten Werten verschieden sind, der Betrag der Spannung am Anfang immer kleiner als der Betrag der Spannung am Ende.

Für die leerlaufende Leitung gilt: $U_{\mathrm{e}} \geqq U_{\mathrm{a}}$

Beispiel 3.12

Gegeben sei eine Drehstrom-Freileitung mit:

$$l = 500\,\mathrm{km}, \quad L_{\mathrm{b}}' = 1{,}3\,\tfrac{\mathrm{mH}}{\mathrm{km}}, \quad C_{\mathrm{b}}' = 9{,}6\,\tfrac{\mathrm{nF}}{\mathrm{km}}$$

Es wird weiterhin angenommen, dass am Anfang der Leitung ein Kraftwerk mit einer Spannung von $U_{\mathrm{a}} = 110\,\mathrm{kV}$ bei 50 Hz einspeist. Es ist die Spannung am Ende der leerlaufenden Leitung zu berechnen!

Lösung:

In Gleichung (3.49) kann direkt mit den Leiterspannungen gerechnet werden:

$$U_{\mathrm{e}} = \frac{U_{\mathrm{a}}}{\cos\left(\omega \cdot \sqrt{L_{\mathrm{b}}' \cdot C_{\mathrm{b}}'} \cdot l\right)}$$

$$U_{\mathrm{e}} = \frac{110\,\mathrm{kV}}{\cos\left(314\,\mathrm{s}^{-1} \cdot \sqrt{1{,}3 \cdot 10^{-3}\,\frac{\mathrm{H}}{\mathrm{km}} \cdot 9{,}6 \cdot 10^{-9}\,\frac{\mathrm{F}}{\mathrm{km}}} \cdot 500\,\mathrm{km}\right)} = 129{,}4\,\mathrm{kV}$$

Übung 3.29

Die Spannung U_e am Ende der Freileitung im Beispiel 3.12 soll 110 kV betragen. Mit welcher Spannung muss das Kraftwerk einspeisen?

In Bild 3.71 sind für den Fall, dass am Ende der Leitung eine Außenleiterspannung von 110 kV entsprechend der Strangspannung von $110\,\text{kV}/\sqrt{3} = 63{,}5\,\text{kV}$ anstehen soll, Strom- und Spannungswelle in Abhängigkeit von der Länge l maßstäblich dargestellt.

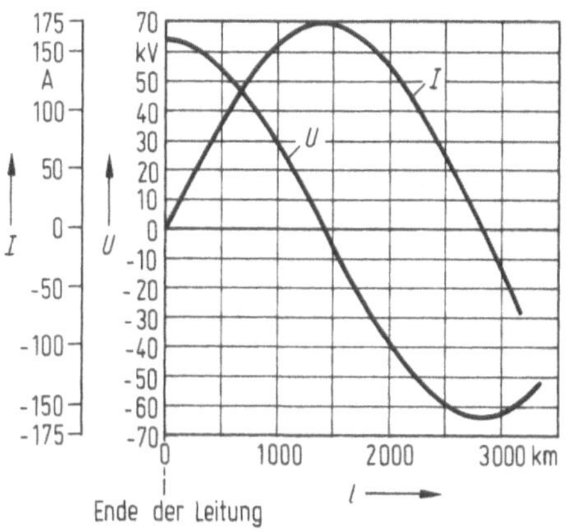

Bild 3.71
Stehende Strom- und Spannungswelle bei einer leerlaufenden Leitung (50 Hz)

Aus dem Diagramm geht hervor, dass die Wellenlänge nicht 6000 km, sondern etwa 5680 km beträgt. D.h. die Wellen breiten sich mit einer Geschwindigkeit über die Leitung aus, die etwas geringer ist als die Lichtgeschwindigkeit.

Wie aus dem Beispiel und der Übung 3.29 hervorgeht, tritt am Ende der 500 km langen Leitung eine Spannungserhöhung von mehr als 17 % auf.

Die Erscheinung der Spannungserhöhung gegen Ende einer leerlaufenden Leitung nennt man nach ihrem Entdecker Ferranti-Effekt.

Bei den Entfernungen in Europa sind die Spannungserhöhungen nicht so extrem. Immerhin können aber auch hier Spannungserhöhungen von 10 % bis 15 % auftreten. Aus diesem Grund ist der Betrieb von langen leerlaufenden Leitungen nicht erwünscht.

Übung 3.30

a) Weshalb treten auf einer leerlaufenden Fernleitung stehende Wellen auf?
b) Welchen Einfluss haben stehende Wellen auf die Spannungshaltung bei einer Fernleitung?

Übung 3.31

Berechnen Sie die Ausbreitungsgeschwindigkeit der Wellen bei einer Wellenlänge von 5680 km.

Es wurde festgestellt, dass neben der räumlichen auch eine zeitliche Verschiebung zwischen Strom und Spannung von 90° besteht. Dies bedeutet, dass auf der leerlaufenden Leitung nur Blindleistung transportiert wird. Die Verhältnisse liegen also ähnlich wie bei einem Schwingkreis, bei dem keine Energie nach außen abgegeben wird, sondern die Energie ständig zwischen Spule und Kondensator hin- und herpendelt. Es findet also ein periodischer Wechsel zwischen magnetischer und elektrischer Energie statt. Dabei steckt die Energie einmal im magnetischen Feld des Stromes, einmal im elektrischen Feld der Spannung. Die hin- und herschwingende Energie hat für jedes Leitungselement die Größe:

$$W = \frac{1}{2} \cdot C'_{\text{b}} \cdot U^2 = \frac{1}{2} \cdot L'_{\text{b}} \cdot I^2$$

Daraus folgt:

$$\frac{U}{I} = \sqrt{\frac{L'_{\text{b}}}{C'_{\text{b}}}} \tag{3.50}$$

Der Quotient U/I stellt einen Widerstand dar. Weil er sich auf die Ausbreitung von Strom- und Spannungswellen bezieht, bezeichnet man ihn als Wellenwiderstand der verlustlosen Leitung Z_{W}:

$$Z_{\text{W}} = \sqrt{\frac{L'_{\text{b}}}{C'_{\text{b}}}} \tag{3.51}$$

Die Einheitenbetrachtung liefert:

$$[Z_{\text{W}}] = \sqrt{\frac{\text{Vs} \cdot \text{V}}{\text{A} \cdot \text{As}}} = \frac{\text{V}}{\text{A}} = \Omega$$

Wie aus Gleichung (3.51) hervorgeht, ist der Wellenwiderstand eine reelle Größe und von der Frequenz unabhängig. Er wird nur von den Leitungskonstanten L'_{b} und C'_{b} bestimmt.

Beispiel 3.13

Es ist der Wellenwiderstand einer 380 kV-Freileitung zu berechnen, wenn folgende Beläge gegeben sind:

$$L'_{\text{b}} = 0{,}89\,\frac{\text{mH}}{\text{km}}, \quad C'_{\text{b}} = 13\,\frac{\text{nF}}{\text{km}}$$

Lösung: $Z_{\text{W}} = \sqrt{\dfrac{0{,}89 \cdot 10^{-3}\,\frac{\text{Vs}}{\text{A}}}{13 \cdot 10^{-9}\,\frac{\text{As}}{\text{V}}}} = 262\,\Omega$ ■

Übung 3.32

Wie groß ist der Wellenwiderstand einer 220 kV-Leitung mit folgenden Belägen:

$X'_{\text{L}} = 0{,}3\,\frac{\Omega}{\text{km}}$, und $B'_{\text{C}} = \omega \cdot C'_{\text{b}} = 3{,}68 \cdot 10^{-6}\,\frac{1}{\Omega \cdot \text{km}}$ ■

3.3.5.2 Kurzschluss

Wie aus dem Ersatzschaltbild der Fernleitung (Bild 3.68) hervorgeht, wird bei Kurzschluss die Leitungskapazität am Ende überbrückt. Damit besteht das letzte Leitungselement aus einer Leitungskapazität und einer parallel dazu liegenden Leitungsinduktivität. Im Gegensatz zur leerlaufenden Leitung besteht somit der Leitungsabschluss aus einer Induktivität (Bild 3.72).

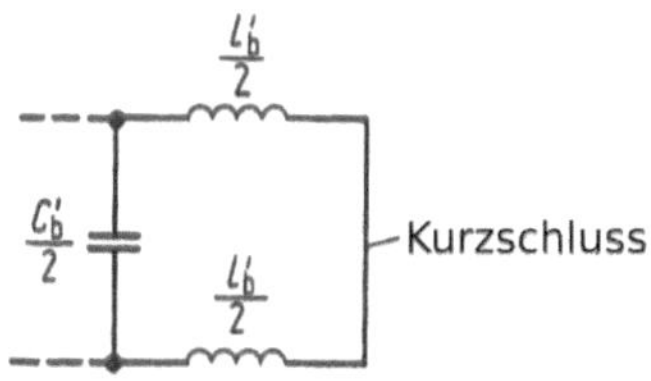

Bild 3.72
Leitungselement am Leitungsende bei Kurzschluss

Da keine Energieabgabe nach außen erfolgt, wird die in der Induktivität gespeicherte Energie in der Entladephase an die vorgeschaltete Kapazität wieder zurückgegeben, das heißt, Strom- und Spannungswelle werden reflektiert. Die hin- und rücklaufenden Wellen überlagern sich, so dass stehende Wellen auftreten. Gegenüber dem Leerlauf kehren sich jedoch die Verhältnisse um. Die stehenden Strom- und Spannungswellen müssen sich so ausbilden, dass die Spannung am Leitungsende dauernd Null ist und der Strom ein Maximum hat.

3.3.5.3 Belastung mit einem Wirkwiderstand $Z = Z_W$

Wird eine Leitung an ihrem Ende mit einem reellen Widerstand Z belastet, dessen Widerstandswert dem Wellenwiderstand Z_W entspricht, dann muss nach Gleichung (3.50) der Strom an diesem Abschlusswiderstand einen Spannungsabfall hervorrufen, welcher der Spannung der hinlaufenden Welle an der letzten Leitungskapazität der Ersatzschaltung entspricht. Somit kann keine rücklaufende Welle, also keine Reflexion auftreten.

Entsprechend dem ohmschen Gesetz gilt dann $U_e / I_e = Z_W$. Dies bedeutet, dass die ankommende elektrische Energie restlos vom Abschlusswiderstand (Lastwiderstand) aufgenommen wird. Man bezeichnet diesen Betriebsfall als Anpassung oder als natürlichen Betrieb.

> **!** Natürlicher Betrieb einer Leitung liegt dann vor, wenn die Leitung mit einem Widerstand abgeschlossen (belastet) ist, dessen Widerstandswert dem Wellenwiderstand der Leitung entspricht.

Auf der Leitung entstehen bei diesem Betriebszustand also keine stehenden Wellen. Spannung und Strom verteilen sich gleichmäßig über die Leitung. D.h. an jeder Stelle entlang der Leitung sind die Effektivwerte von Strom und Spannung gleich groß (Bild 3.73).

Der Strom I_e, den ein Lastwiderstand $Z = Z_W$ am Ende einer Leitung aufnimmt, muss demnach für das gewählte Beispiel 3.12 einen Spannungsabfall von $110\,\text{kV}/\sqrt{3} = 63{,}5\,\text{kV}$ hervorrufen. I_e errechnet sich zu:

$$I_e = \frac{U_e}{Z_W} = \frac{U_e}{\sqrt{\frac{L'_b}{C'_b}}} = \frac{63{,}5 \cdot 10^3\,\text{V}}{\sqrt{\frac{1{,}3 \cdot 10^{-3}\,\text{Vs/A}}{9{,}6 \cdot 10^{-9}\,\text{As/V}}}} = 173\,\text{A}$$

Da bei reellem Abschluss keine Phasenverschiebung zwischen Strom und Spannung auftreten kann, wird über die Leitung nur Wirkleistung transportiert. Man bezeichnet diese

Wirkleistung als natürliche Leistung P_{nat} der Leitung. Bei Speisung mit Nennspannung ergibt sich für Drehstrom die natürliche Leistung aus der Summe der natürlichen Leistungen der drei Leiter:

P_{nat}... transportierte Wirkleistung bei Abschluss der Leitung mit Z_W

$$P_{nat} = 3 \cdot \left(\frac{U_n}{\sqrt{3}}\right)^2 \cdot \frac{1}{Z_W}, \quad \text{bzw.} \quad P_{nat} = \frac{U_n^2}{Z_W} \tag{3.52}$$

Übung 3.33

Berechnen Sie die natürliche Leistung der Freileitung im Beispiel 3.12 für eine Nennspannung von 110 kV. ■

3.3.5.4 Belastung mit einem Wirkwiderstand $Z \neq Z_W$

Ist $Z \neq Z_W$, muss angenommen werden, dass der Lastwiderstand den Teil der Energie der Leitung entnimmt, den er zu seinem Betrieb benötigt. Der Rest muss mit einer Strom- und Spannungswelle geringerer Energie auf der Leitung zurücklaufen. Es entsteht also nur eine teilweise Reflexion (Bild 3.73).

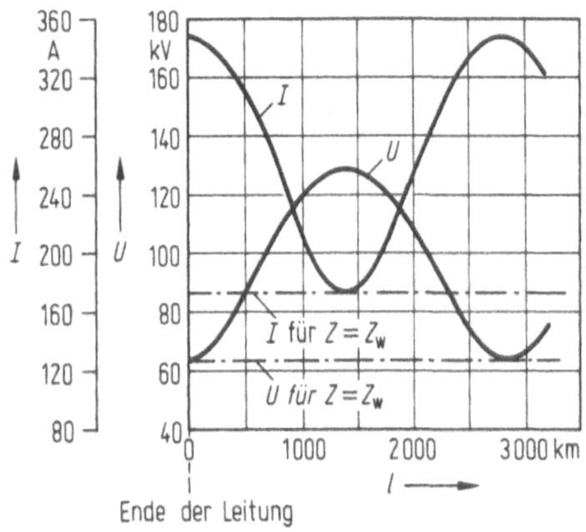

Bild 3.73
Stehende Strom- und Spannungswelle für $Z = Z_W/2$

Ist $Z < Z_W$ ergibt sich aus Gleichung (3.52), dass dann die Wirkleistung, die über die Leitung übertragen wird, größer ist als die natürliche Leistung ($P > P_{nat}$)· Sinnvollerweise bezeichnet man diesen Betriebszustand als übernatürlich.

Die reflektierten Wellen müssen zwangsläufig eine solche Größe und Phasenlage annehmen, dass ihre Überlagerung mit den hinlaufenden Wellen am Leitungsende die Verhältnisse schafft, die dem ohmschen Gesetz Rechnung tragen. Durch die rücklaufenden Wellen werden die Leitungen zusätzlich beansprucht. Es ist deshalb anzustreben, eine Leitung angepasst zu betreiben.

Da Verbraucher im Netz im Allgemeinen zu- und abgeschaltet werden, die Größe des Lastwiderstandes sich also ständig ändert, ist ein längerer Betrieb mit natürlicher Leistung kaum möglich. Es sollen deshalb die Fälle $Z < Z_W$ und $Z > Z_W$ näher untersucht werden.

Durch den niederohmigen Abschluss bei $Z < Z_W$ entwickelt sich ein starker Laststrom, der zu einem starken Magnetfeld führt. Die Energie des Magnetfeldes überwiegt gegenüber der Energie des elektrischen Feldes, die durch die angelegte Betriebsspannung bestimmt wird.

Dies bedeutet, dass die induktive Blindleistung größer ist als die kapazitive. Das Verhalten der Leitung ist insgesamt induktiv, die Spannung am Ende der Leitung wird herabgesetzt.

Betrieb mit übernatürlicher Leistung ist dann gegeben, wenn der Lastwiderstand kleiner als der Wellenwiderstand ist ($Z < Z_W$). Dabei wird die Spannung am Leitungsende kleiner als die Speisespannung.

Übung 3.34

Begründen Sie anhand des Zeigerdiagramms, weshalb beim Überwiegen der Induktivität einer Leitung die Spannung am Leitungsende absinkt.

Soll die Spannung am Leitungsende angehoben werden, dann muss die kapazitive Blindleistung der Leitung künstlich vergrößert werden. Dies kann dadurch erfolgen, dass durch Kondensatoren die wirksame Betriebskapazität erhöht wird. Nach Gleichung (3.51) wird damit der Wellenwiderstand künstlich verkleinert. Die Kondensatoren können sowohl im Zuge der Leitung als Reihenkondensatoren als auch am Ende der Leitung als Parallelkondensatoren angeschlossen werden (Bild 3.74).

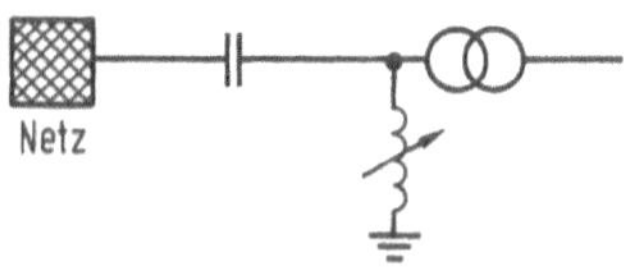

Bild 3.74
Schema einer Leitung mit Reihenkondensator und Ladestromdrossel

Ist $Z > Z_W$ ergibt sich aus Gleichung (3.52), dass für diesen Betriebszustand die übertragene Wirkleistung kleiner ist als die natürliche Leistung ($P < P_{nat}$). Man bezeichnet diesen Betriebszustand als unternatürlich. Es dominiert in diesem Fall das elektrische Feld, das Verhalten der Leitung ist kapazitiv. Hieraus ergibt sich, dass die Spannung am Ende der Leitung größer sein muss als am Anfang, was aus folgender Überlegung hervorgeht:

Für $Z \to \infty$, also für den Leerlauf, wurde festgestellt, dass die Spannung am Leitungsende sehr hohe Werte gegenüber der Spannung am Leitungsanfang annehmen kann. Je mehr aber der Lastwiderstand Z sich dem Wert von Z_W nähert, desto mehr muss sich die Spannung am Ende der Spannung am Anfang der Leitung angleichen. Daraus folgt, dass für unternatürlichen Betrieb die Spannung am Ende größer sein muss als die Speisespannung.

Eine Leitung wird unternatürlich betrieben, wenn der Lastwiderstand größer ist als der Wellenwiderstand ($Z > Z_W$). Dabei treten am Ende der Leitung Spannungserhöhungen auf.

Die Gefahr der Spannungsüberhöhungen am Ende einer Leitung lässt sich durch den Einbau von Drosselspulen (Ladestromdrosseln) vermeiden. Ladestromdrosseln werden parallel geschaltet (Bild 3.74) und können durch Zu- und Abschalten dem Belastungszustand der Leitung angepasst werden.

Die bisherigen Ausführungen zum Wellenwiderstand bezogen sich auf Freileitungen. Hoch- und Höchstspannungskabel haben einen Wellenwiderstand, der nur einen Bruchteil des Wellenwiderstandes einer Freileitung beträgt. Ihre natürliche Leistung ist dementsprechend größer. So hat ein 110 kV-Kabel etwa die neunfache natürliche Leistung einer 110 kV-Freileitung. Sie liegt etwa dreimal über der durch die Belastbarkeit (Erwärmung) begrenzten übertragbaren Leistung des Kabels. Hoch- und Höchstspannungskabel können daher nur bei intensiver Kühlung (z.B. Wasserkühlung) in der Nähe der natürlichen Leistung betrieben werden.

Übung 3.35

Gegeben sei eine leerlaufende Drehstrom-Freileitung 400 kV, 50 Hz von 250 km Länge. Der induktive Blindwiderstandsbelag beträgt 0,25 Ω/km, der Kapazitätsbelag 14 nF/km. Wie groß ist:

a) der Wellenwiderstand,
b) die natürliche Leistung,
c) die Spannung am Leitungsende, wenn die Spannung am Anfang 400 kV beträgt?

■

Übung 3.36

Welche Schlussfolgerung muss aus der Tatsache gezogen werden, dass ungekühlte Hoch- und Höchstspannungskabel nur mit einem Teil ihrer natürlichen Leistung belastet werden können?

■

3.3.6 Lernzielorientierter Test zu Abschnitt 3.3

1. Gegeben ist eine Drehstromleitung 400 V, 50 Hz mit den Leitungswiderständen $R_\mathrm{W} = 12\,\mathrm{m\Omega}$, $X_\mathrm{L} = 8\,\mathrm{m\Omega}$. Die Leitung soll mit 300 A bei $\cos\varphi_\mathrm{e} = 0{,}7$ kapazitiv belastet sein.
   a) Zeichnen Sie das Kopfzeigerdiagramm der Spannungen.
   b) Ermitteln Sie den Spannungsabfall.
   c) Zeichnen Sie für den beliebigen Fall einer kapazitiv belasteten Leitung das vollständige Zeigerdiagramm.
2. In einem Industrienetz Drehstrom 400 V, 50 Hz wird eine Verteilung mit einer Leistung von 150 kW bei $\cos\varphi_\mathrm{e} = 0{,}8$ induktiv über ein 150 m langes Kabel NYY 4 x 120 mm^2 versorgt.
   a) Wie groß ist der relative Spannungsabfall?
   b) Durch Umbaumaßnahmen wird ein Kabel NYY 4 x 70 mm^2 frei, über das die Verteilung zusätzlich parallel eingespeist werden soll. Wie groß ist dann der Spannungsabfall?

3. Eine Drehstromleitung 400 V, 50 Hz ist folgendermaßen belastet:

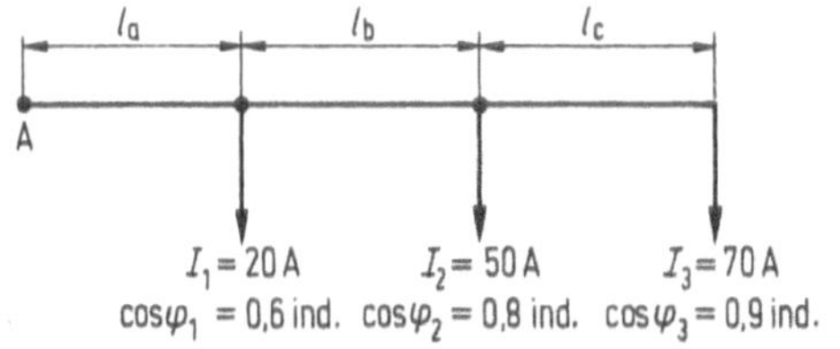

   Wie groß ist der relative Spannungsabfall auf dem Leitungsabschnitt l_a = 70 m, wenn ein Kabel NYY 4 x 35 mm^2 verlegt ist?

4. Es ist folgende Ringleitung gegeben:

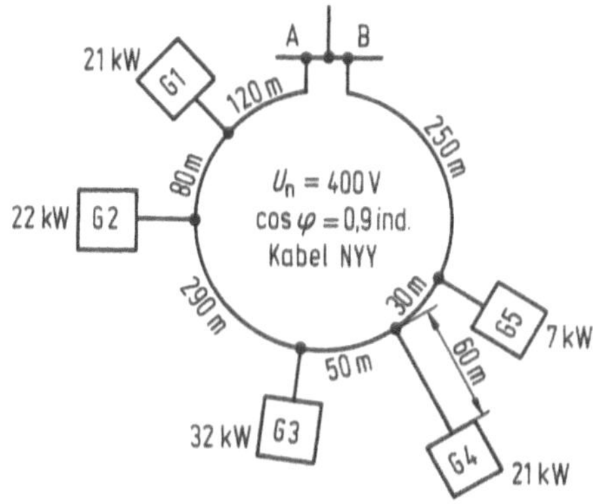

   a) Berechnen Sie den Querschnitt der Ringleitung, wenn ein Spannungsabfall von maximal 5 % zulässig ist.
   b) Wie groß ist der Gesamtspannungsabfall zu G 4, wenn die Versorgung über eine Stichleitung NYY 4 x 10 mm^2 von 60 m Länge bei einem cos φ_4 = 1 erfolgt?

5. Worin besteht der Unterschied zwischen Leerlauf und Kurzschluss einer verlustlosen Fernleitung?
6. Erklären Sie den Begriff des Wellenwiderstandes.
7. Was versteht man unter der natürlichen Leistung einer Leitung?
8. Erklären Sie unter- und übernatürlichen Betrieb einer Leitung. Welchen Einfluss haben diese Betriebsarten auf die Spannungshaltung?
9. Freileitungen werden fast ausschließlich aus Bündelleitern aufgebaut. Mit steigender Zahl der Teilleiter verkleinert sich die Induktivität und vergrößert sich die Kapazität der Leitungen. Welchen Einfluss hat dies auf den Wellenwiderstand und die natürliche Leistung einer Fernleitung?
10. Gegeben sei eine leerlaufende Freileitung 220 kV, 50 Hz von 200 km Länge. Der Induktivitätsbelag betrage 0,95 mH/km, der Kapazitätsbelag 12,8 nF/km. Wie groß ist die Spannung am Ende der Leitung, wenn die Spannung am Leitungsanfang 220 kV beträgt?

3.4 Kurzschlüsse in Netzen

Lernziele

Nach Durcharbeitung dieses Abschnittes können Sie

- die Bedeutung der Kurzschlussströme für die Gestaltung und Bemessung elektrischer Anlagen aufzeigen und Ursachen für das Auftreten von Kurzschlussströmen nennen,
- Einschaltvorgänge in Gleich- und Wechselstromkreisen beschreiben und den grundsätzlichen Verlauf des Stromes zeichnerisch darstellen,
- den Stromverlauf eines generatorfernen Kurzschlusses im Wechsel- und Drehstromkreis erläutern und graphisch darstellen,
- Kenngrößen der Kurzschlussstromberechnung interpretieren,
- Kurzschlussarten in Drehstromsystemen unterscheiden.

3.4.1 Allgemeines

Kurzschlüsse stellen die schwersten Beanspruchungen dar, denen elektrische Anlagen ausgesetzt werden können. Sie sind Fehler, die sowohl Menschen als auch Tiere gefährden, Produktionsausfälle und Brände verursachen und Anlagen der Informationstechnik beeinflussen können.

Nach DIN VDE 0102 (ÖVE/ÖNORM EN 60909) ist ein Kurzschluss die zufällige oder beabsichtigte Verbindung über eine verhältnismäßig niedrige Resistanz oder Impedanz zwischen zwei oder mehr Punkten eines Stromkreises, die üblicherweise unterschiedliche Spannung haben.

Kurzschlussströme betragen im Allgemeinen ein Vielfaches der Bemessungsströme der elektrischen Betriebsmittel. Es ist heute, auch in Niederspannungsanlagen, keine Seltenheit mehr, dass Kurzschlussströme in der Größenordnung von 50 kA_{eff} und höher liegen.

Weil sie elektrische Anlagen thermisch und dynamisch (mechanisch) hoch beanspruchen, müssen sie in möglichst kurzer Zeit abgeschaltet werden.

Nach DIN VDE 0102 (ÖVE/ÖNORM EN 60909) ist der zu erwartende Kurzschlussstrom der Strom, der auftreten würde, wenn der Kurzschluss durch eine ideale Verbindung mit vernachlässigbarer Impedanz ersetzt würde, ohne einer Änderung der Einspeisung.

Hierzu müssen die Schutzeinrichtungen die auftretenden maximalen Kurzschlussströme beherrschen, ohne zerstört zu werden. Sie müssen aber auch bei minimalen Kurzschlussströmen noch sicher abschalten. Es ist deshalb wichtig, dass sowohl die größten und kleinsten auftretenden Kurzschlussströme als auch deren zeitlicher Verlauf bekannt ist.

Das Auftreten von Kurzschlussströmen kann verschiedene Ursachen haben:

- Alterung der Isolation,
- mechanische Beanspruchung der Betriebsmittel,
- menschliches Versagen (Unachtsamkeit, Bedienungsfehler),
- mangelhafte Installation,
- Verschmutzung der Isolatoren bei Freileitungen.

Kurzschlüsse treten nicht immer durch eine direkte metallische Verbindung als sogenannte satte Kurzschlüsse auf, sondern auch durch Überschlag zwischen aktiven Teilen oder Durchschlag der Isolation, was in der Regel mit einem Lichtbogen verbunden ist. Der auftretende Lichtbogenwiderstand kann dabei den Kurzschlussstrom vermindern.

Lichtbogenwiderstände, Kontaktwiderstände und dergleichen sind der Berechnung nur sehr schwer zugänglich. Sie sollen daher im Folgenden unberücksichtigt bleiben (s. DIN VDE 0102 bzw. ÖVE/ÖNORM EN 60909). Betriebsströme, die unmittelbar vor einem Kurzschluss fließen, beeinflussen den Verlauf eines Kurzschlussstromes nur unwesentlich. Ihr Beitrag wird deshalb vernachlässigt. Für die folgenden Betrachtungen zum Kurzschluss wird vereinbart:

- alle Übergangswiderstände sind Null,
- Betriebsströme sind ohne Einfluss.

3.4.2 Elektrische Einschaltvorgänge

Ein Kurzschluss kann als Schaltvorgang angesehen werden, vergleichbar mit dem Einschalten eines Stromkreises, in dem nur die Widerstände der Leitungen, Transformatoren und Generatoren liegen. Bild 3.75 verdeutlicht die Vergleichbarkeit von Einschaltvorgang und Kurzschluss.

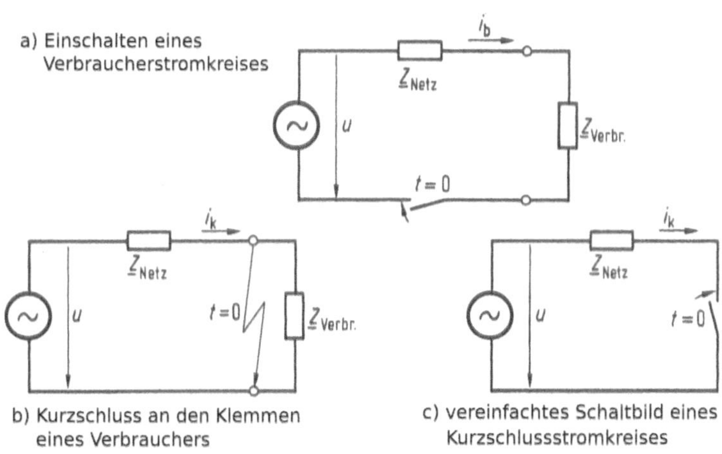

Bild 3.75 Äquivalenz von Einschaltvorgang und Kurzschluss

Betrachtet man zunächst den Einschaltvorgang an einem Gleichstromkreis mit einem als konstant anzusehenden ohmschen Widerstand, so ist ohne weiteres einzusehen, dass der Strom für jeden Einschaltaugenblick folgenden Wert annimmt:

$$i = I = \frac{U}{R}$$

Der zeitliche Verlauf des Stromes nach dem Einschalten ergibt eine Parallele zur Zeitachse (Bild 3.76).

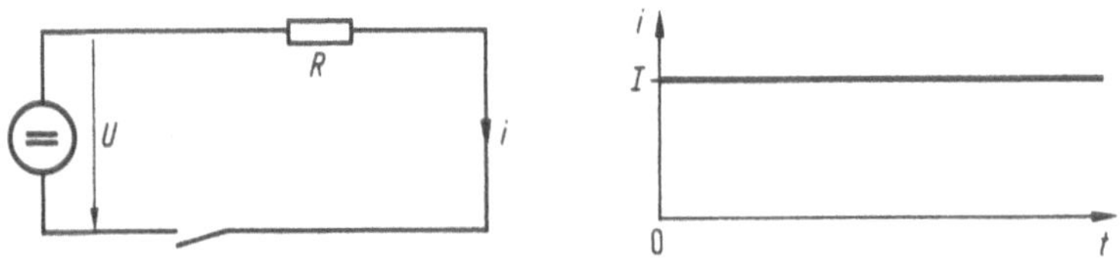

Bild 3.76 Schaltbild und Stromverlauf beim Einschalten von Gleichstrom

Anders stellen sich die Verhältnisse dar, wenn sich im Stromkreis zusätzlich Induktivitäten oder Kapazitäten befinden. Der Strom verläuft dann nach einer e-Funktion (Bild 3.77 und Bild 3.78). Wie aus den Grundlagen der Elektrotechnik bekannt ist, hat der Strom nach 5τ praktisch seinen Endwert erreicht. Er hat – wie man sagt – einen stationären Zustand angenommen (s.a. Abschnitt 4.3.1).

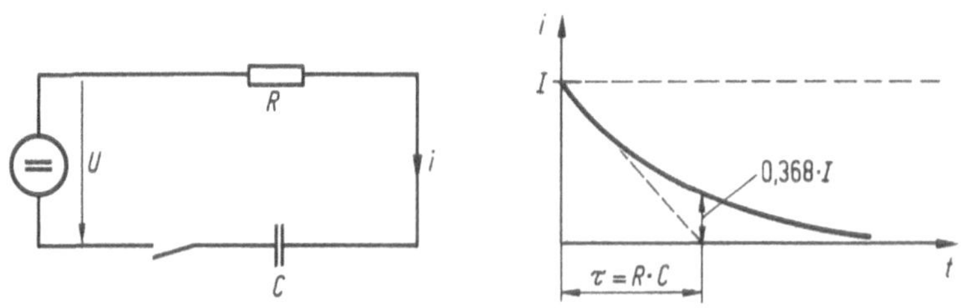

Bild 3.77 Schaltbild und Stromverlauf beim Einschalten eines kapazitätsbehafteten Gleichstromkreises
Berechnungsgleichungen: $i = I \cdot e^{-t/\tau}$, $I = U/R$, $\tau = R \cdot C$

Die Zustandsänderung (ausgeschaltet → eingeschaltet) eines kapazitäts- oder induktivitätsbehafteten Stromkreises erfolgt also nicht sprunghaft, sondern verlangt eine bestimmte Übergangszeit. Der Stromkreis stellt sich von einem Ruhezustand zu einem anderen stationären Endzustand durch einen mehr oder minder langsam ablaufenden Vorgang ein, den man als Ausgleichsvorgang bezeichnet.

Wie die Berechnungsgleichungen zeigen, ist für den Ausgleichsvorgang von Bedeutung, welche Elemente der Stromkreis enthält. Der Verlauf eines Ausgleichsvorgangs wird durch die Elemente Induktivität, Kapazität und Wirkwiderstand eines Stromkreises bestimmt.

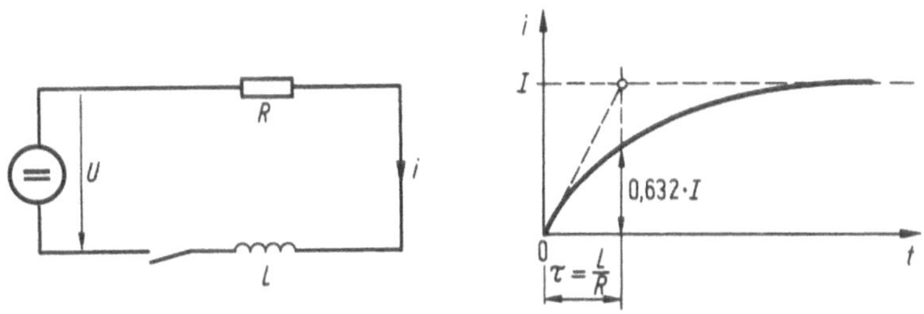

Bild 3.78 Schaltbild und Stromverlauf beim Einschalten eines induktivitätsbehafteten Gleichstromkreises

Berechnungsgleichungen: $i = I \cdot (1 - e^{-t/\tau})$, $i_\infty = I = U/R$, $\tau = L/R$.

Übung 3.37

Wie ändert sich in einem induktivitätsbehafteten Gleichstromkreis die Anstiegsgeschwindigkeit des Kurzschlussstromes, wenn die Entfernung des Kurzschlussortes zur Spannungsquelle zunimmt? ■

Wird ein Stromkreis mit rein ohmschen Widerstand an eine gegebene Wechselspannung $u = \hat{u} \cdot \sin \omega t$ gelegt, so kommt es für die Höhe des Stromes im Einschaltaugenblick darauf an, zu welchem Zeitpunkt, d.h. bei welchem Phasenwinkel der Spannung der Schalter geschlossen wird (Bild 3.79).

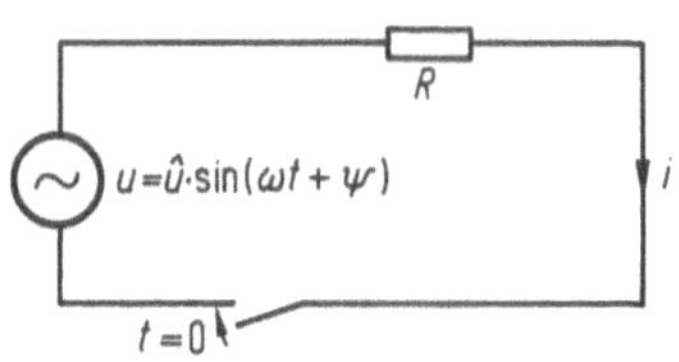

Bild 3.79
Schaltbild

Diesen Phasenwinkel bezeichnet man sinnvollerweise als Schaltwinkel Ψ, so dass die Gleichung für die Wechselspannung im Schaltaugenblick lautet:

$$u = \hat{u} \cdot \sin(\omega t + \Psi)$$

Weil für einen ohmschen Widerstand Strom und Spannung in Phase sind, gilt für den Stromverlauf zum Zeitpunkt des Einschaltens ($t = 0$):

$$i = \hat{i} \cdot \sin(\omega t + \Psi), \quad \text{mit} \quad \hat{i} = \frac{\hat{u}}{R} = \frac{\sqrt{2} \cdot U}{R}$$

Es findet also kein Ausgleichsvorgang statt. In Bild 3.80 ist der Stromverlauf bei 50 Hz für einen Schaltwinkel $\Psi = 60° = \pi/3$ dargestellt. Der Strom erreicht seinen Scheitelwert $\hat{i}$ für:

$$(\omega t + \Psi) = \frac{\pi}{2}, \quad \text{damit ergibt sich} \quad t = \frac{\pi/2 - \Psi}{\omega}$$

$$\text{Für } \Psi = \frac{\pi}{3} \text{ und } f = 50\,\text{Hz wird:} \quad t = \frac{\pi/2 - \pi/3}{2 \cdot \pi \cdot 50\,\text{s}^{-1}} = 1{,}7\,\text{ms}$$

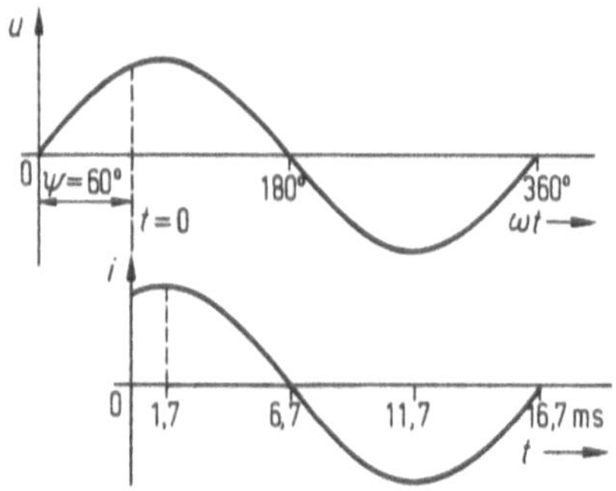

Bild 3.80
Spannungs- und Stromverlauf beim Einschalten von Wechselstrom (50 Hz)

3.4.3 Kurzschlussstromverlauf und Kenngrößen

Wird ein Stromkreis mit Wirkwiderstand und Induktivität nach Bild 3.81 plötzlich an eine Wechselspannung gelegt – analog dem plötzlichen Auftreten eines Kurzschlusses –, so gestalten sich die Zusammenhänge schwieriger.

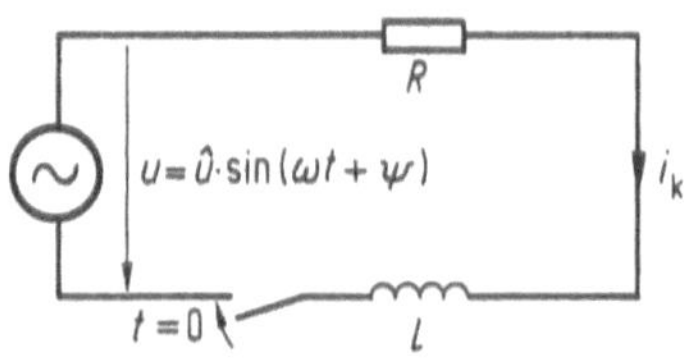

Bild 3.81
Ersatzschaltbild eines Wechselstromkreises im Augenblick des Kurzschlusseintritts

Tritt der Kurzschluss zum Zeitpunkt $t = 0$ bei einem beliebigen Schaltwinkel Ψ ein, dann gilt nach der Maschenregel die Gleichung:

$$\hat{u} \cdot \sin(\omega \cdot t + \Psi) = L \cdot \frac{\Delta i_\text{k}}{\Delta t} + R \cdot i_\text{k}$$

Lösung dieser Differentialgleichung liefert für den Kurzschlussstrom i_k:

$$i_\text{k} = \hat{i}_\text{k} \cdot \left[\sin(\omega \cdot t + \Psi - \varphi) - \sin(\Psi - \varphi) \cdot \mathrm{e}^{-\frac{t}{\tau}} \right] \tag{3.53}$$

Für den Phasenwinkel φ und die Zeitkonstante τ gelten:

$$\varphi = \arctan \frac{\omega \cdot L}{R} \quad \text{und} \quad \tau = \frac{L}{R} \tag{3.54}$$

Wichtige Einflussgrößen auf die Größe des Kurzschlussstromes sind nach Gleichung (3.53) der Schaltwinkel Ψ und der Phasenwinkel φ. Bild 3.81 entspricht dem Ersatzschaltbild einer kurzgeschlossenen Wechselstromleitung (vgl. Bild 3.58), so dass Gleichung (3.53) den Verlauf des Kurzschlussstromes am Ende von Leitungen beschreibt.

Das Ersatzschaltbild beschreibt auch die Verhältnisse bei einer Drehstromleitung. Dabei ist vorausgesetzt, dass das Drehstromsystem symmetrisch belastet ist, d.h, dass alle drei Außenleiter gleichmäßig am Kurzschluss beteiligt sind.

Man spricht dann vom dreipoligen Kurzschluss. Für diesen Fall ist als Quellenspannung des Ersatzschaltbildes wieder die Strangspannung mit dem folgendem Scheitelwert einzusetzen:

$$\hat{u} = \frac{\hat{u}_n}{\sqrt{3}} = \frac{\sqrt{2} \cdot U_n}{\sqrt{3}} \tag{3.55}$$

Auch für Transformatoren ist unter Vernachlässigung der Hauptinduktivitäten das Ersatzschaltbild anwendbar. Somit gibt Gleichung (3.53) auch den Verlauf des Kurzschlussstromes hinter Transformatoren wieder. Die Gleichung gilt allerdings nicht für einen Kurzschluss an den Klemmen oder nahe der Klemmen eines Generators.

Für diesen Fall müssen wegen des Auftretens der Ankerrückwirkung zwei Ausgleichsvorgänge betrachtet werden, nämlich zum einen zwischen Ständer- und Dämpferwicklung und zum anderen zwischen Ständer- und Erregerwicklung des Generators. Es muss dann von einem etwas anderen Ansatz ausgegangen werden.

! Niederspannungsnetze werden meistens aus dem Verbundnetz über Transformatoren gespeist. Deshalb können Kurzschlüsse in Niederspannungsnetzen im Allgemeinen als generatorfern betrachtet werden. Es gilt somit Gleichung (3.53). ■

Wegen der Bedeutung des Kurzschlussstromverlaufs auf die Berechnung generatorferner Kurzschlussströme wird nachfolgend dieser Verlauf anhand von Gleichung (3.53) diskutiert. Aus der Gleichung geht hervor, dass sich der Kurzschlussstrom i_k aus zwei Komponenten zusammensetzt. Das erste Glied der Gleichung ist eine reine sin-Funktion, die den stationären Wechselstrom (Dauerstrom) beschreibt:

$$i_{kd} = \hat{i}_k \cdot \sin(\omega \cdot t + \Psi - \varphi)$$

$$\text{mit dem Scheitelwert:} \quad \hat{i}_k = \frac{\hat{u}}{Z} = \frac{\sqrt{2} \cdot U}{Z} = \frac{\sqrt{2} \cdot U}{\sqrt{R^2 + X^2}} \tag{3.56}$$

Bild 3.82 verdeutlicht hierzu im Linien- und Zeigerdiagramm den Zusammenhang zwischen Schalt- und Phasenwinkel.

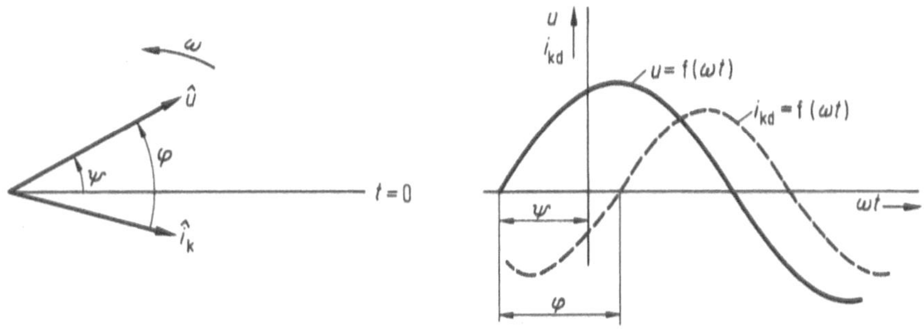

Bild 3.82 Schaltwinkel Ψ und Phasenwinkel φ

Für den Effektivwert des Dauerkurzschlussstromes muss gelten:

$$I_k = \frac{\hat{i}_k}{\sqrt{2}} \quad \text{und mit Gleichung (3.56):} \quad I_k = \frac{U}{Z} \tag{3.57}$$

Für Drehstrom ergibt sich der Effektivwert des dreipoligen Dauerkurzschlussstromes mit Gleichung (3.55) zu:

$$I_k = \frac{U_n}{\sqrt{3} \cdot Z} \tag{3.58}$$

Nach DIN VDE 0102 bzw. ÖVE/ÖNORM EN 60909 ist der Dauerkurzschlussstrom I_k der Effektivwert des Kurzschlussstromes, der nach dem endgültigen Abklingen aller Ausgleichsvorgänge bestehen bleibt.

Das zweite Glied der Gleichung ist eine Exponentialfunktion, die den Ausgleichsvorgang widerspiegelt:

$$i_{DC} = -\hat{i}_k \cdot \sin(\Psi - \varphi) \cdot e^{-\frac{t}{\tau}} = \hat{i}_k \cdot k \cdot e^{-\frac{t}{\tau}} \tag{3.59}$$

Für $\hat{i}_k$ gilt auch hier Gleichung (3.56). Der Faktor $\sin(\Psi - \varphi)$ ist als konstant anzusehen, da keine Abhängigkeit von t besteht. Der gesamte Kurzschlussstrom ergibt sich aus der Überlagerung der Ströme i_{kd} und i_{DC} (Bild 3.83).

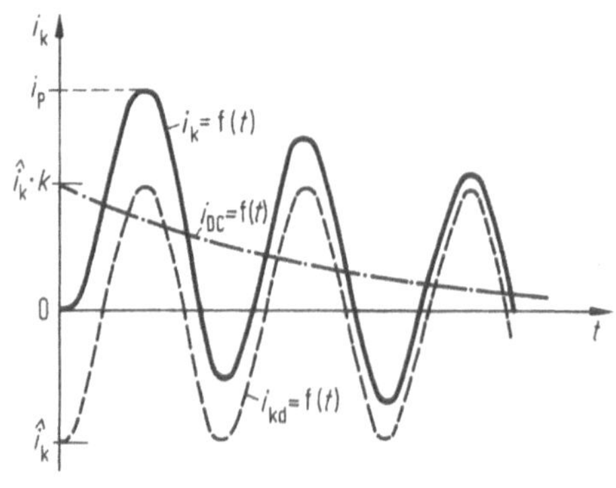

Bild 3.83
Kurzschlussstromverlauf für $\Psi - \varphi = -90°$

Aus Bild 3.83 erkennt man, dass der Strom i_k nach Kurzschlusseintritt nicht allmählich ansteigt, wie man es aus dem Verlauf des Einschaltstromes (Kurzschlussstromes) im Gleichstromkreis annehmen könnte.

Durch die Überlagerung des stationären Wechselstromes i_{kd} mit dem Gleichstrom i_{DC} fließt vielmehr zunächst ein hoher Strom, der entsprechend der Zeitkonstanten τ des Gleichstromgliedes abklingt. Der Kurzschlussstrom i_k wird also durch den Ausgleichstrom i_{DC} während der Ausgleichszeit $(5 \cdot \tau)$ erhöht. Er verläuft somit anfangs asymmetrisch zur Nulllinie, um nach dem Abklingen des Ausgleichsvorganges auf den stationären Wert des Stromes einzuschwingen.

Wie bereits am Anfang des Abschnittes erwähnt, stellen Kurzschlüsse die größte Beanspruchung für eine elektrische Anlage dar. Bei der Anlagenbemessung ist dieser Betriebsfall deshalb eingehend zu berücksichtigen.

Dabei ist die Beantwortung folgender Fragen von Bedeutung:

- Welche Größe hat der Strom im Augenblick des Kurzschlusseintritts?
- Unter welchen Bedingungen entfällt der Ausgleichstrom?
- Unter welchen Voraussetzungen wird der absolut größte Scheitelwert des Stromes erreicht (maximale mechanische Beanspruchung der Anlage)?

Die Aufgabe kann gelöst werden, wenn für die Variablen t, Ψ und φ verschiedene Werte in Gleichung (3.53) eingesetzt werden. Den Strom im Kurzschlussaugenblick erhält man, wenn man in Gleichung (3.53) für die Zeit $t = 0$ einsetzt:

$$i_\mathrm{k} = \hat{i}_\mathrm{k} \cdot [\sin(\Psi - \varphi) - \sin(\Psi - \varphi)] \quad \Rightarrow \quad i_\mathrm{k} = 0$$

Das heißt, für jeden Schaltwinkel Ψ und Phasenwinkel φ wird der Kurzschlussstrom Null.

> **!** Im Augenblick des Kurzschlusseintritts (t = 0) geht der Strom im induktivitätsbehafteten Stromkreis immer durch Null, da Lastströme vernachlässigt werden. ■

Der Ausgleichsstrom i_DC wird Null, wenn in Gleichung (3.59) $\Psi - \varphi = 0°$ oder 180° ist, weil dann $\sin(\Psi - \varphi) = 0$ wird. Ist der Schaltwinkel Ψ also gleich dem Phasenwinkel φ bzw. $\varphi \pm 180°$, findet kein Ausgleichsvorgang statt. Der Kurzschlussstrom verläuft dann mit Beginn des Kurzschlusses wie der stationäre Wechselstrom:

$$i_\mathrm{k} = i_\mathrm{kd} = \hat{i}_\mathrm{k} \cdot \sin\omega t$$

Dieser Fall ist in Bild 3.84 dargestellt.

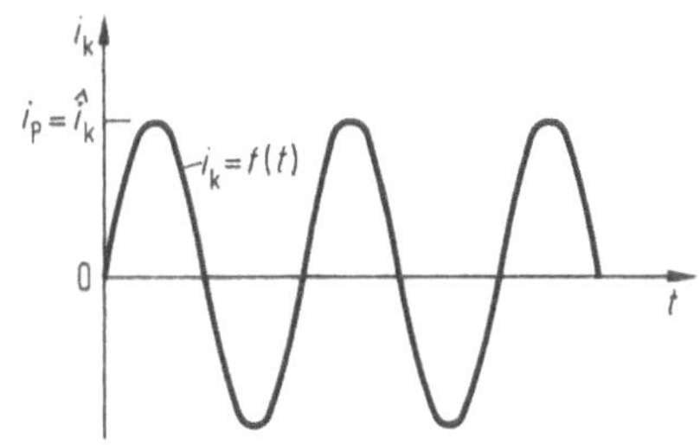

Bild 3.84
Kurzschlussstromverlauf für $\Psi - \varphi = 0°$ bzw. 180°

Der kleinste Kurzschlussstrom tritt auf, wenn die Differenz aus Schaltwinkel und Phasenwinkel 0° bzw. 180° ist. Die größten Kurzschlussströme sind zu erwarten, wenn das Gleichstromglied entsprechend Gleichung (3.59) seinen höchsten Wert hat. Dies ist gegeben bei $(\Psi - \varphi) = \pm 90°$ bzw. $\Psi = \varphi \pm 90°$. Die Gleichung (3.53) ergibt sich damit z.B. zu:

$$i_\mathrm{k} = \hat{i}_\mathrm{k} \cdot \left[\sin\left(\omega \cdot t - \frac{\pi}{2}\right) + \mathrm{e}^{-\frac{t}{\tau}}\right] \tag{3.60}$$

> **!** Es kann folgender Zusammenhang zwischen Spannung und Kurzschlussstrom festgestellt werden:
>
> Der größte Kurzschlussstrom entsteht beim Auftreten eines Kurzschlusses beim Schaltwinkel $\Psi = \varphi \pm 90°$. ■

Wie aus Bild 3.83 hervorgeht, erreicht der Kurzschlussstrom seinen höchsten Augenblickswert etwa mit dem ersten Scheitelwert des stationären Kurzschlussstromes. In Gleichung (3.60) hat der stationäre Strom ein Maximum für $(\omega \cdot t - \pi/2) = -\pi/2 + k \cdot \pi$ mit $k \in \mathbb{N}$.

Es wird dann $\sin(\omega \cdot t - \pi/2) = 1$. Somit erhält man für den größtmöglichen Augenblickswert des Kurzschlussstromes eine halbe Netzperiode nach Kurzschlusseintritt, $t = 10\,\text{ms}$:

$$i_{\text{p}} = \hat{i}_{\text{k}} \cdot \left[1 + 1 \cdot \text{e}^{-\frac{t}{\tau}}\right] = \hat{i}_{\text{k}} \cdot \left[1 + 1 \cdot \text{e}^{-\frac{10\,\text{ms}}{\tau}}\right] \tag{3.61}$$

Diesen Scheitelwert bezeichnet man als Stoßkurzschlussstrom i_{p} (i_{p} ... peak short-circuit current), siehe Bild 3.83.

> Nach DIN VDE 0102 bzw. ÖVE/ÖNORM EN 60909 ist der Stoßkurzschlussstrom i_p der maximal mögliche Augenblickswert des zu erwartenden Kurzschlussstromes. Dieser wird als Scheitelwert angegeben.

Das Verhältnis zwischen Stoßkurzschlussstrom und Scheitelwert des Dauerkurzschlussstromes nennt man Stoßfaktor κ:

$$\kappa = \frac{i_{\text{p}}}{\hat{i}_{\text{k}}} = \frac{i_{\text{p}}}{\sqrt{2} \cdot I_{\text{k}}} \tag{3.62}$$

Untersucht man die Stoßfaktoren eines Stromkreises mit reiner Induktivität bzw. mit reinem ohmschen Widerstand bei dem angenommenen Schaltwinkel $\Psi = \varphi \pm 90°$ nach Gleichung (3.61), so ergibt sich:

Für $R = 0$ wird $\frac{1}{\tau} = \frac{R}{L} = 0$ und damit $\kappa = 2$

Für $X \to 0$ geht $\text{e}^{-\frac{t}{\tau}} \to 0$ und damit $\kappa = 1$

Der Stoßfaktor erreicht also höchstens den Wert 2 bei $R = 0$ und er sinkt auf den Wert 1 bei $X = 0$. Ist R bzw. X von Null verschieden, so nimmt κ Werte zwischen 1 und 2 an. Der Stoßfaktor ist somit vom Verhältnis R/X abhängig. Er wird, unter der getroffenen Annahme $\Psi = \varphi \pm 90°$ nur durch die Impedanz der Betriebsmittel in der Kurzschlussstrombahn bestimmt.

Das Verhältnis R/X ist entsprechend $R/X = 1/\tan\varphi$ ausschlaggebend für die Größe des Phasenwinkels φ des Kurzschlussstromes, so dass die Abhängigkeit des Stoßfaktors auch vom Kurzschlusswinkel φ angegeben werden kann.

Übung 3.38

Berechnen Sie für die gegebenen $\frac{R}{X}$-Verhältnisse den Kurzschlusswinkel φ in Grad:

$\frac{R}{X} = 0{,}1; 0{,}2; \ldots 1{,}2.$

Ist der Schaltwinkel $\Psi \neq \varphi \pm 90°$, dann nimmt der Stoßkurzschlussstrom bei einem bestimmten Kurzschlusswinkel φ kleinere Werte als nach Gleichung (3.61) an.

Beispiel 3.14

Wie groß wird der Stoßfaktor für $\varphi = \pi/2$ und $\Psi = 90°$?

Lösung:
In Gleichung (3.53) wird $\sin(\Psi - \varphi) = 0$, d.h. der Ausgleichsstrom ist gleich Null. Somit ergibt sich:

$$i_\mathrm{k} = \hat{i}_\mathrm{k} \cdot \sin \omega t$$

Damit wird der Stoßkurzschlussstrom als größter Augenblickswert dieses Stromes:

$$i_\mathrm{p} = \hat{i}_\mathrm{k} \quad \text{und der Stoßfaktor:} \quad \kappa = \frac{i_\mathrm{p}}{\hat{i}_\mathrm{k}} = 1$$

■

Vergleicht man den Stoßfaktor aus den vorangegangenen Beispielen und Übungen, so erkennt man, dass der Wert des Stoßfaktors vom Verhältnis R/X und vom Schaltwinkel Ψ abhängig ist.

Übung 3.39

Für $\Psi = 0$ und $\varphi = \pi/2$ wird $\Psi - \varphi = -\pi/2$. Setzen Sie $\Psi - \varphi = -\pi/2$ in Gleichung (3.53) ein und berechnen Sie den Stoßkurzschlussstrom. ■

Der Phasenwinkel φ geht gegen $\pi/2$ wenn die Induktivität eines Stromkreises groß gegenüber dem Wirkwiderstand ist ($X \gg R$). Tritt hier ein Kurzschluss im Nulldurchgang der Spannung ($\Psi = 0$) auf, dann wird $\Psi - \varphi = -\pi/2$.

In Bild 3.83 ist der Kurzschlussstromverlauf für $\Psi - \varphi = -\pi/2$ dargestellt. Dieser ungünstige Stromverlauf gilt somit auch für Stromkreise mit großer Induktivität, in denen der Kurzschluss im Nulldurchgang der Spannung eintritt.

Da der Schaltwinkel Ψ rein zufällig ist, muss für die Dimensionierung einer Anlage der ungünstigste Fall, also $\Psi = \varphi \pm 90°$, angenommen werden. Für diesen Fall kann der Stoßfaktor κ in Abhängigkeit vom Verhältnis R/X dem Diagramm Bild 3.85 aus DIN VDE 0102 bzw. ÖVE/ÖNORM EN 60909 entnommen werden.

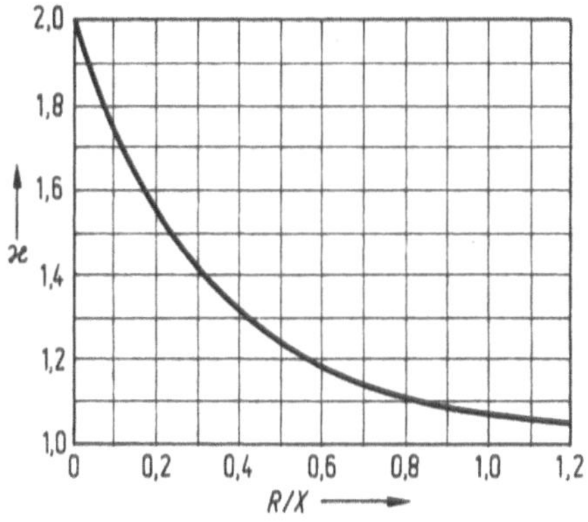

Bild 3.85
Diagramm zur Ermittlung des Stoßfaktors κ

Der Stoßkurzschlussstrom ergibt sich somit bei bekanntem Dauerkurzschlussstrom I_k nach Gleichung (3.62):

$$i_p = \kappa \cdot \sqrt{2} \cdot I_k \tag{3.63}$$

Der Stoßkurzschlussstrom ist die Grundlage zur Berechnung der maximalen mechanischen Kräfte und der Beurteilung der Schaltbeanspruchung von Leistungsschaltern. ■

Übung 3.40

Nehmen Sie die Gleichung (3.53) und bestimmen Sie daraus eine Funktionsgleichung für den Stoßfaktor $\kappa = f\left(\frac{R}{X}\right)$ bei $\Psi = 0°$. Berechnen Sie damit κ für $R/X = 0{,}05; 0{,}5; 1$.

Vergleichen Sie die Ergebnisse mit Bild 3.85. ■

Für Wechselstromkreise wird der tatsächlich auftretende Kurzschlussstrom zwischen dem günstigsten Fall ($\Psi - \varphi = 0°$ bzw. $180°$) und dem ungünstigsten Fall ($\Psi = \varphi \pm 90°$) liegen.

Für Drehstromsysteme ist wegen der Phasenverschiebung der Ströme von 120° zueinander bei zeitgleichem Eintritt des Kurzschlusses in den drei Außenleitern die Wahrscheinlichkeit groß, dass eine der Phasen einen Spannungswert im ungünstigen Fall hat (Bild 3.86, Zeitpunkte t_1, t_2, t_3). In einem der drei Außenleiter muss dann mit einem ungünstigen Kurzschlussstromverlauf gerechnet werden.

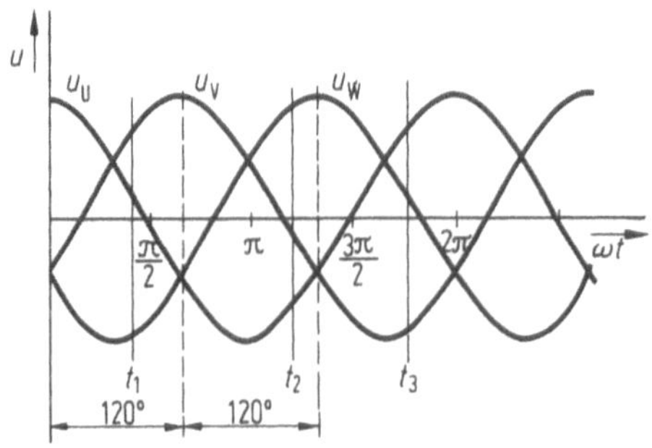

Bild 3.86
Ungünstige Zeitpunkte für das Auftreten eines Kurzschlusses im Drehstromsystem

Bild 3.87 zeigt das Diagramm eines Kurzschlussstromes in den drei Außenleitern eines Drehstromsystems.

Überstromschutzeinrichtungen kommt nun die Aufgabe zu, bei Auftreten eines Kurzschlussstromes den Stromkreis zu unterbrechen. Bei Leistungsschaltern ist der Zeitpunkt der Unterbrechung abhängig vom sogenannten Mindestschaltverzug des Schalters. In Mittel- und Hochspannungsanlagen liegt der Schaltverzug der Leistungsschalter etwa zwischen 0,05 s und 0,2 s.

Häufig muss in Mittel- und Hochspannungsnetzen ein Kurzschluss als generatornah angenommen werden. Bei generatornahem Kurzschluss ist der Effektivwert des Kurzschlusswechselstromes im Augenblick des Kurzschlussbeginns (Anfangskurzschlusswechselstrom

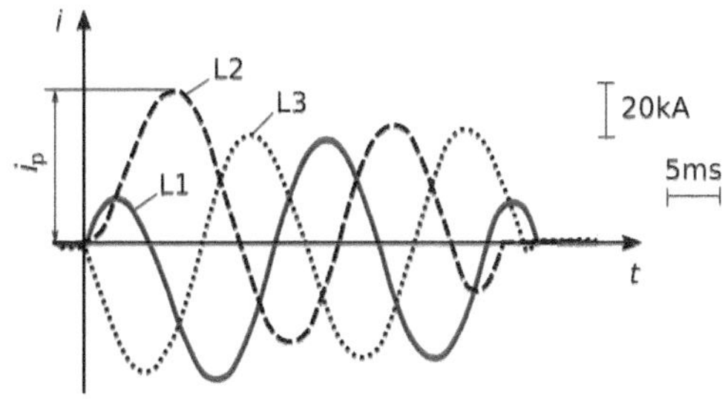

Bild 3.87
Diagramm eines dreipoligen Kurzschlusses

I_k'') wegen der Ankerrückwirkung der Generatoren wesentlich größer als der Effektivwert des stationären Kurzschlussstromes (Dauerkurzschlussstrom I_k), siehe Bild 3.88. Um den Anfangskurzschlusswechselstrom vom Dauerkurzschlussstrom zu unterscheiden, wird sein Effektivwert mit I_k'' gekennzeichnet.

Der Anfangskurzschlusswechselstrom I_k'' ist der Effektivwert der symmetrischen Wechselstromkomponente eines zu erwartenden Kurzschlussstromes im Augenblick des Kurzschlusseintritts.

Übung 3.41

Gegeben sei ein Drehstromtransformator mit den Bemessungsdaten
$20/0{,}4\,\text{kV}$; $50\,\text{Hz}$; $800\,\text{kVA}$; $R_T = 2{,}7\,\text{m}\Omega$; $X_T = 7{,}5\,\text{m}\Omega$.
Berechnen Sie:

a) den Kurzschlussstrom I_k bei dreipoligem Kurzschluss an den Klemmen der Niederspannungsseite,
b) den Phasenwinkel φ des Kurzschlussstromes,
c) die Zeitkonstante τ,
d) die Zeit, nach der der Kurzschlussstrom auf den Dauerkurzschlussstrom abgeklungen ist.

Übung 3.42

Berechnen und zeichnen Sie mittels Mathematikprogramm oder einem Programm zur Tabellenkalkulation maßstabgerecht ($1\,\text{cm} \mathrel{\hat{=}} 10\,\text{kA}$; $1\,\text{cm} \mathrel{\hat{=}} 2{,}5\,\text{ms}$) den Verlauf des Kurzschlussstromes bei dreipoligem Kurzschluss für zwei volle Perioden einer Phase der Übung 3.41. Der Schaltwinkel betrage $\Psi = 120°$.

Übung 3.43

Bestimmen Sie aus der Übung 3.42:

a) den Stoßkurzschlussstrom i_p,
b) den Stoßfaktor κ.

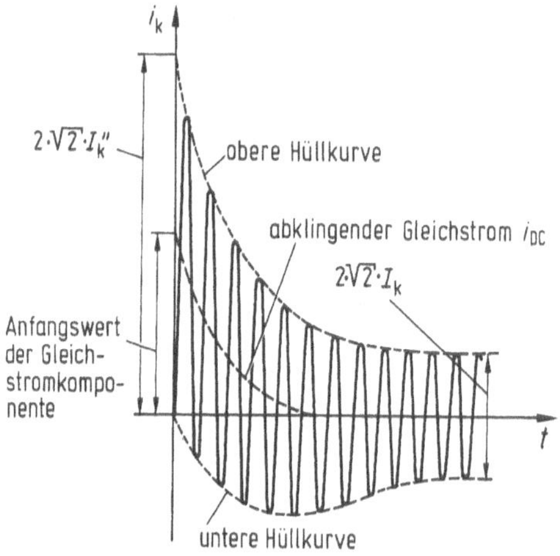

Bild 3.88
Kurzschlussstromverlauf bei generatornahem Kurzschluss

Der Mindestschaltverzug der Schalter liegt in einem Bereich, in dem der Kurzschlussstrom meistens deutlich kleiner als der Anfangskurzschlusswechselstrom, aber noch größer als der Dauerkurzschlussstrom ist. Man hat daher den sogenannten Ausschaltwechselstrom I_a definiert.

Nach DIN VDE 0102 bzw. ÖVE/ÖNORM EN 60909 versteht man unter dem Ausschaltwechselstrom I_a den Effektivwert der symmetrischen Wechselstromkomponente des zu erwartenden Kurzschlussstromes (Mittelwert über eine Periode) im Augenblick der Kontakttrennung des erstlöschenden Pols einer Schalteinrichtung. ■

Die Verringerung des Ausschaltwechselstromes gegenüber dem Anfangskurzschlusswechselstrom wird in Mittel- und Hochspannungsanlagen durch einen sogenannten Abklingfaktor berücksichtigt. Da Kurzschlüsse in Niederspannungsnetzen als generatorfern angesehen werden, kann hier $I_a = I_k$ gesetzt werden.

3.4.4 Kurzschlussarten

Durch die in Abschnitt 3.4.1 gegebenen Definitionen sind die Begriffe des Kurzschlusses und des Kurzschlussstromes eindeutig festgelegt. In Drehstromsystemen sind entsprechend dieser Definitionen unterschiedliche Kurzschlussarten möglich.

In Abhängigkeit von der Anzahl der am Kurzschluss beteiligten Leiter und der Verbindung mit Erde werden entsprechend Bild 3.89 folgende Kurzschlussarten unterschieden:

- (1) … Dreipoliger Kurzschluss,
- (2) … zweipoliger Kurzschluss ohne Erdberührung,
- (3) … zweipoliger Kurzschluss mit Erdberührung,
- (4) … einpoliger Erdkurzschluss,
- (5) … Doppelerdkurzschluss.

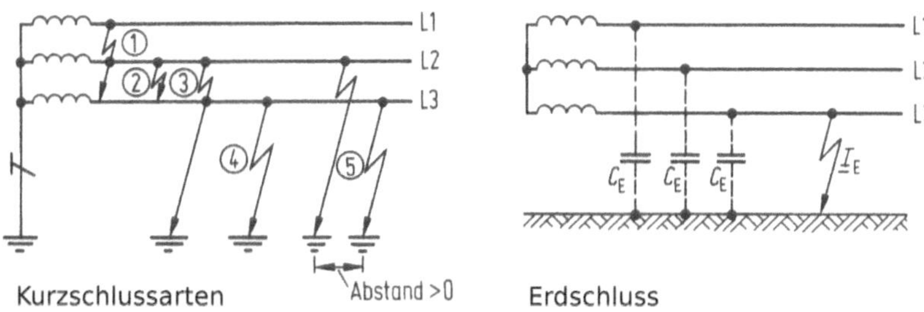

Bild 3.89 Kurzschlussarten und Erdschluss

Der Vollständigkeit halber und der Differenzierung wegen wird in Bild 3.89 auch der einpolige Erdschluss gezeigt, der nicht zu den Kurzschlüssen zählt. Er kommt nur in Netzen mit isoliertem Sternpunkt vor und wird hauptsächlich durch die Erdkapazitäten bestimmt.

Nach DIN VDE 0100 bzw. ÖVE ÖNORM E 8101 ist der Erdschluss eine durch einen Fehler, auch über einen Lichtbogen, entstandene leitende Verbindung eines Außenleiters oder eines betriebsmäßig isolierten Neutralleiters mit Erde oder geerdeten Teilen. ■

Da sich im Folgenden die Berechnung der Kurzschlussströme auf Niederspannungsanlagen beschränken soll, brauchen nicht alle Kurzschlussfälle betrachtet zu werden. Im Allgemeinen tritt der größte Kurzschlussstrom bei dreipoligem Kurzschluss auf.

In der Nähe von Transformatoren in Zickzack-Schaltung kann allerdings der einpolige Kurzschlussstrom größer als der dreipolige sein. Die Kenntnis des größten Kurzschlussstromes ist wichtig zur Beurteilung der Kurzschlussfestigkeit der Betriebsmittel. Der größte Kurzschlussstrom bildet die Grundlage der Bemessung:

- auf mechanische Festigkeit der Anlagen,
- auf thermische Festigkeit der Anlagen,
- des Aus- und Einschaltvermögens von Leistungsschaltern.

Der zweipolige Kurzschlussstrom ohne Erdberührung ist kleiner als der dreipolige. Tritt der Fehler in der Nähe leistungsstarker Asynchronmotoren auf, so kann der zweipolige Kurzschlussstrom jedoch größer als der dreipolige werden.

Der zweipolige Kurzschluss mit Erdberührung braucht nicht berechnet zu werden. Wie die Erfahrung gezeigt hat, sind solche Fehler häufig mit Lichtbögen verbunden, die sehr schnell zum dreipoligen Kurzschluss führen. Der Doppelerdkurzschlussstrom ist kleiner als der zweipolige Kurzschlussstrom. Er braucht deshalb in der Regel ebenfalls nicht berechnet zu werden.

Der einpolige Kurzschluss ist der häufigste Fehlerfall. Die Kenntnis der Größe des kleinsten zu erwartenden einpoligen Kurzschlussstromes ist wesentlich für die maximal möglichen Leitungslängen und notwendig zur Ermittlung der Ansprechsicherheit der Überstromschutzeinrichtungen.

Der kleinste einpolige Kurzschlussstrom ist damit maßgebend für die Einstellung der Schutzeinrichtungen. Er bestimmt die maximal zulässigen Leitungslängen zum Schutz bei indirektem Berühren und gegen thermische Überlastung. Die Berechnung wird also begrenzt auf den:

- dreipoligen Kurzschluss,
- zweipoligen Kurzschluss ohne Erdberührung,
- einpoligen Erdkurzschluss.

3.4.5 Lernzielorientierter Test zu Abschnitt 3.4

1. Nennen Sie vier Ursachen, die zum Auftreten von Kurzschlussströmen in elektrischen Anlagen führen können.
2. Weshalb ist die Kenntnis der kleinstmöglichen Kurzschlussströme in elektrischen Anlagen von Bedeutung?
   (a) weil der kleinste Kurzschlussstrom für die dynamische Beanspruchung der Betriebsmittel besonders wichtig ist;
   (b) weil der kleinste Kurzschlussstrom die Anlage thermisch am höchsten beansprucht;
   (c) weil der kleinste Kurzschlussstrom für die Ansprechsicherheit der Schutzeinrichtungen maßgebend ist;
   (d) weil der kleinste Kurzschlussstrom das Aus- und Einschaltvermögen von Leistungsschaltern bestimmt;
   (e) weil der Kurzschlussstrom normalerweise einen Wert zwischen dem größten und dem kleinsten Kurzschlussstrom erreicht.
3. Skizzieren Sie den grundsätzlichen Verlauf des Kurzschlussstromes für $\Psi - \varphi = +90°$.
4. Wann tritt der größtmögliche Kurzschlussstrom auf?
   (a) wenn der Schaltwinkel größer ist als der Phasenwinkel ,
   (b) für $\Psi - \varphi = \pm 90°$,
   (c) für $\Psi - \varphi = 0°$,
   (d) wenn der Kurzschluss im Nulldurchgang der Spannung eintritt,
   (e) für $\omega t = \pi/2$.
5. Worin unterscheidet sich der generatorferne vom generatornahen Kurzschluss?
   (a) Der generatornahe Kurzschlussstrom klingt schneller auf den Dauerkurzschlussstrom ab als der generatorferne.
   (b) Bei generatorfernem Kurzschluss ist der Anfangskurzschlusswechselstrom gleich dem Dauerkurzschlussstrom.
   (c) Bei generatornahem Kurzschluss ist der Ausschaltwechselstrom immer gleich dem Anfangskurzschlusswechselstrom.
   (d) Der generatorferne Kurzschluss enthält neben dem Kurzschlusswechselstrom auch einen abklingenden Gleichstrom.
   (e) Grundsätzlich besteht kein Unterschied.
6. Für welchen Schaltwinkel Ψ und Phasenwinkel φ tritt bei einem Kurzschluss im induktivitätsbehafteten Wechselstromkreis der größtmögliche Ausgleichsstrom auf?

7. Was versteht man unter dem Stoßkurzschlussstrom und weshalb ist seine Ermittlung von Bedeutung?
8. Erklären Sie den Unterschied zwischen dem Verlauf des Kurzschlussstromes in einem induktivitätsbehafteten Gleichstromkreis und in einem Wechselstromkreis.
9. Weshalb verläuft bei einem dreipoligen Kurzschluss in Drehstromanlagen der Kurzschlussstrom in den drei Außenleitern unterschiedlich?
10. Unterscheiden Sie Erdschluss und Erdkurzschluss.

3.5 Berechnung von Kurzschlussströmen

Lernziele

Nach Durcharbeitung dieses Abschnittes können Sie

- das Verfahren der symmetrischen Komponenten erläutern,
- Impedanzen der Netzelemente berechnen und aus Tabellen und Diagrammen ermitteln,
- Kurzschlussstromberechnungen in NS-Netzen durchführen.

3.5.1 Allgemeines

Für die Praxis ist die unmittelbare Verwendung des zeitlichen Kurzschlussstromverlaufs bei der Bemessung elektrischer Anlagen zu umständlich. Es wurden daher charakteristische Kurzschlussgrößen festgelegt (siehe Abschnitt 3.4.3), die einfacher zu handhaben sind.

Die Ermittlung dieser Kenngrößen beruht in NS-Anlagen auf der Berechnung des Dauerkurzschlussstromes. Alle anderen Kurzschlussstromgrößen werden von diesem Strom ausgehend bestimmt. Die folgenden Ausführungen beschränken sich daher auf die Berechnung des Dauerkurzschlussstromes (Ausnahme: Einfluss von Motoren).

Übung 3.44

Zählen Sie die bisher kennengelernten Kurzschlussgrößen auf, und geben Sie jeweils eine kurze Begriffsdeutung.

Beim dreipoligen Kurzschluss sind alle drei Außenleiter gleichermaßen am Kurzschluss beteiligt. Wie in Abschnitt 3.4.3 dargestellt wurde, wird das Netz hierbei symmetrisch belastet. Die Berechnung braucht deshalb nur für einen Außenleiter durchgeführt zu werden.

Die übrigen Fehler belasten das Netz unsymmetrisch. Die zur Berechnung unsymmetrischer Fehler erforderlichen Gleichungen werden in der Regel mit Hilfe der „Methode der symmetrischen Komponenten“ abgeleitet.

Weil nach diesen Komponenten die zur Kurzschlussstromberechnung erforderlichen Impedanzen (Scheinwiderstände) der Kurzschlussstrombahn benannt sind und bestimmt werden, wird das Verfahren in seinen Grundzügen nachfolgend vorgestellt.

3.5.2 Symmetrische Komponenten

Ein symmetrisches Drehstromsystem erlaubt es, eine Phase allein zu betrachten, da sich in den beiden anderen Phasen derselbe Vorgang – um 120 ° verschoben – wiederholt. Tritt aber z.B. ein zweipoliger oder einpoliger Kurzschluss auf, so wird die Symmetrie gestört und die rechnerische Behandlung wird schwieriger. Mit dem Verfahren der symmetrischen Komponenten ist es möglich, alle unsymmetrischen Belastungen mit Hilfe symmetrischer Systeme zu beschreiben.

An folgendem Beispiel soll das Prinzip näher erläutert werden: Gegeben sei ein Netz mit den symmetrischen Außenleiterspannungen $\underline{U}_{12}$, $\underline{U}_{23}$, $\underline{U}_{31}$. Das Netz werde mit einem unsymmetrischen Verbraucher mit bekannten, voneinander verschiedenen, komplexen Widerständen $\underline{Z}_{L1}$, $\underline{Z}_{L2}$, $\underline{Z}_{L3}$ in Sternschaltung nach Bild 3.90 belastet:

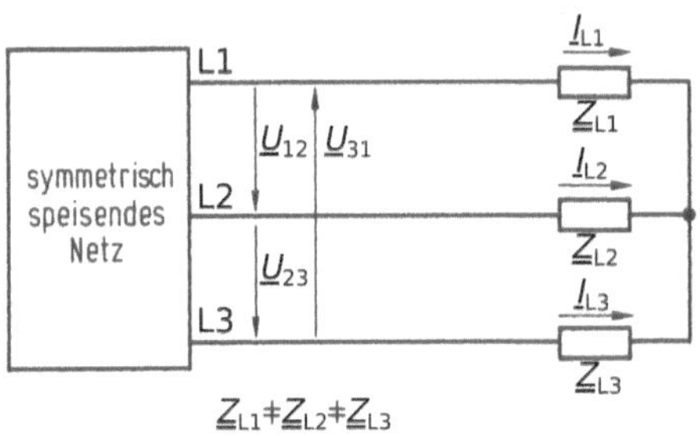

Bild 3.90
Schaltbild eines unsymmetrisch belasteten Drehstromnetzes

Ist kein Neutralleiter vorhanden, oder ist dieser durch eine Störung unterbrochen, so ist aus den Grundlagen bekannt, dass dann die Strangspannungen am Verbraucher nicht mehr symmetrisch sind, sondern eine „Verschiebung des Sternpunktes“ auftritt. Die Ströme in den Außenleitern sind dann ebenfalls unterschiedlich groß und haben eine von 120 ° abweichende Phasenlage. Es wird angenommen, dass die Außenleiterströme folgende Größe und Phasenlage haben sollen:

$$\underline{I}_{L1} = 45{,}5\,\text{A} \cdot e^{j0°}, \quad \underline{I}_{L2} = 20\,\text{A} \cdot e^{-j86°}, \quad \underline{I}_{L3} = 51\,\text{A} \cdot e^{j157°}$$

Damit ergibt sich das Zeigerdiagramm in Bild 3.91. Wie Bild 3.91 rechts zeigt, lässt sich ein solches unsymmetrisches System aus zwei symmetrischen Systemen zusammensetzen, wobei die Drehrichtung beider Systeme bei gleicher Phasenfolge gegenläufig sein muss.

Jeder Zeiger des unsymmetrischen Systems setzt sich aus zwei Komponenten der symmetrischen Systeme zusammen, woher das Verfahren seinen Namen hat. Wie unschwer zu erkennen ist, würde sich bei gleicher Drehrichtung und gleicher Phasenfolge der Systeme als resultierendes System wieder ein symmetrisches System ergeben.

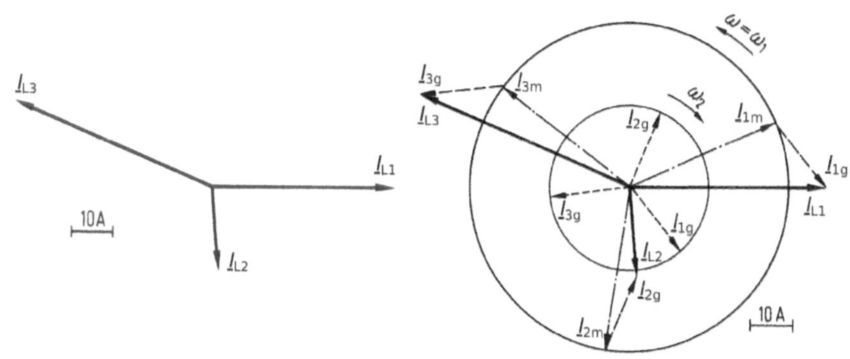

Bild 3.91 Zeigerdiagramm der Ströme eines unsymmetrisch belasteten Netzes und Zusammensetzung symmetrischer Drehstromsysteme zu einem unsymmetrischen Drehstromsystem

Die Zeiger $\underline{I}_{1m}$, $\underline{I}_{2m}$, $\underline{I}_{3m}$ in Bild 3.91 werden zum Stromzeiger der Leiter L1, L2, L3 eines symmetrischen Systems bestimmt, dessen Kreisfrequenz ω_1 der Kreisfrequenz ω des speisenden Netzes entspricht. Außerdem wird vorausgesetzt, dass das System sich in gleicher Richtung wie das speisende Netz im mathematisch positiven Sinn (entgegen dem Uhrzeigersinn) dreht.

Das System besteht also aus drei gleich großen, um 120 ° verschobenen Zeigern. Weil das System sich mit der Kreisfrequenz des speisenden Netzes dreht, heißt es Mitsystem. Nach ÖVE/ÖNORM EN 60027-7 wird es mit dem Index 1 gekennzeichnet.

> Das Mitsystem besteht aus drei gleich großen um 120 ° verschobenen Zeigern und läuft mit dem speisenden Netz in gleicher Richtung und gleicher Geschwindigkeit um. ■

Das zweite System – mit dem Index 2 gekennzeichnet – besteht ebenfalls aus drei gleich großen um 120° verschobenen Zeigern. Von dem Zeiger der Phase L1 aus gesehen, rotiert dieses System jedoch entgegengesetzt zum Mitsystem. Es heißt daher Gegensystem.

> Das Gegensystem besteht aus drei gleich großen um 120 ° verschobenen Zeigern und läuft in entgegengesetzter Richtung wie das speisende Netz mit gleicher Geschwindigkeit um. ■

Da beide Systeme symmetrisch sind, kann in ihnen einphasig gerechnet werden. Sind die Zeigergrößen von Mit- und Gegensystem bekannt, ergeben sich die Größen des unsymmetrischen Systems nach Bild 3.91 zu:

$$\underline{I}_{L1} = \underline{I}_{1m} + \underline{I}_{1g}, \quad \underline{I}_{L2} = \underline{I}_{2m} + \underline{I}_{2g}, \quad \underline{I}_{L3} = \underline{I}_{3m} + \underline{I}_{3g} \tag{3.64}$$

Werden nun die Zeiger der symmetrischen Systeme in die komplexe Zahlenebene gelegt, so können die Zeiger von $\underline{I}_2$ und $\underline{I}_3$ des Mit- und Gegensystems durch die Komponente 1 der Systeme ersetzt werden (Bild 3.92).

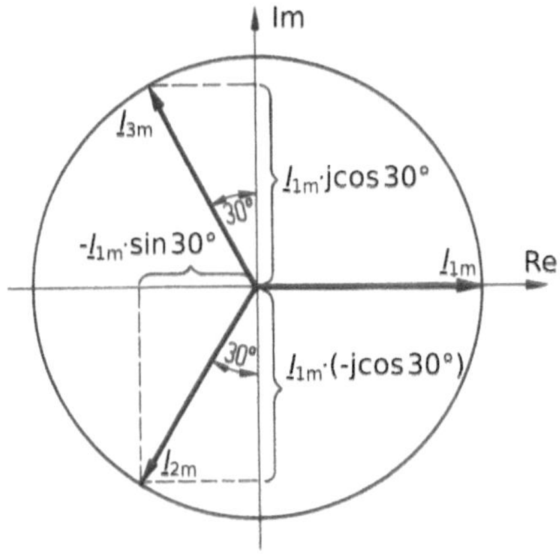

Bild 3.92
Darstellung eines symmetrischen Drehstromsystems in der komplexen Zahlenebene

Damit ergibt sich:

$$\underline{I}_{2m} = \underline{I}_{1m} \cdot \left(-\sin 30° - \mathrm{j}\cos 30°\right) = \underline{I}_{1m} \cdot \left(-0{,}5 - \mathrm{j}0{,}5\sqrt{3}\right)$$
$$\underline{I}_{3m} = \underline{I}_{1m} \cdot \left(-\sin 30° + \mathrm{j}\cos 30°\right) = \underline{I}_{1m} \cdot \left(-0{,}5 + \mathrm{j}0{,}5\sqrt{3}\right)$$

Mit der Vereinfachung:

$$\left(-0{,}5 + \mathrm{j}0{,}5\sqrt{3}\right) = \mathrm{e}^{\mathrm{j}120°} = \underline{a} \quad \text{und} \quad \underline{a}^2 = \mathrm{e}^{\mathrm{j}240°} = \left(-0{,}5 - \mathrm{j}0{,}5\sqrt{3}\right)$$

gilt für die Ströme:

$$\text{Mitsystem:} \quad \underline{I}_{2m} = \underline{I}_{1m} \cdot \underline{a}^2 \quad \underline{I}_{3m} = \underline{I}_{1m} \cdot \underline{a}$$
$$\text{Gegensystem:} \quad \underline{I}_{2g} = \underline{I}_{1g} \cdot \underline{a} \quad \underline{I}_{3g} = \underline{I}_{1g} \cdot \underline{a}^2$$

Der Operator $\underline{a}$ bewirkt eine Zeigerdrehung um 120 °, dementsprechend der Operator $\underline{a}^2$ eine Zeigerdrehung um 240 °. Damit kann vereinbart werden, dass bei den Strömen in symmetrischen Komponenten der Leiter 1 als Bezugsleiter herangezogen wird. So braucht 1 als Index nicht mehr aufgeführt werden. Stattdessen wird für das Mitsystem statt „m" die „1" und für das Gegensystem statt „g" die „2" verwendet. Die Gleichungen (3.65) gehen dann über wie auf der rechten Seite dargestellt:

$$\begin{aligned} \underline{I}_{L1} &= \underline{I}_{1m} + \underline{I}_{1g} &&= \underline{I}_1 + \underline{I}_2 \\ \underline{I}_{L2} &= \underline{I}_{1m} \cdot \underline{a}^2 + \underline{I}_{1g} \cdot \underline{a} &&= \underline{I}_1 \cdot \underline{a}^2 + \underline{I}_2 \cdot \underline{a} \\ \underline{I}_{L3} &= \underline{I}_{1m} \cdot \underline{a} + \underline{I}_{1g} \cdot \underline{a}^2 &&= \underline{I}_1 \cdot \underline{a} + \underline{I}_2 \cdot \underline{a}^2 \end{aligned} \tag{3.65}$$

Das ganze in Matrizenform dargestellt liefert:

$$\begin{pmatrix} \underline{I}_{L1} \\ \underline{I}_{L2} \\ \underline{I}_{L3} \end{pmatrix} = \begin{pmatrix} 1 & 1 \\ \underline{a}^2 & \underline{a} \\ \underline{a} & \underline{a}^2 \end{pmatrix} \cdot \begin{pmatrix} \underline{I}_1 \\ \underline{I}_2 \end{pmatrix} \tag{3.66}$$

Mit diesen Gleichungen können also die Zeiger des unsymmetrischen Systems direkt bestimmt werden, wenn die Komponenten des Mit- und Gegensystems des Außenleiters L1

(Zeiger in der reellen Achse) bekannt sind. Will man nun für ein gegebenes unsymmetrisches Drehstromsystem die zugehörigen symmetrischen Komponenten ermitteln, so können diese durch Umformen des vorstehenden Gleichungssystems bestimmt werden. Das unsymmetrische System wird damit – wie man sagt – symmetriert.

Bevor aus vorstehenden Gleichungen die Komponenten ermittelt werden, sollen noch einige Rechenregeln genannt werden. Dabei ist lediglich zu beachten, dass eine Multiplikation mit $\underline{a}$ einer Zeigerdrehung um 120 ° entspricht:

$$\underline{a}^3 = 1 \quad \underline{a}^4 = \underline{a} \quad 1 + \underline{a} + \underline{a}^2 = 0 \tag{3.67}$$

Multipliziert man nun die zweite Gleichung der Gleichungsgruppe (3.65) mit $\underline{a}$, die dritte mit $\underline{a}^2$ und addiert dann die Gleichungen, ergibt sich die Komponente $\underline{I}_1$ des Mitsystems wie folgt:

$$\begin{aligned} \underline{I}_{\mathrm{L1}} &= \underline{I}_1 + \underline{I}_2 \\ \underline{a} \cdot \underline{I}_{\mathrm{L2}} &= \underline{I}_1 \cdot \underline{a}^3 + \underline{I}_2 \cdot \underline{a}^2 \\ \underline{a}^2 \cdot \underline{I}_{\mathrm{L3}} &= \underline{I}_1 \cdot \underline{a}^3 + \underline{I}_2 \cdot \underline{a}^4 \\ \underline{I}_{\mathrm{L1}} + \underline{a} \cdot \underline{I}_{\mathrm{L2}} + \underline{a}^2 \cdot \underline{I}_{\mathrm{L3}} &= 3 \cdot \underline{I}_1 \\ \underline{I}_1 &= \tfrac{1}{3} \cdot \left(\underline{I}_{\mathrm{L1}} + \underline{a} \cdot \underline{I}_{\mathrm{L2}} + \underline{a}^2 \cdot \underline{I}_{\mathrm{L3}}\right) \end{aligned} \tag{3.68}$$

Addiert man die Gleichungen, nachdem man die zweite mit $\underline{a}^2$ und die dritte mit $\underline{a}$ multipliziert hat, erhält man die Komponente $\underline{I}_2$ des Gegensystems:

$$\underline{I}_2 = \tfrac{1}{3} \cdot \left(\underline{I}_{\mathrm{L1}} + \underline{a}^2 \cdot \underline{I}_{\mathrm{L2}} + \underline{a} \cdot \underline{I}_{\mathrm{L3}}\right) \tag{3.69}$$

Addiert man die Gleichungen in unveränderter Form, findet man:

$$\underline{I}_{\mathrm{L1}} + \underline{I}_{\mathrm{L2}} + \underline{I}_{\mathrm{L3}} = 0 \tag{3.70}$$

Die Summe aller Ströme des unsymmetrischen Drehstromsystems ist also gleich Null, wie es entsprechend der Schaltung nach Bild 3.90 auch sein muss.

Übung 3.45

Berechnen Sie für einen symmetrischen Lastfall eines Drehstromnetzes die symmetrischen Komponenten. Wählen Sie dabei für $\underline{I}_{\mathrm{L1}} = 8\,\mathrm{A} \cdot \mathrm{e}^{j0°}$, $|\underline{I}_{\mathrm{L1}}| = |\underline{I}_{\mathrm{L2}}| = |\underline{I}_{\mathrm{L3}}|$ ■

Wie aus Übung 3.45 hervorgeht, tritt bei symmetrischer Belastung kein Gegensystem auf $(\underline{I}_2 = 0)$. Für die Komponente des Mitsystems gilt also $\underline{I}_1 = \underline{I}_{\mathrm{L1}}$.

Das Netz in Bild 3.90 soll nun mit angeschlossenem Neutralleiter betrieben werden. Wird dabei vorausgesetzt, dass der Neutralleiter einen vernachlässigbar kleinen Leiterwiderstand besitzt, so werden die Strangspannungen des speisenden Netzes dem Verbraucher aufgedrückt. Es tritt dann also keine Sternpunktverschiebung auf, d.h. an jedem Verbraucherstrang liegt die gleiche Spannung. Wegen der angenommenen Verschiedenheit der Strangwiderstände sind die Ströme jedoch verschieden groß und haben eine von 120 ° abweichende Phasenlage.

Wie bekannt ist, ist die Summe der Außenleiterströme dann nicht mehr Null. Im Neutralleiter fließt ein Ausgleichsstrom I_N. Dieser ergibt sich zu:

$$\underline{I}_N = \underline{I}_{L1} + \underline{I}_{L2} + \underline{I}_{L3} \tag{3.71}$$

Die nunmehr vorliegende Unsymmetrie der Ströme weicht damit offensichtlich vom unsymmetrischen Verhalten der Ströme ohne N-Leiter ab. Als Beispiel werden für die Leiterströme folgende Werte angenommen:

$$\underline{I}_{L1} = 60\,\text{A} \cdot e^{j0°}, \quad \underline{I}_{L2} = 35\,\text{A} \cdot e^{-j200°}, \quad \underline{I}_{L3} = 30\,\text{A} \cdot e^{j90°}$$

Bezugsleiter ist der Leiter L1. Für den Strom im N-Leiter ergibt sich nach Gleichung (3.71):

$$\underline{I}_N = 50\,\text{A} \cdot e^{j57{,}14°}$$

In Bild 3.93 ist das Zeigerdiagramm der Ströme dargestellt.

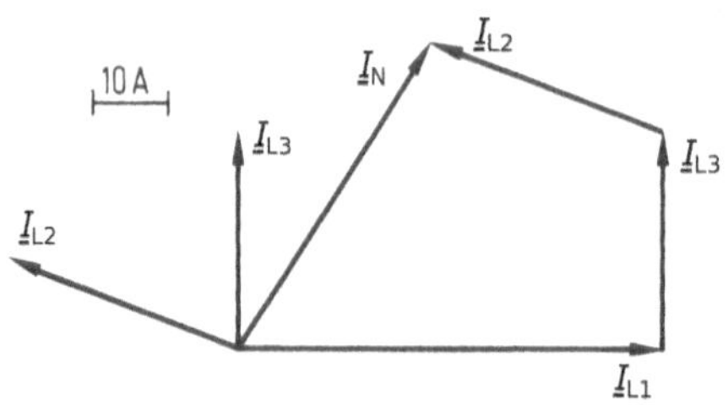

Bild 3.93
Zeigerdiagramm der Ströme bei unsymmetrischer Belastung mit N-Leiter

Um für den nun vorliegenden Fall die symmetrischen Komponenten zu finden, werden die Ströme entsprechend den Gleichungen (3.68) und (3.69) zerlegt.

$$\underline{I}_1 = 34{,}8\,\text{A} \cdot e^{-j28{,}3°}, \quad \underline{I}_2 = 20{,}4\,\text{A} \cdot e^{j7{,}0°}$$

Addiert man nun die erhaltenen Komponenten des Mit- und Gegensystems $\underline{I}_1$ und $\underline{I}_2$ bzw. ihre um 120 ° und 240 ° gedrehten Zeiger geometrisch (Bild 3.94a), so zeigt sich, dass sie mit den Phasengrößen kein geschlossenes Dreieck bilden (vgl. Bild 3.91). Die unsymmetrischen Größen und die symmetrischen Größen des Mit- und Gegensystems ergänzen sich also nicht zu Null.

Sie ergänzen sich zu Null, wenn eine weitere Komponente eingeführt wird, die für alle drei Phasen des Drehstromsystems gleiche Größe und Richtung hat. Sie wird sinnvollerweise Nullkomponente genannt und führt den Index 0 (Bild 3.94b).

> **!** Das Nullsystem ist durch gleich große und phasengleiche Größen in den drei Phasen gekennzeichnet. ■

Somit gilt:

$$\begin{aligned}
\underline{I}_{L1} &= \underline{I}_1 + \underline{I}_2 + \underline{I}_0 \\
\underline{I}_{L2} &= \underline{I}_1 \cdot \underline{a}^2 + \underline{I}_2 \cdot \underline{a} + \underline{I}_0 \\
\underline{I}_{L3} &= \underline{I}_1 \cdot \underline{a} + \underline{I}_2 \cdot \underline{a}^2 + \underline{I}_0
\end{aligned} \tag{3.72}$$

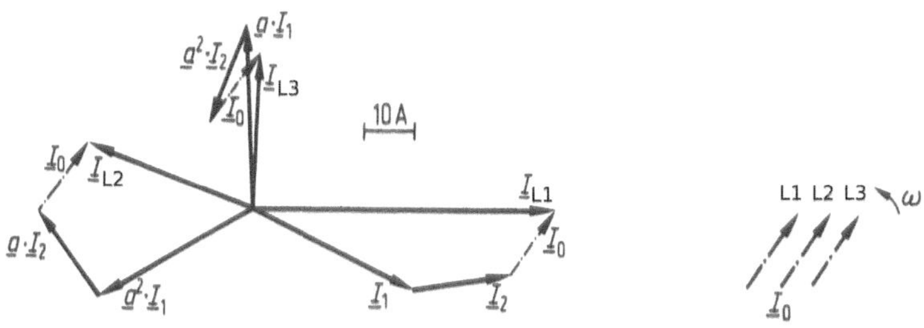

a) Zusammensetzen der symmetrischen Komponenten zum unsymmetrischen System

b) Nullsystem der Ströme

Bild 3.94 Nullsystem

Addiert man vorstehende Gleichungen, erhält man für die Nullkomponente:

$$\underline{I}_{L1} + \underline{I}_{L2} + \underline{I}_{L3} = 3 \cdot \underline{I}_0, \quad \text{bzw.} \quad \underline{I}_0 = \tfrac{1}{3} \cdot \left(\underline{I}_{L1} + \underline{I}_{L2} + \underline{I}_{L3}\right) \tag{3.73}$$

Mit Gleichung (3.71) folgt hieraus:

$$\underline{I}_N = 3 \cdot \underline{I}_0 \tag{3.74}$$

Durch geometrische Addition der Zeiger $\underline{I}_{L1}$, $\underline{I}_{L2}$ und $\underline{I}_{L3}$ findet man somit nach Größe und Winkellage als Resultierende den dreifachen Nullsystemstrom $(3 \cdot \underline{I}_0)$. Diese Gesetzmäßigkeit soll nun auf ein unsymmetrisches Spannungssystem angewendet werden. In Bild 3.95 ist das Zeigerdiagramm unsymmetrischer Strangspannungen bei einer willkürlich angenommenen Sternpunktverschiebung dargestellt.

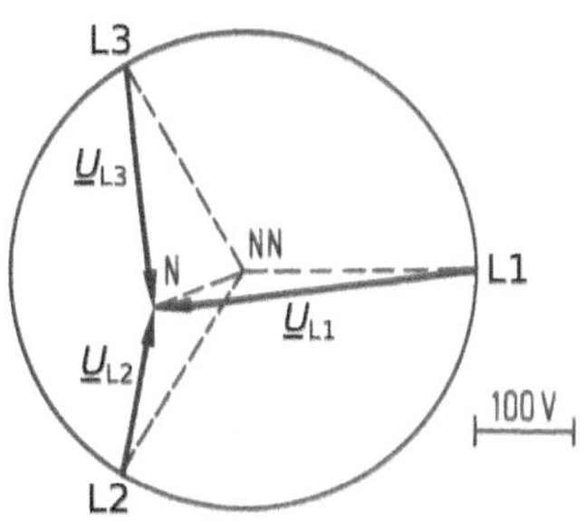

Bild 3.95 Sternpunktverschiebung bei unsymmetrischer Belastung eines Drehstromsystems ohne N-Leiter

Für die Strangspannungen werden folgende Werte angenommen:

$$\underline{U}_{L1} = 330\,\text{V} \cdot e^{j0°}, \quad \underline{U}_{L2} = 170\,\text{V} \cdot e^{-j108°}, \quad \underline{U}_{L3} = 240\,\text{V} \cdot e^{j90°}$$

Bezugszeiger ist auch hier die Strangspannung $\underline{U}_{L1}$.

Übung 3.46

Berechnen Sie die Summe der Strangspannungen.

Nach Gleichung (3.71) und Gleichung (3.73) muss für die Spannungen gelten:

$$\underline{U}_N = \underline{U}_{L1} + \underline{U}_{L2} + \underline{U}_{L3}, \quad \text{und} \quad 3 \cdot \underline{U}_0 = \underline{U}_{L1} + \underline{U}_{L2} + \underline{U}_{L3} \tag{3.75}$$

Aus Gleichung (3.75) ergibt sich das Diagramm in Bild 3.96, in dem die geometrische Addition der Zeiger $\underline{U}_{L1}$, $\underline{U}_{L2}$ und $\underline{U}_{L3}$ durchgeführt ist. Man erkennt, dass der Verbrauchersternpunkt N gegenüber dem Netzsternpunkt NN um $\underline{U}_0$ verschoben ist.

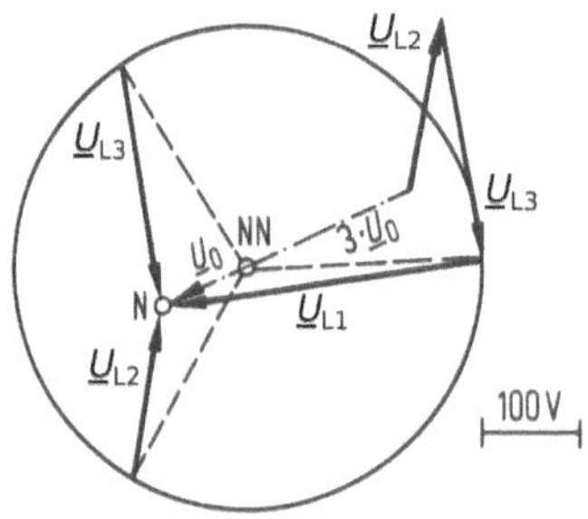

Bild 3.96
Nullkomponente unsymmetrischer Spannungen im Drehstromnetz

Die Verschiebespannung $\underline{U}_0$ tritt bei Vernachlässigung des Erdungswiderstandes zwischen dem Sternpunkt des Verbrauchers und Erde auf, wenn die Netzeinspeisung über einen Transformator mit sekundär geerdetem Sternpunkt erfolgt.

Nach Gleichung (3.73) und Gleichung (3.75) verschwindet das Nullsystem immer dann, wenn die Summe der drei Zeiger des unsymmetrischen Systems Null ergibt, d.h., wenn sie ein geschlossenes Dreieck bilden.

> **!** Ein Nullsystem ist nicht vorhanden, wenn die Summe der Phasengrößen des unsymmetrischen Systems Null ergibt. ■

Jedes unsymmetrische Drehstromsystem lässt sich also in drei symmetrische Systeme zerlegen. Während das Mit- und Gegensystem jeweils einem Drehstromsystem entspricht, bildet das Nullsystem ein Wechselstromsystem.

> **!** Jedes unsymmetrische Drehstromsystem lässt sich in drei symmetrische Systeme (Komponentensysteme) zerlegen. ■

Für Ströme und Spannungen sind die Gleichungen der komplexen Größen in Tabelle 3.8 zusammengestellt. Bezugsleiter ist dabei der Leiter L1.

Tabelle 3.8 Zusammenstellung der Gleichungen symmetrischer Komponenten

$\underline{I}_{L1} = \underline{I}_1 + \underline{I}_2 + \underline{I}_0$	$\underline{U}_{L1} = \underline{U}_1 + \underline{U}_2 + \underline{U}_0$
$\underline{I}_{L2} = \underline{I}_1 \cdot \underline{a}^2 + \underline{I}_2 \cdot \underline{a} + \underline{I}_0$	$\underline{U}_{L2} = \underline{U}_1 \cdot \underline{a}^2 + \underline{U}_2 \cdot \underline{a} + \underline{U}_0$
$\underline{I}_{L3} = \underline{I}_1 \cdot \underline{a} + \underline{I}_2 \cdot \underline{a}^2 + \underline{I}_0$	$\underline{U}_{L3} = \underline{U}_1 \cdot \underline{a} + \underline{U}_2 \cdot \underline{a}^2 + \underline{U}_0$
$\underline{I}_0 = \frac{1}{3} \cdot (\underline{I}_{L1} + \underline{I}_{L2} + \underline{I}_{L3})$	$\underline{U}_0 = \frac{1}{3} \cdot (\underline{U}_{L1} + \underline{U}_{L2} + \underline{U}_{L3})$
$\underline{I}_1 = \frac{1}{3} \cdot (\underline{I}_{L1} + \underline{a} \cdot \underline{I}_{L2} + \underline{a}^2 \cdot \underline{I}_{L3})$	$\underline{U}_1 = \frac{1}{3} \cdot (\underline{U}_{L1} + \underline{a} \cdot \underline{U}_{L2} + \underline{a}^2 \cdot \underline{U}_{L3})$
$\underline{I}_2 = \frac{1}{3} \cdot (\underline{I}_{L1} + \underline{a}^2 \cdot \underline{I}_{L2} + \underline{a} \cdot \underline{I}_{L3})$	$\underline{U}_2 = \frac{1}{3} \cdot (\underline{U}_{L1} + \underline{a}^2 \cdot \underline{U}_{L2} + \underline{a} \cdot \underline{U}_{L3})$

Übung 3.47

In einem Vierleiter-Drehstromnetz werden folgende Ströme und Leistungsfaktoren gemessen:

$\underline{I}_{L1} = 25\,\text{A}$ $\quad$ $\underline{I}_{L2} = 50\,\text{A}$ $\quad$ $\underline{I}_{L3} = 35\,\text{A}$

$\cos\varphi_{L1} = 0{,}5_{\text{ind.}}$ $\quad$ $\cos\varphi_{L2} = 0{,}6_{\text{kap.}}$ $\quad$ $\cos\varphi_{L3} = 0{,}8_{\text{ind.}}$

a) Berechnen Sie den Strom im Neutralleiter.
b) Berechnen Sie die symmetrischen Komponenten.
c) Zeichnen Sie für das unsymmetrische System und für jedes Komponentensystem ein Zeigerdiagramm.

Hinweis zur Lösung: Wählen Sie als Bezugsgröße (Zeiger in der reellen Achse) die Strangspannung $\underline{U}_{L1}$.

Übung 3.48

In einem Drehstromnetz 690 V, 50 Hz werden an den in Stern geschalteten Verbraucherimpedanzen bei Unterbrechung des Neutralleiters folgende Strangspannungen festgestellt:

$\underline{U}_{L1} = 250\,\text{V} \cdot e^{+j170°}$ $\quad$ $\underline{U}_{L2} = 475\,\text{V} \cdot e^{+j47°}$ $\quad$ $\underline{U}_{L3} = 450\,\text{V} \cdot e^{-j43°}$

Die Winkellage der Spannungen ist dabei auf die symmetrische Strangspannung der Phase L1 des speisenden Netzes bezogen. Berechnen Sie die Spannung, um die der Verbrauchersternpunkt gegenüber dem Netzsternpunkt verschoben ist.

3.5.3 Impedanzen

Bei den Berechnungen des vorstehenden Abschnitts wurde davon ausgegangen, dass entweder die Außenleiterströme oder aber die Ströme der symmetrischen Komponenten bekannt sind. Aufgabe einer Kurzschlussstromberechnung ist es jedoch, die bei Kurzschluss in den Außenleitern fließenden Ströme zu ermitteln. Dies setzt aber die Kenntnis aller Impedanzen der Kurzschlussstrombahn voraus.

Im Folgenden wird beschrieben, wie für symmetrisch aufgebaute Betriebsmittel die Impedanzen bestimmt werden können. Als Betriebsmittel kommen im Netz vor:

- Generatoren,
- Transformatoren,
- Motoren,
- Drosselspulen,
- Kondensatoren,
- Leitungen.

Weil die Berechnung unsymmetrischer Fehler auf der Anwendung der Methode der symmetrischen Komponenten beruht, werden die Impedanzen, die in den Systemen wirksam werden, als Mit-, Gegen- und Nullimpedanz bezeichnet.

3.5.3.1 Mitimpedanz $\underline{Z}_1$

Wie in Abschnitt 3.5.2 festgestellt wurde, tritt bei einem symmetrisch speisenden Netz und symmetrischer Belastung nur das Mitsystem auf. Das Mitsystem ist dabei identisch mit dem symmetrisch speisenden Drehstromsystem. Infolgedessen ist die Mitimpedanz dann alleine wirksam.

Die messtechnische Bestimmung der Mitimpedanz kann daher so erfolgen, dass die Betriebsmittel nach Bild 3.97 an eine Dreiphasenwechselspannung des gleichen Drehsinns wie die Netzspannung angeschlossen und schlussendlich hinter ihren Impedanzen kurzgeschlossen werden.

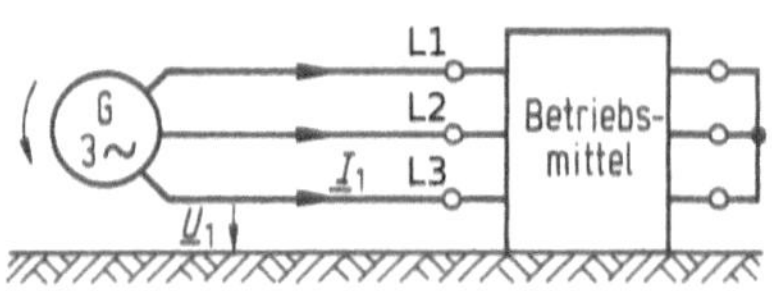

Bild 3.97
Schaltung zum Messen der Mitimpedanz

Die Mitimpedanz ergibt sich dann als Quotient aus Strangspannung und Leiterstrom:

$$\underline{Z}_1 = \frac{\underline{U}_1}{\underline{I}_1} \tag{3.76}$$

Wegen der Identität des symmetrisch speisenden Systems mit dem Mitsystem entsprechen die Mitimpedanzen den normalen Betriebsimpedanzen. Somit können diese auch mit den Berechnungsgleichungen der Betriebsimpedanzen aus den Bemessungsdaten der Betriebsmittel ermittelt werden.

Eine Zusammenstellung der Berechnungsgleichungen und der einphasigen Ersatzschaltbilder der wichtigsten Betriebsmittel zur Kurzschlussstromberechnung in NS-Drehstromnetzen zeigt Tabelle 3.9.

Netzimpedanz und Kurzschlussleistung

Werden Kurzschlüsse aus einem übergeordneten Drehstromnetz mit Kraftwerken, Transformatoren, Leitungen und Lasten gespeist (Bild 3.98a), so ist dessen Impedanz bei der Berechnung der Kurzschlussströme zu berücksichtigen. Zur Ermittlung der Netzimpedanz

Tabelle 3.9 Impedanzen und Ersatzschaltbilder von Drehstrombetriebsmitteln zur Kurzschlussstromberechnung in NS-Netzen

Schaltzeichen	einphasige Ersatzschaltung	Mitimpedanz (Kurzschlussimpedanz)	Bemerkungen
Netz (Netzeinspeisung)			
	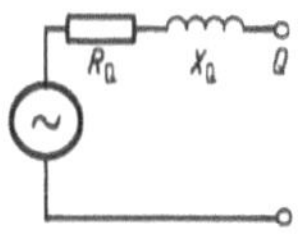	$Z_Q = \dfrac{c_Q \cdot U_{nQ}^2}{S''_{kQ}}$ $S''_{kQ} = \sqrt{3} \cdot U_{nQ} \cdot I''_{kQ}$ $R_Q = 0{,}1 \cdot X_Q$ $X_Q = 0{,}995 \cdot Z_Q$	S''_{kQ} Netzkurzschlussleistung am Anschlusspunkt Q (R_Q, X_Q:) wenn genaue Werte nicht bekannt sind
Generator			
	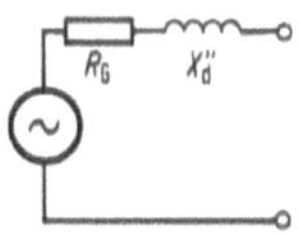	$X''_d = \dfrac{x''_d \cdot U_{rG}^2}{100\,\% \cdot S_{rG}}$ $R_G = 0{,}15 \cdot X''_d$ $\underline{Z}_{Gk} = K_G \cdot \left(R_G + jX''_d\right)$ ★)	S_{rG} Bemessungsscheinleistung x''_d relative Anfangsreaktanz X''_d Anfangsreaktanz (ein dem Anfangs-kurzschlusswechselstrom zugeordneter Blindwiderstand)
Transformator			
	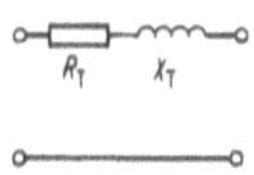	$Z_T = \dfrac{u_{kr} \cdot U_{rT}^2}{100\,\% \cdot S_{rT}}$ $R_T = \dfrac{P_{krT}}{3 \cdot I_{rT}^2} = \dfrac{u_{Rr} \cdot U_{rT}^2}{100\,\% \cdot S_{rT}}$ $X_T = \sqrt{Z_T^2 - R_T^2}$ $Z_{Tk} = K_T \cdot Z_T$ ★★)	S_{rT} Bemessungsscheinleistung P_{krT} Kurzschlusswirkleistung (Wicklungsverluste) U_{rT} Bemessungsspannung der Unterspannungsseite u_{kr} relative Bemessungskurzschlussspannung in % u_{Rr} relativer Bemessungswirkspannungsabfall in %
Asynchronmotor			
	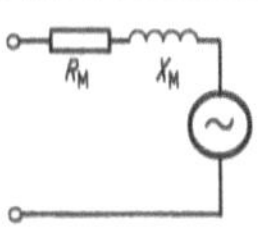	$S_{rM} = \dfrac{P_{rM}}{\cos\varphi_r \cdot \eta_r}$ $I_{rM} = \dfrac{S_{rM}}{\sqrt{3} \cdot U_{rM}}$ $Z_M = \dfrac{U_{rM}}{\sqrt{3} \cdot I_{an}} = \dfrac{1}{\frac{I_{an}}{I_{rM}}} \cdot \dfrac{U_{rM}^2}{S_{rM}}$ $X_M = 0{,}922 \cdot Z_M$ $R_M = 0{,}42 \cdot X_M$ $I_{an}/I_{rM} = 5-7$	S_{rM} Bemessungsscheinleistung P_{rM} Mech. Bemessungsleistung I_{rM} Bemessungsstrom I_{an} Anlaufstrom η_r Bemessungswirkungsgrad (X_M, R_M, I_{an}/I_{rM}:) für Gruppen von Asynchronmotoren, die zu einem Ersatzmotor zusammengefasst werden, einschließlich Anschlussleitungen
Leitung			
	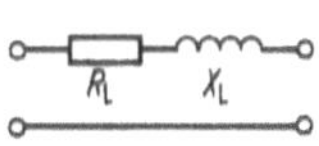	$R_L = R'_L \cdot l$ $X_L = X'_L \cdot l$	

★) korrigierte Generatorimpedanz Z_{Gk}, Korrekturfaktor $K_G = \dfrac{U_n}{U_{rG}} \cdot \dfrac{c_{max}}{1 + x''_d \cdot \sin\varphi_{rG}}$

U_n Nennspannung des Netzes, U_{rG} Bemessungsspannung des Generators
φ_{rG} Phasenwinkel zwischen $\underline{U}_{rG}$ und $\underline{I}_{rG}$, c_{max} Spannungsfaktor nach Tabelle 3.10

★★) korrigierte Transformatorimpedanz Z_{Tk}, Korrekturfaktor $K_T = 0{,}95 \cdot \dfrac{c_{max}}{1 + 0{,}6 \cdot x_T}$

kann man sich für jeden Kupplungspunkt Q des Netzes die Netzschaltung als Ersatzspannungsquelle mit einem Innenwiderstand $\underline{Z}_Q = R_Q + jX_Q$ vorstellen. Die Ersatzspannungsquelle erzeugt die Nennstrangspannung des Netzes $\underline{U}_{nQ}/\sqrt{3}$ und liefert den Anfangs-Kurzschlusswechselstrom $\underline{I}''_{kQ}$. Das Netz kann somit für jeden Anschlusspunkt Q durch die Schaltung in Bild 3.98b ersetzt werden.

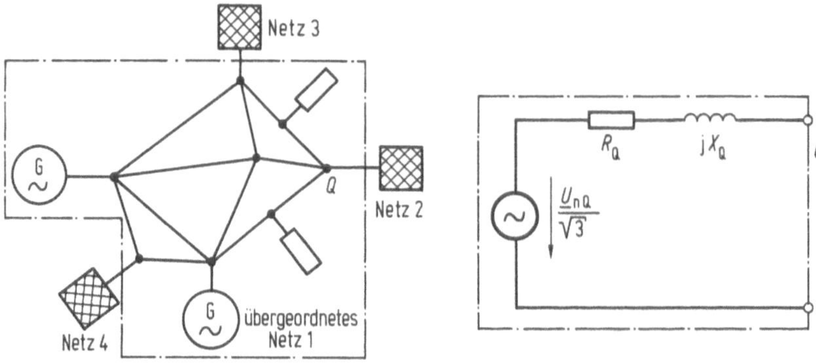

a) Versorgungsnetz

b) Ersatzschaltbild des Versorgungsnetzes am Kupplungspunkt Q

Bild 3.98 Versorgungsnetz und dessen Ersatzschaltbild am Kupplungspunkt Q

Der Betrag des Innenwiderstandes Z_Q der Ersatzspannungsquelle ergibt sich damit zu:

$$Z_Q = \frac{U_{nQ}}{\sqrt{3} \cdot I''_{kQ}} \tag{3.77}$$

Erweitert man vorstehende Gleichung mit U_{nQ}, erhält man für die Ersatzimpedanz Z_Q des Netzes einen Ausdruck, bei dem der Term im Nenner des Quotienten Anfangs-Kurzschlusswechselstromleistung S''_{kQ} genannt wird (abgekürzt: Kurzschlussleistung, nur bei dreipoligem Kurzschluss):

$$Z_Q = \frac{U_{nQ}^2}{\sqrt{3} \cdot U_{nQ} \cdot I''_{kQ}} = \frac{U_{nQ}^2}{S''_{kQ}}, \quad \text{mit} \quad S''_{kQ} = \sqrt{3} \cdot U_{nQ} \cdot I''_{kQ} \tag{3.78}$$

> **!** Die Kurzschlussleistung eines Drehstromnetzes ist das Produkt aus Anfangs-Kurzschlusswechselstrom, Nennspannung und Verkettungsfaktor. ■

Da an einer Fehlerstelle Netzspannung und Kurzschlussstrom nie gleichzeitig auftreten können (s. Bild 3.75), ist die Kurzschlussleistung physikalisch nicht interpretierbar. Sie ist eine reine Rechengröße (fiktive Größe). Die Kurzschlussleistung nach Gleichung (3.78) gilt grundsätzlich für jede Netzspannungsebene. Mit der Bemessungsspannung der Transformatoren bzw. der Nennspannung des Netzes U_n und dem dreipoligen Kurzschlussstrom I_k der Niederspannungsseite errechnet sich somit die Kurzschlussleistung eines Niederspannungsnetzes aus:

$$S_k = \sqrt{3} \cdot U_n \cdot I_k \tag{3.79}$$

Für die Berechnung von Kurzschlussströmen im NS-Netz muss die Ersatzimpedanz des speisenden Netzes der Oberspannungsseite auf die Unterspannungsseite der Transformatoren bezogen werden. Die Transformation der Ersatzimpedanz des speisenden Netzes Z_{QOS} erfolgt mit dem Übersetzungsverhältnis der Transformatoren:

$$ü_r = \frac{U_{rTOS}}{U_{rTUS}} = \frac{U_{nQ}}{U_n} \qquad (3.80)$$

$$Z_{QUS} = \frac{Z_{QOS}}{ü_r^2}, \quad \text{und mit Gleichung (3.78):} \quad Z_{QUS} = \frac{U_n^2}{S''_{kQ}} \qquad (3.81)$$

Nach DIN VDE 0102 bzw. ÖVE/ÖNORM EN 60909 ist Gleichung (3.81) noch mit dem Spannungsfaktor zu multiplizieren, siehe Tabelle 3.10. Der Spannungsfaktor berücksichtigt:

- unterschiedliche Spannungen abhängig von der Zeit und dem Ort,
- Veränderung der Stufen der Transformatorstufenschalter,
- Vernachlässigung von Belastungen und Kapazitäten,
- subtransientes Verhalten der Generatoren, Kraftwerksblöcke und Motoren.

Damit erhält man für die auf die NS-Seite bezogene Ersatzimpedanz:

$$Z_{Qt} = \frac{c_Q \cdot U_n^2}{S''_{kQ}} \qquad (3.82)$$

Der Index t wird weiter verwendet für Größen, die auf die Unterspannungsseite transformiert sind.

Um die Ersatzimpedanz eines Netzes bestimmen zu können, muss also die Kurzschlussleistung des Netzes bzw. der Anfangskurzschlusswechselstrom I''_{kQ} am Anschlusspunkt Q bekannt sein. Bei 10 kV-Netzen beträgt die Kurzschlussleistung etwa 200 bis 750 MVA, bei 20 kV-Netzen liegt sie etwa zwischen 500 und 1500 MVA. Sie wird demnach mit der Nennspannung des Netzes größer.

Tabelle 3.10 Spannungsfaktor c (DIN VDE 0102 bzw. ÖVE/ÖNORM EN 60909)

Netznennspannung U_n	c_{max}	c_{min}
Niederspannung		
100 V bis 1000 V	1,10	0,90
Mittel-, Hochspannung		
> 1 kV	1,10	1,00

c_{max}/c_{min} ... zur Berechnung des größten/kleinsten Kurzschlussstromes.
Für $c \cdot U_n$ muss kein größerer Wert als die höchste dauernd zulässige Spannung U_m für Betriebsmittel gewählt werden.

Die Ersatzimpedanz eines Netzes hingegen wird nach Gleichung (3.82) umso kleiner, je größer die Kurzschlussleistung des Netzes ist.

Übung 3.49

Die Kurzschlussleistung eines 10 kV-Netzes sei 250 MVA. Berechnen Sie für die Bemessungsspannung der NS-Transformatoren von 400 V die Ersatzimpedanz, den Ersatzwirkwiderstand und den Ersatzblindwiderstand des Netzes. ■

Transformatorimpedanzen

Zur Berechnung der Transformatorwiderstände sind nach Tabelle 3.9 die relative Bemessungskurzschlussspannung u_{kr}, der relative Bemessungswirkspannungsabfall u_{Rr} bzw. die Kurzschlussverluste P_{kr} des Transformators erforderlich. Diese können den Normen (DIN VDE 0532 bzw. ÖVE/ÖNORM EN 60076), den Leistungsschildern oder den Herstellerangaben entnommen werden.

Näherungsweise kann der Blind- und Wirkwiderstand von Transformatoren mit U_{rT} = 400 V in Abhängigkeit der Leistung und der relativen Kurzschlussspannung aus dem Diagramm Bild 3.99 abgelesen werden. Danach sinkt der Innenwiderstand mit wachsender Leistung und abnehmender Kurzschlussspannung. Übliche Kurzschlussspannungen von NS-Transformatoren sind 4 % und 6 %.

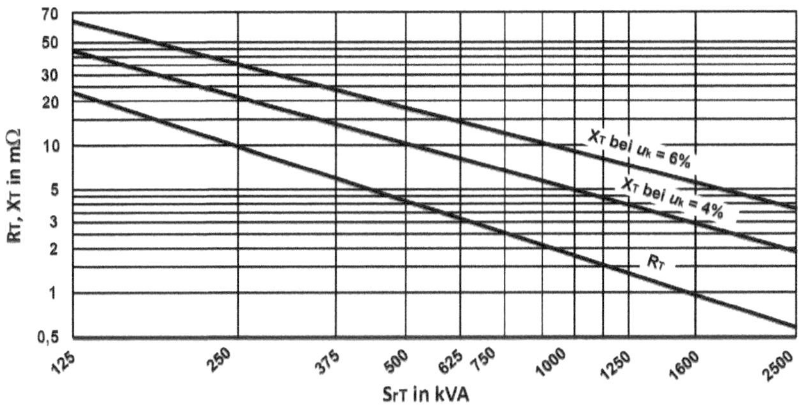

Bild 3.99 Blindwiderstände und Wirkwiderstände von Drehstromtransformatoren mit U_{rT} = 400 V

Transformatoren mit niedriger Kurzschlussspannung werden vorteilhaft dann eingesetzt, wenn der Spannungsabfall bei Belastung klein gehalten werden soll. So findet man in NS-Verteilernetzen meistens Transformatoren mit u_{kr} = 4 %.

In Industrie- und Verteilernetzen hoher Leistung werden zur Begrenzung der Kurzschlussströme Transformatoren mit u_{kr} = 6 % vorgezogen. Mittel- und Großtransformatoren auf der MS- und HS-Ebene haben der Kurzschlussstrombegrenzung wegen höhere Bemessungskurzschlussspannungen.

Übung 3.50

Gegeben sei ein Transformator mit den Bemessungsdaten 20/0,4 kV, 50 Hz, 630 kVA, u_{kr} = 4 %. Die Kurzschlussverluste werden mit 9 kW angegeben.

Ermitteln Sie Blindwiderstand, Wirkwiderstand und Scheinwiderstand des Transformators:

a) anhand des Diagramms in Bild 3.99,

b) mit Hilfe der Berechnungsgleichungen aus Tabelle 3.9.

■

Übung 3.51

Der dreipolige Dauerkurzschlussstrom bei Kurzschluss an den Ausgangsklemmen eines Transformators errechnet sich aus der Gleichung $I_k = \frac{I_{rT}}{u_{kr}} \cdot 100\,\%$.
Leiten Sie diese Gleichung ab. Ziehen Sie dazu Tabelle 3.9 heran.

Motorimpedanzen

Bei Kurzschluss wirkt ein Asynchronmotor aufgrund seiner kinetischen Energie kurzzeitig als Generator. Er leistet damit zusätzlich einen Beitrag zum Kurzschlussstrom. Im Ersatzschaltbild wird er daher als Ersatzspannungsquelle mit Innenwiderstand dargestellt, siehe Bild 3.100.

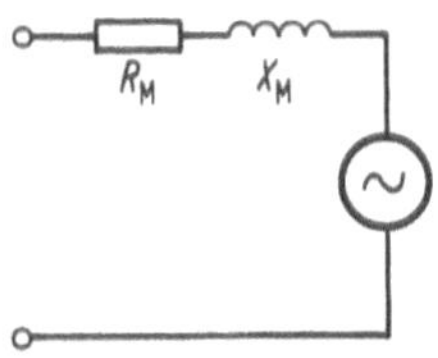

Bild 3.100
Ersatzschaltbild eines Asynchronmotors

Der zusätzlich auftretende Kurzschlussstrom entspricht etwa dem Anlaufstrom der Maschine. Dieser zusätzliche – allerdings schnell abklingende – Kurzschlussstrom macht es erforderlich, dass mit dem Anfangskurzschlusswechselstrom I''_k gerechnet werden muss. Ist der Anlaufstrom eines Motors klein gegenüber dem Kurzschlussstrom ohne Berücksichtigung des Motors, so kann er vernachlässigt werden. Im Allgemeinen ist dies bei Motoren geringer Leistung der Fall.

Entsprechend den Normen müssen NS-Asynchronmotoren bei einer Kurzschlussstromberechnung dann berücksichtigt werden, wenn $\sum I_{rM} > 0{,}01 \cdot I_{k\ \text{ohne Motoren}}$.

Unter der $\sum I_{rM}$ wird dabei die Summe aller Motorbemessungsströme des Teils des Niederspannungsnetzes verstanden, in dem der Kurzschluss auftritt. Vorstehende Bedingung wird in der Regel nur in Industrienetzen erfüllt.

Bei der Berechnung der Motorimpedanzen bzw. der Kurzschlussströme dürfen Motoren unberücksichtigt bleiben, bei denen durch die Art der Schaltung oder des Prozesses sichergestellt ist, dass sie nicht gleichzeitig eingeschaltet sind. Ebenfalls vernachlässigt werden dürfen Motoren, die an einem zweiten unterlagerten Netz angeschlossen sind (Bild 3.101), weil deren Beitrag zum Anfangskurzschlusswechselstrom unwesentlich ist.

Gruppen von Asynchronmotoren, die gemeinsam von einer Sammelschiene gespeist werden, dürfen einschließlich ihrer Zuleitungen zu einem Ersatzmotor zusammengefasst werden. Da sich häufig die Leistungsfaktoren der Motoren nur wenig voneinander unterscheiden (siehe Seite 108) und der Einfluss der Motorzuleitungen nicht genau erfasst wird, kann dabei der geringe Unterschied in der Phasenlage unberücksichtigt bleiben.

Es genügt, die Scheinleistungen der einzelnen Motoren zu addieren. So können z.B. in Bild 3.101 für die Fehlerstelle F die Motoren M1 und M2 zu einer Gruppe und die Motoren M3

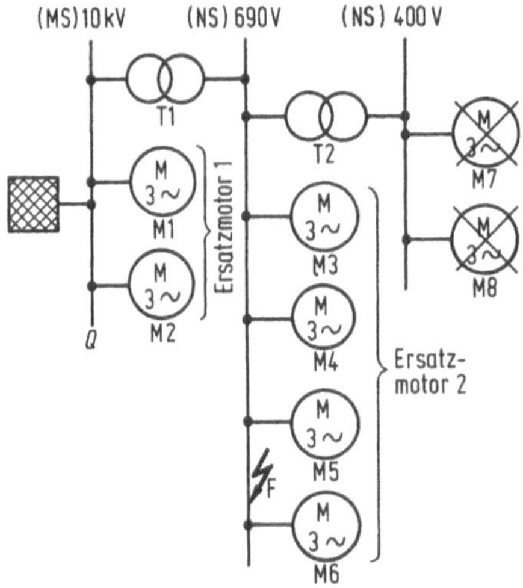

Bild 3.101
Berücksichtigung von Asynchronmotoren bei Kurzschluss

bis M6 zu einer anderen Gruppe zusammengefasst werden. Die Motoren M7 und M8 brauchen nicht berücksichtigt zu werden. Synchronmotoren werden wie Synchrongeneratoren behandelt (siehe Tabelle 3.9 und Bild 3.109).

Beispiel 3.15

Das angegebene Bild zeigt den Aufbau des Niederspannungsnetzes eines Industriebetriebes. Für einen Kurzschluss an der Fehlerstelle F ist der Ersatzblindwiderstand und der Ersatzwirkwiderstand der Motoren zu berechnen.

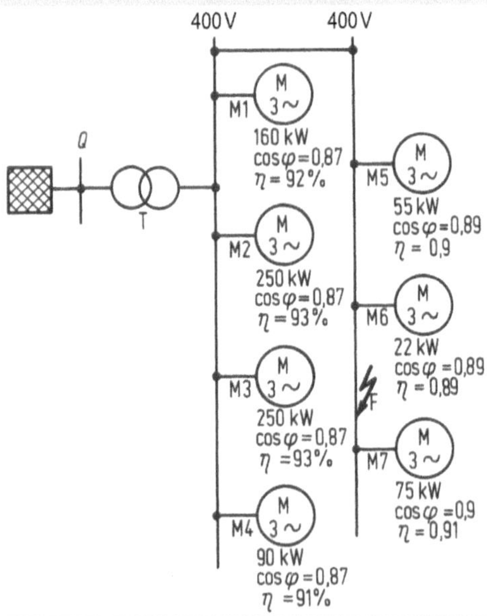

Lösung:
Die Motoren M1 bis M4 werden zu einem Ersatzmotor M1' und die Motoren M5 bis M7 zu einem zweiten Ersatzmotor M2' zusammengefasst. Für den Ersatzmotor M1' ergibt sich die Ersatzscheinleistung zu:

$$S'_{\mathrm{rM1}} = \sum_1^4 S_{\mathrm{rM}} = \sum_1^4 \frac{P_{\mathrm{rM}}}{\cos\varphi_{\mathrm{r}} \cdot \eta_{\mathrm{r}}}$$

$$S'_{\mathrm{rM1}} = \frac{160\,\mathrm{kW}}{0,87 \cdot 0,92} + \frac{250\,\mathrm{kW}}{0,87 \cdot 0,93} \cdot 2 + \frac{90\,\mathrm{kW}}{0,87 \cdot 0,91} = 931,6\,\mathrm{kVA}$$

Für den Ersatzmotor M2' erhält man entsprechend $S'_{\mathrm{rM2}} = 188\,\mathrm{kVA}$. Nach Tabelle 3.9 gilt $I_{\mathrm{an}}/I_{\mathrm{rM}} = 5$. Damit ergibt sich die Ersatzimpedanz für M1':

$$Z'_{\mathrm{M1}} = \frac{U_{\mathrm{rM}}}{\sqrt{3} \cdot 5 \cdot I'_{\mathrm{rM1}}}, \quad \text{mit} \quad I'_{\mathrm{rM1}} = \frac{S'_{\mathrm{rM1}}}{\sqrt{3} \cdot U_{\mathrm{rM}}}$$

Daraus folgt:

$$Z'_{\mathrm{M1}} = \frac{U_{\mathrm{rM}}^2}{5 \cdot S'_{\mathrm{rM1}}} = \frac{(400\,\mathrm{V})^2}{5 \cdot 931,6\,\mathrm{kVA}} = 34,35\,\mathrm{m\Omega}$$

Nach Tabelle 3.9 werden der Ersatzblind- und Ersatzwirkwiderstand:

$$X'_{\mathrm{M1}} = 0,922 \cdot Z'_{\mathrm{M1}} = 31,67\,\mathrm{m\Omega}, \quad \text{und} \quad R'_{\mathrm{M1}} = 0,42 \cdot X'_{\mathrm{M1}} = 13,3\,\mathrm{m\Omega}$$

Für den Ersatzmotor M2' ergibt sich entsprechend:

$$Z'_{\mathrm{M2}} = 170,21\,\mathrm{m\Omega}, \quad X'_{\mathrm{M1}} = 156,94\,\mathrm{m\Omega}, \quad R'_{\mathrm{M1}} = 65,91\,\mathrm{m\Omega}$$

■

Übung 3.52

Gegeben sei das dargestellte NS-Netz. Bilden Sie für einen Kurzschluss an der Fehlerstelle F Ersatzmotoren und berechnen Sie den Ersatzblind- und Ersatzwirkwiderstand.

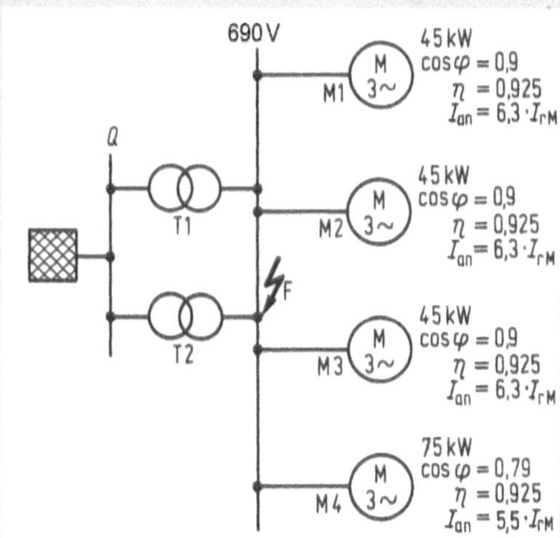

■

Leitungsimpedanzen

Die Ermittlung der Wirk- und Blindwiderstandsbeläge kann für häufig vorkommende NS-Kabel mit Hilfe der Tabellen 3.11 und 3.12 erfolgen.

Tabelle 3.11 Wirkwiderstandsbeläge R'_L in Ω/km im Mitsystem für 0,6/1 kV-Kabel der Typen N(A)YY, N(A)YCWY, N(A)KLEY und N(A)KBA bei $f = 50\,\text{Hz}$ und einer Leitertemperatur von 20 °C

Nennquerschnitt A_n in mm²	Kupfer	Aluminium
4	4,56	–
6	3,03	–
10	1,81	–
16	1,141	1,891
25	0,724	1,201
35	0,526	0,876
50	0,389	0,642
70	0,271	0,444
95	0,197	0,321
120	0,157	0,255
150	0,129 [1]	0,208
185	0,105 [1]	0,167
240	0,083 [2]	0,131
300	0,069 [2]	0,107

Der Wirkwiderstandsbelag R_L bei 80°C ist um den Faktor 1,24 größer als bei 20°C.

[1] Abzüglich 0,004 Ω/km bei Vierleiterkabeln NYY und Vierleiterkabeln mit Schirm NYCWY, abzüglich 0,002 Ω/km bei Dreileiterkabeln mit Schirm verringerten Querschnittes NYCWY.

[2] Abzüglich 0,006 Ω/km bei Vierleiterkabeln NYY und Vierleiterkabeln mit Schirm NYCWY, abzüglich 0,003 Ω/km bei Dreileiterkabeln mit Schirm verringerten Querschnitts NYCWY.

Übung 3.53

Entnehmen Sie den Tabellen den Wirk- und Blindwiderstandsbelag eines Kabels NYCWY 3 x 150/70 mm².

3.5.3.2 Gegenimpedanz $\underline{Z}_2$

Während die Mitimpedanzen mit einem symmetrisch mitlaufenden Spannungssystem bestimmt werden, erhält man die Gegenimpedanzen, wenn die Betriebsmittel an ein symmetrisch gegenlaufendes Spannungssystem gelegt werden. Schaltungstechnisch erfolgt dies am einfachsten dadurch, dass zwei Außenleiter miteinander vertauscht werden (Bild 3.102). Die Gegenimpedanz ergibt sich dann aus:

$$\underline{Z}_2 = \frac{\underline{U}_2}{\underline{I}_2} \tag{3.83}$$

Tabelle 3.12 Induktive Blindwiderstandsbeläge X_L' in Ω/km im Mitsystem für 0,6/1 kV-Kabel bei $f = 50\,\text{Hz}$

A_n in mm²	4-Leiter	4-Leiter	3½-Leiter	3½-Leiter	3-Leiter
	N(A)Y(CW)Y	N(A)KBA	N(A)KBA	N(A)KLEY	N(A)YCWY
4	0,107	–	–	–	0,1
6	0,1	–	–	–	0,094
10	0,094	–	–	–	0,088
16	0,09	0,099	–	–	0,083
25	0,086	0,094	0,092	–	0,08
35	0,083	0,092	0,09	–	0,077
50	0,083	0,09	0,087	0,071	0,077
70	0,082	0,087	0,085	0,069	0,074
95	0,082	0,086	0,084	0,068	0,074
120	0,08	0,085	0,083	0,067	0,072
150	0,08	0,086	0,084	0,068	0,072
185	0,08	0,085	0,083	0,067	0,072
240	0,079	0,084	0,082	0,066	0,072
300	0,079	0,084	0,082	–	0,072

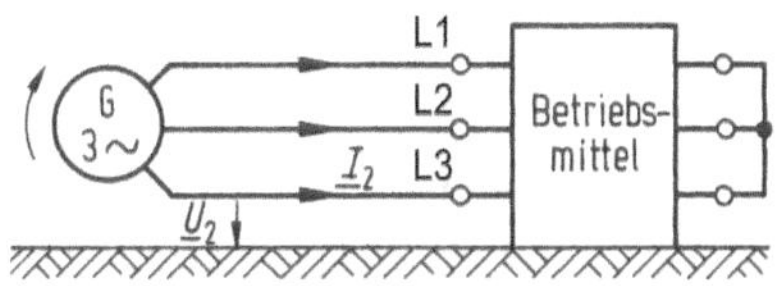

Bild 3.102
Schaltung zum Messen der Gegenimpedanz

Bei ruhenden Betriebsmitteln ist die Impedanz von der Phasenfolge unabhängig. Somit ist für Transformatoren, Leitungen und Drosselspulen die Gegenimpedanz gleich der Mitimpedanz:

$$\underline{Z}_2 = \underline{Z}_1$$

Für rotierende Maschinen, wie Generatoren und Motoren, weichen die Gegenimpedanzen von den Mitimpedanzen ab. Die Messung wird hier so durchgeführt, dass der Läufer in Richtung des mitlaufenden Feldes mit Bemessungsdrehzahl angetrieben wird und ein gegenläufiges Spannungssystem an die Eingangsklemmen gelegt wird. Für Asynchronmotoren entspricht dies dem Gegenstrombremsbetrieb.

3.5.3.3 Nullimpedanz $\underline{Z}_0$

Nach Abschnitt 3.5.2 muss zur Messung der Nullimpedanz eines elektrischen Betriebsmittels für Drehstrom das Betriebsmittel an eine Wechselspannungsquelle gelegt werden. Da sich ein Nullstrom nur dann ausbilden kann, wenn der Neutralleiter angeschlossen ist, wird die Schaltung so vorgenommen, dass man die Impedanzen der drei Stränge parallel schaltet und einen vierten Leiter zur Rückleitung benutzt (Bild 3.103).

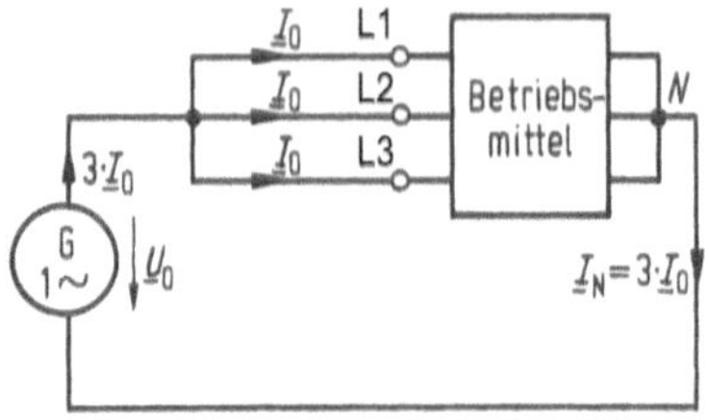

Bild 3.103
Schaltung zur Bestimmung der Nullimpedanz

Die Nullimpedanz ergibt sich dann aus:

$$\underline{Z}_0 = \frac{\underline{U}_0}{\underline{I}_0} \tag{3.84}$$

Leitungen

Die Nullimpedanz einer Leitung kann demnach nach Bild 3.104 dadurch ermittelt werden, dass man die drei Hauptleiter parallel schaltet und als Rückleiter die Erdungsanlage, den PEN-Leiter, den Kabelmantel oder die Kabelbewehrung verwendet. Im gemeinsamen Rückleiter fließt dann der dreifache Nullstrom.

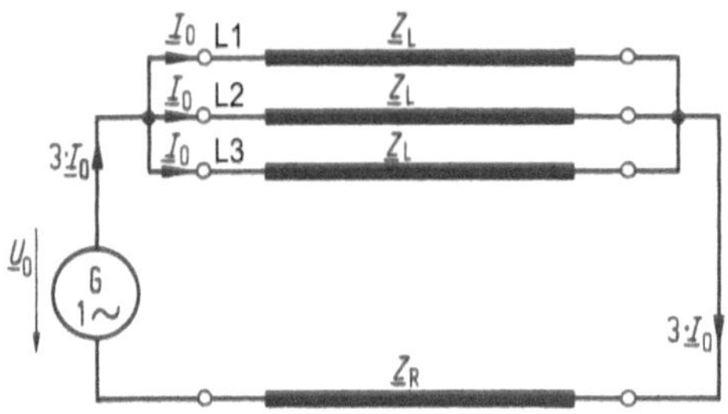

Bild 3.104
Messen der Nullimpedanz einer Leitung

Nach der Maschenregel ergibt sich:

$$\underline{I}_0 \cdot \underline{Z}_L + \underline{Z}_R \cdot 3 \cdot \underline{I}_0 - \underline{U}_0 = 0$$

Mit Gleichung (3.84) erhält man damit für die Nullimpedanz einer Leitung:

$$\underline{Z}_0 = \underline{Z}_L + 3 \cdot \underline{Z}_R \tag{3.85}$$

Die Impedanz des Rückleiters geht also mit dem dreifachen Wert in die Nullimpedanz ein. Gleichung (3.85) gilt sinngemäß für alle Netzelemente. Dabei erfasst $\underline{Z}_L$ die sog. Längsimpedanz des Betriebsmittels und $\underline{Z}_R$ die Rückleitungsimpedanz. Der Widerstand der Rückleitung einer Leitung ist abhängig:

- von der Leitungsart (Freileitung oder Kabel),
- vom Leitungsaufbau:
  Freileitungen mit und ohne Erdseil, Kabel mit und ohne Bewehrung,
- von den Erdungsverhältnissen:
  Leitfähigkeit des Erdreichs, evtl. parallel liegende Rohrleitungen.

Die Nullimpedanzen von Leitungen werden also auch von Faktoren bestimmt, die einer Rechnung nur schwer zugänglich sind. Man ist daher auf Erfahrungswerte bzw. auf Messwerte an verlegten Leitungen angewiesen.

Für Kabel des Typs N(A)YY und N(A)YCWY können die Wirkwiderstände und induktiven Blindwiderstände im Nullsystem mit Hilfe der Tabellen 3.13 und 3.14 errechnet werden. Dazu sind in den Tabellen Quotienten der Widerstände des Null- zum Mitsystem R_{0L}/R_L und X_{0L}/X_L für verschiedene Möglichkeiten der Rückleitung angegeben. Im Zweifelsfall sind die Daten vom Kabelhersteller zu erfragen.

Tabelle 3.13 Quotienten der Wirk- und induktiven Blindwiderstände im Null- und Mitsystem für Kabel N(A)YY in Abhängigkeit von der Rückleitung bei $f = 50\,\text{Hz}$

Aderzahl x A_n	$\frac{R_{0L}}{R_L}$, Kupfer		$\frac{R_{0L}}{R_L}$, Aluminium		$\frac{X_{0L}}{X_L}$, Kupfer		$\frac{X_{0L}}{X_L}$, Aluminium	
A_n in mm²	a	c	a	c	a	c	a	c
4x 1,5	4,0	1,03	–	–	3,99	21,28	–	–
4x 2,5	4,0	1,05	–	–	4,01	21,62	–	–
4x 4	4,0	1,11	–	–	3,98	21,36	–	–
4x 6	4,0	1,21	–	–	4,03	21,62	–	–
4x 10	4,0	1,47	–	–	4,02	20,22	–	–
4x 16	4,0	1,86	–	–	3,98	17,09	–	–
4x 25	4,0	2,85	–	–	4,13	12,97	–	–
4x 35	4,0	2,71	4,0	2,12	3,78	10,02	4,13	15,47
4x 50	4,0	2,95	4,0	2,48	3,76	7,61	3,76	11,99
4x 70	4,0	3,18	4,0	2,84	3,66	5,68	3,66	8,63
4x 95	4,0	3,29	4,0	3,07	3,65	4,63	3,65	6,51
4x120	4,0	3,35	4,0	3,19	3,65	4,21	3,65	5,53
4x150	4,0	3,38	4,0	3,26	3,65	3,94	3,65	4,86
4x185	4,0	3,41	4,0	3,32	3,65	3,74	3,65	4,35
4x240	4,0	3,42	–	–	3,67	3,62	–	–
4x300	4,0	3,44	–	–	3,66	3,52	–	–

a ... Rückleitung über 4.Leiter, c ... Rückleitung über 4.Leiter und Erde

Übung 3.54

Berechnen Sie für das Kabel der Übung 3.53 den Wirk- und Blindwiderstand im Nullsystem bei einer Kabellänge von 150 m, wenn die Rückleitung über den Schirm und die Erde erfolgt.

■

Transformatoren

Transformatoren können sowohl primär- als auch sekundärseitig in Dreieck oder Stern geschaltet werden. Somit sind verschiedene Schaltgruppen möglich. In Bild 3.105 ist die für NS-Transformatoren bevorzugte Schaltgruppe Dyn dargestellt.

Tabelle 3.14 Quotienten der Wirk- und induktiven Blindwiderstände im Null- und Mitsystem für Kabel N(A)YCWY in Abhängigkeit von der Rückleitung bei $f = 50\,\text{Hz}$

Aderzahl x A_n	$\frac{R_{0L}}{R_L}$, Kupfer		$\frac{R_{0L}}{R_L}$, Aluminium		$\frac{X_{0L}}{X_L}$, Kupfer		$\frac{X_{0L}}{X_L}$, Aluminium	
A_n in mm²	a	c	a	c	a	c	a	c
3x 25/16	5,74	2,4	–	–	1,73	19,8	–	–
3x 35/16	7,51	2,92	4,9	2,14	1,66	20,45	1,63	19,86
3x 50/25	6,58	3,74	4,37	2,66	1,56	14,66	1,58	14,57
3x 70/35	6,86	4,69	4,55	3,25	1,65	11,2	1,46	11
3x 95/50	6,97	5,45	4,63	3,71	1,65	7,96	1,47	7,78
3x120/70	6,21	5,42	4,18	3,7	1,65	5,28	1,42	5,03
3x150/70	7,35	6,39	4,88	4,29	1,58	5,24	1,43	5,07
3x185/95	6,74	6,21	4,52	4,2	1,49	3,57	1,36	3,43
3x240/120	6,81	6,44	–	–	1,44	2,83	–	–
3x300/150	6,77	6,5	–	–	1,39	2,33	–	–

a ... Rückleitung über Schirm, c ... Rückleitung über Schirm und Erde

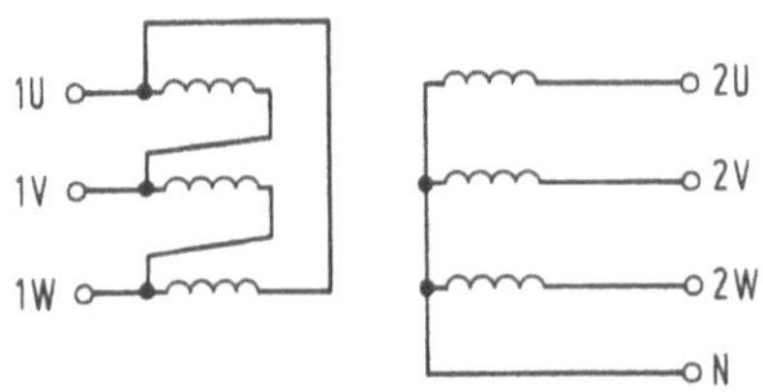

Bild 3.105
Drehstromtransformator der Schaltgruppe Dyn 11

Auf der Sekundärseite des Transformators kann nur dann ein Ausgleichsstrom fließen, der der Nullkomponente $3 \cdot \underline{I}_0$ entspricht, wenn ein entsprechender Stromweg vorhanden ist. Dies ist der Fall, wenn der Transformatorsternpunkt geerdet ist oder der Transformatorsternpunkt mit dem Verbrauchersternpunkt über einen Neutralleiter verbunden ist.

Die Messung der Nullimpedanz erfolgt daher so (Bild 3.106), dass die Sekundärklemmen des Transformators kurzgeschlossen werden und der Transformator sekundärseitig durch eine Wechselspannungsquelle gespeist wird. Über jeden Strang des Transformators fließt dann der Nullstrom $\underline{I}_0$.

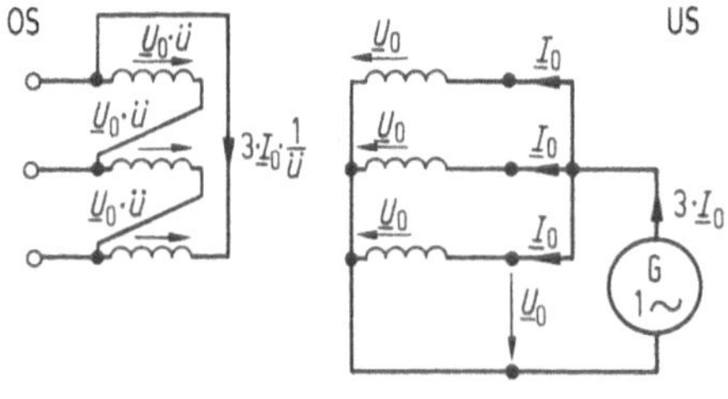

Bild 3.106
Messung der Nullimpedanz eines Transformators

Der magnetische Fluss, den dieser Strom hervorruft, induziert in jedem Strang der Primärwicklung eine Spannung. Die gleichphasigen Strangspannungen treiben einen Strom, der unter Berücksichtigung des Übersetzungsverhältnisses den Primärstrom $3 \cdot \underline{I}_0 \cdot \frac{1}{ü}$ zur Folge hat. Dabei wird der stets auftretende kleine Magnetisierungsstrom vernachlässigt.

Da die Dreieckschaltung einen geschlossenen Kreis bildet und kein Strompfad über Erde besteht, schließt sich der Strom über die Wicklung. Das speisende Netz der OS-Seite wird also durch die Nullkomponente nicht beeinflusst.

Der Nullstrom bildet sich auf der Oberspannungsseite nur innerhalb des Transformators aus. Ist die Oberspannungsseite in Stern geschaltet, muss natürlich auch hier in jedem Strang der Primärwicklung eine Spannung induziert werden. Ist jedoch der Sternpunkt nicht geerdet und kein Neutralleiter angeschlossen, kann sich kein Nullstrom ausbilden (Bild 3.107).

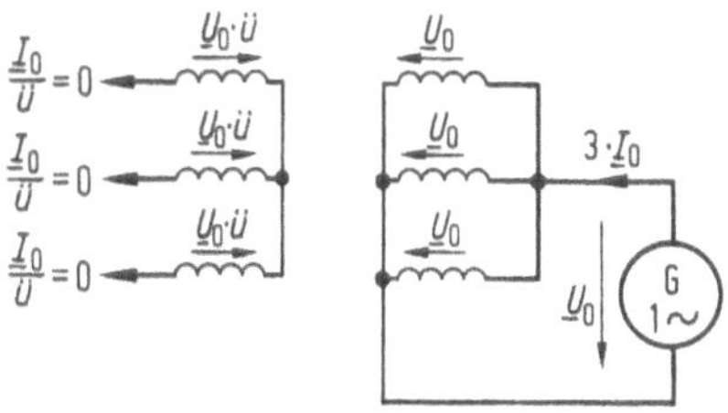

Bild 3.107
Nullkomponente der Schaltgruppe Yyn

> **Übung 3.55**
>
> Begründen Sie, weshalb sich bei der Schaltgruppe Yd ohne primär geerdeten Sternpunkt kein Nullsystem im Strom ausbilden kann. ■

Ist bei der Schaltgruppe YNyn der Primär- und Sekundärsternpunkt geerdet oder ein Neutralleiter angeschlossen, kann sowohl sekundär als auch primär eine Nullkomponente des Stromes auftreten.

> Da eine primärseitige Sternpunkterdung bei NS-Verteiltransformatoren kaum vorkommt, kann man somit für praktische Fälle in NS-Netzen annehmen:
>
> Die Nullkomponente wird nicht in das oberspannungsseitige Netz übertragen. ■

D.h. bei der Berechnung der Kurzschlussströme ist die Nullimpedanz des speisenden Netzes nicht zu berücksichtigen. In Tabelle 3.15 sind zur Ermittlung der Nullimpedanzen von NS-Transformatoren Quotienten des Null- zum Mitsystem für die Wirkwiderstände R_{0T}/R_T und für die Blindwiderstände X_{0T}/X_T angegeben.

> Aus der Tabelle geht hervor, dass die Nullimpedanzen der Schaltgruppen voneinander verschieden sind. Zusammenfassend kann demnach festgestellt werden:
>
> Die Nullimpedanz ist von der Schaltgruppe und der Sternpunktbehandlung abhängig. ■

Tabelle 3.15 Quotienten der Wirk- und induktiven Blindwiderstände im Null- und Mitsystem von Niederspannungs-Transformatoren bei $f = 50\,\text{Hz}$

Transformator-Schaltgruppe	R_{0T}/R_T	X_{0T}/X_T
Dy	1,0	0,95
Dz, Yz	0,4	0,1
Yy[1)]	1,0	7 bis 100[2)]

1) Die Transformatoren Yy sind für die Schutzmaßnahme „Schutz durch Überstromschutzeinrichtungen im TN-System" nicht geeignet.

2) Oberspannungsseitiger Sternpunkt nicht geerdet.

3.5.4 Dreipoliger Kurzschluss

Definitionsgemäß sind an einem dreipoligen Kurzschluss die drei Außenleiter eines Drehstromsystems gleichermaßen beteiligt. Das Drehstromsystem wird symmetrisch belastet. In jedem Außenleiter fließt damit der gleiche Kurzschlussstrom. Es gilt daher die Ersatzschaltung nach Bild 3.108 (vgl. Abschnitt 3.4.3, S. 134).

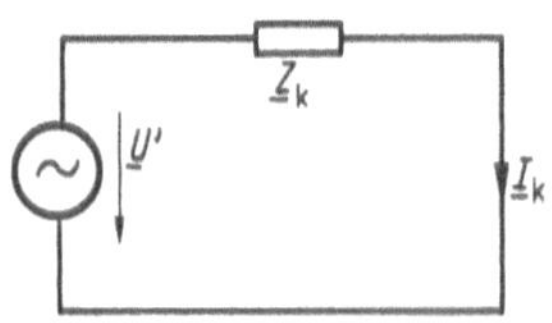

Bild 3.108
Einphasiges Ersatzschaltbild eines Kurzschlussstromkreises für dreipoligen Kurzschluss

$\underline{U}'$ Strangspannung des speisenden Netzes
$\underline{Z}_k$ Impedanz der Kurzschlussstrombahn
$\underline{I}_k$ Effektivwert des dreipoligen Dauerkurzschlussstromes

Der Effektivwert des dreipoligen Dauerkurzschlussstromes ergibt sich somit aus:

$$\underline{I}_k = \frac{\underline{U}'}{\underline{Z}_k}$$

Ist die Strangspannung die Bezugsgröße (reelle Achse der komplexen Zahlenebene), dann ist mit der Nennspannung U_n des Netzes in dem der Kurzschluss auftritt:

$$\underline{U}' = \frac{U_n}{\sqrt{3}} \cdot e^{j0°}$$

Mit dem Spannungsfaktor c, Tabelle 3.10, wird somit:

$$\underline{I}_k = \frac{c \cdot U_n}{\sqrt{3} \cdot \underline{Z}_k} \quad \text{(vgl. Gleichung (3.58))} \qquad (3.86)$$

Mit Gleichung (3.86) sind die Grundlagen der Berechnung gegeben. An einigen Beispielen soll nun das Rechenverfahren gezeigt werden.

Beispiel 3.16

Ein Industrie-NS-Netz wird nach dem angegebenen Netzplan aus einem 20 kV-Mittelspannungsnetz über einen Transformator mit der Bemessungsspannung U_{rT} = 400 V versorgt.

An der gekennzeichneten Fehlerstelle F1 der Niederspannungs-HV-Sammelschienen ist der größtmögliche dreipolige Dauerkurzschlussstrom zu berechnen. In den Netzplan sind die verlegten Kabeltypen, -längen und -querschnitte eingetragen, ebenso die Daten des Transformators und des speisenden Netzes auf der Oberspannungsseite des Transformators.

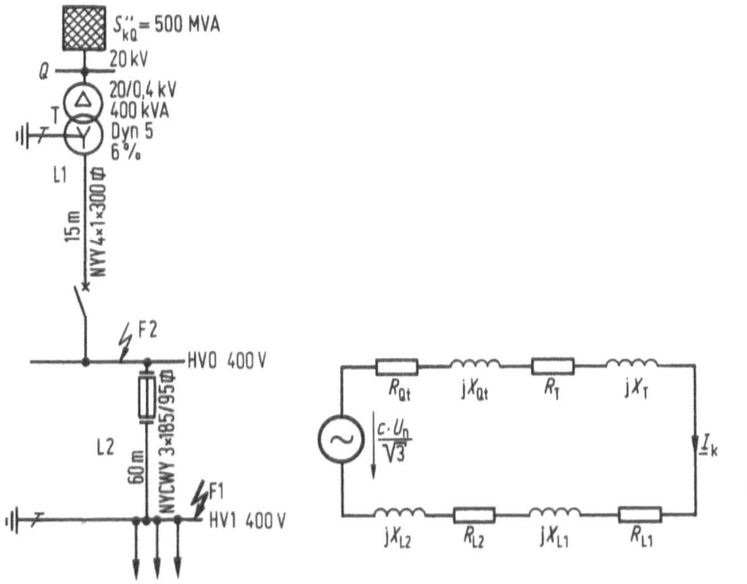

a) Netzplan b) Ersatzschaltbild

Lösung:
Wie aus dem Netzplan hervorgeht, sind alle Betriebsmittelimpedanzen in Reihe geschaltet. Es lässt sich somit das Ersatzschaltbild mit $\frac{c \cdot U_n}{\sqrt{3}}$ der Ersatzspannungsquelle nach obigem Bild zeichnen. Hieraus folgt für die Gesamtimpedanz der Kurzschlussstrombahn:

$$\underline{Z}_k = R_k + \mathrm{j}X_k = R_{Qt} + R_T + R_{L1} + R_{L2} + \mathrm{j}\,(X_{Qt} + X_T + X_{L1} + X_{L2})$$

Die einzelnen Widerstände werden nun wie folgt ermittelt:
Netz (Annahme: $c_Q = c_{max}$):

Nach Gleichung (3.82): $Z_{Qt} = \dfrac{1,1 \cdot U_n^2}{S''_{kQ}}$ ($c_Q = 1,1$ aus Tabelle 3.10, $U_{nQ} = 20\,\mathrm{kV}$)

erhält man für die auf die Unterspannungsseite transformierte Impedanz des Netzes:

$$Z_{Qt} = \frac{1,1 \cdot 400^2\,\mathrm{V}^2}{500 \cdot 10^6\,\mathrm{VA}} = 0,352\,\mathrm{m\Omega}$$

Nach Tabelle 3.9 ist: $X_{Qt} = 0,995 \cdot Z_{Qt} = 0,995 \cdot 0,352\,\mathrm{m\Omega} = 0,35\,\mathrm{m\Omega}$

$$R_{Qt} = 0,1 \cdot X_{Qt} = 0,1 \cdot 0,35\,\mathrm{m\Omega} = 0,035\,\mathrm{m\Omega}$$

Transformator:

Aus Bild 3.99 folgt für $S_{rT} = 400\,\text{kVA}$ und $u_{kr} = 6\,\%$:
$R_T = 6\,\text{m}\Omega \quad X_T = 23\,\text{m}\Omega$

Kabel 1:
Weil für Einleiterkabel keine Tabellenwerte für die induktiven Blindwiderstandsbeläge vorliegen, muss dieser für den Kabeltyp NYY 1 x 300 mm² berechnet werden. Für die Berechnung des Induktivitätsbelags wird vorausgesetzt, dass die Kabel in einer Ebene nebeneinander im Abstand ihres Außendurchmessers verlegt werden, siehe Bild. Der Kabelaußendurchmesser wird mit $D = 32\,\text{mm}$ angenommen.

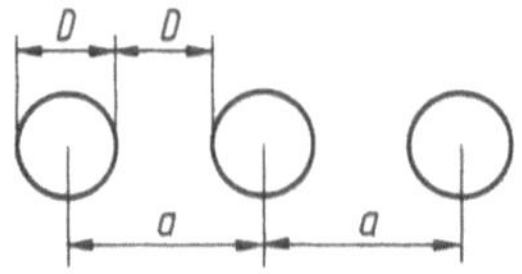

Nach Tabelle 3.6 errechnet sich der mittlere Induktivitätsbelag aus:

$$L'_m = 0{,}2 \cdot \ln \frac{\overline{a}}{\rho} \quad \text{in} \quad \frac{\text{mH}}{\text{km}}$$

mit dem mittleren geometrischen Abstand: $\overline{a} = a \cdot \sqrt[3]{2} = 2 \cdot 32\,\text{mm} \cdot \sqrt[3]{2} = 80{,}63\,\text{mm}$

und dem Ersatzradius: $\rho = 0{,}779 \cdot r = 0{,}779 \cdot \sqrt{\frac{300\,\text{mm}^2}{\pi}} = 7{,}61\,\text{mm}$

$$L'_m = 0{,}2\,\tfrac{\text{mH}}{\text{km}} \cdot \ln \frac{80{,}63\,\text{mm}}{7{,}61\,\text{mm}} = 0{,}472\,\tfrac{\text{mH}}{\text{km}}$$

$$X_{L1} = L'_m \cdot \omega \cdot l_1 = 0{,}472 \cdot 10^{-3}\,\tfrac{\text{H}}{\text{km}} \cdot 314\,\tfrac{1}{\text{s}} \cdot 0{,}015\,\text{km} = 2{,}22\,\text{m}\Omega$$

Weil auch für den ohmschen Widerstandsbelag keine Tabellenwerte vorliegen, muss der Wirkwiderstand berechnet werden. Zur Berechnung des größten Kurzschlussstromes ist der Widerstand bei 20 °C zu berücksichtigen. Unter Vernachlässigung des Zusatzwiderstandes ΔR ergibt sich damit der Wirkwiderstand mit genügender Genauigkeit aus:

$$R_{L1} = \frac{l_1}{\gamma_{20} \cdot A_1} = \frac{15\,\text{m}}{56\,\frac{\text{Sm}}{\text{mm}^2} \cdot 300\,\text{mm}^2} = 0{,}9\,\text{m}\Omega$$

Kabel 2:
Nach Tabelle 3.12 ist: $X'_{L2} = 0{,}072\,\frac{\Omega}{\text{km}}$:

$$X_{L2} = X'_{L2} \cdot l_2 = 0{,}072\,\tfrac{\Omega}{\text{km}} \cdot 0{,}06\,\text{km} = 4{,}32\,\text{m}\Omega$$

Nach Tabelle 3.11 ist: $R'_{L2} = 0{,}105\,\frac{\Omega}{\text{km}} - 0{,}002\,\frac{\Omega}{\text{km}} = 0{,}103\,\frac{\Omega}{\text{km}}$:

$$R_{L2} = R'_{L2} \cdot l_2 = 0{,}103\,\tfrac{\Omega}{\text{km}} \cdot 0{,}06\,\text{km} = 6{,}18\,\text{m}\Omega$$

Damit ergibt sich für den Gesamtblindwiderstand:

$$X_k = X_{Qt} + X_T + X_{L1} + X_{L2} = (0{,}35 + 23 + 2{,}22 + 4{,}32)\,\text{m}\Omega = 29{,}89\,\text{m}\Omega$$

und für den Gesamtwirkwiderstand:

$$R_k = R_{Qt} + R_T + R_{L1} + R_{L2} = (0{,}035 + 6 + 0{,}9 + 6{,}18)\,\text{m}\Omega = 13{,}12\,\text{m}\Omega$$

Damit wird nach Gleichung (3.86) mit $c = 1{,}10$ der größte Kurzschlussstrom zu:

$$\underline{I}_k = \frac{c \cdot U_n}{\sqrt{3}\,(R_k + \text{j}X_k)} = \frac{1{,}1 \cdot 400\,\text{V}}{\sqrt{3}\,(13{,}12 + \text{j}29{,}89)\,\text{m}\Omega} = 7{,}78\,\text{kA}\,\text{e}^{-\text{j}66{,}3^\circ}$$

■

Ist nur der Betrag des Kurzschlussstromes von Bedeutung, genügt es, den Betrag der Gesamtimpedanz zu berechnen. Dieser ergibt sich dann aus:

$$Z_k = \sqrt{R_k^2 + X_k^2}$$

Wie aus dem Beispiel hervorgeht, ist die Impedanz des Netzes der Oberspannungsseite des Transformators klein im Vergleich zu den übrigen Impedanzen, so dass diese häufig vernachlässigt werden kann. In der Regel muss Z_Q nur dann berücksichtigt werden, wenn ein NS-Netz über Transformatoren großer Leistung ($\geqq 1600\,\text{kVA}$) versorgt wird.

Übung 3.56

Ein 100 m langes Kabel NYCWY 3 x 185/95 mm² ist an einen Transformator von 1000 kVA, $U_{rT} = 400\,\text{V}$, $u_{kr} = 4\%$ angeschlossen.

Wie groß ist der größte dreipolige Kurzschlussstrom, wenn der Kurzschluss über einen Übergangswiderstand von $R_ü = 2\,\Omega$ je Phase erfolgt? Die Impedanz des Netzes der OS des Transformators ist zu vernachlässigen. ■

Beispiel 3.17

Ein NS-Netz wird nach folgendem Bild zweiseitig gespeist. Wie groß ist der größte dreipolige Kurzschlussstrom an der NS-Sammelschiene des Transformators T2?

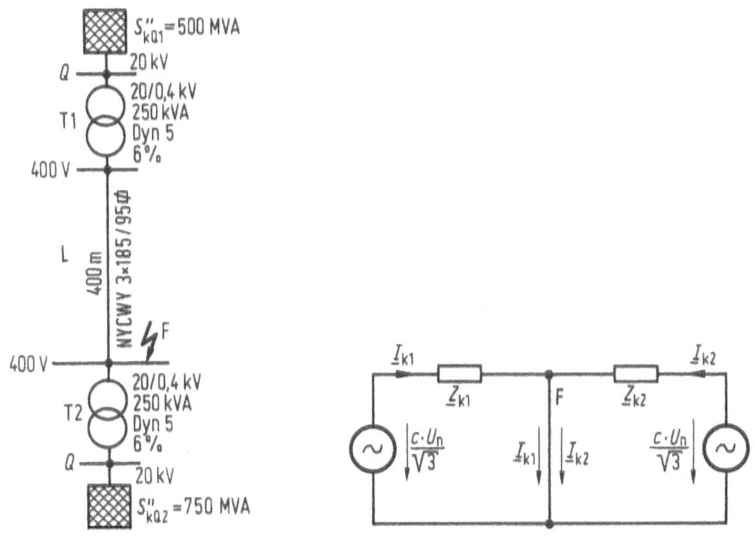

a) Netzplan   b) Ersatzschaltbild

Lösung:

Aus dem Netzplan ergibt sich das Ersatzschaltbild nach obigem Bild. Wie aus dem Ersatzschaltbild hervorgeht, wird der Kurzschluss von beiden Ersatzspannungsquellen gespeist.

Die von jeder Quelle gelieferten Kurzschlussströme $\underline{I}_{k1}$ und $\underline{I}_{k2}$ überlagern sich an der Kurzschlussstelle. Die Berechnung des Kurzschlussstromes an der Fehlerstelle kann daher so durchgeführt werden, dass man zunächst die Teilkurzschlussströme $\underline{I}_{k1}$ und $\underline{I}_{k2}$ ermittelt und diese dann zum Gesamtkurzschlussstrom addiert. Das Rechenverfahren vereinfacht sich, wenn man von folgender Überlegung ausgeht: Die Spannung an der Fehlerstelle muss Null sein. Nach der Maschenregel gilt dann:

$$\frac{c \cdot U_n}{\sqrt{3}} = \underline{I}_{k1} \cdot \underline{Z}_{k1} = \underline{I}_{k2} \cdot \underline{Z}_{k2}$$

Es liegt somit eine Parallelschaltung der Impedanzen $\underline{Z}_{k1}$ und $\underline{Z}_{k2}$ vor, die von einer Ersatzspannungsquelle mit $\frac{c \cdot U_n}{\sqrt{3}}$ gespeist wird. Es ergibt sich das Ersatzschaltbild nach folgendem Bild:

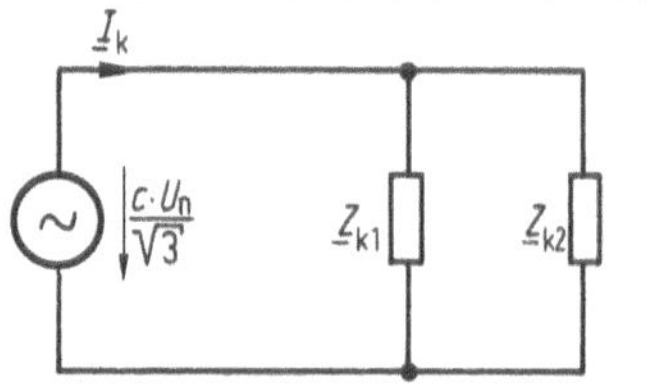

Den Gesamtkurzschlussstrom erhält man dann aus:

$$\underline{I}_k = \frac{c \cdot U_n}{\sqrt{3} \cdot (\underline{Z}_{k1} \| \underline{Z}_{k2})}$$

Wie aus dem folgenden Bild hervorgeht, kann man sich den Fehlerstromkreis auch so vorstellen, als läge die Ersatzspannungsquelle als einzige wirksame Spannungsquelle an der Fehlerstelle F. Die übrigen Generatorspannungen sind dabei Null.

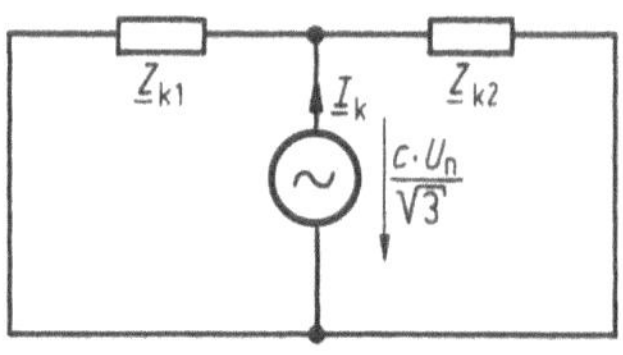

Wie später noch gezeigt wird, ist zur Berechnung des Gesamtkurzschlussstromes, der über die Fehlerstelle fließt, das Verfahren des Verlegens der Ersatzspannungsquelle an die Fehlerstelle besonders für komplizierte Netzschaltungen eine relativ einfache Lösungsmöglichkeit.

Nun kann die Rechnung durchgeführt werden. Für die einzelnen Widerstände erhält man entsprechend Beispiel 3.16:

Blindwiderstände:

Netz 1:	$X_{Q1t} = 0{,}35\,\text{m}\Omega$
Netz 2:	$X_{Q2t} = 0{,}233\,\text{m}\Omega$
Transformator:	$X_T = 36\,\text{m}\Omega$
Kabel:	$X_L = 0{,}072\,\frac{\Omega}{\text{km}} \cdot 0{,}4\,\text{km} = 28{,}8\,\text{m}\Omega$

Wirkwiderstände:

Netz 1:	$R_{Q1t} = 0{,}035\,\text{m}\Omega$
Netz 2:	$R_{Q2t} = 0{,}023\,\text{m}\Omega$
Transformator:	$R_T = 10\,\text{m}\Omega$
Kabel:	$R_L = 0{,}103\,\frac{\Omega}{\text{km}} \cdot 0{,}4\,\text{km} = 41{,}2\,\text{m}\Omega$

Damit wird:

$$X_{k1} = X_{Q1t} + X_T + X_L = (0{,}35 + 36 + 28{,}8)\ \text{m}\Omega = 65{,}15\,\text{m}\Omega$$
$$R_{k1} = R_{Q1t} + R_T + R_L = (0{,}035 + 10 + 41{,}2)\ \text{m}\Omega = 51{,}24\,\text{m}\Omega$$
$$X_{k2} = X_{Q2t} + X_T = (0{,}23 + 36)\ \text{m}\Omega = 36{,}23\,\text{m}\Omega$$
$$R_{k2} = R_{Q2t} + R_T = (0{,}023 + 10)\ \text{m}\Omega = 10{,}02\,\text{m}\Omega$$
$$\underline{Z}_{k1} = 51{,}24\,\text{m}\Omega + \text{j}65{,}15\,\text{m}\Omega, \qquad \underline{Z}_{k2} = 10{,}02\,\text{m}\Omega + \text{j}36{,}23\,\text{m}\Omega$$
$$\underline{Z}_k = \underline{Z}_{k1} \| \underline{Z}_{k2} = \frac{\underline{Z}_{k1} \cdot \underline{Z}_{k2}}{\underline{Z}_{k1} + \underline{Z}_{k2}} = \frac{(51{,}24\,\text{m}\Omega + \text{j}65{,}15\,\text{m}\Omega) \cdot (10{,}02\,\text{m}\Omega + \text{j}36{,}23\,\text{m}\Omega)}{61{,}26\,\text{m}\Omega + \text{j}101{,}38\,\text{m}\Omega} =$$
$$\underline{Z}_k = 26{,}30\,\text{m}\Omega\,\text{e}^{\text{j}67{,}5°}$$

Somit ergibt sich:

$$\underline{I}_k = \frac{1{,}1 \cdot 400\,\text{V}}{\sqrt{3} \cdot 26{,}30\,\text{m}\Omega}\,\text{e}^{-\text{j}67{,}5°} = 9{,}66\,\text{kA}\,\text{e}^{-\text{j}67{,}5°}$$

■

Beispiel 3.18

Es ist die Ersatzschaltung des angegebenen Netzplanes zu entwerfen. Die Ersatzspannungsquelle ist dabei an die Fehlerstelle F zu verlegen.

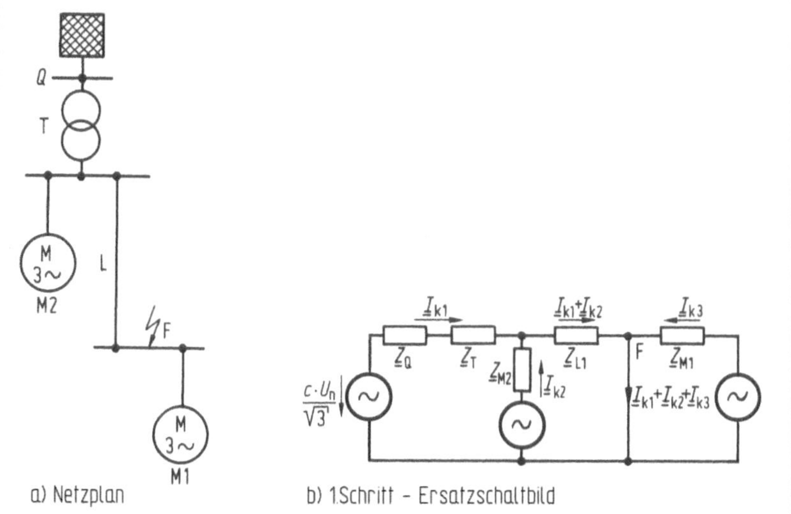

Lösung:
Teilbild b) zeigt das im 1.Schritt dargestellte einphasige Ersatzschaltbild des Netzes. Im 2.Schritt erfolgt die Verlegung der Ersatzspannungsquelle an die Fehlerstelle F (siehe Teilbild c)). Abschließend erfolgt im 3.Schritt entsprechend Teilbild d) noch eine rechengerechte Vereinfachung der Ersatzschaltung.

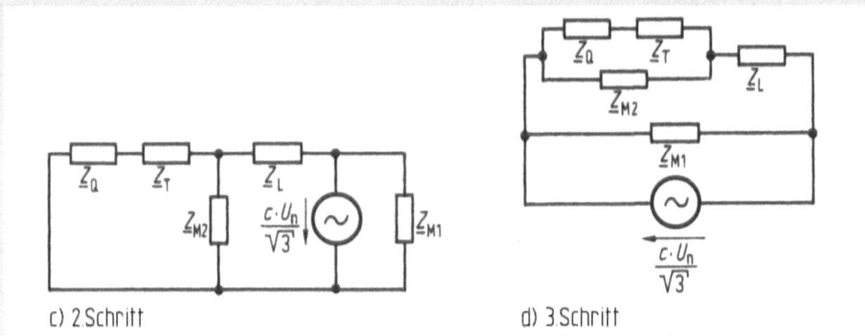

Für die wichtigsten in NS-Netzen vorkommenden Fälle sind in Bild 3.109 die Ersatzschaltbilder für den dreipoligen Kurzschluss zusammengestellt. Beim Generator als speisende Quelle werden von der Nennspannung des Netzes abweichende Generator-Bemessungs-Spannungen und die Erregung des Generators über die korrigierte Generatorimpedanz $\underline{Z}_{GK}$ berücksichtigt, siehe dazu Tabelle 3.9.

Übung 3.57

Zeichnen Sie das Ersatzschaltbild der Anlage entsprechend dem angegebenen Bild.

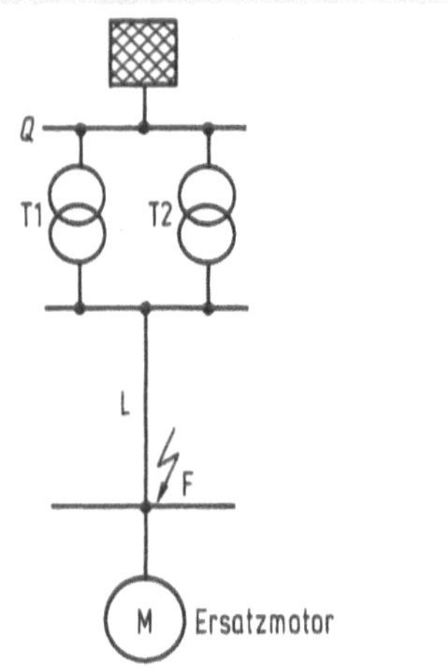

Übung 3.58

An der Hauptverteilung HV1 des Beispiels 3.16 ist eine Motorengruppe angeschlossen, die insgesamt einen Bemessungsstrom von 180A hat.

a) Berechnen Sie den dreipoligen Anfangskurzschlusswechselstrom I_k für die Fehlerstelle F1.
b) Welchen Anteil liefern die Motoren zum Gesamtkurzschlussstrom nach Betrag und Phasenlage?
c) Wie groß ist der Dauerkurzschlussstrom?

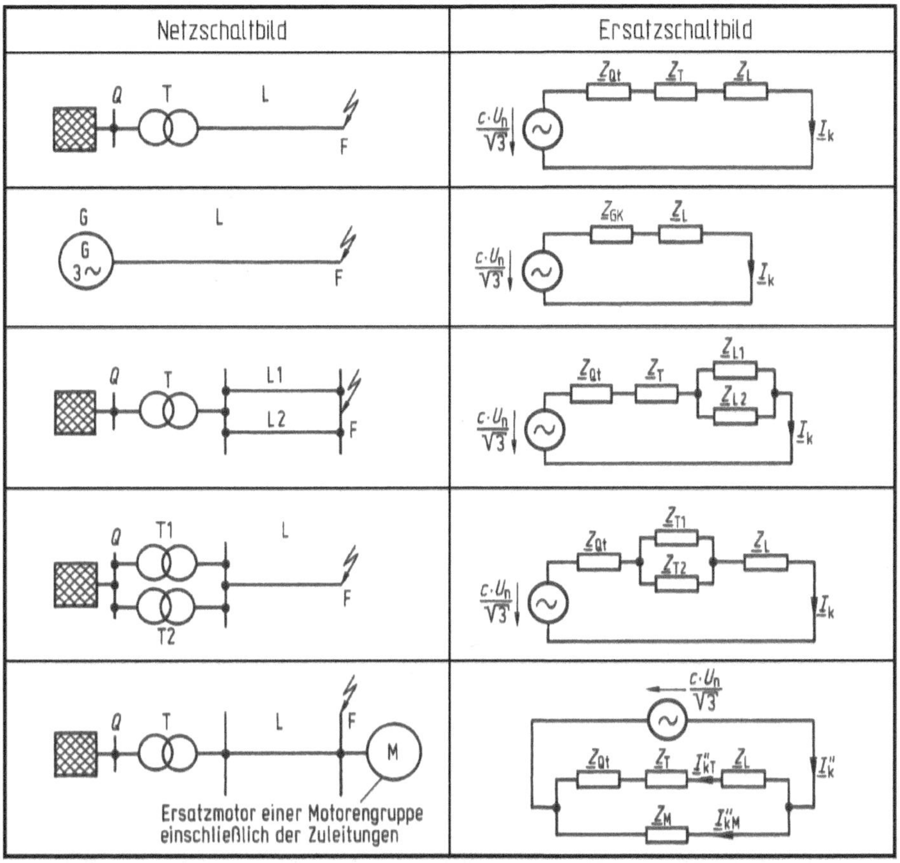

Bild 3.109 Ersatzschaltbilder für dreipoligen Kurzschluss

3.5.5 Zweipoliger Kurzschluss

Für das Beispiel 3.16 soll der zweipolige Dauerkurzschlussstrom an der Fehlerstelle F1 berechnet werden. Es wird angenommen, dass der Kurzschluss zwischen den Außenleitern L2 und L3 ohne Erdberührung erfolgt.

Damit kann das Ersatzschaltbild der Kurzschlussstrombahn nach Bild 3.110 gezeichnet werden, wobei als Quellenspannung die Außenleiterspannung $c \cdot U_n$ wirksam ist. Unter der Voraussetzung, dass $Z_{L2} = Z_{L3} = Z_k$ ist, ergibt sich für den zweipoligen Kurzschlussstrom:

$$I_{k2p} = \frac{c \cdot U_n}{2 \cdot Z_k} \tag{3.87}$$

Für den dreipoligen Kurzschlussstrom gilt nach Gleichung (3.86):

$$I_k = \frac{c \cdot U_n}{\sqrt{3} \cdot Z_k}$$

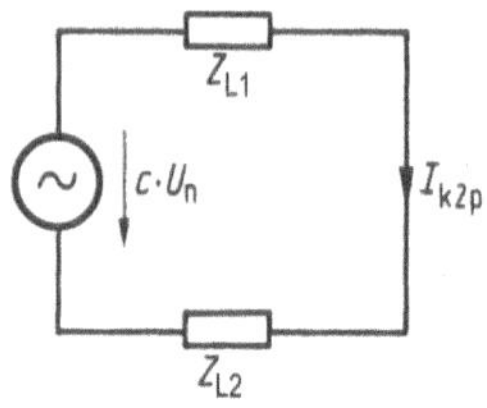

Bild 3.110
Ersatzschaltbild des zweipoligen Kurzschlusses ohne Erdberührung

Hiermit folgt für den Betrag des zweipoligen Dauerkurzschlussstromes:

$$I_{k2p} = \frac{\sqrt{3}}{2} \cdot I_k \tag{3.88}$$

Damit wird für das Beispiel 3.16 an der Fehlerstelle F1:

$$I_{k2p} = \frac{\sqrt{3}}{2} \cdot I_k = \frac{\sqrt{3}}{2} \cdot 7,78\,\text{kA} = 6,74\,\text{kA}$$

Übung 3.59

In Beispiel 3.17 ergab sich für den Betrag des größten dreipoligen Kurzschlussstromes $I_k = 9,66\,\text{kA}$. Berechnen Sie den zweipoligen Kurzschlussstrom. ■

3.5.6 Einpoliger Kurzschluss (Erdkurzschluss)

An der Fehlerstelle F2 des Netzes nach Beispiel 3.16 (Bild 3.111) ist der kleinste einpolige Dauerkurzschlussstrom nach Betrag und Phasenlage zu berechnen.

Es wird angenommen, dass der Kurzschluss zwischen dem Außenleiter L1 und dem PEN-Leiter nach Bild 3.112 erfolgt. Weil es sich hier um einen unsymmetrischen Fehlerfall (Lastfall) handelt, an dem der Neutralleiter bzw. PEN-Leiter beteiligt ist, bietet sich zur Lösung der Aufgabe die symmetrische Komponentenrechnung an. Das unsymmetrische System wird damit symmetriert und die Rechnung vereinfacht. Voraussetzungen:

Strangspannung an der Fehlerstelle: $\underline{U}_{L1} = 0$
Strom im Außenleiter L2: $\underline{I}_{L2} = 0$
Strom im Außenleiter L3: $\underline{I}_{L3} = 0$

Aus den Gleichungsgruppen der Tabelle 3.8 folgt damit:

$$\underline{U}_1 + \underline{U}_2 + \underline{U}_0 = 0 \tag{3.89}$$

$$\underline{a}^2 \cdot \underline{I}_1 + \underline{a} \cdot \underline{I}_2 + \underline{I}_0 = 0 \tag{3.90}$$

$$\underline{a} \cdot \underline{I}_1 + \underline{a}^2 \cdot \underline{I}_2 + \underline{I}_0 = 0 \tag{3.91}$$

Durch Subtraktion der letzten beiden Gleichungen erhält man:

$$\underline{I}_1 \left(\underline{a}^2 - \underline{a}\right) + \underline{I}_2 \left(\underline{a} - \underline{a}^2\right) = 0 \quad \Rightarrow \quad \underline{I}_1 = \underline{I}_2$$

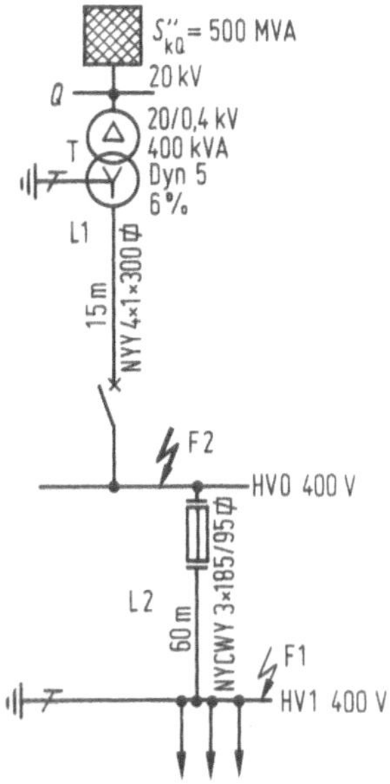

Bild 3.111 Netzplan

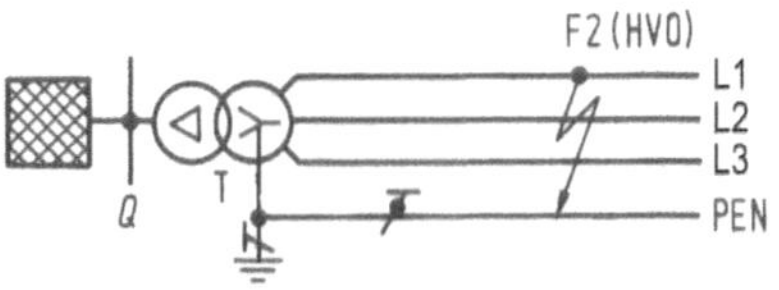

Bild 3.112 Einpoliger Kurzschluss

In die dritte Gleichung eingesetzt:

$$\underline{I}_1\left(\underline{a}+\underline{a}^2\right)+\underline{I}_0=0$$

und wegen $\left(\underline{a}+\underline{a}^2\right)=-1$ nach Gleichung (3.67):

$$\underline{I}_1=\underline{I}_0=\underline{I}_2 \tag{3.92}$$

Die Komponentenströme haben also den gleichen Betrag und die gleiche Phasenlage. Zur Berechnung der Komponentenströme $\underline{I}_1$, $\underline{I}_2$ oder $\underline{I}_0$ werden nun Gleichungen benötigt, die den Zusammenhang zwischen Strom- und Spannungskomponenten herstellen. Für die Komponentenspannungen gelten folgende Beziehungen, die hier ohne Ableitung angegeben werden sollen:

$$\begin{aligned} &\text{Mitsystem:} && \underline{U}_1=\underline{U}'-\underline{I}_1\cdot\underline{Z}_1 \\ &\text{Gegensystem:} && \underline{U}_2=-\underline{I}_2\cdot\underline{Z}_2 \\ &\text{Nullsystem:} && \underline{U}_0=-\underline{I}_0\cdot\underline{Z}_0 \end{aligned} \tag{3.93}$$

$\underline{U}'$ ist darin die Strangspannung des speisenden Netzes. Sie tritt nur im Mitsystem auf und hat aufgrund der Definition des Mitsystems den gleichen Umlaufsinn wie dieses. Für jede Gleichung der Gleichungsgruppe (3.93) lässt sich ein Ersatzschaltbild angeben (Bild 3.113). Da in den Gleichungen des Gegen- und Nullsystems der Gleichungsgruppe (3.93) keine speisenden Spannungen auftreten, werden diese Systeme auch als passive Systeme bezeichnet.

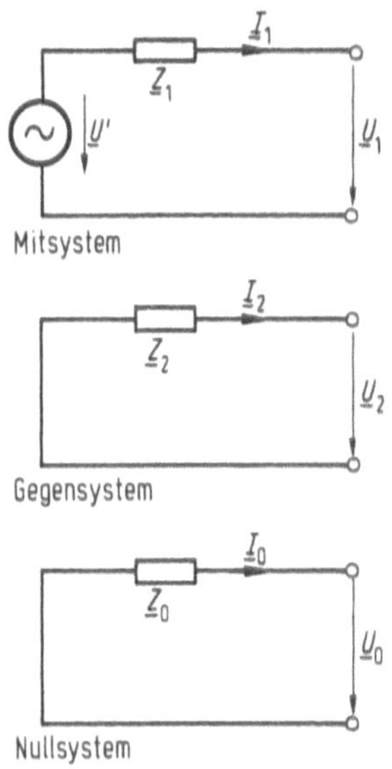

Bild 3.113
Ersatzschaltbilder des Mit-, Gegen- und Nullsystems

Das Mitsystem stellt ein aktives System dar. Werden nun die Gleichungen der Gleichungsgruppe (3.93) in Gleichung (3.89) eingesetzt, ergibt sich:

$$\underline{U}' - \underline{Z}_1 \cdot \underline{I}_1 - \underline{Z}_2 \cdot \underline{I}_2 - \underline{Z}_0 \cdot \underline{I}_0 = 0$$

und wegen Gleichung (3.92) wird: $\underline{I}_1 = \dfrac{\underline{U}'}{\underline{Z}_1 + \underline{Z}_2 + \underline{Z}_0}$

Für den Kurzschlussstrom im Außenleiter L1 gilt nach Gleichungsgruppe (3.72) und mit Gleichung (3.92):

$$\underline{I}_{L1} = \underline{I}_{k1p} = \underline{I}_1 + \underline{I}_2 + \underline{I}_0 = 3 \cdot \underline{I}_1$$

Daraus folgt: $$\underline{I}_{k1p} = \frac{3 \cdot \underline{U}'}{\underline{Z}_1 + \underline{Z}_2 + \underline{Z}_0} \qquad (3.94)$$

Unter der Bedingung Mitimpedanz = Gegenimpedanz = Kurzschlussimpedanz $\underline{Z}_k$ und mit der Spannung der Ersatzspannungsquelle $\frac{c \cdot U_n}{\sqrt{3}} = \underline{U}'$ wird:

$$\underline{I}_{k1p} = \frac{c \cdot \sqrt{3} \cdot U_n}{2 \cdot \underline{Z}_k + \underline{Z}_0} \qquad (3.95)$$

Ist nur der Betrag des einpoligen Kurzschlussstromes von Interesse, so ergibt sich dieser nach Gleichung (3.95) aus:

$$|\underline{I}_{k1p}| = \frac{c \cdot \sqrt{3} \cdot U_n}{\sqrt{(2 \cdot R_k + R_0)^2 + (2 \cdot X_k + X_0)^2}} \qquad (3.96)$$

Die Gesamtimpedanz als die Summe aller Impedanzen der Kurzschlussstrombahn wird auch als Schleifenimpedanz $\underline{Z}_S$ bezeichnet. Ist diese z.B. aufgrund einer Messung bekannt, gilt für den einpoligen Kurzschlussstrom:

$$\underline{I}_{k1p} = \frac{c \cdot U_n}{\sqrt{3} \cdot \underline{Z}_S} \qquad (3.97)$$

Mit Gleichung (3.95) ergibt sich durch Gleichsetzen:

$$\underline{Z}_S = \frac{2 \cdot \underline{Z}_k + \underline{Z}_0}{3} \tag{3.98}$$

Übung 3.60

Leiten Sie Gleichung (3.95) mit Hilfe von Gleichung (3.97) und Gleichung (3.85) ab. ■

Grundsätzlich kann mit den bisher abgeleiteten Gleichungen für einfach gespeiste Kurzschlussstromkreise bei Reihenschaltung aller Impedanzen der Kurzschlussstrombahn der einpolige Kurzschlussstrom berechnet werden. Für kompliziertere Schaltungen empfiehlt es sich aber auch hier, ein Ersatzschaltbild zu zeichnen. Für das vorliegende Netzbeispiel kann das Ersatzschaltbild folgendermaßen abgeleitet werden:

Nach Gleichung (3.89) gilt: $\underline{U}_1 + \underline{U}_2 + \underline{U}_0 = 0$
und nach Gleichung (3.92): $\underline{I}_1 = \underline{I}_2 = \underline{I}_0$

Vorstehende Gleichungen lassen sich mit den Ersatzschaltungen des Mit-, Gegen- und Nullsystems nach Bild 3.113 erfüllen, wenn die Klemmen gemäß Bild 3.114 in Reihe geschaltet werden.

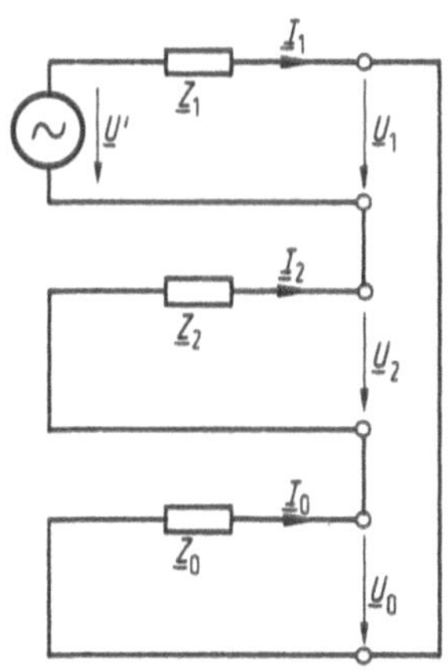

Bild 3.114
Komponentenersatzschaltung zur Berechnung des einpoligen Kurzschlussstromes

Entsprechend der Aufgabenstellung nach Bild 3.111 ist der kleinste Kurzschlussstrom zu berechnen. Dabei ist es ausreichend, dazu die Leiterwirkwiderstände (R_L, R_{0L}) für eine Leitertemperatur von 80 °C einzusetzen. Da ein metallischer Kurzschluss vorausgesetzt wird, aber zusätzliche Einflüsse, vor allem Lichtbogenwiderstände, Kontaktwiderstände, Übergangswiderstände an den Anschlussklemmen der Geräte und dgl., die rechnerisch kaum erfasst werden können, zu einer Verminderung der Kurzschlussströme führen können, wird in Gleichung (3.95) der Spannungsfaktor c_{min} nach Tabelle 3.10 eingesetzt:

$$\underline{I}_{k1p\,min} = \frac{c_{min} \cdot \sqrt{3} \cdot U_n}{2 \cdot \underline{Z}_{80} + \underline{Z}_{080}} \tag{3.99}$$

$\underline{Z}_{80}$ ergibt sich aus: $\underline{Z}_{80} = R_{Qt} + R_T + R_{L80} + j\left(X_{Qt} + X_T + X_L\right)$

$\underline{Z}_{080}$ ergibt sich aus: $\underline{Z}_{080} = R_{0T} + R_{0L80} + j\left(X_{0T} + X_{0L}\right)$

Der Nenner von Gleichung (3.99): $\underline{Z}^* = 2 \cdot \underline{Z}_{80} + \underline{Z}_{080} =$

$$\underline{Z}^* = 2 \cdot R_{Qt} + 2 \cdot R_T + 2 \cdot R_{L80} + R_{0T} + R_{0L80} + \\ + j\left(2 \cdot X_{Qt} + 2 \cdot X_T + 2 \cdot X_L + X_{0T} + X_{0L}\right)$$

> **!** Bei der Berechnung kleinster Kurzschlussströme dürfen Asynchronmotoren nicht berücksichtigt werden. ■

Nunmehr kann die Rechnung mit den Werten des Beispiels durchgeführt werden. Dabei wird die Annahme $c_Q = c_{max}$ für die Netzeinspeisung beibehalten.

Wirkwiderstände

Den Seiten 169f. sind folgende Werte zu entnehmen:

$$R_{Qt} = 0{,}035\,\text{m}\Omega, \quad R_T = 6\,\text{m}\Omega, \quad R_{L20} = 0{,}9\,\text{m}\Omega$$

Da der Leiterwiderstand bei 80 °C einzusetzen ist, wird der Wert bei 20 °C mit dem Faktor 1,24 multipliziert:

$$R_{L80} = 0{,}9\,\text{m}\Omega \cdot 1{,}24 = 1{,}12\,\text{m}\Omega$$

Nach Tabelle 3.15 gilt für Transformatoren der Schaltgruppe Dy:

$$\frac{R_{0T}}{R_T} = 1, \qquad \text{damit ist:} \quad R_{0T} = 6\,\text{m}\Omega$$

Weil für Einleiterkabel keine Tabellenwerte für das Nullsystem vorliegen, wird der Nullwirkwiderstand errechnet. Nach Gleichung (3.85) ist $R_{0L} = R_L + 3 \cdot R_R$. Da der Außenleiterquerschnitt gleich dem Rückleiterquerschnitt ist, gilt somit:

$$R_{0L80} = 4 \cdot R_{L80} = 4 \cdot 1{,}12\,\text{m}\Omega = 4{,}48\,\text{m}\Omega$$

Blindwiderstände

Von den Seiten 169f. wird übernommen:

$$X_{Qt} = 0{,}35\,\text{m}\Omega, \quad X_T = 23\,\text{m}\Omega, \quad X_L = 2{,}22\,\text{m}\Omega$$

Nach Tabelle 3.15 ist:

$$\frac{X_{0T}}{X_T} = 0{,}95, \qquad \text{damit ist:} \quad X_{0T} = 0{,}95 \cdot 23\,\text{m}\Omega = 21{,}85\,\text{m}\Omega$$

Den induktiven Blindwiderstand im Nullsystem erhält man für Einleiterkabel näherungsweise aus:

$$X_{0L} \approx 4 \cdot X_L = 4 \cdot 2{,}22\,\text{m}\Omega = 8{,}88\,\text{m}\Omega$$

Damit wird:

$$\underline{Z}^* = 24{,}79\,\text{m}\Omega + \text{j}81{,}87\,\text{m}\Omega$$

$$\text{und:}\quad \underline{I}_{\text{k1p min}} = \frac{0{,}90 \cdot \sqrt{3} \cdot 400\,\text{V}}{24{,}79\,\text{m}\Omega + \text{j}81{,}87\,\text{m}\Omega} = 7{,}29\,\text{kA}\,\text{e}^{-\text{j}73°}$$

Dieser Kurzschlussstrom muss von dem vor der Kurzschlussstelle F2 eingebauten Leistungsschalter noch sicher abgeschaltet werden. Sein Kurzschlussauslöser ist somit höchstens auf den Wert von 7,29 kA einzustellen. Das Ausschaltvermögen des Leistungsschalters muss allerdings mindestens dem größten an der Einbaustelle des Schalters auftretenden Kurzschlussstrom entsprechen.

Übung 3.61

Berechnen Sie den größten an der Einbaustelle des Schalters auftretenden Kurzschlussstrom.

Übung 3.62

Berechnen Sie für die Fehlerstelle F1 des Beispiels 3.16 den größten und kleinsten einpoligen Kurzschlussstrom.

Übung 3.63

Berechnen Sie mit Hilfe der symmetrischen Komponentenrechnung die Spannungen $\underline{U}_{\text{L2}}$ und $\underline{U}_{\text{L3}}$ der vom Kurzschluss nicht betroffenen Phasen beim kleinsten einpoligen Kurzschlussstrom an der Fehlerstelle F1 des Beispiels 3.16. Es gelten folgende Gleichungen:

$$\underline{U}_{\text{L2}} = \underline{a}^2 \cdot \underline{U}_1 + \underline{a} \cdot \underline{U}_2 + \underline{U}_0$$

$$\underline{U}_{\text{L3}} = \underline{a} \cdot \underline{U}_1 + \underline{a}^2 \cdot \underline{U}_2 + \underline{U}_0$$

$$\underline{U}_1 + \underline{U}_2 + \underline{U}_0 = 0 \qquad \underline{U}_1 = \underline{U}' - \underline{I}_1 \cdot \underline{Z}_1$$

$$\underline{I}_1 = \underline{I}_2 = \underline{I}_0 \qquad \underline{U}_2 = -\underline{I}_2 \cdot \underline{Z}_2$$

$$\underline{Z}_1 = \underline{Z}_2 \qquad \underline{U}_0 = -\underline{I}_0 \cdot \underline{Z}_0$$

Übung 3.64

Zeichnen Sie das Zeigerdiagramm zu vorstehender Übung für Ströme und Spannungen.

Hinweis: Bezugslinie ist die reelle Achse der komplexen Zahlenebene (Spannung der Phase L1).

Beispiel 3.19

Für den Netzplan des zweiseitig gespeisten Netzes in Beispiel 3.17 ist das Ersatzschaltbild für den einpoligen Kurzschluss zu entwickeln.

Lösung:

1. Schritt:
Darstellung des Netzes im Komponentenersatzschaltbild.
Die Impedanzen im Mit-, Gegen- und Nullsystem werden zusammengefasst zu:

$\underline{Z}_{11} = \underline{Z}_{1Q1} + \underline{Z}_{1T1} + \underline{Z}_{1L}$
$\underline{Z}_{12} = \underline{Z}_{1Q2} + \underline{Z}_{1T2}$
$\underline{Z}_{21} = \underline{Z}_{2Q1} + \underline{Z}_{2T1} + \underline{Z}_{2L}$
$\underline{Z}_{22} = \underline{Z}_{2Q2} + \underline{Z}_{2T2}$
$\underline{Z}_{01} = \underline{Z}_{0T1} + \underline{Z}_{0L}$
$\underline{Z}_{02} = \underline{Z}_{0T2}$

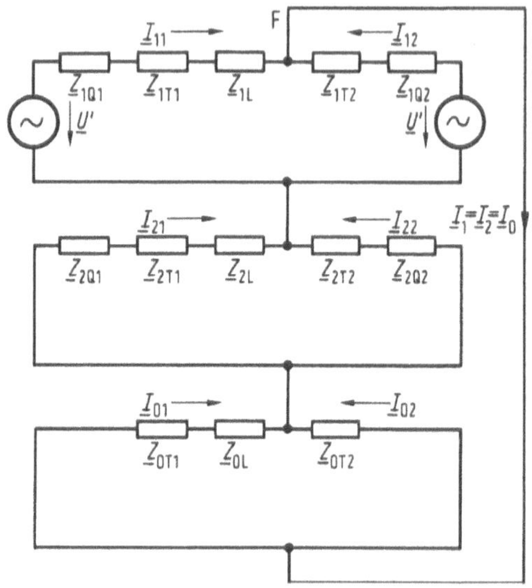

2. Schritt:
Vereinfachung der Darstellung und Verlegung der Ersatzspannungsquelle an die Fehlerstelle.

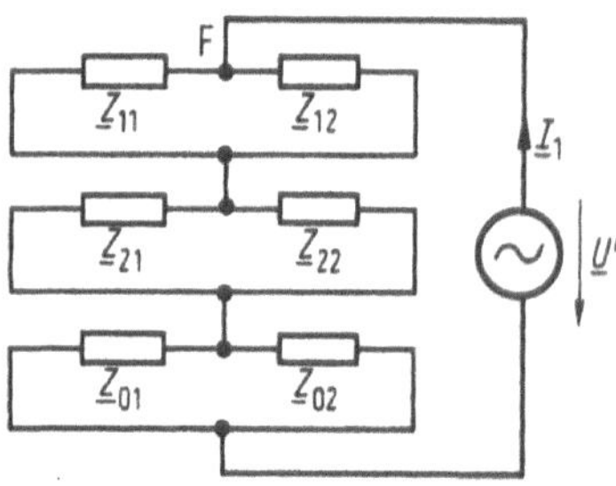

3. Schritt:
Rechengerechte Darstellung.

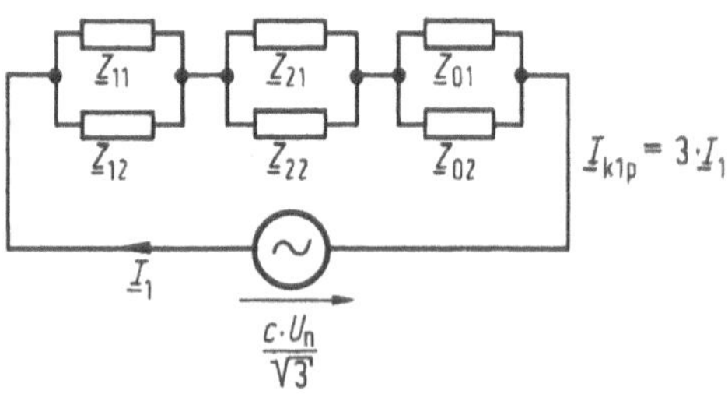

■

Übung 3.65

Entwickeln Sie die Ersatzschaltung zur Berechnung des einpoligen Kurzschlussstromes für den dargestellten Netzplan.

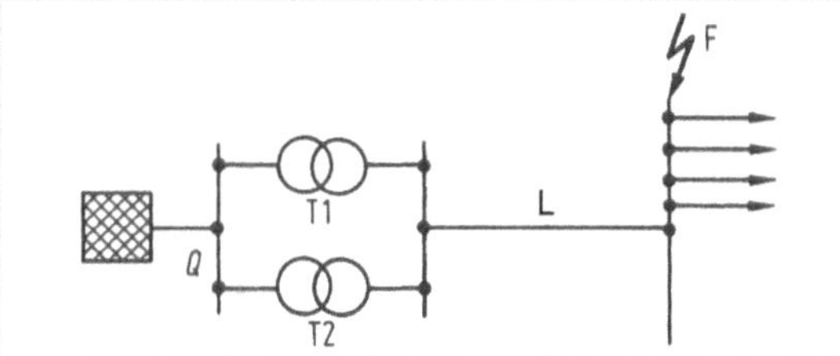

3.5.7 Lernzielorientierter Test zu Abschnitt 3.5

1. Ein Vierleiter-Drehstromnetz 500 V, 50 Hz ist unsymmetrisch belastet:

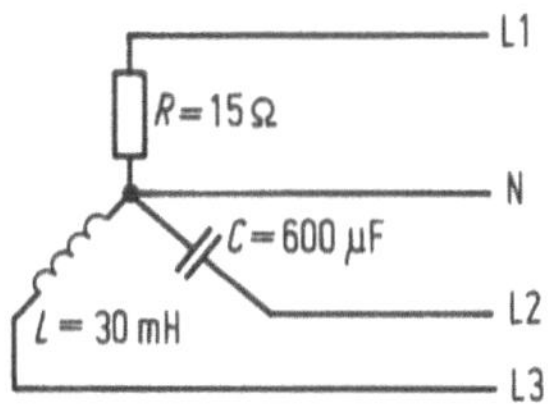

   a) Berechnen Sie den Strom im Neutralleiter.

   b) Zeichnen Sie das Zeigerdiagramm der Ströme.

2. In Übung 3.48 sind für ein Drehstromnetz 690 V, 50 Hz folgende Verbraucherstrangspannungen gegeben:

   $\underline{U}_{L1} = 250\,\text{V}\,e^{+j170°}$, $\underline{U}_{L2} = 475\,\text{V}\,e^{+j47°}$, $\underline{U}_{L3} = 450\,\text{V}\,e^{-j43°}$

   Die Nullkomponente der Spannungen (Verschiebespannung) wurde zu $\underline{U}_0 = 138{,}5\,\text{V}\,e^{+j11{,}7°}$ errechnet.

   Zeichnen Sie das zugehörige Zeigerbild.

3. Ein Drehstromnetz hat die Daten: 400 V, 50 Hz, $R_Q = 13\,\text{m}\Omega$, $X_Q = 29\,\text{m}\Omega$.

   a) Wie groß ist der dreipolige Dauerkurzschlussstrom?

   b) Wie groß ist der Stoßkurzschlussstrom?

4. An ein Drehstromnetz 400 V, 50 Hz ist über ein vieradriges Kabel von 300 m Länge zwischen der Phase L1 und dem Neutralleiter ein Verbraucher mit einem Wirkwiderstand von $R_V = 3\,\Omega$ angeschlossen. Die Widerstandsbeläge des Kabels betragen $R'_L = 0{,}9\,\Omega/\text{km}$, $X'_L = 0$. Die Impedanz des Netzes soll unberücksichtigt bleiben.

   a) Wie groß ist die Verbraucherspannung, wenn die Nullimpedanz viermal größer ist als die Mit(Betriebs-)impedanz?

   b) Wie groß wäre die Verbraucherspannung, wenn alle drei Phasen symmetrisch mit 3 Ω belastet wären?

5. An ein NS-Netz 400 V, 50 Hz mit den Daten $R_Q = 0,5\,\text{m}\Omega$, $X_Q = 1\,\text{m}\Omega$ ist ein 200 m langes Kabel NAYY 4 x 150 mm² angeschlossen.
   a) Berechnen Sie den dreipoligen Kurzschlussstrom nach Betrag und Phasenlage.
   b) Berechnen Sie den kleinsten einpoligen Kurzschlussstrom nach Betrag und Phasenlage, wenn die Rückleitung nur über den vierten Leiter erfolgt.
   c) Zeichnen Sie das Zeigerdiagramm für alle Außenleiterströme der Aufgabe a).
6. An ein NS-Netz 400/230 V, 50 Hz mit den Daten $R_Q = 13\,\text{m}\Omega$, $X_Q = 29\,\text{m}\Omega$ wird ein Drehstrommotor 400 V mit einer Bemessungsleistung von 110 kW, $\eta_r = 94,5\,\%$, $\cos\varphi_r = 0,87$, $n_r = 1485\,\text{min}^{-1}$ angeschlossen. Laut Herstellerliste beträgt der Anlaufstrom bei direktem Einschalten das 6-fache des Bemessungsstroms.
   Berechnen Sie bei Vernachlässigung der Anschlussleitung des Motors:
   a) den Anteil des Motors am gesamten dreipoligen Anfangskurzschlusswechselstrom nach Betrag und Phasenlage,
   b) den gesamten dreipoligen Anfangskurzschlusswechselstrom nach Betrag und Phasenlage.

4 Schaltanlagen

Lernziele

Nach Durcharbeitung dieses Kapitels können Sie

- die Aufgaben und Anforderungen der Schaltgeräte erläutern,
- Schaltgeräte klassifizieren,
- Schalter nach ihrem Schaltvermögen unterscheiden,
- den Verlauf von Ein- und Ausschaltvorgängen in Stromkreisen und dessen Bedeutung für die Belastung der Schaltgeräte und anderer Anlagenteile aufzeigen,
- mechanische Phänomene beim Einschalten und deren Einfluss auf die Konstruktion von Schaltern erklären,
- Zeitbegriffe für den Ein- und Ausschaltvorgang von Schaltern definieren,
- die physikalischen Eigenschaften von Lichtbögen erläutern,
- den Einfluss des Lichtbogens auf die Konstruktion und den Betrieb von Schaltgeräten beschreiben,
- die Wirkungsweise von Lichtbogenlöscheinrichtungen erläutern,
- Aufbau, Funktion, Kennlinien, Kenngrößen und Anwendungsbereiche von Niederspannungsschaltgeräten erläutern,
- Niederspannungsschaltgeräte auswählen,
- Niederspannungsschaltanlagen projektieren,
- grundsätzliche Unterschiede von Hochspannungs- und Mittelspannungsschaltgeräten zu Niederspannungsschaltgeräten aufzeigen,
- Bauarten von Hochspannungsschaltanlagen unterscheiden. ■

4.1 Allgemeines

Zu Beginn der Entwicklung der Elektrotechnik sind nur wenige Geräte zum Schalten, Messen, Schützen, Steuern oder Regeln von Generatoren, Motoren, Beleuchtungsanlagen usw. erforderlich. Die Geräte werden meistens – häufig in offener Bauweise – an den Wänden der Räume montiert, in denen sich auch die Maschinen befinden.

Die zunehmende Zahl dieser Geräte sowie die Forderung nach Übersichtlichkeit und Sicherheit führen zur Zusammenfassung der Geräte auf „Schalttafeln“, die zunächst aus Holz und später aus Marmor bestehen. Metallprofilkonstruktionen, die als offene Gerüste ausgeführt werden, lösen die Tafeln ab. Man spricht jetzt von Schaltanlagen. Als Schaltanlage werden somit die an einer Stelle zusammengefassten elektrischen Betriebsmittel zur Verteilung, Steuerung oder Regelung des Energieflusses bezeichnet.

> Nach ÖVE/ÖNORM EN 62271-200 (VDE 0671-200) ist eine Schaltanlage die Kombination von Schaltgeräten mit zugehörigen Steuer-, Mess-, Schutz- und Regeleinrichtungen sowie Baugruppen aus derartigen Geräten und Einrichtungen mit den dazugehörigen Verbindungen, Zubehörteilen, Kapselungen und tragenden Gerüsten. ■

Die ständige Leistungssteigerung und die damit verbundene Erhöhung der Übertragungs- und Betriebsspannungen machen die Unterbringung von Schaltanlagen in Räumen (Innenraumschaltanlagen) und auch im Freien (Freiluftschaltanlagen) notwendig.

Um einen allseitigen Berührungsschutz zu erreichen, werden Innenraumschaltanlagen im Nieder- und Mittelspannungsbereich mit einer Umhüllung aus Metall und/oder Isolierstoff umgeben. Man unterscheidet Schaltanlagen folgendermaßen:

- nach dem Aufstellungsort:
  - Innenraumschaltanlagen,
  - Freiluftschaltanlagen,
- nach der Netzebene:
  - Hochspannungsschaltanlagen,
  - Mittelspannungsschaltanlagen,
  - Niederspannungsschaltanlagen,
- nach der Bauform:
  - offene Bauformen (Luftisolierung),
  - gekapselte bzw. geschlossene Bauformen.

Die steigenden Grundstückspreise und die immer schwieriger zu beschaffenden Grundstücke (besonders in Stadtgebieten) führen dazu, dass heute auch Hochspannungsschaltanlagen in vollisoliert-gekapselter Bauform ausgeführt werden. Diese Anlagen benötigen nur noch etwa 20 % des Gebäudevolumens von luftisolierten Anlagen. Möglich wird diese platzsparende Bauweise durch den Einsatz des Isoliergases SF_6 (Schwefelhexafluorid) als Isoliermittel.

Neben dem Begriff der Schaltanlage wird hauptsächlich auf der NS-Ebene noch der Begriff des Verteilers gebraucht. Strenge Unterschiede in der Verwendung der beiden Begriffe sind allerdings kaum feststellbar.

Mancherorts wird als kennzeichnendes Merkmal einer Schaltanlage die unmittelbare Einspeisung über Transformatoren bzw. das unmittelbare Vorhandensein von Transformatoren in der Anlage angeführt. Für solche Anlagen werden jedoch auch die Begriffe Umspannstation, Umspannanlage, Hauptschaltanlage oder Hauptverteiler gebraucht.

Auf der NS-Ebene werden die einem Hauptverteiler (Hauptschaltanlage) nach- bzw. untergeordneten Verteiler (Schaltanlagen) als Unterverteiler bezeichnet (Bild 4.1).

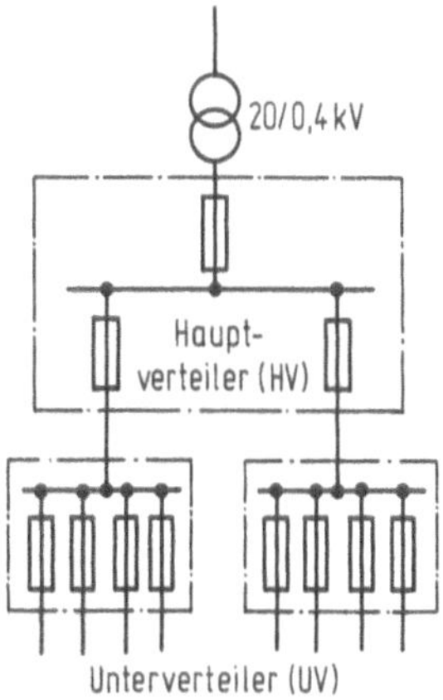

Bild 4.1
NS-Schaltanlagen

Bevor nun auf die unterschiedlichen Bauarten von Schaltanlagen der verschiedenen Netzspannungsebenen näher eingegangen wird, sollen die Schaltgeräte als Hauptelemente der Schaltanlagen besprochen werden.

4.2 Schaltgeräte

4.2.1 Aufgaben und Anforderungen

Schaltgeräte müssen immer dann verwendet werden, wenn Stromkreise nur bedarfsweise mit elektrischer Energie versorgt werden sollen. Die Schalthandlungen können dabei sowohl durch Personen als auch durch selbsttätige Schaltvorrichtungen ausgeführt werden. In Schaltanlagen besteht ihre Hauptaufgabe darin, Strompfade den jeweiligen Bedingungen entsprechend zu verbinden, zu unterbrechen oder zu trennen. Sie müssen elektrische Energieflüsse sicher steuern, bei Störungen schnellstens abschalten sowie Wartungs- und Instandhaltungsarbeiten in elektrischen Anlagen gefahrlos ermöglichen.

Am Beispiel der elektrischen Energieversorgung eines Industriebetriebes sollen die verschiedenen Aufgaben verdeutlicht werden. Der Industriebetrieb wird aus dem öffentlichen Mittelspannungsnetz (20 kV) gespeist. Daneben besitzt er noch eine eigene Kraftwerksanlage. Zeitweise soll getrennter Betrieb gefahren werden, aber auch die Möglichkeit bestehen, dass die abgehenden Stromkreise wahlweise von beiden Einspeisungen (Fremd- und Eigenversorgung) versorgt werden können. Die Lösung der Aufgabe zeigt der Übersichtsschaltplan der Schaltanlage in Bild 4.2.

Wie aus Bild 4.2 hervorgeht, haben die unterschiedlichen Schaltgeräte verschiedene Aufgaben zu erfüllen:

- Steuerung des Leistungsflusses durch Herstellen bestimmter Schaltverbindungen (Q0, Q01, Q1, Q2, Q6 bis Q12),
- Zu- und Abschalten von Verbrauchern (Q10 bis Q12),

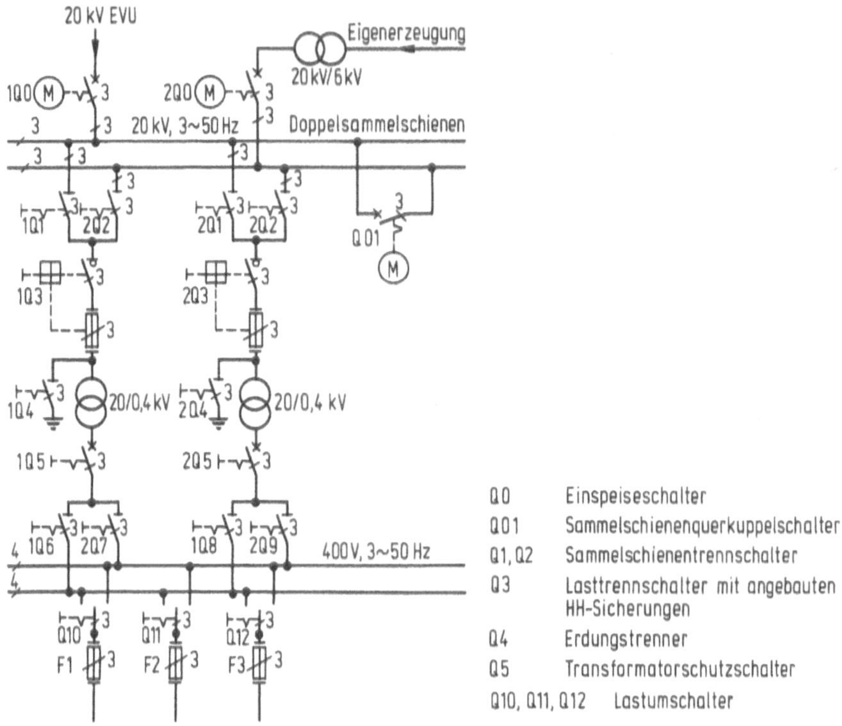

Bild 4.2 Beispiel für eine Mittel- und Niederspannungsschaltanlage

- selektives Heraustrennen von Netz- und Anlagenteilen im Überlast- und Kurzschlussfall (F1 bis F3, Q3, Q5),
- Herstellen und Sichern des spannungsfreien Zustands von Anlagenteilen zur Durchführung von Wartungs- und Instandhaltungsarbeiten (Q1, Q2, Q4, Q6 bis Q9, F1 bis F3).

Ein Schaltgerät kann dabei mehrere Aufgaben übernehmen. Damit Schaltgeräte den vorstehenden Aufgaben entsprechen und ein sicherer und flexibler Betrieb gewährleistet ist, müssen an sie unterschiedliche Anforderungen gestellt werden.

Schaltgeräte müssen:

- mechanischen Beanspruchungen standhalten (Stoßfestigkeit, Schlagfestigkeit und Erschütterungsfestigkeit),
- im eingeschalteten Zustand den Betriebsstrom bei den gegebenen Betriebsbedingungen führen können,
- im ausgeschalteten Zustand eine ausreichende Isolierstrecke bilden, so dass ein sicherer Schutz des Bedienungs- und Wartungspersonals gewährleistet ist,
- die auftretenden Kurzschlussströme thermisch und dynamisch beherrschen,
- bei Fehlern im Netz in kurzer Zeit aus- und eingeschaltet werden können. Dabei muss ihr Schaltvermögen den Beanspruchungen an der Einbaustelle genügen,
- bei selbsttätigen Schutzeinrichtungen zwecks Selektivität in ihrer Abschaltzeit veränderbar sein.

Außerdem müssen sie:

- einfach zu montieren, wartungsarm und raumsparend sein,
- so gebaut sein, dass sie beim Ein- und Ausschalten keine zu hohen Schaltüberspannungen hervorrufen, die die Isolation gefährden oder am Netz angeschlossene Verbraucher in ihrer Funktion beeinflussen.

4.2.2 Einteilung der Schaltgeräte

Aufgrund der unterschiedlichen Aufgabenstellungen und der damit zusammenhängenden unterschiedlichen Anforderungen wurden je nach Priorität der Schaltaufgabe eine Vielzahl von Schaltgeräten entwickelt (Bild 4.3).

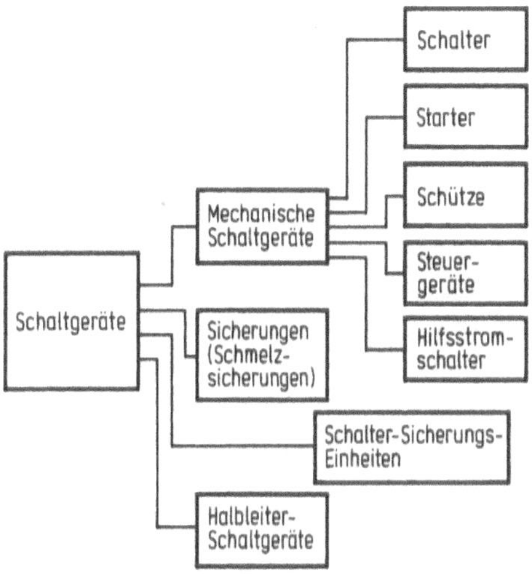

Bild 4.3
Einteilung der Schaltgeräte

Infolge der Entwicklung der Leistungselektronik können neben mechanischen Schaltgeräten auch Halbleiterbauelemente zum Einschalten und/oder Abschalten des Stromes im Stromkreis verwendet werden. Wesentliche Elemente von Schaltanlagen sind die Schalter. Sie werden nach folgenden Gesichtspunkten eingeteilt:

- nach dem mechanischen Verhalten in der Schaltstellung (z.B. Rastschalter),
- nach der Betätigungsart (z.B. Handschalter),
- nach dem Schaltvermögen (z.B. Lastschalter),
- nach der Art der Lichtbogenlöschung (z.B. Vakuumschalter),
- nach dem Verwendungszweck (z.B. Schutzschalter),
- nach der Einbau- oder Anschlussart (z.B. steckbare Geräte).

Übung 4.1

Finden Sie zu den vorstehenden Unterscheidungsmerkmalen weitere Beispiele.

Ein wichtiges Merkmal für die Auswahl und den Betrieb eines Schalters ist sein Schaltvermögen. Darunter wird der Strom verstanden, den der Schalter ohne Beschädigung ein- bzw. ausschalten kann. Unter diesem Gesichtspunkt unterscheidet man:

- Leerschalter:
  Leerschalter sind Schalter zum annähernd stromlosen Ein- und Ausschalten oder Schalter zum Ein- und Ausschalten von Strömen bei nur geringer Spannung im Schaltaugenblick zwischen den offenen Schaltstücken.
- Lastschalter:
  Lastschalter dienen zum Ein- und Ausschalten von Betriebsmitteln und Anlagenteilen im ungestörtem Zustand. Ihr Schaltvermögen liegt in der Größenordnung der Bemessungsbetriebsströme und angegebener betrieblicher Überlastströme.
- Motorschalter:
  Motorschalter (Motorstarter) schalten Elektromotoren mit einem Schaltvermögen, das den Anlaufströmen der Motoren entspricht.
- Leistungsschalter:
  Leistungsschalter besitzen ein Schaltvermögen, das den beim Ein- und Ausschalten auftretenden höchsten Beanspruchungen unter Kurzschlussbedingungen genügt.

Wird von geöffneten Schaltern eine zum Schutz des Betriebspersonals einwandfreie Trennung der Schaltstücke gefordert, dann spricht man von „Trennern" (Trennschaltern). Die „freie" Trennstrecke muss dabei den in den Normen festgelegten Luftstrecken entsprechen. Für Anlagen über 1 kV dürfen nach DIN VDE 0105 bzw. ÖVE/ÖNORM EN 50110 bzw. Unfallverhütungsvorschrift DGUV Vorschrift 3 zum „Freischalten" nur Schalteinrichtungen verwendet werden, die diese Bedingung erfüllen.

! Trenner besitzen eine zum Schutz des Betriebspersonals festgelegte Trennstrecke. ■

Sind die verschiedenen Schalter zusätzlich mit einer genormten Trennstrecke ausgestattet, werden sie als Leertrenner (kurz Trenner), Lasttrenner, Motortrenner oder Leistungstrenner bezeichnet. Da Leertrenner weder ein Last- noch ein Kurzschlussschaltvermögen besitzen, müssen beim Trennen von Anlagenteilen zuerst die Last- bzw. Leistungsschalter geschaltet werden, bevor die Leertrenner betätigt werden. Beim Einschalten ist umgekehrt vorzugehen.

Nach Bild 4.3 zählen Schmelzsicherungen ebenfalls zu den Schaltgeräten. Sie sind selbsttätige, kontaktlose Schaltgeräte, die der Unterbrechung von Überlast- und Kurzschlussströmen dienen. Nach DIN VDE 0100 Teil 530 bzw. ÖVE ÖNORM E 8101-5-53 können austauschbare Sicherungen auch zum Trennen elektrischer Stromkreise verwendet werden.

4.3 Elektrische und mechanische Vorgänge beim Schalten

Die Anforderungen, die an Schaltgeräte währen der stationären Zustände „eingeschaltet" und „ausgeschaltet" gestellt werden müssen, werfen relativ geringe Probleme auf. Während des eingeschalteten Zustands werden die Geräte im ungestörten Betrieb „nur" thermisch durch die Betriebsströme beansprucht. Über den Betriebsstrom, mit dem ein Schaltgerät unter bestimmten Betriebsbedingungen belastet werden kann, gibt der Bemessungsstrom Auskunft (siehe Seite 225, und Seite 231f).

Der Bemessungswert ist nach IEC 60050 ein für eine vorgegebene Betriebsbedingung geltender Wert einer Größe, während der Nennwert ein geeigneter gerundeter Wert einer Größe zur Bezeichnung oder Identifizierung eines Betriebsmittels ist.

Nach IEC 60050 und ÖVE/ÖNORM EN 60027 Teil 1 ist für Bemessungswerte der Index „rat" (rated) zu verwenden. In diesem Buch ist dafür der Index „r" gewählt worden.

Die Forderung nach einer sicheren Isolierstrecke im ausgeschalteten Zustand, so dass die Spannung nicht durchschlagen kann, wird durch entsprechenden Abstand der Schaltstücke oder durch andere konstruktive Maßnahmen sichergestellt. Schalthandlungen (ausschalten bzw. einschalten) lösen elektrische und mechanische Vorgänge aus, die zu Veränderungen im Stromkreis führen. Es treten hierbei Ausgleichsvorgänge auf, die den Stromkreis in besonderer Weise beanspruchen können.

Wegen des bedeutsamen Einflusses der dabei auftretenden Phänomene auf die Betriebssicherheit von Anlagen werden im Folgenden die grundlegenden Zusammenhänge bei Ein- und Ausschaltvorgängen dargestellt.

4.3.1 Einschaltvorgänge

Aus den Grundlagen der Elektrotechnik ist der Verlauf von Ausgleichsvorgängen beim Einschalten von Stromkreisen weitgehend bekannt (s.a. Abschnitt 3.4.2). Als Wiederholung wird in den Bildern 4.4 und 4.5 daher lediglich ein Überblick zum prinzipiellen Verlauf von Strom und Spannung einiger wichtiger Schaltungen gegeben. Zur Vertiefung und Festigung der Grundlagenkenntnisse sollen die nachfolgenden Übungen dienen.

Übung 4.2

Eine Gasleitung soll möglichst unverzögert durch ein gleichstrombetätigtes Magnetventil abgesperrt werden. Dies kann dadurch erfolgen, dass die Zeitkonstante des Kreises entsprechend $\tau = \frac{L}{R}$ möglichst klein gehalten wird.

Es soll daher ein ohmscher Widerstand R_V mit der Erregerspule nach dem dargestellten Bild in Reihe geschaltet werden. Die Schnellerregerspannung wird dabei auf die vierfache Bemessungsspannung erhöht.

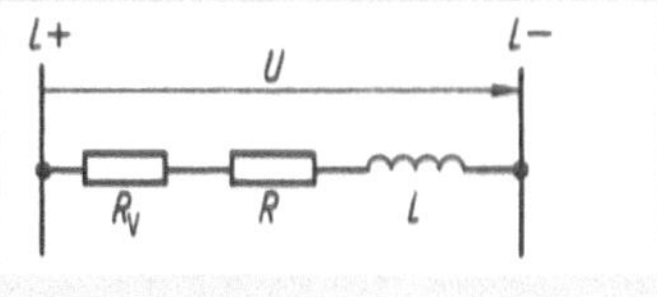

Stellen Sie $\frac{i}{I_r}$ (I_r Bemessungsstrom des Magnetventils) in Abhängigkeit von $\frac{t}{\tau}$ für $R_V = 0$ und $R_V = 3 \cdot R$ in einem Diagramm graphisch dar.

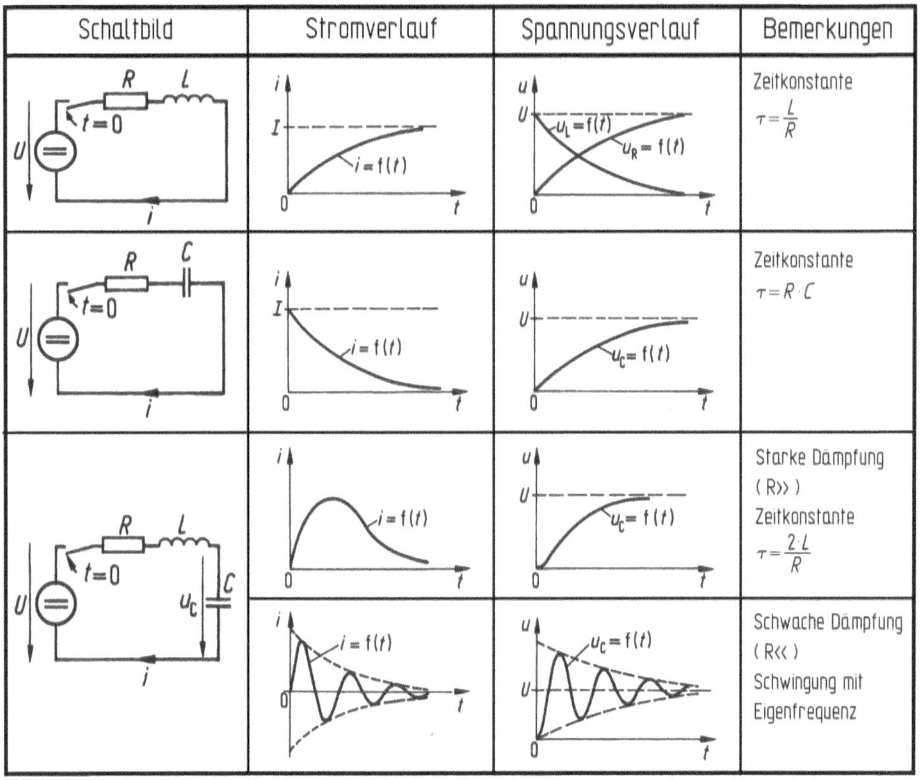

Bild 4.4 Einschaltvorgänge im Gleichstromkreis

Übung 4.3

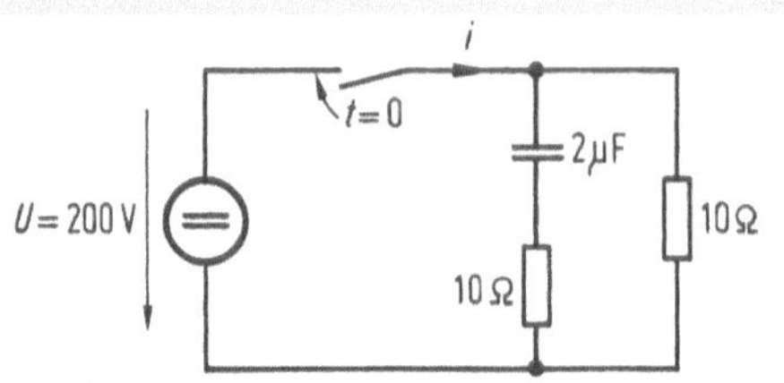

Berechnen und zeichnen Sie den Stromverlauf $i = f(t)$ des Einschaltvorgangs der dargestellten Schaltung, $u_C(t = 0) = 0\,V$.

■

Wie aus der folgenden Übung hervorgeht, kann der Einschaltspitzenstrom Werte annehmen, die den Bemessungsstrom um ein Vielfaches übersteigen. In ungünstigen Fällen können Werte von mehr als dem 150-fachen des Bemessungsstroms auftreten. Hierdurch werden sowohl die Kondensatoren als auch die Schaltgeräte gefährdet. So kann es bei der Verwendung normaler Schalter zum Verschweißen der Schaltstücke kommen.

Es müssen deshalb Maßnahmen getroffen werden, die Kondensatoren und Schaltgeräte vor der Zerstörung schützen. Aus diesem Grund wurden Spezialschalter und Kondensatorschütze entwickelt, bei denen zum einen ein besonders verschweißsicheres Kontakt-

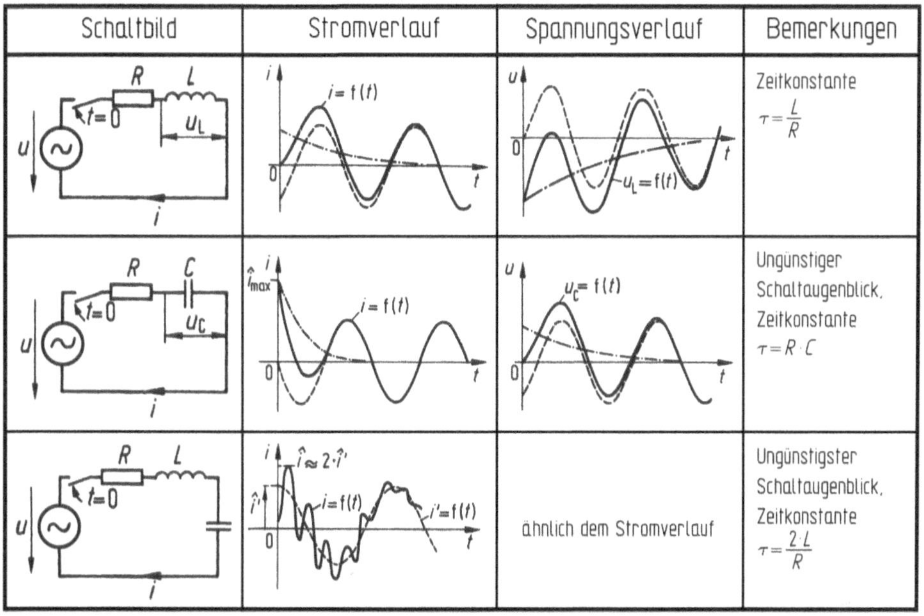

Bild 4.5 Einschaltvorgänge im Wechselstromkreis

material Verwendung findet und zum anderen Vorwiderstände vorgesehen sind, die den Einschaltstrom dämpfen. Bild 4.6 zeigt eine Schützschaltung für Kondensatoren mit Vorwiderständen (R1) und Entladewiderständen (R2).

Übung 4.4

Gegeben sei ein Drehstromkompensationskondensator in Sternschaltung mit einer Blindleistung von 10 kvar. Die Kondensatorbatterie sei über ein 40 m langes Kabel NYY 4 x 2,5 mm^2 an das Netz 400 V, 50 Hz angeschlossen.

Berechnen Sie bei Vernachlässigung des induktiven Blindwiderstandes des Kabels:

a) den Effektivwert des stationären Wechselstromes,
b) die Zeitkonstante τ des Kreises,
c) den maximal möglichen Einschaltspitzenstrom,
d) das Verhältnis Einschaltspitzenstrom/Scheitelwert des stationären Stromes.

Hinweis: Der größtmögliche Spitzenwert des Einschaltstromes ergibt sich wenn der Kondensator im Schaltaugenblick ungeladen ist und die Netzspannung ihr Maximum hat. Der Kondensator verhält sich im Schaltaugenblick wie ein Kurzschluss, nur der Widerstand der Zuleitung begrenzt den Einschaltstrom. ■

Übung 4.5

Geben Sie für die Schaltung in Bild 4.6 eine Funktionsbeschreibung. ■

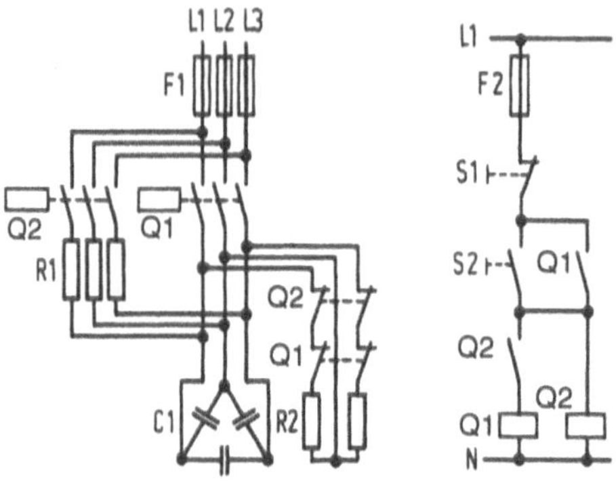

Bild 4.6
Kondensator-Schützschaltung mit Vorwiderständen und Entladewiderständen

4.3.2 Ausschaltvorgänge

Wird ein Stromkreis nach Bild 4.7 durch schnelles Öffnen des Schalters unterbrochen, so ist bekannt, dass dann eine sehr hohe Selbstinduktionsspannung entsteht. Dies führt bei einiger Höhe von Spannung und Strom (s. Abschnitt 4.4) fast immer zu einem Lichtbogen zwischen den sich trennenden Schaltstücken, so dass der Strom hierüber weiterfließt, bis der Lichtbogen gelöscht wird. Durch die hohe Überspannung (Abschaltspannung) werden die Schaltgeräte und andere Anlagenteile stark beansprucht. Hohe Überspannungen können vermieden werden, wenn z.B. parallel zum induktiven Verbraucher ein ohmscher Widerstand (Dämpfungswiderstand R_D) geschaltet wird (Bild 4.8).

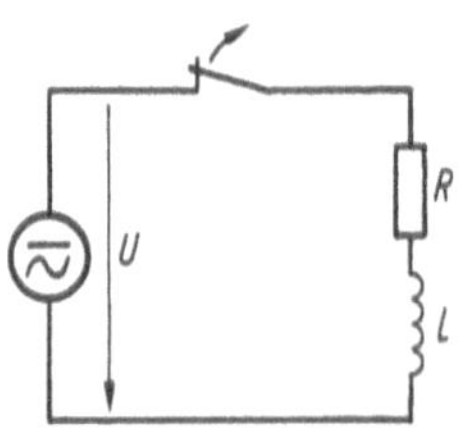

Bild 4.7 Ausschalten eines induktiven Stromkreises

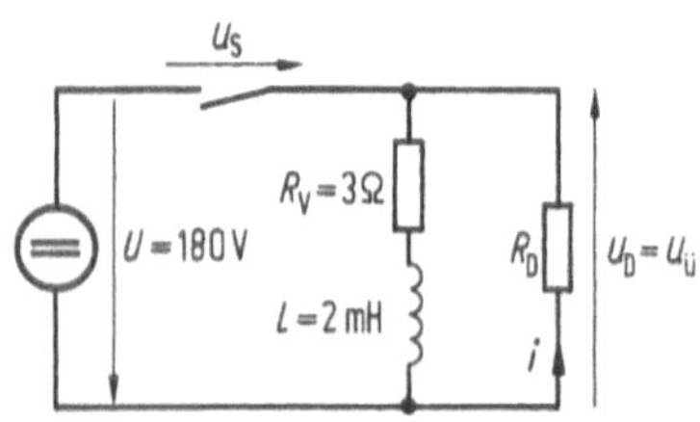

Bild 4.8 Dämpfungswiderstand parallel zum Verbraucher

Übung 4.6

Berechnen Sie unter der Voraussetzung, dass kein Lichtbogen entsteht, die Überspannung beim Ausschalten des Stromkreises in Bild 4.8:

a) mit einem Dämpfungswiderstand $R_D = R_V$,
b) bei einem Verhältnis von $R_D / R_V = 5$,
c) ohne Dämpfungswiderstand.
d) Berechnen Sie für jeden der vorstehenden Fälle die Spannung über dem Schalter.

Hinweis: Als Überspannung bezeichnet man den beim Ausschalten auftretenden Höchstwert der Spannung. ■

Übung 4.7

In der dargestellten Schaltung ist ein Kondensator dazu vorgesehen, das Ausschalten eines Gleichstromkreises mit Induktivität zu erleichtern.

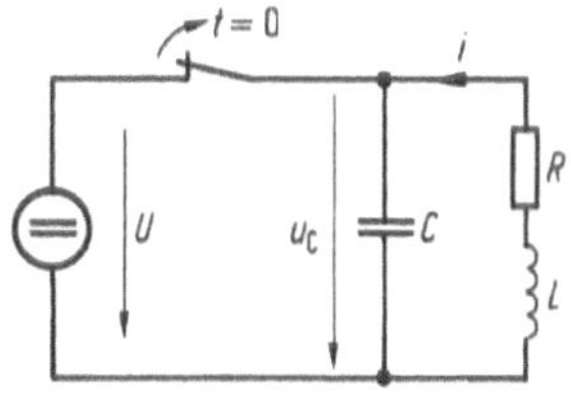

Skizzieren Sie den ungefähren Verlauf der Ausgleichsspannung am Kondensator nach dem Öffnen des Schalters unter der Voraussetzung, dass die Spannung einer mit der Zeit abklingenden Sinusfunktion folgt.

Übung 4.8

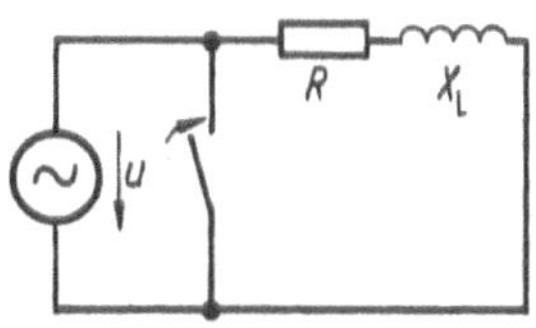

Berechnen Sie für eine Drosselspule mit einem Wirkwiderstand von $5\,\Omega$ und einer Induktivität von $50\,\text{mH}$ die Größe des Ausgleichsstromes $20\,\text{ms}$ nach dem Ausschalten. Die Netzwechselspannung betrage $230\,\text{V}$, $50\,\text{Hz}$, der Stromschaltwinkel $110°$.

4.3.3 Mechanische Vorgänge beim Einschalten

Das Schließen eines Kontaktes erfolgt nicht abrupt in der Zeit Null, sondern es vollzieht sich während einer Übergangszeit. Die Übergangszeit bis zum endgültigen Schließen der Schaltstücke wird durch folgende Phasen gekennzeichnet:

Vom Beginn der Befehlsgabe zum Einschalten bis zum Beginn der Bewegung der Schaltstücke liegt ein gewisser Bewegungsverzug. Bis zum erstmaligen Schließen der Schaltstücke vergeht eine bestimmte Schließzeit. Die Summe aus Bewegungsverzug und Schließzeit nennt man Schließverzug. Bei einem idealen Schalter wäre der Schließverzug Null und die Kontakte wären nach dem ersten Schließen geschlossen. Dagegen stehen physikalische Gesetzmäßigkeiten. Die Werkstoffe der Schaltstücke sind elastisch, so dass aufgrund der damit verbundenen Federwirkung die Kontakte wieder voneinander abprallen und erneut zusammenstoßen. Dieser Vorgang wiederholt sich mehrmals abklingend (Bild 4.9).

Man spricht vom Prellen der Schaltstücke. Die Zeit von der ersten bis zur endgültigen Kontaktgabe heißt Prelldauer. Bild 4.10 verdeutlicht die genannten Zeitbegriffe. Da jedes Schaltstück eine Masse m besitzt und mit einer bestimmten Geschwindigkeit v bewegt wird, besitzt es die kinetische Energie $E = \frac{1}{2} \cdot m \cdot v^2$. Beim Prellen der Schaltstücke wird diese Energie durch Verformung und Reibung aufgebraucht.

Um das Prellen und die plastischen Verformungen zu reduzieren, ergibt sich die Forderung, dass die Aufprallenergie möglichst gering ist. Die Energie ist nach vorstehender Gleichung umso kleiner, je kleiner die Masse m des Schaltstücks und je kleiner die Geschwindigkeit v (quadratisch) des bewegten Schaltstücks ist.

Die Verkleinerung der Schaltstückmasse hat jedoch da ihre Grenze, wo die mechanische Festigkeit gefährdet ist. Wird das Schaltstück mit geringer Geschwindigkeit bewegt, besteht

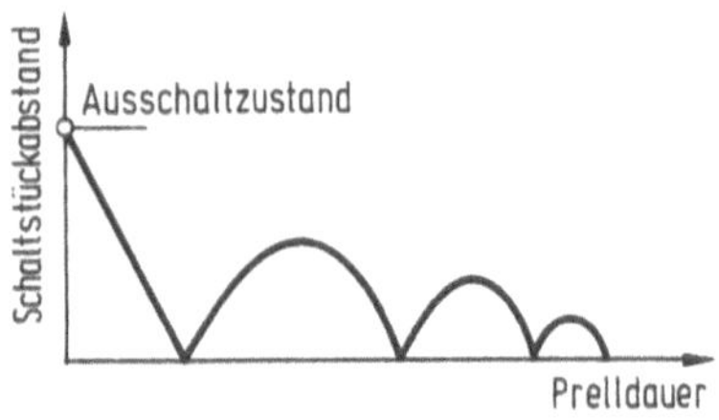

Bild 4.9 Prellvorgang bei Schaltern

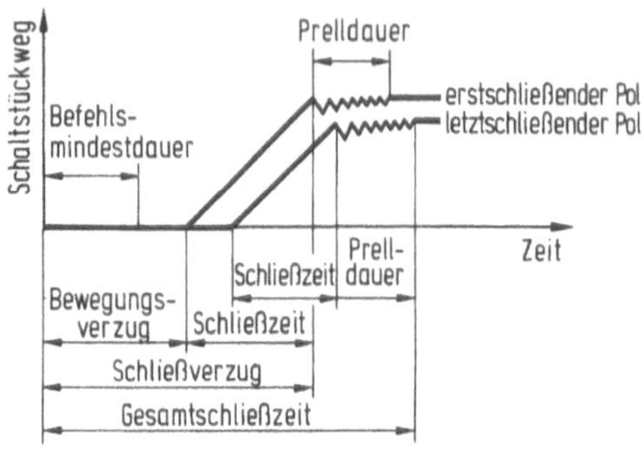

Bild 4.10 Zeitbegriffe für den Einschaltvorgang von Schaltern

die Gefahr, dass gerade bei höheren Spannungen ein Lichtbogen entsteht, der den Stromkreis schließt, bevor die Kontakte geschlossen sind. Durch die hohen Temperaturen in einem Lichtbogen (5000 bis 15000 K in der Säule) schmilzt und verdampft das Kontaktmaterial. Dies führt zum sogenannten Abbrand oder zum Verschweißen der Kontakte. Zur Vermeidung dieser Schäden müssen also die Schaltkontakte mit möglichst hoher Geschwindigkeit bewegt werden. Bei Niederspannungsschaltgeräten liegt die Einschaltgeschwindigkeit etwa bei 10 cm/s, bei Hochspannungsschaltgeräten werden Geschwindigkeiten bis zu 10 m/s erreicht.

Nach der ersten Kontaktgabe muss ein möglichst hoher Kontaktdruck erreicht werden, um ein prellfreies Schalten und damit einen geringen Abbrand zu erzielen. Dies ist besonders wichtig beim Schalten von Stromkreisen mit hohen Einschaltströmen.

> Zur Verhinderung von Lichtbögen müssen die Schaltstücke mit hoher Geschwindigkeit bewegt werden.
>
> Ein Prellen der Schaltstücke muss vermieden werden, weil die dabei entstehenden Lichtbögen die Schaltstücke thermisch hoch beanspruchen.

Wichtig ist außerdem, dass am Ende der Gesamtschließzeit die Kontaktfläche so groß ist, dass nicht durch zu hohe Betriebsstromdichten unzulässig hohe Temperaturen an der Übergangsstelle entstehen. Diese könnten dadurch hervorgerufen werden, dass sich durch die mikroskopisch rauhen Oberflächen der Schaltstücke nur die erhabenen Punkte berühren (Bild 4.11). Es ist deshalb wichtig, dass der Schaltstückwerkstoff auch bestimmte plastische Eigenschaften besitzt [Hof18].

4.4 Schaltlichtbogen

Wie in dem vorangegangenen Kapitel deutlich wurde, ist mit dem Öffnen von Schaltkontakten in der elektrischen Energietechnik praktisch immer ein Lichtbogen verbunden.

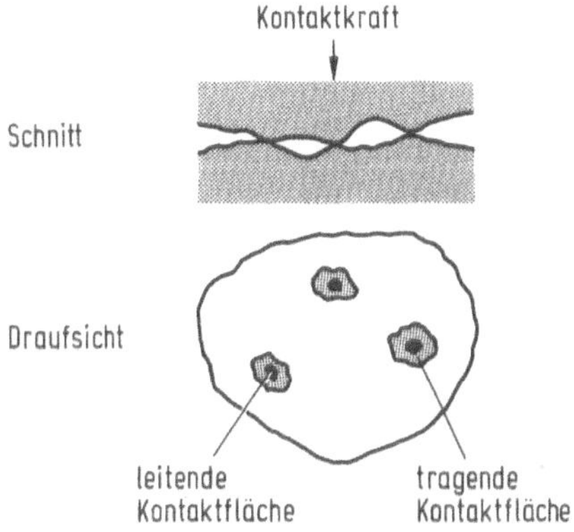

Bild 4.11
Punktförmige Berührungsflächen geschlossener Schaltstücke in mikroskopischer Vergrößerung

Ein Strom beliebiger Stärke lässt sich nur bei einer Spannung unterhalb von etwa 20 V lichtbogenfrei abschalten.

Da der Strom über den Schaltlichtbogen weiterfließt, erfolgt die Unterbrechung des Stromkreises erst dann, wenn der Lichtbogen erlischt. Durch die im Lichtbogen umgesetzte Energie werden die Schaltstücke des Schalters thermisch hoch beansprucht, so dass besondere konstruktive Maßnahmen bei den verschiedenen Schaltgeräten erforderlich sind. Im folgenden Abschnitt wird dargestellt, welche Maßnahmen zur Löschung eines Lichtbogens getroffen werden können. Zum tieferen Verständnis der Probleme der Lichtbogenlöschung soll jedoch zunächst auf die physikalischen Eigenschaften von Lichtbögen eingegangen werden.

Ein Lichtbogen brennt aufgrund energetischer Vorgänge in einem Gas, z.B. der Luft, welches die Schaltstücke eines Schalters umgibt. Er entsteht zwischen sich trennenden Schaltstücken dann, wenn die anliegende Spannung die sogenannte Zündspannung erreicht, bei der ein Durchschlag durch das Gas erfolgen kann (Bild 4.12 und 4.14). Die Höhe der Zündspannung ist von verschiedenen Faktoren abhängig, wie der Art des Gases, dem Gasdruck, der Temperatur, dem Abstand der Schaltstücke (Elektroden) und auch dem Material der Elektroden.

Den Zusammenhang zwischen dem Druck p und der Zündspannung U_Z bei einem Elektrodenabstand von $d = 1\,\text{cm}$ zeigen die sogenannten Paschenkurven für verschiedene Gase in Bild 4.12. Aus den Kurven geht hervor, dass sowohl für niedrige als auch für hohe Drücke hohe Zündspannungen erforderlich sind. Die hohe Zündspannung bei niedrigen Drücken wird bei sogenannten Vakuumschaltern ausgenutzt. An der Ladungsträgerbewegung in Gasen sind Elektronen und positiv geladene Ionen beteiligt, was sich folgendermaßen erklären lässt:

Die hohen Temperaturen innerhalb der Strombahn eines Lichtbogens bewirken dort, dass sich ein Teil der Gasatome in Elektronen und Ionen spaltet. Man spricht von thermischer Ionisation. Ein teilweise oder vollständig ionisiertes Gas nennt man Plasma, so dass für die thermisch ionisierte Gasstrecke des Lichtbogens auch der Begriff des Lichtbogenplasmas verwendet wird. Zusätzliche Ladungsträger entstehen dadurch, dass durch das elektrische Feld zwischen den sich trennenden Schaltstücken Elektronen beschleunigt werden

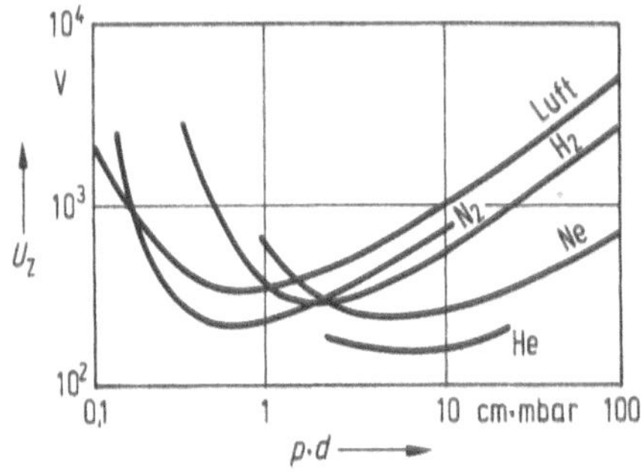

Bild 4.12 Zündspannung U_Z in Abhängigkeit vom Produkt $p \cdot d$ für verschiedene Gase

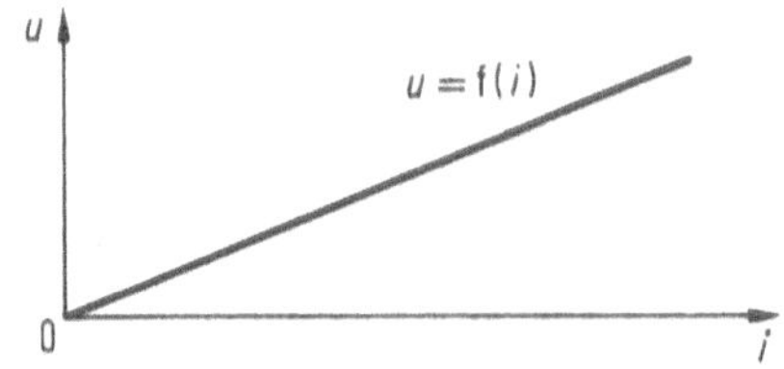

Bild 4.13 Spannung-Strom-Kennlinie bei einem ohmschen Widerstand

und diese beim Zusammenstoßen mit Atomen weitere Elektronen freisetzen. Diese für Gase charakteristische Stoßionisation (Vermehrung der Ladungsträger) führt dazu, dass die Stromstärke zunimmt, während die Brennspannung des Lichtbogens abnimmt.

Ein stromführendes Plasma verhält sich also nicht wie ein ohmscher Widerstand, bei dem eine Stromerhöhung immer eine proportionale Zunahme der Spannung voraussetzt. Während ein ohmscher Widerstand eine Spannungs-Strom-Kennlinie mit linear ansteigender Charakteristik besitzt (Bild 4.13), muss somit ein Lichtbogen eine Kennlinie mit fallender Charakteristik aufweisen. Wie Bild 4.14 zeigt, ist die Funktion jedoch nicht linear, so dass sich für jeden Punkt der Kennlinie ein anderer Widerstand ergibt. Aus der Kennlinie geht außerdem hervor, dass die Zündspannung U_Z größer ist als die Brennspannung u_B.

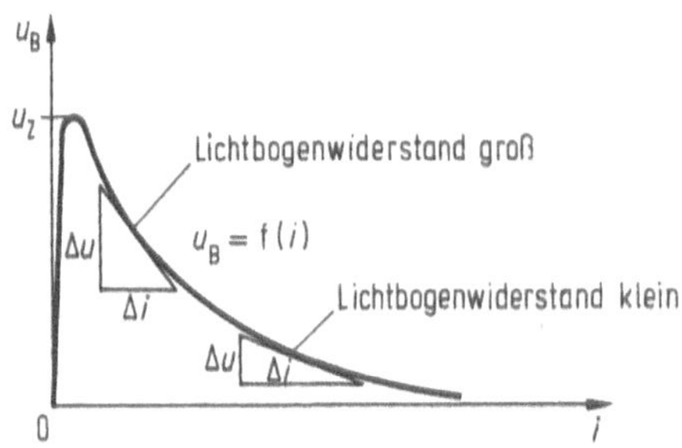

Bild 4.14 Lichtbogenkennlinie

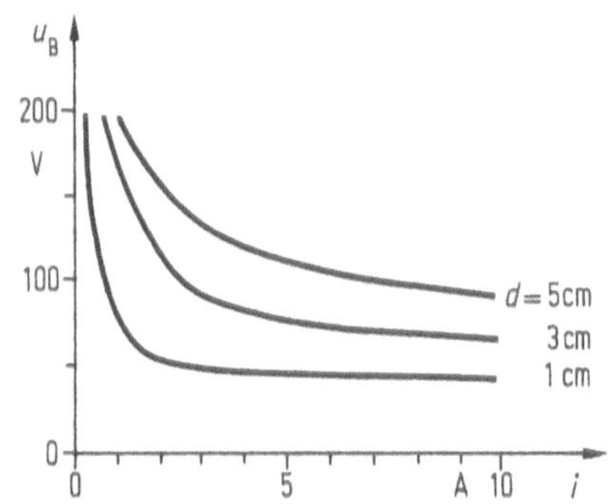

Bild 4.15 Lichtbogenkennlinien in Abhängigkeit von der Lichtbogenlänge

Wird der Abstand zwischen den Schaltkontakten vergrößert, vergrößert sich auch die Lichtbogenlänge. Die Brennspannung des Lichtbogens steigt damit an, so dass sich die Lichtbogenkennlinie zu höheren Spannungen verschiebt (Bild 4.15). Ist der Abstand so groß, dass der Spannungsbedarf des Lichtbogens durch die Netzspannung nicht mehr gedeckt werden kann, reißt der Lichtbogen ab und erlischt.

Die Brennspannung eines Lichtbogens ist umso höher je:

- größer der Gasdruck ist,
- niedriger die Lichtbogentemperatur ist,
- größer der Kontaktabstand (Elektrodenabstand) ist.

Der Einfluss dieser Größen auf die Höhe der Lichtbogenspannung wird bei den verschiedenen Verfahren der Lichtbogenlöschung genutzt (s. Abschnitt 4.5).

Übung 4.9

Erklären Sie, weshalb bei Zunahme der Lichtbogentemperatur der Strom sehr stark anwächst.

4.4.1 Ausschalten von Gleichstrom

Brennt ein Lichtbogen bei konstantem Abstand der Schaltkontakte in einem Gleichstromkreis, so nimmt sein Widerstand aufgrund der fallenden Kennliniencharakteristik ständig ab. Damit vergrößert sich der Strom. Die mit erhöhter Stromstärke steigende Lichtbogentemperatur bedingt eine verstärkte Ladungsträgererzeugung, so dass der Strom lawinenartig ansteigt, wenn keine Strombegrenzung erfolgt. Zur Strombegrenzung kann im Gleichstromkreis nur ein ohmscher Widerstand eingesetzt werden (Bild 4.16).

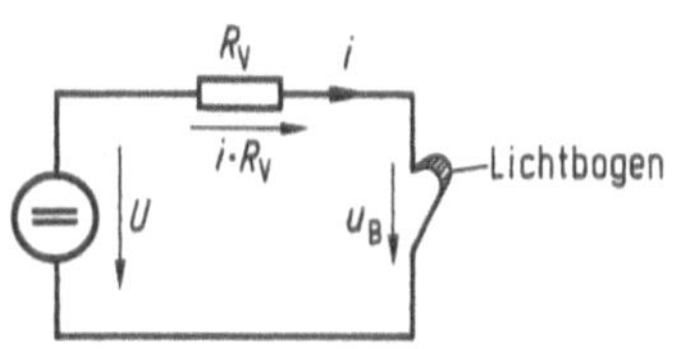

Bild 4.16
Gleichstromkreis mit Schaltlichtbogen

Für die Konstruktion von Schaltern ist es nun wichtig zu wissen, bei welchen Mindestwerten von Strom und Spannung bei einem gegebenen Stromkreis der Schaltlichtbogen erlischt.

Beispiel 4.1

Gegeben sei ein Stromkreis nach Bild 4.16 mit $U = 150\,\text{V}$. Der Abstand der Schaltkontakte betrage maximal $d = 1\,\text{cm}$. Wie groß muss der Vorwiderstand R_v mindestens sein, damit der Lichtbogen bei dem maximalen Kontaktabstand erlischt?

Lösung:

Aus Bild 4.16 ergibt sich:

$$U = u_B + i \cdot R_V \quad \text{bzw.} \quad R_V = \frac{U - u_B}{i} \tag{4.1}$$

Da der Zusammenhang zwischen Lichtbogenspannung und Strom nicht linear ist, wird die graphische Lösungsmethode gewählt. Hierzu wird in das Diagramm die Widerstandsgerade $i \cdot R_v$ eingezeichnet.

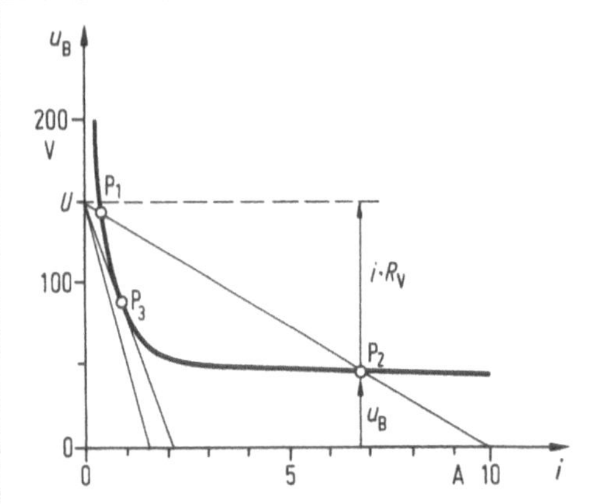

Je nach Wahl der Größe des Vorwiderstandes lassen sich drei Fälle unterscheiden. Die Widerstandsgerade:

- schneidet die Lichtbogenkennlinie in den Punkten P_1 und P_2 (kleines R_V),
- tangiert die Lichtbogenkennlinie in P_3,
- verläuft unterhalb der Lichtbogenkennlinie (großes R_V).

Im ersten Fall ergeben sich zwei Betriebspunkte, die Gleichung (4.1) erfüllen. Der Punkt P_1 ist allerdings instabil, da die geringste Vergrößerung des Stromes eine Verringerung des Spannungsabfalls u_B am Lichtbogen zur Folge hat. Dadurch steigt der Strom weiter an, bis Punkt P_2 erreicht ist. Hier brennt der Lichtbogen stabil, weil bei einer weiteren Vergrößerung des Stromes der Spannungsabfall am Vorwiderstand R_V so weit ansteigt, dass die benötigte Brennspannung des Lichtbogens unterschritten wird. Dadurch sinkt der Strom, bis der Zustand in Punkt P_2 wieder hergestellt ist.

Wird der Vorwiderstand so groß gewählt, dass die Widerstandsgerade die Lichtbogenkennlinie tangiert (P_3), dann nimmt der Strom gegenüber Punkt P_2 ab, während die Lichtbogenspannung zunimmt. Dieser Zustand ist jedoch instabil, weil mit der geringsten Vergrößerung oder Verringerung des Stromes der Spannungsbedarf am Lichtbogen nicht mehr gedeckt wird und der Lichtbogen somit abreißt.

Wird der Vorwiderstand noch größer gewählt, so dass die Widerstandsgerade unterhalb der Lichtbogenkennlinie liegt, dann fällt die gesamte Spannung am Vorwiderstand ab, und der Stromkreis kann lichtbogenfrei abgeschaltet werden. Wie aus dem Diagramm hervorgeht, muss für das gewählte Beispiel ein Vorwiderstand von ca. $R_V > 75\,\Omega$ gewählt werden. ■

Der Fall des Tangierens tritt bei gegebenem Vorwiderstand auch dann ein, wenn die Lichtbogenlänge vergrößert wird. Hierbei rückt die Lichtbogenkennlinie entsprechend Bild 4.17 nach oben, so dass der Strom abnimmt, während die Lichtbogenspannung steigt, bis die Lichtbogenkennlinie die Widerstandsgerade nur noch berührt und der Lichtbogen erlischt. Dies bedeutet aber auch, dass dann, wenn bei einem gegebenen Stromkreis die Lichtbogenspannung so weit angehoben wird, dass die Lichtbogenkennlinie oberhalb der Widerstandsgeraden verläuft, ein Lichtbogen verlöscht (Bild 4.17).

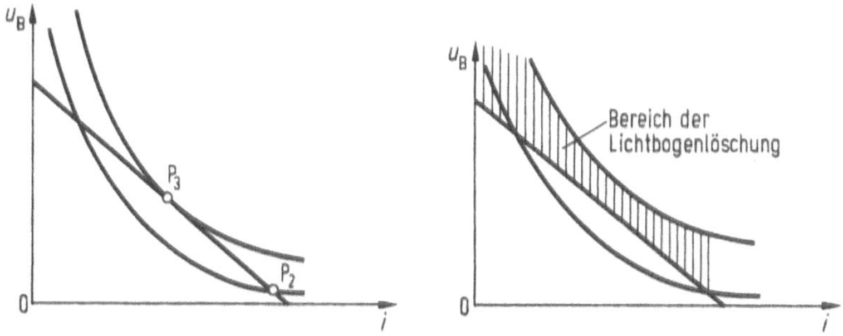

Bild 4.17 Lichtbogenlöschung durch Anheben der Lichtbogenspannung

> **!** Ein Lichtbogen kann gelöscht werden, wenn die Lichtbogenspannung so weit angehoben wird, dass der Spannungsbedarf des Lichtbogens nicht mehr gedeckt wird. ■

In Stromkreisen mit Induktivität bzw. Kapazität ist die Ermittlung des Ausgleichsvorgangs wegen der nichtlinearen Kennlinie und der komplizierten elektrischen Eigenschaften des Lichtbogens rechnerisch exakt nur sehr schwer möglich. Man stützt sich daher auf Näherungsverfahren, graphische Lösungsmethoden und oszilloskopische Darstellungen. Bild 4.18 zeigt das Oszillogramm des Abschaltens eines Kurzschlussgleichstromes im induktivitätsbehafteten Stromkreis.

Es ist zu erkennen, dass die Lichtbogenspannung größer ist als die Netzspannung. Sie bleibt nach ihrer Entwicklung in etwa konstant, während der Strom auf Null sinkt. Wegen der erforderlichen hohen Lichtbogenspannung kann der Lichtbogen nun nicht mehr neu zünden. Die Höhe der Lichtbogenspannung wird dabei im Wesentlichen durch die Konstruktion der Löscheinrichtungen bestimmt.

In dem Oszillogramm werden verschiedene Zeitbereiche deutlich. Die Zeit t_1 ist der Öffnungsverzug des Schalters. Dieser ergibt sich aus der Auslösezeit und der Eigenzeit. Dabei versteht man unter der Auslösezeit die Zeit vom Eintreten des Auslösebefehls bis zur Aufhebung der Sperrung oder der Freigabe der Rückstellkraft des Schaltgeräts. Die Eigenzeit ist die Zeit von der Freigabe der Sperre bis zum Beginn des Öffnens der Schaltstücke. Die Zeit t_3 vom Beginn des Öffnens der Schaltstücke bis zum Ende des Stromflusses ist die Lichtbogendauer, wobei die Zeit t_2 die Lichtbogenentwicklungszeit darstellt. Bild 4.19 verdeutlicht schematisch die genannten Zeitbegriffe.

4.4.2 Ausschalten von Wechselstrom

Tritt ein Lichtbogen in einem Wechselstromkreis auf, so zeigt sich, dass die Augenblickswerte von Lichtbogenspannung und Stromstärke nicht mehr der Kennlinie in Bild 4.14 folgen. Aufgrund der Trägheit des Lichtbogens verläuft die Kennlinie bei Stromabnahme unterhalb der Kennlinie bei Stromzunahme (Hysterese). Man bezeichnet die sich dadurch ergebende Kennlinie als dynamische Kennlinie oder auch als Lichtbogenhysterese (Bild 4.20). Die Spannung, bei welcher der Lichtbogen erlischt (Löschspannung U_L), ist dabei

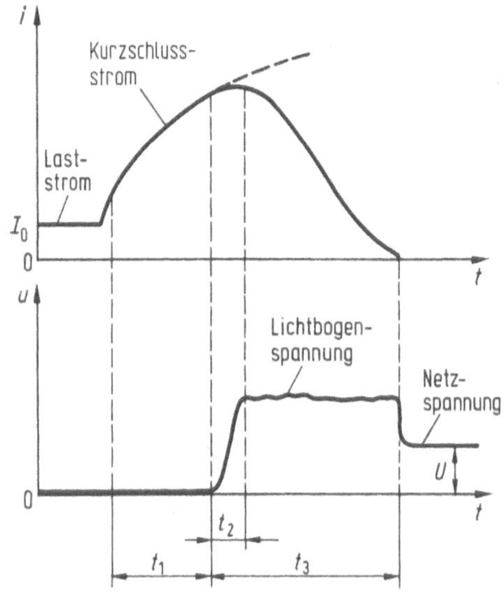

Bild 4.18 Oszillogramm des Ausschaltens eines Kurzschlussgleichstromes

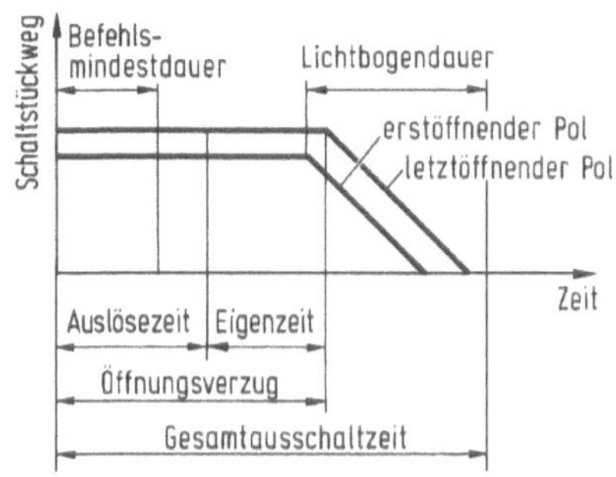

Bild 4.19 Zeitbegriffe für die Ausschaltung von Schaltern

stets kleiner als die Zündspannung U_Z. Bei jeder Halbwelle des Wechselstromes wird die Hystereseschleife einmal durchlaufen.

Infolge der Lichtbogenhysterese entsteht eine erhebliche Verzerrung der Lichtbogenspannung. Der Verlauf der Lichtbogenspannung kann dadurch ermittelt werden, dass für verschiedene Werte des sinusförmigen Stromes die dazugehörigen Werte der Lichtbogenspannung, abhängig von der Zeit, punktweise der Hystereseschleife entnommen werden (Bild 4.21).

Der gleiche Spannungsverlauf würde in der folgenden halben Periode auftreten, jedoch mit umgekehrten Vorzeichen. Es wurde bereits festgestellt, dass ein Lichtbogen umso eher gelöscht werden kann, je größer die Lichtbogenspannung ist. Bei Mittelspannungs- und Hochspannungsschaltern ist eine Unterbrechung großer Ströme durch ausreichend hohe Lichtbogenspannung jedoch technisch kaum möglich.

Der Ausschaltvorgang wird aber dadurch erleichtert, dass der Strom nach jeder Halbperiode zusammen mit der Lichtbogenspannung durch Null geht. Verhindert man nach dem Nulldurchgang ein Wiederzünden des Lichtbogens, ist der Stromkreis unterbrochen. Nach diesem Prinzip arbeitende Schaltgeräte nennt man Nullpunktlöscher.

> **!** Nullpunktlöscher verhindern nach dem Nulldurchgang des Stromes ein Wiederzünden des Lichtbogens. ■

Bild 4.22 zeigt den Verlauf der Spannung über einem Schalterpol unter der Voraussetzung, dass der Schalter im ersten Nulldurchgang des Stromes öffnet und nach dem zweiten Nulldurchgang ein Wiederzünden des Lichtbogens z.B. durch Entionisieren der Schaltstrecke,

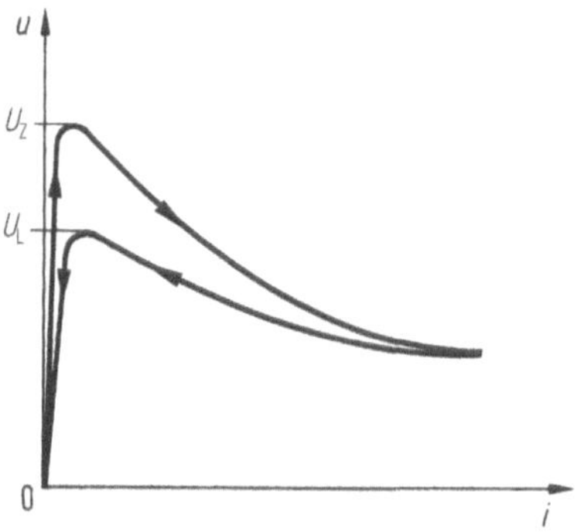

Bild 4.20 Dynamische Kennlinie eines Lichtbogens

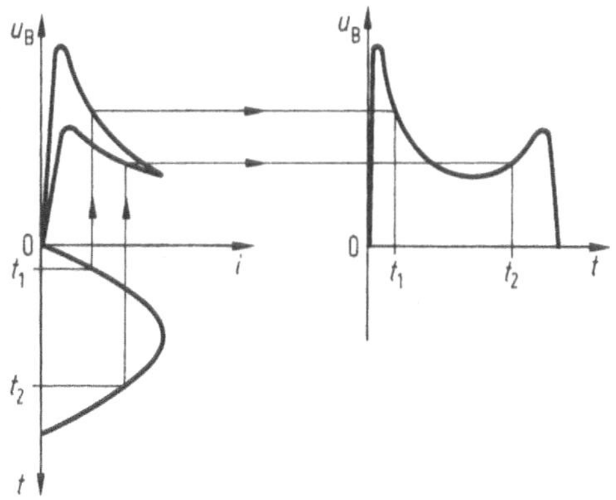

Bild 4.21 Verlauf der Lichtbogenspannung bei sinusförmigem Strom

verhindert wird. Die Lichtbogenspannung verläuft nicht genauso wie in Bild 4.21, weil sich der Abstand der Schaltstücke vergrößert und damit die Lichtbogenspannung zunimmt.

> **!** Mittelspannungs- und Hochspannungsleistungsschalter sind Nullpunktlöscher. Sie arbeiten mit geringer Lichtbogenspannung. ■

Hauptaufgabe eines Mittelspannungs- oder Hochspannungsschalters ist es also, eine erneute Zündung des Lichtbogens nach dem Nulldurchgang des Stromes zu verhindern. Zur Entionisierung und elektrischen Verfestigung der Schaltstrecke werden hierzu verschiedene Methoden eingesetzt. Nach dem Löschmittel unterscheidet man:

- Druckluftschalter,
- Flüssigkeitsschalter,
- Isoliergas-(SF_6-)Schalter,
- Vakuumschalter.

Die Löschung des Lichtbogens im Stromnulldurchgang hat allerdings den Nachteil, dass eine volle Halbwelle des Stromes durchgelassen wird. So kann sich bei einer Kurzschlussabschaltung der maximale Scheitelwert eines Kurzschlussstromes – der Stoßkurzschlussstrom – ungehindert ausbilden, und die Schaltstücke müssen den Schaltlichtbogen bis zum Erreichen des Stromnulldurchgangs tragen, wodurch sie thermisch hoch beansprucht werden.

Bei der Entwicklung von Niederspannungsschaltern gingen die Überlegungen daher frühzeitig dahin, bei einer Kurzschlussabschaltung den Strom bereits vor Erreichen seines Maximalwertes abzuschalten. Derartig wirkende Schaltgeräte bezeichnet man als strombegrenzend.

Schaltgeräte mit dieser Eigenschaft benötigen einen geringen Öffnungsverzug und eine geringe Lichtbogenentwicklungszeit. Weiterhin muss die Lichtbogenspannung so hoch sein, dass der ansteigende Strom reduziert wird, bevor er seinen Maximalwert erreicht. Wird der

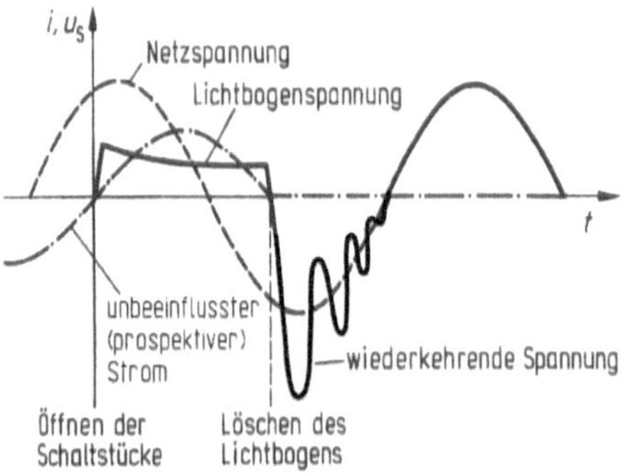

Bild 4.22 Ausschalten von Wechselstrom bei geringer Lichtbogenspannung

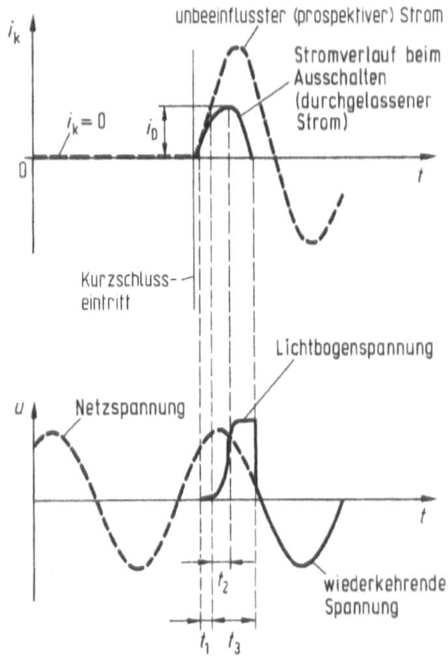

Bild 4.23 Oszilloskopische Darstellung einer strombegrenz. Wechselstromausschaltung
t_1 ... Öffnungsverzug
t_2 ... Lichtbogenentwicklungszeit
t_3 ... Lichtbogendauer

Lichtbogenwiderstand so vergrößert, dass mit der Abnahme des Stromes die Lichtbogenspannung größer ist als die Netzspannung, wird der Lichtbogen erlöschen (Bild 4.23).

Strombegrenzende Schaltgeräte unterbrechen den Strom, bevor er seinen Maximalwert erreicht im Stromanstieg der ersten Halbwelle. Der Stoßkurzschlussstrom wird dabei auf den Durchlassstrom i_D begrenzt.

4.5 Lichtbogenlöscheinrichtungen

Lichtbogenlöscheinrichtungen haben verschiedene Aufgaben zu erfüllen:

- Aufnahme der Lichtbogenenergie,
- Verhindern des Überschlags zu benachbarten Anlagenteilen,
- Erzeugen einer ausreichend hohen Lichtbogenspannung,
- Erhöhen der Zündspannung eines Lichtbogens (Entionisierung der Schaltstrecke nach dem Stromnulldurchgang).

Zur Erhöhung der Lichtbogenspannung ergeben sich nach den bisherigen Überlegungen folgende Möglichkeiten:

- Verlängerung der Lichtbogensäule,
- Kühlung des Lichtbogens,
- Aufteilung des Lichtbogens,
- Druck auf den Lichtbogen.

Meistens werden mehrere der genannten Maßnahmen in einem Schaltgerät angewendet. Die physikalischen Prinzipien lassen jedoch verschiedene konstruktive Ausführungen zu, so dass im Laufe der Entwicklung von Schaltgeräten unterschiedliche Lösungsmöglichkeiten verwirklicht wurden. Im Folgenden kann nur ein kurzer Überblick über die grundsätzliche Wirkungsweise von Lichtbogenlöscheinrichtungen gegeben werden.

Verlängerung und Kühlung des Lichtbogens

Brennt ein Lichtbogen horizontal, so entsteht durch die Wärmewirkung ein natürlicher Auftrieb, der den Lichtbogen nach oben zieht und bei entsprechender Formgebung der Elektroden die Lichtbogensäule verlängert. Die Verlängerung des Lichtbogens kann noch unterstützt werden, wenn in der Schaltkammer Stege oder Keile aus Isolierstoff angebracht werden (Bild 4.24).

Durch die Sogwirkung wird der Lichtbogen nach oben getrieben, wandert von den Kontakten auf die seitlich angebrachten Ableitbleche, wird durch die Isolierstoffkeile verlängert und durch die innige Berührung mit den Keilen und Wänden der Schaltkammer gekühlt, bis er abreißt.

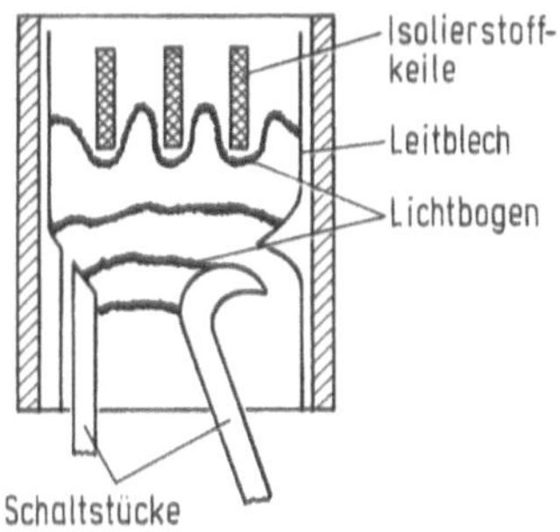

Bild 4.24 Schaltkammer

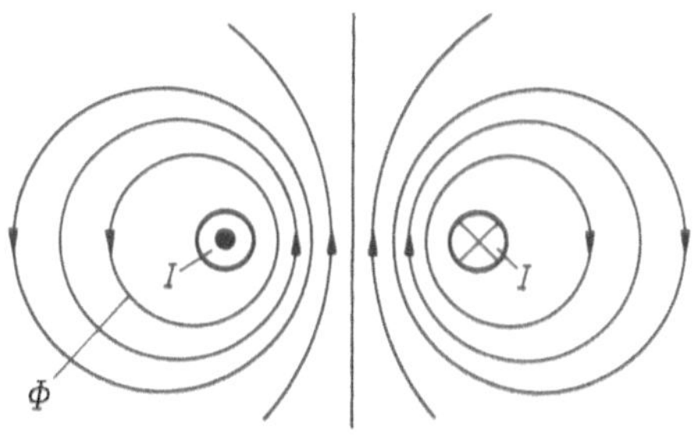

Bild 4.25 Magnetfeld zweier Leiter mit entgegengesetzter Stromrichtung

Ein Anheben der Lichtbogenspannung erfolgt manchmal zusätzlich dadurch, dass bestimmte Isoliermaterialien (Fiberglas, Hartgummi, Plexiglas) unter der Einwirkung des Lichtbogens Gase abgeben, die eine Entionisierung der Schaltstrecke beschleunigen (Hartgasschalter). Zur Verlängerung des Lichtbogens können aber auch die magnetischen Kräfte ausgenutzt werden, die beim Stromfluss entstehen. So üben z.B. zwei Leiter mit entgegengesetzter Stromrichtung eine abstoßende Wirkung aufeinander aus (Bild 4.25).

Wird ein Kontaktsystem dementsprechend gestaltet, so können bei einem Kurzschluss die starken Magnetfelder zum einen eine hohe Kraft auf das bewegliche Schaltstück ausüben, dieses aufschleudern und damit den Ausschaltvorgang unterstützen und die Ausschaltzeit verkürzen, siehe Bild 4.26. Zum anderen wirkt auch eine Kraft auf den Lichtbogen, die diesen von der Trennstelle wegtreibt. Durch die besondere Formgebung der Schaltstücke als sogenannte Lichtbogenhörner wird der Lichtbogen in die Lichtbogenkammer geführt, wo er erlischt. Die Verlängerung des Lichtbogens wird manchmal durch eine magnetische „Blasspule", die vom Abschaltstrom durchflossen wird, unterstützt.

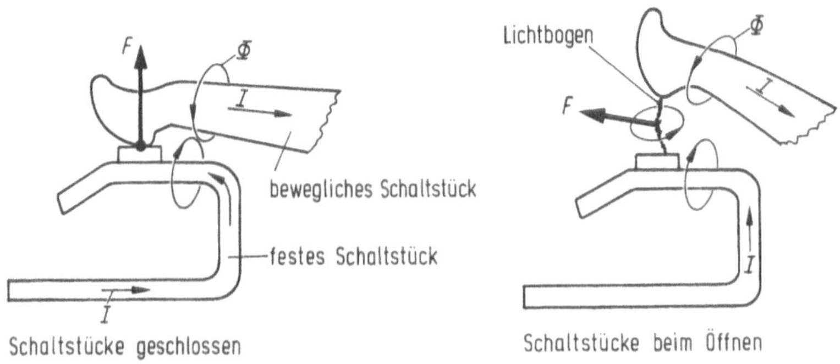

Bild 4.26 Magnetfelder und resultierende Kräfte eines Kontaktsystems

Aufteilung des Lichtbogens

Misst man den Spannungsabfall zwischen den Elektroden eines Lichtbogens, so stellt man fest, dass die Spannung nicht gleichmäßig über der Lichtbogenstrecke verteilt ist. In der Nähe der Elektroden, der sogenannten Fußpunkte eines Lichtbogens, ist der Spannungsabfall wesentlich größer als an der Lichtbogensäule, wie in Bild 4.27 erkennbar ist. Der größte Spannungsabfall tritt dabei an der Kathode auf.

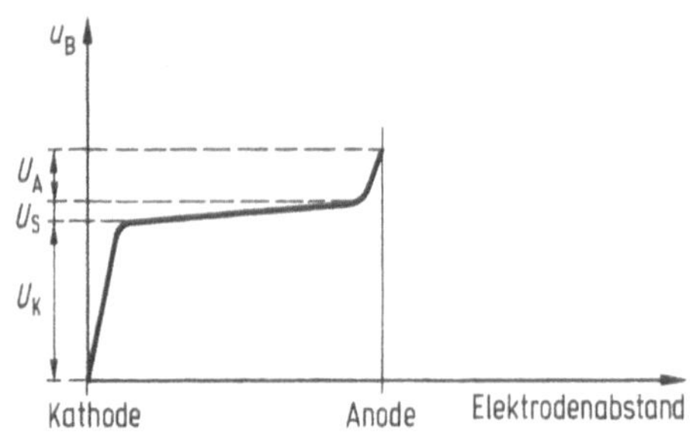

Bild 4.27 Spannungsabfall zwischen den Elektroden eines Lichtbogens

Teilt man nun die gesamte Kontaktstrecke in mehrere Teilstrecken auf, so benötigt jeder Teillichtbogen einen Kathoden- und einen Anodenspannungsabfall. Der Gesamtspannungsabfall vervielfacht sich damit entsprechend der Anzahl dieser Teilstrecken. Grundsätzlich könnten in einem Schaltgerät mehrere Kontaktstrecken gleichzeitig geöffnet und die Lichtbogenspannung damit, wie in Bild 4.28 ersichtlich, aufgeteilt werden. Aus konstruktiven Gründen baut man aber selten Schalter mit mehr als zwei Trennstrecken.

Man erzielt jedoch den gleichen Effekt, wenn man in die Lichtbogenkammer eine Anzahl sogenannter Löschbleche einsetzt, die gegeneinander isoliert und mit Schlitzen oder Löchern versehen sind, siehe Bild 4.29. Aufgrund thermischer und magnetischer Wirkungen wird der Lichtbogen dann gezwungen, in dieses System hineinzulaufen und damit zu erlöschen. Schlitze und Löcher haben dabei die Aufgabe, das Herauslaufen des Lichtbogens aus dem Löschsystem zu verhindern.

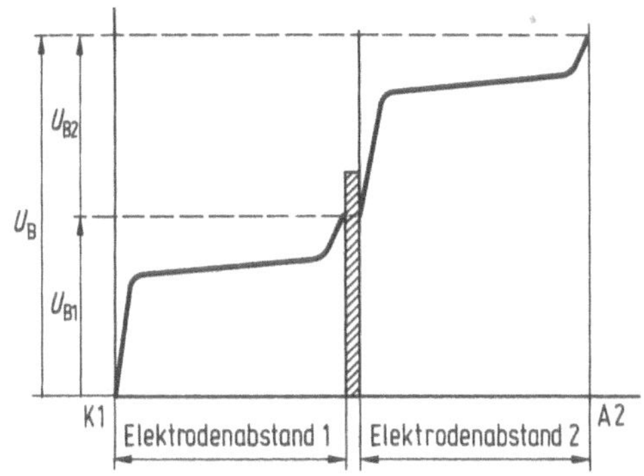

Bild 4.28 Aufteilung der Lichtbogenspannung

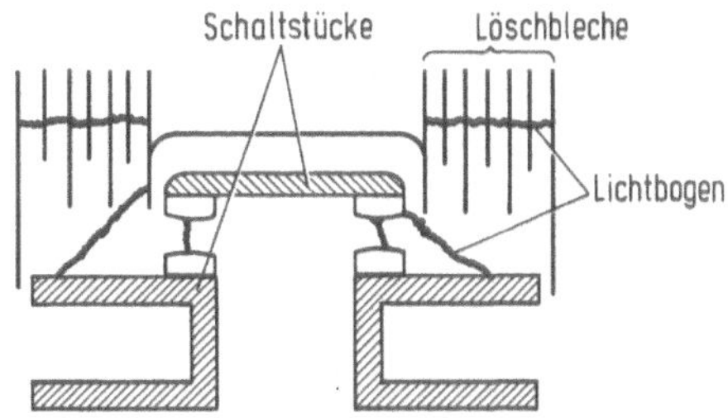

Bild 4.29 Prinzip der Zweifachunterbrechung mit Löschblechen

Die Maßnahme der Lichtbogenaufteilung ist sehr wirksam und wird heute praktisch bei allen Niederspannungsleistungsschaltern und Leitungsschutzschaltern angewendet, wie Bild 4.30 zeigt.

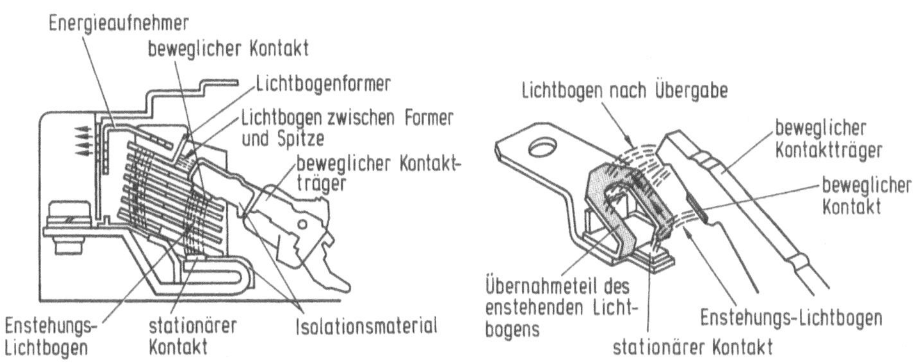

Bild 4.30 Kontakt- und Löschsystem eines Niederspannungsleistungsschalters

Auch im Höchstspannungsbereich wendet man die Aufteilung der Schaltstrecke an, indem man mehrere Schaltkammern je Pol in Reihe schaltet. Um eine möglichst gleichmäßige Verteilung der Einschwingspannung (s. Abschnitt 4.9.2.2) nach der Lichtbogenlöschung auf die einzelnen Kammern zu erreichen, werden häufig Kondensatoren (Steuerkondensatoren) parallel zu den einzelnen Kammern geschaltet. Ihre Kapazität liegt in der Größenordnung von 200 pF.

Übung 4.10

Durch welche Maßnahmen wird bei Niederspannungsleistungsschaltern eine strombegrenzende Ausschaltung erreicht?

Übung 4.11

Warum ist die Lichtbogenaufteilung wirkungsvoller als die Lichtbogenverlängerung?

Druck auf den Lichtbogen und Kühlen des Lichtbogens

Die Erhöhung des Drucks bei gleichzeitiger Kühlung der Schaltstrecke spielt insbesondere bei Mittel- und Hochspannungsleistungsschaltern eine Rolle. Am Beispiel eines SF_6-Hochspannungs-Leistungsschalters wird das Prinzip nachfolgend erläutert (Bild 4.31):

Diese SF_6-Leistungsschalter arbeiten heutzutage nach dem Blaskolbenprinzip. Dabei sorgt der Antrieb, welcher die Schaltstücke auseinanderzieht gleichzeitig über die Blaskolbenbewegung zu einer Druckerhöhung des Isoliergases.

Im Augenblick der Kontakttrennung strömt das Gas mit hohem Druck über die Lichtbogenstrecke und führt so zu einer Beblasung und Kühlung des Lichtbogens. Der Überdruck, der innerhalb weniger Millisekunden entsteht, und die Gasströmung führen dazu, dass die Schaltstrecke nach dem Nulldurchgang des Stromes entionisiert und die Zündspannung so weit erhöht wird, dass der Lichtbogen nicht mehr neu zünden kann. Der Vorgang wird noch dadurch unterstützt, dass der Abstand zwischen den Schaltkontakten zunimmt.

Mit höher werdenden Strömen steigt auch die thermische Energie des Lichtbogens. Diese bewirkt eine weitere Druckerhöhung und somit eine stromabhängig stärker werdende Blaswirkung. Zur Beherrschung der hohen Kurzschlussströme bei hohen Bemessungsspannungen werden die Schalter zumeist mit zwei Schaltkammern ausgerüstet.

Ein anderes Prinzip bei SF_6-Leistungsschaltern mit geringeren Anforderungen der zu schaltenden Kurzschlussströme ist das Selbstblasprinzip. Dabei führt allein die thermische Energie des Lichtbogens zur Druckerhöhung. Vorteile dieses Prinzips sind Einsparungen beim Leistungsschalterantrieb und ein besonders sanftes Schalten. Durch die stromabhängige Blaswirkung wird das Auftreten von Stromabriss (und damit Induktionsspannungen) reduziert.

Übung 4.12

Weshalb ist das stromabhängige Löschprinzip beim Ausschalten kleiner Ströme wie z.B. beim Ausschalten eines leerlaufenden Transformators oder einer Kondensatorbatterie praktisch wirkungslos?

Übung 4.13

Welche Gefahr besteht beim Ausschalten induktiver Stromkreise, wenn der Lichtbogen bereits vor dem Erreichen des natürlichen Nulldurchgangs des Stromes abreißt?

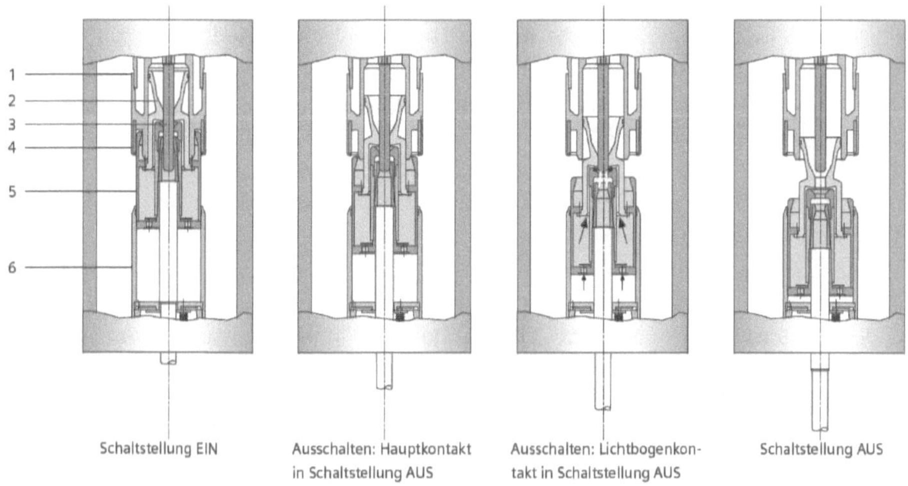

Bild 4.31 Löschsystem eines SF_6-Hochspannungs-Leistungsschalters [Sie12]
1 ... Kontaktträger
2 ... Düse
3 ... Lichtbogenkontakt
4 ... Hauptkontakt
5 ... Kontaktzylinder
6 ... Sockel

Übung 4.14

Weshalb wird die Lichtbogensäule während einer gesamten Stromhalbwelle der Löschmitteleinwirkung ausgesetzt, wo doch die eigentliche Löschung des Lichtbogens erst im Stromnulldurchgang erfolgt?

4.6 Niederspannungsschaltgeräte

4.6.1 Sicherungen (Schmelzsicherungen)

Wirkungsweise

Schmelzsicherungen sind die ältesten und billigsten Schutzorgane überhaupt. Grundgedanke ihrer Entwicklung war es, in einem Stromkreis eine leicht zugängliche und austauschbare „Sollbruchstelle“ zu schaffen.

Aus der Verwendung eines einfachen Drahtes mit geringerem Querschnitt als die zu schützende Leitung, der zwischen zwei Klemmen gespannt wurde, entwickelten sich die heutigen Formen der Schmelzsicherungen.

Der ungeschützte Draht stellte im Kurzschlussfall wegen des sich bildenden Lichtbogens, der auf andere Anlagen- und Gebäudeteile überschlagen konnte, natürlich eine Brandgefahr dar.

Er wurde schließlich von einem Porzellan- bzw. Steatitgehäuse mit Quarzsandfüllung umgeben. Im Prinzip ist dies auch die heutige Form der Sicherungen. Dabei kommt dem Quarzsand die Aufgabe der Lichtbogenlöschung und Wärmeableitung zu.

Eine Schmelzsicherung heutiger Ausführung (Bild 4.32) besitzt genau festgelegte Abschmelzstellen eines oder mehrerer paralleler Schmelzleiter für Überlast- und Kurzschlussströme. Bei Überlastströmen schmelzen temperaturempfindliche Lotbrücken zeitverzögert ab. Den Schutz bei Kurzschluss übernehmen mehrere Engstellen, die praktisch gleichzeitig abschmelzen und verdampfen.

Der entstehende Lichtbogen wird dabei in mehrere Teillichtbögen zerlegt, so dass eine möglichst große Lichtbogenspannung entsteht. Der verdampfende Schmelzleiter sintert mit dem Quarzsand zu einem Leiter mit sehr hohem Widerstand, wodurch der Strom begrenzt wird. Werden die Engstellen entsprechend ausgebildet, kann die Schmelzzeit sehr klein gehalten und dadurch verhindert werden, dass der Strom seinen Scheitelwert erreicht (Bild 4.33).

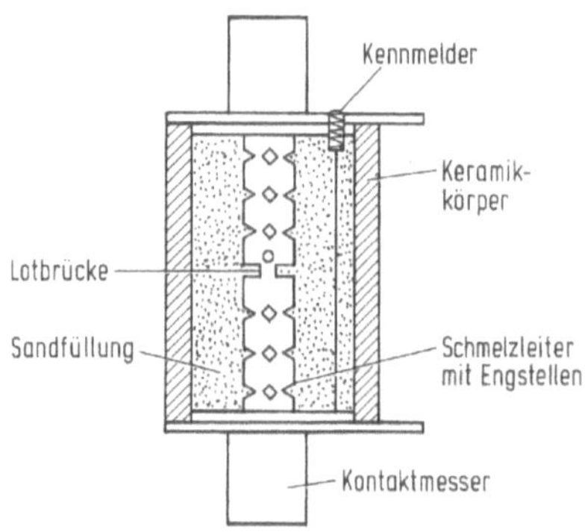

Bild 4.32 Schnitt durch einen NH-Sicherungseinsatz

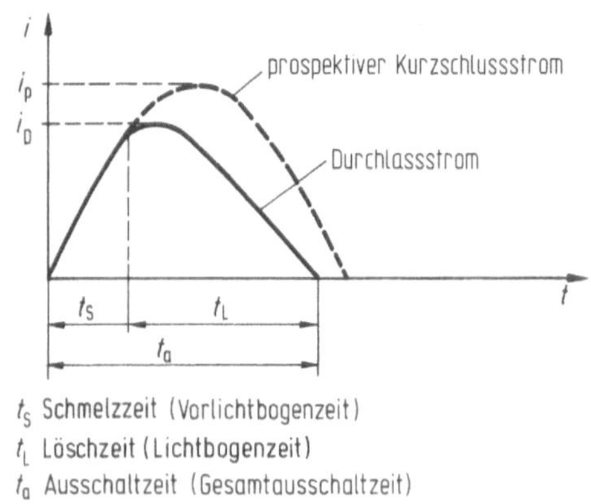

Bild 4.33 Strombegrenzende Ausschaltung einer Schmelzsicherung

Schmelzsicherungen sind strombegrenzende Schaltgeräte, da der Stoßkurzschlussstrom i_p auf den Durchlassstrom i_D begrenzt wird.

Kennlinien und Kenngrößen

Die Abhängigkeit der Schmelzzeit von der Stromstärke wird in Zeit/Strom-Kennlinien wiedergegeben, die im doppeltlogarithmischen Maßstab dargestellt werden. Auf der Abszisse wird dabei der sogenannte prospektive (unbeeinflusste) Überstrom I_p aufgetragen, während auf der Ordinate die sogenannte virtuelle (scheinbare) Schmelzzeit t_{VS} angegeben wird (Bild 4.34).

Für Sicherungen der Betriebsklasse gG (siehe Seite 219) ist der Kennlinienverlauf in ÖVE/ÖNORM EN 60269 (DIN VDE 0636) entsprechend Bild 4.35 festgelegt. Das Kennlinienfeld lässt erkennen, dass für jede Bemessungsstromstärke eine untere und eine obere Grenzkurve existiert.

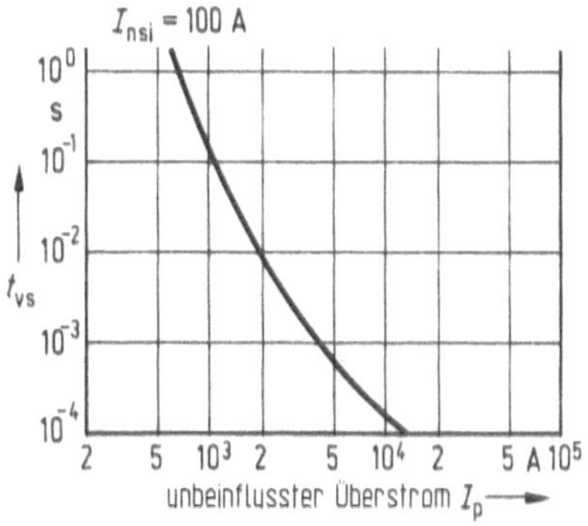

Bild 4.34
Schmelzzeitkennlinie

Die untere Grenzkurve gibt in Abhängigkeit vom unbeeinflussten Überstrom I_p die kleinsten zulässigen Schmelzzeiten $t_{vs\,min}$ wieder. Die obere Grenzkurve gilt für die größtzulässigen Ausschaltzeiten $t_{va\,max}$. Damit ist ein Toleranzbereich – ein sog. Tor – gegeben, in dem die mittleren Schmelzzeitkennlinien eines Fabrikats liegen müssen.

Überstrom ist jeder Überlast- oder Kurzschlussstrom, der den Wert des Bemessungsstromes überschreitet.

Der prospektive Strom I_p ist der Effektivwert des Überstromes, der bei überbrückter Sicherung an deren Einbaustelle zum Fließen kommt.

Die virtuelle Schmelzzeit t_{vs} ist die Zeit, innerhalb der der prospektive Strom in der Sicherung die Stromwärme erzeugen würde, um diese zum Abschmelzen zu bringen. ■

Die Kennlinien der Hersteller sind mittlere Schmelzzeitkennlinien. Anmerkung: Bei Zeiten von mehr als 0,1 s ist in der Praxis der Unterschied zwischen Schmelz- und Ausschaltzeit vernachlässigbar.

Aufgrund der strombegrenzenden Eigenschaften können Schmelzsicherungen elektrische Anlagen vor unzulässig hohen Kurzschlussströmen schützen. Zur Beurteilung dieses Schutzes ist häufig die Kenntnis des Durchlassstromes erforderlich. Dieser kann in Abhängigkeit vom unbeeinflussten Kurzschlussstrom von sogenannten Durchlassstromdiagrammen entnommen werden (Bild 4.36).

Aus dem Diagramm geht hervor, dass der Durchlassstrom umso kleiner ist, je kleiner der Bemessungsstrom der Sicherung ist. Das bedeutet, dass Sicherungen mit kleinem Bemessungsstrom den Kurzschlussstrom besser begrenzen als solche mit großem Bemessungsstrom.

Übung 4.15

Bei welchem unbeeinflussten Kurzschlussstrom setzt die Strombegrenzung ein,

a) bei einer 20 A-Sicherung?
b) bei einer 100 A-Sicherung? ■

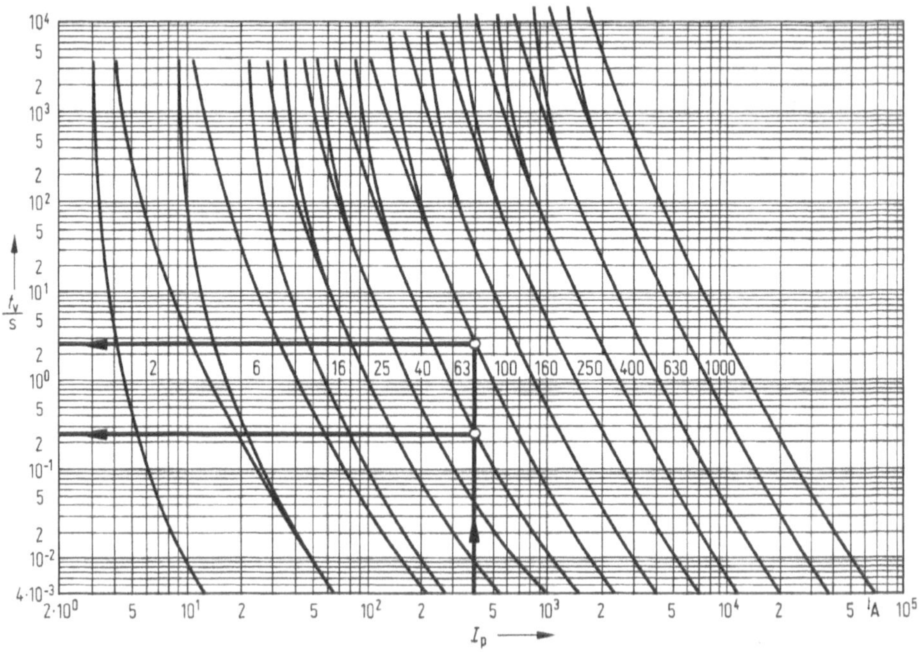

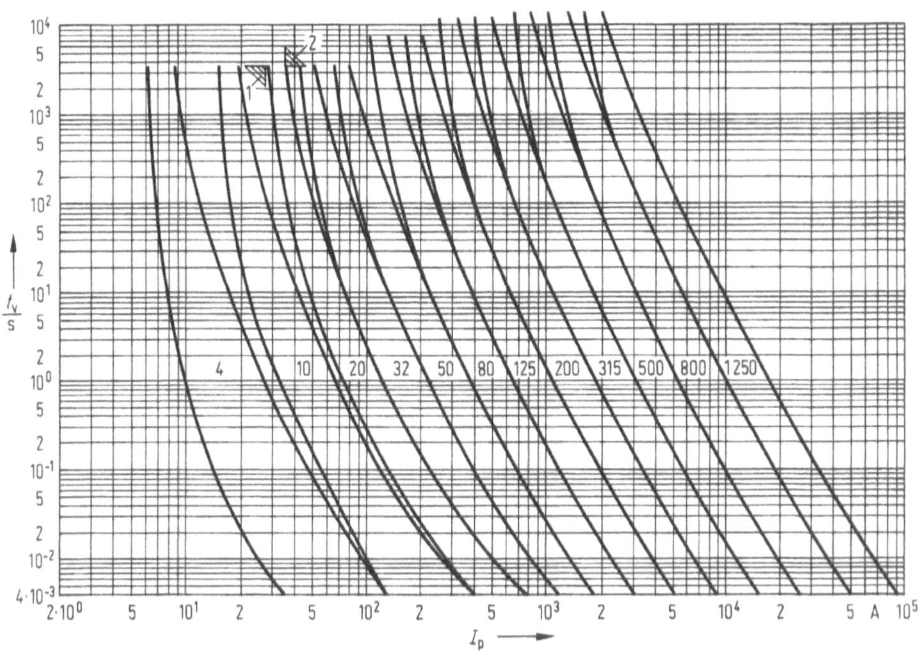

Bild 4.35 Zeit/Strom-Bereiche für NH-Sicherungseinsätze der Betriebsklasse gG nach ÖVE/Ö-NORM EN 60269 (DIN VDE 0636)

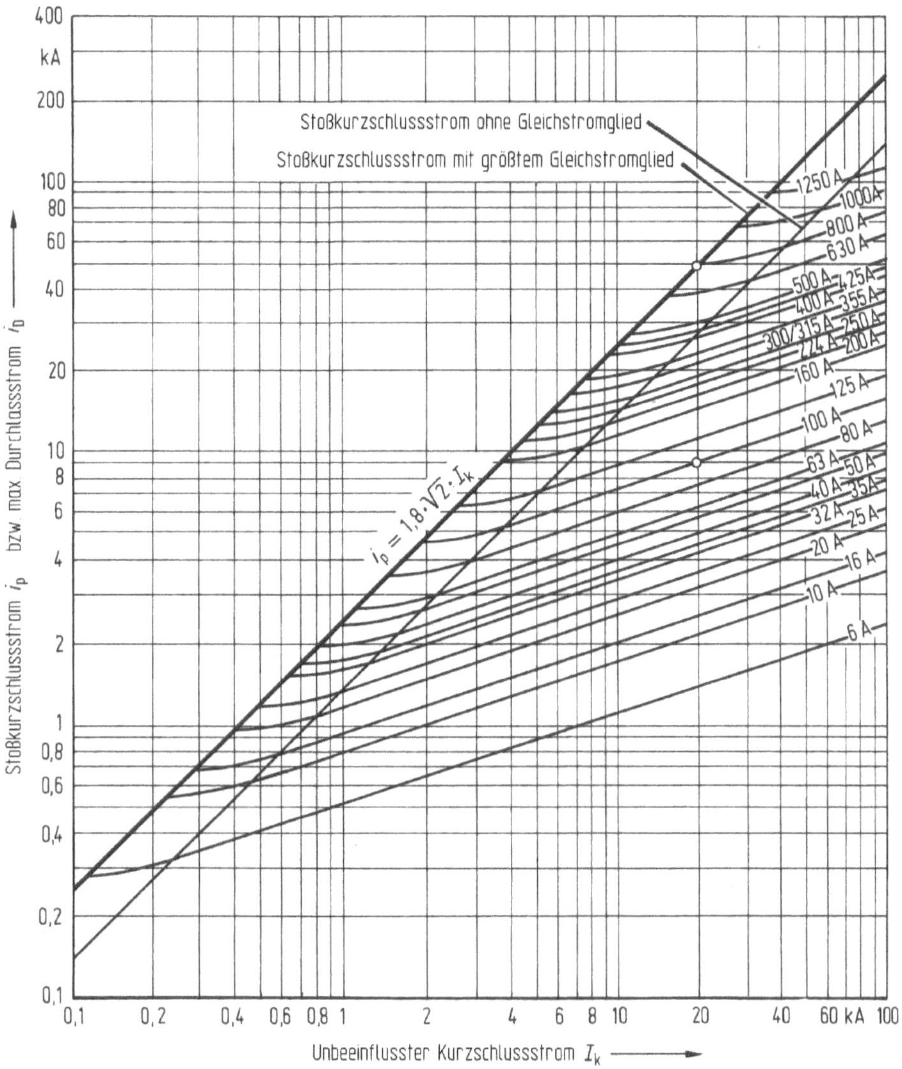

Bild 4.36 Durchlassstromkennlinien von NH-Sicherungen

Beispiel 4.2

Vorgesehen ist eine 63 A-gG-Sicherung. Wie groß sind die Mindestschmelzzeit und die höchstzulässige Ausschaltzeit, wenn der Überstrom 400 A beträgt?

Lösung:

Aus dem Kennlinienfeld Bild 4.35 ergeben sich folgende Werte:

$t_{\text{vs min}} = 0{,}25\,\text{s} \qquad t_{\text{vs max}} = 2{,}7\,\text{s}$

■

Beispiel 4.3

Gegeben ist der Bemessungsstrom $I_r = 100\,\text{A}$. Der errechnete größtmögliche Kurzschlussstrom an der Einbaustelle der Sicherung beträgt $I_{k\,max} = 20\,\text{kA}$.

Wie groß ist der maximal mögliche Stoßkurzschlussstrom und auf welchen Strom wird dieser Strom durch die Sicherung begrenzt?

Lösung:

Aus den Durchlassstromkennlinien Bild 4.36 ergeben sich folgende Werte:

$i_{p\,max} = 50\,\text{kA} \qquad i_D = 9{,}0\,\text{kA}$

■

Weitere bedeutsame Kenngrößen im Auslöseverhalten von Sicherungen sind der festgelegte Auslösestrom I_t (früher: großer Prüfstrom) und der festgelegte Nichtauslösestrom I_{nt} (früher: kleiner Prüfstrom). Sie sind in Bild 4.35 für eine 20 A-Sicherung mit folgenden Symbolen gekennzeichnet:

Nichtauslösestrom 1 ⌝
Auslösestrom 2 ⌞

Der Nichtauslösestrom darf während einer bestimmten Prüfdauer kein Ausschalten bewirken, während der Auslösestrom das Ausschalten vor Ablauf einer bestimmten Prüfdauer hervorrufen muss. In der Tabelle 4.1 sind die in ÖVE/ÖNORM EN 60269 (DIN VDE 0636) festgelegten Werte angegeben.

Tabelle 4.1 Strom/Zeitwerte für das Nichtabschmelzen und Abschmelzen von Sicherungseinsätzen der Betriebsklassen gG

Bemessungsstrom I_r, A		Nichtauslösestrom I_{nt}/I_r	Auslösestrom I_t/I_r	Prüfdauer in h
	bis 4	1,5	2,1	1
über 4	bis 10	1,5	1,9	1
über 10	bis 63	1,25	1,6	1
über 63	bis 160	1,25	1,6	2
über 160	bis 400	1,25	1,6	3
über 400		1,25	1,6	4

Aus der Tabelle ist z.B. zu entnehmen, dass eine 20 A-Sicherung einen Strom von $1{,}25 \cdot 20\,\text{A} = 25\,\text{A}$ mindestens 1 h halten muss und einen Strom von $1{,}6 \cdot 20\,\text{A} = 32\,\text{A}$ innerhalb 1 h sicher abschalten muss.

Die Bestimmung von Zeit/Strom-Kennlinien bereitet keine Schwierigkeiten, solange die Schmelzzeiten länger als etwa eine Stromhalbwelle sind, also bei 50 Hz mehr als 0,01 s betragen. Strombegrenzende Sicherungen müssen jedoch den Strom möglichst frühzeitig innerhalb einer Stromhalbwelle unterbrechen, damit hohe Kurzschlussströme geschaltet werden können. Bei hohen Strömen werden die Schmelzzeiten durch entsprechende Ausbildung der Schmelzleiter so weit verkürzt, dass Ausschaltzeiten von weniger als 5 ms erreicht werden (Bild 4.37).

Erreicht ein Kurzschlussstrom also Werte, die das Abschalten einer Sicherung in derart kurzer Zeit bewirken, ist es nicht mehr sinnvoll, den unbeeinflussten Kurzschlussstrom zur

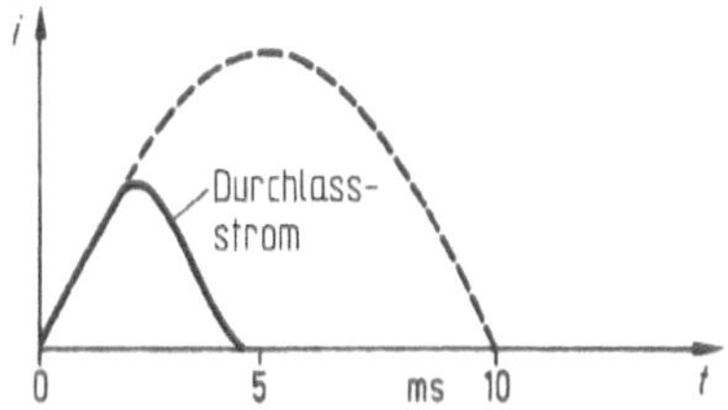

Bild 4.37 Strombegrenzung einer Schmelzsicherung innerhalb einer Viertel-Periode bei 50 Hz

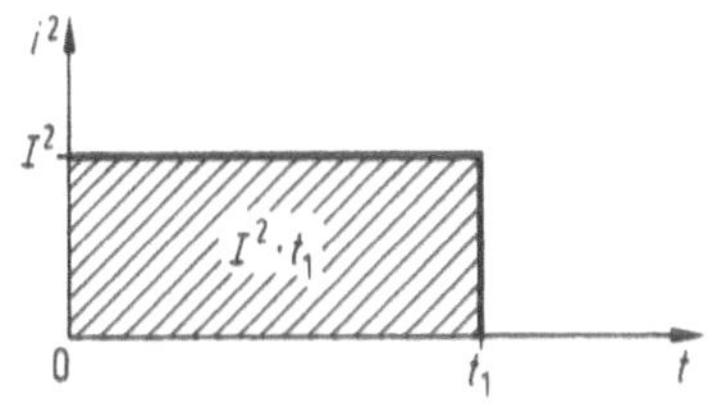

Bild 4.38 Geometrische Darstellung des Produktes $I^2 \cdot t$

Charakterisierung des Ausschaltverhaltens heranzuziehen. Als zweckmäßige Kenngröße wurde deshalb die für das Schmelzen erforderliche Stromwärme festgelegt. Für die Stromwärme gilt allgemein unter der Voraussetzung, dass die Zeit so kurz ist, dass keine Wärme an die Umgebung abfließen kann bei konstantem Strom und konstantem Widerstand eines Leiters die bekannte Gleichung:

$$W = R \cdot I^2 \cdot t \tag{4.2}$$

Der Widerstand R des Schmelzdrahtes lässt sich – auch wenn man davon ausgeht, dass dieser mit zunehmender Verflüssigung des Drahtes anwächst – für einen bestimmten Schmelzdraht als eine Materialkonstante k darstellen. Es gilt dann:

$$\frac{W}{k} = I^2 \cdot t \tag{4.3}$$

Das Produkt $I^2 \cdot t$ kann somit als charakteristische Größe eines Schmelzeinsatzes angesehen werden. Es stellt sich nun die Frage, wie dieser Wert bestimmt werden kann. Die Lösung ergibt sich aus folgender Überlegung: Das Produkt $I^2 \cdot t$ kann bei konstantem Strom geometrisch als Rechteckfläche aus dem Quadrat des Stromes und der Zeit t aufgefasst werden (Bild 4.38).

Analog dazu kann bei dem veränderlichen Durchlassstrom das Produkt $I^2 \cdot t$ geometrisch als Fläche unter der Kurve der Durchlassstromquadrate gedeutet werden. Die Größe dieser Fläche kann angenähert durch Summenbildung kleiner paralleler Teilflächen von der Breite Δt und der mittleren Höhe der Stromquadrate ermittelt werden (Bild 4.39). Es gilt:

$$I^2 \cdot t = \sum_{t=0}^{t=t_1} i^2 \cdot \Delta t \tag{4.4}$$

Stellt man sich die Teilflächen mit der endlichen Breite Δt als unendlich kleine Parallelstreifen $\mathrm{d}t$ vor, so kann für das Summenzeichen das sogenannte Integralzeichen $\int$ eingeführt werden. Gleichung (4.4) lässt sich damit wie folgt schreiben:

$$I^2 \cdot t = \int_{t=0}^{t=t_1} i^2 \cdot \mathrm{d}t \tag{4.5}$$

Das $\int i^2 \cdot \mathrm{d}t$ wird auch als Joule-Integral oder als Stromwärmeimpuls bezeichnet. Das Joule-Integral $\int i^2 \cdot \mathrm{d}t$ ist eine für die Kurzschlussabschaltung von Schutzorganen wichtige Größe. Sein zahlenmäßiger Wert wird als $I^2 \cdot t$-Wert bezeichnet. ÖVE/ÖNORM EN 60269 (DIN VDE 0636) gibt für gG-Sicherungen die Schmelz- und Ausschalt-$I^2 \cdot t$-Werte an (Tabelle 4.2).

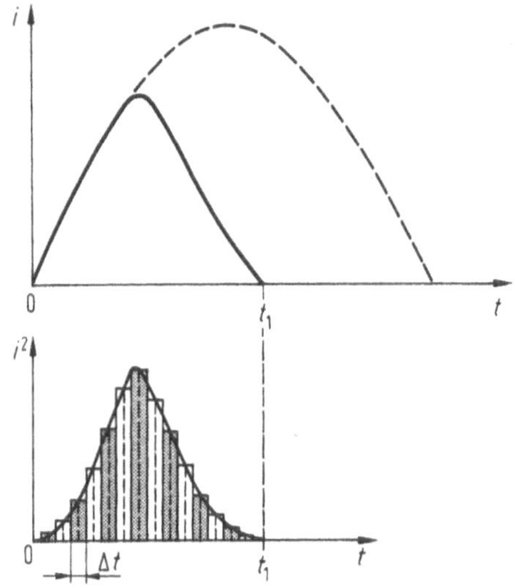

Bild 4.39
Ermittlung des $I^2 \cdot t$-Wertes durch Summenbildung

Übung 4.16

Entnehmen Sie Bild 4.35 für eine 125 A-Sicherung die Stromstärken für $t_{vs\,min} = 4\,\text{ms}$ und $t_{va\,max} = 4\,\text{ms}$ und berechnen Sie den Schmelz- und Ausschalt-$I^2 \cdot t$-Wert.

Vergleichen Sie die Werte mit Tabelle 4.2.

Übung 4.17

Berechnen Sie punktweise anhand der Kennlinien in Bild 4.35 die Schmelz- und Ausschalt-$I^2 \cdot t$-Kennlinien für einen Sicherungsbemessungsstrom von 63 A in Abhängigkeit von I_P.

Stellen Sie die Abhängigkeit der $I^2 \cdot t$-Werte vom unbeeinflussten Überstrom I_P in einem Diagramm maßstäblich dar.

Übung 4.18

a) Berechnen Sie den $I^2 \cdot t$-Wert einer Sinushalbwelle bei 50 Hz für folgende Stromeffektivwerte: 500 A; 1 kA; 10 kA.
   Hinweis: Die Lösung des Joule-Integrals lautet:

$$\int_{t_0}^{t_1} i^2 \cdot \mathrm{d}t = \int_{t_0}^{t_1} \hat{i}^2 \cdot \sin^2 \omega t \cdot \mathrm{d}t = \hat{i}^2 \left(\frac{1}{2} t - \frac{1}{4\omega} \sin 2\omega t \right) \Bigg|_{t_0}^{t_1}$$

   Setzen Sie für $t = 0{,}01\,\text{s}$ ein.
b) Tragen Sie die erhaltenen Werte in das Diagramm der Übung 4.17 ein und verbinden Sie diese zu einer Kennlinie.
c) Welchen Schaltgeräten kann die ermittelte Kennlinie zugeordnet werden?

Tabelle 4.2 Grenz-$I^2 \cdot t$-Wert von Leitungsschutzsicherungen bei t_{vs} bzw. t_{va} = 4 ms (Spalte 2 und 3); t_{vs} = 1 ms (Spalte 4)

I_r A	I^2t_{min} A^2s	I^2t_{max} A^2s	I^2t_{min} A^2s
10	67,6	640	
16	291	1210	250
20	640	2500	450
25	1210	4000	810
32	1740	5750	1400
35	3030	6750	2000
40	4000	9000	2500
50	5750	13700	4000
63	9000	21200	6300
80	13700	36000	10000
100	21200	64000	16000
125	36000	104000	24000
160	64000	185000	42500
200	104000	302000	78000
224	139000	412000	
250	185000	557000	
315	302000	900000	
400	557000	1600000	

Aufbau und Normung von NS-Sicherungen

NS-Sicherungen werden nach ÖVE/ÖNORM EN 60269 (DIN VDE 0636) nach Bauart, Funktionsmerkmalen und der Zuordnung zu einem Schutzobjekt geordnet. Nach der Bauart unterscheidet man Schraubsicherungen und Sicherungen mit Messerkontaktstücken, den sogenannten NH-Sicherungen. Schraubsicherungen sind bemessungsstromunverwechselbar und berührungssicher. Sie sind als D- oder DO-Sicherungen im Handel, für industrielle Anwendungen und Hausinstallationen geeignet und durch den Laien bedienbar.

D-Sicherungen werden mit Bemessungsströmen bis zu 100 A und für 500 V~ Bemessungsspannung gebaut. DO-Sicherungen bis 100 A Bemessungsstrom und 400 V~. Das Bemessungs-Ausschaltvermögen muss für Wechselstrom mindestens 50 kA betragen. Der Vorteil des DO-Systems liegt im geringeren Raumbedarf, niedriger Verlustleistung und niedriger Betriebstemperatur. In Bild 4.40 ist der Aufbau von D- und DO-System dargestellt.

Das NH-System ist ein Sicherungssystem nach DIN 43620 zum Gebrauch durch ermächtigte Personen (früher: Sicherungen für industrielle Anwendung). Es besteht aus dem Sicherungsunterteil, dem auswechselbaren Sicherungseinsatz und einem Bedienungselement zum Auswechseln des Sicherungseinsatzes. Zusätzlich können Schaltzustandsgeber und Auslösevorrichtungen angebaut sein. Bedienungselemente können ein Aufsteckgriff, eine mit dem Sicherungsunterteil verbundene Einschwenkvorrichtung oder ein Sicherungsschalter sein, siehe Bild 4.41.

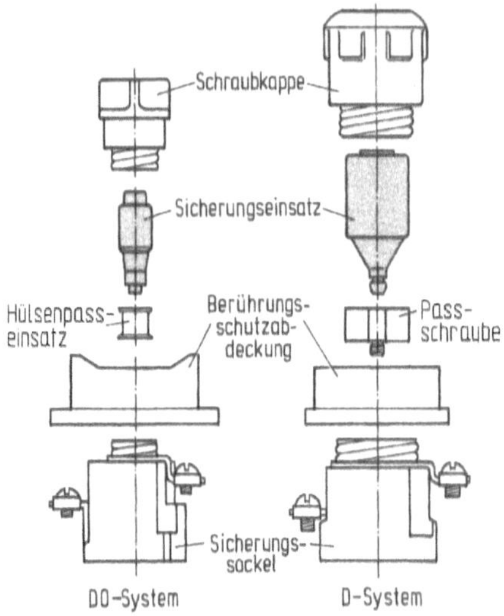

Bild 4.40 Aufbau von Schraubsicherungen

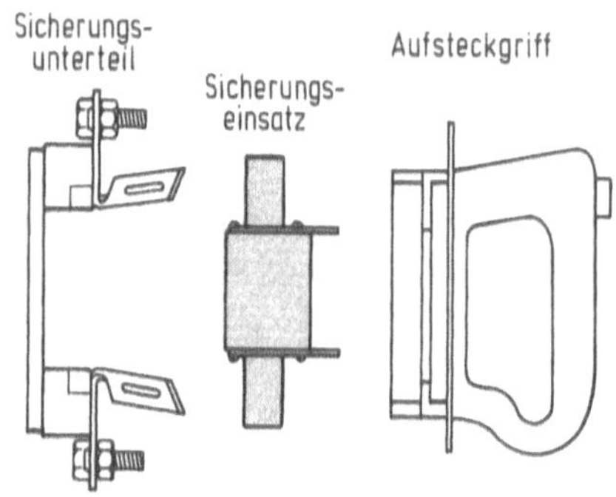

Bild 4.41 Aufbau einer NH-Sicherung

Weil NH-Sicherungen nicht bemessungsstromunverwechselbar und auch nicht berührungssicher sind, muss das Betätigen oder Auswechseln Elektro-Fachkräften und unterwiesenen Personen vorbehalten bleiben. Sie werden bis 1250 A Bemessungsstrom und für Bemessungsspannungen von 500 V~ und 660 V~ bzw. 690 V~ und 1000 V~ gebaut. Das Ausschaltvermögen beträgt bis zu 100 kA_{eff} und zum Teil darüber. Dieses hohe Schaltvermögen kann nur durch die strombegrenzende Wirkung der Schutzorgane erreicht werden.

Durch ihre strombegrenzende Eigenschaft besitzen Schmelzsicherungen ein sehr hohes Schaltvermögen.

Die Funktionsmerkmale und die Zuordnung zu einem Schutzobjekt gehen aus der sogenannten Betriebsklasse hervor, die auf dem Sicherungseinsatz angegeben wird. Die Kennzeichnung der Betriebsklasse besteht aus zwei Buchstaben, wobei der erste Buchstabe die Funktionsklasse und der zweite Buchstabe das Schutzobjekt angibt. Bild 4.42 gibt hierzu eine Übersicht.

Die Funktionsklasse legt fest, welchen Strombereich ein Sicherungseinsatz ausschalten kann.

Schmelzeinsätze der Funktionsklasse „g“ können Ströme bis wenigstens zu ihrem Bemessungsstrom dauernd führen und schalten Ströme vom kleinsten Schmelzstrom bis zu ihrem Bemessungsausschaltvermögen aus. Sie beherrschen damit sowohl Überlast- als auch Kurzschlussströme.

Sicherungseinsätze der Funktionsklasse „a“ sind hingegen allein auf den Kurzschlussschutz von Schaltgeräten, Motoren, Zuleitungen usw. beschränkt. Das Abschalten von

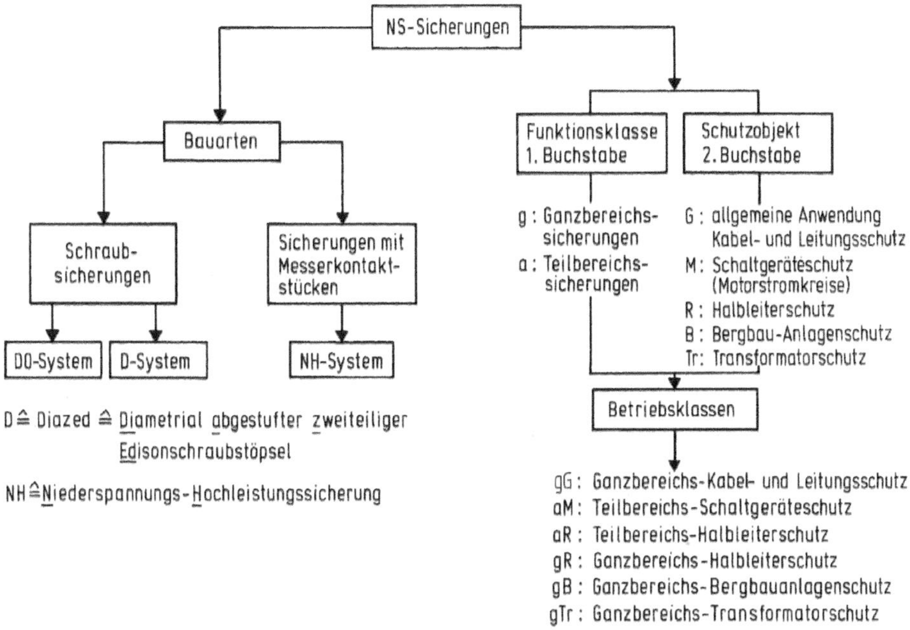

Bild 4.42 Überblick über NS-Sicherungen

Überlastströmen können sie nicht übernehmen. Für den Bereich bis zu einem bestimmten Vielfachen ihres Bemessungsstromes müssen deshalb im Stromkreis Überlastschutzeinrichtungen (z.B. Motorschutzrelais) vorhanden sein. So schalten Sicherungseinsätze der Betriebsklasse aM erst ab dem vierfachen Bemessungsstrom ab (Bild 4.43).

> **!** Sicherungseinsätze der Funktionsklasse „g“ sind Ganzbereichssicherungen. Sie gewährleisten Überlast- und Kurzschlussschutz.
>
> Sicherungseinsätze der Funktionsklasse „a“ sind Teilbereichssicherungen. Sie dienen allein dem Kurzschlussschutz. ■

Die verschiedenen Betriebsklassen gelten sowohl für Schraubsicherungen als auch für NH-Sicherungen.

4.6.2 Leitungsschutzschalter (LS-Schalter)

Die Nachteile von Schmelzsicherungen wie:

- die Zerstörung des Sicherungseinsatzes beim Auftreten von Überströmen,
- die Ersatzhaltung von Sicherungseinsätzen,
- die Möglichkeit des „Flickens“ insbesondere durch Laien

führten zur Entwicklung von elektromechanischen Selbstschaltern, kurz LS-Schalter genannt (Bild 4.44).

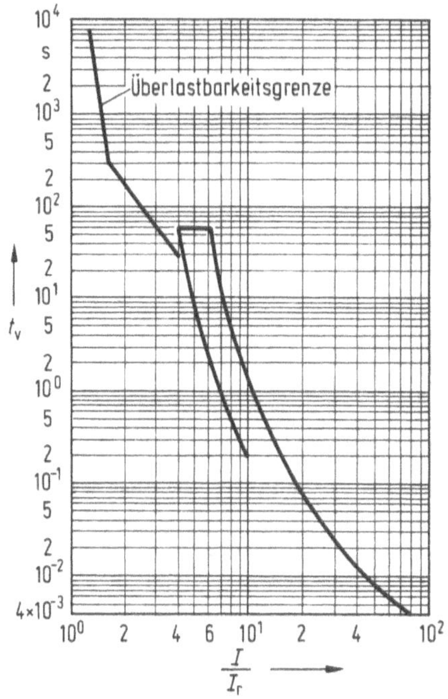

Bild 4.43
Toleranzbereich von Teilbereichssicherungen aM

Ein Vorteil der Teilbereichssicherungen aM ist z.B. darin zu sehen, dass für Motorstromkreise der Bemessungsstrom der Sicherung aufgrund der besonderen Charakteristik gleich dem Bemessungsstrom des Motors gewählt werden kann.

Ihre grundsätzliche Arbeitsweise ist folgende: Beim Auftreten von Überlastströmen biegt sich ein Bimetallstreifen infolge der Stromwärme durch. Hat sich der Bimetallstreifen genügend weit gekrümmt, entriegelt er das Schaltschloss, das die Kontaktstücke mit Hilfe einer gespannten Feder trennt.

Das Abschalten von Kurzschlussströmen übernimmt der elektromagnetische Auslöser. Dieser besteht aus einer Spule, durch die auch der Laststrom fließt. Von einer bestimmten Stromstärke an, dem Ansprechstrom, wird die magnetische Kraft der Spule so groß, dass sie über ihren Anker (Schlaganker) das Schaltschloss unverzögert entklinkt. Durch Lichtbogenkammern mit Löschblechen wird eine hohe Lichtbogenspannung erzielt. Die Wirkung der Löschkammern wird durch Magnetfelder unterstützt, die den Lichtbogen in sie hineintreiben.

! LS-Schalter arbeiten mit kurzem Öffnungsverzug und hoher Lichtbogenspannung. Sie sind deshalb strombegrenzende Schaltgeräte.

Ein Wiederaufschalten des Schalters auf bestehende Überströme ist unmöglich, da die Mechanik des Schalters so gebaut ist, dass die Auslösung wirksam bleibt, auch wenn das Handbetätigungsorgan in EIN-Stellung festgehalten wird. Man bezeichnet dies als Freiauslösung.

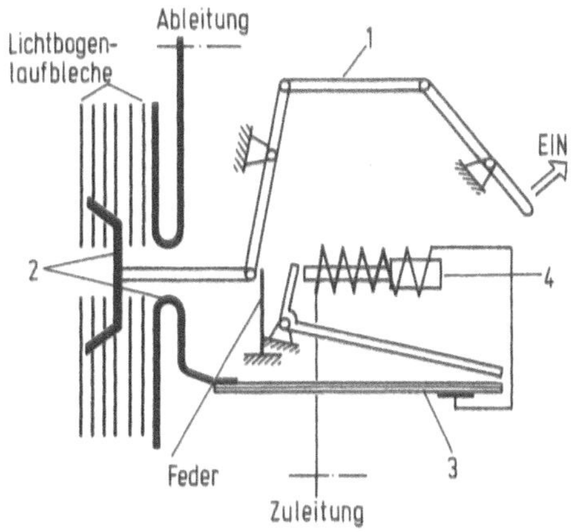

Bild 4.44
Aufbau und Wirkungsprinzip von LS-Schaltern

LS-Schalter besitzen folgende konstruktive Elemente:

- von Hand zu betätigendes Schaltschloss mit Freiauslösung (1),
- Kontaktsystem mit Lichtbogenlöscheinrichtung (2),
- thermisch verzögerter Auslöser (Bimetallauslöser, Überlastauslöser) (3),
- unverzögerter elektromagnetischer Auslöser (Kurzschlussauslöser) (4).

LS-Schalter werden als geeignet zum Trennen von Stromkreisen vom Versorgungsnetz erachtet. ■

Das Zeit/Strom-Verhalten von LS-Schaltern wird durch ihre Kennlinie wiedergegeben (Bild 4.45). Die Kennlinie ist durch die Auslöseeinrichtungen geprägt. Sie setzt sich aus dem Ansprechbereich des thermischen Auslösers und aus dem Ansprechbereich des elektromagnetischen Auslösers zusammen.

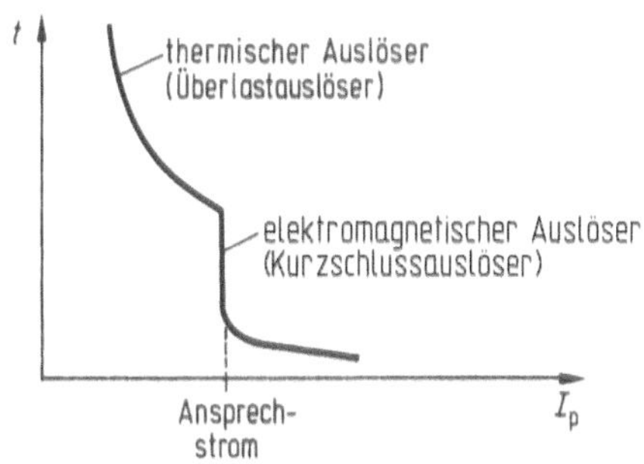

Bild 4.45
Grundsätzlicher Verlauf der Kennlinie eines LS-Schalters

Der thermische Auslöser arbeitet verzögert, was im Interesse einer wirtschaftlichen Ausnutzung der Leiterquerschnitte liegt. Nach ÖVE/ÖNORM EN 60898 (DIN VDE 0641) wird der Auslöser der B-, C- und D-Charakteristik entsprechend dem festgelegten Nichtauslösestrom I_1 (früher: kleiner Prüfstrom) und dem festgelegten Auslösestrom I_2 (früher: großer Prüfstrom) eingestellt. Weiterhin ist festgeschrieben, dass für LS-Schalter bis 32 A Bemessungsstrom beim 2,55-fachen Bemessungsstrom die Auslösezeit nicht kleiner als 1 s (I_3) und nicht größer als 60 s (I_3') sein darf. Bei LS-Schaltern über 32 A Bemessungsstrom darf sie nicht größer als 120 s sein (Bild 4.46).

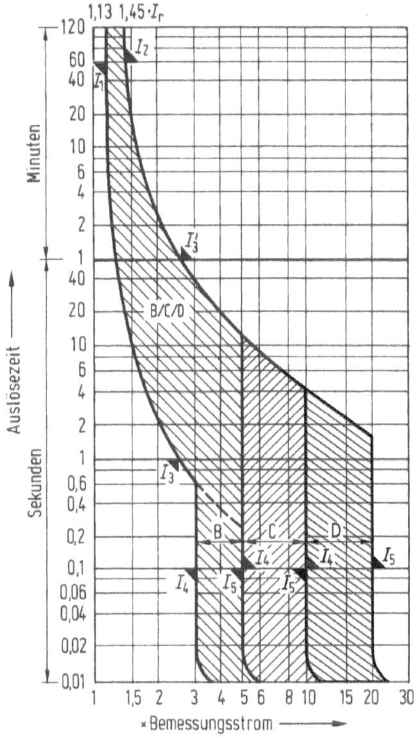

Bild 4.46 Streubereich der Auslösekennlinien von LS-Schaltern des Typs B, C und D bis 32 A

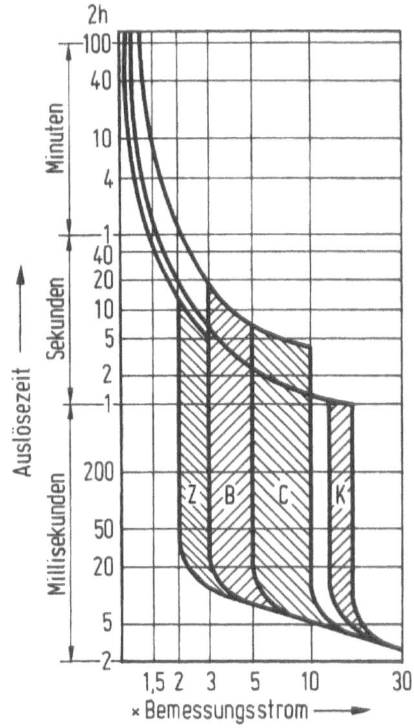

Bild 4.47 *t*(*I*)-Kennlinien von LS-Schaltern

B Leitungsschutz in Licht-, Steckdosen- und Steuerstromkreisen.
Ersatz für L-Charakteristik.

C Leitungsschutz in Stromkreisen mit hohen Einschaltströmen (Motoren).
Ersatz für G- und U-Charakteristik.

K Leitungsschutz in Stromkreisen mit feinfühligem thermischen Schutz und hohen Einschaltspitzen (Transformatoren).

Z Leitungsschutz in Stromkreisen mit Halbleiterbauelementen.

Der Kennlinienverlauf ist damit so festgelegt, dass bei kurzen Überlastungen bzw. geringen Überströmen der thermische Auslöser so träge arbeitet, dass eine frühzeitige Auslösung unterbleibt, die Leitung aber trotzdem ausreichend geschützt ist.

Für die unverzögerte elektromagnetische Auslösung ist für die B-Charakteristik folgendes vereinbart: Bei einem Strom entsprechend dem 3-fachen Bemessungsstrom darf der LS-Schalter in weniger als 0,1 s nicht auslösen (Haltestrom I_4), weil geringe Einschaltstromspitzen nicht zum ungewollten Ausschalten führen dürfen. Zum anderen sollen Kurzschlussströme, die eine Leitung thermisch unzulässig hoch beanspruchen würden, schnell abgeschaltet werden. Deshalb muss der LS-Schalter bei einem Strom vom 5-fachen des Bemessungsstromes innerhalb von 0,1 s auslösen (Auslösestrom I_5).

Schalter der C-Charakteristik müssen zwischen dem 5- bis 10-fachen Bemessungsstrom innerhalb von 0,1 s auslösen, Schalter der D-Charakteristik ebenso zwischen dem 10- bis 20-fachen Bemessungsstrom.

Durch diese Funktionsgrößen ergibt sich ebenso wie bei den Schmelzsicherungen ein Streubereich, innerhalb dessen die mittlere Auslösekennlinie eines Fabrikats liegen muss. Das beschriebene Auslöseverhalten genügt jedoch nicht allen Anforderungen. So müssen Motoren und manche Geräte schon gegen geringe thermische Überlastungen geschützt werden, so dass im Überlastbereich eine größere Empfindlichkeit notwendig werden kann. Außerdem erfordern hohe Einschaltströme z.B. von Transformatoren einen elektromagnetischen Auslöser, der erst bei größeren Strömen anspricht. Auch dann, wenn LS-Schalter neben dem Leitungsschutz den Schutz von Halbleiterbauelementen gewährleisten sollen, ist ein besonderes Auslöseverhalten notwendig. Bei dem geringen Volumen von Halbleiterbauelementen kann die Temperatur unter dem Einfluss von Überströmen rasch ansteigen und unter Umständen einige Mikrosekunden über Erhaltung oder Zerstörung des Bauelements entscheiden. Dies bedeutet, dass zum Schutz von Halbleiterbauelementen besonders empfindliche Schutzorgane erforderlich sind.

Um das Zeit/Strom-Verhalten besser an die zu schützenden Objekte anzupassen, werden daher neben der B- und C-Charakteristik die K-und Z-Charakteristik angeboten (Bild 4.47).

Die strombegrenzenden Eigenschaften von LS-Schaltern bewirken ein hohes Schaltvermögen. ÖVE/ÖNORM EN 60898 (DIN VDE 0641) unterscheidet LS-Schalter mit 3 kA, 4,5 kA, 6 kA und 10 kA Bemessungsschaltvermögen (Grenzschaltvermögen).

Von der Industrie werden auch LS-Schalter angeboten, die ein weitaus höheres Schaltvermögen besitzen. Da in den TAB der EVU ein Mindestschaltvermögen von 6 kA gefordert wird, ist dieser Wert insbesondere für die Hausinstallation von Bedeutung. Nur begrenzte Anwendung finden LS-Schalter mit dem Nennwert 3 kA und 4,5 kA. Sie können nur in Anlagen mit eigener Transformatorstation eingesetzt werden, in denen nachweislich die zu erwartenden Kurzschlussströme 3 kA bzw. 4,5 kA an der Einbaustelle der LS-Schalter nicht übersteigen.

Damit bei sehr großen Kurzschlussströmen über den Leitungsschutz sowie über die Selektivität zu vorgeschalteten Schutzorganen eine Aussage gemacht werden kann, teilt ÖVE/ÖNORM EN 60898 (DIN VDE 0641) die LS-Schalter in drei sogenannte Energiebegrenzungsklassen ein, wobei für die Energiebegrenzungsklasse 1 keine Angaben gemacht werden. Die Energiebegrenzungsklassen unterscheiden sich in ihren Durchlass-$I^2 t$-Werten, wobei Schalter der Klasse 3 die niedrigsten $I^2 t$-Werte aufweisen (Tabelle 4.3).

Übung 4.19

Ermitteln Sie für LS-Schalter der Typen B, Z und K den Auslösestrom bei 5 s und 0,2 s. ■

Übung 4.20

Vergleichen Sie die Auslösekennlinien der C- und K-Charakteristik im Überlast- und Kurzschlussstrombereich an Hand von Bild 4.47 miteinander. ■

Tabelle 4.3 Zulässige maximale Durchlass-I^2t-Werte für LS-Schalter der Energiebegrenzungsklassen (EBK) 2 und 3 für die Charakteristiken B und C abhängig vom Bemessungsschaltvermögen I_{rSV}, nach ÖVE/ÖNORM EN 60898

	$I_r \leq 16\,A$				$16\,A < I_r \leq 32\,A$			
	EBK 2		EBK 3		EBK 2		EBK 3	
	B	C	B	C	B	C	B	C
I_{rSV} / kA	I^2t_{max} / $10^3\,A^2s$							
3	31	37	15	18	40	50	18	22
4,5	60	75	25	30	80	100	32	39
6	100	120	35	42	130	160	45	55
10	240	290	70	84	310	370	90	110

4.6.3 Leistungsschalter

Aufbau und Anwendung

Niederspannungs-Leistungsschalter sind elektromechanische Selbstschalter, deren prinzipielle Arbeitsweise derjenigen der LS-Schalter entspricht. Sie besitzen demgemäß die gleichen konstruktiven Elemente (Bild 4.48). Abgesehen davon, dass Leistungsschalter für wesentlich größere Bemessungsströme hergestellt werden, liegt ein grundsätzlicher Unterschied zu LS-Schaltern aber darin, dass die Auslöser von Leistungsschaltern einstellbar ausgeführt sind.

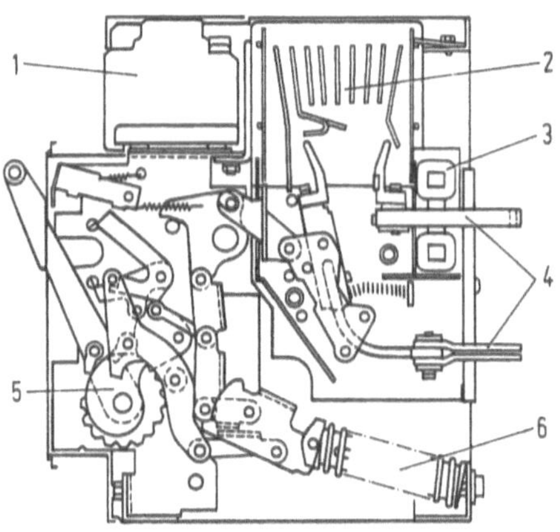

Bild 4.48
Aufbau eines Leistungsschalters
1 Elektronischer Auslöseblock
2 Lichtbogenkammern
3 Stromwandler zur Messwertübertragung an den elektronischen Auslöseblock
4 Hauptstromanschlüsse
5 Vorspanneinrichtung
6 Kraftspeicher

Niederspannungs (NS)-Leistungsschalter sind sogenannte Selbstschalter, die einstellbare Auslöser besitzen.

Als Antrieb von Leistungsschaltern werden Handantriebe und sogenannte Kraftantriebe verwendet, wobei als Kraftantrieb die Betätigung eines Schalters durch eine andere Kraft als die eines Menschen verstanden wird. Als Kraftantriebe kommen Magnetantriebe, Motorantriebe und Druckluftantriebe zur Anwendung. Ein Vorteil der Kraftantriebe liegt darin, dass sie eine Fernbedienung der Schalter ermöglichen.

Der Anwendungsbereich von Leistungsschaltern ist vielfältig. Sie dienen als Generator-, Transformator- und Motorschutzschalter, als Kuppelschalter von Sammelschienen, als sogenannte Maschennetzschalter und nicht zuletzt dem Leitungsschutz. Bild 4.49 verdeutlicht die verschiedenen Anwendungsgebiete.

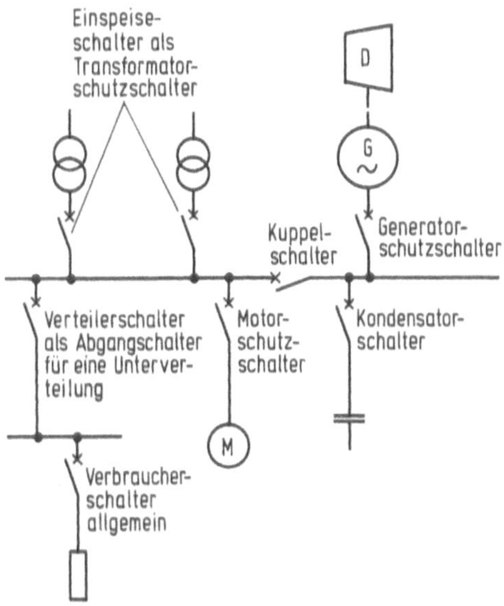

Bild 4.49
Anwendungsgebiete von Leistungsschaltern

Kenngrößen

Ist die Schaltaufgabe eines Leistungsschalters festgelegt, erfolgt die Auswahl nach seinen Bemessungswerten. Diese müssen den am jeweiligen Einbauort vorliegenden Netzdaten entsprechen. So ist die Netzspannung maßgebend für die Bemessungsbetriebsspannung U_e, auf die sich das Ein- und Ausschaltvermögen eines Leistungsschalters bezieht. Die Strombelastung eines Leistungsschalters bei störungsfreiem Betrieb bestimmt seinen Bemessungsstrom, wobei zu beachten ist, dass für Leistungsschalter von den Herstellern teilweise verschiedene Ströme angegeben werden. Dies sind:

- der konventionelle thermische Strom in freier Luft I_{th},
- der konventionelle thermische Strom im Gehäuse I_{the},
- der Bemessungsdauerstrom I_u.

Der konventionelle thermische Strom I_{th} gibt den maximalen Strom an, den ein Schalter ohne Gehäuse frei in Luft im Acht-Stunden- Betrieb führen kann, während der thermische Strom I_{the} auf die jeweilige Bemessungsbetriebsart im eingebauten Zustand bezogen ist. Weicht I_{the} vom Bemessungsstrom ab, so ist er anzugeben. Ein Bemessungsbetriebsstrom I_e, wie er für andere Schaltgeräte wie Lastschalter, Schütze oder Motorstarter angegeben wird, ist für Leistungsschalter nicht festgelegt.

Nach ÖVE/ÖNORM EN 60947-2 (DIN VDE 0660 Teil 101) ist für Leistungsschalter der Bemessungsstrom der Bemessungsdauerstrom I_u und gleich dem konventionellen thermischen Strom in freier Luft I_{th}.

Beim Bemessungsdauerstrom I_u handelt es sich um einen Strom, den ein Schalter bei normalen Betriebs- und Umgebungsbedingungen und gleichbleibender Strombelastung über längere Zeit (Wochen, Monate, Jahre) ohne Unterbrechung führen kann.

Der Bemessungsdauerstrom I_u ist ein Stromwert, den ein Leistungsschalter im Dauerbetrieb führen kann. Nach diesem Wert wird ein Leistungsschalter im Allgemeinen ausgewählt.

Der maximale Kurzschlussstrom an der Einbaustelle ist maßgebend für die Auswahl eines Leistungsschalters hinsichtlich seiner Kurzschlussfestigkeit (siehe Seite 232) und seines Schaltvermögens. Leistungsschalter müssen nämlich nicht nur den thermischen und dynamischen Beanspruchungen von Kurzschlussströmen gewachsen sein, wie z.B. Leerschalter und Lastschalter, sondern vielmehr Kurzschlussströme sowohl ausschalten als auch das Aufschalten auf bestehende Kurzschlüsse schadlos überstehen. Deshalb wird ihr Bemessungskurzschluss-Ausschaltvermögen und ihr Bemessungskurzschluss-Einschaltvermögen genannt.

Das Bemessungskurzschluss-Ausschaltvermögen I_{cn} ist der Effektivwert des unbeeinflussten Kurzschlussstromes bei Bemessungsbetriebsspannung, Bemessungsfrequenz und festgelegtem Leistungsfaktor, den der Leistungsschalter ausschalten kann.

Das Bemessungskurzschluss-Einschaltvermögen I_{cm} wird durch den maximalen Scheitelwert des unbeeinflussten Stromes ausgedrückt. Es darf nicht kleiner sein als das Bemessungsgrenzkurzschlussausschaltvermögen multipliziert mit dem Faktor „n" nach Tabelle 4.4.

Das Bemessungskurzschluss-Ausschaltvermögen wird angegeben als:

- Bemessungsgrenzkurzschlussausschaltvermögen I_{cu},
- Bemessungsbetriebskurzschlussausschaltvermögen I_{cs}.

Dabei wird unter dem Betriebskurzschlussausschaltvermögen ein Schaltvermögen verstanden, bei dem die festgelegten Bedingungen der Prüffolge mit der Schaltfolge 0-t-CO-t-CO die Fähigkeit des Leistungsschalters einschließen, seinen Bemessungsstrom dauernd zu führen. Das Grenzkurzschlussausschaltvermögen schließt diese Fähigkeit nicht ein (Schaltfolge 0-t-CO). Dabei bedeuten:

0 … steht für einen Ausschaltvorgang,
CO … steht für einen Einschaltvorgang und den nach der Öffnungszeit folgenden Ausschaltvorgang,
t … steht für die Pause zwischen zwei aufeinanderfolgenden Kurzschlussschaltungen (i.A. 3 min).

Das Bemessungskurzschluss-Einschaltvermögen muss mindestens das 1,41 - bis 2,2 -fache des Bemessungsgrenzkurzschluss-Ausschaltvermögens betragen, weil ein Leistungsschalter beim Einschalten auf einen bestehenden Kurzschluss durch den Stoßkurzschlussstrom beansprucht wird. Abhängig davon, ob ein Leistungsschalter für Zeitselektivität (s. Abschnitt 5.3) unter Kurzschlussbedingungen ausgelegt ist oder nicht, werden die Gebrauchskategorien A und B unterschieden.

Gebrauchskategorien

A ohne Kurzzeitverzögerung für Selektivität
B für Zeitselektivität unter Kurzschlussbedingungen

Leistungsschalter werden mit Bemessungsdauerströmen bis zu 5000 A und mit einem Bemessungsgrenzkurzschluss-Ausschaltvermögen bis zu 100 kA bei $\cos\varphi = 0{,}2$ gebaut. Bei Bemessungsdauerströmen über 1000 A werden dabei häufig mehrere Strombahnen je Phase parallel betrieben.

Tabelle 4.4 Verhältnis *n* zwischen Kurzschlussein- und -ausschaltvermögen und zugehörigem Leistungsfaktor nach ÖVE/ÖNORM EN 60947-2 (DIN VDE 0660 Teil 101)

$$n = \frac{\text{KS-Einschaltvermögen}}{\text{KS-Ausschaltvermögen}}$$

$I^{*)}$ in kA	Leistungsfaktor	Mindestwerte für *n*
$I \leq 3$	0,9	1,42
$3 < I \leq 4{,}5$	0,8	1,47
$4{,}5 < I \leq 6$	0,7	1,53
$6 < I \leq 10$	0,5	1,7
$10 < I \leq 20$	0,3	2,0
$20 < I \leq 50$	0,25	2,1
$50 < I$	0,2	2,2

*) *I* ist der Effektivwert eines beliebigen Wertes des Kurzschlussausschaltvermögens

Übung 4.21

In einem 400 V-Drehstromnetz wird an der Einbaustelle eines Leistungsschalters der maximale Kurzschlussstrom bei $\cos\varphi = 0{,}23$ zu 48 kA berechnet. Bei störungsfreiem Betrieb beträgt der Laststrom 950 A.

a) Bestimmen Sie anhand der Tabelle 4.4 den Mindestwert des Kurzschluss-Einschaltvermögens.
b) Wählen Sie aus Tabelle 4.5 den entsprechenden Leistungsschalter aus.

Kennlinien

Die Auslösezeit von Leistungsschaltern in Abhängigkeit vom Überstrom kann den Kennlinien entnommen werden. Bild 4.50 zeigt die mittleren Auslösekennlinien bei 20 °C Umgebungstemperatur für Schalter mit folgenden Bemessungsdauerströmen $I_u = I_{th}$:

160 A, 250 A, 400 A, 500 A, 630 A

Tabelle 4.5 Daten von Leistungsschaltern mit einer Bemessungsisolationsspannung $U_i = 1000\,V$

Max. Bemessungsdauerstrom I_u / A	800	1000	1250	1600
Bemessungskurzschluss-Ausschaltvermögen I_{cu}/I_{cs} in kA bis 690 V ~	45/40	50/45	50/50	50/50

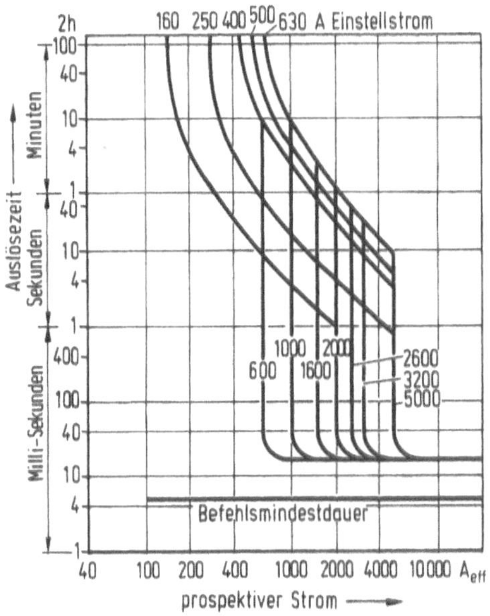

Bild 4.50
Mittlere Auslösekennlinien von Leistungsschaltern

Kennwerte:

- Bemessungsbetriebsspannung U_e : 400 V,
- Einstellbereich der thermischen Auslöser I_r : 160 A bis 630 A *),
- Einstellbereich der elektromagnetischen Auslöser I_{rm} : 600 A bis 5000 A *),
- Bemessungsgrenzkurzschluss-Ausschaltvermögen I_{cu} : 100 kA bei $\cos\varphi = 0{,}2$,
- Bemessungsbetriebskurzschluss-Ausschaltvermögen I_{cs} : 50 kA bei $\cos\varphi = 0{,}25$,
- Bemessungskurzschluss-Einschaltvermögen I_{cm} : 275 kA,
- Gebrauchskategorie A.

*) untere und obere Grenze abhängig von I_u.

Übung 4.22

Entnehmen Sie Bild 4.51 für einen Kurzschlussstrom von 30 kA_{eff}:

a) den maximalen Stoßkurzschlussstrom (Nullpunktlöscher),
b) den Durchlassstrom des strombegrenzenden Leistungsschalters.

Neben den Auslösekennlinien sind bei Leistungsschaltern mit Strombegrenzung die Durchlassstromkennlinien und die I^2t-Kennlinien von Bedeutung (siehe Bild 4.51 und Bild 4.52).

Wie bereits erwähnt und wie aus den Daten und Auslösekennlinien hervorgeht, sind die Überstromauslöser einstellbar. Der Grund hierfür liegt darin, dass die Auslösekennlinie eines Generator-, Motor- oder „Leitungsschutzschalters“ sowohl der thermischen Belastungskennlinie des zu schützenden Betriebsmittels entsprechen soll als auch das Einschalten von induktiven Verbrauchern nicht zu Frühauslösungen führen darf. Des weiteren wird die Forderung nach selektiver Staffelung (s. Abschnitt 5.3) erhoben. Um eine Vielzahl unterschiedlicher Auslösetypen zu vermeiden, werden die Überstromauslöser daher entsprechend den Erfordernissen ihres Einsatzbereiches zeitlich verzögert oder unverzögert und

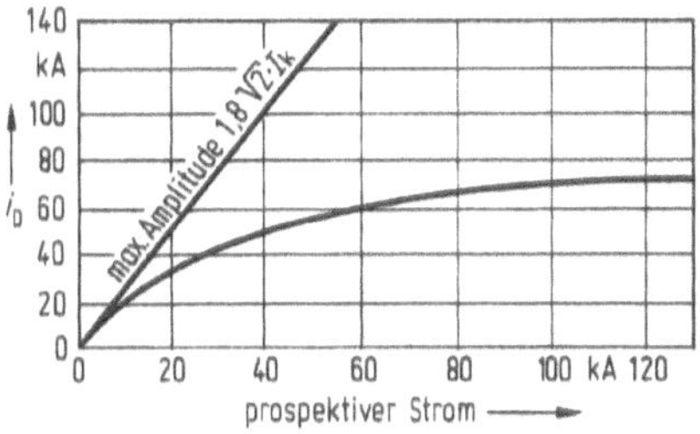

Bild 4.51 Durchlasskennlinie von Leistungsschaltern, $I_u = 630\,A - 1000\,A$

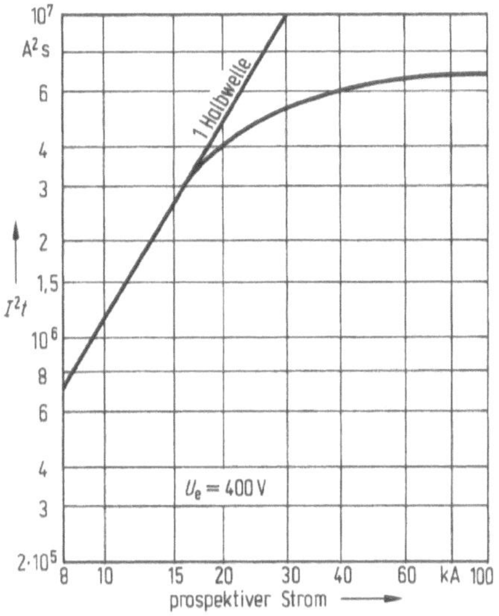

Bild 4.52 Durchlassenergie von Leistungsschaltern, $I_u = 630\,A$

in ihren Ansprechwerten veränderbar ausgeführt. Damit wird eine optimale Anpassung an die jeweiligen Anlagenverhältnisse ermöglicht.

Wie aus den Auslösekennlinien weiter zu erkennen ist, setzen sich diese ebenso wie die Kennlinien von LS-Schaltern aus dem Ansprechbereich eines thermischen Auslösers (Überlastauslöser) und eines elektromagnetischen Auslösers (Kurzschlussauslöser) zusammen. Dabei werden folgende Funktionsbereiche unterschieden:

- stromabhängig (lang-)verzögerter Auslösebereich th (thermischer Auslöser),
- stromunabhängig (kurz-)verzögerter Auslösebereich z,
- unverzögerter Auslösebereich n.

Bild 4.53 verdeutlicht schematisch diese Bereiche sowie die durch die Einstellbarkeit gegebene Verschiebbarkeit der Kennlinie.

Neben den elektromechanischen Auslösern werden zunehmend auch elektronische Auslöseblöcke verwendet. Die Überstromauslöser werden, je nach Fabrikat, sowohl im Leistungsschalter fest eingebaut als auch als Bausteine gesondert angeboten.

Für Signalisierungs- und Verriegelungsaufgaben können Leistungsschalter zusätzlich mit Arbeitsstrom- und Unterspannungsauslösern sowie Hilfsschaltern mit Schließern und Öffnern bestückt werden. Arbeitsstromauslöser können z.B. für eine Fernschaltung benutzt werden, Unterspannungsauslöser z.B. für eine Not- bzw. Sicherheitsabschaltung.

Gegenwärtige Bauarten erlauben neben der Überstrom- auch eine Erdschlusserfassung. Auch eine einstellbare Lastüberwachung mit Lastabwurf, Lastwiederaufnahme und Alarm sind möglich. Die Elektronik ermöglicht darüber hinaus eine Datenfernübertragung z.B. über Schaltzustand, Abnutzungsgrad des Kontaktapparates, den momentan fließenden Strom sowie über die Einstellparameter der verschiedenen Auslöser.

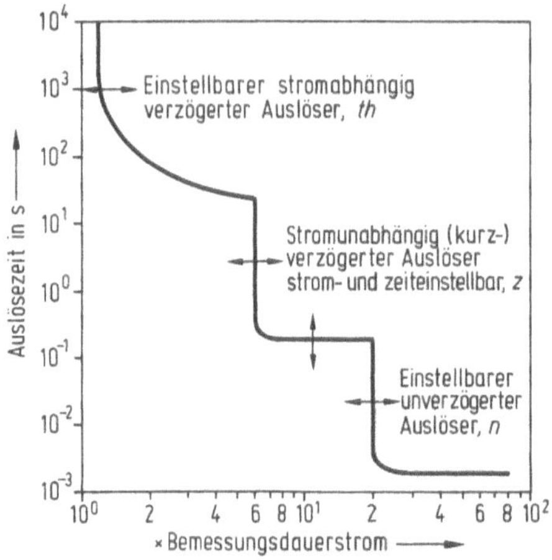

Bild 4.53
Funktionsbereiche von Auslösekennlinien

4.6.4 Auswahlkriterien

4.6.4.1 Schaltgeräte

Bei der Auswahl von Schaltgeräten müssen verschiedene Gesichtspunkte beachtet werden:

- die Schaltaufgabe (s. Abschnitt 4.2),
- die Umgebungs-, Einbau- und Anschlussbedingungen,
- der Personenschutz,
- die Beanspruchung in mechanischer, thermischer und elektrischer Hinsicht.

Hierzu werden von den Herstellern folgende Kenndaten und Eigenschaften angegeben:

- Umgebungstemperatur, Klimafestigkeit,
- Einbaulage, Schocksicherheit,
- Anschlussquerschnitt,
- Bemessungsbetriebsspannung U_e, Bemessungsisolationsspannung U_i,
- Bemessungsstoßspannungsfestigkeit U_{imp},
- Bemessungsfrequenz,
- Schutzart nach ÖVE/ÖNORM EN 60529 bzw. DIN VDE 0470-1 (Berührungs- und Fremdkörperschutz, Wasserschutz),
- Bemessungsbetriebsart (Dauerbetrieb, Acht-Stunden-Betrieb, Aussetzbetrieb, zeitweiliger Betrieb, periodischer Betrieb),
- Bemessungsstrom (Bemessungsdauerstrom I_u, Bemessungsbetriebsstrom I_e),
- Gebrauchskategorie (Schaltvermögen),
- Lebensdauer (Anzahl der Schaltspiele),
- Kurzschlussschaltvermögen, Kurzschlussfestigkeit (Bemessungskurzzeitstrom).

In den folgenden Ausführungen werden die wichtigsten Begriffe erklärt.

Bemessungsstrom

In Abschnitt 4.6.3 werden die verschiedenen Ströme bei Leistungsschaltern erläutert. Die dort gegebenen Definitionen gelten sinngemäß auch für andere Schaltgeräte. Ihre Auswahl erfolgt jedoch hauptsächlich nach dem Bemessungsbetriebsstrom oder der diesem Strom zugeordneten Bemessungsbetriebsleistung.

Der Bemessungsbetriebsstrom I_e eines Schaltgerätes ist von der Bemessungsbetriebsspannung, der Bemessungsfrequenz, der Betriebsart, der Gebrauchskategorie sowie von der Art des Gehäuses abhängig. Er wird maßgeblich durch die Bemessungsbetriebsart bestimmt. Einem Schaltgerät können somit mehrere Bemessungsbetriebsströme zugeordnet sein.

Gebrauchskategorie

Die Gebrauchskategorie umfasst Anforderungen, die unter Berücksichtigung der Betriebsbedingungen für praktische Anwendungsfälle eines Schaltgerätes ausgewählt sind. Diese sind insbesondere das Ein- und Ausschaltvermögen. In Tabelle 4.6 sind für Lastschalter, Trenner, Lasttrenner und Schalter-Sicherungseinheiten auszugsweise die Gebrauchskategorien nach ÖVE/ÖNORM EN 60947-3 (DIN VDE 0660 Teil 107) wiedergegeben. Schalter der Gebrauchskategorie AC-20 sind dabei Leerschalter.

Tabelle 4.6 Gebrauchskategorien für Lastschalter bei Wechselspannung nach ÖVE/ÖNORM EN 60947-3 (DIN VDE 0660 Teil 107)

Gebrauchskategorie	Typische Anwendungsfälle
AC-20	Schließen und Öffnen ohne Last
AC-21	Schalten von ohmscher Last einschließlich geringer Überlast
AC-22	Schalten von gemischter ohmscher und induktiver Last einschließlich geringer Überlast
AC-23	Schalten von Motoren oder anderer stark induktiver Lasten
Anmerkung: Das Schalten von Kondensatoren muss zwischen Hersteller und Anwender besonders vereinbart werden	

Die Bezeichnung der Gebrauchskategorien wird durch das Anhängen des Buchstabens A oder B vervollständigt (z.B. AC-21 A), wobei Geräte der Gebrauchskategorien mit A für häufige Betätigung und Geräte der Gebrauchskategorien mit B für gelegentliche Betätigung geeignet sind. Zu beachten ist, dass die Gebrauchskategorien der Tabelle 4.6 nicht für ein Schaltgerät gelten, das betriebsmäßig zum Ingangsetzen, Beschleunigen und/oder zum Ausschalten einzelner Motoren verwendet wird. Hierfür gelten die für Motorschalter festgelegten Gebrauchskategorien der Tabelle 4.7.

Lebensdauer

Die Lebensdauerangabe erfolgt durch Angabe von Schaltspielen und soll dem Verwendungszweck des Schaltgerätes entsprechen. Unter einem Schaltspiel versteht man dabei einen Schließ- und Öffnungsvorgang. So unterliegen z.B. Leistungsschalter nur einer geringen Schalthäufigkeit und Schütze einer relativ hohen Schalthäufigkeit. Leistungsschalter brauchen daher nur eine vergleichsweise geringe Lebensdauer zu besitzen.

Man unterscheidet zwischen der mechanischen und elektrischen Lebensdauer. Die Anzahl der Schaltspiele ohne Last, also bei stromlosem Schalten, gibt die mechanische Le-

Tabelle 4.7 Gebrauchskategorien für Motorschalter bei Wechselspannung nach ÖVE/ÖNORM EN 60947-3 (DIN VDE 0660 Teil 107)

Gebrauchskategorie	Typische Anwendungsfälle
AC-2	Schleifringläufermotoren: Anlassen, Gegenstrombremsen oder Reversieren[1)], Ausschalten
AC-3	Käfigläufermotoren: Anlassen, Ausschalten während des Laufs
AC-4	Käfigläufermotoren: Anlassen, Gegenstrombremsen oder Reversieren[1)], Tippen[2)]

[1)] Gegenstrombremsen oder Reversieren ist das schnelle Bremsen oder Umkehren der Drehrichtung eines Motors durch Vertauschen zweier Außenleiter während des Motorlaufs.

[2)] Tippen ist das einmalige oder wiederholte kurzzeitige Einschalten eines Motors, um kleine Bewegungen der angetriebenen Maschine zu erhalten.

bensdauer an, während die elektrische Lebensdauer unter Last gemäß der jeweiligen Gebrauchskategorie festgelegt wird. Die elektrische Lebensdauer ist somit geringer als die mechanische. Als Richtwert kann etwa 1/20 der mechanischen Lebensdauer angenommen werden.

! Die Lebensdauerangabe (Anzahl der Schaltspiele) ist ein Maß für die Verschleißfestigkeit eines Schaltgerätes. ■

Kurzschlussfestigkeit

Hinsichtlich der Kurzschlussfestigkeit eines Schaltgerätes ist grundsätzlich zwischen seiner dynamischen und thermischen Festigkeit zu unterscheiden. Ausschlaggebend für die dynamische Festigkeit ist der zulässige Stoßkurzschlussstrom in der höchstbeanspruchten Strombahn des Schaltgeräts (s. Abschnitt 3.4.3). Die thermische Festigkeit ist durch die sogenannte Bemessungskurzzeitstromfestigkeit I_{cw} gegeben.

! Der Bemessungskurzzeitstrom I_{cw} ist der Effektivwert der Wechselstromkomponente des unbeeinflussten Kurzschlussstromes, den das Schaltgerät ohne Schaden für eine bestimmte Zeit führen kann. ■

Der Bemessungskurzzeitstrom muss mindestens das 12-fache des größten Bemessungs-(betriebs)-stromes betragen, für Leistungsschalter mit Bemessungsströmen > 2500 A mindestens 30 kA. Die Stromflussdauer ist für Leer-, Last- und Motorschalter mit 1 s festgelegt (1 s-Strom). Für Leistungsschalter gelten für die Kurzzeitverzögerung die Vorzugswerte $0{,}05 - 0{,}1 - 0{,}25 - 0{,}5 - 1\,\text{s}$.

Durch die Angabe der Kurzzeitstromfestigkeit erübrigt sich i.A. die Angabe der Stoßstromfestigkeit (dynamische Festigkeit im eingeschalteten Zustand), da die Prüfvorschriften berücksichtigen, dass der höchste auftretende Scheitelwert des Stromes das n-fache des Effektivwertes bei festgelegtem Leistungsfaktor nach den Werten der Tabelle 4.4 betragen kann. Ein bedingter Bemessungskurzschlussstrom wird für Schaltgeräte angegeben, wenn sie durch strombegrenzende Schaltgeräte, z.B. Schmelzsicherungen, gegen die Auswirkungen von Kurzschlussströmen geschützt werden.

> Der bedingte Bemessungskurzschlussstrom ist der unbeeinflusste Strom, den das geschützte Schaltgerät für die Ausschaltzeit des strombegrenzenden Schutzgerätes aushalten kann.

Die Tabellen 4.8 und 4.9 enthalten Hilfen zur Auswahl von Schaltgeräten für den ungestörten und gestörten Betrieb.

4.6.4.2 Schaltgerätekombinationen

Unter einer Schaltkombination versteht man die Reihenschaltung verschiedener Schalt- bzw. Schutzgeräte, wobei jedem Schaltgerät eine bestimmte Schaltaufgabe zukommt. Recht häufig ist in Energieflussrichtung gesehen die Kombination „Schmelz-Sicherung-Schütz-Motorschutzrelais". Dabei übernimmt das Schütz das Schalten des Laststromes, das Motorschutzrelais den Überlastschutz und die Schmelzsicherung den Kurzschlussschutz von Schütz, Motorschutzrelais und Leitung. Der Bemessungsstrom der Schmelzsicherung muss dazu entsprechend der Kurzschlussfestigkeit des Schützes, des Motorschutzrelais und der Kurzschlussbelastbarkeit der Leitung (s. Abschnitt 5.2.6) gewählt werden. Von den Herstellern werden die zum Schutz der Schaltgeräte höchstzulässigen Bemessungsströme der Schmelzsicherungen angegeben (bedingte Kurzschlussfestigkeit).

Eine Schmelzsicherung kann auch den Kurzschlussschutz eines LS-Schalters oder Motorschutzschalters übernehmen, wenn der Kurzschlussstrom an der Einbaustelle das Schaltvermögen des Schalters übersteigt. Bei kleinen Kurzschlussströmen löst dann der Schalter aus, bei großen Kurzschlussströmen übernimmt die Schmelzsicherung die Abschaltung. Durch Vergleich der Durchlass-$I^2 t$-Wert-Kennlinien kann der Grenzkurzschlussstrom bestimmt werden (s. Abschnitt 5.2.7.2). Eine derartige Kombination von Schutzorganen bezeichnet man als Back-up-Schutz.

> Back-up-Schutz ist das Zusammenwirken einer Schutzeinrichtung mit einer vorgeschalteten Schutzeinrichtung, wenn der Kurzschlussstrom das Schaltvermögen der nachgeschalteten Schutzeinrichtung übersteigt. Das Schaltvermögen der Kombination der beiden Schaltgeräte wird dadurch erhöht.

In diesem Zusammenhang soll noch auf die sogenannte Kaskadenschaltung von Leistungsschaltern hingewiesen werden (Bild 4.54). Der Leistungsschalter Q1 dient als Gruppenschalter für mehrere Abgänge der Verteilung. Die Kurzschlussauslöser werden so eingestellt, dass bei kleinen Kurzschlussströmen die nachgeordneten Schalter die Auslösung übernehmen. Bei großen Kurzschlussströmen, die in der Nähe der Schaltgeräte auftreten und das Schaltvermögen der nachgeordneten Schalter übersteigen, löst der vorgeordnete Schalter, der ein größeres Schaltvermögen besitzt, gleichzeitig mit aus.

Durch die Reihenschaltung der Strombahnen beider Schalter wird bei etwa gleichem Öffnungsverzug der Lichtbogen sicher gelöscht (s. Abschnitt 4.5). Dadurch ist es möglich, Leistungsschalter auch an Netzstellen einzusetzen, deren Schaltvermögen den zu erwartenden Kurzschlussströmen an der Einbaustelle nicht genügt. Wichtig ist auch hier ein Vergleich der $I^2 t$-Werte der in Reihe liegenden Leistungsschalter.

Tabelle 4.8 Auswahl von Schaltgeräten für ungestörten Betrieb (Bemessungsbetrieb), Schaltaufgabe „Ein/Aus“ bezogen auf den Bemessungsstrom I_r

				Gebrauchskategorie			
Betriebsmittel	Einschalt-(Anlauf)-strom I_{an}/I_r	Bemessungsbetriebsstrom I_e/I_r	Beacht. der Frühauslösung	Lastschalter	Motorschalter	Schütz	Leistungsschalter
Heizgeräte	...1,5	1,1	nein	AC-21	-	AC-1	-
Leuchtstofflampen EVG	...1,5	1,1	nein	AC-21	-	AC-1	-
Energiesparlampen	...1,5	1,1	nein	AC-21	-	AC-1	-
LED-Lampen	...1,5	1,1	nein	AC-21	-	AC-1	-
Halogen-Metalldampflampen	≈ 2	2,0	ja, t_{an} = 5...10 min	AC-22	-	AC-2	-
Natriumdampflampen	...1,4	1,4	ja, t_{an} = 5...10 min	AC-22	-	AC-2	-
Transformatoren	> 10	I_{an}, $I_e(I_u)$	ja	AC-23	AC-3/4	AC-3/4	bei geringer Schalthäufigkeit
Schweißtransformatoren	$\approx \frac{1}{ü}$	Ein- bzw. Ausschaltstrom $\geqq 0{,}5 \cdot I_{an}$	ja	-	AC-4	AC-4	-
Motoren	...8	I_{an}, $I_e(I_u)$	ja, $t_{an} \leqq 10$ s normal, $t_{an} > 10$ s schwer	AC-23	AC-3/4	AC-3/4	bei geringer Schalthäufigkeit

Der Einsatz von Kondensatoren (z.B. zur Leistungsfaktorkorrektur) erfordert eine gesonderte Beurteilung.

Die Bemessung der Schaltgeräte bezüglich ihrer Kurzschlussfestigkeit erfolgt:
1. nach dem Bemessungskurzzeitstrom mit Zeitangabe (z.B. 1 s-Strom) oder
2. durch Angabe der höchstzulässigen Vorsicherung (bedingter Bemessungskurzschlussstrom).

Die Norm ÖVE/ÖNORM EN 60947-2 (DIN VDE 0660 Teil 101) sieht im Anhang A für den Nachweis des Backup-Schutzes in einigen Fällen auch bestimmte Herstellerprüfungen vor.

Tabelle 4.9 Auswahl von Schaltgeräten für gestörten Betrieb, Schaltaufgabe „Aus" [Überlast (ÜL), Kurzschluss (KS)]

Einstellung, Eignung	Generatoren	Transformatoren[1]	Motoren[2]	Kondensatoren	Leitungen
Einstellung ÜL-Auslöser	I_{rG}	I_{rT}	I_{rM}	$1{,}43 \cdot I_{rK}$	1. $\geqq I_b$, $\leqq I_z$, 2. $\leqq \frac{1{,}45 \cdot I_z}{x}$
Einstellung KS-Auslöser	I_k unverzögert oder verzögert	$\leqq I_k$ unverzögert oder verzögert	$8 \ldots 14 \cdot I_{rM}$	$8 \ldots 14 \cdot I_{rK}$	$\leqq I_{k\,min}$
Sicherung					
ÜL / KS	- / -	✓/ ✓	- / ✓	✓/ ✓ $\approx 1{,}5 \cdot I_{rK}$, gG-Chararkt.	✓/ ✓✓
LS-Schalter					
ÜL / KS	- / -	✓/ ✓ K-Charakt.	- / ✓ C-,K-Charakt.	✓/ ✓ C-Charakt.	✓✓/ ✓✓
Motorschutzschalter					
ÜL / KS	- / -	- / -	✓/ ✓	- / -	✓/ ✓
(Schütz) + Bimetallauslöser					
ÜL / KS	- / -	- / -	✓/ -	- / -	✓/ -
(Schütz) + Bimetallauslöser + Sicherung					
ÜL / KS	- / -	- / -	✓/ ✓	- / -	✓/ ✓
Leistungsschalter					
ÜL / KS	✓✓/ ✓✓	✓✓/ ✓✓	✓✓/ ✓✓	✓/ ✓	✓✓

Legende: - ... nicht geeignet, ✓... geeignet, ✓✓... besonders geeignet

[1] Die in der Tabelle angeführten Schaltgeräte bieten keinen Schutz bei inneren Fehlern (alternativ: Buchholzschutz, Differentialschutz).

[2] Die in der Tabelle angeführten Schaltgeräte bieten keinen Schutz bei behinderter Kühlung oder zu hoher Umgebungstemperatur (alternativ: Thermistorschutz).

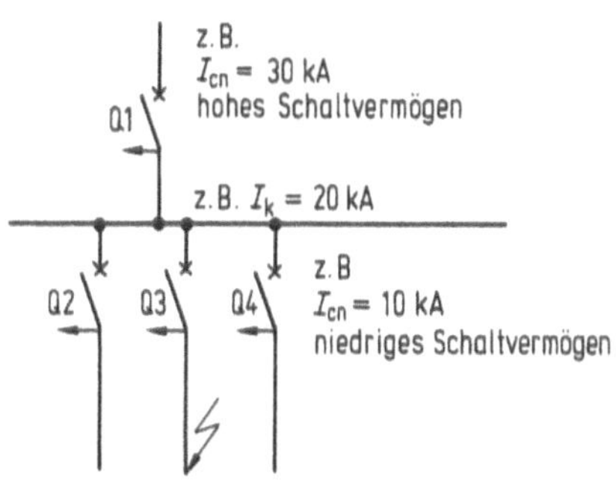

Bild 4.54
Kaskadenschaltung von Leistungsschaltern

Beispiel 4.4

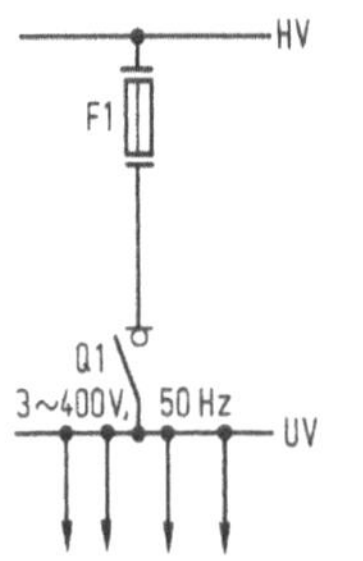

In einem Industriebetrieb soll eine Unterverteilung entsprechend dem dargestellten Netzschema durch einen Lasttrennschalter abschaltbar ausgeführt werden.
Der Anschlusswert der Unterverteilung beträgt bei vorwiegend motorischer Last $130\,\text{kW}$. Als Leistungsfaktor wird $\cos\varphi = 0,8$ angenommen.
Der max. Kurzschlussstrom an der Einbaustelle beträgt $I_k = 18\,\text{kA}$ und der Stoßkurzschlussstrom $i_p = 32\,\text{kA}$.

Gesucht werden:

a) der Lasttrennschalter Q1,
b) der max. zulässige Bemessungsstrom der Vorsicherung F1.

Lösung:

a) Bei vorwiegend motorischer Last sind nach Tabelle 4.6 Schalter der Gebrauchskategorie AC-23 vorzusehen. Für den zu erwartenden Betriebsstrom von:

$$I_b = \frac{130\,\text{kW}}{\sqrt{3}\cdot 400\,\text{V}\cdot 0,8} = 235\,\text{A}$$

ergibt sich nach Tabelle 4.10 einer Herstellerliste ein Lasttrennschalter vom Typ 2, Bemessungsbetriebsstrom $I_e = 250\,\text{A}$.

b) Nach Tabelle 4.10 beträgt der max. zulässige Bemessungsstrom einer Vorsicherung der Betriebsklasse gG $I_{rSi} = 425\,\text{A}$ ■

Wird der Bemessungsstrom der Vorsicherung von 425 A nicht überschritten, ist die thermische Kurzschlussfestigkeit des Schalters bis zu Kurzschlussströmen von $80\,\text{kA}_{\text{eff}}$ (bedingter Bemessungskurzschlussstrom) gegeben. Der Bemessungskurzzeitstrom (1 s-Strom) braucht nicht beachtet zu werden (siehe Tabelle 4.8).

4.7 Bauarten von NS-Schaltanlagen

Schaltanlagen bzw. Verteiler werden sowohl fabrikmäßig von Schaltanlagenherstellern gefertigt als auch von Fachkräften der elektrischen Anlagentechnik aus Einzelteilen zusammengebaut. ÖVE/ÖNORM EN 61439 (DIN VDE 0660-600) unterscheidet bei den Niederspannungs-Schaltgerätekombinationen:

- Installationsverteiler für die Bedienung durch Laien (DBO),
- Baustromverteiler (BV),
- Verteiler in öffentlichen Energieverteilungsnetzen und
- Schienenverteilersysteme.

Tabelle 4.10 Daten von Lasttrennschaltern, mechanische Lebensdauer: 10.000 Schaltspiele

		Typ 1			Typ 2		
Bemessungsbetriebsströme nach Gebrauchskategorien:							
Wechselspannung	Gebrauchskategorie	AC-21	AC-22	AC-23	AC-21	AC-22	AC-23
	$U_e = 400\,V$	250 A	250 A	125 A	400 A	400 A	250 A
	$U_e = 500\,V$	250 A	250 A	125 A	400 A	400 A	200 A
	$U_e = 690\,V$	250 A	–	–	400 A	–	–
Kurzschlussfestigkeit ohne vorgeschaltete Sicherungen:							
Dynam. Kurzschlussfestigkeit, Scheitelwert			25 kA			44 kA	
Bemessungskurzzeitstrom (1 s)			11 kA			18 kA	
Bedingter Bemessungskurzschlussstrom bei Schutz durch Sicherungen (400 V, $\cos\varphi = 0{,}25$):							
Bemessungskurzschluss-Einschaltvermögen			50 $kA_{eff.}$			40 $kA_{eff.}$	
Max. Vorsicherung (Typ gG) bei einem möglichen Kurzschluss von:							
	50 $kA_{eff.}$		250 A			425 A	
	80 $kA_{eff.}$		225 A			425 A	
	100 $kA_{eff.}$		200 A			355 A	

Es werden Angaben zu anwendbaren Belastungsfaktoren (RDF) für Abgangs- bzw. Hauptstromkreise gemacht und die Anforderungen zu mechanischer und elektrischer Festigkeit sowie Sicherheit definiert.

> **!** Eine Schaltgerätekombination ist die Zusammenfassung eines oder mehrerer NS-Schaltgeräte mit zugehörigen Betriebsmitteln zum Steuern, Messen, Melden und der Schutz- und Regeleinrichtungen, unter Verantwortung des Herstellers komplett zusammengebaut, mit allen inneren elektrischen und mechanischen Verbindungen und Konstruktionsteilen. ■

In den Normen ist genau definiert welche Punkte zwischen dem Hersteller der Schaltgerätekombination und dem Anwender zu vereinbaren sind. Schaltgerätekombinationen können dabei aus Bausteinen unterschiedlicher Hersteller aufgebaut sein, wie z.B. aus Gehäusen, Sammelschienensystemen und Schaltgeräten verschiedener Fabrikate. Diese werden in verschiedenen Bauformen hergestellt:

- offene Bauform,
- Tafelbauform,
- geschlossene Bauformen.

Bild 4.55 zeigt typische Beispiele der verschiedenen Bauformen. NS-Schaltanlagen in offener Bauform oder Tafelbauform dürfen nur in abgeschlossenen elektrischen Betriebsstätten aufgestellt werden. Sie haben daher nur relativ geringe Bedeutung. Dies hängt damit zusammen, dass Schaltanlagen möglichst in der Nähe von Lastschwerpunkten errichtet werden, um kurze Leitungswege und geringe Leitungsquerschnitte zu erzielen. Die Aufstellung von Schaltanlagen und Verteilern erfolgt damit zwangsläufig auch oder überwiegend

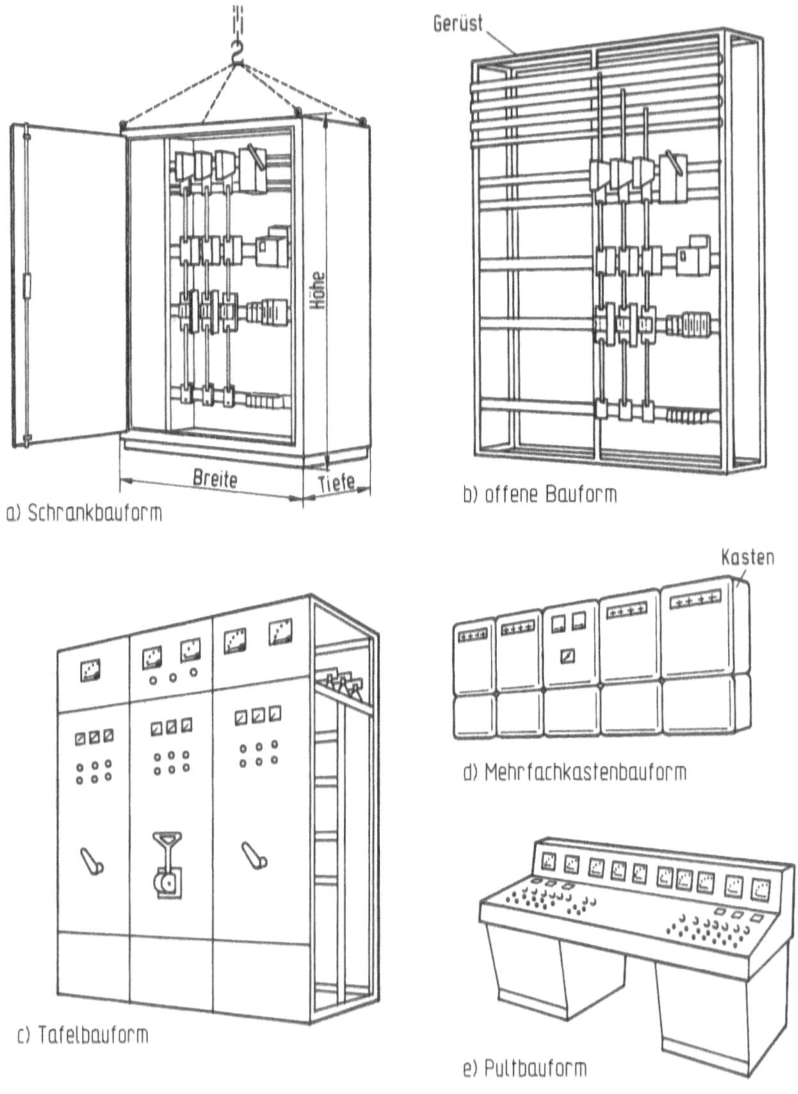

Bild 4.55 Bauformen von NS-Schaltanlagen

in allgemein zugänglichen Räumen und Betriebsstätten. Aus Sicherheitsgründen können hier jedoch nur allseitig geschlossene Systeme aufgestellt werden.

Für geschlossene Bauformen, wie z.B. die Schrankbauform, die Kasten- bzw. Mehrfachkastenbauform und die Pultbauform, bietet die Industrie verschiedene Gehäusewerkstoffe (Isolierstoff, Gusseisen, Stahlblech) an. Hinsichtlich ihrer mechanischen und chemischen Beanspruchbarkeit können die Einsatzbereiche der verschiedenartig ausgeführten Schaltanlagen jedoch nicht scharf voneinander getrennt werden. Denn letztlich sind neben den Betriebs- und Umgebungsbedingungen sowie den elektrischen Merkmalen auch wirtschaftliche Gesichtspunkte für die Wahl der Bauart einer Schaltanlage entscheidend. Trotzdem sollen nachfolgend einige typische Anwendungsbereiche genannt werden.

Isolierstoffverteiler

Sie werden aus glasfaserverstärktem Polykarbonat oder Polyester in Kasten-, Mehrfach-Kasten- und Schrankbauform hergestellt. Sie besitzen eine hohe mechanische Widerstandsfähigkeit und werden für Sammelschienenbemessungsströme bis 1800 A sowie einer Kurzschlussfestigkeit bis 180 kA Scheitelwert bei $\cos\varphi = 0,2$ in Schutzarten bis IP 65 gefertigt. Isolierstoffverteiler finden u.a. Verwendung in staubigen, feuchten oder chemisch aggressiven Räumen, z.B. in Papier-, Textil-, Zuckerfabriken, Landwirtschaft, Molkereien, Brauereien u.ä. Ihre Vorteile liegen in der Schutzisolierung, ihrem geringen Gewicht, der guten Kontrolle der Einbaugeräte bei Klarsichtabdeckungen und nicht zuletzt in ihrer Korrosionsbeständigkeit.

Gusseisenverteiler

Sie werden in Kasten- bzw. Mehrfachkastenbauform mit sehr hoher mechanischer Widerstandsfähigkeit mit Sammelschienenbemessungsströmen bis 630 A, einer Kurzschlussfestigkeit bis 70 kA in Schutzarten bis IP 65 gebaut. Ihr Anwendungsbereich liegt da, wo extreme Betriebsbedingungen herrschen, z.B. durch eine chemisch aggressive Atmosphäre und/oder rauhe mechanische Beanspruchung. Sie sind damit besonders geeignet für chemische Betriebe, Zementfabriken, Hütten- und Bergbaubetriebe, Hafenanlagen und auch – unter einem Schutzdach – für die Aufstellung im Freien.

Stahlblechverteiler

Sie werden z.B. in Felderbauweise mit Sammelschienenbemessungsströmen bis 4000 A, einer Kurzschlussfestigkeit bis 220 kA bei $\cos\varphi = 0,2$ in Schutzarten bis IP 54 hergestellt. Zur besseren Übersicht werden sie auch mit Klarsichtabdeckungen in den Türen ausgeführt.

Der Einsatzbereich von Stahlblechverteilern liegt bei hohen Bemessungsströmen und an Netzstellen, wo mit hohen Kurzschlussströmen gerechnet werden muss. Sie werden in Industrieanlagen und Kraftwerken bevorzugt eingesetzt. Neben den Energie-Schaltgerätekombinationen nach ÖVE/ÖNORM EN 61439-2 (DIN VDE 0660-600-2) gibt es noch Verteiler, die für spezielle Einsatzbereiche vorgesehen sind:

- Installationsverteiler, zu deren Bedienung Laien Zutritt haben (DBO) nach ÖVE/ÖNORM EN 61439-3 (DIN VDE 0660-600-3),
- Zählerplätze AC 400 V nach DIN VDE 0603-1,
- Baustromverteiler (BV) nach ÖVE/ÖNORM EN 61439-4 (DIN VDE 0660-600-4).

Das Aufstellen und Anschließen von Schaltanlagen und Verteilern wird in DIN VDE 0100-729 geregelt.

4.8 Projektierung von NS-Schaltanlagen

Voraussetzung der Projektierung von Schaltanlagen ist zunächst die Ausarbeitung von Übersichtsschaltplänen bis zu den Verbrauchern. Daran schließt sich die Ermittlung der

Lastströme, die Berechnung der Spannungsabfälle und Kurzschlussströme an. In die Übersichtsschaltpläne werden sodann unter Berücksichtigung der Selektivität (s. Abschnitt 5.3) die Angaben eingetragen, die für die Bestückung der Schaltanlagen wesentlich sind. Bild 4.56 zeigt hierzu ein Beispiel.

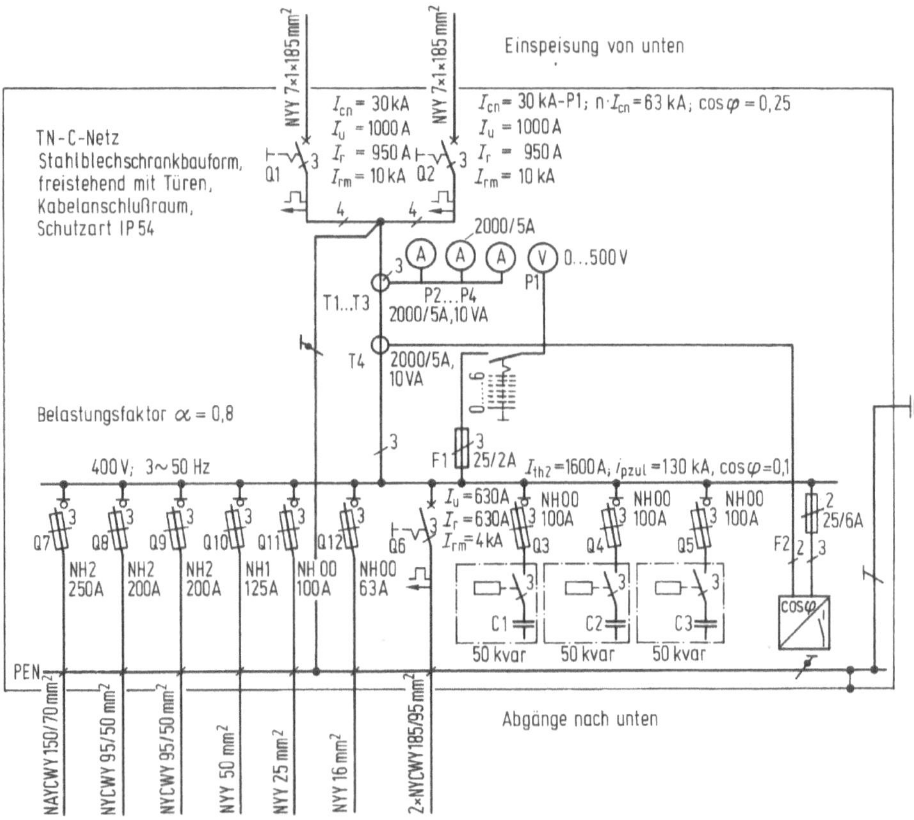

Bild 4.56 Übersichtsschaltplan einer NS-Schaltanlage

Hiernach können die Grundtypen der Schaltgeräte nach den Kriterien in Abschnitt 4.6.4 ausgewählt werden. Bei geschlossenen Anlagen ist dabei gegebenenfalls zu berücksichtigen, dass wegen der Wärmeabfuhr der Bemessungsbetriebsstrom der Schaltgeräte reduziert werden muss. Unter Umständen muss die Schaltanlage auch belüftet werden. Allgemeine Angaben können hierzu nicht gemacht werden. Gegebenenfalls muss man auf die Unterlagen der Hersteller zurückgreifen.

Ist mit der Kondensation schädlicher Luftfeuchtigkeit zu rechnen, müssen Schaltschränke eventuell mit geeigneten Heizelementen beheizt werden. Für die weitere Projektierung sind folgende elektrische Daten zu ermitteln:

- Bemessungsspannungen,
- Bemessungsfrequenz,
- Netzsystem (Schutzmaßnahme, Schutzklasse),

- Gerätebestückung, d.h. Art und Anzahl der Geräte (z.B. Leistungsschalter, Schütze, Wandler, Messinstrumente) und deren elektrische Bemessungsdaten,
- Einspeisungen und Abgänge, d.h. Anzahl, Typ, Querschnitt der Kabel und Leitungen, Lage der Einspeisekabel und deren Abgänge (oben/unten/seitlich),
- Belastungsfaktor der Abgänge,
- Bemessungsstrom der Einspeisungen,
- Sammelschienenbemessungsstrom I_{th2},
- Stoßkurzschlussstrom i_p für die dynamische Kurzschlussfestigkeit der Anlage.

Für den mechanischen Aufbau und die Bauform der Schaltanlage sind folgende Angaben notwendig:

- Aufstellungsart (Wandmontage, Ein- oder Aufbau, Standverteilung mit oder ohne Sockel, Kabelrangierraum, freistehend),
- örtliche Bau- und Raumverhältnisse (maximale Höhe, Breite, Tiefe, Transporteinheiten und -möglichkeiten),
- mechanische und chemische Beanspruchung,
- Klimaeigenschaften,
- Schutzart (Dichtigkeit gegen Eindringen von Staub und Feuchtigkeit, Berührungsschutz).

Ein wesentlicher Punkt der vorgenannten Angaben ist die Kenntnis des Einspeisestromes, dessen Ermittlung über die Summe der Bemessungsströme der Abgänge aller Hauptstromkreise erfolgt. Dabei kann abhängig von der Anzahl der Hauptstromkreise ein Belastungsfaktor nach Tabelle 4.11 berücksichtigt werden, sofern keine Angaben über die tatsächlichen Ströme vorliegen.

Tabelle 4.11 Bemessungsbelastungsfaktoren für NS-Schaltgerätekombinationen nach ÖVE/ÖNORM EN 61439-1 (DIN VDE 0660-600-1)

Anzahl der Hauptstromkreise	Bemessungsbelastungsfaktor α
2 und 3	0,9
4 und 5	0,8
6 bis einschließlich 9	0,7
10 und mehr	0,6
Bei einpoligen Stromkreisen in Wohnungsinstallationen kann als Bemessungsbelastungsfaktor der halbe Wert der Tabelle eingesetzt werden.	

! Der Bemessungsbelastungsfaktor ist das Verhältnis der größten Summe aller Ströme, die zu einem beliebigen Zeitpunkt in den betreffenden Hauptstromkreisen zu erwarten sind, zur Summe der Bemessungsströme aller Hauptstromkreise. ■

Der Einspeisestrom ergibt sich dann aus:

$$I_{ein} = \alpha \cdot \sum I_{rab} \tag{4.6}$$

Handelt es sich um Abgänge für Stromkreise mit Dauerbelastung in etwa gleichbleibender Höhe wie z.B. Heizstromkreise, Beleuchtung, Klimageräte usw., so ist für diese der Belastungsfaktor 1,0 einzusetzen. Die Verteilung der elektrischen Energie auf die verschiedenen Abgänge erfolgt über Sammelschienen. Ausschlaggebend für die thermische Beanspruchbarkeit der Sammelschienen ist der Sammelschienenbemessungsstrom und für die dynamische Beanspruchbarkeit der zulässige Stoßkurzschlussstrom i_p. Die Ermittlung dieses Stromes wurde bereits in Abschnitt 3.4.3 ausführlich behandelt.

> Der Sammelschienenbemessungsstrom ist der Dauerstrom, den die Sammelschienen bei normalen Betriebs- und Umgebungsbedingungen auf unbegrenzte Zeit führen können, ohne dass die zulässigen Grenztemperaturen überschritten werden. ■

Für die Wahl des Sammelschienenbemessungsstromes bzw. des Sammelschienenquerschnitts spielt die räumliche Lage der Einspeisung eine wesentliche Rolle. Kann der Einspeisepunkt ungefähr in die Lastmitte gelegt werden, was immer anzustreben ist, teilt sich der Strom nach beiden Seiten auf die Sammelschienen auf, so dass die Belastung der Sammelschienen damit nur rund die Hälfte des Einspeisestromes beträgt (Bild 4.57).

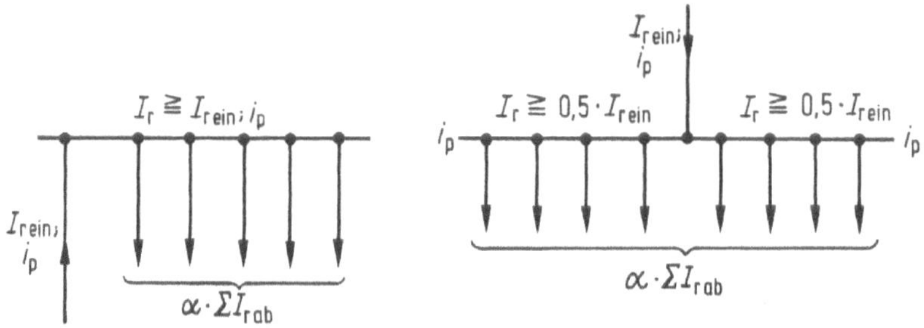

Bild 4.57 Belastung von Sammelschienen

Der Sammelschienenquerschnitt wird danach unter Berücksichtigung der Abstufungen des jeweiligen Herstellers festgelegt, wobei der Sammelschienenbemessungsstrom immer größer oder mindestens gleich der errechneten Belastung sein muss. Ist mit späteren Erweiterungen der Anlage zu rechnen, muss eine entsprechende Reserve vorgehalten werden. Aus dem Übersichtsschaltplan und den übrigen Daten ist nun der für den Zusammenbau der Schaltanlage notwendige Geräteanordnungsplan (Bild 4.58) zu entwerfen. Dieser Plan zeigt die räumliche Lage der Betriebsmittel, wobei Gehäuse und Geräte als verkleinertes Abbild häufig im Maßstab 1:10 dargestellt werden.

Die Hersteller von Schaltanlagen bieten für den Entwurf des Geräteanordnungsplans neben Listen und Katalogen Projektierungshilfsmittel wie z.B. Zeichenvorlagen an. Der nächste Schritt ist die Erstellung einer Stückliste. Sie gibt Auskunft über Typenbezeichnung, Anzahl und im Allgemeinen den Preis der einzubauenden Geräte (Bild 4.59).

Die Projektierung von Schaltanlagen erfolgt mit CAD-Programmen. Damit können die Schaltpläne und die Geräteanordnungspläne erstellt werden. Listen und Pläne wie Artikelstücklisten, Klemmenpläne und Kabelpläne werden von den Programmen automatisch erstellt.

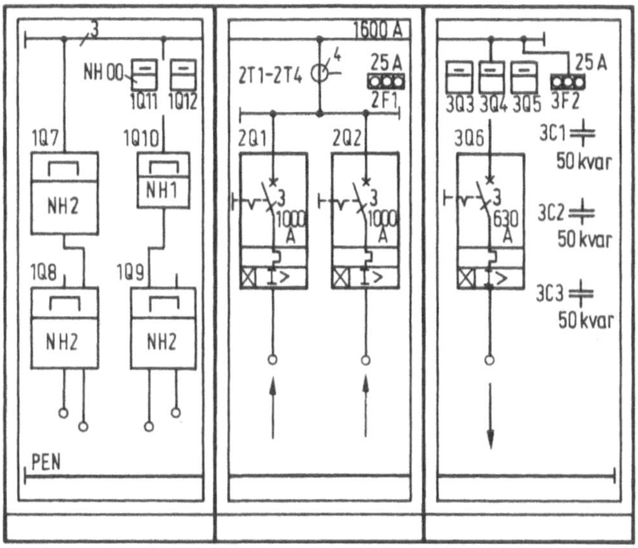

Bild 4.58 Geräteanordnungsplan zu dem Übersichtsschaltplan in Bild 4.56

Geräte-bezeichnung	Benennung	Typ	Anzahl	Einzelpreis	Gesamtpreis
Feld 1					
	Verteilerfeld		1		
	Kabelfangschiene		1		
1Q11 - 1Q12	Sicherungslasttrenner, NH 00		2		
1Q10	Sicherungslasttrenner, NH 1		1		
1Q7 - 1Q9	Sicherungslasttrenner, NH 2		3		
Feld 2					
	Verteilerfeld		1		
	Kabelfangschiene		1		
2Q1 – 2Q2	Leistungsschalter mit einstellbarem thermischen und magnetischen Auslöser, kurzverzögert, $I_u = 1000$ A		2		

Bild 4.59
Beispiel einer Stückliste

Übung 4.23

Eine Schaltanlage besitzt 5 Abgänge je 200A, 5 Abgänge je 125A, 10 Abgänge je 100A und 10 Abgänge je 63A.

Bestimmen Sie den Einspeisebemessungsstrom unter Berücksichtigung eines Belastungsfaktors nach Tabelle 4.11. Legen Sie den Mindestwert des Sammelschienenbemessungsstromes unter der Voraussetzung fest, dass die Einspeisung in der Lastmitte erfolgt.

Übung 4.24

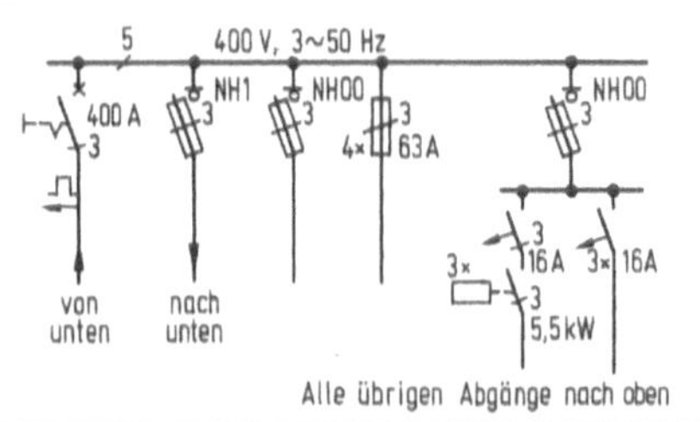

Gegeben ist der abgebildete Übersichtsschaltplan. Entwerfen Sie den optimalen Geräteanordnungsplan und bestimmen Sie den Platzbedarf in einem Stahlblechstandverteiler mit 1800mm nutzbarer Bauhöhe.

Lösungshinweis:
Verwenden Sie ein CAD-Programm oder nutzen Sie das unten angeführte Bild als Kopiervorlage und vergrößern Sie auf den Maßstab 1:10. Teilen Sie den Verteiler in Rasterfelder von 150mm Höhe und 300mm Breite ein. Wählen Sie dann die entsprechenden Funktionseinheiten aus und platzieren diese nach Art eines Puzzles sinnvoll in die Rasterfelder.

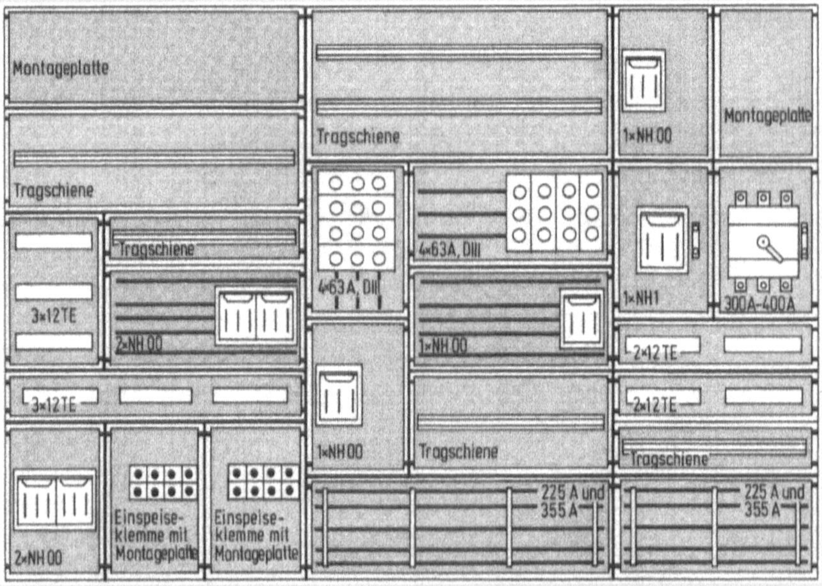

Bausteine im Maßstab 1:20 zum Entwerfen eines Anordnungsplanes 1 TE= 1 Teilungseinheit = 17,5mm = Breite eines einpoligen LS-Schalters.
Tragschienen dienen zur Aufnahme von Reihenklemmen, Schützen, LS-Schaltern usw.

4.9 Mittelspannungs- und Hochspannungsschaltgeräte

4.9.1 Einsatz und Auswahl

Mittelspannungs- und Hochspannungsschalter haben definitionsgemäß die gleichen Aufgaben zu erfüllen wie Niederspannungsschalter. Die höheren Betriebsspannungen sowie die Ausführung von Hochspannungsschaltanlagen als Freiluftanlagen machen jedoch andere konstruktive Lösungen erforderlich, als sie von Niederspannungsschaltern bekannt sind. Die Bilder 4.60 bis 4.65 zeigen zum Vergleich Beispiele von Schaltern für die drei Netzspannungsebenen.

Der gezeigte Hochspannungstrenner in Bild 4.64 ist ein sogenannter Zweisäulentrenner, der motorisch geschwenkt werden kann und so den Kontakt herstellt. Daneben gibt es auch noch Einsäulentrenner als Schwenktrenner und Scherentrenner. Scherentrenner stellen den Kontakt auf ein darüberliegendes Leiterseil her. Bild 4.62 zeigt schließlich einen Klapptrenner für MS-Anwendungen.

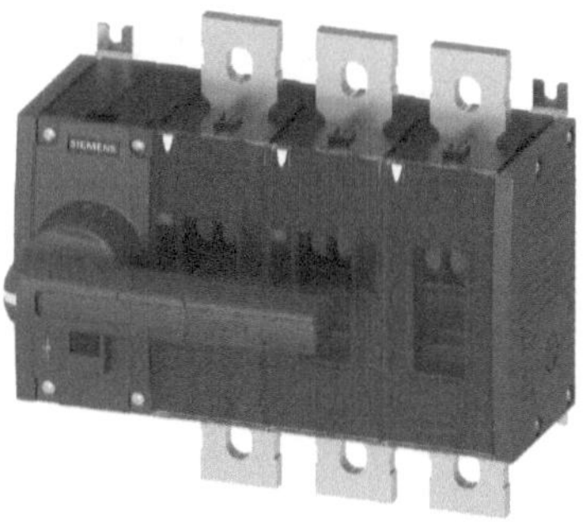

Bild 4.60 NS-Lasttrennschalter bis 1000 V, Quelle: Siemens AG

Bild 4.61 NS-Leistungsschalter bis 1000 V, Quelle: Siemens AG

Deutlich sind die unterschiedlichen Gerätetechniken bei den Leistungsschaltern zu erkennen. Die Ursache dafür liegt darin, dass man bei der Entwicklung der Lichtbogenlöschsysteme unterschiedliche Lösungswege einschlug, wobei sich zwangsläufig verschiedene konstruktive Ausführungen ergaben.

Während in Niederspannungsleistungsschaltern (Bild 4.61) der Lichtbogen in der Luft unter atmosphärischen Bedingungen brennt und gelöscht wird, führt das hierbei angewendete Löschprinzip bei Mittelspannungs- und Hochspannungsschaltern nicht zum Erfolg. Hat der NS-Schalter nicht die Aufgabe Kurzschlussströme zu unterbrechen, kommen die günstigeren NS-Lasttrennschalter zum Einsatz, siehe Bild 4.60.

Bild 4.62 MS-Trennschalter 20 kV, Quelle: SERW

Bild 4.63 MS-Vakuum-Leistungsschalter 24 kV, Quelle: Siemens AG

Bild 4.64 110 kV Zweisäulentrennschalter, Quelle: SERW

Bild 4.65 SF_6-Leistungsschalter 420 kV, Quelle: Siemens Energy

In diesen Spannungsebenen wurden deshalb andere Prinzipien der Lichtbogenlöschung mit unterschiedlichen Löschmitteln angewendet, die zu den verschiedenen Bauarten als Druckluftschalter, Ölschalter, SF_6-Schalter und Vakuumschalter (s. Abschnitt 4.4) führten. Gegenwärtig werden vor allem SF_6-Schalter (Bild 4.65) und Vakuumschalter (Bild 4.63) in den Anlagen verbaut.

Der Druckluftschalter hat bzw. hatte in Anlagen $\geqq$ 110 kV in Kraftwerken und in der Industrie seinen Einsatzbereich, während der SF_6-Schalter in allen Spannungsebenen der Hochspannungsnetze zum Einsatz kommt. Der Vakuumschalter kann als der klassische Schalter in Mittelspannungsanlagen angesehen werden.

Die hohen Anforderungen, die an Leistungsschalter gestellt werden, spiegeln sich in den hohen Kosten wider. Leistungsschalter werden daher nur dann eingesetzt, wenn die Versorgungssicherheit dies unbedingt erforderlich macht. In Mittelspannungsanlagen werden deshalb häufig an Netzstellen mit geringer Kurzschlusswahrscheinlichkeit die kostengünstigeren Lasttrennschalter eingebaut. Damit aber trotzdem Kurzschlussströme geschaltet werden können, werden sie als Einheit mit Hochspannungs-Hochleistungssicherungen (HH-Sicherungen) kombiniert (Bild 4.66). Die Sicherungseinsätze sind hierbei mit mechanischen Auslösevorrichtungen (Schlagstifte) versehen, die beim Durchschmelzen des Einsatzes die Freiauslösung des Lasttrennschalters auslösen und ihn allpolig ausschalten. Die Schaltstücke des Lasttrennschalters müssen dabei den Durchlassstrom des Schmelzeinsatzes tragen.

Bild 4.66
MS-Lasttrennschalter mit angebauten HH-Sicherungen $U_n = 12\,\text{kV}$, $I_n = 400\,\text{A}$

Anmerkung:
Für den Bereich der HS-Geräte-Norm haben Nennwert und Bemessungswert den gleichen Wert. Dieser wird durch die Vorsilbe „Nenn-" gekennzeichnet.

Die Auswahl der Mittelspannungs- und Hochspannungsschaltgeräte erfolgt nach den gleichen Kenngrößen wie bei Niederspannungsschaltgeräten. Tabelle 4.12 gibt Aufschluss darüber, nach welchen Nenn- bzw. Bemessungswerten die einzelnen Schaltgeräte auszuwählen sind.

Bei der Auswahl der Schaltgeräte müssen aber außer den Nenngrößen auch die Ausgleichsvorgänge, die beim Schalten ausgelöst werden, berücksichtigt werden. Dabei spielt die Belastung der Schaltgeräte, insbesondere der Leistungsschalter, durch Schaltüberspannungen eine entscheidende Rolle.

> **!** Gefährliche Schaltüberspannungen können sowohl beim Ausschalten kleiner induktiver Ströme als auch beim Schalten kapazitiver Ströme entstehen. ■

Sollen z.B. Schaltgeräte zum Ausschalten von leerlaufenden Transformatoren, HS-Motoren kleiner Leistung, Kondensatorbatterien oder leerlaufenden Leitungen verwendet werden, so ist zu prüfen, ob die Schaltgeräte hierfür geeignet sind.

Tabelle 4.12 Bestimmende Kenngrößen für die Auswahl von Schaltgeräten

Art des Schaltgerätes	Isoliervermögen	Nennspannung	Nennbetriebsstrom	Nennstoßstrom	Nennausschaltstrom	Nenneinschaltstrom	Nennkurzschlussausschaltstrom	Nennkurzschlusseinschaltstrom	Nennkurzzeitstrom
Leistungsschalter	✓	✓	✓				✓	✓	
Lasttrennschalter	✓	✓	✓	✓	✓	✓			✓
Trennschalter	✓		✓	✓					✓
Erdungsschalter	✓			✓				(✓)	✓
HH-sicherungen	✓	✓	✓	✓			✓		

In Mittelspannungs- und Hochspannungsnetzen ist zu überprüfen, ob die Schaltgeräte die auftretenden Schaltüberspannungen beherrschen. ■

Die Entstehung von Schaltüberspannungen wird im nachfolgenden Abschnitt 4.9.2 für zwei Belastungsfälle näher untersucht. An Leistungsschalter in Freileitungsnetzen werden neben der Beherrschung und Begrenzung von Schaltüberspannungen noch weitere Anforderungen gestellt: In Freileitungsnetzen treten häufig vorübergehende Fehler z.B. durch Gewitter oder Sturm auf. Man hat beobachtet, dass ungefähr 80% aller Fehler vorübergehende Fehler und nur 20% bleibende Fehler mit Schäden im Netz sind. Aufgrund dieser Tatsache wird die Fehlerstelle deshalb zunächst kurzzeitig (ein- oder allpolig) abgeschaltet und nach einer vorgegebenen Pause wieder automatisch zugeschaltet. Man spricht von „Automatischer Wiedereinschaltung" (AWE). Besteht der Fehler noch, wird endgültig abgeschaltet.

Mittelspannungs- und Hochspannungsschalter, die für automatische Wiedereinschaltung geeignet sind, müssen bestimmte Forderungen zur maximalen Ein- und Ausschaltzeit erfüllen, so dass die spannungslose Pause für die Verbraucher nicht oder kaum in Erscheinung tritt. Schließlich ergeben sich bei Freiluftschaltanlagen zusätzlich Werkstoffprobleme, klimatische Anforderungen sowie Wartungsfragen, die man in dieser Weise bei Niederspannungsschaltanlagen nicht kennt. Tau, Regen, Schnee, Reif- und Eisbildung, Schmutzablagerungen, schnelle Temperaturänderungen und Windbelastungen dürfen die Funktion der Schaltgeräte nicht beeinträchtigen.

Übung 4.25

Erklären Sie, weshalb gerade beim Ausschalten kleiner induktiver Ströme hohe Überspannungen entstehen.

4.9.2 Belastung durch Schaltüberspannungen

4.9.2.1 Ausschalten von Kapazitäten

Als Beispiel wird eine Kondensatorbatterie in Sternschaltung nach Bild 4.67 angenommen. Der Transformator- und Kondensatorsternpunkt sollen niederohmig geerdet sein. Außerdem soll vorausgesetzt werden, dass Wirkwiderstände und Induktivitäten des Netzes vernachlässigt werden können. Betrachtet wird die Ausschaltung des Außenleiters L1. Die Ausschaltung der Leiter L2 und L3 verläuft entsprechend. Bild 4.68 zeigt das einphasige Ersatzschaltbild.

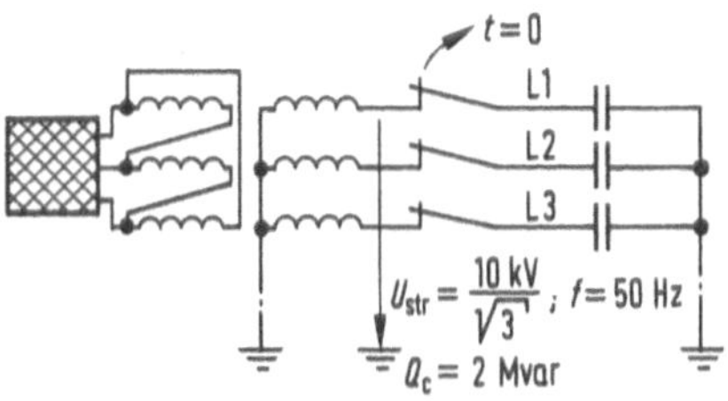

Bild 4.67 Ausschalten einer Drehstromkondensatorbatterie

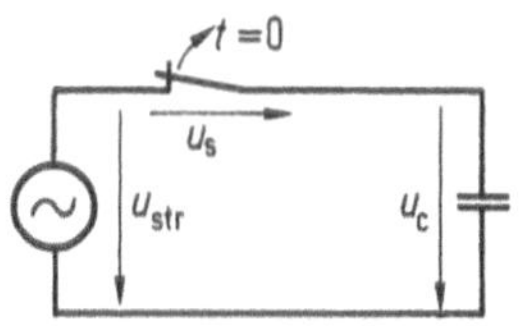

Bild 4.68 Ersatzschaltung beim Öffnen des Schalterpols der Phase L1

Wird vorausgesetzt, dass der kapazitive Strom im Nulldurchgang unterbrochen wird (Nullpunktlöscher), dann hat die Spannung an der Kapazität gerade ihren Scheitelwert $u_C = \hat{u}_{str} = \sqrt{2} \cdot \frac{U}{\sqrt{3}}$, siehe Bild 4.69.

Die Spannung bleibt unter der Voraussetzung, dass sich der Kondensator nicht entladen kann, an diesem erhalten. Auf der Speiseseite, also vor dem Schalter, verläuft die Spannung weiterhin sinusförmig. Für die Spannung über dem Schalter gilt dann nach Bild 4.68:

$$u_s = u_{str} - u_C \qquad \text{bzw. nach Bild 4.69} \quad u_s = \hat{u}_{str} \cdot \cos \omega t - \hat{u}_{str}$$

oder

$$u_s = \hat{u}_{str} \cdot (\cos \omega t - 1)$$

Als Maximum der Spannung über dem Schalter ergibt sich damit nach einer halben Periode (10 ms) für $\cos \omega t = -1$:

$$|u_{s\,max}| = 2 \cdot \hat{u}_{str}$$

Die Spannung über dem Schalter steigt bis zum doppelten Scheitelwert der Strangspannung des Netzes an.

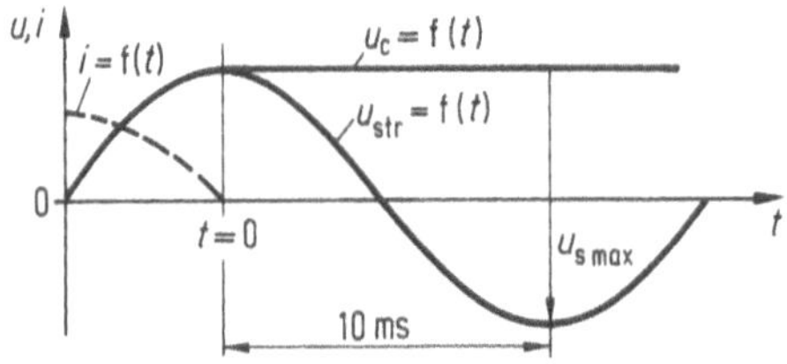

Bild 4.69 Spannungsverlauf ohne Rückzündung bei 50 Hz

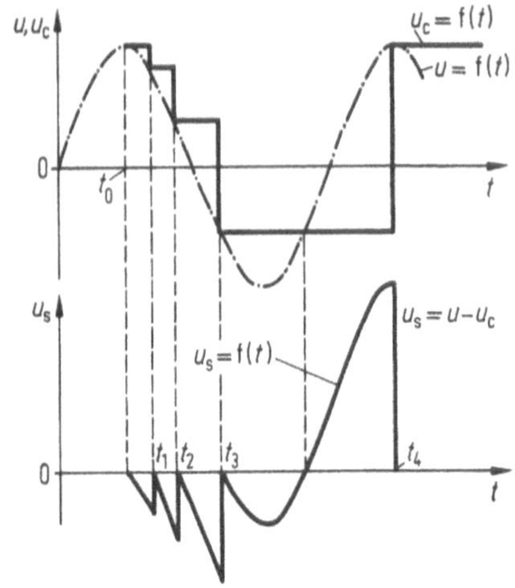

Bild 4.70 Spannungsverlauf bei Rückzündungen

Durch die anwachsende Spannung über den Schaltkontakten wird die Schaltstrecke auf Durchschlag beansprucht. Bei der Auswahl der Schalter ist daher darauf zu achten, dass Schalter mit hoher Schaltgeschwindigkeit und schneller elektrischer Verfestigung der Schaltstrecke ausgesucht werden. Zur schnellen elektrischen Verfestigung der Schaltstrecke können verschiedene konstruktive Maßnahmen getroffen werden (Beblasung, Ölströmung u.a., s. Abschnitt 4.5). Kann die Schaltstrecke nicht schnell genug verfestigt werden, kommt es zum Durchschlag oder, wie man auch sagt, zu „Rückzündungen“. Bild 4.70 zeigt den Spannungsverlauf für u, u_C und u_S bei Rückzündungen (t_1 bis t_4). Durch Rückzündungen können Überspannungen auftreten, die auch zu Überschlägen an anderen Anlagenteilen im Netz führen können.

Ähnliche Überlegungen, wie sie für das Abschalten von Kondensatoren angestellt wurden, sind auch für das Ausschalten leerlaufender Leitungen durchzuführen, die als Kapazitäten wirken. Dabei ist allerdings zu beachten, dass hier sowohl Kapazitäten zwischen Leiter und Erde als auch zwischen Leiter und Leiter auftreten.

Für das Ausschalten von Kondensatoren und leerlaufenden Leitungen sind die Schaltgeräte so auszuwählen, dass keine Rückzündungen auftreten. ■

Übung 4.26

Berechnen Sie mit den gegebenen Werten aus Bild 4.67 die Spannung über dem erstlöschenden Schalterpol der Phase L1 7 ms nach dem Abschalten im Nulldurchgang des Stromes. ■

4.9.2.2 Ausschalten eines Kurzschlusses

Abschließend soll der Fall der Kurzschlussabschaltung betrachtet werden, weil gerade hierbei die Leistungsschalter besonderen Beanspruchungen ausgesetzt sind. Bild 4.71 zeigt den Netzplan eines Kurzschlussstromkreises mit der Fehlerstelle F, die unmittelbar hinter dem Schalter liegen soll (Klemmenkurzschluss). Es wird zunächst ein Wechselstromkreis angenommen.

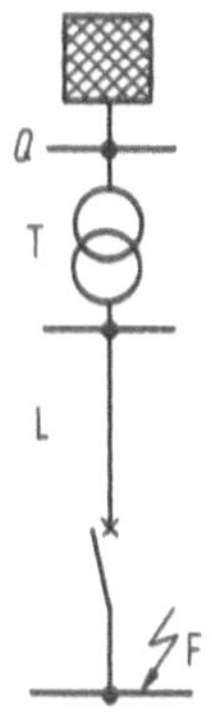

Bild 4.71 Netzplan

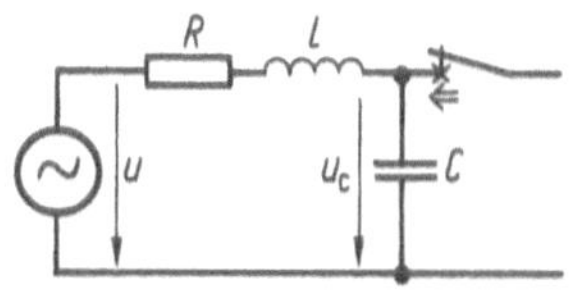

Bild 4.72 Ersatzschaltung des fehlerfreien Netzes

Bild 4.72 zeigt das Ersatzschaltbild des fehlerfreien Netzes unter Berücksichtigung der Kapazität des Netzes. Bei einem Kurzschluss an der Fehlerstelle F wird die Kapazität überbrückt, und es ergibt sich die bekannte Ersatzschaltung nach Bild 4.73. Die Spannung an der Fehlerstelle ist Null, wenn der Kurzschluss als widerstandslos angenommen wird. Im Augenblick der Trennung der Kontakte gilt die Ersatzschaltung nach Bild 4.74.

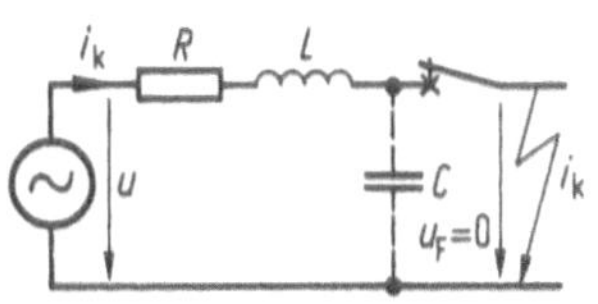

Bild 4.73 Ersatzschaltung des Fehlerstromkreises bei geschlossenem Schalter

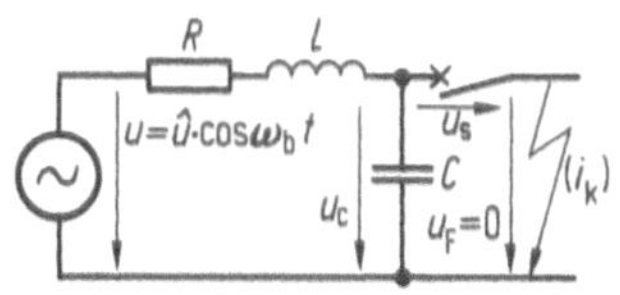

Bild 4.74 Ersatzschaltung bei Unterbrechung des Kurzschlussstromes

Es liegt somit ein Reihenschwingkreis vor, wobei die Spannung über dem Schalter u_S gleich der Spannung an der Kapazität ist ($u_S = u_C$). Vor dem Ausschalten ist die Spannung über dem Schalter Null. Im Augenblick der Kontakttrennung muss die Spannung am Schalter sofort auf den Augenblickswert der Netzspannung ansteigen. Ist $R \ll X_L$ – wie dies im Hochspannungsnetz im Allgemeinen der Fall ist – und öffnet der Schalter im Nulldurchgang des Stromes, so ist dies praktisch der Scheitelwert der Netzspannung.

Neben der Netzspannung tritt jedoch aufgrund der mit der Ausschaltung verbundenen Energieänderung im Netz noch eine Ausgleichsspannung auf, die sich als hochfrequente Schwingung mit der Eigenfrequenz (Resonanzfrequenz) des Schwingkreises der netzfrequenten Spannung überlagert. Diese Ausgleichsspannung wird als Einschwingspannung bezeichnet. Nach der Thomsonschen Schwingungsformel gilt für die Eigenfrequenz angenähert:

$$f_0 = \frac{1}{2 \cdot \pi \cdot \sqrt{L \cdot C}} \tag{4.7}$$

Die Einschwingspannung ist die nach dem Unterbrechen des Stromkreises auftretende Ausgleichsspannung (Schwingkreisspannung).

Die nunmehr als Summe aus Netzspannung und hochfrequenter Schwingkreisspannung auftretende Spannung wird als wiederkehrende Spannung bezeichnet. Bild 4.75 zeigt den Verlauf der wiederkehrenden Spannung nach einer Kurzschlussabschaltung. Es lassen sich zwei aufeinanderfolgende Zeitabschnitte unterscheiden. Der erste Abschnitt ist durch die Einschwingspannung gekennzeichnet, während im zweiten Abschnitt nach dem Abklingen des Ausgleichsvorgangs nur noch die netzfrequente Spannung auftritt. Der Spitzenwert der wiederkehrenden Spannung kann nahezu doppelt so groß werden wie der Scheitelwert der Netzspannung.

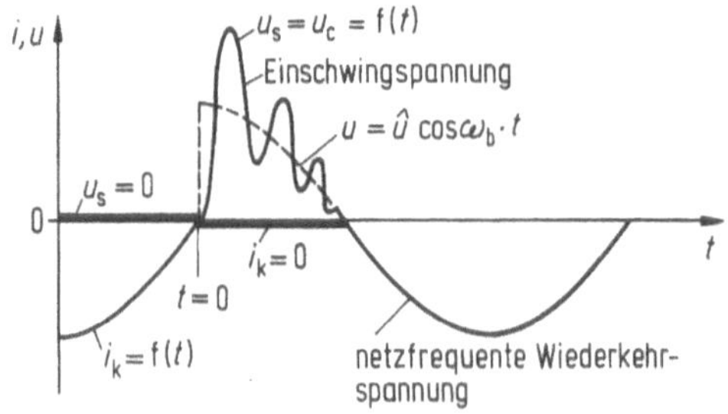

Bild 4.75
Wiederkehrende Spannung über einem Schalterpol nach einer Kurzschlussunterbrechung

Die wiederkehrende Spannung ist die nach dem Unterbrechen des Stromes über einem Schalterpol auftretende Spannung.

Die Ausschaltschwingung scheint zunächst wegen der Höhe ihres Spitzenwertes für den Ausschaltvorgang nachteilig zu sein. Da sie jedoch nicht augenblicklich entsteht, sondern sich mit einer bestimmten Anstiegsgeschwindigkeit entwickelt, bleibt dem Schalter eine kurze Zeit, um eine Verfestigung der Schaltstrecke zu erreichen. Die Zeitdauer ist umso größer, je kleiner die Frequenz der Ausgleichsschwingung ist. Bei Hochspannungsanlagen liegen die Eigenfrequenzen in der Größenordnung von etwa 500 Hz, während sie in Mittelspannungsanlagen sogar im kHz-Bereich liegen können.

Eine Kurzschlussabschaltung ist mit einem Einschwingvorgang der Spannung verbunden, dessen Verlauf (Frequenz, Amplitude, Zeitdauer) von den Kenngrößen R, L und C des Netzes bestimmt wird.

Übung 4.27

Wie würde sich das Fehlen der Netzkapazitäten auf den Ausschaltvorgang im Hochspannungsnetz auswirken, wenn die Stromunterbrechung im Nulldurchgang erfolgt?

Große Schaltkapazitäten verringern nach Gleichung (4.7) die Anstiegsgeschwindigkeit der hochfrequenten Schwingung, so dass z.B. durch Zuschalten von Kapazitäten die Belastung der Schalter herabgesetzt werden kann (s. Abschnitt 4.5). Geringe Eigenfrequenzen erleichtern somit den Ausschaltvorgang.

Beim Ausschalten von Kurzschlussströmen in Mittel- und Hochspannungsnetzen werden Leistungsschalter sowohl durch den Ausschaltstrom als auch durch die wiederkehrende Spannung (Einschwingspannung) belastet.

Bei der Auswahl von Leistungsschaltern ist deshalb zu prüfen, ob sie die Einschwingspannungen beherrschen. Wichtige Größen sind hierbei:

- die Eigenfrequenz (s. Gleichung (4.7)),
- der Überschwingfaktor γ,
- die Steilheit S.

Der Überschwingfaktor γ ist das Verhältnis des Höchstwertes der Einschwingspannung zum Scheitelwert der netzfrequenten Spannung:

$$\gamma = \frac{\hat{u}_{cm}}{\hat{u}}$$

Die Steilheit S ist das Verhältnis des Höchstwertes der Einschwingspannung zur Zeit, nach welcher der Höchstwert der Einschwingspannung erreicht ist:

$$S = \frac{\hat{u}_{cm}}{t_m} \quad \text{in} \quad \frac{\text{kV}}{\mu\text{s}}$$

Häufig werden zur Ermittlung der vorgenannten Kennwerte der Einschwingspannung Rechenprogramme, Schwingungsnetzmodelle oder auch Messungen an im Betrieb befindlichen Netzen herangezogen. Die bisherigen Ausführungen bezogen sich auf Wechselstromkreise. Sie gelten grundsätzlich aber auch für Drehstromnetze. Es ist jedoch zu beachten, dass in einem Drehstromnetz ein-, zwei- und dreipolige Kurzschlüsse auftreten können. Zur Beurteilung der Belastung ist hier der schwerste Fehlerfall heranzuziehen. Wie bereits früher dargestellt wurde, ist dies im Allgemeinen der dreipolige Kurzschluss. Er soll deshalb nachfolgend betrachtet werden.

Der dreipolige Kurzschluss ist ein symmetrischer Fehlerfall, wobei die Ströme in den Außenleitern um 120° gegeneinander verschoben sind. Beim Abschalten eines Kurzschlusses durch einen Mittel- oder Hochspannungsschalter wird der Strom in seinem Nulldurchgang unterbrochen. Somit erfolgt das Öffnen der Schalterpole zeitlich nacheinander. Wie nachfolgend gezeigt wird, werden diese hierdurch unterschiedlich beansprucht.

Betrachtet man für den zuerst schaltenden Pol – man spricht auch vom erstlöschenden Pol – nur die netzfrequente Wiederkehrspannung, so ergibt sich für ein Netz mit freiem Sternpunkt bzw. für einen Kurzschluss ohne Erdberührung das Zeigerdiagramm in Bild 4.76. Durch das Öffnen beispielsweise des Pols der Phase L1 geht der dreipolige Kurzschluss in einen zweipoligen Kurzschluss über. Damit ist eine Sternpunktverschiebung der netzfrequenten Strangspannung von N nach N' verbunden.

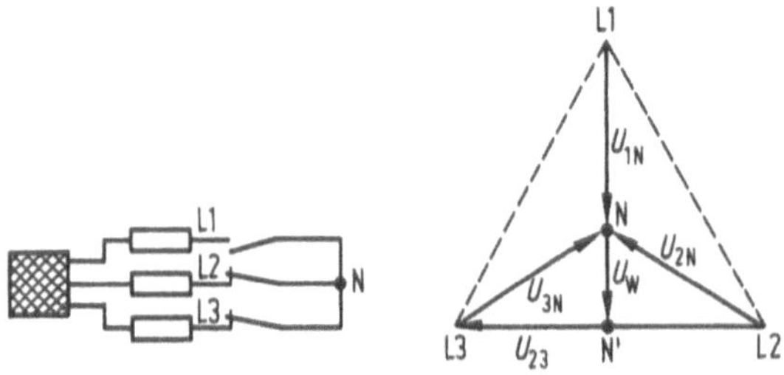

Bild 4.76 Sternpunktverschiebung durch den erstlöschenden Schalterpol im Kurzschlussfall

Für die netzfrequente wiederkehrende Spannung U_W über den geöffneten Schaltkontakten der Phase L1 ergibt sich somit aus Bild 4.76:

$$\frac{U_W}{U} = \cos 30° \qquad \Rightarrow \qquad U_W = \frac{\sqrt{3} \cdot \sqrt{3} \cdot U_{str}}{2}$$

und damit:

$$U_W = 1,5 \cdot U_{str} \quad \text{bzw.} \quad \hat{u}_W = 1,5 \cdot \hat{u}_{str}$$

> Die netzfrequente wiederkehrende Spannung über dem erstlöschenden Pol ist gleich der 1,5-fachen Strangspannung (Polfaktor).

Dieser netzfrequenten Spannung mit dem Scheitelwert $1,5 \cdot \hat{u}_{str}$ überlagert sich nunmehr die hochfrequente Schwingkreisspannung. Für den zweit- und drittlöschenden Pol tritt als netzfrequente Wiederkehrspannung nur noch die Strangspannung auf.

Als Normwerte für die Einschwingspannung werden in ÖVE/ÖNORM EN 62271-100 (DIN VDE 0671-100: HS-Wechselstrom-Leistungsschalter) z.B. für ein 20 kV-Netz (höchste Betriebsspannung U_m = 24 kV) folgende Werte genannt:

- Polfaktor = 1,5,
- Überschwingfaktor $\gamma = 1,4$,
- maximale Einschwingspannung $\hat{u}_{cm}$ = 41 kV,
- Zeit bis zum Scheitelwert der Einschwingspannung t_m = 88 µs,
- mittlere Steilheit $S = 0,47$ kV/µs.

Übung 4.28

a) Wie groß ist die maximale Einschwingspannung $\hat{u}_{cm}$ über dem erstlöschenden Pol bei der höchsten Betriebsspannung von 12 kV, einem Polfaktor von 1,5 und einem Überschwingfaktor von 1,4?
b) Welche Steilheit ergibt sich, wenn die Zeit $t_m = 60\,\mu s$ beträgt?

4.10 Bauarten von Mittelspannungs- und Hochspannungsschaltanlagen

4.10.1 Innenraumschaltanlagen

Mittelspannungsschaltanlagen bis 36 kV werden hauptsächlich als Innenraumschaltanlagen erstellt. Die Schaltgeräte werden dabei in Schaltzellen eingebaut und diese dann zu Reihen zusammengestellt (Bild 4.77).

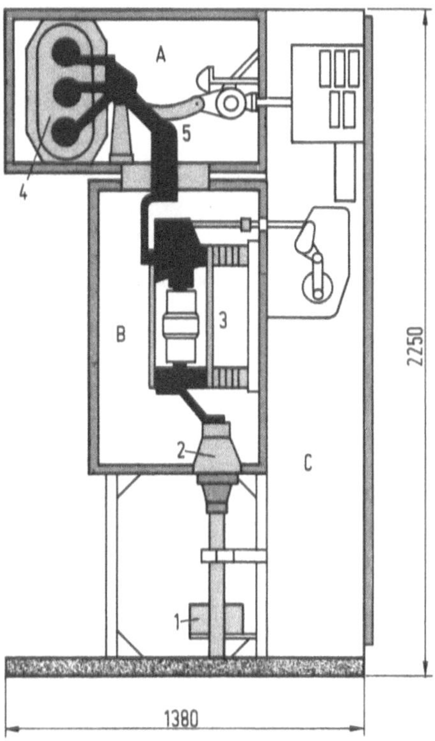

Bild 4.77
SF$_6$-isoliertes metallgekapseltes Einfachsammelschienen-Abgangsfeld

A Sammelschienenraum
B Leistungsschalter- und Anschlussraum
C Antriebs- und Steuerschrank
1 Stromwandler
2 Isolierkörper für Kabelanschluss
3 Vakuumleistungsschalter
4 Sammelschienen
5 kombinierter Sammelschienentrenner und Erdungstrenner

Bei offener Bauweise sind die Geräte fest eingebaut, während man bei modernen gekapselten Anlagen die Schalter auf ausfahrbare Wagen (Schaltwagen) montiert. Die elektrische

Schaltverbindung wird beim Einfahren der Wagen durch Einfahrkontakte hergestellt. Weil beim ausgefahrenen Schaltwagen eine zuverlässig erkennbare Trennstrecke besteht, sind zusätzliche Trenner bei dieser Art von Anlagen nicht erforderlich. Eine neue Generation von Mittelspannungsschaltanlagen sind SF_6-isolierte und metallgekapselte Schaltanlagen.

Bindeglied der Mittelspannungs- und Niederspannungsebene (10/0,4kV bzw. 20/0,4kV) der öffentlichen Elektrizitätsversorgung sind die Ortsnetzstationen. Hier ging die Entwicklung von den noch in Freileitungsnetzen vorzufindenden sogenannten Turmstationen über Gebäudestationen in konventionell gemauerter Bauweise oder Beton-Fertigteil-Bauweise zu den sogenannten Kompaktstationen, in denen die Geräte und der Transformator auf kleinstem Raum untergebracht sind. Diese auch als Kleinumspannstationen bezeichneten Schaltanlagen werden mit Bemessungsleistungen bis 630kVA gebaut. Sie können sowohl im Freien als auch beispielsweise direkt in Fabrikhallen aufgestellt werden, siehe Bild 4.78).

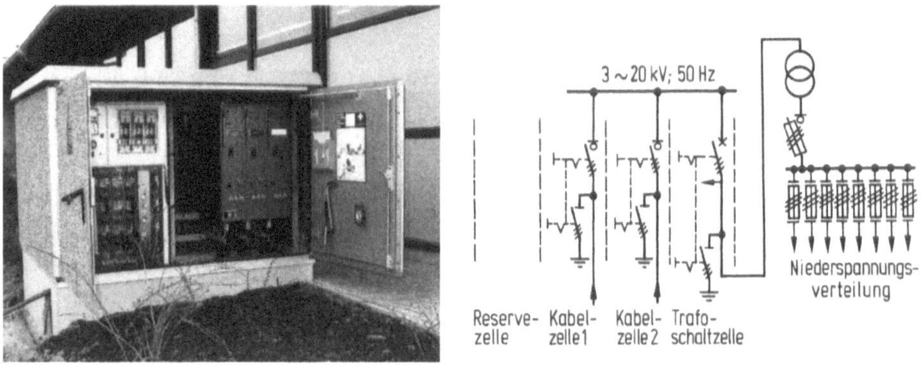

Bild 4.78 Kompaktstation 20/0,4kV, 630kVA

In ländlichen Gebieten werden oft sogenannte Maststationen (≦ 250kVA) eingesetzt. Dabei werden die Schaltgeräte und der Transformator an der oberen Hälfte eines Mastes als kleine Freiluftstation angeordnet. Schaltanlagen für 60kV und 110kV wurden in der Vergangenheit sowohl als Freiluftanlagen als auch als Innenraumanlagen in luftisolierter konventioneller Bauweise erstellt. Heute werden Innenraumanlagen dieser Spannungsebenen fast ausschließlich als SF_6-isolierte Anlagen ausgeführt und manchmal sogar in Räumen untergebracht, in denen früher Mittelspannungsanlagen standen.

4.10.2 Freiluftschaltanlagen

Hoch- und Höchstspannungsschaltanlagen werden im Allgemeinen als Freiluftanlagen erstellt. Dabei haben sich bestimmte Standardbauweisen herausgebildet wie:

- die Reihen-Längs-Bauweise,
- die Reihen-Quer-Bauweise und
- die Diagonalbauweise.

Die Namen der Bauweisen rühren von der unterschiedlichen Art der Anordnung der Sammelschienen-Trennschalter her.

Hinsichtlich der Gestaltung der Sammelschiene gibt es Ausführungen mit Einfach-, Zweifach- und Dreifach-Sammelschiene. Bild 4.79 zeigt eine Doppelsammelschienenanordnung.

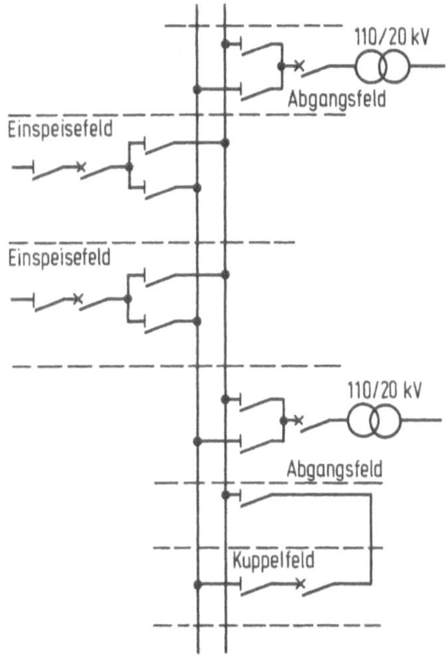

Bild 4.79
Prinzipielle Konzeption einer 110 kV-Umspannanlage

Im Allgemeinen werden Umspannanlagen der Hoch- und Höchstspannungsebene aus Gründen der Versorgungssicherheit mindestens aus zwei ankommenden Leitungen versorgt und als Doppelsammelschienensystem ausgeführt. Wie aus nebenstehendem Bild hervorgeht, ist die Schaltanlage in mehrere Schaltfelder unterteilt, die ihrer Funktion entsprechend als Einspeisefeld, Abgangsfeld, Kuppelfeld oder Messfeld bezeichnet werden.

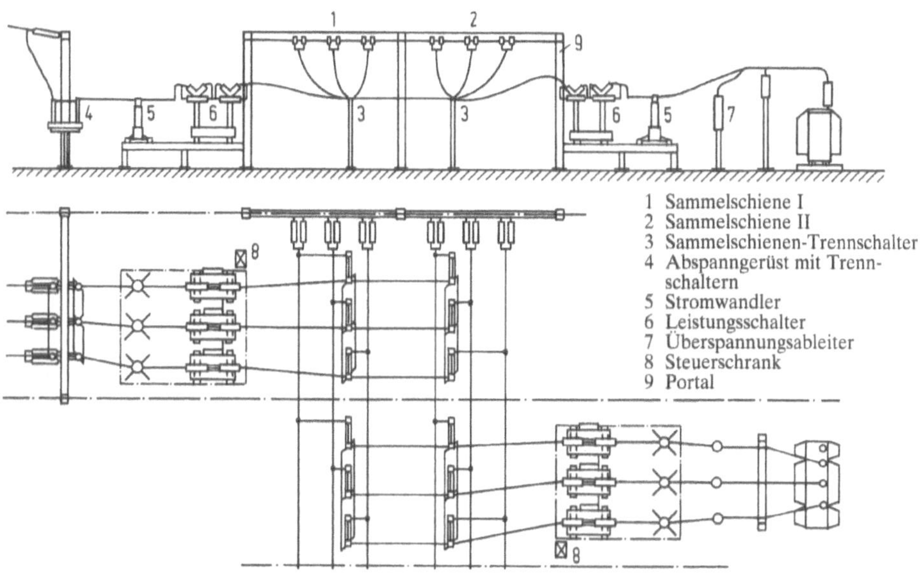

Bild 4.80 Prinzip einer Hochspannungs-Freiluftschaltanlage mit Doppelsammelschiene in Reihen-Längs-Bauweise

Die Wahl einer bestimmten Bauweise ist von den betrieblichen Erfordernissen und den örtlichen Gegebenheiten abhängig. Sehr häufig verwendet man die Reihen-Längs-Bauweise (Bild 4.80).

Bei dieser sind die Trennschalter hintereinander längs der Sammelschienen aufgestellt. Die Sammelschienen sind darüber abgespannt und die Abzweigleitungen unmittelbar auf die Trennschalter aufgelegt. Für die einzelnen Sammelschienen werden Freileitungsseile verwendet, die an Portalen abgespannt sind. Bei hohen Betriebsströmen ab etwa 2 bis 3 kA werden auch Freileitungsrohre benutzt. Bild 4.80 zeigt die räumliche Anordnung der Geräte für ein Einspeisefeld und ein Abgangsfeld. In der Draufsicht ist deutlich die Reihen-Längs-Bauweise zu erkennen.

4.11 Lernzielorientierter Test zu Kapitel 4

1. Welche grundsätzlichen Unterschiede bestehen zwischen Trenn-, Last- und Leistungsschaltern?
2. Weshalb ist die Stromunterbrechung mit einem Trennschalter gefährlich?
3. Eine Schaltanlage ist mit einem Einfach-Hauptsammelschienensystem und mit einem Hilfssammelschienensystem nach untenstehendem Übersichtsschaltplan ausgestattet:

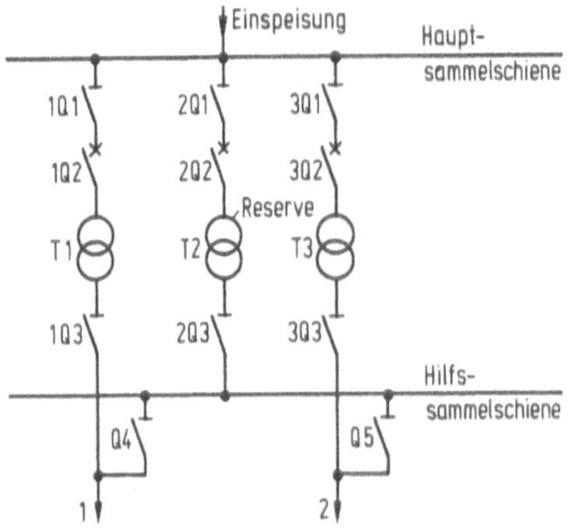

   Die Versorgung erfolgt über die Transformatoren T1 und T3. Weil Wartungsarbeiten durchgeführt werden müssen, soll T1 vorübergehend abgeschaltet und T2 zugeschaltet werden, ohne dass die Energieversorgung der Abgänge 1 und 2 unterbrochen wird.

   Legen Sie fest, in welcher Reihenfolge die Schalter zu betätigen sind.
4. Wonach richten sich der mechanische Aufbau und die Bauform einer Schaltanlage?
5. Weshalb ist das Prellen der Schaltstücke von Schaltgeräten beim Einschalten nicht ganz zu vermeiden?
6. Was ist beim Einschalten von Kondensatoren in Wechselstromkreisen zu beachten?

7. Im nachfolgenden Bild ist die statische Kennlinie eines Lichtbogens dargestellt.

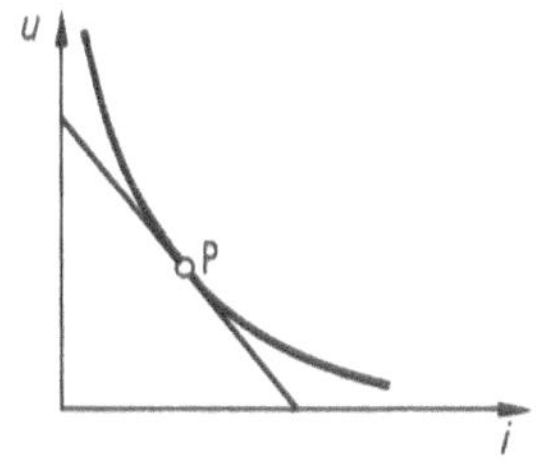

Der Strombegrenzungswiderstand ist gerade so groß, dass seine Kennlinie die Lichtbogenkennlinie im Punkt P tangiert.

Erklären Sie das instabile Verhalten des Lichtbogens in diesem Punkt.

8. Weshalb ist die Aufteilung eines Lichtbogens durch Stege aus elektrisch leitendem Material wirkungsvoller als die Lichtbogenlöschung durch Stege aus Isolierstoff?
9. Weshalb ergeben sich bei Gleichstromschützen, bei denen eine Verlängerung des Lichtbogens durch magnetische Blasspulen erzielt wird, die vom Hauptstrom durchflossen werden, ausgerechnet Probleme beim Abschalten kleiner Ströme?
10. Worin besteht der Unterschied zwischen einem Nullpunktlöscher und einem strombegrenzenden Schaltgerät?
11. Das Diagramm zeigt den zeitlichen Verlauf von Strom und Spannung bei einer Kurzschlussabschaltung im NS-Netz.

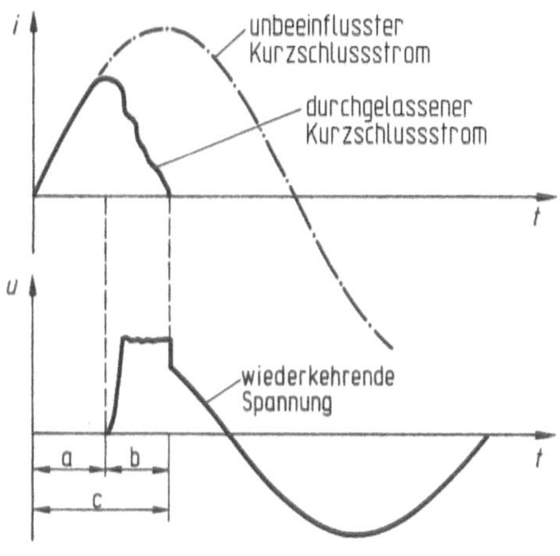

a) Benennen Sie die gekennzeichneten Zeitabschnitte.

b) Für welche Schalterart ist dieser Strom- und Spannungsverlauf charakteristisch?

12. Begründen Sie die Formgebung des Schmelzleiters einer NH-Sicherung mit Lotbrücken und Engstellen.
13. Auf welchen Strom begrenzt eine 50 A NH-Sicherung einen unbeeinflussten Kurzschlussstrom von 50 kA_{eff}?

14. Was bedeuten die Bezeichnungen:
    a) gG auf dem Schmelzeinsatz einer Sicherung?
    b) $\frac{\boxed{6000}}{\boxed{3}}$ auf dem Typenschild eines Leitungsschutzschalters?
    c) AC-3 auf dem Typenschild eines Schützes?
15. Weshalb hat ein Nullpunktlöscher bei 16,7 Hz ein geringeres Kurzschlussschaltvermögen als bei 50 Hz?
16. Skizzieren Sie den grundsätzlichen Verlauf der Zeit/Strom-Kennlinie eines Leistungsschalters mit Überlast- und Kurzschlussauslöser.
17. Nennen Sie wenigstens 5 Vorteile, die Leistungsschalter gegenüber Schmelzsicherungen haben.
18. Eine Drehstrom-Schaltanlage 400 V, 50 Hz ist folgendermaßen belastet:
    30 kW, $\cos\varphi = 0,75$; 22 kW, $\cos\varphi = 0,85$; 16 kW, $\cos\varphi = 0,8$; 18 kW, $\cos\varphi = 0,87$; 15 kW, $\cos\varphi = 1$; 12 kW, $\cos\varphi = 1$.
    a) Welcher Bemessungsdauerstrom I_u ist unter Berücksichtigung eines Belastungsfaktors nach Tabelle 4.11 für den Einspeiseschalter zu wählen, wenn er in folgenden Abstufungen erhältlich ist: 63 A, 100 A, 160 A, 200 A, 250 A, 400 A?
    b) Welcher Sammelschienenbemessungsstrom ist ausreichend?
19. Mit welchem Einschaltstrom ist beim Schalten einer Leuchtstofflampengruppe (EVG) 2800 W/ 230 V maximal zu rechnen?
    Wird dieser Strom von einem LS-Schalter der Charakteristik B, 13 A gehalten?
20. Welche Daten sind für die Auswahl eines HS-Leistungsschalters bestimmend?
21. Welche Gefahr besteht beim Ausschalten kapazitiver Ströme?
22. Erklären Sie den Vorgang der Rückzündung bei einem Schaltgerät.
23. Wodurch wird im MS- und HS-Netz das Ausschalten eines Kurzschlussstromes erschwert?
24. Welche Größen bestimmen den zeitlichen Verlauf der wiederkehrenden Spannung?
25. Begründen Sie, weshalb konventionelle Schaltanlagen zunehmend durch SF_6-isolierte Schaltanlagen verdrängt werden.

5 Netzschutz

5.1 Allgemeines

Schutzsysteme in elektrischen Anlagen betreffen Maßnahmen, die notwendig sind, um einen möglichst störungsfreien und sicheren Betrieb zu ermöglichen. Man unterscheidet zwischen:

- Maschinenschutz,
- Geräteschutz,
- Netzschutz.

Der Begriff des Netzschutzes bezieht sich dabei auf den Schutz von Leitungen (isolierte Leitungen und Kabel), die die wesentlichen Elemente der Übertragungsnetze bilden. Leitungen können durch Überströme so hoch beansprucht werden, dass deren ungehinderte Auswirkungen sowohl zu Schäden an den Leitungen selbst als auch ihrer Umgebung führen, zumindest aber eine Verkürzung der Lebensdauer der Leitungen bewirken. Um diese Folgen zu vermeiden, werden verschiedene Schutzeinrichtungen eingesetzt. Als Schutzeinrichtungen dienen:

- Sicherungen,
- Schutzschalter,
- Schutzrelais.

Ihre Aufgaben sind:

- Schutz von Leitungen gegen die Auswirkungen von Überströmen (unzulässig hohe Erwärmung),
- selektives Heraustrennen von Netzteilen beim Auftreten von Fehlern.

Damit sich Leitungen auch im ungestörten Betrieb (Normalbetrieb) nicht unzulässig hoch erwärmen, darf der Betriebsstrom einen bestimmten zulässigen Wert (Strombelastbarkeit) nicht überschreiten.

Weil die Wahl des Bemessungsstromes bzw. des Einstellstromes der Auslöser von Schutzorganen für den Überlastschutz von der zulässigen Strombelastbarkeit bestimmt wird, muss zunächst hierauf eingegangen werden.

5.2 Schutz von Leitungen gegen zu hohe Erwärmung

Lernziele

Nach Durcharbeitung dieses Abschnittes können Sie

- die Abhängigkeit der Betriebssicherheit eines Netzes von der zulässigen Strombelastbarkeit begründen,
- die Zusammenhänge zwischen Strombelastbarkeit und Temperaturerhöhung bei elektrischen Leitungen mit Hilfe von Ersatzschaltungen für den Wärmefluss erläutern,
- Kriterien zur Wahl des Leiternennquerschnitts für ungestörten Betrieb erläutern, begründen und anwenden,
- den Erwärmungsvorgang bei einer Leitung erklären und die Abhängigkeiten anhand der Gleichung für den Erwärmungsvorgang aufzeigen,
- Betriebsarten von Leitungen unterscheiden,
- Schutzeinrichtungen entsprechend den Bedingungen nach DIN VDE 0100 Teil 430 bzw. ÖVE/ÖNORM E 8101-4-43 Leiterquerschnitten zuordnen,
- den Schutz von Leitungen bei Kurzschluss begründen,
- den Erwärmungsvorgang bei Kurzschlussbeanspruchung erläutern,
- Einflussgrößen auf die Belastbarkeit im Kurzschlussfall nennen,
- Kenngrößen des Kurzschlussschutzes erläutern,
- Verfahren zur Bestimmung von Kurzschlussschutzeinrichtungen von Leitungen anwenden.

5.2.1 Strombelastbarkeit

Die Verlustwärme P_V, die am Wirkwiderstand einer Leitung ($R_W = R_\vartheta + \Delta R$; siehe Abschnitt 3.2.2) durch den Betriebsstrom I_b hervorgerufen wird, führt dazu, dass die Temperatur der Leitung ansteigt. Da die Temperaturerhöhung durch die Strombelastung hervorgerufen wird, werden nachfolgend die Zusammenhänge zwischen Strombelastbarkeit und Leitungserwärmung geklärt.

Weil die Betriebssicherheit einer Leitung (Brandgefahr) gewährleistet und eine Mindestlebensdauer garantiert sein muss, dürfen bestimmte Grenztemperaturen an der Leiteroberfläche in keiner Betriebsphase und an keiner Stelle der Leitung überschritten werden, siehe dazu Bild 5.1.

Bild 5.1
Festlegung der zulässigen Betriebstemperatur

Nach DIN VDE 0298 bzw. ÖVE/ÖNORM E 8101-5-52 sind in Tabelle 5.1 die dauernd zulässigen Grenztemperaturen (Betriebstemperaturen) ϑ_b an der Leiteroberfläche abhängig vom verwendeten Isolierstoff angegeben.

Tabelle 5.1 Zulässige Grenztemperaturen für Isolierstoffe

Isolierstoff	Betriebstemp. ϑ_b
PVC	70 °C
Mineral (mit PVC-Schutzhülle oder blank im Handbereich)	70 °C am Mantel
Vernetztes Polyethylen (VPE), Ethylen-Propylen-Kautschuk (EPR)	90 °C

Man hat bei der Festlegung der Grenztemperatur die Leiteroberfläche gewählt, weil unmittelbar am Leiter die Isolierung die höchste Temperatur annimmt.

> **!** Die Belastung durch den Betriebsstrom führt bei einer Leitung zur Temperaturerhöhung. Die Temperatur darf dabei bestimmte Grenzwerte an der Leiteroberfläche nicht überschreiten. ■

Höhere Betriebstemperaturen als die festgelegten Grenztemperaturen beschleunigen das Altern der Isolierung. Bei PVC tritt der Weichmacher aus, die Isolierung wird spröde und der Isolationswiderstand verschlechtert sich. Der Laststrom erzeugt in verschiedenen Aufbauelementen einer Leitung eine Verlustwärme. Diese entsteht:

- am ohmschen Widerstand der Leiter,
- durch dielektrische Verluste in der Isolierung,
- durch Induktionsströme in metallischen Kabelmänteln und in der Bewehrung.

Sie ergibt sich aus:

$$P_v = I_b^2 \cdot R_W \tag{5.1}$$

Die erzeugte Verlustwärme strömt durch Wärmeleitung an die Leitungsoberfläche und wird dort an die Umgebung (z.B. die Luft oder das Erdreich) abgegeben. Voraussetzung dafür ist, dass zwischen der Leitungsoberfläche und der Umgebung ein Temperaturgefälle vorhanden ist.

> **!** Das Temperaturgefälle wird durch die zulässige Betriebstemperatur und die Umgebungstemperatur bestimmt. ■

Nach dem Gesetz der Wärmeströmung ist der nach außen geführte Wärmestrom (Verlustleistung) umso größer, je kleiner der Wärmewiderstand R_{th} und je größer die „Wärmespannung" (Temperaturdifferenz) $\Delta\vartheta$ ist. In Analogie zum ohmschen Gesetz gilt:

$$P_v = \frac{\Delta\vartheta}{R_{th}} \quad \text{in} \quad \text{W} \tag{5.2}$$

Hieraus ergibt sich für die Einheit des Wärmewiderstandes:

$$[R_{th}] = \frac{\text{K}}{\text{W}}$$

Der Wärmefluss P_V muss auf seinem Weg verschiedene Wärmewiderstände überwinden, und zwar den Wärmewiderstand:

- der Leiterisolierung,
- der inneren Isolierumhüllungen,
- der äußeren Schutzhüllen,
- der Luft bzw. des Erdbodens.

Metallumhüllungen im Leitungsaufbau werden wegen ihrer guten Wärmeleitfähigkeit vernachlässigt.

Da die Wärmeübertragung an die Luft „parallel“ durch Konvektion und Strahlung erfolgt, wird der Wärmewiderstand der Luft im thermischen Ersatzschaltbild als Parallelschaltung aus zwei Wärmewiderständen dargestellt, die zu den übrigen Wärmewiderständen der Leitung in Reihe geschaltet sind. Als thermische Ersatzschaltbilder ergeben sich damit die Schaltungen in Bild 5.2.

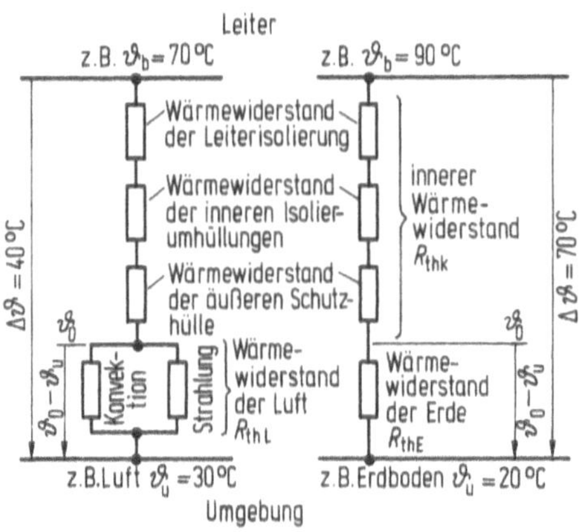

Bild 5.2
Ersatzschaltbilder der Wärmewiderstände für Leitungen in Luft und in Erde verlegt

Die abgeführte Verlustleistung einer Leitung hängt ab von der Temperaturdifferenz $\Delta\vartheta$ und vom Wärmewiderstand R_{th} des Wärmestromkreises.

Übung 5.1

Der Wärmewiderstand einer Leitung hat folgenden Wert: $R_{\mathrm{th}} = 0{,}5\,\frac{\mathrm{K}}{\mathrm{W}}$.
Erläutern Sie die Bedeutung dieser Angabe.

An folgendem Beispiel soll nun das grundsätzliche Berechnungsverfahren der zulässigen Strombelastbarkeit bei ungestörtem Betrieb erläutert werden.

Beispiel 5.1

Gegeben ist ein Kabel NYY 0,6/1 kV 4 x 16 mm². Das Kabel wird im Erdboden verlegt und im Drehstrombetrieb symmetrisch belastet. Der Wärmewiderstand des Kabels beträgt $0{,}78\,\frac{\mathrm{K}}{\mathrm{W/m}}$. Für den Wärmewiderstand des Erdbodens wird $0{,}77\,\frac{\mathrm{K}}{\mathrm{W/m}}$ bei einer mittleren Erdbodentemperatur von 20 °C angenommen.

Wie groß darf der Betriebsstrom höchstens sein, ohne dass die zulässige Betriebstemperatur $\vartheta_b = 70°C$ überschritten wird?

Gegeben:

$A = 16\,\text{mm}^2 \qquad R'_{thK} = 0{,}78\,\frac{\text{K·m}}{\text{W}}$

$R'_{thE} = 0{,}77\,\frac{\text{K·m}}{\text{W}} \qquad \Delta\vartheta = \vartheta_b - \vartheta_u = 70°\text{C} - 20°\text{C} = 50\,\text{K}$

Lösung:

Die Verlustleistung des Kabels ist gleich der Verlustleistung der drei Außenleiter:

$$P_V = 3 \cdot I_b^2 \cdot R_W$$

Aus dem Ersatzschaltbild (Bild 5.2) ergibt sich mit Gleichung (5.2):

$$P_V = \frac{\Delta\vartheta}{R_{thK} + R_{thE}} = 3 \cdot I_b^2 \cdot R_W \tag{5.3}$$

Hieraus folgt für den Betriebsstrom:

$$I_b = \sqrt{\frac{\Delta\vartheta}{3 \cdot R_W \cdot (R_{thK} + R_{thE})}} \tag{5.4}$$

Mit dem Wirkwiderstandsbelag des Kabels bei Betriebstemperatur folgt:

$$R'_W = \frac{1}{\gamma_{70} \cdot A} = \frac{1}{46{,}86\,\frac{\text{m}}{\Omega\cdot\text{mm}^2} \cdot 16\,\text{mm}^2} = 1{,}33\,\frac{\text{m}\Omega}{\text{m}}$$

$$I_b = \sqrt{\frac{50\,\text{K}}{3 \cdot 1{,}33 \cdot 10^{-3}\,\frac{\Omega}{\text{m}} \cdot (0{,}78 + 0{,}77)\,\frac{\text{K·m}}{\text{W}}}} = 89{,}9\,\text{A}$$

■

Gleichung (5.3) erlaubt folgende Aussage: Erhöht sich der Betriebsstrom einer Leitung, dann nimmt die Verlustleistung im Quadrat des Stromes zu. Damit der hierdurch größere Wärmestrom abgeführt werden kann, muss die Temperaturdifferenz $\Delta\vartheta$ größer werden, wenn $R_{thK} + R_{thE}$ als konstant angenommen werden kann. Nimmt man weiterhin an, dass die Außentemperatur der weiteren Umgebung wegen des großen zu erwärmenden Volumens sich ebenfalls nicht wesentlich ändert, muss zwangsläufig eine Erhöhung der Leitertemperatur eintreten.

Bei der Verlegung von Leitungen in Rohren, unbelüfteten Kanälen oder Kabelzwischenböden erhöht sich die Umgebungstemperatur durch die Verlustwärme. Dadurch sinkt die Temperaturdifferenz, so dass diese Leitungen geringer belastet werden dürfen als frei in Luft verlegte Leitungen, wenn die Leitertemperatur nicht ansteigen soll. Eine zusätzliche Erwärmung wird bei Häufung mit anderen belasteten Leitungen, durch Heizkanäle, Sonneneinstrahlung u.ä. hervorgerufen.

Nach Gleichung (5.4) wird die Belastbarkeit einer Leitung bestimmt durch:

- den Wirkwiderstand der Leitung,
- den Wärmewiderstand der Leitung,
- den Wärmewiderstand der Umgebung (Luft, Erde, Putz usw.; vgl. Tabellen 5.2 und 5.3),
- die zulässige Betriebstemperatur,
- die Umgebungstemperatur.

Die Belastbarkeit wird im Vergleich zu frei in Luft verlegten Leitungen herabgesetzt bei Verlegung in:

- Rohren,
- Kanälen,
- Kabelzwischenböden,

sowie durch:

- Häufung mit anderen belasteten Leitungen,
- Heizkanäle,
- Sonneneinstrahlung.

Auch bei der Verlegung im Erdboden ist die Belastbarkeit zu reduzieren, wenn die Kabel in Rohrsystemen und/oder mit anderen Kabeln gehäuft verlegt werden.

Wärmewiderstände

Im Beispiel 5.1 wurden die Wärmewiderstände als bekannt vorausgesetzt. Ihre Ermittlung ist jedoch mit vielen Problemen behaftet, die im Folgenden nur andeutungsweise angesprochen werden.

Wie aus Bild 5.2 hervorgeht, unterscheidet man zwischen dem inneren und dem äußeren Wärmewiderstand.

> **!** Der Wärmewiderstand setzt sich aus dem inneren und äußeren Wärmewiderstand zusammen. ■

Unter dem inneren Wärmewiderstand versteht man den Wärmewiderstand der Isolierumhüllungen einer Leitung. Er hängt vom spezifischen Wärmewiderstand der Isoliermaterialien sowie von einem Geometriefaktor ab, der durch den Aufbau der Leitung bestimmt ist. Für den äußeren Wärmewiderstand muss zwischen Luft- und Erdverlegung unterschieden werden.

Bei Luftverlegung hängt der äußere Wärmewiderstand von der Temperatur und der Strömungsgeschwindigkeit der Luft ab. Weil die Strömungsgeschwindigkeit der Luft i.A. nicht konstant ist, ist es schwierig, einen bestimmten Wärmewiderstand der Luft anzugeben, so dass der Wärmewiderstand in weiten Bereichen schwankt.

> **!** Der Wärmewiderstand der Luft hängt von der Temperatur und der Strömungsgeschwindigkeit ab. ■

Bei Erdverlegung wird der Wärmewiderstand des Erdbodens wesentlich durch den spezifischen Wärmewiderstand des Erdbodens bestimmt. Einen geringeren Einfluss haben der Kabelaußendurchmesser sowie die Verlegetiefe des Kabels. Der spezifische Wärmewiderstand ist jedoch nicht konstant, da er stark von der Art, der Temperatur und dem Feuchtigkeitsgehalt des Erdbodens beeinflusst wird. Der Feuchtigkeitsgehalt wiederum ist starken jahreszeitlichen Schwankungen unterworfen und ändert sich darüber hinaus durch Austrocknung als Folge der Verlustwärme.

> **!** Der Wärmewiderstand des Erdbodens hängt von der Bodenart, der Erdbodentemperatur und dem Feuchtigkeitsgehalt des Erdreichs ab. ■

In DIN VDE 0276 Teil 1000 sind sowohl Grenzwerte des spezifischen Wärmewiderstandes für verschiedene Bodenarten als auch Umrechnungsfaktoren für die Belastbarkeit von Kabeln bei den verschiedenen spezifischen Erdbodenwärmewiderständen angegeben.

5.2.2 Bemessung nach der Strombelastbarkeit

Ziel der bisherigen Ausführungen war es, die Strombelastbarkeit einer bestimmten Leitung zu ermitteln. In der Praxis ist jedoch im Allgemeinen der Betriebsstrom, den eine Leitung führen soll, bekannt. Aufgabe ist es dann, den Leiterquerschnitt bei vorgegebenem Leitungstyp, vorgesehener Verlegeart, vorgegebenen Umgebungsbedingungen usw. zu bestimmen.

In zahlreichen Versuchen und Berechnungen wurde nun zur Vereinfachung der Projektierung die zulässige Strombelastbarkeit bei den unterschiedlichen Betriebsbedingungen für Kabel und isolierte Leitungen der verschiedenen Leiternennquerschnitte ermittelt. Für Standardverlegung sind diese in den einzelnen Produktnormen für Kabel und isolierte Leitungen in DIN VDE 0298 Teil 4 bzw. ÖVE/ÖNORM E 8101-5-52 festgelegt. In Erde wurde dabei eine Bodentemperatur in Verlegetiefe (0,7 m bis 1,2 m) von 20 °C und in Luft von 30 °C zugrundegelegt. Für andere Umgebungstemperaturen sind bestimmte Umrechnungsfaktoren anzuwenden (Belastungsgrad in Erde siehe Seite 68, Umrechnungsfaktoren für Kabel DIN VDE 0276-1000).

> **!** Die Strombelastbarkeit von Kabeln und Leitungen ist in den Produktnormen der Kabel DIN VDE 0276 Teil 1000 und DIN VDE 0298 Teil 4 bzw. ÖVE/ÖNORM E 8101-5-52 festgelegt. ■

Ist die Umgebungstemperatur höher als 55 °C, sind spezielle wärmebeständige Leitungen (z.B. Leitungen mit Silikon-Kautschuk-Isolierung) zu verwenden. Die Wahl des Leiterquerschnitts ist anhand der Tabellen bei vorgegebenem Betriebsstrom und ungestörtem Betrieb nach verschiedenen Kriterien vorzunehmen. Bei der Bemessung des Leiterquerschnitts sind zu berücksichtigen:

- die Bauart der Leitung bzw. des Kabels,
- die Betriebsart,
- die Verlegebedingungen,
- die Umgebungstemperatur,
- die Behinderung der Wärmeabgabe an die Umgebung,
- die Erhöhung der Umgebungstemperatur durch den Einfluss von Wärmestrahlungen.

Im Anhang zu ÖVE/ÖNORM E 8101-5-52 sind für häufig vorkommende Kabel- und Leitungstypen sowie Verlegearten zulässige Strombelastbarkeitswerte (Bemessungswerte) zusammengestellt. Die Werte sind in den Tabellen 5.2 und 5.3 wiedergegeben.

Tabelle 5.2 Belastbarkeit von Kabeln und Leitungen für feste Verlegung in und an Gebäuden für die Verlegearten A1, A2, B1, B2 und C, PVC-Isolierung, Leiter aus Kupfer oder Aluminium, Betriebstemperatur am Leiter 70 °C; Umgebungstemperatur 30 °C

1	2	3	4	5	6	7	8	9	10	11
Verlegeart[1]	A1		A2		B1		B2		C	
	Verlegung in wärmegedämmter Wand				Verlegung in El.-installationsrohren auf Holzwand[2]				Verlegung auf Holzwand	
	Aderleitungen im Elektroinstallationsrohr in einer wärmegedämmten Wand		Mehradriges Kabel oder mehradrige ummantelte Installationsleitung in einem Elektroinstallationsrohr in einer wärmegedämmten Wand		Aderleitungen im Elektroinstallationsrohr auf einer Holzwand		Mehradriges Kabel oder mehradrige ummantelte Installationsleitung in einem Elektroinstallationsrohr auf einer Holzwand		Ein- oder mehradriges Kabel oder ein- oder mehradrige ummantelte Installationsleitung	
Anz. bel. Adern	2	3	2	3	2	3	2	3	2	3
Nennquerschnitt mm²	Belastbarkeit A									
Kupfer										
1,5	14,5	13,5	14	13	17,5	15,5	16,5	15	19,5	17,5
2,5	19,5	18	18,5	17,5	24	21	23	20	27	24
4	26	24	25	23	32	28	30	27	36	32
6	34	31	32	29	41	36	38	34	46	41
10	46	42	43	39	57	50	52	46	63	57
16	61	56	57	52	76	68	69	62	85	76
25	80	73	75	68	101	89	90	80	112	96
35	99	89	92	83	125	110	111	99	138	119
50	119	108	110	99	151	134	133	118	168	144
70	151	136	139	125	192	171	168	149	213	184
95	182	164	167	150	232	207	201	179	258	223
120	210	188	192	172	269	239	232	206	299	259
150	240	216	219	196	300	262	258	225	344	299
185	273	245	248	223	341	296	294	255	392	341
240	321	286	291	261	400	346	344	297	461	403
300	367	328	334	298	458	394	394	339	530	464
Aluminium										
25	63	57	58	53	79	70	71	62	83	73
35	77	70	71	65	97	86	86	77	103	90
50	93	84	86	78	118	104	104	92	125	110
70	118	107	108	98	150	133	131	116	160	140
95	142	129	130	118	181	161	157	139	195	170
120	164	149	150	135	210	186	181	160	226	197
150	189	170	172	155	234	204	201	176	261	227
185	215	194	195	176	266	230	230	199	298	259

[1] Weitere Verlegearten bzw. Referenzverlegearten siehe ÖVE/ÖNORM E 8101-5-52.

[2] Bei Montage auf von Holz abweichenden Materialien (z.B. Mauerwerk) kann die Belastbarkeit abweichen.

Anmerkung: In den Spalten 4, 5, 8, 9, 10 und 11 werden runde Leiter mit Querschnitten bis einschließlich 16 mm² angenommen. Werte für größere Querschnitte beziehen sich auf Sektorleiter und können sicher auch für runde Leiter angewendet werden.

Tabelle 5.3 Belastbarkeit von Kabeln und Leitungen für feste Verlegung in und an Gebäuden für die Verlegearten D1, E, F und G, PVC-Isolierung, Leiter aus Kupfer oder Aluminium, Betriebstemperatur 70 °C; Umgebungstemperatur 30 °C in Luft, 20 °C im Erdreich

1	2	3	4	5	6	7	8	9	10
Verlegeart[1]	D1		E		F			G	
	Verl. in Erde		Verlegung in Luft						
	Mehradrige Kabel im Kabelschutzrohr oder Kabelschutzkanal im Erdreich verlegt		Mehradriges Kabel mit Abstand von min. 0,3 x Durchmesser D zur Wand		Einadrige Kabel mit Berührung mit Abstand von min. 1 x Durchmesser D zur Wand			Einadrige Kabel mit Abstand von min. 0,3 x Durchmesser D zur Wand und Abstand D zueinander	
	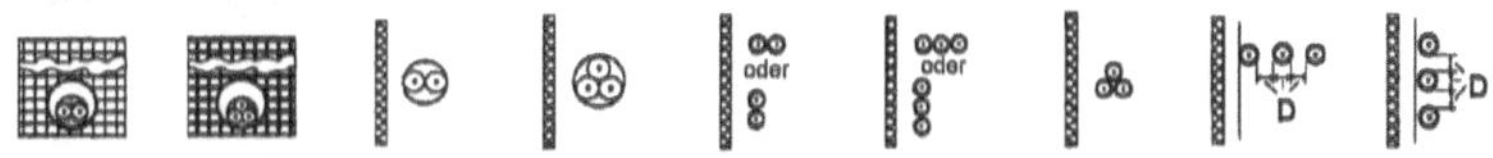								
Anz. bel. Adern	2	3	2	3	2	3	3	3	3
Nennquerschnitt mm²	Belastbarkeit[2] A								
Kupfer									
1,5	22	18	22	18,5	–	–	–	–	–
2,5	29	24	30	25	–	–	–	–	–
4	37	30	40	34	–	–	–	–	–
6	46	38	51	43	–	–	–	–	–
10	60	50	70	60	–	–	–	–	–
16	78	64	94	80	–	–	–	–	–
25	99	82	119	101	131	114	110	146	130
35	119	98	148	126	162	143	137	181	162
50	140	116	180	153	196	174	167	219	197
70	173	143	232	196	251	225	216	281	254
95	204	169	282	238	304	275	264	341	311
120	231	192	328	276	352	321	308	396	362
150	261	217	379	319	406	372	356	456	419
185	292	243	434	364	463	427	409	521	480
240	336	280	514	430	546	507	485	615	569
300	379	316	593	497	629	587	561	709	659
Aluminium									
25	77	64	89	78	98	87	84	112	99
35	93	77	111	96	122	109	105	139	124
50	109	91	135	117	149	133	128	169	152
70	135	112	173	150	192	173	166	217	196
95	159	132	210	183	235	212	203	265	241
120	180	150	244	212	273	247	237	308	282
150	204	169	282	245	316	287	274	356	327
185	228	190	322	280	363	330	315	407	376
240	262	218	380	330	430	392	375	482	447
300	296	247	439	381	497	455	434	557	519

[1] Weitere Verlegearten bzw. Referenzverlegearten siehe ÖVE/ÖNORM E 8101-5-52.

[2] Bei Kabeln mit konzentrischem Leiter gilt die Belastbarkeit nur für mehradrige Ausführungen.

Anmerkung: In der Tabelle werden runde Leiter mit Querschnitten bis einschließlich 16 mm² angenommen. Werte für größere Querschnitte beziehen sich auf Sektorleiter und können sicher auch für runde Leiter angewendet werden.

Bei Häufung von Leitungen – was heute bei größeren Anlagen die Regel ist – sind Reduktionsfaktoren nach Tabelle 5.4 und Tabelle 5.5 entsprechend DIN VDE 0298 Teil 4 bzw. ÖVE/ÖNORM E 8101-5-52 anzuwenden.

Beispiel 5.2

Gegeben ist ein Drehstromasynchronmotor mit folgenden Bemessungsdaten:

$P_{rM} = 55\,kW \quad U_{rM} = 400\,V \quad f_r = 50\,Hz$
$\cos\varphi_r = 0,87 \quad \eta_r = 0,93$

Der Motor ist über ein 45 m langes Kabel NYY an eine Verteilung anzuschließen. Das Kabel wird auf einer Kabelpritsche mit 8 weiteren belasteten Kabeln frei in Luft verlegt.

Die Umgebungstemperatur soll 25 °C nicht überschreiten. Welcher Leiterquerschnitt ist zu wählen, wenn das Kabel im Dauerbetrieb mit dem Bemessungsstrom des Motors belastet wird?

Lösung:
Der Betriebsstrom des Kabels ergibt sich zu:

$$I_b = I_{rM} = \frac{P_{rM}}{\sqrt{3} \cdot U_{rM} \cdot \eta_r \cdot \cos\varphi_r} = \frac{55 \cdot 10^3\,W}{\sqrt{3} \cdot 400\,V \cdot 0,93 \cdot 0,87} = 98\,A$$

Zunächst wird aus Tabelle 5.3, Verlegeart E, gewählt:

$A = 25\,mm^2 \quad I_r = 101\,A$

Der Bemessungsstrom ist nach Tabelle 5.5 für 9 Kabel mit dem Faktor $f_1 = 0,78$ zu reduzieren. Zulässige Strombelastbarkeit:

$$I_z = f_1 \cdot I_r = 0,78 \cdot 101\,A = 78,78\,A \tag{5.5}$$

Der Betriebsstrom muss nun kleiner oder höchstens gleich der zulässigen Strombelastbarkeit sein:

$$I_b \leqq I_z \tag{5.6}$$

Da der Betriebsstrom aber größer als die zulässige Strombelastbarkeit ($98\,A > 78,78\,A$) ist, wird der nächstgrößere Nennquerschnitt gewählt:

$A = 35\,mm^2$
Es ergibt sich: $I_z = 126\,A \cdot 0,78 = 98,28\,A$
Damit ist: $I_b < I_z$

■

Sind mehrere Reduktionsfaktoren zu berücksichtigen, z.B. bei zusätzlich erhöhter Umgebungstemperatur, sind diese miteinander zu multiplizieren. Es gilt:

$$I_z = I_r \cdot \Pi f \tag{5.7}$$

Das Zeichen Π (großer griechischer Buchstabe Pi) steht dabei für das Produkt mehrerer Faktoren f. Nach Abschnitt 3.3 ist jetzt noch zu überprüfen, ob bei der gegebenen Länge des Kabels der zulässige Spannungsabfall eingehalten ist.

Ergibt die Kontrollrechnung einen unzulässig hohen Spannungsabfall, dann ist ein entsprechend größerer Nennquerschnitt zu wählen.

Tabelle 5.4 Umrechnungsfaktoren für einen Stromkreis oder eine Häufung mit mehr als einem Stromkreis oder mit einem oder mehr als einem/einer mehradrigen Leitung/Kabel

		Anzahl der Stromkreise oder der mehradrigen Kabel/Leitungen											
Anordnung (mit Berührung)	**Referenz-Verlegeart**	**1**	**2**	**3**	**4**	**5**	**6**	**7**	**8**	**9**	**12**	**16**	**20**
Gebündelt auf einer Fläche oder eingebettet oder umschlossen	A bis F	1,00	0,80	0,70	0,65	0,60	0,57	0,54	0,52	0,50	0,45	0,41	0,38
Einlagig auf der Wand, auf dem Fußboden oder auf einer nicht gelochten Kabelwanne	C	1,00	0,85	0,79	0,75	0,73	0,72	0,71	0,70	0,70	0,70	0,70	0,70
Einlagig unter einer Decke	C	0,95	0,81	0,72	0,68	0,66	0,64	0,63	0,62	0,61	0,61	0,61	0,61
Einlagig auf einer gelochten Kabelwanne, horizontal oder vertikal	E und F	1,00	0,88	0,82	0,77	0,75	0,73	0,73	0,72	0,72	0,72	0,72	0,72
Einlagig auf einer Kabelpritsche oder an Schellen usw.	E und F	1,00	0,87	0,82	0,80	0,80	0,79	0,79	0,78	0,78	0,78	0,78	0,78

Anmerkung:

- Die Faktoren sind anzuwenden für die Häufung gleichartiger und gleich belasteter Kabel oder Leitungen in derselben Verlegeart bzw. Referenzverlegeart.
- Wenn der horizontale lichte Abstand zwischen benachbarten Kabeln oder Leitungen das 2-fache ihres Außendurchmessers überschreitet, braucht kein Umrechnungsfaktor angewendet werden.
- Dieselben Umrechnungsfaktoren sind anzuwenden bei:
  - Häufung von zwei oder drei einadrigen Kabeln oder Leitungen
  - mehradrigen Kabeln oder Leitungen.
- Wenn ein System sowohl aus zwei- als auch aus dreiadrigen Kabeln oder Leitungen besteht, nimmt man zunächst die Gesamtzahl der Kabel als die Anzahl der Stromkreise an. Der dafür zutreffende Faktor ist auf die Tabellen für zwei belastete Leiter von zweiadrigen Kabeln oder auf die Tabellen für drei belastete Leiter von dreiadrigen Kabeln anzuwenden.
- Wenn eine Häufung aus *n* belasteten einadrigen Kabeln besteht, darf sie entweder wie *n*/2 Stromkreise mit je zwei belasteten Leitern oder wie *n*/3 Stromkreise mit je drei belasteten Leitern betrachtet werden.

Übung 5.2

Eine Unterverteilung $U_n = 400\,\text{V}$, $50\,\text{Hz}$ mit einem Anschlusswert von $34\,\text{kW}$ bei $\cos\varphi = 0{,}8$ (Dauerbetrieb) ist über ein Kabel NYY an die Hauptverteilung anzuschließen. Das Kabel wird direkt auf einer Holzwand mit weiteren 5 Kabeln einlagig ohne Zwischenraum verlegt. Die Umgebungstemperatur beträgt 30 °C.

Ermitteln Sie den Leiternennquerschnitt. ■

Übung 5.3

Auf welchen Wert reduziert sich die zulässige Strombelastbarkeit im Beispiel 5.2, wenn die Umgebungstemperatur 35 °C beträgt? ■

5.2.3 Erwärmungsvorgang

Wird eine Leitung durch einen elektrischen Strom gleichmäßig belastet, so steigt ihre Temperatur an. Der Temperaturanstieg erfolgt jedoch nicht plötzlich, sondern er vollzieht sich

Tabelle 5.5 Umrechnungsfaktoren für Häufung von mehradrigen Kabeln oder Leitungen auf Wannen und Pritschen

Verlegeanordnung		Anzahl	Anzahl der mehradrigen Kabel oder Leitungen					
			1	2	3	4	6	9
Ungelochte Kabelwanne	mit Abstand 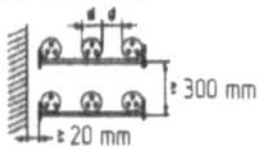	1	0,97	0,84	0,78	0,75	0,71	0,68
		2	0,97	0,83	0,76	0,72	0,68	0,63
		3	0,97	0,82	0,75	0,71	0,66	0,61
		6	0,97	0,81	0,73	0,69	0,63	0,58
Gelochte Kabelwanne horizontal	mit Berührung 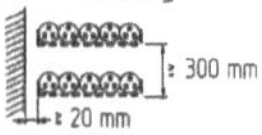	1	1,00	0,88	0,82	0,79	0,76	0,73
		2	1,00	0,87	0,80	0,77	0,73	0,68
		3	1,00	0,86	0,79	0,76	0,71	0,66
		6	1,00	0,84	0,77	0,73	0,68	0,64
	mit Abstand 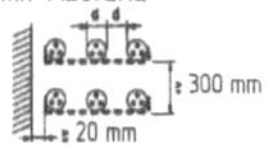	1	1,00	1,00	0,98	0,95	0,91	-
		2	1,00	0,99	0,96	0,92	0,87	-
		3	1,00	0,98	0,95	0,91	0,85	-
Gelochte Kabelwanne vertikal	mit Berührung 	1	1,00	0,88	0,82	0,78	0,73	0,72
		2	1,00	0,88	0,81	0,76	0,71	0,70
	mit Abstand 	1	1,00	0,91	0,89	0,88	0,87	-
		2	1,00	0,91	0,88	0,87	0,85	-
Kabelpritschen	mit Berührung 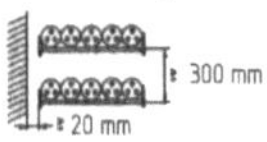	1	1,00	0,87	0,82	0,80	0,79	0,78
		2	1,00	0,86	0,81	0,78	0,76	0,73
		3	1,00	0,85	0,79	0,76	0,73	0,70
		6	1,00	0,84	0,77	0,73	0,68	0,64
	mit Abstand 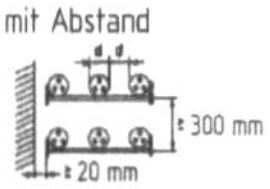	1	1,00	1,00	1,00	1,00	1,00	-
		2	1,00	0,99	0,98	0,97	0,96	-
		3	1,00	0,98	0,97	0,96	0,93	-

Anmerkung: Die Umrechnungsfaktoren gelten nur für einlagig in ebener Anordnung (oder Dreiecksanordnung) verlegte Kabel, wie oben dargestellt. Sie gelten nicht, wenn Kabel mit Berührung übereinander verlegt sind oder die ebenfalls angegebenen Abstände zwischen den Kabelwannen oder Kabelpritschen unterschritten werden. In solchen Fällen sind die Umrechnungsfaktoren zu reduzieren, z.B. nach Tabelle 5.4.

während einer bestimmten Zeit, bis eine gewisse Endtemperatur ϑ_e erreicht ist (stationärer Zustand). Die Übergangszeit ist durch einen Ausgleichsvorgang gekennzeichnet.

Im ungestörten Betrieb wird bei Dauerbelastung davon ausgegangen, dass die Beharrungstemperatur (Endtemperatur) erreicht wird. Dabei darf die zulässige Betriebstemperatur nicht überschritten werden. Wird eine Leitung überlastet, d.h. wird die zulässige Strombelastbarkeit überschritten, so steigt die Temperatur über diesen Grenzwert an. Länger anstehende Überlastungen müssen daher durch den Einbau von Überlastschutzorganen verhindert werden. Weil die Abschaltcharakteristik (Kennlinie) von Schutzeinrichtungen zeitabhängig ist, muss zur Beurteilung ihrer Schutzwirkung der zeitliche Verlauf des Erwärmungsvorganges bekannt sein. Nachfolgend wird dieser Verlauf untersucht.

Setzt man voraus, dass der Effektivwert des Wechselstromes, der einen Leiter durchfließt, konstant bleibt, so wird in dem Leiter in der Zeitspanne Δt die Wärmemenge:

$$\Delta W = P_\mathrm{V} \cdot \Delta t = I^2 \cdot R_\mathrm{W} \cdot \Delta t$$

erzeugt. Für symmetrisch mit dem Betriebsstrom belastete Drehstromleitungen gilt damit:

$$\Delta W = 3 \cdot I_\mathrm{b}^2 \cdot R_\mathrm{W} \cdot \Delta t \tag{5.8}$$

Diese Wärmemenge ruft eine Änderung der Temperaturdifferenz $\Delta(\Delta\vartheta)$ hervor. Ein Teil dieser Wärme wird zunächst in den Leitern gespeichert, während ein anderer Teil an die Umgebung abgegeben wird. Die gespeicherte Wärmemenge ergibt sich aus:

$$\Delta Q = 3 \cdot m \cdot c \cdot \Delta(\Delta\vartheta) \qquad \begin{array}{l} m \ldots \text{ Masse des Leiters in kg} \\ c \ldots \text{ spez. Wärmekapazität in } \dfrac{\text{Ws}}{\text{kg} \cdot \text{K}} \end{array} \tag{5.9}$$

Unter der Annahme, dass die Leitung frei in Luft verlegt ist, ergibt sich für die über die Isolierung abgeführte und an die Umgebung abgegebene Wärmemenge:

$$\Delta W_\mathrm{th} = \frac{\Delta\vartheta}{R_\mathrm{thK} + R_\mathrm{thL}} \cdot \Delta t \tag{5.10}$$

Energiegleichgewicht besteht für:

$$\Delta W = \Delta Q + \Delta W_\mathrm{th} \qquad \text{bzw.}$$

$$3 \cdot I_\mathrm{b}^2 \cdot R_\mathrm{W} \cdot \Delta t = 3 \cdot m \cdot c \cdot \Delta(\Delta\vartheta) + \frac{\Delta\vartheta}{R_\mathrm{thK} + R_\mathrm{thL}} \cdot \Delta t$$

Wird in vorstehender Gleichung vereinfachend für den Wirkwiderstand R_W nur der ohmsche Widerstand $R_\vartheta = \frac{l}{\gamma \cdot A}$ berücksichtigt und für die Masse $m = \rho \cdot l \cdot A$ eingesetzt, erhält man:

$$3 \cdot \frac{I_\mathrm{b}^2}{\gamma_\vartheta \cdot A} \cdot \Delta t = 3 \cdot A \cdot \rho \cdot c \cdot \Delta(\Delta\vartheta) + \frac{\Delta\vartheta}{R'_\mathrm{thK} + R'_\mathrm{thL}} \cdot \Delta t$$

Mit einigen Umformungen ergibt sich:

$$3 \cdot I_\mathrm{b}^2 \cdot \frac{R'_\mathrm{thK} + R'_\mathrm{thL}}{\gamma_\vartheta \cdot A} = 3 \cdot A \cdot \rho \cdot c \cdot \left(R'_\mathrm{thK} + R'_\mathrm{thL}\right) \cdot \frac{\Delta(\Delta\vartheta)}{\Delta t} + \Delta\vartheta \tag{5.11}$$

Es wird angenommen, dass $\left(R'_\mathrm{thK} + R'_\mathrm{thL}\right)$ für eine gegebene Leitung und gegebene Umgebungsbedingungen als konstant angesehen werden kann. Vernachlässigt wird weiterhin die geringfügige Veränderung der Dichte ρ und der spezifischen Wärmekapazität c bei Erwärmung. Mit Ausnahme der elektrischen Leitfähigkeit γ treten unter diesen Voraussetzungen auf der linken Seite der Gleichung (5.11) und vor dem Differenzenquotienten nur konstante Größen auf.

Die elektrische Leitfähigkeit γ ist eine Funktion der Temperatur. Näherungsweise wird γ im Bereich der normalen Betriebstemperaturen als Konstante behandelt und bei Betriebstemperatur in Gleichung (5.11) eingesetzt:

$$\gamma_\vartheta = \frac{\gamma_{20}}{1 + \alpha_{20} \cdot \Delta\vartheta}$$

Somit ergibt sich dann als Lösung der Differentialgleichung für die Übertemperatur:

$$\Delta\vartheta = \Delta\vartheta_e \cdot \left(1 - e^{-\frac{t}{\tau}}\right) \tag{5.12}$$

wobei $\Delta\vartheta_e$ die Endübertemperatur und τ die Zeitkonstante ist, für die gilt:

$$\tau = 3 \cdot c \cdot \rho \cdot A \cdot \left(R'_{thK} + R'_{thL}\right) \tag{5.13}$$

Die Zeitkonstante τ ist somit von der im Leiter je K und m gespeicherten Wärmemenge sowie vom inneren und äußeren Wärmewiderstand abhängig. Die Zeitkonstante ist umso größer:

- je größer die Wärmespeicherfähigkeit ist,
- je größer der Wärmewiderstand ist.

Gleichung (5.12) beschreibt die gleiche zeitliche Abhängigkeit, wie sie für den Verlauf von Strom und Spannung beim Einschalten eines Gleichstromkreises mit Induktivität gilt. Dementsprechend ergibt sich für den Erwärmungsvorgang der Kurvenverlauf in Bild 5.3.

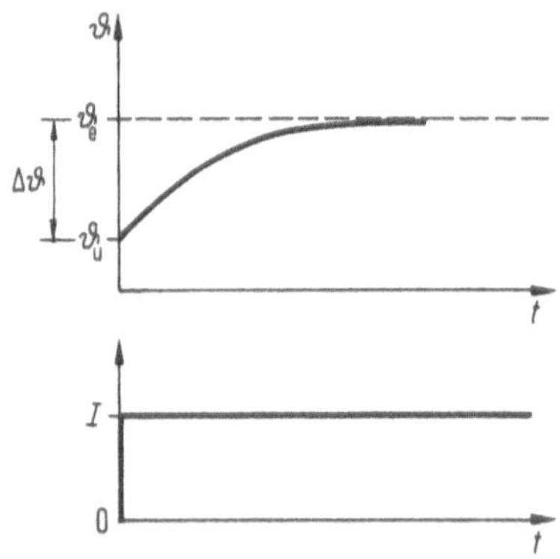

Bild 5.3
Erwärmungskurve bei zeitlich konstantem Effektivwert des Stromes (Dauerbetrieb)

Die Beharrungstemperatur ist nach ca. 5τ erreicht. Es stellt sich ein stationärer Zustand ein. Dies bedeutet, dass die gesamte Verlustwärme nach außen abgeführt wird. $\frac{\Delta(\Delta\vartheta)}{\Delta t}$ ist dann gleich Null. Aus Gleichung (5.11) folgt mit $\frac{\Delta(\Delta\vartheta)}{\Delta t} = 0$ für die Endübertemperatur $\Delta\vartheta_e$ (vgl. Gleichung (5.4)):

$$\Delta\vartheta_e = \frac{3 \cdot I_b^2 \cdot \left(R'_{thK} + R'_{thL}\right)}{\gamma_\vartheta \cdot A} \tag{5.14}$$

Die Endtemperatur hängt ab:

- vom Quadrat des Stromes,
- vom Wirkwiderstand der Leitung,
- vom Wärmewiderstand der Leitung,
- vom Wärmewiderstand der Umgebung.

Beispiel 5.3

Nach welcher Zeit wird die Endübertemperatur bei einem Kabel NYY 0,6/1 kV 4 x 16 mm² erreicht, wenn das Kabel frei in Luft verlegt und im Drehstrombetrieb symmetrisch belastet ist?

Lösung:

$$\tau = 3 \cdot c \cdot \rho \cdot A \cdot (R'_{\text{thK}} + R'_{\text{thL}})$$

mit $c_{\text{Cu}} = 384{,}38 \, \frac{\text{Ws}}{\text{kg} \cdot \text{K}}$ und $\rho_{\text{Cu}} = 8{,}92 \cdot 10^3 \, \frac{\text{kg}}{\text{m}^3}$

Für den Wärmewiderstand wird angenommen: $(R'_{\text{thK}} + R'_{\text{thL}}) = 1{,}53 \, \frac{\text{K} \cdot \text{m}}{\text{W}}$

Damit ergibt sich für die Zeitkonstante:

$$\tau = 3 \cdot 384{,}38 \, \frac{\text{Ws}}{\text{kg} \cdot \text{K}} \cdot 8{,}92 \cdot 10^3 \, \frac{\text{kg}}{\text{m}^3} \cdot 16 \cdot 10^{-6} \, \text{m}^2 \cdot 1{,}53 \, \frac{\text{K} \cdot \text{m}}{\text{W}} = 251{,}8 \, \text{s} \approx 4 \, \text{min}$$

und für die Erwärmungsdauer, bis die Endübertemperatur erreicht ist:

$$t_{\text{e}} = 5 \cdot \tau = 20 \, \text{min}$$

■

Für eine hinreichend genaue Ermittlung der Zeitkonstanten symmetrisch belasteter frei in Luft verlegter 4-Leiter-Drehstromkabel sind diese mit Gleichung (5.13) in Abhängigkeit vom Leiterquerschnitt errechnet und als Diagramm in Bild 5.4 aufgetragen.

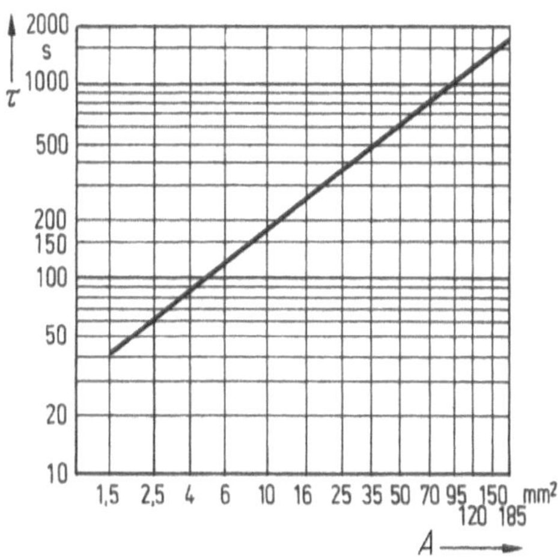

Bild 5.4
Zeitkonstante τ als Funktion des Leiterquerschnitts A für 4-Leiter-Drehstromkabel NYY 0,6/1 kV bei symmetrischer Belastung

Übung 5.4

Berechnen Sie die Endtemperatur ϑ_{e} für ein NYY-Kabel bzw. eine NYM-Leitung 4 x 1,5 mm², die bei 25 °C Umgebungstemperatur frei in Luft mit dem doppelten Wert der zulässigen Strombelastbarkeit symmetrisch belastet ist.

Berücksichtigen Sie dabei die Verringerung der elektrischen Leitfähigkeit der Kupferleiter.

■

Betriebsarten

Neben dem bislang betrachteten Dauerbetrieb unterscheidet man ähnlich wie bei elektrischen Maschinen zwei weitere Betriebsarten, und zwar den Kurzzeitbetrieb und den Aussetzbetrieb.

Ist die Betriebszeit so kurz, dass die Beharrungstemperatur nicht erreicht wird, so spricht man von Kurzzeitbetrieb (Bild 5.5). Die Pause, die nach dem Unterbrechen des Stromes auftritt, ist dabei so groß, dass sich die Leitung wieder auf Umgebungstemperatur abkühlen kann. Bei dieser Betriebsart kann deshalb ein höherer Belastungsstrom als bei Dauerbetrieb zugelassen werden.

Da bisher in den Normen hierüber keine Tabellenwerte vorliegen, muss daher – wenn die Leitung nicht überdimensioniert werden soll – der Leiterquerschnitt von Fall zu Fall berechnet werden.

Übung 5.5

Ermitteln Sie für ein symmetrisch belastetes Drehstromkabel NYY 0,6/1 kV den Mindestquerschnitt „frei in Luft", wenn das Kabel 60 s lang mit 100 A belastet wird und sich anschließend wieder auf die Umgebungstemperatur von 25 °C abkühlen kann. Die zulässige Betriebstemperatur von 70 °C darf nicht überschritten werden. ■

Unter Aussetzbetrieb versteht man eine Folge mehrerer Temperaturspiele. Dabei wechseln Einschaltzeiten und Pausen einander ab, ohne dass sich die Leitung in den Pausen wieder auf Umgebungstemperatur abkühlen kann. Die Spieldauer t_S, bestehend aus Belastungsdauer t_B und Pause, kann verschieden lang sein und die zulässige Betriebstemperatur dabei überschritten werden (Bild 5.6).

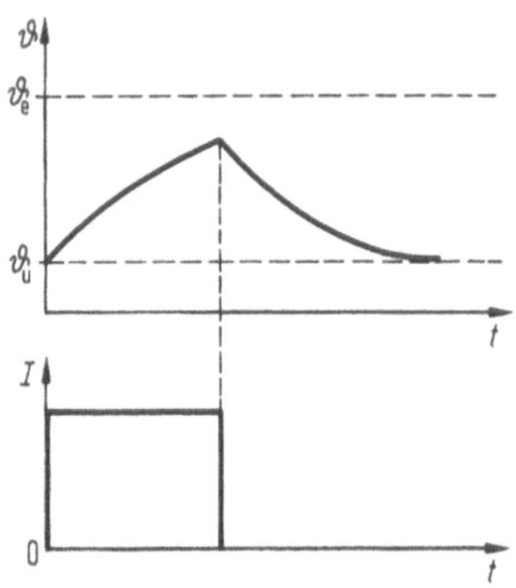

Bild 5.5 Kurzzeitbetrieb

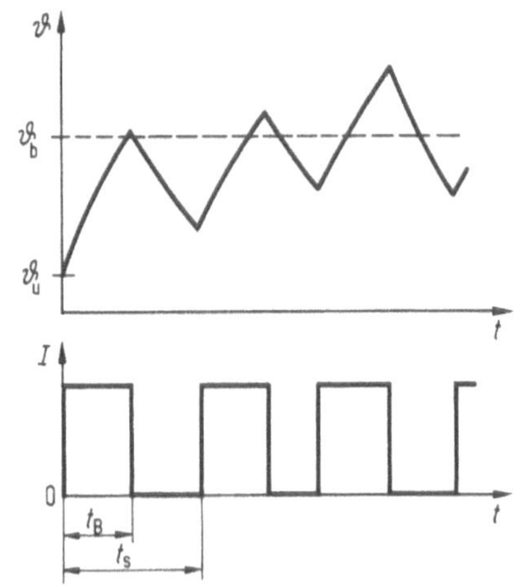

Bild 5.6 Aussetzbetrieb

Wird für die Bemessung des Leiterquerschnitts der quadratische Mittelwert des Stromes:

$$I_m = \sqrt{\frac{\sum I^2 \cdot t}{\sum t}}$$

zugrunde gelegt, so entspricht im Mittel die Leitertemperatur der zulässigen Betriebstemperatur. Jeweils am Ende der Belastungsdauer liegt die Temperatur über der zulässigen Betriebstemperatur, während sie am Ende der stromlosen Pause darunter liegt.

Da der Aussetzbetrieb relativ selten vorkommt (z.B. bei Mehrmotorenantrieben), wird das Berechnungsverfahren hier nicht weiter behandelt. Eine ausführliche Darstellung findet sich in [Con97].

5.2.4 Schutz bei Überlast

In diesem Abschnitt wird erläutert, wie die Schutzwirkung von Schutzeinrichtungen als Überlastschutz beurteilt werden kann und wie ihre Zuordnung zu den Leiterquerschnitten zu erfolgen hat. Zu den grundsätzlichen Betrachtungen wird folgendes Beispiel gewählt:

Beispiel 5.4

Eine NYM-Leitung 4 x 1,5 mm², die bei einer Umgebungstemperatur von 30 °C frei in Luft verlegt ist, soll durch Schmelzsicherungen der Betriebsklasse gG vor Überlast geschützt werden.

Entsprechend der zulässigen Strombelastbarkeit nach Tabelle 5.3 mit $I_r = I_z = 18{,}5\,\mathrm{A}$ wird für Sicherungen, deren Auslösestrom $I_t \leqq 1{,}45 \cdot I_{rS}$ ist, ein Bemessungsstrom von $I_{rS} = 16\,\mathrm{A}$ angegeben.

a) Welche Temperatur nimmt die Leitung maximal an, wenn sie dem niedrigsten Überlaststrom ausgesetzt ist, bei dem ein Abschalten der Sicherung innerhalb einer bestimmten Zeit garantiert ist (Auslösestrom I_t, früher: großer Prüfstrom I_2)?

b) Ist der Bemessungsstrom der Sicherung mit $16\,\mathrm{A}$ richtig gewählt?

Lösung zu a):

Nach Tabelle 4.1 beträgt der Auslösestrom $I_t = 1{,}6 \cdot I_{rS} = 1{,}6 \cdot 16\,\mathrm{A} = 25{,}6\,\mathrm{A}$. Die Sicherung muss spätestens nach $t_{va} = 1\,\mathrm{h}$ abschalten.

Die Zeitkonstante der Leitung beträgt nach Bild 5.4 $\tau = 42\,\mathrm{s}$. Die Endtemperatur wird damit nach ungefähr $t_e = 5 \cdot 42\,\mathrm{s} = 210\,\mathrm{s} = 3{,}5\,\mathrm{min}$ erreicht.

Da die Abschaltzeit der Sicherung die Enderwärmungsdauer von $3{,}5\,\mathrm{min}$ weit überschreitet ($t_{va} = 1\,\mathrm{h}$), erhöht sich durch den Laststrom von $25{,}6\,\mathrm{A}$ die Temperatur über die zulässige Betriebstemperatur von 70 °C. Die Berechnung der Endtemperatur erfolgt entsprechend Übung 5.4.

Es ergibt sich zunächst die Grenzübertemperatur zu:

$$\Delta\vartheta'_e = \left(\frac{I}{I_z}\right)^2 \cdot (\vartheta_b - \vartheta_u) = \left(\frac{25{,}6\,\mathrm{A}}{18{,}5\,\mathrm{A}}\right)^2 \cdot (70\,°\mathrm{C} - 30\,°\mathrm{C}) = 76{,}6\,\mathrm{K}$$

und die Grenztemperatur zu:

$$\vartheta'_e = \Delta\vartheta'_e + \vartheta_u = 76{,}6\,\mathrm{K} + 30\,°\mathrm{C} = 106{,}6\,°\mathrm{C}$$

Berücksichtigt man zusätzlich den mit der Leitererwärmung steigenden Leiterwiderstand, so erhält man für die Endtemperatur:

$$\vartheta_e = \left[1+\alpha\cdot\left(\vartheta'_e-\vartheta_b\right)\right]\cdot\Delta\vartheta'_e+\vartheta_u =$$

$$\vartheta_e = \left[1+0{,}0039\,\tfrac{1}{K}\cdot(106{,}6-70)\ \mathrm{K}\right]\cdot 76{,}6\,\mathrm{K}+30\,°\mathrm{C} = 117{,}5\,°\mathrm{C}$$

Die Temperatur von 117,5 °C steht also während annähernd 1 h an der Leitung an.

Lösung zu b):

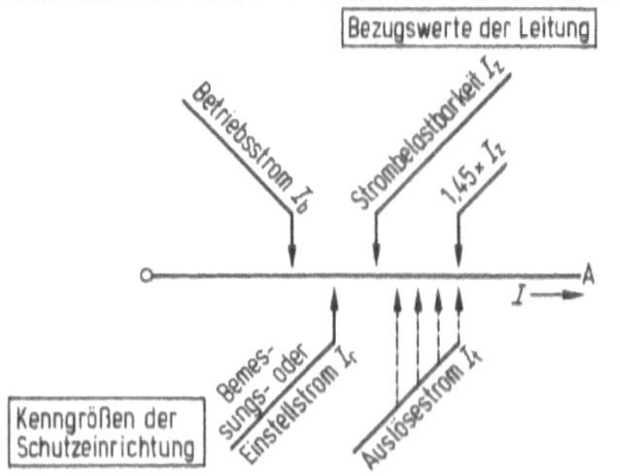

Nach DIN VDE 0100 Teil 430 bzw. ÖVE/ÖNORM E 8101-4-43 ist die Zuordnung von Überlastschutzorganen nach zwei Bedingungen vorzunehmen:

Nach Bedingung (1), der sogenannten Bemessungsstromregel:

$$I_b \leqq I_{rS} \leqq I_z, \tag{5.15}$$

und nach Bedingung (2), der sogenannten Auslöseregel:

$$I_t \leqq 1{,}45\cdot I_z. \tag{5.16}$$

Obiges Bild verdeutlicht diese beiden Bedingungen. Für das gewählte Beispiel ergibt sich der Sicherungsbemessungsstrom wie folgt:

$$I_{rS} = \frac{I_t}{1{,}6} \quad \text{und mit Bedingung (2)} \quad I_t \leqq 1{,}45\cdot I_z \quad \text{folgt:}$$

$$I_{rS} \leqq \frac{1{,}45}{1{,}6}\cdot I_z = \frac{1{,}45}{1{,}6}\cdot 18{,}5\,\mathrm{A} = 16{,}8\,\mathrm{A}$$

$$I_{rS} = 16\,\mathrm{A}$$

■

Man erhält also den zunächst angenommenen Bemessungsstrom von 16A. Die Leitung ist damit den Bestimmungen entsprechend abgesichert. Bezeichnet man den Faktor zur Berechnung des Auslösestromes mit x, so gilt allgemein:

$$I_{rS} \leqq \frac{1{,}45}{x}\cdot I_z$$

Übung 5.6

Berechnen Sie die Endtemperatur für einen Sicherungsbemessungsstrom von 10A, wenn die Leitung mit dem Auslösestrom (großer Prüfstrom) belastet wird.

■

Wie die bisherigen Ausführungen zeigen, wird die Leitung bei Absicherung mit 16A und einer Überlast in der Größenordnung von I_t für relativ lange Zeit durch eine hohe Temperatur beansprucht.

Wollte man diese Überschreitung der zulässigen Betriebstemperatur vermeiden, dürfte die Leitung nur durch eine Sicherung mit dem Bemessungsstrom 6A geschützt werden. Damit würde die zulässige Belastbarkeit von 18,5A aber nur zu 32 % ausgenutzt.

Dies steht jedoch wirtschaftlichen Erwägungen entgegen, so dass man sich als Kompromisslösung für den Faktor 1,45 zur Festlegung des Sicherungsbemessungsstromes entschieden hat. Der Nutzungsgrad der Leitung erhöht sich dadurch auf 86 %.

Die Anwendung des Faktors 1,45 setzt voraus, dass der Stromkreis so gestaltet ist, dass länger anstehende Überlastungen in der Größenordnung von I_t nicht regelmäßig auftreten. Muss zeitweilig mit derartigen Überlastungen gerechnet werden, so ist zu empfehlen, den Leiterquerschnitt eine Stufe höher bzw. den Sicherungsbemessungsstrom eine Stufe niedriger zu wählen.

Beispiel 5.5

Im Beispiel 5.2 wurde der Leiterquerschnitt der Motorzuleitung mit $35\,\text{mm}^2$ ermittelt. Der Betriebsstrom beträgt $98\,\text{A}$ und die zulässige Strombelastbarkeit $98{,}3\,\text{A}$. Der Überlastschutz soll durch einen Leistungsschalter gewährleistet werden. Es wird ein Leistungsschalter gewählt, dessen Überlastauslöser genau auf $98\,\text{A}$ eingestellt werden kann.
Ist der Leistungsschalter richtig gewählt?

Lösung:
Es ist $98\,\text{A} = 98\,\text{A} \leqq 98{,}3\,\text{A}$. Damit ist Bedingung (1) erfüllt. Der Bereich zwischen Betriebsstrom und zulässiger Strombelastbarkeit ist jedoch sehr klein. Könnte der Bemessungsstrom des Leistungsschalters nicht so genau eingestellt werden, müsste der Leiterquerschnitt um eine Stufe erhöht werden.

Nun ist noch die Bedingung (2) zu überprüfen. Für den konventionellen Auslösestrom gilt nach DIN VDE 0660 Teil 101 bzw. ÖVE/ÖNORM EN 60947-2:

$$I_t = 1{,}3 \cdot I_r = 1{,}3 \cdot 98\,\text{A} = 127{,}4\,\text{A}$$

Damit ist Bedingung (2) $I_t \leqq 1{,}45 \cdot I_z = 142{,}5\,\text{A}$ erfüllt.

Die Bedingung für den konventionellen Auslösestrom $I_t = 1{,}30 \cdot I_r$ gilt für NS-Leistungs-Schalter aller Bemessungsströme, so dass die Auslöseregel immer eingehalten ist und Leistungsschalter nur nach der Bemessungsstromregel (Bedingung (1)) zugeordnet werden müssen. Gleiches trifft für LS-Schalter zu, da deren Auslösestrom mit $I_t = 1{,}45 \cdot I_r$ festgelegt ist (s. Bild 4.46).

Bei Leistungsschaltern ist es zulässig, dass der Überlastauslöser auf die zulässige Strombelastbarkeit der Leitung eingestellt wird. Ihre Zuordnung erfolgt nach Bedingung (1), Gleichung (5.15).

Übung 5.7

Ermitteln Sie für die Zuleitung der Unterverteilung entsprechend Übung 5.2 den Bemessungsstrom einer Sicherung der Betriebsklasse gG. Folgende Werte sind bekannt: $I_b = 61{,}3\,\text{A}$; $A = 25\,\text{mm}^2$; $I_z = 69{,}12\,\text{A}$.

5.2.5 Thermische Beanspruchung bei Kurzschluss

Elektrische Leitungen werden durch Kurzschlussströme in besonderem Maße thermisch beansprucht. Durch entsprechende Bemessung der Leiterquerschnitte und Begrenzung der Kurzschlussdauer durch Schutzorgane muss deshalb dafür Sorge getragen werden, dass bei diesem Störfall die höchstzulässigen Temperaturen nicht überschritten werden. Geht man davon aus, dass die Schutzorgane schnell abschalten, der Erwärmungsvorgang also nur kurzzeitig ist, können höhere Leitertemperaturen als die normalen Betriebstemperaturen zugelassen werden.

> **!** Wegen der Kurzzeitigkeit und Seltenheit eines Kurzschlusses können höhere Temperaturen zugelassen werden als bei normalem Betrieb. ■

DIN VDE 0298 bzw. ÖVE/ÖNORM E 8101-5-52 geben die zulässigen Kurzschlusstemperaturen für verschiedene Kabel und Leitungen sowie Isolierwerkstoffe an. So werden für PVC-Isolierung 160 °C und für VPE/EPR-Isolierung 250 °C genannt. Hierbei ist jedoch zu beachten, dass für Weichlotverbindungen 160 °C eingehalten werden müssen. Die genannten Werte gelten für eine Kurzschlussdauer von max. 5 Sekunden, da bei länger anhaltender Temperatur mit einer Schädigung der Leitung zu rechnen ist.

Wird die zulässige Grenztemperatur weit überschritten, kann dies die unmittelbare Zerstörung der Isolierung zur Folge haben. Bei hohen Temperaturen wird die Isolierung plastisch oder verflüssigt sich sogar. Besonders die inneren Isolierumhüllungen nahe der Leiteroberfläche sind dieser Gefahr ausgesetzt, da sie praktisch die Leitertemperatur annehmen. Bei sehr großen Kurzschlussstromstärken verschieben sich durch die magnetischen Kräfte die Leiter innerhalb der Isolierung, so dass eine erhebliche Verformung der Isolierhülle hervorgerufen werden kann. Dabei kann die Aderisolation vollständig durchgedrückt werden, siehe Bild 5.7.

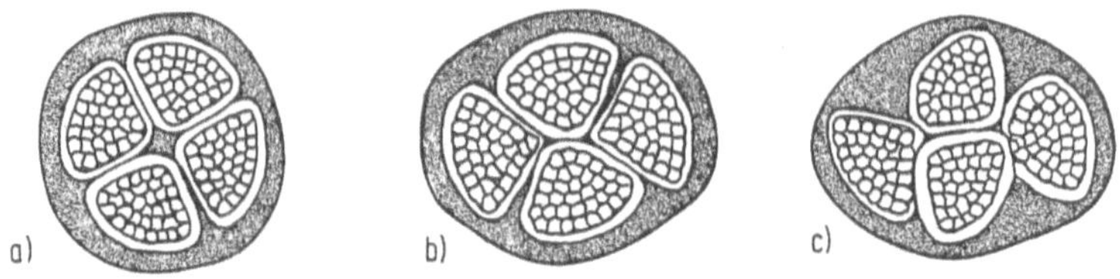

Bild 5.7 Auswirkung der Kurzzeitbelastung auf ein Kabel NYY 0,6/1 kV 4 x 185 mm²

a) unbelastete Probe
b) einmal mit rund 21 kA, 1,1 s lang belastete Probe; Endtemperatur 174 °C
c) sechsmal mit rund 21 kA, 1,1 s lang belastete Probe; Endtemperatur 176 °C

Aber auch bei geringen Kurzschlussstromstärken können sich die Leiter an Stellen zusätzlicher mechanischer Beanspruchung z.B. durch Befestigungsmittel (Schellen) oder an Leitungsbögen aufgrund der durch die äußeren Kräfte hervorgerufenen Verdrängung der plastischen oder flüssig gewordenen Isolierumhüllungen verlagern.

Die Folge ist eine Schwächung der Wanddicke der Isolierung oder ein vollständiges Durchdrücken der Isolierung. Zur Ermittlung der zulässigen Strombelastbarkeit wird im Folgenden der Erwärmungsvorgang bei Kurzschluss untersucht.

5.2.6 Belastbarkeit im Kurzschlussfall

Maßgebend für die Größe der Erwärmung und damit der thermischen Beanspruchung der Leitung sind der mittlere Effektivwert des in seinen Gleich- und Wechselstromanteilen veränderlichen Kurzschlussstromes sowie die Dauer des Stromes.

Der Betriebsstrom erwärmt den Leiter auf eine bestimmte Betriebstemperatur ϑ_a (Anfangstemperatur). Durch den Kurzschlussstrom erfährt der Leiter nach Ablauf der Kurzschlussdauer t_k eine weitere Temperaturerhöhung $\Delta\vartheta$ auf die Kurzschlussendtemperatur ϑ_e.

Geht man von der Annahme aus, dass während des kurzzeitigen Vorgangs keine Wärme nach außen an die Isolierung und die Umgebung abgegeben wird, die Wärmeenergie also vollständig im Leiter gespeichert wird, dann gilt folgender Ansatz:

$$\Delta W = \Delta Q \qquad \text{bzw.} \quad R_w \cdot i_k^2 \cdot \Delta t_k = m \cdot c \cdot \Delta(\Delta\vartheta) \tag{5.17}$$

Mit der Temperaturerhöhung ist eine Erhöhung des Wirkwiderstandes verbunden, die durch Gleichung (3.6) beschrieben wird:

$$R_w = R_\theta = R_{20} \cdot [1 + \alpha_{20} \cdot (\vartheta_e - 20\,°\mathrm{C})]$$

$$\begin{gathered} \text{Mit} \quad \Delta\vartheta = \vartheta_e - \vartheta_a \qquad \text{bzw.} \quad \vartheta_e = \Delta\vartheta + \vartheta_a \quad \text{ergibt sich:} \\ R_\vartheta = R_{20} \cdot [1 + \alpha_{20} \cdot (\vartheta_a - 20\,°\mathrm{C} + \Delta\vartheta)] \end{gathered} \tag{5.18}$$

Mit $m = A \cdot l \cdot \rho$ und $R_{20} = \frac{l}{\gamma_{20} \cdot A}$ folgt aus Gleichung (5.17):

$$\frac{i_k^2 \cdot \Delta t_k}{\gamma_{20} \cdot A^2 \cdot \rho \cdot c} = \frac{\Delta(\Delta\vartheta)}{1 + \alpha_{20} \cdot (\vartheta_a - 20\,°\mathrm{C} + \Delta\vartheta)}$$

i_k wird gleich dem mittleren Effektivwert des Kurzschlussstromes gesetzt und thermisch gleichwertiger (wirksamer) Kurzzeitstrom I_{th} genannt. Nach Lösung obiger Differenzengleichung erhält man:

$$\frac{I_{th}}{A} = \sqrt{\frac{\gamma_{20} \cdot \rho \cdot c}{\alpha_{20} \cdot t_k} \cdot \ln \frac{1 + \alpha_{20}(\vartheta_e - 20\,°\mathrm{C})}{1 + \alpha_{20}(\vartheta_a - 20\,°\mathrm{C})}} \tag{5.19}$$

Nach ÖVE/ÖNORM EN 60865-1 bzw. DIN VDE 0103 ist der thermisch gleichwertige Kurzzeitstrom I_{th} der Effektivwert des Stromes mit der gleichen thermischen Wirkung und der gleichen Dauer wie der tatsächliche Kurzschlussstrom, der eine Gleichstromkomponente haben und zeitlich abklingen kann. ■

Der Quotient $\frac{I_{th}}{A}$ wird Kurzzeitstromdichte S_{th} genannt. Diese Kurzzeitstromdichte S_{th} hängt nach Gleichung (5.19) ab von:

- der elektrischen Leitfähigkeit γ_{20},
- der Dichte des Leiterwerkstoffes ρ,
- der spezifischen Wärmekapazität c des Leiterwerkstoffes,
- dem Temperaturbeiwert α_{20},
- der Kurzschlussdauer t_k,
- der Betriebstemperatur (Anfangstemperatur) ϑ_a,
- der zulässigen Kurzschlusstemperatur ϑ_e.

Beispiel 5.6

a) Wie groß darf die Kurzzeitstromdichte bei einer Kurzschlussdauer von 1 s für PVC-isolierte Kupferleitungen sein, wenn als ungünstigster Fall angenommen wird, dass die Leitung bei Kurzschlusseintritt bereits auf die dauernd zulässige Betriebstemperatur erwärmt ist?

b) Welcher Kurzzeitstrom I_{th} ist bei einem Leiterquerschnitt von $50\,\text{mm}^2$ zulässig?

Lösung zu a):

Konstante Größen:

$$\alpha_{20} = 0{,}0039\,\frac{1}{\text{K}} \qquad \rho = 8{,}9\,\frac{\text{g}}{\text{cm}^3}$$

$$c = 0{,}39\,\frac{\text{Ws}}{\text{g}\cdot\text{K}} \qquad \gamma_{20} = 56\,\frac{\text{m}}{\Omega\cdot\text{mm}^2}$$

Anfangstemperatur: $\vartheta_a = 70\,°\text{C}$

zulässige Kurzschlusstemperatur: $\vartheta_e = 160\,°\text{C}$

Nach Gleichung (5.19) ergibt sich für die Kurzzeitstromdichte:

$$S_{th} = \sqrt{\frac{56\cdot 10^3\,\text{mm}\cdot 8{,}9\cdot 10^{-3}\,\text{g}\cdot\text{K}\cdot 0{,}39\,\text{Ws}}{\Omega\cdot\text{mm}^2\cdot\text{mm}^3\cdot\text{g}\cdot\text{K}\cdot 0{,}0039\,\text{K}^{-1}\cdot 1\,\text{s}}\cdot\ln\frac{1+0{,}0039\,\frac{1}{\text{K}}\cdot(160-20)\,\text{K}}{1+0{,}0039\,\frac{1}{\text{K}}\cdot(70-20)\,\text{K}}} =$$

$$S_{th} = 113{,}3\,\frac{\text{A}}{\text{mm}^2} \approx 115\,\frac{\text{A}}{\text{mm}^2}$$

Lösung zu b):

Zulässiger Kurzzeitstrom:

$$I_{th} = S_{th}\cdot A = 115\,\frac{\text{A}}{\text{mm}^2}\cdot 50\,\text{mm}^2 = 5{,}75\,\text{kA}$$

■

Berechnet man nun für die verschiedenen Isolierwerkstoffe den Wert der Kurzzeitstromdichte, bezogen auf eine Kurzschlussdauer von 1 s und eine bestimmte Betriebstemperatur, so erhält man für den jeweiligen Isolierstoff eine spezifische Größe, die als Bemessungswert der Kurzschlussbelastbarkeit verwendet werden kann. Diese Größe heißt Bemessungskurzzeitstromdichte S_{thr}.

Die auf eine Kurzschlussdauer von $t_{kr} = 1\,\text{s}$ bezogene Kurzzeitstromdichte nennt man Bemessungskurzzeitstromdichte S_{thr}.

■

Wie aus Beispiel 5.6 hervorgeht, beträgt die Bemessungskurzzeitstromdichte für PVC-isolierte Kupferleiter bei $\vartheta_a = 70\,°C$: $S_{thr} = 115\,\frac{A}{mm^2}$.

In DIN VDE 0298 bzw. ÖVE/ÖNORM E 8101-5-52 sind Bemessungskurzzeitstromdichten für die verschiedenen Kabel und isolierten Leitungen angegeben.

In DIN VDE 0100 Teil 430 bzw. ÖVE/ÖNORM E 8101-4-43 wird die auf die dauernd zulässige Betriebstemperatur und eine Kurzschlussdauer von 1 s bezogene Bemessungskurzzeitstromdichte mit k bezeichnet. Der Wert k ergibt sich aus Gleichung (5.19) zu:

$$k = S_{thr} \cdot \sqrt{t_{kr}} \tag{5.20}$$

Für PVC-isolierte Kupferleiter ist damit $k = S_{thr\,70} \cdot \sqrt{1\,s} = 115\,\frac{A \cdot \sqrt{s}}{mm^2}$.

Mit Hilfe der Bemessungskurzzeitstromdichte lässt sich nun der zulässige Kurzzeitstrom I_{thz} für eine andere Kurzschlussdauer als 1 s leicht bestimmen. Er ergibt sich nach Gleichung (5.19) zu:

$$I_{thz} = I_{thr} \cdot \sqrt{\frac{t_{kr}}{t_k}} \quad \text{bzw.} \quad I_{thz} = S_{thr} \cdot A \cdot \sqrt{\frac{t_{kr}}{t_k}} \tag{5.21}$$

Den auf eine andere Kurzschlussdauer als 1 s bezogenen Kurzzeitstrom bezeichnet man als Kurzschlussbelastbarkeit I_{thz}.

Übung 5.8

a) Berechnen Sie den Bemessungskurzzeitstrom I_{thr} für ein Kabel NAYY 4 x 150 mm² unter der Voraussetzung, dass das Kabel im Drehstrombetrieb symmetrisch belastet ist und bei Kurzschlussbeginn auf die zulässige Betriebstemperatur erwärmt ist.
b) Wie groß darf der thermisch gleichwertige Wert des Kurzschlussstromes höchstens sein, wenn das Schutzorgan den anstehenden Kurzschlussstrom nach 3 s abschaltet?

Übung 5.9

Berechnen Sie die Bemessungskurzzeitstromdichte für das Beispiel 5.6 wenn die Betriebstemperatur (Anfangstemperatur) $\vartheta_a = 50\,°C$ beträgt.

Bisher wurde der mittlere Effektivwert des Kurzschlussstromes bzw. der thermisch gleichwertige Kurzzeitstrom I_{th} aus den Kenndaten einer Leitung ermittelt.

Da sich die Berechnung der Kurzschlussströme (s. Abschnitt 3.5) auf den Anfangskurzschlusswechselstrom I_k'' bzw. auf den Dauerkurzschlussstrom I_k (für NS-Anlagen ist $I_k = I_k''$) bezieht, stellt sich die Frage, in welchem Zusammenhang nun der Kurzzeitstrom zum Anfangskurzschlusswechselstrom bzw. Dauerkurzschlussstrom steht. Im Folgenden wird dieser Zusammenhang für Niederspannungsanlagen dargestellt.

Wie bekannt ist (s. Abschnitt 3.4.3), verläuft der Kurzschlussstrom nach einem Ausgleichsvorgang, bei dem sich ein abklingender Gleichstrom und ein Wechselstrom überlagern.

Durch das Gleichstromglied wird der thermisch wirksame Wert des Kurzschlussstromes gegenüber dem Dauerkurzschlussstrom erhöht. Setzt man besonders ungünstige Verhältnisse voraus, wie:

- dreipoliger Kurzschluss,
- Kurzschlusseintritt im Nulldurchgang der Spannung,
- Kurzschlusswinkel $\varphi = 80°$, entsprechend einem Stoßfaktor $\kappa = 1,6$,

so lässt sich der Zusammenhang in der Kennlinie in Bild 5.8 für $\frac{I_{th}}{I_k}$ in Abhängigkeit von der Kurzschlussdauer t_k darstellen.

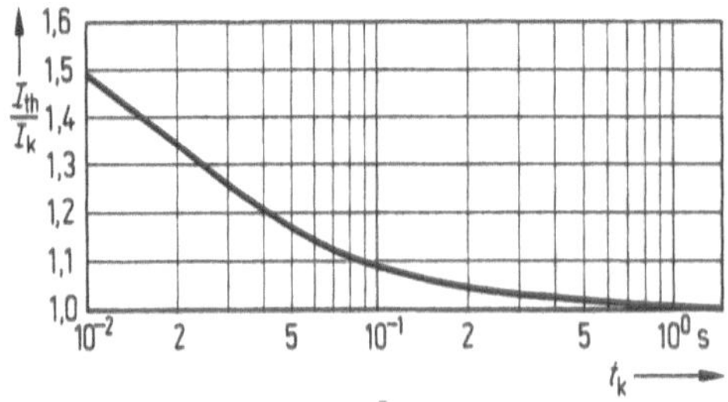

Bild 5.8
Kennlinie für $\frac{I_{th}}{I_k}$ unter Berücksichtigung der Unsymmetrie des Kurzschlussstromes

Aus der Kennlinie geht z.B. hervor, dass bei einer Kurzschlussdauer von 0,1 s der thermisch wirksame Kurzzeitstrom I_{th} gleich dem 1,08-fachen Wert des Dauerkurzschlussstromes I_k ist. Es ist außerdem zu erkennen, dass das Gleichstromglied nur bis zu einer Kurzschlussdauer von 1 s praktisch wirksam ist, d.h. für $t_k = 1$ s ist $I_k = I_{th}$.

Durch das Gleichstromglied ist bei einer Kurzschlussdauer < 1 s der zulässige Dauerkurzschlussstrom kleiner als die Kurzschlussbelastbarkeit I_{thz}.

Übung 5.10

Ermitteln Sie den zulässigen Dauerkurzschlussstrom bei einer Kurzschlussdauer von 0,2 s, wenn der Bemessungskurzzeitstrom 5,75 kA ($t_{kr} = 1$ s) ist.

Bei Kurzschlusszeiten von etwa einer Sekunde an wird über die Isolierung eine bestimmte Wärmemenge abgeführt, wodurch sich eine geringere Erwärmung der Leiter einstellt. Somit kann bei einem bestimmten Kurzschlussstrom eine größere Kurzschlussdauer bzw. bei einer bestimmten Kurzschlussdauer ein höherer Kurzschlussstrom zugelassen werden (Bild 5.9).

Wird nun der Dauerkurzschlussstrom in Abhängigkeit von der Kurzschlussdauer graphisch dargestellt, erhält man für einen bestimmten Leiterquerschnitt die Grenzbelastungskurve einer Leitung. Das Diagramm in Bild 5.9 zeigt ihren grundsätzlichen Verlauf sowohl mit als auch ohne Berücksichtigung der Unsymmetrie des Kurzschlussstromes und der Wärmeabgabe an die Isolierung im doppellogarithmischen Maßstab.

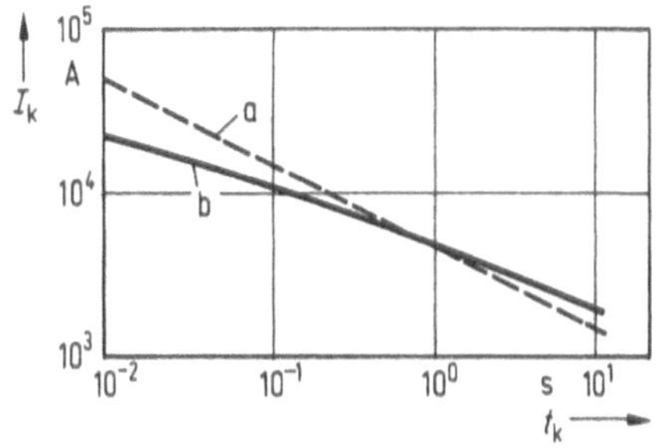

Bild 5.9
Grundsätzlicher Verlauf der Grenzbelastung $I_k = f(t_k)$ isolierter Leitungen bzw. Kabel

a ohne, b mit Berücksichtigung der Unsymmetrie des Kurzschlussstromes und der Wärmeabgabe.

Für Kurzschlusszeiten $0,1\,\text{s} \leqq t_k \leqq 5\,\text{s}$ kann näherungsweise $I_k = I_{th}$ gesetzt werden, so dass mit Gleichung (5.21) gilt:

$$I_k = I_{thz} = S_{thr} \cdot A \cdot \sqrt{\frac{t_{kr}}{t_k}} \qquad (5.22)$$

Hieraus ergibt sich bei bekanntem Kurzschlussstrom die maximal zulässige Kurzschlussdauer (Ausschaltzeit) zu:

$$t_k = \left(\frac{S_{thr}}{I_k} \cdot A\right)^2 \cdot t_{kr} \qquad (5.23)$$

Der Einprägsamkeit wegen sind die eingeführten Begriffe mit ihrer Kurzdefinition in Tabelle 5.6 zusammengestellt.

Tabelle 5.6 Kenngrößen der Belastung bei Kurzschluss

Größe	Kurzzeichen	Beschreibung
Kurzzeitstrom	I_{th}	mittl. Effektivwert bezogen auf die Kurzschlussdauer t_k
Kurzschlussbelastbarkeit	I_{thz}	max. zulässiger Kurzzeitstrom
Kurzzeitstromdichte	S_{th}	Stromdichte während der Kurzschlussdauer t_k
Bemessungskurzschlussdauer	t_{kr}	Annahme einer Kurzschlussdauer von 1 s
Bemessungskurzzeitstrom	I_{thr}	mittl. Effektivwert bezogen auf 1 s
Bemessungskurzzeitstromdichte	S_{thr}	fiktive Stromdichte bei Belastung mit I_{thr}, Bemessungswert der Kurzschlussbelastbarkeit
Faktor	k	identisch mit der Bemessungskurzzeitstromdichte bezogen auf die dauernd zulässige Betriebstemperatur ϑ_b und $t_{kr} = 1\,\text{s}$

Übung 5.11

Berechnen Sie die höchstens zulässige Ausschaltzeit eines Schutzorgans für eine NYM-Leitung mit $2{,}5\,\text{mm}^2$ Leiterquerschnitt bei einem Kurzschlussstrom von $I_k = 500\,\text{A}$ unter der Voraussetzung, dass die Leitung bei Kurzschlusseintritt bereits auf die zulässige Betriebstemperatur erwärmt ist. ■

5.2.7 Schutz bei Kurzschluss

5.2.7.1 Anordnung von Schutzeinrichtungen

Damit Leitungen in ihrem gesamten Verlauf gegen die Auswirkungen von Kurzschlüssen geschützt sind, müssen Kurzschlussschutzorgane am Anfang der Leitungen angeordnet sein. Sie müssen ferner an allen Stellen eingebaut werden, an denen die Kurzschlussstrombelastbarkeit gemindert wird und das vorgeschaltete Schutzorgan den Schutz nicht gewährleisten kann.

> Kurzschlussschutzeinrichtungen müssen am Anfang von Leitungen eingebaut werden. Ausnahmen siehe DIN VDE 0100 Teil 430 bzw. ÖVE/ÖNORM E 8101-4-43.

Da am Anfang von Leitungen überwiegend Überlastschutzorgane vorgesehen sind, können diese Schutzorgane dann unter bestimmten Bedingungen – wie nachfolgend noch erläutert wird – auch den Kurzschlussschutz sicherstellen. Unter bestimmten Voraussetzungen dürfen Überlastschutzorgane vom Anfang gegen das Ende der Leitung versetzt angeordnet werden. Dies ist z.B. dann der Fall, wenn die Leitung vor dem Überlastschutzorgan durch ein Kurzschlussschutzorgan geschützt ist. Der Leiterquerschnitt muss natürlich entsprechend dem auftretenden Betriebsstrom gewählt sein, d.h. $I_b \leqq I_z$.

Der Bemessungsstrom des Kurzschlussschutzorgans kann dann größer gewählt werden als der Bemessungsstrom eines dem Querschnitt entsprechenden Überlastschutzorgans. Ausführliche Hinweise zum Versetzen von Überlastschutzorganen findet man in [Con97]. Beispiele hierfür zeigt Bild 5.10.

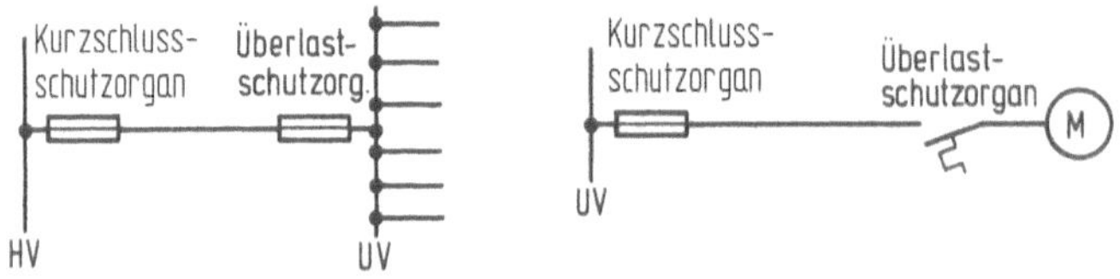

Bild 5.10 Versetzen von Überlastschutzeinrichtungen

Überlastschutzeinrichtungen dürfen aber auch ganz entfallen, wenn mit dem Auftreten von Überlastströmen nicht gerechnet werden muss. Dies ist z.B. dann der Fall, wenn über die Leitung fest angeschlossene Betriebsmittel versorgt werden und deren Betriebsstrom die Strombelastbarkeit nicht überschreitet. Beispiele hierzu sind:

- Elektrowärmegeräte wie Warmwasserbereiter, Raumheizgeräte usw.,
- Motoren, deren Strom bei blockiertem Läufer die Strombelastbarkeit der Leitung nicht überschreitet, z.B. Motoren für Kabeltrommeln auf Kränen,
- Anlagen mit aussetzendem oder kurzzeitigem Betrieb und Dauerbetrieb mit aussetzender oder kurzzeitiger Belastung, z.B. Krananlagen oder ähnliche Betriebe [Con97].

Ein Nachweis über den Kurzschlussschutz muss für alle Fälle erbracht werden, bei denen das Überlastschutzorgan nicht gleichzeitig auch den Kurzschlussschutz übernehmen kann. Nachfolgend werden hierzu entsprechende Verfahren bei den verschiedenen Schutzeinrichtungen beschrieben.

5.2.7.2 Bestimmung von Kurzschlussschutzeinrichtungen

Schmelzsicherungen

Wie bereits festgestellt wurde, ist für die thermische Beanspruchung einer Leitung die Dauer und die Größe des Kurzschlussstromes ausschlaggebend. Kurzschlussschutzorgane müssen daher den Kurzschlussstrom so frühzeitig unterbrechen, dass die Kurzschlussdauer, die für die Leitung höchstens zulässig ist, nicht überschritten wird.

Beispiel 5.7

Für ein Kabel NYY 0,6/1 kV mit $A = 4\,\text{mm}^2$ soll nur eine Kurzschlusssicherung der Betriebsklasse gG vorgesehen werden, weil keine Überlastung des Kabels zu erwarten ist.

Der größte Kurzschlussstrom an der Einbaustelle des Schutzorgans – also am Anfang des Kabels – betrage $6\,\text{kA}$. Der kleinste Kurzschlussstrom am Ende des Kabels betrage $800\,\text{A}$.

Welcher Sicherungsbemessungsstrom kann höchstens gewählt werden?

Lösung:

Mit Gleichung (5.23) ergibt sich die maximal zulässige Ausschaltzeit für $I_{\text{k min}} = 800\,\text{A}$ zu:

$$t_\text{k} = \left(\frac{S_\text{thr}}{I_\text{k}} \cdot A\right)^2 \cdot t_\text{kr} = \left(\frac{115\,\frac{\text{A}}{\text{mm}^2} \cdot 4\,\text{mm}^2}{800\,\text{A}}\right)^2 \cdot 1\,\text{s} = 0{,}33\,\text{s}.$$

Für $I_{\text{k max}} = 6000\,\text{A}$ ergibt sich:

$$t_\text{k} = \left(\frac{S_\text{thr}}{I_\text{k}} \cdot A\right)^2 \cdot t_\text{kr} = \left(\frac{115\,\frac{\text{A}}{\text{mm}^2} \cdot 4\,\text{mm}^2}{6000\,\text{A}}\right)^2 \cdot 1\,\text{s} = 5{,}88\,\text{ms}.$$

Mit diesen Werten kann nun anhand der Sicherungskennlinien in Bild 4.35 ermittelt werden, ob die gewählte Sicherung innerhalb dieser Zeiten abschaltet. Für den kleinsten Kurzschlussstrom findet man als höchsten zulässigen Sicherungsbemessungsstrom $I_\text{r} = 63\,\text{A}$. Die größte Gesamtausschaltzeit beträgt etwa $t_{\text{va max}} = 0{,}17\,\text{s}$. Eine Schmelzsicherung mit $I_\text{r} = 80\,\text{A}$ kann nicht gewählt werden, da ihre Gesamtausschaltzeit $0{,}5\,\text{s}$ beträgt, d.h. das Kabel würde sich über die höchstzulässige Kurzschlusstemperatur von $160\,°\text{C}$ erwärmen.

Für den größten Kurzschlussstrom stellt man fest, dass dieser außerhalb des Geltungsbereichs der Sicherungskennlinie liegt. Die Ursache dafür liegt darin, dass bei Strömen dieser Größenordnung die strombegrenzende Eigenschaft der Sicherung wirksam ist. Für diesen Fall kann somit nur ein Vergleich des $I^2 \cdot t$-Wertes der Sicherung mit dem zulässigen $I_\text{k}^2 \cdot t_\text{k}$-Wert des Kabels zur Lösung führen. Der $I^2 \cdot t_\text{max}$-Wert der Sicherung für $I_\text{r} = 63\,\text{A}$ ergibt sich aus Tabelle 4.2 zu:

$$I^2 \cdot t_\text{max} = 21200\,\text{A}^2 \cdot \text{s}.$$

Für das Kabel ergibt sich:

$$I_{\text{k max}}^2 \cdot t_\text{k} = (6000\,\text{A})^2 \cdot 5{,}88\,\text{ms} = 211680\,\text{A}^2 \cdot \text{s} \quad \text{bzw. mit Gleichung (5.23)}$$

$$I_{\text{k max}}^2 \cdot t_\text{k} = (S_\text{thr} \cdot A)^2 \cdot 1\,\text{s} = \left(115\,\frac{\text{A}}{\text{mm}^2} \cdot 4\,\text{mm}^2\right)^2 \cdot 1\,\text{s} = 211600\,\text{A}^2 \cdot \text{s}$$

Damit ist $I^2 \cdot t_\text{max} \ll I_{\text{k max}}^2 \cdot t_\text{k}$

■

Das bedeutet, die Sicherung schaltet ab, bevor der zulässige $I_k \cdot t_k$-Wert des Kabels erreicht ist. Das Kabel ist damit ausreichend geschützt. Der Lösungsweg lässt sich vereinfachen, wenn man die Grenzbelastungskurven der Leitungen mit t_k als Ordinate und I_k als Abszisse – $t_k = f(I_k)$ – verwendet und diese in das Kennlinienfeld der Sicherungen einzeichnet. Auf diese Weise wird ein Vergleich der Kennlinien der Leitungen mit denjenigen der Sicherungen ermöglicht.

Wie das Kennliniendiagramm (Bild 5.11) zeigt, schneiden sich die Kennlinien der Leitungen und die der Sicherungen in bestimmten Punkten. Unterhalb dieser Schnittpunkte – also bei großen Strömen – schaltet die Sicherung schneller ab, als es bis zum Erreichen der höchstzulässigen Kurzschlusstemperatur zulässig wäre. Die Leitung wird in diesem Bereich sicher geschützt.

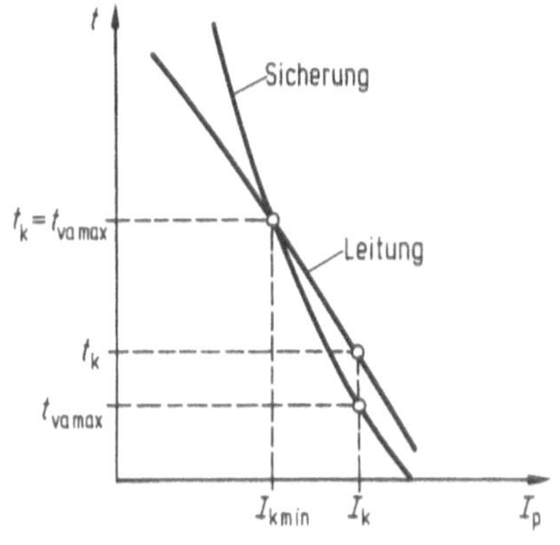

Bild 5.11
Grundsätzlicher Verlauf der zulässigen Kurzschlussdauer von Leitungen und der Ausschaltzeit von gG-Sicherungen in Abhängigkeit vom Überstrom

Oberhalb der Schnittpunkte ist die Ausschaltzeit der Sicherung zu groß. Die Leitung wird durch die Sicherung nicht mehr ausreichend geschützt.

> **!** Eine Leitung ist bei Kurzschluss dann sicher geschützt, wenn ein bestimmter Mindestkurzschlussstrom zum Fließen kommt. Der Mindestkurzschlussstrom ergibt sich aus dem Schnittpunkt zwischen der Grenzbelastungskurve der Leitung und der Sicherungskennlinie. ■

In Bild 5.12 sind die Kennlinien PVC-isolierter Kupferleitungen zusammen mit den Kennlinien der Sicherungen in einem Diagramm dargestellt. Für die Zeit-Strom-Kennlinien der Sicherungen wurden die oberen Grenzkurven verwendet, da diese Grenzkurven die größten Gesamtausschaltzeiten in Abhängigkeit vom Überstrom angeben.

Die Schnittpunkte geben also Grenzwerte vor, die für die Auswahl des höchstzulässigen Bemessungsstroms einer Sicherung als Kurzschlussschutz ausschlaggebend sind. So ist z.B. eine PVC-Kupferleitung mit einem Querschnitt von $1{,}5\,\text{mm}^2$ bei einem Sicherungsbemessungsstrom von $I_r = 25\,\text{A}$ noch bis zum kleinsten Kurzschlussstrom von 170 A geschützt. Die Ausschaltzeit beträgt dann etwa 1,1 s.

Liegt die Sicherungskennlinie insgesamt unterhalb der Leitungskennlinie – ergibt sich also kein Schnittpunkt –, dann wird die Leitung über den gesamten Geltungsbereich der Kenn-

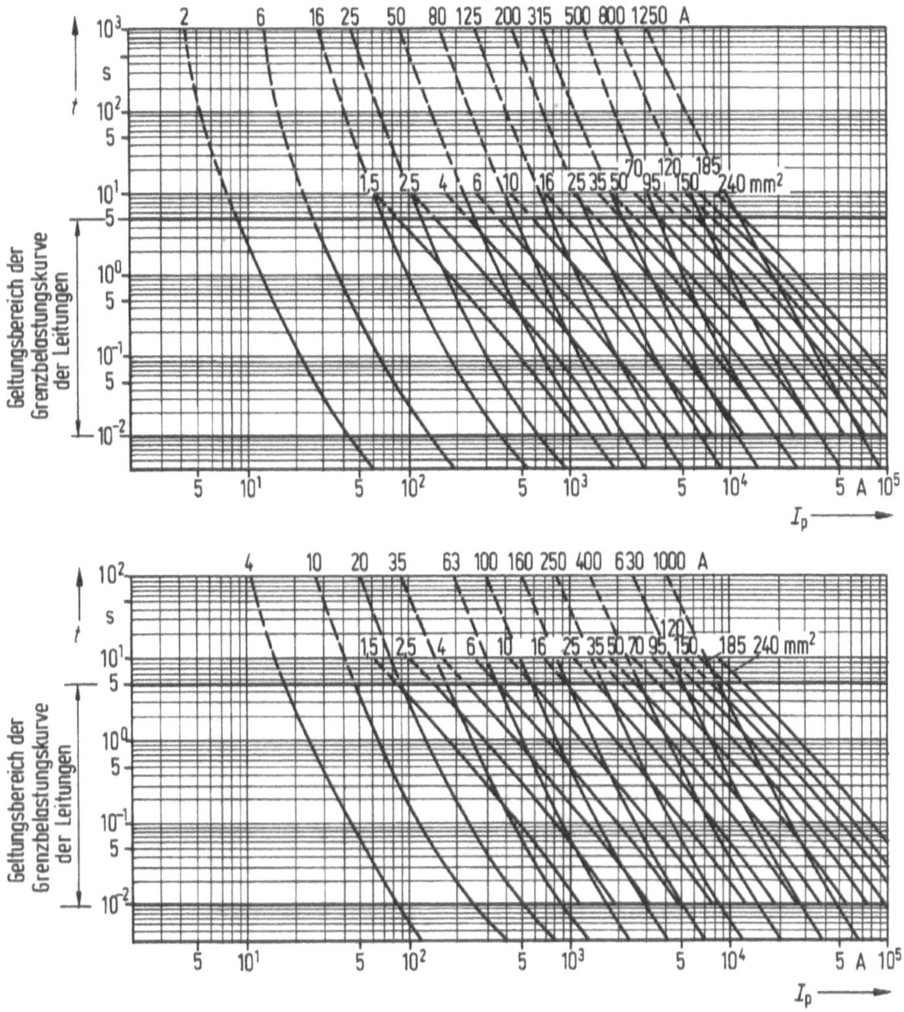

Bild 5.12 Zeit-Strom-Kennlinien für gG-Sicherungen (obere Grenzkurve) nach DIN VDE 0636 und Grenzbelastungskurven PVC-isolierter Kupferleitungen

linie geschützt. Aus dem Kennlinienfeld kann somit beurteilt werden, ob bei bekanntem kleinstem Kurzschlussstrom eine Schmelzsicherung mit bestimmtem Bemessungsstrom den Kurzschlussschutz übernehmen kann.

Erreicht der Kurzschlussstrom Werte, die außerhalb des Geltungsbereichs einer Sicherungskennlinie liegen (s. Beispiel 5.6), ist es zweckmäßig, den Durchlass-$I^2 \cdot t_{max}$-Wert der Sicherung mit dem zulässigen $I_k \cdot t_k$-Wert der Leitung zu vergleichen. Dieses Verfahren ist im Allgemeinen bei größten Kurzschlussströmen anzuwenden.

Bei größten Kurzschlussströmen ist ein Vergleich der $I^2 \cdot t$-Werte von Leitung und Sicherung vorzunehmen. Kurzschlussschutz ist gegeben, wenn:

$$I^2 \cdot t_{max} \leqq I_k^2 \cdot t_k \quad \text{bzw.}$$
$$I^2 \cdot t_{max} \leqq (S_{thr} \cdot A)^2 \cdot 1\,\text{s} \qquad (5.24)$$

Untersucht man anhand der Kennlinien und Tabellen der $I^2 \cdot t$-Werte von Leitungen und Sicherungen den Kurzschlussschutz von Überlastsicherungen, die nach den Bedingungen (1) und (2) den Leiterquerschnitten zugeordnet werden, so ist für PVC-isolierte Kupferleitungen folgendes festzustellen:

Schmelzsicherungen, die nach den Bedingungen (1) und (2) für den Überlastschutz ausgewählt werden, stellen auch den Kurzschlussschutz sicher. Ein besonderer Nachweis über den Kurzschlussschutz ist in diesem Fall nicht erforderlich.

Für Leitungsschutzschalter und Leistungsschalter trifft dies jedoch nicht für den gesamten Bereich möglicher Kurzschlussströme zu, insbesondere nicht für Leistungsschalter ohne Strombegrenzung. Für Leitungsschutzschalter und Leistungsschalter ist daher eine Überprüfung des Kurzschlussschutzes erforderlich.

Ein Nachweis über den Schutz bei Kurzschluss muss erbracht werden, wenn:

- Schmelzsicherungen als Überlastschutz nicht am Anfang von Leitungen angeordnet sind,
- Leitungsschutzschalter oder Leistungsschalter als Schutzorgane eingesetzt werden,
- Überlastschutzorgane ganz entfallen.

Übung 5.12

Überprüfen Sie den Kurzschlussschutz für verschiedene Leiterquerschnitte, wenn die Überlastsicherungen nach den Bedingungen (1) und (2) ausgewählt werden. Verwenden Sie hierzu die Kennlinien in Bild 5.12 sowie die Tabellen 5.2, 5.3 und 4.2.

Leitungsschutzschalter (LS-Schalter)

Beispiel 5.8

Eine Mantelleitung NYM 5 x 1,5 mm^2 soll durch einen LS-Schalter 16 A der Charakteristik B, Energiebegrenzungsklasse 3 mit einem Schaltvermögen von 6 kA gegen Überlast und Kurzschluss geschützt werden.

a) Welcher Kurzschlussstrom muss mindestens fließen?

b) Welcher Kurzschlussstrom darf höchstens fließen?

Lösung zu a):
Entsprechend ÖVE/ÖNORM EN 60898 bzw. DIN VDE 0641 ergibt sich für den LS-Schalter 16 A als obere Grenzwertkennlinie der Kurvenverlauf im folgenden Bild (s. auch Bild 4.46).

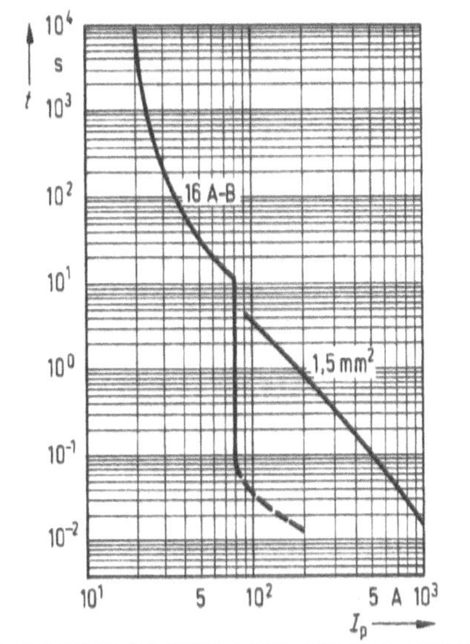

Nebenstehendes Bild zeigt die idealisierte Auslösekennlinie eines LS-Schalters der Charakteristik B und die Grenzbelastungskurve einer PVC-isolierten Cu-Leitung 1,5 mm². Damit zeigt sich, dass im definierten Bereich des Kurzschlussauslösers kein Schnittpunkt der Leitungskennlinie mit der Kennlinie des LS-Schalters vorliegt.
Der LS-Schalter schaltet in diesem Bereich also schneller ab, als es bis zum Erreichen der Kurzschlusstemperatur von 160 °C zulässig wäre.
Der Grund dafür liegt darin, dass nach der Norm der Kurzschlussauslöser innerhalb der vorgeschriebenen Zeit von $t < 0{,}1\,\mathrm{s}$ abschalten muss, wenn mindestens der 5-fache Bemessungsstrom fließt (s. auch Abschnitt. 4.6.2).

Der Kurzschlussstrom muss demnach mindestens folgenden Wert betragen:

$$I_{\mathrm{k\,min}} = 5 \cdot I_{\mathrm{r}} = 5 \cdot 16\mathrm{A} = 80\mathrm{A}.$$

Lösung zu b):

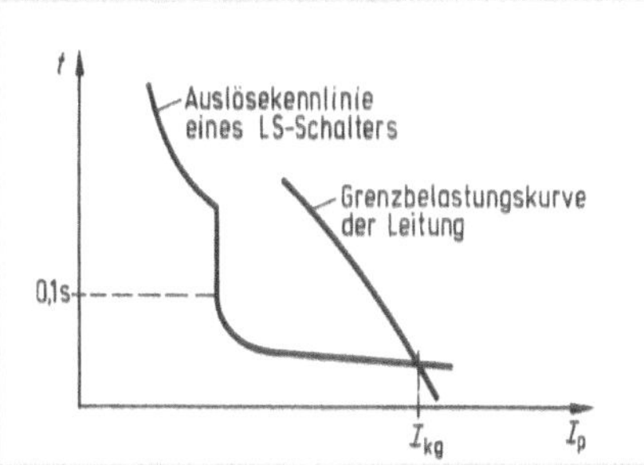

Betrachtet man den Kennlinienbereich von LS- Schaltern für $t_{\mathrm{a}} < 0{,}1\,\mathrm{s}$, so ist festzustellen, dass die Kennlinien hier annähernd parallel zur Stromachse verlaufen. Zwischen Leitungskennlinie und Schalterkennlinie ergibt sich damit bei einem bestimmten Kurzschlussstrom I_{kg} ein Schnittpunkt entsprechend nebenstehendem Bild.

Oberhalb dieses Stromes I_{kg} ist die Leitung durch den Schalter nicht mehr geschützt. Je nach Größe der Kurzschlussimpedanz kann aber sowohl der kleinste als auch der größte Kurzschlussstrom diesen Grenzwert übersteigen.

Weil der Kennlinienbereich für $t_{\mathrm{a}} < 0{,}1\,\mathrm{s}$ nicht näher definiert ist und auch nicht alle Hersteller diesen Kennlinienbereich angeben, kann auch hier der höchstzulässige Kurzschlussstrom nur durch Vergleich der $I^2 \cdot t$-Werte von Leitung und Schutzorgan ermittelt werden.

Mit den Werten aus Tabelle 4.3 sind hierzu die $I^2 \cdot t$-Kennlinien der LS-Schalter Charakteristik B in Bild 5.13 dargestellt. (Die Werte der Charakteristik C dürfen bis zu 20 % über diesen Werten liegen!) In das Diagramm sind ebenfalls die $I_{\mathrm{k}}^2 \cdot t_{\mathrm{k}}$-Kennlinien einiger Leiterquerschnitte eingetragen.

Das Diagramm lässt erkennen, dass sich bei $I_k = 5\,\text{kA}$ zwischen der $I_k^2 \cdot t_k$-Kennlinie der Leitung ($A = 1{,}5\,\text{mm}^2$) und der Durchlass $I^2 \cdot t$-Kennlinie des LS-Schalters (2) ein Schnittpunkt ergibt. Dies bedeutet, dass bei Kurzschlussströmen, die größer als etwa $5\,\text{kA}$ sind, der Durchlass-$I^2 \cdot t$-Wert des Schalters größer ist als der zulässige $I_k^2 \cdot t_k$-Wert der Leitung. Die Leitung ist dann nicht mehr sicher geschützt. Der maximal zulässige Kurzschlussstrom beträgt also in diesem Fall 5 kA.

Überschreitet der Kurzschlussstrom 6 kA, wird auch das Schaltvermögen des LS-Schalters überschritten, und der Schalter würde durch die thermische und dynamische Wirkung des Kurzschlussstromes zerstört. ■

Übung 5.13

Berechnen Sie mit Gleichung (5.19) für eine Mantelleitung NYM 1,5 mm² die Kurzschlussendtemperatur für $t_k = 0{,}1\,\text{s}$ und $I_{k\,\text{min}} = 80\text{A}$ für den ungünstigen Fall, dass bei Kurzschlusseintritt die Leitung auf die zulässige Betriebstemperatur erwärmt ist und der Stoßkurzschlussstrom bei einem Stoßfaktor von $\kappa = 1{,}6$ wirksam ist. ■

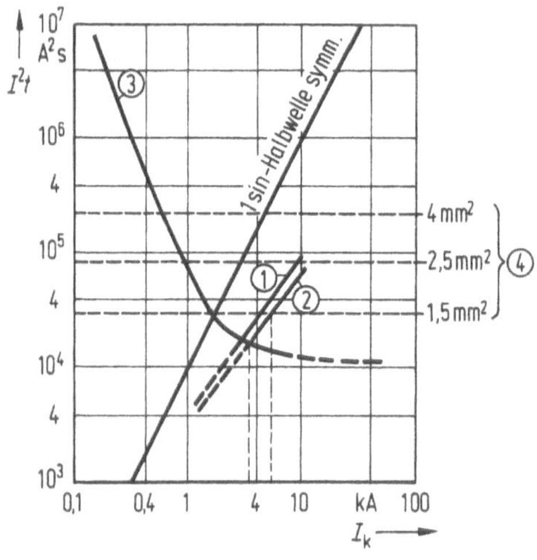

Bild 5.13
$I^2 \cdot t$-Kennlinien
— nach DIN VDE definierter Bereich
- - - extrapolierter Bereich
(1) Energiebegrenzungswerte für LS-Schalter Charakteristik B ≦ 32 A
(2) Energiebegrenzungswerte für LS-Schalter Charakteristik B ≦ 16 A
(3) obere Grenzwerte einer Sicherung Charakteristik gG, 63 A
(4) zulässige Werte für PVC-isolierte Cu-Leiter

Abhilfe kann geschaffen werden, wenn dem LS-Schalter eine Schmelzsicherung vorgeschaltet wird, deren $I^2 \cdot t$-Kennlinie bei Kurzschlussströmen > 5 kA unterhalb der Leitungskennlinie liegt. In Übung 4.17 haben Sie die $I^2 \cdot t$-Kennlinie einer 63 A-Schmelzsicherung gezeichnet. Diese Kennlinie (3) ist in Bild 5.13 wiedergegeben.

Übung 5.14

Berechnen Sie die $I^2 \cdot t$-Kennlinie einer Schmelzsicherung mit 100 A Bemessungsstrom und zeichnen Sie diese in Bild 5.13 ein. ■

Wie Bild 5.13 und Übung 5.14 zeigen, kann eine Schmelzsicherung der Charakteristik gG mit I_r = 63 A den Kurzschlussschutz der Leitung übernehmen. Ihr $I^2 \cdot t$-Wert ist bei Kurzschlussströmen ab 1,75 kA kleiner als der $I_k^2 \cdot t_k$-Wert der Leitung.

! Bei hohen Kurzschlussströmen kann eine Schmelzsicherung mit einem maximalen Bemessungsstrom von 63 A den Schutz einer PVC-isolierten Kupferleitung mit einem Mindestquerschnitt von 1,5 mm² sicherstellen. ■

Da bei vielen Hausinstallationen der Bemessungsstrom der Hausanschlusssicherung nicht größer als 63 A ist, erübrigt sich daher für diese Fälle eine Überprüfung des Kurzschlussschutzes.

Bei größeren Anlagen mit hohen Kurzschlussströmen, wie z.B. großen Wohngebäuden, Verwaltungsgebäuden, Krankenhäusern oder Industrieanlagen, braucht jedoch auf LS-Schalter nicht verzichtet zu werden. Hier bietet sich die Möglichkeit der Gruppensicherung an, deren Bemessungsstrom 63 A natürlich nicht übersteigen darf (Bild 5.14).

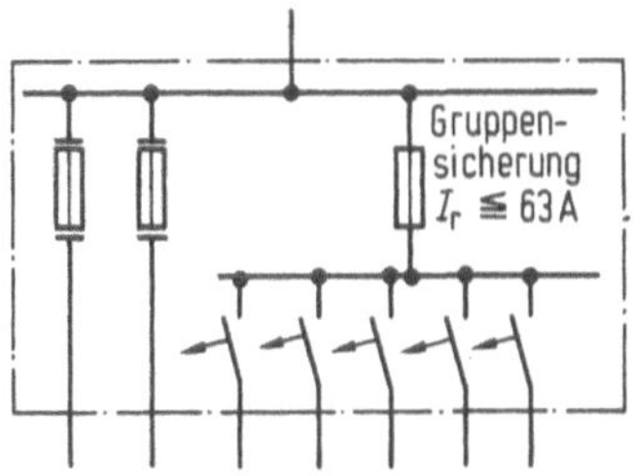

Bild 5.14
Gruppensicherung für LS-Schalter

Hinter einer Gruppensicherung können mehrere LS-Schalter angeschlossen werden, wobei für die einzelnen Abgänge ein Nachweis des Kurzschlussschutzes bei großen Kurzschlussströmen dann nicht mehr erforderlich ist. Es ist jedoch immer zu beachten, dass der Mindestkurzschlussstrom erreicht wird (s.a. Abschnitt 5.2.7.3).

Eine 63 A-Schmelzsicherung übernimmt neben dem Leitungsschutz auch den Schutz des LS-Schalters, wenn der Kurzschlussstrom das Schaltvermögen des Schalters übersteigt. Nach Bild 5.13 übernimmt die Schmelzsicherung ab etwa 3,5 kA den Schutz des LS-Schalters.

Der Schutz ist gegeben, weil das Schaltvermögen der Schmelzsicherung größer ist als das Schaltvermögen des Schalters und ihr Durchlass-$I^2 \cdot t$-Wert kleiner ist als der Durchlass-$I^2 \cdot t$-Wert des Schalters. Das Schaltvermögen der Kombination aus LS-Schalter und Schmelzsicherung ist damit auf das Schaltvermögen der Schmelzsicherung erhöht (s.a. Abschnitt 4.6.4.2).

Im praktischen Anwendungsfall ist es oft zweckmäßig, für die Ermittlung des optimalen Schutzes die Durchlass-$I^2 \cdot t$-Werte des jeweiligen Fabrikats heranzuziehen, da die Hersteller erfahrungsgemäß mit ihren Werten unter den nach den Normen festgelegten Grenzwerten bleiben.

Übung 5.15

Ermitteln Sie aus Bild 5.13 den Strom, bei dem eine Schmelzsicherung mit:

a) $I_r = 63A$
b) $I_r = 100A$

den Schutz eines LS-Schalters mit 25 A Bemessungsstrom übernimmt.

Übung 5.16

Ermitteln Sie für eine Mantelleitung NYM 1,5 mm² und einen LS-Schalter mit 16 A, Energiebegrenzungsklasse 3, Charakteristik C:

a) den mindestens erforderlichen Kurzschlussstrom,
b) den größten zulässigen Kurzschlussstrom.

Leistungsschalter

Grundsätzlich können für Leistungsschalter dieselben Methoden angewendet werden, wie sie für LS-Schalter beschrieben wurden:

- Bei Nullpunktlöschern kann dabei die $I^2 \cdot t$-Kennlinie einer Sinushalbwelle des Kurzschlussstromes als Kriterium herangezogen werden.
- Bei strombegrenzenden Schaltern sind die Durchlass-$I^2 \cdot t$-Kennlinien der Hersteller zu benutzen.

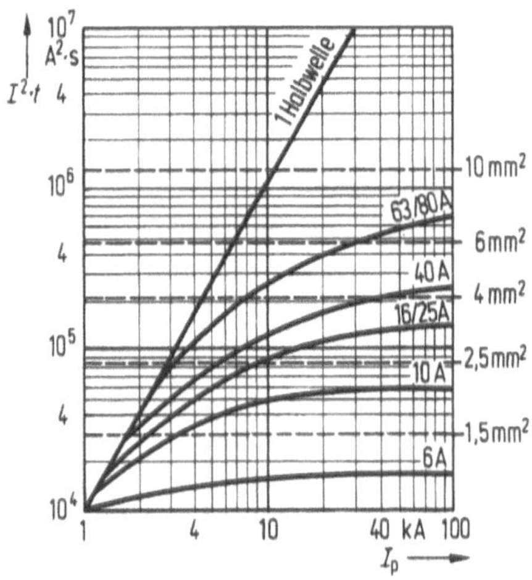

Bild 5.15
Durchlass-$I^2 \cdot t$-Kennlinien von Leistungsschaltern und zulässige $I_k^2 \cdot t_k$-Werte PVC-isolierter Kupferleiter

Übung 5.17

Bild 5.15 zeigt die Durchlass-$I^2 \cdot t$-Kennlinien für strombegrenzende Schalter mit den Bemessungsdaten:

Bemessungskurzschlusseinschaltvermögen: $I_{cm} = 210\,kA$
Bemessungskurzschlussausschaltvermögen: $I_{cu} = 100\,kA$ bei $\cos\varphi = 0{,}2$
$I_{cs} = 60\,kA$ bei $\cos\varphi = 0{,}2$
Bemessungsbetriebsspannung: $U_e = 400\,V$

Entnehmen Sie dem Diagramm die maximal zulässigen Kurzschlussströme für folgende Bemessungsdauerströme und Leiterquerschnitte:

A / mm²	2,5	2,5	2,5	4	4	6
I_u / A	16/25	40	63/80	40	63/80	63/80
$I_{k\,max}$ / kA						

5.2.7.3 Maximale Leitungslängen

Aus den vorstehenden Abschnitten ist deutlich geworden, dass zur Gewährleistung des Kurzschlussschutzes einer Leitung ein bestimmter Mindestkurzschlussstrom fließen muss. Der Mindestkurzschlussstrom ergibt sich aus dem Schnittpunkt zwischen der Grenzbelastungskurve der Leitung und der Sicherungskennlinie (Bild 5.12). Der kleinste auftretende Kurzschlussstrom muss somit größer oder mindestens gleich dem Mindestkurzschlussstrom sein.

Der kleinste Kurzschlussstrom tritt bei einpoligen Kurzschlüssen i.A. am Ende der Leitungen auf. Damit dieser größer oder mindestens gleich dem erforderlichen Mindestkurzschlussstrom ist, darf die Impedanz der Kurzschlussstrombahn, die sogenannte Schleifenimpedanz $\underline{Z}_s$ einen bestimmten Wert nicht überschreiten. Das bedeutet, dass für eine bestimmte Leitungsbauart mit einem bestimmten Leiterquerschnitt eine bestimmte Grenzlänge eingehalten werden muss.

Damit ein bestimmter Mindestkurzschlussstrom fließt, darf eine bestimmte Leitungslänge nicht überschritten werden.

Bevor nun die allgemeingültige Gleichung für die Ermittlung der Grenzlänge abgeleitet wird, soll bereits an dieser Stelle darauf hingewiesen werden (s. Abschnitt 6.3.4), dass die obere Begrenzung der Leitungslänge nicht nur den Kurzschlussschutz sicherstellt, sondern auch zur Erfüllung der Abschaltbedingung im TN-Netz mit Überstromschutzeinrichtungen berücksichtigt werden muss. Denn bei diesem Netzsystem muss zum Schutz bei indirektem Berühren ebenfalls ein Mindestkurzschlussstrom fließen, der das betreffende Schutzorgan innerhalb von $0{,}1\,s$ bis $0{,}8\,s$ oder unter bestimmten Umständen $5\,s$ – abhängig von der Nennspannung des Netzes – abschalten lässt.

Diese Forderung ist nicht an den Kurzschlussschutz gebunden und muss unabhängig davon erfüllt sein. Das bedeutet z.B, dass auch dann, wenn die Sicherungskennlinie insgesamt unterhalb der Leitungskennlinie liegt, die Sicherung innerhalb der vorgeschriebenen

Zeiten abschalten muss. Somit sind die nachfolgenden Ausführungen auch für den Personenschutz von grundsätzlicher Bedeutung.

Zur Ermittlung der Grenzlänge wird Gleichung (3.96) zur Berechnung des Betrages des einpoligen Kurzschlussstromes herangezogen, da nur dieser in diesem Zusammenhang relevant ist.

$$I_{\text{k1p min}} = \frac{c_{\min} \cdot \sqrt{3} \cdot U_{\text{n}}}{\sqrt{(2 \cdot R_{\text{k}} + R_0)^2 + (2 \cdot X_{\text{k}} + X_0)^2}} \tag{5.25}$$

Hierin ist $c_{\min}$ der Spannungsfaktor, der nach Tabelle 3.10 mit 0,95 einzusetzen ist. Die Leiterwirkwiderstände sind bei einer Temperatur von 80 °C zu berücksichtigen.

Fasst man die der Anschlussstelle der Leitung vorgeschalteten Wirk- und Blindwiderstände des Netzes im Mit- und Nullsystem zu R_{N}, $R_{0\text{N}}$ und X_{N}, $X_{0\text{N}}$ zusammen und führt für die betrachtete Leitung die Widerstandsbeläge ein, so ergibt sich mit:

$$\begin{aligned} R_{\text{L}} &= l \cdot R'_{\text{L}} \quad \text{und} \quad R_{0\text{L}} = l \cdot R'_{0\text{L}} \quad \text{bzw.} \\ X_{\text{L}} &= l \cdot X'_{\text{L}} \quad \text{und} \quad X_{0\text{L}} = l \cdot X'_{0\text{L}} \end{aligned}$$

die Gleichung:

$$I_{\text{k1p min}} = \frac{c_{\min} \cdot \sqrt{3} \cdot U_{\text{n}}}{\sqrt{\left[2 \cdot R_{\text{N}} + R_{0\text{N}} + \left(2 \cdot R'_{\text{L}} + R'_{0\text{L}}\right) \cdot l\right]^2 + \left[2 \cdot X_{\text{N}} + X_{0\text{N}} + \left(2 \cdot X'_{\text{L}} + X'_{0\text{L}}\right) \cdot l\right]^2}} \tag{5.26}$$

Mit Gleichung (3.98):

$$\underline{Z}_{\text{S}} = \frac{2 \cdot \underline{Z}_{\text{k}} + \underline{Z}_0}{3}$$

erhält man für die Schleifenimpedanz des vorgelagerten Netzes:

$$\underline{Z}_{\text{S}} = \frac{2 \cdot R_{\text{N}} + R_{0\text{N}}}{3} + \text{j}\,\frac{2 \cdot X_{\text{N}} + X_{0\text{N}}}{3} \tag{5.27}$$

Bezeichnet man den Realteil vorstehender Gleichung als Schleifenresistanz R_{v} und den Imaginärteil als Schleifenreaktanz X_{v}, so gilt für die Schleifenimpedanz des vorgelagerten Netzes:

$$\underline{Z}_{\text{s}} = R_{\text{v}} + \text{j}X_{\text{v}} \quad \text{mit} \quad \begin{aligned} 3 \cdot R_{\text{v}} &= 2 \cdot R_{\text{N}} + R_{0\text{N}} \\ 3 \cdot X_{\text{v}} &= 2 \cdot X_{\text{N}} + X_{0\text{N}} \end{aligned} \tag{5.28}$$

! Die Schleifenimpedanz $\underline{Z}_{\text{s}}$ kann mit Hilfe der Tabellen in den Normen errechnet oder direkt gemessen werden. ■

Setzt man vorstehende Gleichungen in Gleichung (5.26) ein und führt außerdem für:

$$2 \cdot R'_{\text{L}} + R'_{0\text{L}} = K_1 \quad \text{bzw.} \quad 2 \cdot X'_{\text{L}} + X'_{0\text{L}} = K_2$$

ein, ergibt sich durch Auflösen von Gleichung (5.26) für einen bestimmten Mindestkurzschlussstrom $I_{\text{k min}}$ die maximal zulässige Leitungslänge zu:

$$l_{max} = \frac{3}{K_1^2 + K_2^2} \left[\sqrt{\left(\frac{c_{min} \cdot U_n}{\sqrt{3} \cdot I_{k\,min}}\right)^2 \cdot (K_1^2 + K_2^2) - (K_1 \cdot X_v + K_2 \cdot R_v)^2} - K_1 \cdot R_v - K_2 \cdot X_v \right] \tag{5.29}$$

Die Anwendung dieser Gleichung ist aufwändig. Für Leiterquerschnitte bis einschließlich 16 mm^2 Cu kann der induktive Blindwiderstand der Leitung vernachlässigt werden (s.a. Abschnitt 3.3.2). Wird die Schleifenimpedanz des vorgelagerten Netzes durch Messung bestimmt – wie dies in vielen Fällen, insbesondere in der Hausinstallation geschieht –, so kann für das vorgelagerte Netz der induktive Blindwiderstand vernachlässigt werden.

Diese Vereinfachung kann deshalb getroffen werden, weil die Messung der Schleifenimpedanz bei den heute üblichen Messverfahren praktisch rein ohmsch ist. Es gilt dann $Z_s \approx R_s$. Somit ist:

$$\frac{U_0}{I_{k\,min}} = Z_s + \frac{2 \cdot l_{max}}{\gamma_\vartheta \cdot A} \tag{5.30}$$

U_0 ... Strangspannung (Spannung Leiter - Erde)

In Gleichung (5.30) wird noch ein Sicherheitsfaktor von 1,5 eingeführt. Dieser berücksichtigt, dass:

- bei der Schleifenimpedanzmessung die Widerstandserhöhung im Kurzschlussfall nicht erfasst wird,
- für die Schleifenimpedanzmessgeräte nach ÖVE/ÖNORM EN 61557 bzw. DIN VDE 0413 ein Gebrauchsfehler von $\pm 30\,\%$ zulässig ist,
- sich die betreffende Leitung im Kurzschlussfall über die zulässige Betriebstemperatur erwärmt.

Als Näherungslösung für die Grenzlänge ergibt sich damit:

$$l_{max} = \frac{\gamma_{20} \cdot A}{3} \cdot \left(\frac{U_0}{I_{k\,min}} - 1{,}5 \cdot Z_s\right) \tag{5.31}$$

Übung 5.18

Ein Drehstromkurzschlussläufermotor mit den Bemessungsdaten: 5,5 kW; 400 V; 10,7 A; cos φ = 0,88; η = 0,84 soll über ein 48 m langes Kabel NYY 4 x 1,5 mm^2 an ein TN-Industrienetz angeschlossen werden.

Ist unter Berücksichtigung des Kurzschlussschutzes und des Spannungsabfalls der gewählte Leiterquerschnitt zulässig?

Lösungshilfe:
Die vorgegebenen Daten reichen zur Lösung der Aufgabe nicht aus. In der Praxis müssen deshalb zunächst die fehlenden Anlagendaten ermittelt werden. Es wird angenommen, dass sich dabei folgende Werte ergeben haben:

Bemessungsstrom der gG-Schmelzsicherung:	20 A
Schleifenimpedanz des vorgeschalteten Netzes:	150 mΩ
zulässiger Spannungsabfall:	5 %

■

5.2.8 Lernzielorientierter Test zu Abschnitt 5.2

1. Wovon hängt die Verlustleistung ab, die von einer Leitung abgegeben wird?
2. Wie ändert sich die zulässige Strombelastbarkeit einer Leitung, wenn die Temperatur der Umgebung ansteigt?
3. Welche Betriebsbedingungen beeinflussen die Strombelastbarkeit?
4. Für 6 Drehstromkabel NYY 0,6/1 kV ist folgende Verlegeanordnung „frei in Luft" bei einer Umgebungstemperatur von 35 °C gegeben:

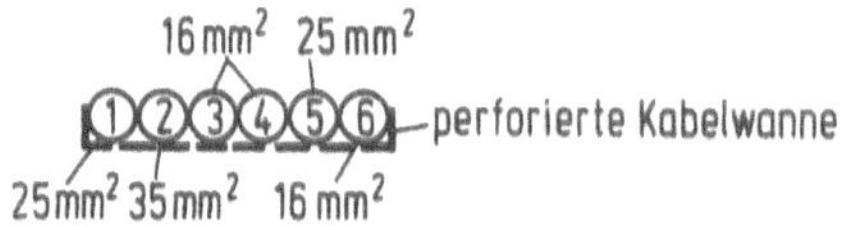

Ermitteln Sie für jedes Kabel die zulässige Strombelastbarkeit.

5. Wodurch unterscheidet sich der Kurzzeitbetrieb vom Dauerbetrieb einer Leitung?
6. Nennen Sie die beiden Bedingungen entsprechend den Normen, nach denen die Zuordnung der Überlastschutzorgane zu den Leiterquerschnitten zu erfolgen hat.
7. In einem Verwaltungsgebäude kam es im Hohlraum einer abgehängten Decke zu einem Leitungsbrand. Durch Vergleichsmessung innerhalb des Gebäudes wurden bei einer Stromkreiszuleitung NYM 3 x 1,5 mm^2 folgende Werte ermittelt:

   unbelastet bei $\vartheta_u = 20\,°C$, $R_{20} = 0,22\,\Omega$,
   bei Belastung mit 16A und $\vartheta_u = 30\,°C$, $R_\vartheta = 0,3\,\Omega$.

   Auf welche Betriebstemperatur erwärmte sich die Leitung?
8. Erstellen Sie ein Diagramm, aus dem für PVC-isolierte Leitungen der Reduktionsfaktor f der Strombelastbarkeit in Abhängigkeit von der Umgebungstemperatur ϑ_u entnommen werden kann.
9. In einem Industrienetz Drehstrom 400 V, 50 Hz wird eine Verteilung mit einer Leistung von 150 kW bei einem cos φ = 0,8 induktiv über zwei Kabel NYY 4 x 120 mm^2 und NYY 4 x 70 mm^2 parallel versorgt.

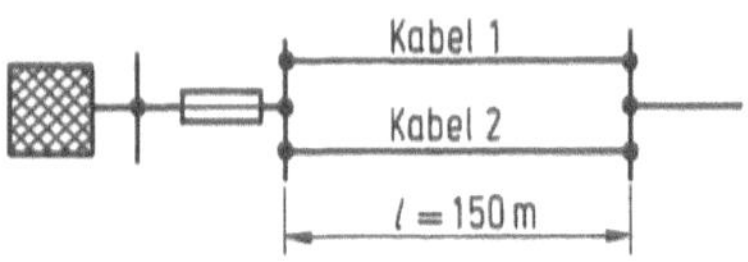

   a) Welchen Betriebsstrom muss jedes Kabel führen?
   b) Wie groß ist die gesamte zulässige Strombelastbarkeit der Parallelkabel, wenn für die Belastbarkeit der Einzelkabel bei Verlegung in Erde und einem Belastungsgrad von 0,7 folgende Werte zulässig sind:

      Kabel 1: $A_1 = 120\,mm^2$, $I_{z1} = 313\,A$
      Kabel 2: $A_2 = 70\,mm^2$, $I_{z2} = 228\,A$
   c) Welcher Bemessungsstrom darf für eine NH-Sicherung als gemeinsames Überlastschutzorgan beider Kabel höchstens gewählt werden?

10. Ermitteln Sie für ein Kabel NYY 4 x 35 mm^2 bei einem Dauerkurzschlussstrom von 5 kA
    a) die zulässige Ausschaltzeit (Kurzschlussdauer),
    b) den höchstzulässigen Bemessungsstrom einer NH-Sicherung für den Kurzschlussschutz,
    c) den höchstzulässigen Sicherungsbemessungsstrom, wenn der kleinste Kurzschlussstrom 1,5 kA betragen würde.
11. Ein Drehstrommotor 400 V, 50 Hz, 22 kW, $\cos\varphi = 0{,}83$, $\eta = 0{,}9$ wird über eine 25 m lange NYM-Leitung 4 x 10 mm^2 an eine Verteilung angeschlossen. Die Schleifenimpedanz des vorgelagerten Netzes beträgt $0{,}2\,\Omega$. Welcher Sicherungsbemessungsstrom ist für den Kurzschlussschutz der Leitung höchstens zulässig?

5.3 Selektivität in Niederspannungsnetzen

Lernziele

Nach Durcharbeitung dieses Abschnittes können Sie

- den Begriff Selektivität erläutern,
- Selektivitätskriterien für verschiedene Kombinationen in Reihe liegender Schutzorgane nennen,
- Stromselektivität und Zeitselektivität unterscheiden,
- Schutzorgane selektiv staffeln und Staffeldiagramme zeichnen.

5.3.1 Allgemeines

Die Einrichtungen zum Schutz vor Überströmen haben die Aufgabe, Fehler im Netz zu erkennen und das fehlerbehaftete Anlagenteil möglichst schnell vom Netz zu trennen. Meistens liegen zwischen der Fehlerstelle und der Energiequelle mehrere Überstromschutzeinrichtungen. Um die Störung auf das fehlerbehaftete Anlagenteil zu begrenzen, müssen die Überstromschutzeinrichtungen selektiv arbeiten. Was darunter zu verstehen ist, soll nachfolgend erläutert werden.

Ein Strahlennetz wird über einen Transformator T von einem leistungsstarken Netz Q nach Bild 5.16 gespeist.

Selektivität (lat. selectio = Auswahl) bedeutet, dass bei einem Fehler im Netz (Überlast oder Kurzschluss) nur das Überstromschutzorgan abschaltet, das unmittelbar vor der Fehlerstelle liegt.

Das heißt z.B., dass bei einem Fehler an der Fehlerstelle (2) nur das Schutzorgan F2 auslösen soll. Die Forderung nach Selektivität wird in allen Netzen erhoben, um die durch

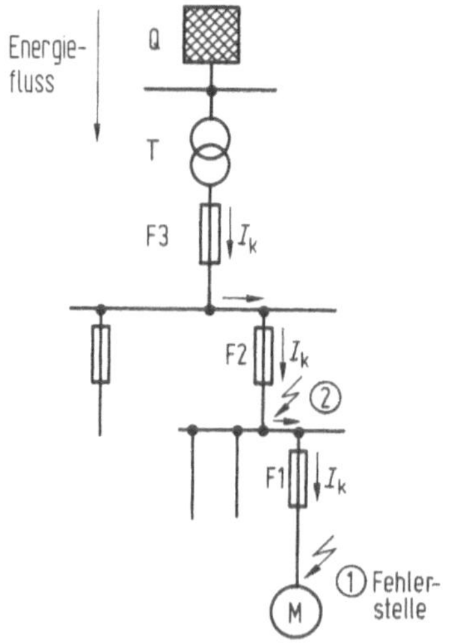

Bild 5.16
Strahlennetz

Jeder Abzweig des Strahlennetzes des dargestellten Netzplans wird durch ein Überstromschutzorgan geschützt. An der Stelle (1) tritt ein Kurzschluss auf. Die Folge ist ein Kurzschlussstrom I_k, der die Schutzorgane F3 → F2 → F1 durchfließt. Es ist leicht einzusehen, dass nicht alle Schutzorgane (F3, F2, F1) ansprechen sollen, die vom Kurzschlussstrom durchflossen werden. Dies würde bei Ausfall von F3 dazu führen, dass das gesamte Strahlennetz stromlos würde. Ansprechen soll vielmehr allein das Überstromschutzorgan F1, das der Fehlerstelle (1) unmittelbar vorgeschaltet ist.

Fehler bedingte Unterbrechung der Energieversorgung zeitlich und räumlich auf ein Mindestmaß zu beschränken. Fehlerstellen sind so aus dem Netz herauszutrennen, dass der Betrieb von Transport-, Beleuchtungs-, Wärme-, Kälte- und Klimaanlagen nicht mehr als unbedingt notwendig beeinträchtigt wird, siehe Bild 5.17.

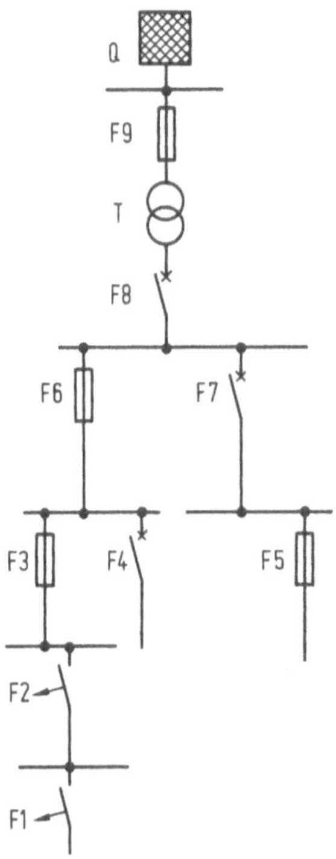

Bild 5.17
Kombinationen in Reihe liegender Überstromschutzorgane

Selektivität zu gewährleisten, stellt die Aufgabe dar, Maßnahmen zu treffen, um die Auswirkungen einer Störung so eng wie möglich zu begrenzen. Zur Lösung dieser Aufgabe ist es notwendig, verschiedene Kombinationen der Hintereinanderschaltung von Schutzorganen zu unterscheiden. Folgende Kombinationen – in Energieflussrichtung gesehen – werden nachfolgend untersucht:

F6 – F3:
Schmelzsicherung – Schmelzsicherung

F8 – F7:
Leistungsschalter – Leistungsschalter

F8 – F6, F7 – F5:
Leistungsschalter – Schmelzsicherung

F9 – F8:
HH-Sicherung – NS-Leistungsschalter

5.3.2 Schmelzsicherung – Schmelzsicherung

Es gilt nun festzustellen, wie sich zwei in Reihe liegende Schmelzsicherungen F1 – F2 bei Auftreten eines Überstromes I_p verhalten (Bild 5.18). Dabei wird angenommen, dass der zusätzlich über F2 fließende Laststrom I_3 klein ist gegenüber I_p und vernachlässigt werden kann.

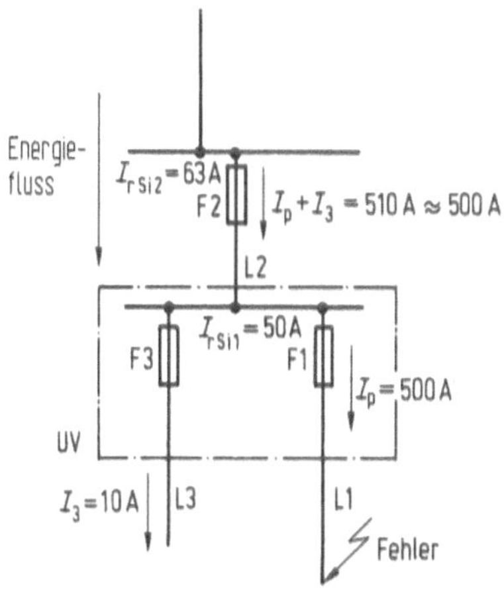

Bild 5.18
Netzausschnitt

Im dargestellten Netzausschnitt führen die Sicherungen F2 und F1 unterschiedliche Betriebsströme. Die Leitung L2 führt die Summe aller Lastströme der Unterverteilung UV. L2 und L1 haben somit unterschiedliche Querschnitte, und die Sicherungsbemessungsströme I_{rSi} sind entsprechend der durch die Normen gegebenen Zuordnung zu den Leiterquerschnitten abgestuft.

Beispielsweise sei $I_{rSi\,1} = 50\,A$ und $I_{rSi\,2} = 63\,A$. Schmelzsicherungen unterschiedlicher Bemessungsströme besitzen unterschiedliche Schmelzzeitkennlinien. Bei einem Überstrom von z.B. $I_p = 500\,A$ wird hiernach die Sicherung F1 nach 0,1 s abschmelzen, während die Sicherung F2 den Stromkreis erst nach 0,3 s unterbricht (siehe Bild 5.19). Die Schutzorgane sind also zunächst selektiv, vorausgesetzt, dass die Auslösekennlinien aller Sicherungen exakt den dargestellten Kennlinien entsprechen. Das ist jedoch in der Praxis nicht der Fall.

Die Kennlinien, die von den Herstellern angegeben werden, sind mittlere Zeit/Strom-Kennlinien, weil durch die Fertigungstoleranzen bedingte Abweichungen unvermeidbar sind. Die individuelle Kennlinie eines Sicherungseinsatzes muss allerdings gemäß ÖVE/ÖNORM EN 60269 bzw. DIN VDE 0636 innerhalb der Grenzen der sogenannten Torströme liegen (Bild 5.20). Die wirklichen Schmelzzeitkennlinien liegen also im Bereich des so entstehenden Toleranzbandes, das als Streuband oder Tor bezeichnet wird.

Die Streubänder der Sicherungen benachbarter Bemessungsströme können sich überlappen. Dies bedeutet aber, dass die individuelle Kennlinie von Sicherung F1 oberhalb der Kennlinie von F2 liegen kann und somit keine Selektivität mehr gegeben ist (Bild 5.21). Damit Selektivität gewährleistet ist, ist demnach die Forderung zu stellen, dass sich die Streubänder der Schmelzsicherungen nicht schneiden oder berühren dürfen. Wird diese Forderung erfüllt, dann spricht man von selektiver Staffelung (Bild 5.22).

Erste Selektivitätsbedingung

Die Streubänder in Reihe liegender Sicherungen dürfen sich nicht schneiden oder berühren. ■

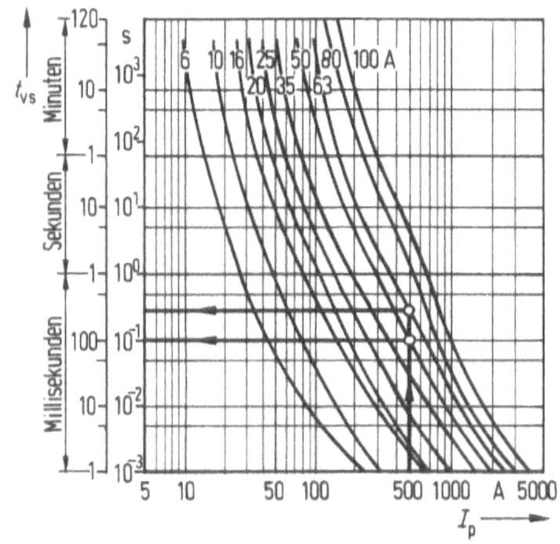

Bild 5.19 Mittlere Schmelzzeitkennlinien für Schmelzsicherungen der Betriebsklasse gG

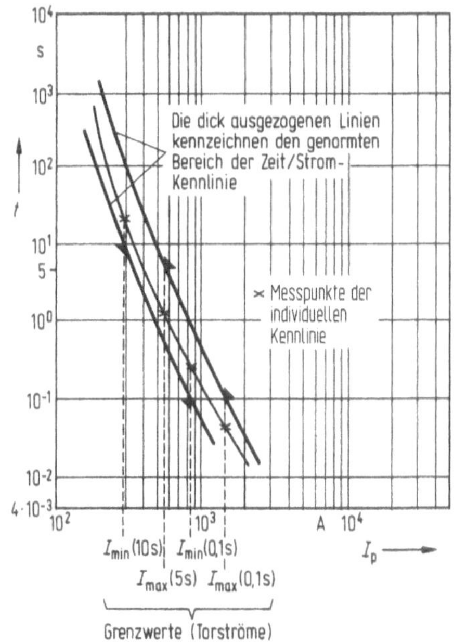

Bild 5.20 Beispiel des Streubandes (Tor) eines Sicherungseinsatzes

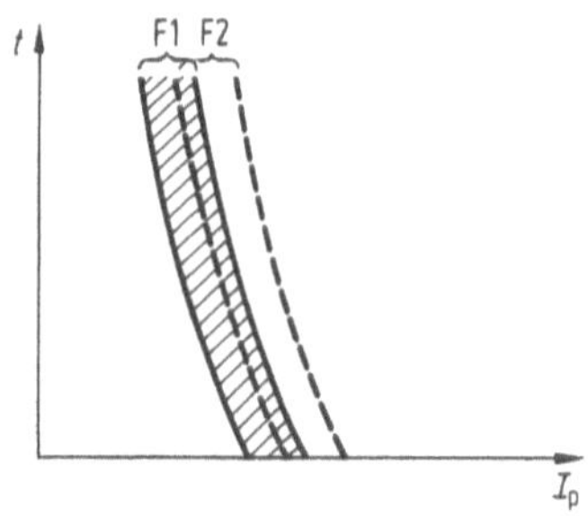

Bild 5.21 Überlappen der Streubänder der Schmelzsicherungen F1 und F2

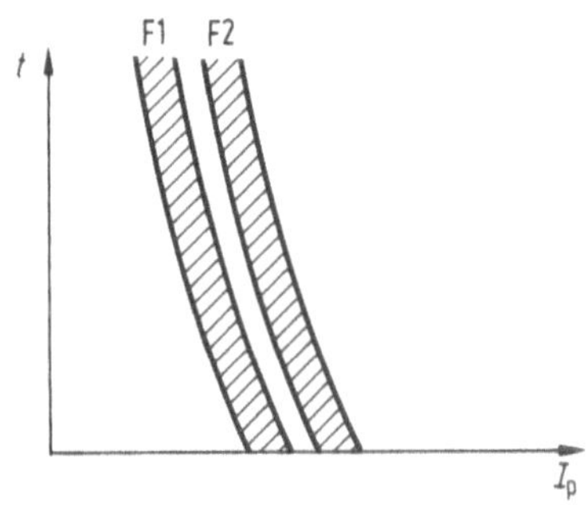

Bild 5.22 Selektive Staffelung von Schmelzsicherungen

Mit steigenden Strömen erfolgt das Abschmelzen der Sicherungen in immer kürzeren Zeiten. Ist der Kurzschlussstrom so groß, dass er außerhalb des Geltungsbereichs der Zeit/Strom-Kennlinien der Sicherungen liegt (ca. 5 ms, ¼Periode bei 50 Hz), können diese natürlich nicht mehr unmittelbar angewendet werden. Es setzt dann die strombegrenzende Wirkung der Schmelzsicherungen ein (Bild 5.23). Um auch in diesem Fall die Selektivität sicherzustellen, werden die $I^2 \cdot t$-Werte der Sicherungen miteinander verglichen (s.a. Abschnitt 4.6.1).

Für Kurzschlussströme des angesprochenen Bereichs ist jedem Sicherungsbemessungsstrom ein Schmelzwärmewert $I^2 \cdot t_s$ und ein Abschaltwärmewert $I^2 \cdot t_a$ zugeordnet. Für die

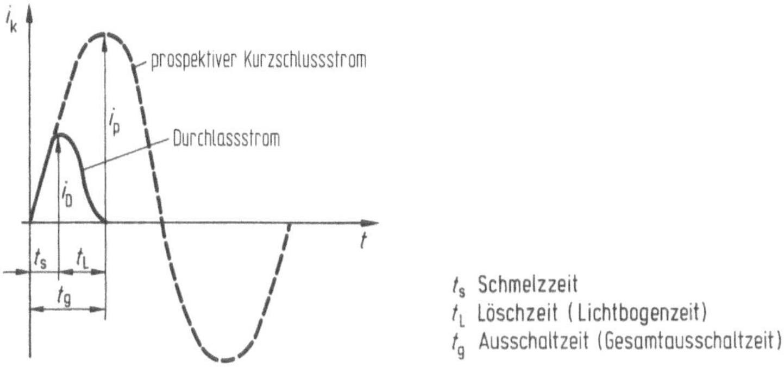

Bild 5.23 Strombegrenzende Ausschaltung einer Schmelzsicherung

Schmelzsicherungen unseres Beispiels entnehmen wir der Tabelle 4.2 die in Bild 5.24 angeführten Werte.

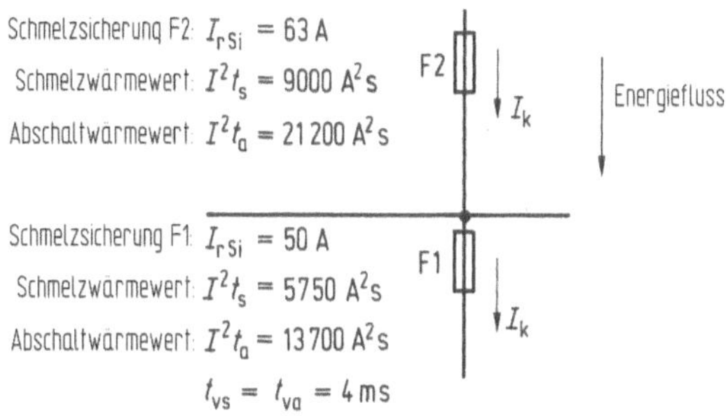

Bild 5.24
Wärmewerte der Sicherungen

Wird nun bei einem sehr hohen Kurzschlussstrom i_k der Schmelzwärmewert $I^2 \cdot t_s = 5750\,A^2 \cdot s$ der 50 A-Sicherung erreicht, dann schmilzt diese während der Schmelzzeit t_s durch. Nach Ablauf der Schmelzzeit t_s fließt jedoch der Strom i_k über den Lichtbogen während der Löschzeit t_L weiter und entwickelt in dieser Zeit die Joule-Wärme $I^2 \cdot t_L$.

Die Summe der Wärmewerte von Schmelzzeit und Löschzeit entspricht dem Abschaltwärmewert $I^2 \cdot t_a = 13700\,A^2 \cdot s$ der 50 A-Sicherung. Mit dem Wärmewert $13700\,A^2 \cdot s$ wird auch die 63 A-Sicherung beansprucht, denn sie wird vom gleichen Strom i_k durchflossen. Der Schmelzwärmewert der 63 A-Sicherung beträgt $I^2 \cdot t_s = 9000\,A^2 \cdot s$. Er ist also kleiner als $13700\,A^2 \cdot s$, so dass die 63-A-Sicherung ebenfalls abschmilzt.

$$I^2 \cdot t_{s\,63\,A} = 9000\,A^2 \cdot s < I^2 \cdot t_{a\,50\,A} = 13700\,A^2 \cdot s$$

Selektivität ist somit nicht gegeben! Bei Schmelzzeiten unter 5 ms (bei 50 Hz) lässt sich somit Selektivität nur erreichen, wenn der Schmelzwärmewert der vorgeschalteten Sicherung größer als der Abschaltwärmewert der nachgeschalteten Sicherung ist. Dabei entsprechen die Wärmewerte der Sicherungen den Grenz-$I^2 \cdot t$-Werten, d.h.:

$$I^2 \cdot t_{s\,vor} = I^2 \cdot t_{min\,vor} \quad \text{und} \quad I^2 \cdot t_{a\,nach} = I^2 \cdot t_{max\,nach}.$$

Zweite Selektivitätsbedingung

$$I^2 \cdot t_{\text{s vor}} = I^2 \cdot t_{\text{min vor}} > I^2 \cdot t_{\text{a nach}} = I^2 \cdot t_{\text{max nach}}$$

Bei sehr hohen Kurzschlussströmen muss der Schmelz-$I^2 \cdot t$-Wert der vorgeordneten Sicherung größer als der Abschalt-$I^2 \cdot t$-Wert der nachgeschalteten Sicherung sein.

Übung 5.19

Warum wird eine vorgeordnete Schmelzsicherung nicht nur während der Schmelzzeit der nachgeordneten Sicherung aufgeheizt?

Übung 5.20

Unter welchen Bedingungen schmilzt bei beliebig hohen Kurzschlussströmen eine nachgeordnete Schmelzsicherung selektiv vor einer vorgeschalteten Schmelzsicherung?

Nach ÖVE/ÖNORM EN 60269 bzw. DIN VDE 0636 sind beide Selektivitätsbedingungen bei Sicherungen $I_{\text{rSi}} \geqq 16\,\text{A}$ erfüllt, wenn deren Bemessungsströme mindestens im Verhältnis $1:1,6$ stehen.

Sicherungen der Betriebsklasse gG schalten selektiv, wenn sich ihre Bemessungsströme mindestens um den Faktor 1,6 unterscheiden.

Praktisch heißt das, dass Selektivität vorhanden ist, wenn die vorgeschaltete Sicherung gegenüber der nachgeschalteten Sicherung mindestens um zwei Stufen höher gewählt wird. Diese Regel gilt jedoch nicht uneingeschränkt, weil z.B.:

- in der Schmelz- und Löschphase (Abschaltphase) eines Schutzorgans die vorgeordnete Sicherung durch den Fehlerstrom beaufschlagt und erwärmt wird.
  Die Wärmebelastung führt dazu, dass sich das Schmelzleitermaterial verändert (Alterung) und dadurch die Charakteristik (Kennlinie) der Sicherung beeinflusst werden kann;
- in heutigen Anlagen noch Schmelzsicherungen verschiedener Fabrikate und vor allem verschiedener Typen (träg, flink, gL-Charakteristik) eingebaut sind, deren Kennlinien nicht aufeinander abgestimmt sind.

Die in der Norm definierte Regel kann daher ohne Berücksichtigung der Selektivitätsbedingungen nur bei der Projektierung von Neuanlagen angewendet werden.

Werden jedoch Kombinationen andersartiger Schutzorgane vorgesehen, können die Selektivitätsbedingungen auch bei Neuanlagen nicht außer Acht gelassen werden.

Beispiel 5.9

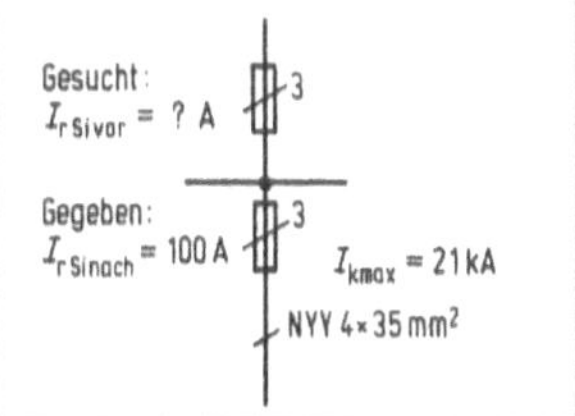

Ein Kabel NYY 0,6/1 kV 4 x 35 mm² geht von einer Verteilung ab. Es wird in Luft verlegt und durch eine 100 A-Sicherung der Betriebsklasse gG gegen Überstrom geschützt.

Wie groß ist der kleinstmögliche Bemessungsstrom der vorgeschalteten Sicherung bei einem Kurzschlussstrom von $I_{k\,max} = 21\,kA$ zu wählen?

Lösung:

Anwendung der Regel nach ÖVE/ÖNORM EN 60269 bzw. DIN VDE 0636:

$$I_{rSi\,vor} \geqq 1{,}6 \cdot I_{rSi\,nach} = 1{,}6 \cdot 100\,A = 160\,A$$

Es wird gewählt: $I_{rSi\,vor} = 160\,A$. ■

Beispiel 5.10

Ermitteln Sie den Grenzstrom für die Selektivität einer Kombination aus einer flinken Schmelzsicherung älterer Bauart F2 und einer Schmelzsicherung mit gG-Charakteristik neuerer Bauart F1.

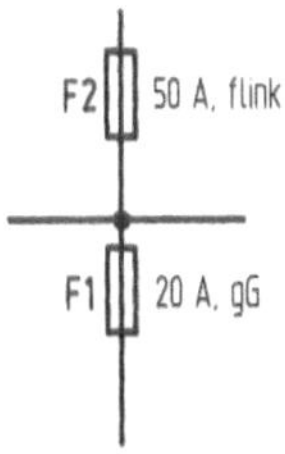

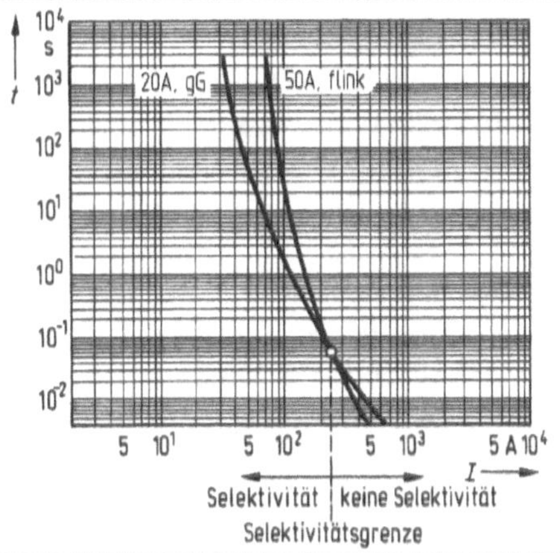

Lösung:

Der Vergleich der mittleren Zeit-Strom-Kennlinien zeigt, dass diese sich in einem Punkt schneiden. Der zugehörige Überstrom beträgt $I_p = 230\,A$ bei $t_s = 0{,}06\,s$.

Ist der maximal auftretende Überstrom kleiner als dieser Grenzstrom, herrscht Selektivität. Ist er größer, besteht keine Selektivität. ■

Übung 5.21

Untersuchen Sie die Selektivität zwischen einer 35 A-gG-Sicherung und einer 20 A-aM-Sicherung. Der Verlauf der maximalen Ausschaltzeitkennlinie der 35 A-Sicherung ist im Diagramm dargestellt. Die Kennlinie der 20 A-Sicherung ist durch die Tabellenwerte festgelegt.

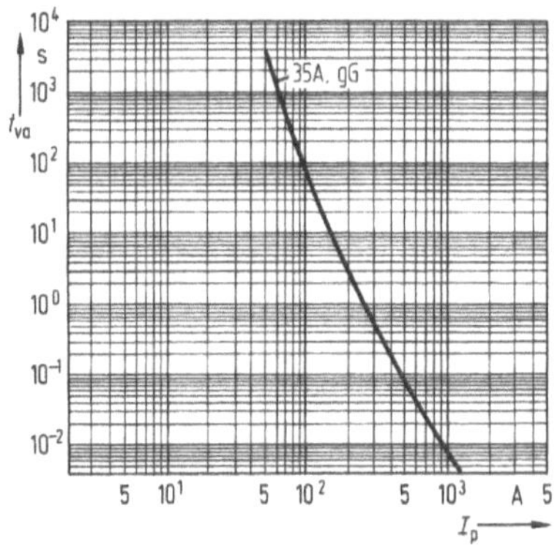

I_p in A	$6{,}3 \cdot I_r$	$12{,}5 \cdot I_r$	$25 \cdot I_r$	$50 \cdot I_r$
t_{va} in s	60	0,5	0,04	0,009

■

5.3.3 Leistungsschalter – Leistungsschalter

Zur Darstellung der Zusammenhänge wird folgendes Beispiel gewählt: Ein Transformator speist auf eine Hauptverteilung HV, die ihrerseits mehrere Unterverteilungen UV versorgt. Die Niederspannungsseite des Transformators wird durch einen Leistungsschalter geschützt. In den Hauptverteilungs- und Unterverteilungsabgängen werden ebenfalls Leistungsschalter eingesetzt.

Sowohl die größten auftretenden Kurzschlussströme an der Einbaustelle der Schalter als auch die kleinsten Kurzschlussströme wurden berechnet und gehen aus Bild 5.25 hervor. Es ist nun die Aufgabe gestellt, die Einstellwerte (Ansprechstrom und Ausschaltzeit) der Kurzschlussauslöser so festzulegen, dass die Selektivität der vorgegebenen Kombination aus Leistungsschaltern sichergestellt ist.

Zunächst werden die Auslösekennlinien der nach Bemessungsdauerstrom I_u und Kurzschlussschaltvermögen I_{cn} gewählten Leistungsschalter Q1, Q2 und Q3 in ein gemeinsames doppellogarithmisches Diagramm übertragen (Bild 5.26). Man beginnt entgegengesetzt der Energierichtung bei Schalter Q1, der dem Verbraucher am nächsten liegt.

Nach Abschnitt 3.5.6 (siehe Seite 181) soll der Ansprechwert des Kurzschlussauslösers höchstens auf den kleinsten auftretenden Kurzschlussstrom eingestellt werden, damit nicht das Ansprechen des stromabhängig (thermisch) (lang-)verzögerten Überstromauslösers abgewartet werden muss. Der Einstellstrom von Q1 wäre demnach mit $I_{E1} \leqq 0{,}9\,\text{kA}$, der von Q2 mit $I_{E2} \leqq 5\,\text{kA}$ zu wählen.

Durch die Staffelung der Ansprechströme kann somit Selektivität im Kurzschlussbereich erzielt werden. Die vorgenommene Staffelung bedingt aber, dass bei Kurzschlussströmen zwischen 5 kA und 7 kA, die hinter Q1 auftreten können, keine Selektivität zwischen Q1

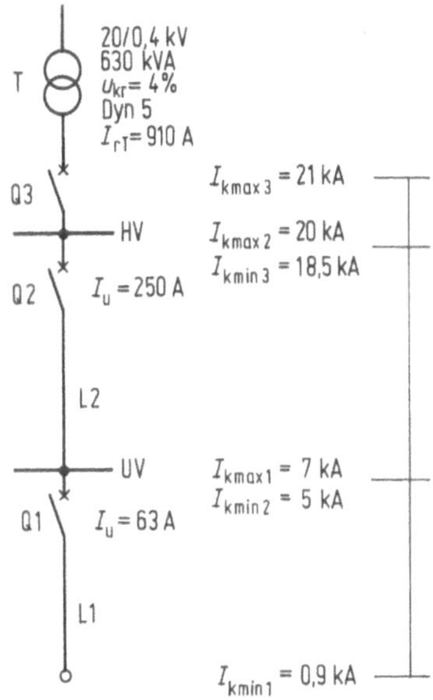

Bild 5.25 Netzschema und Kurzschlussströme

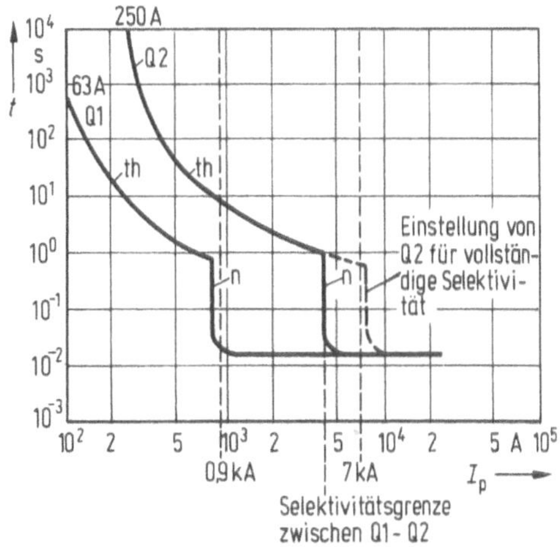

Bild 5.26 Staffeldiagramm

und Q2 gegeben ist. Soll dieser Bereich mit einbezogen werden – man spricht dann von vollständiger (voller) Selektivität – muss Q2 auf $I_{E2} \geqq 7\,\text{kA}$ eingestellt werden.

Vollständige Selektivität zwischen Q1 und Q2 ist allerdings dann nachteilig, wenn bei einem Kurzschluss zwischen Q1 und Q2 Ströme zwischen 5 kA und dem Ansprechstrom $I_{E2} = 7{,}2\,\text{kA}$ auftreten, weil in diesem Fall der Überlastauslöser von Q2 auch den Kurzschlussschutz übernehmen muss. Wegen der relativ großen Abschaltzeiten im Überlastbereich des Schalters muss deshalb für die Leitung L2 noch geprüft werden, ob die Abschaltzeit kleiner ist als die Kurzschlussdauer, die für die Leitung höchstens zulässig ist (vgl. 5.2.6). Die beschriebene Möglichkeit der Staffelung von Leistungsschaltern nennt man stromselektive Staffelung oder Stromselektivität.

Stromselektivität

Durch geeignete Wahl der Ansprechströme der n-Auslöser wird ein gestaffeltes Ausschalten erreicht.

Wie aus dem Staffeldiagramm (Bild 5.26) zu erkennen ist, ist auch im Bereich der Überlastauslöser bis zum Ansprechstrom der n-Auslöser Selektivität gegeben. Die Kennlinien verlaufen weit voneinander entfernt. Dies ist im Allgemeinen wegen der thermischen Charakteristik und der großen Auslösezeiten bei unterschiedlichen Bemessungsströmen der Leistungsschalter immer der Fall. Aus dem Beispiel geht weiter hervor (vgl. Bild 5.27), dass im Kurzschlussbereich für vollständige Stromselektivität folgende Bedingung gelten muss:

Der maximale Kurzschlussstrom an der Einbaustelle des nachgeordneten Schalters muss kleiner sein als der Ansprechstrom des vorgeordneten Schalters.

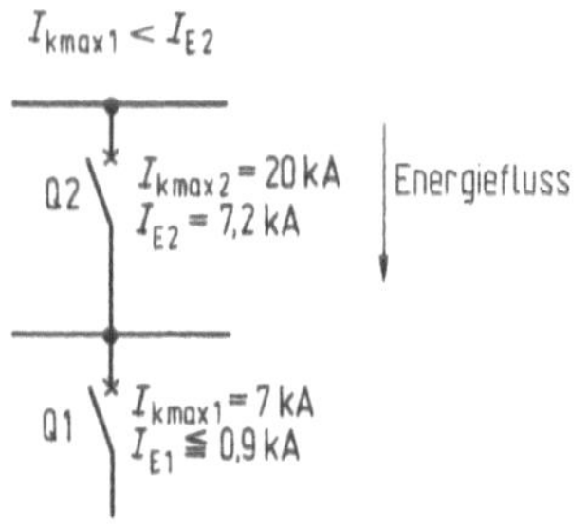

Bild 5.27
Einstellwerte der Leistungsschalter

Die Bedingung für vollständige Stromselektivität wird nur dann erfüllt, wenn durch die kurzschlussstromdämpfende Wirkung der Leitungs- oder Kabelstrecke zwischen den Schaltern recht unterschiedlich hohe Kurzschlussströme an der Einbaustelle der Leistungsschalter auftreten. In solchen Fällen ist die stromselektive Staffelung von Leistungsschaltern eine preisgünstige Lösung, da Standardschalter verwendet werden können. Praktisch wird vollständige Stromselektivität aber nur in wenigen Fällen zur Anwendung kommen.

Aus wirtschaftlichen Gründen wird jedoch manchmal die unvollständige stromselektive Staffelung (Teilselektivität) vorgesehen. Man nimmt dann in Kauf, dass bei großen Kurzschlussströmen, die den Einstellwert des vorgeordneten Schalters überschreiten, beide Schalter auslösen.

Übung 5.22

Markieren Sie den Grenzstrom der Selektivität in dem nebenstehenden Diagramm für stromselektive Staffelung zweier Leistungsschalter.

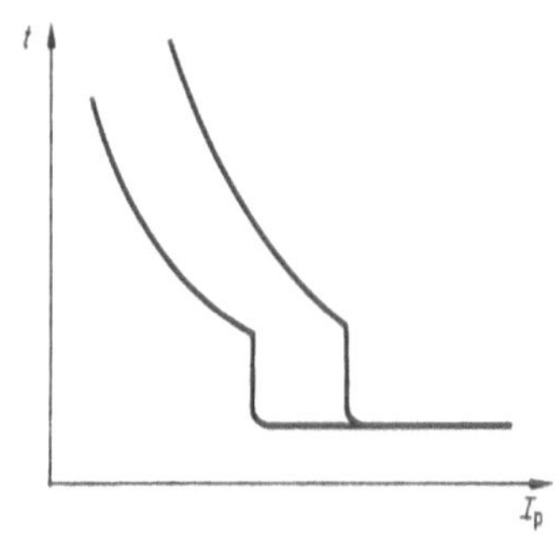

Aus dem zu Bild 5.26 Ausgeführten ergibt sich, dass eine stromselektive Einstellung der Leistungsschalter Q2 zu Q3 kaum möglich ist, da die Kurzschlussströme am Einbauort beider Schalter sich nur wenig voneinander unterscheiden. Abhilfe schafft hier ein Leistungsschalter mit stromunabhängig verzögertem Überstromauslöser. Man spricht dann von zeitselektiver Staffelung oder Zeitselektivität.

Zeitselektivität

Die Staffelung wird so vorgenommen, dass der vorgeordnete Schalter eine größere Verzögerungszeit erhält als der nachgeordnete Schalter.

Die Verzögerungszeit ist bei den verschiedenen Fabrikaten z.T. kontinuierlich einstellbar. Dabei liegt der Einstellbereich zwischen 10 ms und 1000 ms. Den Unterschied zwischen den Verzögerungszeiten zweier aufeinanderfolgender Schalter nennt man Staffelzeit. Je nach Hersteller werden Staffelzeiten von 50 ms bis 150 ms angegeben. In der Regel werden bei mehreren in Reihe liegenden Schaltern die Staffelzeiten auf etwa den gleichen Wert eingestellt.

Wird als Staffelzeit z.B. t_{st} = 100 ms gewählt, ergibt sich der Kennlinienverlauf Q3 in Bild 5.28, wobei Q1 und Q2 stromselektiv gestaffelt sind. Bild 5.29 verdeutlicht den Zusammenhang zwischen Staffelzeit und Verzögerungszeit bei drei Leistungsschaltern.

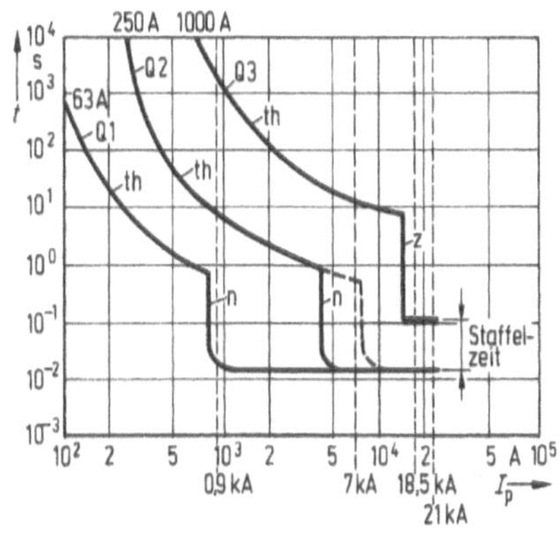

Bild 5.28 Staffeldiagramm

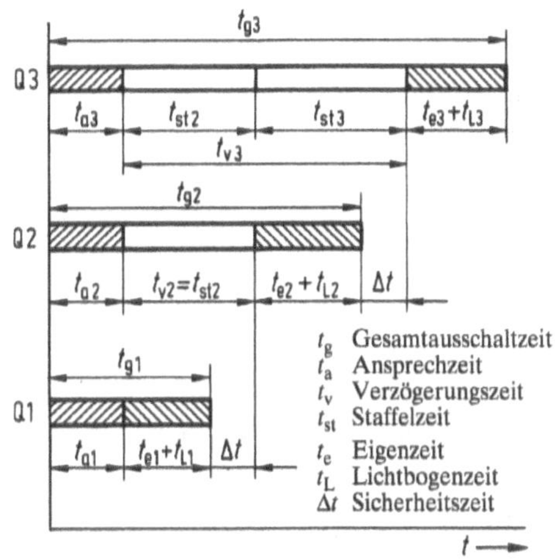

Bild 5.29 Zeitstaffelung von drei Leistungsschaltern

Die Sicherheitszeit Δt berücksichtigt dabei die fabrikationsbedingte Streuung der Leistungsschalter und ihrer Auslöser. Nach ÖVE/ÖNORM EN 60947 bzw. DIN VDE 0660 darf z.B. die Toleranz der Streubereiche bei Kurzschlussauslösern ±20 % des Einstellstromes betragen. Dabei ist eine Stromflussdauer von 0,2 s bei unverzögerten Auslösern und die doppelte vom Hersteller angegebene Zeitverzögerung bei unabhängig verzögerten Auslösern genormt. Das heißt, bei 80 % des Kurzschlusseinstellstromes darf der Auslöser nicht auslösen, während er bei 120 % des Einstellstromes innerhalb der festgelegten Zeit auslösen muss.

Im Staffeldiagramm werden im Allgemeinen nur die Staffelzeiten oder Verzögerungszeiten eingetragen. Die Verzögerungszeit eines Schalters ergibt sich – gleiche Ansprechzeiten vorausgesetzt – als Summe der bis zum Schalter anstehenden Staffelzeiten.

$$t_{v2} = t_{st2}, \qquad \text{und} \qquad t_{v3} = t_{st2} + t_{st3}$$

Wie Bild 5.29 zeigt, steigt die Verzögerungszeit vom letzten Schaltgerät Q1 bis zum Schaltgerät Q3 an der Einspeisestelle an. Die Reihenfolge, in der die Schalter ansprechen, ist damit eindeutig festgelegt. Das Staffeldiagramm für vollständige zeitselektive Staffelung der Anlage ergibt sich somit nach Bild 5.30.

Durch zeitselektive Staffelung wird trennscharfes Abschalten erreicht, wenn zu geringe Unterschiede der Kurzschlussströme an den Einbaustellen der Schalter eine stromselektive Staffelung nicht ermöglichen.

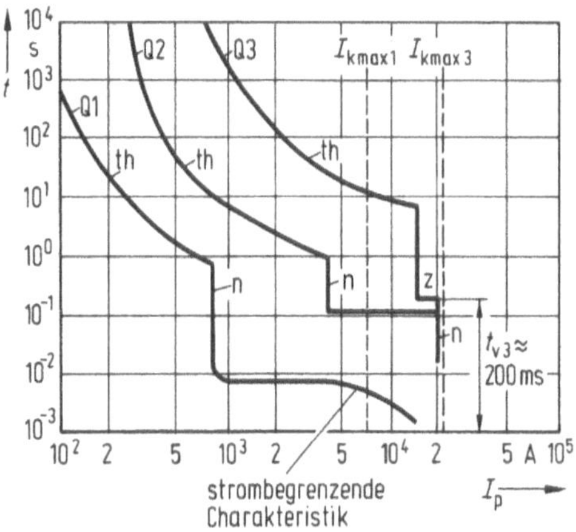

Bild 5.30
Staffeldiagramm bei zeitselektiver Staffelung

Die zeitselektive Staffelung erweist sich dann als nachteilig, wenn maximale Kurzschlussströme an den zu Q1 vorgeschalteten Schaltern auftreten. So würde der Schalter Q3 durch die größer gewordene Verzögerungszeit bei einem satten Kurzschluss an der Einbaustelle den hohen Kurzschlussstrom von 21 kA relativ lange, ca. 200 ms, anstehen lassen, wodurch die Betriebsmittel stark beansprucht würden. Dem kann man entgegenwirken, indem man den Schalter Q3 zusätzlich mit einem unverzögerten Auslöser *n* ausstattet, dessen Ansprechstrom bei etwa 20 kA gewählt wird (Bild 5.30).

Als letzter Schritt kann jetzt noch für den Schalter Q1 ein strombegrenzender Leistungsschalter verwendet werden (vgl. Bild 5.30), der keinen stromunabhängig verzögerten Auslöser benötigt. Ein strombegrenzender Leistungsschalter verbessert die Selektivität weiter und verringert die dynamische Beanspruchung der Anlage.

Übung 5.23

Zeichnen Sie das Staffeldiagramm für den Einspeise- und Abgangsschalter einer Hauptverteilung entsprechend den im nebenstehenden Bild angegebenen Daten. Die Staffelzeit soll 100 ms betragen. Verwenden Sie zur Lösung die Kennlinien in Bild 5.34.

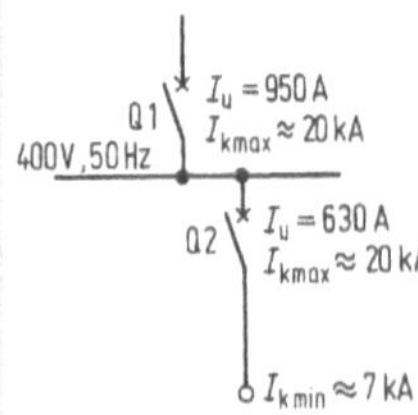

5.3.4 Leistungsschalter – Schmelzsicherung

Werden Schmelzsicherungen einem Leistungsschalter nachgeschaltet, so haben dabei die Schmelzsicherungen einen geringeren Bemessungsstrom als der Leistungsschalter. Ist der Leistungsschalter z.B. einer Verteilung vorgeschaltet, die mehrere Schmelzsicherungsabgänge besitzt, so genügt es, die Selektivität für den ungünstigsten Fall zu untersuchen. Dies gilt im übrigen auch für andere Kombinationen in Reihe liegender Schutzorgane.

Der ungünstigste Fall liegt für die Sicherung mit dem größten Bemessungsstrom, in Bild 5.31 I_r = 63 A, vor. Selektivität wird zunächst auch hier erreicht, wenn die Kennlinien der beiden Schutzeinrichtungen unter Berücksichtigung der Streubänder sich in keinem Punkt schneiden oder berühren. Dabei ist allerdings zu berücksichtigen, dass die Auslösezeiten des thermischen Auslösers im betriebswarmen Zustand niedriger sind als im kalten (unbelasteten) Zustand. In Bild 5.32 hat die obere Grenzlinie des Streubandes der Sicherung genügenden Abstand von der thermischen Auslösekennlinie des betriebswarmen (voll belasteten) Auslösers.

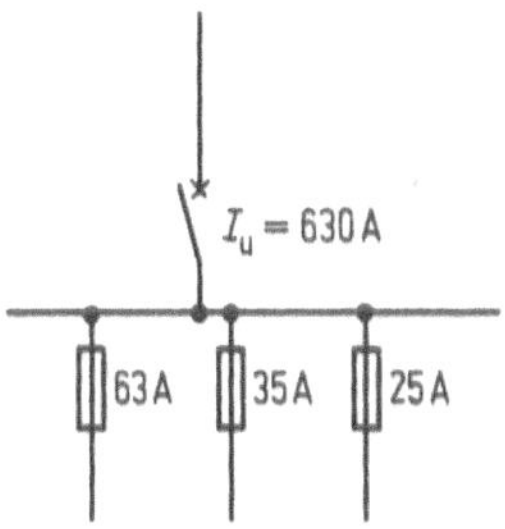

Bild 5.31 Netzplan

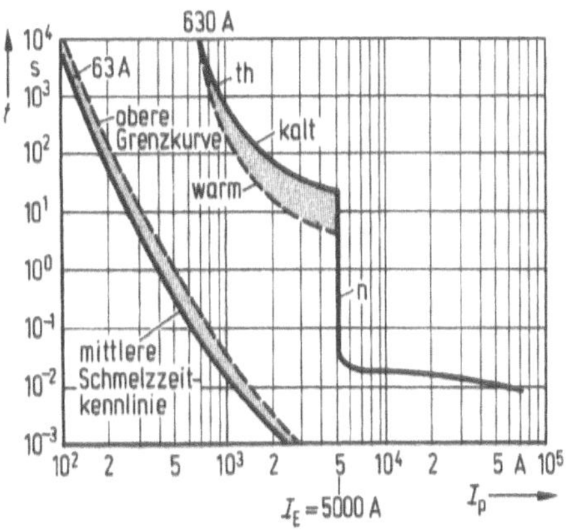

Bild 5.32 Zeit/Strom-Kennlinien von Leistungsschalter und Schmelzsicherung

Selektivität ist somit bis zum Ansprechstrom (Einstellstrom I_E) des unverzögerten elektromagnetischen Auslösers des Leistungsschalters vorhanden. Erreicht oder überschreitet der Kurzschlussstrom jedoch diesen Wert, kann anhand der Auslösekennlinien keine unmittelbare Aussage mehr über die Selektivität gemacht werden.

Selektivität ergibt sich bei Strömen dieser Größenordnung dann, wenn durch die strombegrenzende Wirkung der Schmelzsicherung der Strom so begrenzt wird, dass der Durchlassstrom i_D kleiner ist als der Ansprechstrom I_E des n-Auslösers (unverzögerter Auslöser).

Dies lässt sich mit Hilfe des Diagramms in Bild 4.36 feststellen. Aus dem Diagramm ergibt sich z.B. für einen unbeeinflussten maximalen Kurzschlussstrom von 5 kA ein Durchlassstrom von 4 kA. Damit ist $i_D < I_E$ und für die zu erwartenden Kurzschlussströme die Selektivität sichergestellt.

Selektivität ist gegeben:

- wenn sich die Streubänder der Schutzorgane nicht berühren,
- wenn für prospektive Kurzschlussströme, die den Ansprechstrom des unverzögerten Auslösers n erreichen bzw. überschreiten, der Durchlassstrom i_D der Schmelzsicherung kleiner ist als der Ansprechstrom I_E des Leistungsschalters.

Wie leicht nachprüfbar ist, kann diese Bedingung nur dann erfüllt werden, wenn einem Leistungsschalter mit unverzögertem Auslöser Schmelzsicherungen mit relativ geringem Bemessungsstrom nachgeschaltet sind. Sind einem Leistungsschalter Schmelzsicherungen mit hohem Bemessungsstrom nachgeschaltet, müssen Leistungsschalter mit kurzverzögertem Überstromauslöser z verwendet werden.

Man wählt dann die Verzögerungszeit so, dass der Abstand der Kennlinien so groß ist, dass im Kurzschlussfall die Sicherung mit Sicherheit vor dem Leistungsschalter abschaltet (Bild 5.33).

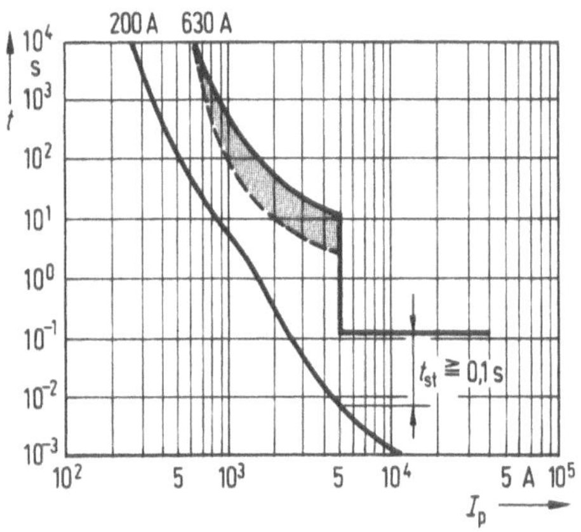

Bild 5.33
Selektivität zwischen Leistungsschalter mit kurzverzögertem Auslöser z und Schmelzsicherung

Selektivität zwischen Leistungsschalter und Schmelzsicherung wird erreicht, wenn die Staffelzeit (t_{st}) von mindestens 100 ms eingehalten wird.

Übung 5.24

Stellen Sie für den Leistungsschalter mit der Kennlinie nach Bild 5.32 anhand des Durchlassstromdiagramms in Bild 4.36 fest, bis zu welchem Sicherungsbemessungsstrom Selektivität vorhanden ist.

Übung 5.25

Bild 5.34 zeigt die Auslösekennlinien verschiedener Leistungsschalter und Schmelzsicherungen. Die Kennlinien sind dabei Mittelwerte der Streubänder vom kalten Zustand aus gemessen (Umgebungstemperatur 20 °C). Bei betriebswarmen Geräten sinkt die Auslösezeit der thermischen Auslöser auf ca. ¼ der angegebenen Werte.

Zeichnen Sie das Staffeldiagramm der Kombination eines Leistungsschalters 1250 A und einer Schmelzsicherung 500 A, wobei der Ansprechwert des verzögerten Auslösers auf $10 \cdot I_u$ einzustellen ist. ■

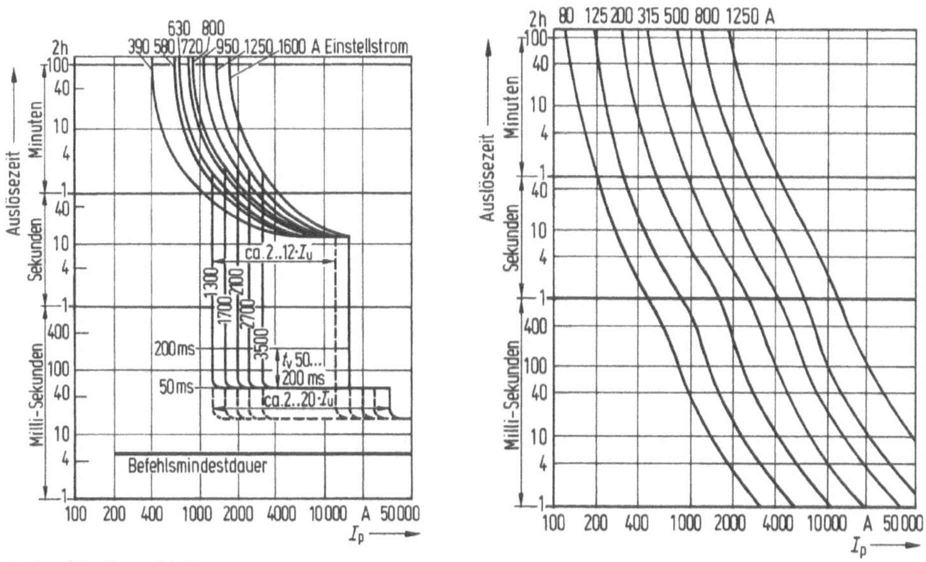

a) Auslösekennlinien von Leistungsschaltern

b) Mittlere Schmelzzeitkennlinien, gG-Charakteristik

Bild 5.34 Auslösekennlinien

5.3.5 HH-Sicherung – NS-Leistungsschalter

Zur Verdeutlichung der Zusammenhänge diene folgendes Beispiel: Ein Transformator ist an das 20 kV-Mittelspannungsnetz angeschlossen und speist auf eine Hauptverteilung die mehrere NH-Sicherungsabgänge besitzt. Auf der Mittelspannungsseite wird ein Lasttrennschalter mit angebauten HH-Sicherungen vorgesehen. Die Niederspannungsseite des Transformators wird durch einen Leistungsschalter geschützt. Der größte Bemessungsstrom der NH-Sicherungen beträgt 400 A (Bild 5.35).

Es ist nun die Aufgabe gestellt, die Schaltgeräte so auszuwählen bzw. einzustellen, dass Selektivität sowohl auf der NS-Seite als auch netzspannungsübergreifend zur MS-Seite hergestellt wird. Der Bemessungsdauerstrom des Leistungsschalters wird entsprechend dem Transformator-Bemessungsstrom mit I_u = 1000 A festgelegt. Die NH-Sicherung dient aus-

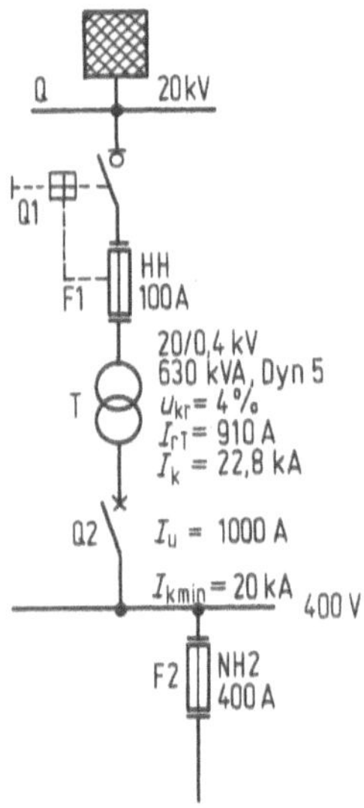

Bild 5.35 Netzplan

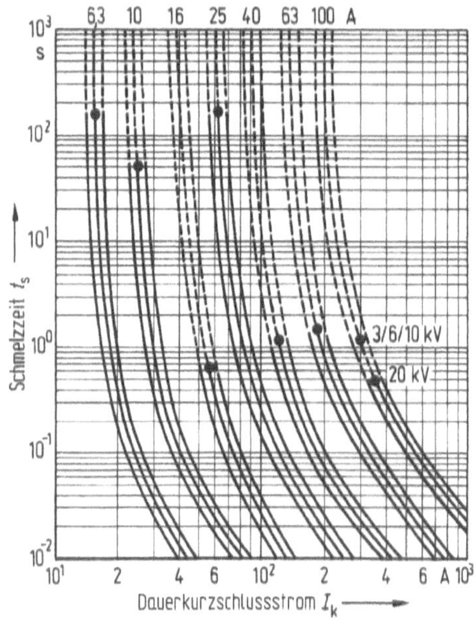

Bild 5.36 Schmelzzeit-Strom-Kennlinien für HH-Sicherungseinsätze bei 3, 6, 10 und 20 kV

schließlich dem Kurzschlussschutz. Der zu wählende Bemessungsstrom wird von verschiedenen Faktoren bestimmt:

- dem primären Bemessungsstrom des Transformators,
- dem Einschaltstrom des Transformators,
- dem Kurzschlussschutz des Transformators,
- der Selektivität gegenüber vor- und nachgeschalteten Schutzeinrichtungen.

Zu jeder Transformator-Bemessungsleistung und -Bemessungsspannung wird von den Herstellern ein minimaler und maximaler Bemessungsstrom der NH-Sicherung angegeben. Der minimale Bemessungsstrom darf nicht unterschritten werden, damit betriebsmäßige Stromspitzen, wie sie beim Einschalten der Transformatoren vorkommen können, nicht zum Auslösen der Sicherung führen. Der Bemessungsstrom der NH-Sicherung darf aber auch nicht zu hoch gewählt werden, damit die Schaltzeit bei Kurzschlüssen auf der Unterspannungsseite nicht so groß ist, dass der Transformator Schaden nimmt.

Für den vorgesehenen Transformator findet man in einer entsprechenden Herstellertabelle $I_{\min T} = 40\,\text{A}$ und $I_{\max T} = 100\,\text{A}$. Es kann somit ein Sicherungsbemessungsstrom von 40 A, 63 A oder 100 A gewählt werden. Bild 5.36 zeigt die mittleren Schmelzzeit-Strom-Kennlinien für NH-Sicherungen einschließlich ihrer Streubänder. Die Punkte (•) geben den kleinsten Ausschaltstrom $I_{a\min}$ des jeweiligen HH-Sicherungseinsatzes an. Aus Sicherheitsgründen muss vom kleinsten Ausschaltstrom $I_{a\min}$ zum Kurzschlussstrom des Transformators zunächst ein Mindestabstand von ≈ 25 % eingehalten werden. Der Kurzschlussstrom auf der Unterspannungsseite des Transformators ergibt sich zu:

$$I_k = \frac{I_{rT}}{u_{kr}} \cdot 100\,\% = \frac{910\,\text{A}}{4\,\%} \cdot 100\,\% = 22{,}8\,\text{kA} \quad \text{(vgl. Übung 3.51)}$$

Da sich die Stromwerte der Schmelzzeit-Strom-Kennlinien auf die Oberspannungsseite beziehen, muss der Strom $I_{a\,min}$ auf die Unterspannungsseite umgerechnet werden. Mit dem Übersetzungsverhältnis des Transformators $ü_r = U_{rTOS}/U_{rTUS}$ ergibt sich für die 100 A-Sicherung (Bild 5.36):

$$I_{a\,min\,US} = I_{a\,min\,OS} \cdot ü_r = 350\,\text{A} \cdot \frac{20000\,\text{V}}{400\,\text{V}} = 17{,}5\,\text{kA}$$

Der Sicherheitsabstand von 25 % wird also bei Wahl einer 100 A-Sicherung eingehalten:

$$17{,}5\,\text{kA} \cdot 1{,}25 = 21{,}88\,\text{kA} < 22{,}8\,\text{kA}$$

Nun kann das Staffeldiagramm gezeichnet werden (Bild 5.37). Es wird mit der Kennlinie des Schutzorgans begonnen, das von der Speisestelle am weitesten entfernt liegt, also der 400 A-Sicherung.

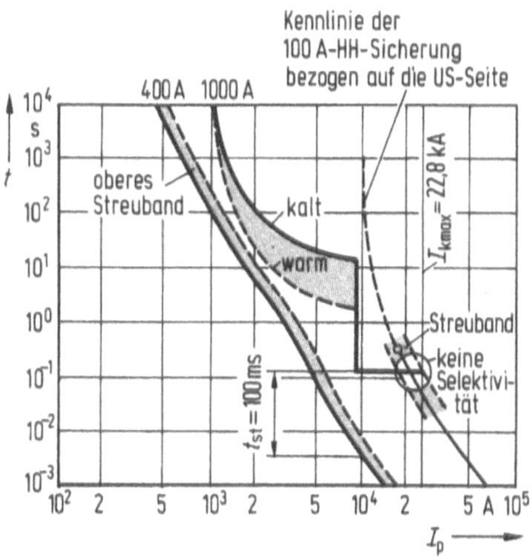

Bild 5.37
Staffeldiagramm

Der Leistungsschalter muss nach Abschnitt 5.3.4 mit kurzverzögertem Auslöser z ausgerüstet werden, da wegen des großen Sicherungsbemessungsstroms der NH-Sicherung Selektivität zu einem Leistungsschalter mit unverzögertem Auslöser nicht erreichbar ist. Der Sicherheitsabstand (Staffelzeit t_{st}) zwischen der Sicherungskennlinie und der Kennlinie des z-Auslösers muss dabei entsprechend der Selektivitätsregel $\geqq 100$ ms betragen.

Der Bemessungsstrom der vorgeschalteten HH-Sicherung ist nunmehr unter Beachtung des minimalen und maximalen Bemessungsstromes so zu wählen, dass die untere Begrenzung des Streubandes der HH-Sicherung bei dem Kurzschlussstrom von 22,8 kA von der Kennlinie des z-Auslösers einen Mindestabstand von 100 ms besitzt.

> **!** Vollständige Selektivität wird erreicht, wenn die Staffelzeit zwischen der unteren Begrenzung des Streubandes der HH-Sicherung zur Kennlinie des NS-Leistungsschalter-Auslösers mindestens 100 ms beträgt. ■

Da kein Kurzschlussstrom auftreten kann, der größer als 22,8 kA ist, braucht die Selektivität über diesen Strom hinaus nicht untersucht zu werden. Um nun den Vergleich der Kennlinien vornehmen zu können, muss man sie auf dieselbe Strombasis beziehen. Die Werte der HH-Sicherungskennlinien werden deshalb entsprechend dem Übersetzungsverhältnis des Transformators auf die NS-Seite umgerechnet und in das Staffeldiagramm eingezeichnet.

Wie das Staffeldiagramm zeigt, ist der Sicherheitsabstand von 100 ms zwischen dem Streuband der 100 A-HH-Sicherung und der Kennlinie des z-Auslösers nicht gewährleistet. Die Kennlinien schneiden sich im kritischen Bereich, so dass bei Sammelschienenkurzschlüssen in der Hauptverteilung mit dem gemeinsamen Ausschalten von Leistungsschalter und HH-Sicherung zu rechnen ist.

Selektivität wäre durch einen größeren Sicherungsbemessungsstrom möglich, der aber wegen des Transformatorschutzes nicht gewählt werden darf. Die Selektivität ist hier also eingeschränkt (Teilselektivität), was in Kauf genommen werden muss.

> **!** Vollständige Selektivität zwischen HH-Sicherung und NS-Leistungsschalter ist teilweise nicht möglich, weil der HH-Sicherungsbemessungsstrom wegen des Transformatorschutzes nach oben begrenzt ist. ■

Vollständige Selektivität zwischen NS-Leistungsschalter und HH-Sicherung ist oft recht schwierig zu erreichen, was zu Problemen führen kann, wenn die Schalthoheit auf den verschiedenen Netzspannungsebenen nicht in einer Hand liegt (z.B. MS-Netz = EVU-Netz und NS-Netz = Abnehmernetz). Die Selektivitätsverhältnisse können verbessert werden, wenn auf der MS-Seite ebenfalls Leistungsschalter mit Schutzrelais eingebaut werden.

Zu bemerken ist außerdem, dass bei einem höheren NH-Sicherungsbemessungsstrom als 400 A – wie das Staffeldiagramm erkennen lässt – niederspannungsseitig Selektivität nicht mehr erreicht wird.

Tabelle 5.7 Absicherung für Transformatoren 10/12/0,4 kV; $u_{kr} = 6\,\%$

Transformator-Bemessungsleistung	Bemessungsstrom		HH-Sicherung 10/12 kV	
	primär	sekundär	I_n (min)	I_n (max)
kVA	A	A	A	A
400	23,0	576	40	100
500	29,9	720	63	100
630	36,4	910	63	160
800	46,0	1160	63	200
1000	58,0	1440	100	200
1250	72,0	1800	100	200
1600	92,0	2310	160	250

Wäre ein höherer Bemessungsstrom für einen Hauptverteilungsabgang erforderlich, ließe sich Selektivität erzielen, wenn anstelle einer NH-Sicherung ein Leistungsschalter eingesetzt würde.

Übung 5.26

Zeichnen Sie das Staffeldiagramm zu der Anlage entsprechend nebenstehendem Netzplan bei einer Staffelzeit zwischen den Leistungsschaltern von 50 ms. Benutzen Sie dazu die Kennlinien der HH-Sicherungen in Bild 5.36, die Leistungsschalterkennlinien in Bild 4.50 und Bild 5.34 sowie die Tabelle 5.7 für die Absicherung von Transformatoren.

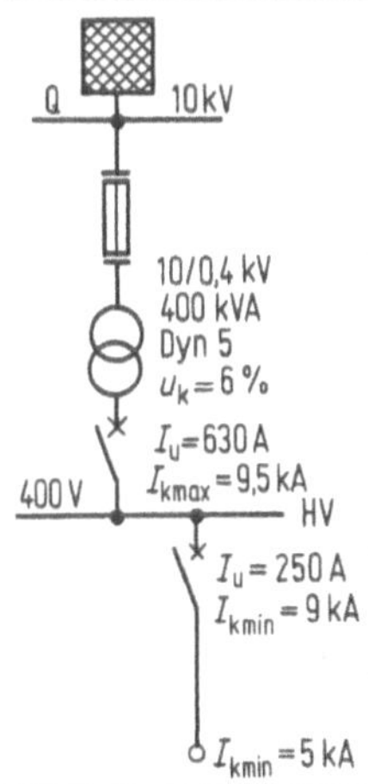

5.3.6 Lernzielorientierter Test zu Abschnitt 5.3

1. Begründen Sie die Forderung nach Selektivität!
2. Warum werden in Reihe liegende Schmelzsicherungen nicht für den gleichen Bemessungsstrom ausgewählt?
3. Von welchen Strömen werden in Reihe liegende Schutzorgane durchflossen?
   (a) Je nach Art des Kurzschlusses von verschiedenen Kurzschlussströmen,
   (b) je nach Art der Schutzorgane von verschiedenen Kurzschlussströmen,
   (c) vom gleichen Kurzschlussstrom,
   (d) je nach Höhe des Bemessungsstromes der Schutzorgane von verschiedenen Kurzschlussströmen,
   (e) je nach Lage der Fehlerstelle von verschiedenen Kurzschlussströmen.
4. Warum sind Schmelzsicherungen aufeinanderfolgender Bemessungsstromstufen nicht selektiv?
5. Welche Schmelzsicherung muss einer 50 A-gG-Sicherung bei selektiver Staffelung mindestens vorgeschaltet sein?
6. Zwei in Reihe liegende Schmelzsicherungen werden von einem sehr hohen Kurzschlussstrom durchflossen (t_s < ¼Periode). Welche Voraussetzung muss erfüllt sein, damit beide Schmelzsicherungen selektiv sind?
7. Warum sind in der Regel Leistungsschalter im Überlastbereich zueinander selektiv?

8. Welche Bedingung muss für stromselektive Staffelung von Leistungsschaltern erfüllt sein?
9. Worin besteht der Unterschied zwischen stromselektiver und zeitselektiver Staffelung?
10. Skizzieren Sie für drei Leistungsschalter den grundsätzlichen Verlauf der Kennlinien bei zeitselektiver Staffelung!
11. Was versteht man bei Leistungsschaltern unter:

    a) der Staffelzeit,

    b) der Verzögerungszeit?
12. Welchen Nachteil hat die zeitselektive Staffelung beim Auftreten maximaler Kurzschlussströme an der Einbaustelle der Schalter und wie kann dieser Nachteil behoben werden?
13. Welcher Nachteil könnte sich ergeben, wenn in nebenstehendem Staffelbeispiel Q2 und Q3 mit n-Auslösern versehen werden und sich die max. Kurzschlussströme an den Einbaustellen (durch geringe Dämpfung der Verbindungsleitungen) der Schalter nicht sehr voneinander unterscheiden?

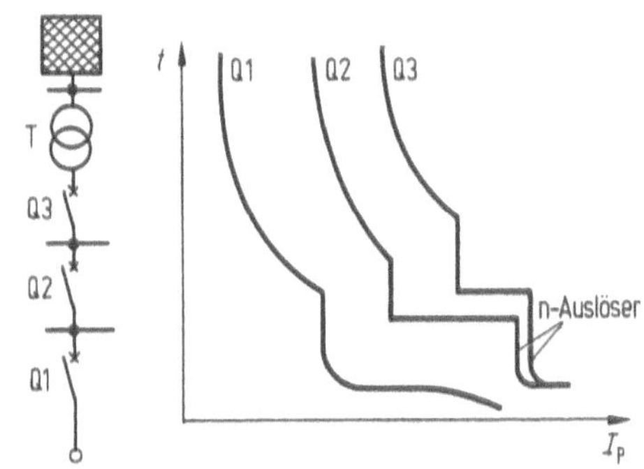

14. Welche Forderung ist aus der Aufgabe 13 hinsichtlich der zusätzlichen Bestückung von Leistungsschaltern mit n-Auslösern abzuleiten?
15. Unter welcher(n) Bedingung(en) sind Leistungsschalter eindeutig im Kurzschlussbereich zueinander selektiv?

    (a) Wenn sie strombegrenzende Charakteristik haben und die Kurzschlussströme an den Einbaustellen der Schalter verschieden groß sind?

    (b) Wenn sie sich um 2 Bemessungsstromstufen unterscheiden?

    (c) Wenn die max. auftretenden Kurzschlussströme kleiner als ihr Schaltvermögen sind?

    (d) Wenn die Kurzschlussauslöser auf die Daten des Schutzobjektes eingestellt sind, und die Verzögerungszeit der Schalter in Richtung zur Einspeisestelle ansteigt?

    (e) Wenn der maximale Kurzschlussstrom an der Einbaustelle des vorgeordneten Schalters kleiner ist als der Ansprechstrom des nachgeordneten Schalters?

16. Untersuchen Sie für die nachstehenden Kennlinien-Diagramme die Selektivität und begründen Sie Ihre Aussage.

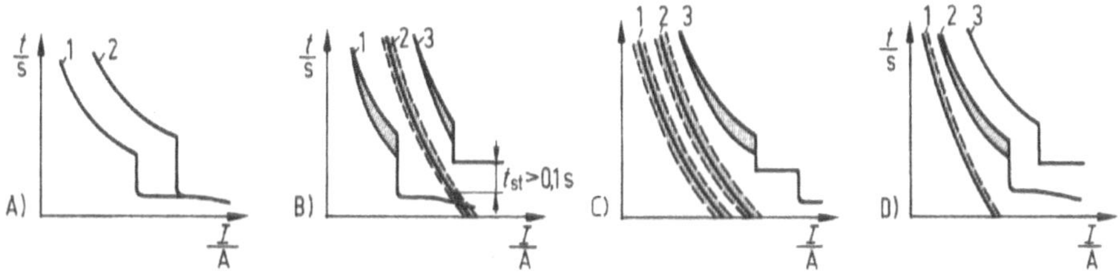

17. Weshalb kann zwischen NH-Sicherungen zum Schutz des Netztransformators und NS-Leistungsschaltern nicht in allen Fällen Selektivität erzielt werden?

18. Zeichnen Sie das Staffeldiagramm für das dargestellte Strahlennetz, wenn von den Leistungsschaltern ein selektiver Schutz gefordert wird. Die Herstellerliste enthält unten stehende Kennlinien:

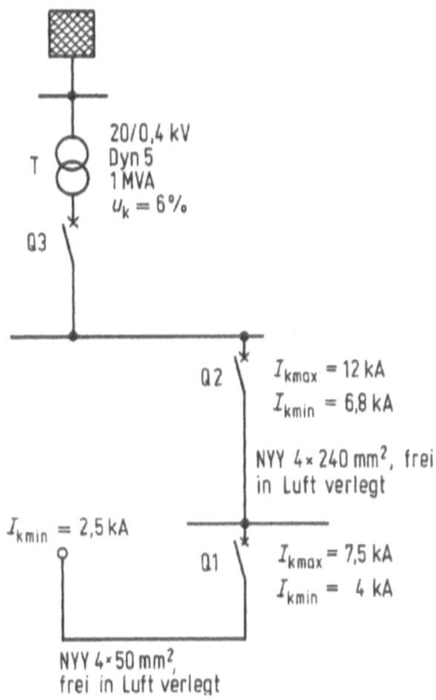

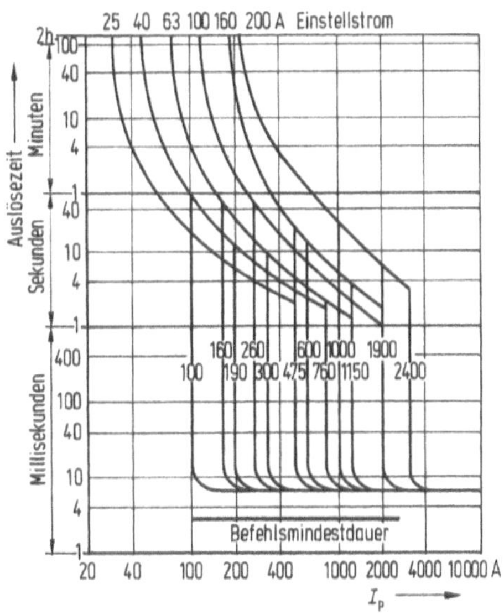

Zu 18.

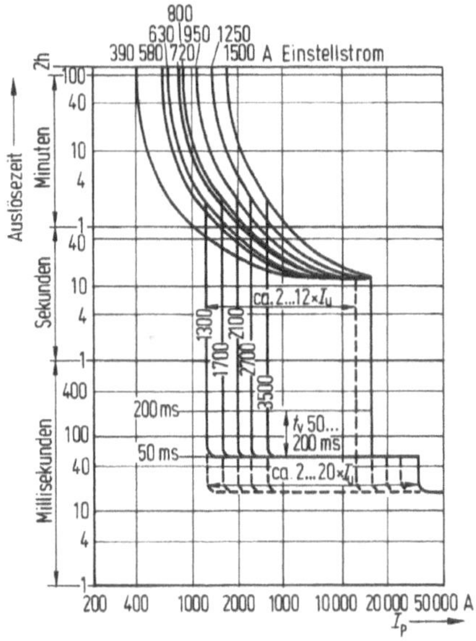

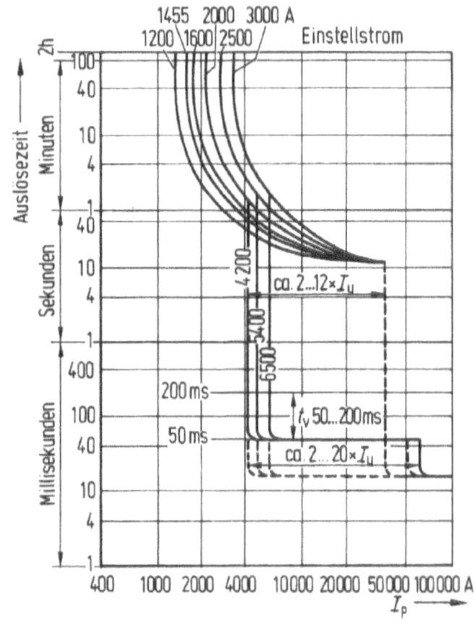

I_u / A	I_r / A	I_{rmv} / A
630	370–630	2000–4000
800	580–800	3000–6000
1000	580–1000	3000–6000
1250	705–1250	4000–8000
1600	950–1600	4000–8000

$I>$ ≈ 2, 3, 4, 5, 6, 8, 10, 12 × I_u

$I\gg$ ≈ 2, 3, 4, 5, 6, 8, 10, 12, 16, 20 × I_u

I_u / A	I_r / A	I_{rmv} / A
2000	1200–2000	6000–12000
2500	1455–2500	6000–12000
3000	1600–3000	6000–12000

Staffeldiagramm

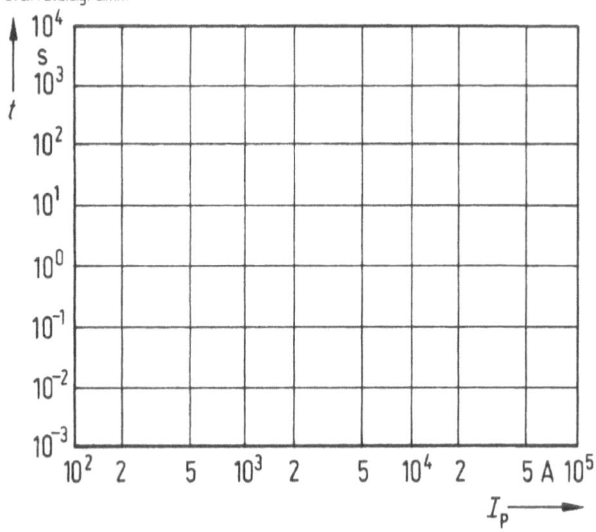

6 Personenschutz

Lernziele

Nach Durcharbeitung dieses Kapitels können Sie

- den Schutz gegen direktes und bei indirektem Berühren begründen und Schutzmaßnahmen unterscheiden,
- Wirkungen des elektrischen Stromes auf den Menschen beschreiben,
- den Einfluss von Frequenz, Stromstärke und Einwirkungszeit auf die Gefährdung des Menschen erklären,
- Gefährdungsbereiche des elektrischen Stromes unterscheiden,
- den Einfluss verschiedener Größen auf die Impedanz des menschlichen Körpers aufzeigen und ein Ersatzschaltbild für die Körperimpedanz angeben,
- Fehlerstromkreise im ungeerdeten Netz, IT-, TT- und TN-Netzsystem mit Hilfe von Ersatzschaltbildern berechnen,
- Fehlerspannung und Berührungsspannung unterscheiden,
- die wichtigsten Bestimmungen nach DIN VDE 0100 Teil 410 bzw. ÖVE/Ö-NORM E 8101-4-41 im IT-, TT- und TN-Netzsystem erläutern und begründen,
- Erderarten unterscheiden,
- die Begriffe Ausbreitungswiderstand, Bezugserde, Spannungstrichter, Schrittspannung und Potentialsteuerung erklären,
- Erdungsanlagen bemessen.

6.1 Allgemeines

Bei der Anwendung elektrischer Energie ist es notwendig, den Menschen vor den Gefahren des elektrischen Stromes zu bewahren. In elektrischen Anlagen muss daher der Schutz von Personen gegen elektrischen Schlag sowohl im ungestörten Betrieb als auch im Fehlerfall gewährleistet sein.

Aktive Teile, d.h. betriebsmäßig spannungsführende Teile, die für den Menschen gefährliche Spannungen führen können, müssen gegen zufälliges Berühren geschützt sein. Man spricht vom Schutz gegen direktes Berühren (Bild 6.1). Schutz gegen direktes Berühren erfolgt beispielsweise durch Isolierung der aktiven Teile oder durch entsprechende Abdeckungen bzw. Umhüllungen. Die Isolation, die diesen Schutz sicherstellt, die sogenannte Basisisolierung, muss so beschaffen sein, dass sie normaler betriebsmäßiger Beanspruchung während der angestrebten Lebensdauer der Betriebsmittel standhält.

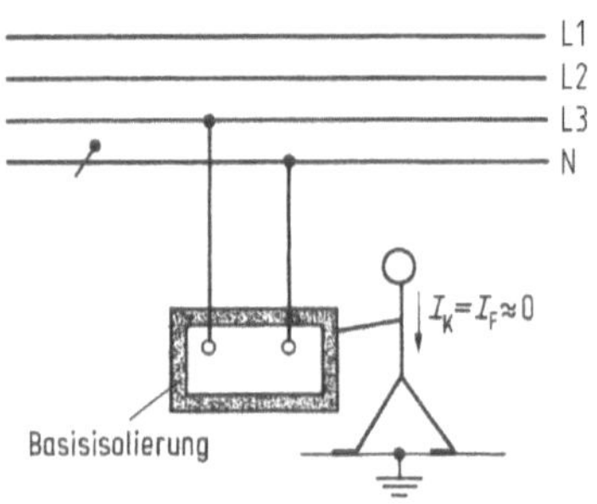

Bild 6.1 Schutz gegen direktes Berühren

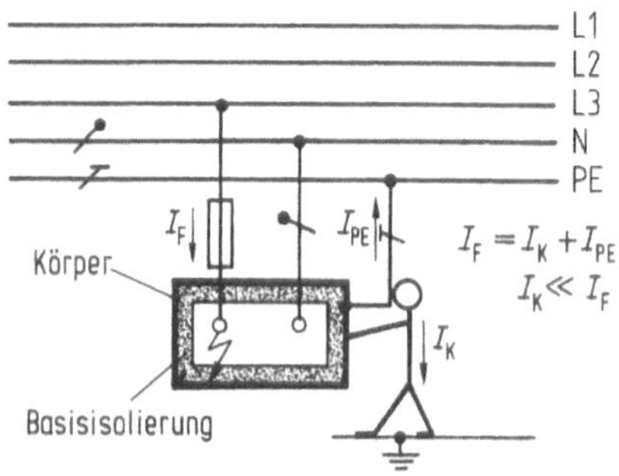

Bild 6.2 Schutz bei indirektem Berühren

Durch außergewöhnliche mechanische, chemische oder thermische Beanspruchung kann jedoch ein Schaden an der Basisisolierung hervorgerufen werden, so dass die Körper (Gehäuse) der elektrischen Betriebsmittel oder fremde leitfähige Teile, die normalerweise spannungslos sind (passive Teile), unter Spannung stehen können. Auch in diesem Fall muss der Schutz von Personen sichergestellt sein. Man spricht vom Schutz bei indirektem Berühren (Bild 6.2).

Der Schutz von Personen gegen elektrischen Schlag muss entsprechend DIN VDE 0100 Teil 410 bzw. ÖVE/ÖNORM E 8101-4-41 durch Schutz

- gegen direktes Berühren (im ungestörten Betrieb) – Basisschutz,
- bei indirektem Berühren (im Fehlerfall) – Fehlerschutz

gewährleistet sein.

Der Schutz von Personen und Nutztieren kann durch verschiedene Schutzvorkehrungen erreicht werden. Eine Schutzmaßnahme wird dabei durch eine oder mehrere dieser Schutzvorkehrungen realisiert. Bild 6.3 zeigt, dass eine Reihe von Vorkehrungen zum Schutz bei indirektem Berühren durchgeführt werden können. Während der Schutz durch „automatische Abschaltung“ immer durchführbar ist, können die übrigen Vorkehrungen nur unter spezifischen Bedingungen angewendet werden.

So ist z.B. die „Schutzisolierung“ bei hoher mechanischer oder thermischer Beanspruchung der Betriebsmittel ungeeignet. Die „Schutztrennung“ erfordert für jedes Betriebsmittel bzw. jede Gruppe von Betriebsmitteln einen eigenen Trenntransformator oder Motorgenerator, was aus wirtschaftlichen und technischen Gründen nicht generell durchgeführt werden kann. „Nichtleitende Umgebungen“ setzen isolierende Fußböden und Wände voraus, was nur in Sonderfällen zu realisieren ist. Und für „erdfreien, örtlichen Potentialausgleich“ sind isolierende Räume (Standortisolation) Voraussetzung.

Bild 6.3 Übersicht über die Schutzvorkehrungen

Es ist somit leicht verständlich, dass als universeller „Grundschutz" für alle Netzsysteme zunächst der Schutz durch „Abschaltung" sichergestellt sein muss. Eine Übersicht über die Schutzeinrichtungen, die dabei zur Abschaltung in den verschiedenen Netzsystemen eingesetzt werden können, zeigt Tabelle 6.1.

Tabelle 6.1 Zuordnung der Schutzeinrichtungen zu den Netzsystemen bei der Schutzvorkehrung „automatische Abschaltung der Stromversorgung"

Netzsystem	Schutzeinrichtungen
TN-Netzsystem	▪ Überstromschutzeinrichtung ▪ Fehlerstromschutzeinrichtung RCD*), nur TN-S
TT-Netzsystem	▪ Fehlerstromschutzeinrichtung RCD*) ▪ Überstromschutzeinrichtung in Ausnahmefällen
IT-Netzsystem	▪ Überstromschutzeinrichtung ▪ Fehlerstromschutzeinrichtung RCD*), für jedes Verbrauchsmittel je ein RCD erforderlich
*) RCD ... residual current protective device	

Der Schutz durch „automatische Abschaltung der Stromversorgung" beeinflusst die Planung und Ausführung elektrischer Anlagen wesentlich. Die nachfolgenden Abschnitte befassen sich aus diesem Grund mit einigen Schlüsselthemen zu dieser Schutzvorkehrung. Weil im Rahmen dieses Buches nicht alle Gesichtspunkte, Probleme und Bestimmungen erörtert werden können, ist es für den Lernenden unumgänglich, dass er sich darüber hinaus mit DIN VDE 0100 Teil 410 bzw. ÖVE/ÖNORM E 8101-4-41 und DIN VDE 0100 Teil 540 bzw. ÖVE/ÖNORM E 8101-5-54 (Erdungsanlagen, Schutzleiter und Schutzpotentialausgleichsleiter), welche die wesentlichen Bestimmungen enthalten, auseinandersetzt.

Für Anlagen über 1 kV sind die Schutzmaßnahmen in ÖVE/ÖNORM EN 61936-1 bzw. DIN VDE 0101-1 und ÖVE/ÖNORM EN 50522 bzw. DIN VDE 0101-2 festgelegt. Für ein eingehendes Verständnis und eine einsichtige Anwendung der Bestimmungen ist es erforderlich, zunächst einmal die Gefährdung des Menschen durch den elektrischen Strom zu untersuchen.

6.2 Gefährdung des Menschen

6.2.1 Wirkungen des elektrischen Stromes

Gefährliche Körperströme sind nach DIN VDE 0100 Teil 200 bzw. ÖVE/ÖNORM E 8101-2 Ströme, die den Körper eines Menschen durchfließen und Merkmale besitzen, die üblicherweise einen schädigenden Effekt auslösen. Der Stromfluss kann verschiedene Wirkungen verursachen, siehe Tabelle 6.2.

Tabelle 6.2 Wirkungen des elektrischen Stromes

Art	Wirkungen
Physikalische Wirkungen	▪ Strommarken an der Stromeintrittsstelle ▪ innere Verbrennungen ▪ Gerinnung von Eiweiß ▪ Flüssigkeitsverluste
Chemische Wirkung	▪ Zersetzung der Zellflüssigkeit bei Gleichstrom
Physiologische Wirkungen	▪ Verkrampfung der Muskulatur ▪ Atemstillstand ▪ Herzunregelmäßigkeit ▪ Herzkammerflimmern ▪ Herzstillstand

Die Folgen eines Körperstromes hängen von verschiedenen Faktoren ab:

- Stromstärke,
- Stromart (-form), (Wechselstrom, Gleichstrom, Stromimpulse),
- Einwirkungsdauer,
- Frequenz,
- physische und psychische Verfassung des Betroffenen.

Wegen der Vielzahl der Einflussgrößen ist es daher recht schwierig, allgemeingültige Aussagen über die Gefährdung des Menschen durch den elektrischen Strom zu machen, zumal Experimente am lebenden Menschen nicht durchgeführt werden können. Man ist daher auf Untersuchungen an Tieren und Leichen angewiesen. Die hier gewonnenen Erkenntnisse werden dann entsprechend auf den lebenden Menschen transformiert.

6.2.2 Einfluss der Frequenz, Stromstärke und Einwirkungszeit

Der Einfluss der Frequenz und Stromstärke kann anhand des Diagramms in Bild 6.4 abgeschätzt werden, das die Grenzwerte der Stromstärken angibt, bei denen 99,5 % (untere Kurve) und 0,5 % (obere Kurve) der getesteten Personen einen umfassten, Spannung führenden Leiter noch loslassen konnten.

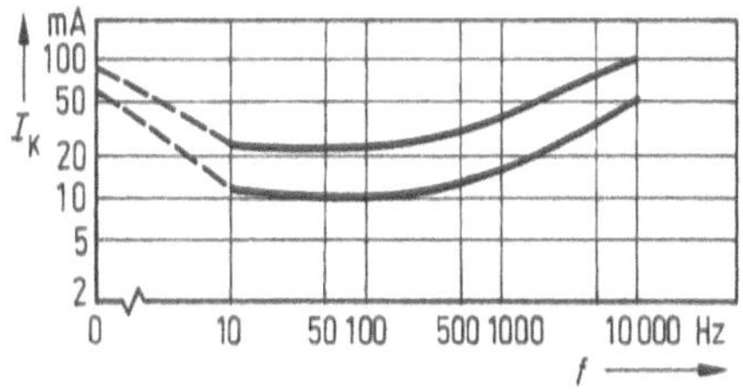

Bild 6.4
Loslaßgrenze für Körperströme unterschiedlicher Frequenz nach IEC 60479 ed.1.0, ©1974 IEC Genf, Schweiz, *www.iec.ch*

Wie aus dem Diagramm zu erkennen ist, ist bei den Frequenzen von etwa 50 Hz bis 100 Hz die Stromstärke der Loslaßschwelle am niedrigsten. Für Frequenzen unterhalb 50 Hz und oberhalb 100 Hz nehmen die Stromwerte zu. Bei der Frequenz Null (Gleichstrom) wird ein Maximum erreicht. Daraus ist abzuleiten, dass Wechselströme mit Frequenzen zwischen 50 Hz und 100 Hz gefährlicher sind als Wechselströme höherer bzw. niedriger Frequenz. Auch andere Untersuchungen belegen, dass gerade bei den Frequenzen 5 Hz bis 60 Hz das Maximum der Gefährdung liegt.

Besonders gefährlich ist das bei Wechselstrom schon bei geringen Stromstärken auftretende Herzkammerflimmern. Darunter versteht man, dass sich die Bewegungen des Herzmuskels nicht mehr rhythmisch periodisch vollziehen, sondern die Herztätigkeit regellos wird (Bild 6.5). Die Pumpfähigkeit des Herzens geht verloren, wodurch der Blutdruck abfällt. Die Sauerstoffversorgung des Körpers, insbesondere des Gehirns, ist dadurch nicht mehr gewährleistet und der Tod die Folge.

Wichtigstes Kriterium des Schutzes gegen elektrischen Schlag sind die Grenzwerte für Stromstärke und Einwirkungsdauer, bei denen das Herzkammerflimmern einsetzt. Untersuchungen haben gezeigt, dass vier Wirkungsbereiche des Stromes unterschieden werden können (Bild 6.6).

Bereich AC-1	Keine Reaktion bis zur Wahrnehmbarkeitsgrenze.
Bereich AC-2	Keine physiologisch gefährlichen Wirkungen bis zur Loslaßgrenze.
Bereich AC-3	Muskelverkrampfungen, Atembeschwerden mit steigender Stromstärke und Einwirkungsdauer, reversibler Herzstillstand ohne Herzkammerflimmern möglich, in der Regel keine organischen Schäden.
Bereich AC-4	Mit steigender Wahrscheinlichkeit Herzkammerflimmern, Herzstillstand, Atemstillstand und Verbrennungen.

Lebensgefährliche Verbrennungen werden erst von Stromstärken ab etwa 3 A hervorgerufen. Wie eine Rechnung zeigt, treten derart hohe Stromstärken erst bei höheren Spannun-

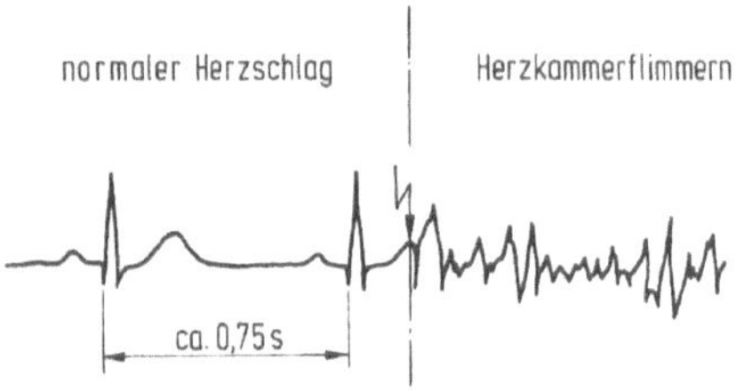

Bild 6.5 Elektrokardiogramm bei normalem Herzschlag und bei Herzkammerflimmern

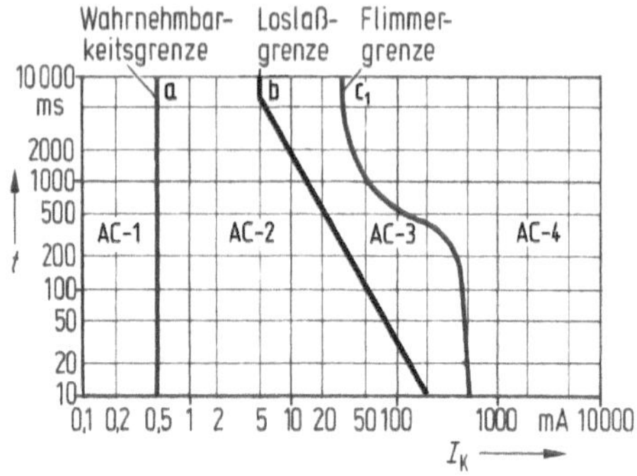

Bild 6.6 Wirkungsbereiche von Wechselströmen für 50 Hz bis 60 Hz nach DIN IEC 60479 (die Grenzkurven stellen Mittelwerte dar)

gen auf. Geht man von einem Körperwiderstand von 1 kΩ aus, so ist für eine Stromstärke von 3 A eine Berührungsspannung von $3\,A \cdot 1\,k\Omega = 3\,kV$ erforderlich. Unfälle dieser Art sind damit im Niederspannungsbereich nicht zu erwarten.

Übung 6.1

Ermitteln Sie aus der unteren Grenzkurve in Bild 6.4 den Prozentsatz, um den der Stromwert der Loslaßschwelle bei Gleichstrom größer ist als bei 50 Hz-Wechselstrom. ■

Übung 6.2

Stellen Sie für einen 50 Hz-Wechselstrom von 100 mA bei Einwirkungszeiten von 20 ms, 200 ms und 2 s den Gefährdungsbereich fest. ■

6.2.3 Impedanz des menschlichen Körpers

Die folgenden Ausführungen beziehen sich auf 50 Hz-Wechselströme im Niederspannungsbereich. Ein menschlicher Körper wird nur dann von einem Strom durchflossen, wenn er gleichzeitig zwei Punkte unterschiedlichen Potentials berührt. Die Größe des Körperstromes I_k hängt dabei ab von der Impedanz des menschlichen Körpers Z_k und der Berührungsspannung U_B (Bild 6.7).

Die Körperimpedanz hängt von einer Reihe von Faktoren ab und schwankt in weiten Bereichen. Folgende Einflussgrößen bestimmen die Körperimpedanz:

- Berührungsfläche und Kontaktdruck,
- Hautbeschaffenheit (dünne, dicke, hornige, feuchte, trockene Haut),
- Körperbau,
- Stromweg,
- Berührungsspannung.

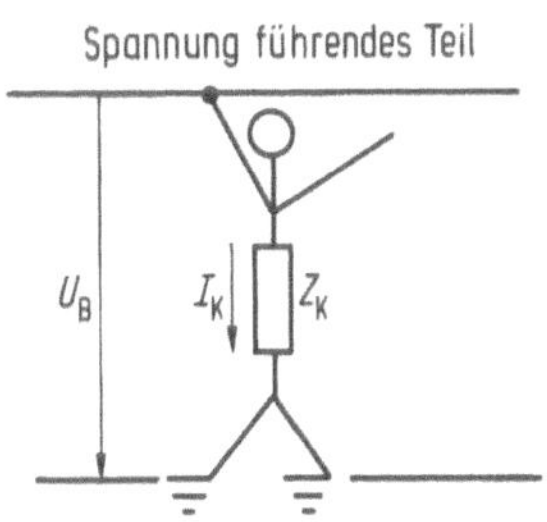

Bild 6.7 Stromfluss durch den menschlichen Körper

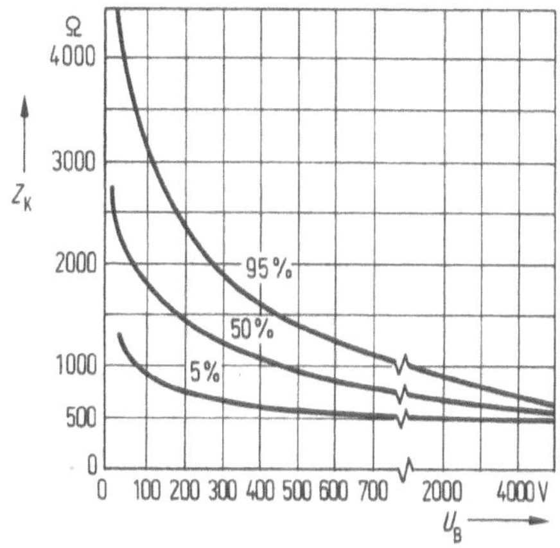

Bild 6.8 Körperimpedanz in Abhängigkeit von der Berührungsspannung nach IEC 60479-1 ed.2.0, ©1984 IEC Genf, Schweiz, *www.iec.ch*

Hauptsächlich durch den Einfluss der Haut an der Ein- und Austrittsstelle des Stromes ist die Körperimpedanz kein absoluter Wirkwiderstand. Neben dem Wirkanteil ist ein kleiner kapazitiver Anteil wirksam, der jedoch wegen der unterschiedlichen Hautbeschaffenheit und der Spannungsabhängigkeit keinen konstanten Wert besitzt.

Bei einer gewissen Spannungshöhe schlägt die Haut durch (20 V bis etwa 200 V), so dass dem Strom nur noch der innere Widerstand des Körpers entgegensteht, der nahezu als Wirkwiderstand betrachtet werden kann.

Bei höheren Berührungsspannungen als etwa 100 V fällt der Einfluss der Haut immer weniger ins Gewicht, so dass praktisch nur noch der Körperinnenwiderstand wirksam ist. Auch der Einfluss der Berührungsfläche nimmt mit zunehmender Spannung ab. Bild 6.8 zeigt die Abhängigkeit der Körperimpedanz Z_K von der Berührungsspannung U_B unter folgenden Bedingungen:

- Stromweg linke (rechte) Hand zu beiden Füßen,
- jeweilige Kontaktfläche 50 cm^2,
- Grenzwerte, die von 5 % aller Menschen nicht überschritten werden,
- Grenzwerte, die von 95 % aller Menschen nicht überschritten werden,
- Mittelwerte für 50 % der Erwachsenen mit einem Körpergewicht von 75 kg.

Den Körperinnenwiderstand kann man sich auf die verschiedenen Extremitäten entsprechend der Ersatzschaltung in Bild 6.9 verteilt vorstellen. Dabei wird der Anteil des Rumpfes am Körperwiderstand, der nur wenige Prozent ausmacht, vernachlässigt. Für Überlegungen hinsichtlich der Sicherheit und dabei durchzuführende praktische Berechnungen von Körperdurchströmungen ist dieses Ersatzschaltbild hinreichend genau.

So ergibt sich für den Stromweg „eine Hand zu beiden Füßen" aus dem Ersatzschaltbild eine Körperimpedanz von 750 Ω. Der Vergleich mit Bild 6.8 zeigt eine recht gute Übereinstimmung mit dem entsprechenden Wert der 5 %-Kurve.

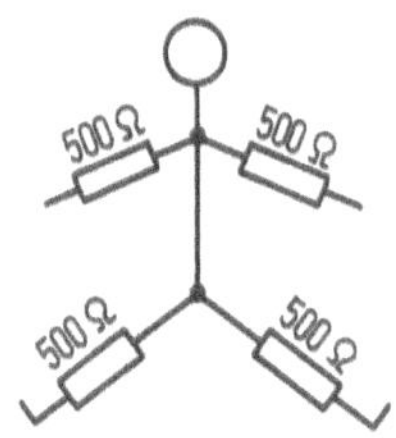

Bild 6.9 Ersatzschaltbild der Körperimpedanzen bei $U_B = 200\,V$ bis $250\,V$

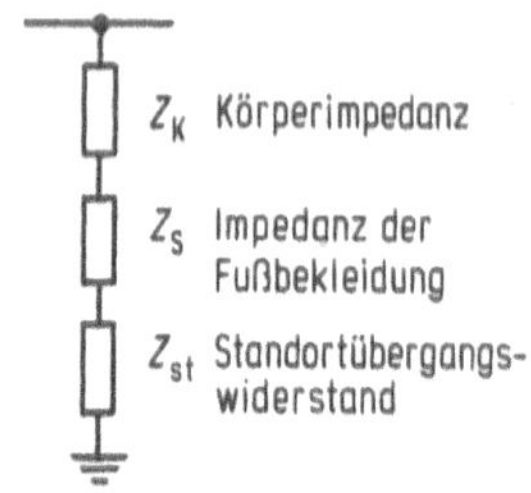

Bild 6.10 Ersatzschaltbild der Gesamtimpedanz

Das Ersatzschaltbild liefert damit für $U_B = 200\,V$ bis $250\,V$ einen Wert der Körperimpedanz, der auf der sicheren Seite liegt, zumal auch die 5 %-Kurve noch einige Sicherheitsreserven enthält. Für einen Stromweg „Hand zu Hand“ oder „Hand zu Fuß“ ergibt sich aus Bild 6.9 ein Wert von $1000\,\Omega$.

Wird der Strom zu den Füßen über den Boden abgeleitet, treten neben dem Körperwiderstand zwei zusätzliche Widerstände auf (Bild 6.10):

- die Impedanz des Schuhwerks,
- der Standortübergangswiderstand.

Die Impedanz der Fußbekleidung kann je nach Beschaffenheit und Feuchtigkeit einige $100\,\Omega$ bis zu einigen $10000\,\Omega$ betragen. Für Sicherheitsbetrachtungen sollte dieser Impedanz jedoch kein Schutzwert beigemessen werden. Der Standortübergangswiderstand hängt im Wesentlichen vom spezifischen Widerstand des Bodens ab.

6.3 Fehlerstromkreise

6.3.1 Fehlerstromkreis im ungeerdeten Netz

Geht man zunächst einmal davon aus, dass ein Stromnetz nach Bild 6.11 mit freiem Sternpunkt betrieben wird, so erscheint bei oberflächlicher Betrachtung die Berührung aktiver Teile, z.B. des Leiters L1, ungefährlich, da sich kein geschlossener Stromkreis ausbilden kann. Auch wenn man annimmt, dass über den Isolationswiderstand des Netzes ein Strom fließt, kann dieser dennoch keinen gefährlichen Wert erreichen.

So ergibt sich z.B. bei einem Isolationswiderstand von $1\,M\Omega$ und einer Außenleiterspannung von $690\,V$ bei Vernachlässigung der übrigen Widerstände des Stromkreises ein Fehlerstrom von:

$$I_F = \frac{690\,V}{\sqrt{3} \cdot 10^6\,\Omega} = 0{,}398\,mA$$

Dieser Strom liegt unterhalb der Wahrnehmbarkeitsgrenze (vgl. Bild 6.6). Bei großen Stromnetzen kann jedoch durch die Erdkapazitäten C_E trotz eines hohen Isolationswiderstandes ein gefährlicher Körperstrom auftreten, was nachfolgend beispielhaft untersucht werden soll.

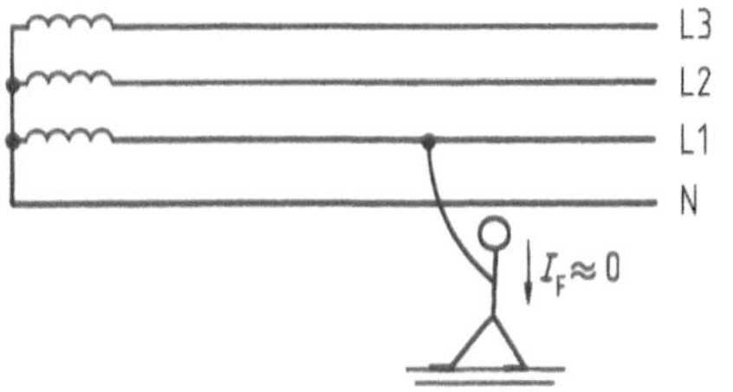

a) ohne Berücksichtigung der Erdkapazitäten

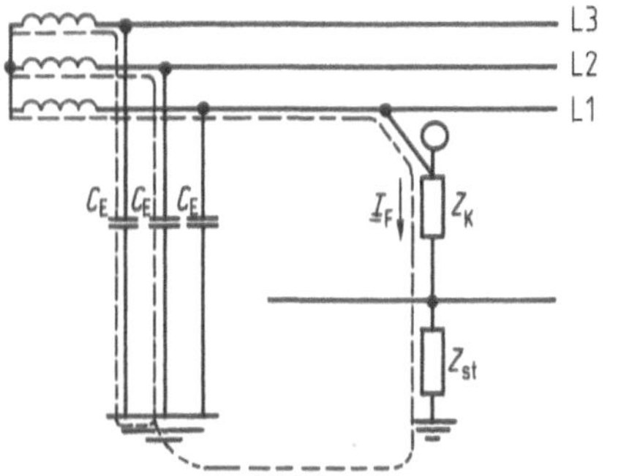

b) mit Berücksichtigung der Erdkapazitäten

Bild 6.11 Fehlerstromkreis im ungeerdeten Netz ohne Schutzvorkehrung

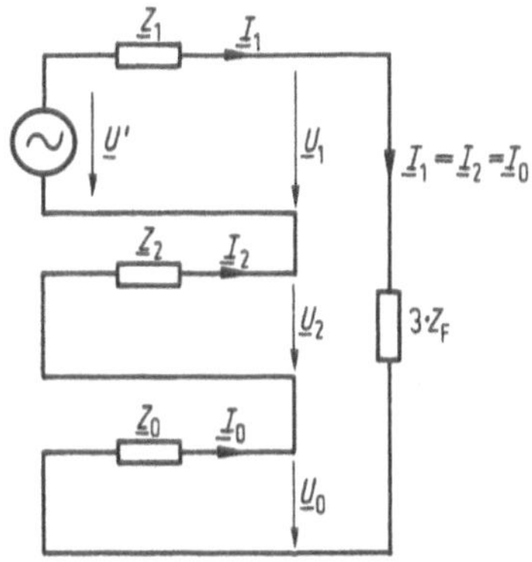

Bild 6.12 Schaltung der symmetrischen Komponenten für den einpoligen Erdschluss nach Bild 6.11b

Berücksichtigt man die Erdkapazitäten, dann liegt ein einpoliger Erdschluss vor mit der Impedanz $Z_K + Z_{st}$ an der Fehlerstelle. Die Strom- und Spannungsverhältnisse, die sich bei diesem Fehler einstellen, können mit Hilfe des Verfahrens der symmetrischen Komponenten aus dem Ersatzschaltbild nach Bild 6.12 ermittelt werden (s.a. Bild 3.114). Da die Impedanzen Z_K und Z_{st} als Wirkwiderstände angesehen werden können, sind sie zu Z_F zusammengefasst.

Nach Tabelle 3.8 gilt für die Spannung des Leiters L1 (Bezugsgröße) an der Fehlerstelle:

$$\underline{U}_{L1} = \underline{U}_1 + \underline{U}_2 + \underline{U}_0$$

und für den Leiterstrom $\underline{I}_{L1} = 3 \cdot \underline{I}_1$, da $\underline{I}_1 = \underline{I}_2 = \underline{I}_0$

An der Fehlerstelle muss außerdem gelten:

$$\underline{I}_{L2} = \underline{I}_{L3} = 0 \qquad \underline{U}_{L1} = Z_F \cdot \underline{I}_{L1} = 3 \cdot Z_F \cdot \underline{I}_1$$

Aus Bild 6.12 folgt mit $\sum U = 0$:

$$\underline{U}' - \underline{Z}_1 \cdot \underline{I}_1 - \underline{Z}_2 \cdot \underline{I}_1 - \underline{Z}_0 \cdot \underline{I}_1 - 3 \cdot Z_F \cdot \underline{I}_1 = 0$$

Wird vorausgesetzt, dass Mit- und Gegenimpedanz gleich sind, was bei Erdschlüssen im Allgemeinen zulässig ist $\left(\underline{Z}_1 = \underline{Z}_2 = \underline{Z}\right)$, ergibt sich:

$$\underline{I}_F = \underline{I}_{L1} = \frac{3 \cdot \underline{U}'}{2 \cdot \underline{Z} + \underline{Z}_0 + 3 \cdot Z_F} \tag{6.1}$$

und mit $\underline{U}' = \frac{U_N}{\sqrt{3}}$:

$$\underline{I}_F = \frac{\sqrt{3} \cdot U_N}{2 \cdot \underline{Z} + \underline{Z}_0 + 3 \cdot Z_F} \tag{6.2}$$

Ist $Z_F = 0$, so erhält man aus Gleichung (6.2) die bekannte Gleichung (3.95) für den einpoligen Kurzschlussstrom. Da die Nullimpedanz in Wesentlichen durch die Erdkapazität bestimmt wird und damit sehr hochohmig ist, kann die Betriebsimpedanz (Längsimpedanz) $\underline{Z}$ vernachlässigt werden. Damit ergibt sich:

$$\underline{I}_F = \frac{\sqrt{3} \cdot U_N}{\underline{Z}_0 + 3 \cdot Z_F} \tag{6.3}$$

Für die Nullimpedanz gilt:

$$\underline{Z}_0 = -\mathrm{j}\frac{1}{\omega \cdot C_E' \cdot l}$$

Man erhält damit:

$$\underline{I}_F = \frac{\sqrt{3} \cdot U_N}{3 \cdot Z_F - \mathrm{j}\dfrac{1}{\omega \cdot C_E' \cdot l}} \tag{6.4}$$

Der weiteren Berechnung werden vorerst folgende Werte zugrunde gelegt:

Drehstrom 690 V, 50 Hz, Erdkapazität $C_E' = 0{,}33\,\frac{\mu F}{km}$
Kabel NYY 150 mm^2, $l = 100\,m$
Körperimpedanz $Z_K = 1000\,\Omega$, Standortübergangswiderstand $Z_{st} = 2000\,\Omega$

Mit diesen Werten erhält man:

$$\underline{I}_F = \frac{\sqrt{3} \cdot 690\,V}{3 \cdot 3000\,\Omega - \mathrm{j}\dfrac{10^6}{2 \cdot \pi \cdot 50\,s^{-1} \cdot 0{,}1\,km \cdot 0{,}33\,\frac{A \cdot s}{V \cdot km}}} = \frac{\sqrt{3} \cdot 690\,V}{96{,}88\,k\Omega} \cdot e^{\mathrm{j}84{,}7^\circ}$$

$$\underline{I}_F = 12{,}34\,mA \cdot e^{\mathrm{j}84{,}7^\circ}$$

Für die Berührungsspannung ergibt sich:

$$U_B = I_F \cdot Z_K = 12{,}34\,mA \cdot 1000\,\Omega = 12{,}34\,V$$

Der errechnete Fehlerstrom ist relativ ungefährlich. Er liegt im Wirkungsbereich AC-2 und erreicht bei einer Einwirkungszeit von etwa 1,5 s die Loslaßgrenze. Geht man jedoch davon aus, dass die Ausdehnung des Stromnetzes den angenommenen Wert von 100 m wesentlich überschreiten kann, so können auch im ungeerdeten Stromnetz gefährliche Körperströme auftreten.

Übung 6.3

Berechnen Sie den Körperstrom, wenn angenommen wird, dass die Leitungslänge des vorangegangenen Beispiels 2 km beträgt.

Bei der Ableitung der Gleichung (6.4) wurde die Betriebsimpedanz des Stromnetzes vernachlässigt, da ihre Größenordnung im mΩ-Bereich liegt. Der Vergleich mit der Gesamtimpedanz des Beispiels (≈ 97 kΩ) zeigt, dass diese Vernachlässigung zulässig ist. Für die Definition der Spannungen im Fehlerstromkreis wird das Ersatzschaltbild (Bild 6.13) entsprechend Gleichung (6.4) gezeichnet.

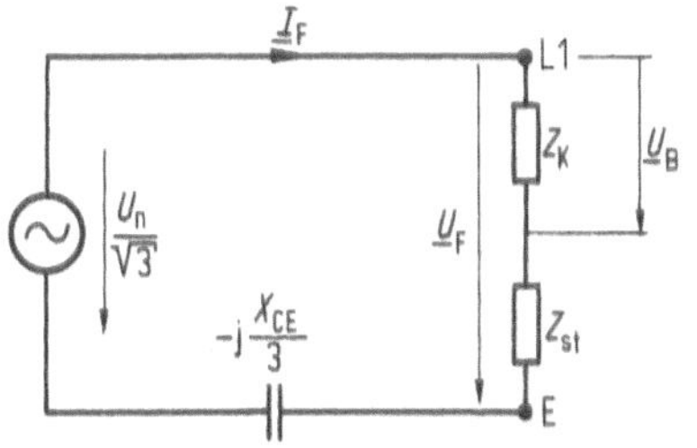

Bild 6.13
Ersatzschaltbild des Fehlerstromkreises

Durch die Reihenschaltung der Impedanz Z_F und $\frac{X_{CE}}{3}$ fällt an Z_F eine Teilspannung ab (Punkte L1 und E). Dieser Spannungsabfall wird als Fehlerspannung U_F bezeichnet. Kommt es infolge eines Körperschlusses eines elektrischen Betriebsmittels zum indirekten Berühren z.B. des Leiters L1, liegt im Fehlerstromkreis außer den bisherigen Widerständen noch der Widerstand der Fehlerstelle $Z_{üF}$, siehe dazu Bild 6.14.

Dieser Übergangswiderstand kann erheblichen Schwankungen unterworfen sein (Lichtbogen). Im Grenzfall eines vollkommenen Körperschlusses (satter Körperschluss) wird $Z_{üF} = 0$. Für Fehlerstromberechnungen wie auch für Kurzschlussstromberechnungen ist es üblich, $Z_{üF} = 0$ anzunehmen. Die Fehlerspannung U_F ist auch hier der Spannungsabfall an Z_F. Die Berührungsspannung U_B tritt an Z_K auf und unterscheidet sich von der Fehlerspannung durch den Spannungsabfall an Z_{st}.

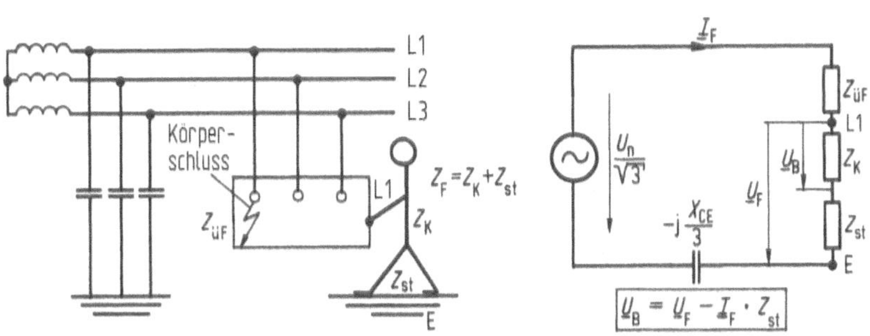

Bild 6.14 Fehlerstromkreis bei Körperschluss im ungeerdeten Netz ohne Schutzmaßnahme

Obwohl die Gefährdung des Menschen nicht von der Höhe der Berührungsspannung abhängt, sondern von der Stromstärke, ist es doch für viele Fälle zweckmäßig, den Wert der höchstzulässigen Berührungsspannung festzulegen. Ausschlaggebend muss hierfür die Schwelle des Herzkammerflimmerns sein. Weil diese zeitabhängig ist, entschloss man sich, einen Grenzwert für die dauernd zulässige Berührungsspannung festzuschreiben.

> Die Fehlerspannung ist die Spannung, die zwischen Körpern oder zwischen Körper und Bezugserde (ideelles Erdpotential 0 V, siehe Abschnitt 6.4) im Fehlerfall auftritt.
>
> Die Berührungsspannung ist ein Teil der Fehler- oder Erderspannung. Nach DIN VDE 0100 Teil 200, bzw. ÖVE/ÖNORM E 8101-2 ist die Berührungsspannung die Spannung zwischen leitfähigen Teilen, die gleichzeitig von einem Menschen oder einem Tier berührt werden kann. ■

Würden ausschließlich das Diagramm $t = f(I_K)$ in Bild 6.6 und ein Körperwiderstand von $1000\,\Omega$ zugrunde gelegt, ergäbe sich als Grenzwert:

$$U_B = I_K \cdot Z_K = 25\,\text{mA} \cdot 1000\,\Omega = 25\,\text{V}$$

International wurde für die dauernd zulässige Berührungsspannung ein Grenzwert von $U_L = 50\,\text{V}$ (der Index „L“ entspricht dem englischen „limit“) vereinbart.

Bei dieser Festlegung spielten eine Reihe von Überlegungen eine Rolle, insbesondere auch solche des technisch und wirtschaftlich vertretbaren Aufwandes bei der praktischen Anwendung.

Für besondere Anwendungsfälle sind jedoch niedrigere Werte festgelegt. So beträgt z.B. in Krankenhäusern die höchstzulässige Berührungsspannung $U_L = 25\,\text{V}$.

> Die Grenze für die dauernd zulässige Berührungsspannung beträgt bei Wechselspannung $U_L = 50\,\text{V}$. Dies entspricht einer elektropathologisch gleichwertigen Berührungsspannungsgrenze von 90 V für Gleichspannung. ■

Kann die Berührungsspannung den zulässigen Wert für U_L übersteigen, muss im Fehlerfall der zu schützende Anlagenteil innerhalb festgelegter Zeiten abgeschaltet werden. Je nach Netzsystem kann die Abschaltung vorgenommen werden durch:

- Überstromschutzeinrichtungen,
- Fehlerstromschutzeinrichtungen (RCDs).

6.3.2 IT-Netzsystem

Es wird nun das ungeerdete Netz mit angeschlossenen Verbrauchern untersucht, wobei an einem der Verbraucher infolge eines Isolationsfehlers ein Körperschluss entsprechend Bild 6.15 auftreten soll.

Der Verbraucher habe einen natürlichen Erdungswiderstand von $R_{NE} = 1000\,\Omega$. Auch hier liegt ein Erdschluss vor mit dem Übergangswiderstand an der Fehlerstelle $Z_{üF}$.

Die Ersatzschaltung des Netzes zeigt Bild 6.16. Legt man die Daten des Netzes nach Übung 6.3 zugrunde und unterstellt man, dass der Widerstand an der Fehlerstelle $Z_{üF} = 0$

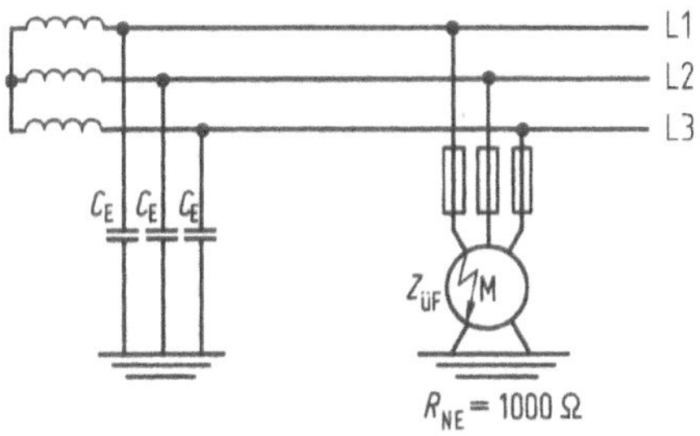

Bild 6.15 Körperschluss im ungeerdeten Netz ohne Schutzmaßnahme

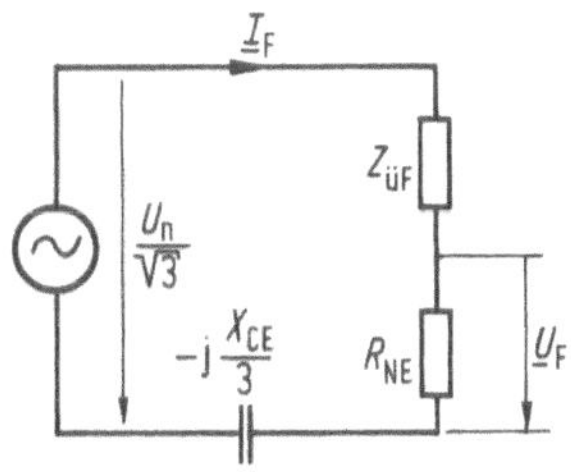

Bild 6.16 Ersatzschaltung des fehlerbehafteten Netzes

ist, es sich also um einen vollkommenen Körperschluss handelt, ergibt sich der Fehlerstrom zu:

$$I_F = \left| \frac{\sqrt{3} \cdot 690\,\text{V}}{3 \cdot 1000\,\Omega - \text{j} \dfrac{10^6}{2 \cdot \pi \cdot 50\,\text{s}^{-1} \cdot 2\,\text{km} \cdot 0{,}33\,\frac{\text{A} \cdot \text{s}}{\text{V} \cdot \text{km}}}} \right| = 210\,\text{mA}$$

Dieser Strom ruft an R_{NE} eine Fehlerspannung von:

$$U_F = 210\,\text{mA} \cdot 1\,\text{k}\Omega = 210\,\text{V hervor.}$$

Der auftretende Fehler führt wegen der geringen Stromstärke nicht zum Auslösen des vorgeschalteten Überstromschutzorgans, so dass die Fehlerspannung unbemerkt ansteht. Berührt nun ein Mensch das körperschlussbehaftete Betriebsmittel (indirektes Berühren), so wird ein Teil der Fehlerspannung als Berührungsspannung wirksam.

Die Höhe der Berührungsspannung ist dabei von den jeweiligen örtlichen Gegebenheiten abhängig. Im ungünstigsten Fall kann die gesamte Fehlerspannung überbrückt werden. Dies könnte z.B. dann der Fall sein, wenn elektrisch leitfähige Konstruktionsteile mit dem Potential der Bezugserde (siehe Seite 353) und das Betriebsmittel zugleich berührt werden. Für den ungünstigsten Fall ergibt sich die Ersatzschaltung in Bild 6.17.

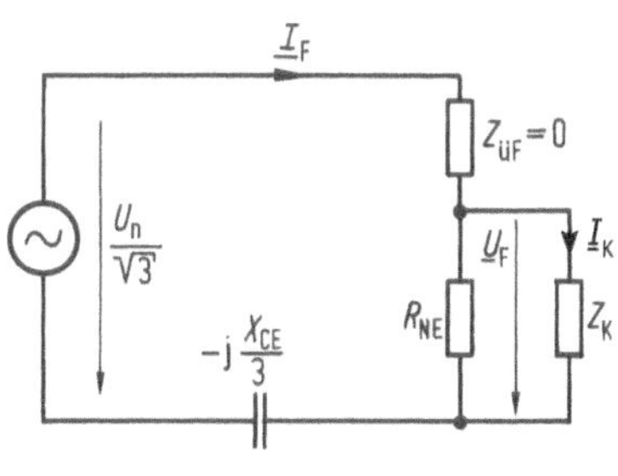

Bild 6.17
Ersatzschaltung bei indirektem Berühren

Nimmt man wieder für $Z_K = 1000\,\Omega$ an, wird die Fehlerspannung zu:

$$U_F = U_B = I_F \cdot \frac{R_{NE} \cdot Z_K}{R_{NE} + Z_K} \quad \text{mit}$$

$$I_F = \left| \frac{\sqrt{3} \cdot U_N}{3 \cdot \frac{R_{NE} \cdot Z_K}{R_{NE} + Z_K} - \mathrm{j} \frac{1}{\omega \cdot C'_E \cdot l}} \right| = 237\,\text{mA}$$

und damit: $U_F = U_B = 118\,\text{V}$

Der Körperstrom beträgt damit $I_K = 118\,\text{mA}$. Die Berührungsspannung übersteigt also den zulässigen Wert von $U_L = 50\,\text{V}$ wesentlich. Eine Verringerung der Berührungsspannung wird erreicht, wenn U_F kleiner wird. Wegen der Parallelschaltung von R_{NE} und Z_K muss dazu R_{NE} einen kleineren Wert annehmen. Dies ist nur dadurch möglich, dass der Körper des Betriebsmittels über eine Erdungsanlage wirksam geerdet wird.

Nimmt man einen Erdungswiderstand für das Betriebsmittel von $R_A = 20\,\Omega$ an, so kann der parallel geschaltete Widerstand von $Z_K = 1000\,\Omega$ vernachlässigt werden und man erhält den Fehlerstrom zu:

$$I_F = \left| \frac{\sqrt{3} \cdot U_N}{3 \cdot R_A - \mathrm{j} \frac{1}{\omega \cdot C'_E \cdot l}} \right| = 248\,\text{mA}$$

Der Fehlerstrom entspricht praktisch dem rein kapazitiven Erdschlussstrom der Anlage. Für die Fehlerspannung ergibt sich:

$$U_F = 248\,\text{mA} \cdot 20\,\Omega = 4{,}96\,\text{V}$$

Wie man sieht, wird durch diese Maßnahme die Berührungsspannung auf völlig ungefährliche Werte herabgesetzt. Für das IT-Netzsystem muss daher zum Schutz bei indirektem Berühren folgende Bedingung erfüllt sein:

$$R_A \cdot I_F \leqq U_L \tag{6.5}$$

R_A Summe der Widerstände des Erders und der Schutzleiter der Körper
I_F Fehlerstrom im Falle eines ersten Fehlers
U_L vereinbarte Grenze der dauernd zulässigen Berührungsspannung

Damit ergibt sich für das Beispiel ein notwendiger Erdungswiderstand von:

$$R_A \leqq \frac{U_L}{I_F} = \frac{50\,\text{V}}{248\,\text{mA}} = 202\,\Omega$$

In der bis jetzt vorliegenden Form besitzt das Netz allerdings noch folgende Nachteile:

- Beim Erdschluss eines Außenleiters steigt die Spannung der gesunden Leiter gegen Erde praktisch auf die Leiterspannung an.
- Der erste Fehler (Körperschluss bzw. Erdschluss) macht sich nicht bemerkbar.
- Es kann ein zweiter Fehler an einem anderen Außenleiter auftreten, wodurch eine gefährlich hohe Fehlerspannung anstehen kann.

In Vierleiteranlagen von z.B. 400/230 V bedeutet die Erhöhung der Spannung gegen Erde für die Dauer des Erdschlusses eine erhöhte Beanspruchung der Isolation von Betriebsmitteln, die zwischen Außenleiter und Neutralleiter betrieben werden. Die Isolation der Betriebsmittel mit einer Bemessungsspannung bis 250 V gegen Erde wird damit praktisch mit 400 V beansprucht. Die Betriebsmittel müssen daher entsprechend der Außenleiterspannung isoliert sein (DIN VDE 0100 Teil 510 bzw. ÖVE/ÖNORM E 8101-5-51).

Der Nachteil eines nicht erkennbaren ersten Fehlers wird behoben, wenn das Netz mit einer Isolationsüberwachungseinrichtung ausgestattet wird, die den Isolationswiderstand des Netzes ständig kontrolliert. Wird ein bestimmter Mindestwert des Isolationswiderstandes unterschritten (Erdschluss), so erfolgt eine optische und/oder akustische Meldung, die auf den Gefahrenzustand aufmerksam macht.

Die Isolationsüberwachungseinrichtung ermöglicht jedoch nicht, die Fehlerstelle zu lokalisieren. Da das Auffinden der Fehlerstelle bei ausgedehnten und verzweigten Anlagen sehr aufwendig sein kann, sollte das Netz deshalb nur einfache Strukturen aufweisen. Zur Isolationsüberwachung werden u.a. Geräte verwendet, die mit Gleichspannungsüberlagerung arbeiten. Dadurch wird der Einfluss der Erdkapazitäten ausgeschlossen. Bild 6.18 zeigt ein Prinzipschaltbild für ein IT-Vierleiternetz. Tritt im IT-Netz bei Bestehen eines ersten Fehlers ein weiterer Fehler an einem anderen Außenleiter hinzu, so ergeben sich bei gemeinsamer Erdung der Körper der Betriebsmittel über einen Schutzleiter die Verhältnisse nach Bild 6.19.

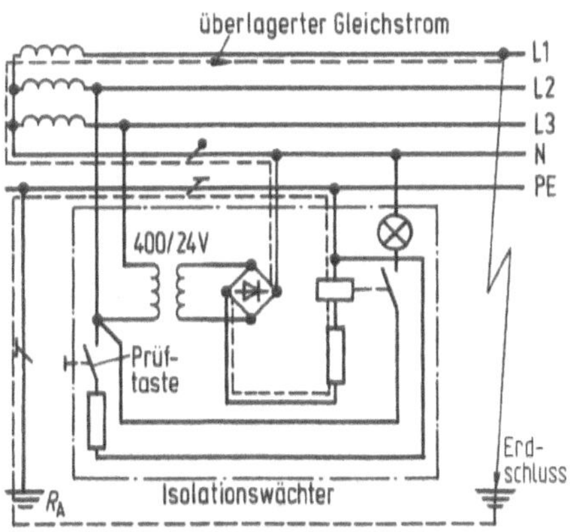

Bild 6.18 Prinzipschaltbild einer Isolationsüberwachungseinrichtung

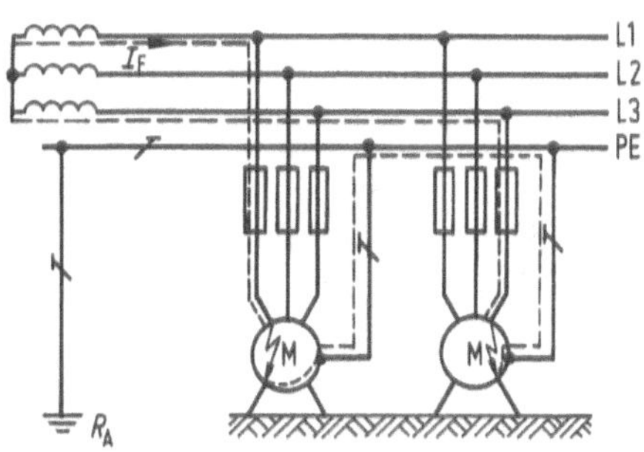

Bild 6.19 Fehlerstromkreis bei einem Doppelfehler

Der Doppelfehler wird zum zweipoligen Kurzschluss, wobei eine Verbindung über den Schutzleiter besteht. Die Verhältnisse sind dann mit denen in einem TN-Netzsystem vergleichbar. Sind die Körper an verschiedene Erder angeschlossen, fließt der Fehlerstrom, vergleichbar mit dem TT-Netzsystem, über die Erde. Bei einem Doppelfehler kann eine gefährlich hohe Fehlerspannung anstehen. Dies bedeutet, dass die Impedanz der Fehlerstrombahn (Schleifenimpedanz) genügend klein sein muss, damit ein Abschalten durch mindestens eines der beiden im Fehlerstromkreis liegenden Überstromschutzorgane herbeigeführt werden kann.

Nach DIN VDE 0100 Teil 410 bzw. ÖVE/ÖNORM E 8101-4-41 gelten dann die Bedingungen entsprechend dem TT-Netzsystem bei Einzel- oder Gruppenerdung der Körper der Betriebsmittel (in Neuanlagen nicht mehr zulässig) bzw. dem TN-System bei gemeinsamer Erdung über einen Schutzleiter, worauf in den folgenden Abschnitten noch eingegangen wird. Liegen die Verhältnisse eines TN-Systems vor, muss folgende Bedingung für die Impedanz der Fehlerstromschleife erfüllt werden:

$$Z_S \leqq \frac{U}{2 \cdot I_a} \quad \text{wenn der Neutralleiter nicht mit verteilt wird.} \tag{6.6}$$

$$Z_S' \leqq \frac{U_0}{2 \cdot I_a} \quad \text{wenn der Neutralleiter mit verteilt wird.} \tag{6.7}$$

Es bedeuten:

U_0 Nennwechselspannung zwischen Außenleiter und Neutralleiter
U Nennwechselspannung zwischen Außenleitern
Z_S Impedanz der Fehlerschleife, bestehend aus dem Außenleiter und dem Schutzleiter des Stromkreises.
Z_S' Impedanz der Fehlerschleife, bestehend aus dem Neutralleiter und dem Schutzleiter des Stromkreises.
I_a Strom, der die Abschaltung des Stromkreises innerhalb der vorgeschriebenen Zeit bewirkt.

Dabei müssen die Abschaltzeiten abhängig von der Nennspannung der Anlage nach Tabelle 6.3 eingehalten werden.

Tabelle 6.3 Nennspannungen und maximale Abschaltzeiten für Endstromkreise $\leqq 32\,A$

Nennspannung der elektrischen Anlage, U_0/U in V	Abschaltzeit in s	
	TN-, IT-Netzsystem	TT-Netzsystem
$50\,V < U_0 \leqq 120\,V$	0,8	0,3
$120\,V < U_0 \leqq 230\,V$	0,4	0,2
$230\,V < U_0 \leqq 400\,V$	0,2	nicht zulässig
$U_0 > 400\,V$	0,1	

Wenn in TT-Netzsystemen die automatische Abschaltung durch Überstromschutzeinrichtungen angewendet wird und ein zusätzlicher Schutzpotentialausgleich vorhanden ist, dürfen die Auslösezeiten für TN-Netzsysteme zur Anwendung kommen.

Da bei einem Doppelfehlerfall der Kurzschlussstrom über die Teilimpedanzen von zwei Stromkreisen fließen kann (Bild 6.19), wäre eine sehr aufwendige Fehlerbetrachtung notwendig. Es müsste jeweils eine Fehlerbetrachtung für den betreffenden Stromkreis gegen jeden anderen Stromkreis durchgeführt werden. Deshalb ist vereinfachend nur der jeweils aktuelle Stromkreis zu betrachten und für diesen die Kurzschlussstromberechnung durchzuführen.

Können die Bedingungen für das Abschalten bei Verwendung von Überstromschutzeinrichtungen nicht erfüllt werden, muss ein zusätzlicher Potentialausgleich durchgeführt werden. D.h. alle gleichzeitig berührbaren Körper der Betriebsmittel und alle fremden leitfähigen Teile wie z.B. Gebäude- und Maschinenkonstruktionen, Rohrleitungen usw. müssen durch einen Potentialausgleichsleiter untereinander verbunden werden (Bild

6.20). Darunter fällt u.U. auch die Bewehrung von Stahlbetonkonstruktionen. Damit ist sichergestellt, dass der Mensch nicht zwei Punkte unterschiedlichen Potentials überbrücken kann. Alternativ hierzu ist der Schutz durch eine Fehlerstromschutzeinrichtung für jedes Verbrauchsmittel vorzusehen.

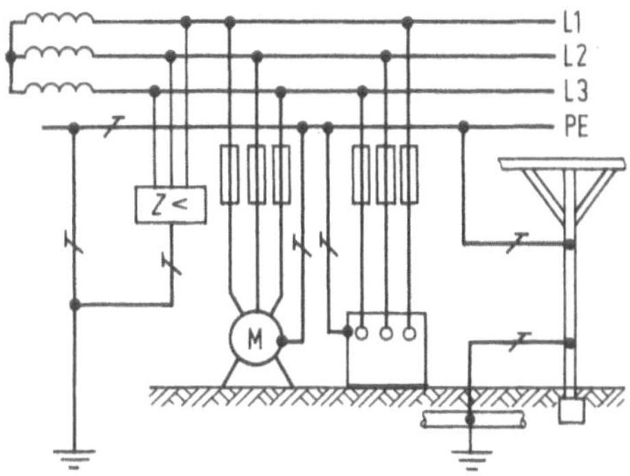

Bild 6.20
IT-Netzsystem mit Isolationsüberwachungseinrichtung und zusätzlichem Potentialausgleich

Übung 6.4

Zeichnen Sie entsprechend Bild 6.19 den Fehlerstromkreis eines Doppelfehlers bei verschiedenen Erdern der Betriebsmittel. ■

Sieht man von dem Nachteil der eventuell den Betriebsablauf störenden Fehlersuche bei einem ersten Fehler ab, besitzt das IT-Netzsystem eine Reihe von Vorteilen:

- Die Fehlerströme bzw. Fehlerspannungen sind beim Auftreten eines ersten Fehlers gefahrlos (Unfallsicherheit).
- Geringe Isolationsfehler – auch sog. „schleichende Fehler“ – werden frühzeitig erkannt. Dadurch wird vermieden, dass sich als Folge eines Temperaturanstiegs an der Fehlerstelle durch zunehmend größer werdende Fehlerströme ein Brand entwickeln kann (Brandsicherheit).
- Trotz Auftreten eines ersten Fehlers kann die Anlage gefahrlos weiterbetrieben werden (Betriebssicherheit).

Wegen seiner Betriebssicherheit ist das IT-Netzsystem besonders geeignet für:

- Industrieanlagen, deren Produktionsprozess nicht unterbrochen werden darf, wenn ein wirtschaftlicher Schaden vermieden werden soll (z.B. chemische Industrie, Glasproduktion, Halbleiterproduktion),
- Operationsräume in Krankenhäusern, wo u.U. Lebensgefahr bei Unterbrechung der elektrischen Energieversorgung besteht.

Übung 6.5

Weshalb ist ein IT-Netzsystem für Hausinstallationen ungeeignet? ■

6.3.3 TT-Netzsystem

Es liegt nahe, die Körper der Betriebsmittel und den Sternpunkt des Netztransformators niederohmig zu erden, so dass im Fehlerfall (Körperschluss) ein möglichst großer Strom fließt, der das vorgeschaltete Überstromschutzorgan zum Abschalten veranlasst. Die Körper der Betriebsmittel können dabei sowohl einzeln direkt geerdet als auch über einen Schutzleiter mit einer Erdungsanlage verbunden werden. Dieses Netz bezeichnet man als TT-Netzsystem. Das TT-Netzsystem mit Schutz durch Überstromschutzeinrichtungen ist die älteste Schutzmaßnahme (früher als „Schutzerdung" bezeichnet) bei indirektem Berühren (Bild 6.21).

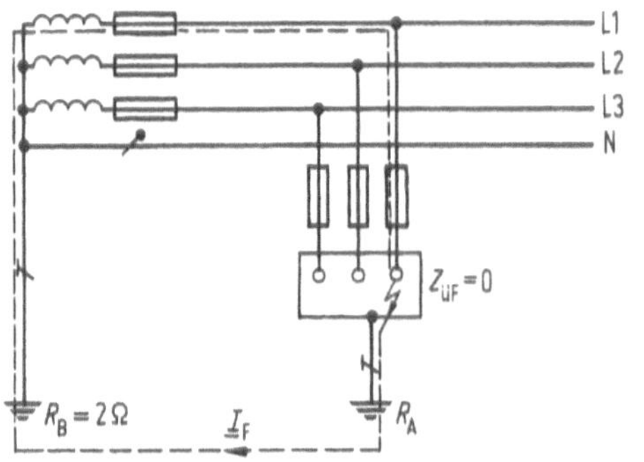

Bild 6.21
TT-Netzsystem mit Überstromschutzeinrichtungen

Bei einem Körperschluss wird der Fehlerstrom zum einpoligen Kurzschlussstrom, und es gilt mit der Schleifenimpedanz $\underline{Z}_s$ die Gleichung:

$$\underline{I}_{k1p} = \underline{I}_F = \frac{U_n}{\sqrt{3} \cdot \underline{Z}_S}$$

bzw. mit Gleichung (3.95): $\underline{I}_F = \dfrac{\sqrt{3} \cdot U_n}{2 \cdot \underline{Z} + \underline{Z}_0}$

Für die Nullimpedanz der Leitungen mit der Rückleitung über Erde gilt entsprechend Gleichung (3.85):

$$\underline{Z}_0 = \underline{Z}_L + 3 \cdot \underline{Z}_R = \underline{Z}_L + 3 \cdot (R_A + R_B)$$

Mit der Nullimpedanz des Transformators Z_{0T} ergibt sich:

$$\underline{I}_F = \frac{\sqrt{3} \cdot U_n}{2 \cdot \underline{Z} + \underline{Z}_L + \underline{Z}_{0T} + 3 \cdot (R_A + R_B)}$$

Unterstellt man, dass die Summe der Betriebsimpedanzen des Netzes und die Nullimpedanz des Transformators gegenüber $3 \cdot (R_A + R_B)$ vernachlässigbar klein ist, erhält man:

$$I_F = \frac{U_n}{\sqrt{3} \cdot (R_A + R_B)} \tag{6.8}$$

Beispiel 6.1

Gegeben ist ein Drehstromverbraucher 400 V, 50 Hz, der mit Schmelzsicherungen 10 A der Betriebsklasse gG abgesichert werden soll. Für den Gesamterdungswiderstand aller Betriebserder R_B wird nach DIN VDE 0100 (ÖVE/ÖNORM E 8101) ein Wert von 2 Ω als ausreichend angenommen.
Wie ist der Schutzerdungswiderstand R_A zu bemessen?

Lösung:
Aus Gleichung (6.8) ergibt sich:

$$R_A = \frac{U_n}{\sqrt{3} \cdot I_F} - R_B$$

Zur Lösung der Gleichung muss noch I_F ermittelt werden. Setzt man voraus, dass die Sicherung bei einem Fehler innerhalb von 0,4 s entsprechend Tabelle 6.3 abschalten soll, ergibt sich aus dem Kennlinienfeld in Bild 4.35 ein mindestens erforderlicher Fehlerstrom (Abschaltstrom) von $I_a = 82\text{A}$. Damit wird:

$$R_A \leqq \frac{U_n}{\sqrt{3} \cdot I_a} - R_B \tag{6.9}$$

$$R_A \leqq \frac{400\text{V}}{\sqrt{3} \cdot 82\text{A}} - 2\Omega = 0{,}82\Omega$$

Als Fehlerspannung ergibt sich: $U_F = I_a \cdot R_A = 82\text{A} \cdot 0{,}82\Omega = 66{,}9\text{V}$

■

Wird für das Beispiel $I_a \geqq 115{,}5\text{A}$, so liefert Gleichung (6.9) für R_A negative Widerstandswerte! D.h. bei Sicherungsbemessungsströmen $\geqq 16\text{A}$ kommt der erforderliche Abschaltstrom nicht mehr zustande. Hierbei ist natürlich vorausgesetzt, dass R_B den angenommenen Wert von 2 Ω hat.

Übung 6.6

a) Ermitteln Sie für das Beispiel 6.1 bei $R_B = 1\,\Omega$ den Schutzerdungswiderstand R_A und die Fehlerspannung U_F.

b) Geben Sie für das Verhältnis $\frac{R_B}{R_A}$ das äquivalente Spannungsverhältnis in allgemeiner Form an.

c) Zeichnen Sie ein Diagramm für $U_F = f\left(\frac{R_B}{R_A}\right)$ bei $U_n = 400\text{V}$.

■

Wie aus der Übung 6.6 hervorgeht, hängt die Größe der Fehlerspannung vom Verhältnis $\frac{R_B}{R_A}$ ab. Da der Wert von $R_B = 2\Omega$ sowohl unterschritten als auch in Ausnahmefällen überschritten werden kann, wird nach DIN VDE 0100 Teil 410 bzw. ÖVE/ÖNORM E 8101-4-41 folgende Abschaltbedingung festgelegt:

$$Z_S \leqq \frac{U_n}{\sqrt{3} \cdot I_a} \tag{6.10}$$

Aus dieser Bedingung resultieren sehr niedrige Werte für den Erdungswiderstand des Anlagenerders R_A (siehe Beispiel 6.1), Werte die selbst unter günstigsten Bedingungen mit wirtschaftlich vertretbarem Aufwand kaum erreichbar sind. Die Anwendbarkeit des TT-

Netzsystems mit Überstromschutzorganen ist damit auf Anlagen mit niedrigen Bemessungsstromstärken der Überstromschutzorgane begrenzt, wenn die Abschaltzeit von $t \leqq 0{,}4\,\mathrm{s}$ eingehalten werden soll. Weil die heutigen Anlagenverhältnisse große Bemessungsstromstärken bedingen, ist der Einsatz von Überstromschutzorganen zum Schutz bei indirektem Berühren auf Ausnahmefälle beschränkt.

> **!** Bedingt durch die erwähnte Problematik wurden die Niederspannungsnetze bereits großteils auf TN-Netzsysteme umgestellt. In Österreich erfolgte dies per Verordnung (Nullungsverordnung). ■

In den verbleibenden TT-Netzen werden Fehlerstromschutzeinrichtungen (RCDs) eingesetzt. Ihre grundsätzliche Wirkungsweise zeigt Bild 6.22. Die Abschaltbedingung entsprechend ÖVE/ÖNORM E 8101-4-41 lautet:

$$Z_{\mathrm{S}} \leqq \frac{U_{\mathrm{n}}}{\sqrt{3} \cdot 5 \cdot I_{\Delta \mathrm{n}}} \quad \text{und} \quad Z_{\mathrm{S}} \leqq 100\,\Omega \quad \text{je nachdem, welcher Wert kleiner ist.} \tag{6.11}$$

Der Faktor 5 stellt die Auslösezeiten entsprechend Tabelle 6.3 sicher. Der Fehlerstromschutzschalter mit Ringkernwandler löst zuverlässig bei Wechselströmen (Typ AC) und pulsierenden Gleichströmen (Typ A) aus. Für eine Auslösung bei glatten Gleichströmen ist ein allstromsensitiver Fehlerstromschutzschalter (Typ B) erforderlich.

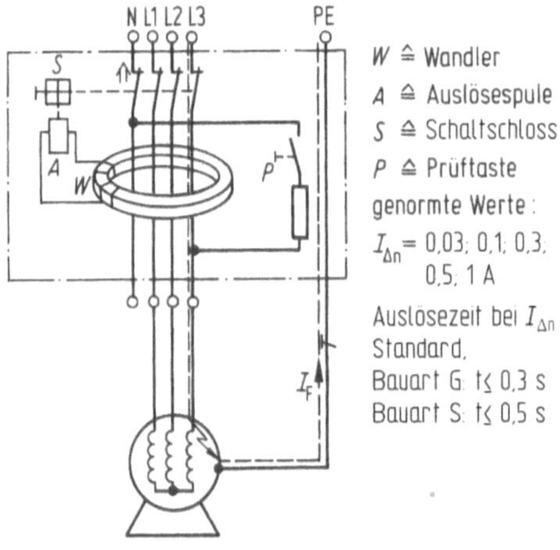

Bild 6.22
Prinzipielle Wirkungsweise eines FI-Schutzschalters

Im ungestörten Betrieb des Verbrauchers ist die Summe der Ströme im Stromwandler gleich Null. Fließt ein Fehlerstrom über den Verbraucher zum PE, ist die Summe der Ströme ungleich Null. Somit fließt ein Strom in der Sekundärwicklung des Ringkernwandlers und durch die angeschlossene Auslösespule.
Erreicht der Fehlerstrom den Bemessungs-Differenzstrom (Auslösestrom), dann löst das Schaltschloss aus und öffnet den Schalter.

Bei einem Bemessungs-Differenzstrom von z.B. 30 mA ergibt sich:

$$Z_{\mathrm{S}} \leqq \frac{400\,\mathrm{V}}{\sqrt{3} \cdot 5 \cdot 0{,}03\,\mathrm{A}} = 1540\,\Omega$$

Eine Schleifenimpedanz mit derart hohem Wert lässt auf einen nicht zuverlässigen Erder schließen. Der geforderte Mindestwert beträgt daher 100 Ω.

Um Selektivität (s. Kapitel 5) zu erreichen, dürfen nach DIN VDE 0100 Teil 410 bzw. ÖVE ÖNORM E 8101-4-41 auch zeitverzögerte RCDs (Bauart S) in Reihe mit RCDs der Bauart „Standard" oder G verwendet werden. In Stromkreisen zur Versorgung von Verteilungen ist zum Erreichen der Selektivität eine Abschaltzeit von 0,4 s erlaubt.

Übung 6.7

Welche Spannung nimmt bei einem Körperschluss der Neutralleiter gegen Erde in einem TT-Netz 400 V, 50 Hz für ein Verhältnis von $\frac{R_B}{R_A} = 2$ an?

Die Widerstände der Leitungen und des Transformators sind zu vernachlässigen. ■

Übung 6.8

Es ist für jedes Gebäude ein Hauptpotentialausgleich entsprechend DIN VDE 0100 Teil 540 bzw. ÖVE/ÖNORM E 8101-5-54 nach unten angeführtem Bild durchzuführen. Leitfähige Teile werden dabei an zentraler Stelle miteinander und dem Hauptschutzleiter verbunden.

Erklären Sie die Bedeutung dieser Maßnahme.

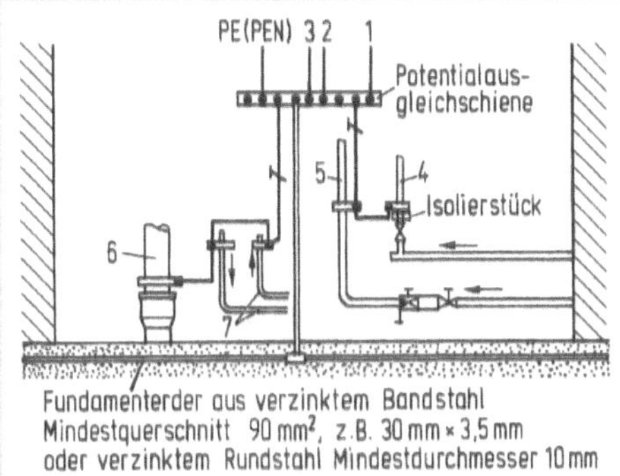

1 Blitzschutzanlage (LPS)
2 Antennenanlage
3 Überspannungserdungsleiter der Informationstechnik
4 Gasleitung
5 Wasserleitung
6 Abwasserrohr
7 Heizungsrohre

■

Übung 6.9

a) Wie groß ist die Berührungsspannung im nebenstehenden Bild einer elektrischen Anlage mit Fundamenterder und Potentialausgleich unter der Voraussetzung, dass der Standort der Person das gleiche Potential besitzt wie der Körper des Betriebsmittels?

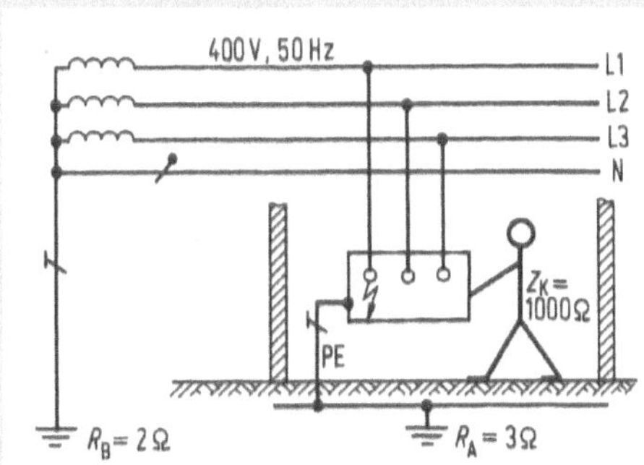

b) Wie groß ist die Berührungsspannung, wenn sich das Potential des Standorts um den Spannungsabfall am Schutzleiter, der einen Widerstand von 0,3 Ω haben soll, unterscheidet? ■

6.3.4 TN-Netzsystem

Hier wird statt des Erdreichs der geerdete Sternpunktleiter (Neutralleiter) als Rückleiter des Fehlerstromes (Schutzleiter) benutzt. Das Prinzip besteht darin, die Körper der Betriebsmittel an den geerdeten Sternpunktleiter – den PEN-Leiter – anzuschließen. Ein auftretender Körperschluss wird damit zum einpoligen Kurzschluss (Bild 6.23).

Das System bietet gegenüber der „Schutzerdung" durch die vergleichsweise niedrige Leitungsimpedanz des PEN-Leiters den Vorteil eines größeren Abschaltstromes. Dies ermöglicht kürzere Abschaltzeiten der Überstromschutzorgane, so dass eine zu hohe Fehlerspannung nur kurzzeitig bestehen bleiben kann. Das Ersatzschaltbild zeigt Bild 6.24.

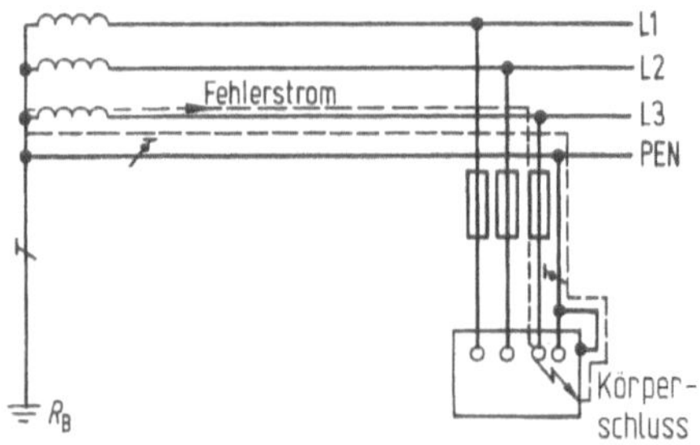

Bild 6.23 Prinzip des TN-Netzsystems mit Überstromschutzeinrichtungen

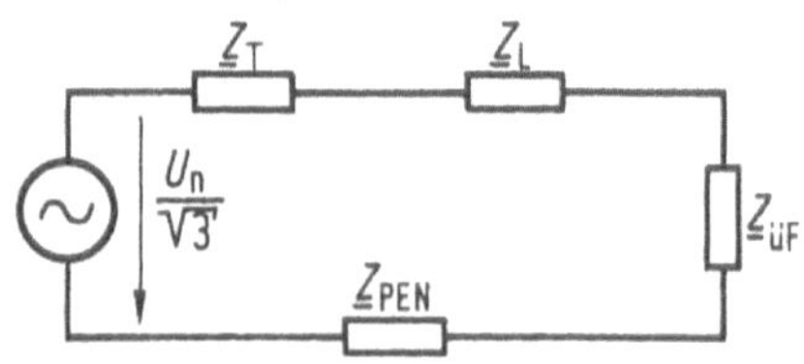

Bild 6.24 Ersatzschaltbild des Fehlerstromkreises

Die Erdung des Sternpunktes ist für das Zustandekommen des Abschaltstromes nicht zwangsläufig notwendig. Sie wird jedoch gefordert, damit bei einem Erdschluss eines Außenleiters die Strangspannung der anderen Außenleiter im Extremfall nicht auf die Außenleiterspannung ansteigt.

Ein Sicherheitsrisiko stellt eine PEN-Leiterunterbrechung bei der Anschlussleitung der elektrischen Betriebsmittel dar. Daher ist die Verlegung des PEN-Leiters nur bei Querschnitten von mindestens 10 mm^2 Cu zulässig. Bei geringeren Querschnitten ist der PEN-Leiter in PE- und N-Leiter aufzutrennen. Dies führt zu den drei Varianten des TN-Netzsystems (s.a. Abschnitt 3.1.4)

1. TN-C-System
   Der Neutralleiter und der Schutzleiter sind im PEN-Leiter vereinigt. Dieses System wird vorwiegend in den öffentlichen Niederspannungsnetzen eingesetzt.
2. TN-S-System
   Es wird ein separater Schutzleiter verlegt, der mit dem Sternpunkt des Transformators verbunden ist. Dies ist die überwiegende Ausführungsform der Verbraucheranlagen.
3. TN-C-S-System
   Im ersten Teil des Netzes sind Neutralleiter und Schutzleiter im PEN-Leiter kombiniert, während im zweiten Teil des Netzes Neutral- und Schutzleiter getrennt sind.

Die Schutzwirkung des TN-Netzes mit Überstromschutzeinrichtungen hat sich wegen der Einfachheit der Ausführung bewährt. Es wird keine eigene Schutzeinrichtung benötigt, sondern es wird die Schutzeinrichtung des Netzschutzes „mitverwendet". Überdies besteht hier keine Gefahr von Fehlauslösungen, verglichen mit beispielsweise der Fehlerstromschutzeinrichtung. Das TN-Netzsystem ist heute das am meisten verbreitete Netzsystem.

Die einfache Installation täuscht oft darüber hinweg, dass das System einige nachteilige Eigenschaften besitzt. Ihre Unkenntnis bzw. Nichtbeachtung kann dazu führen, dass der Schutz beeinträchtigt oder gar eine Gefährdung des Menschen herbeigeführt wird. In Verbindung mit dem Hauptpotentialausgleich jedoch bietet das System einen Schutz, der allen Anforderungen gerecht wird. Im Folgenden soll auf einige wesentliche technische Probleme des TN-Netzsystems eingegangen werden.

Kurzschluss bzw. Körperschluss

Tritt an einem Betriebsmittel ein Körperschluss auf, so entsteht durch den Kurzschlussstrom am PEN-Leiter ein Längsspannungsabfall. Längs des PEN-Leiters tritt damit auch eine Fehlerspannung auf, die größer als 50 V sein kann. Zur Verdeutlichung der grundlegenden Zusammenhänge wird der Kurzschluss zwischen einem Außenleiter und dem PEN-Leiter bei einer einfachen Netzanordnung angenommen (Bild 6.25).

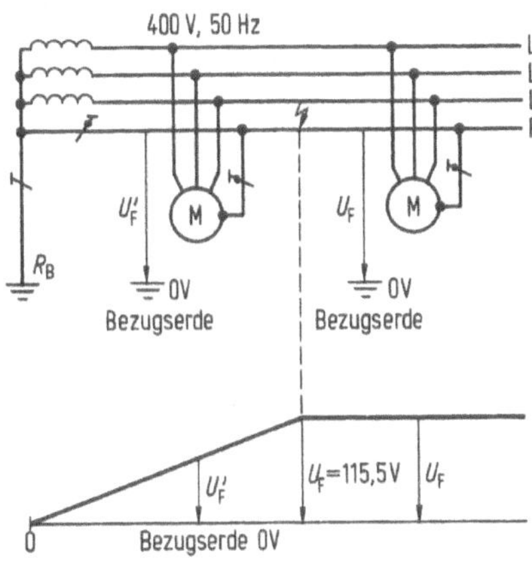

Bild 6.25 Fehlerspannungsverteilung bei einpoligem Kurzschluss

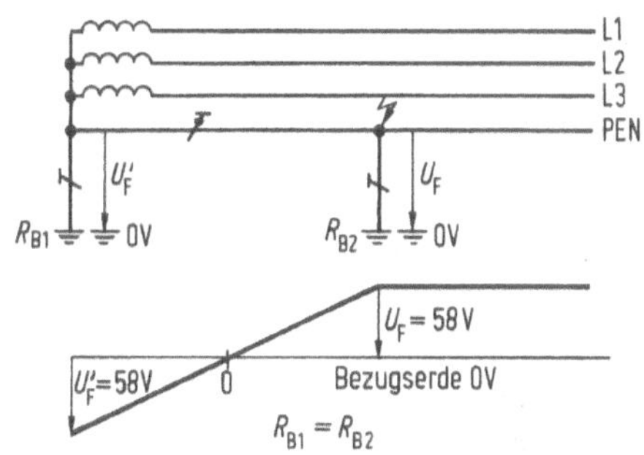

Bild 6.26 Fehlerspannung bei einpoligem Kurzschluss und mehreren Erdern

Unter der Annahme, dass die Außenleiterimpedanz gleich der PEN-Leiterimpedanz und der Übergangswiderstand an der Fehlerstelle Null ist, teilt sich die Strangspannung je zur Hälfte auf Außenleiter und PEN-Leiter auf. Am PEN-Leiter entsteht somit ein Spannungsfall von $\frac{U_n}{2 \cdot \sqrt{3}} = 0{,}5 \cdot \frac{400\,\text{V}}{\sqrt{3}} = 115{,}5\,\text{V}$.

Diese Spannung baut sich von der Fehlerstelle bis zum Sternpunkt des Transformators auf Null ab (Bild 6.25). Alle hinter der Fehlerstelle am Netz angeschlossenen gesunden Verbraucher nehmen die Fehlerspannung von 115,5 V an. In Richtung zum Transformatorsternpunkt wird die Fehlerspannung an den Verbrauchern immer kleiner.

Die Fehlerspannung wird verringert, wenn der PEN-Leiter zusätzlich geerdet wird. Unter der Annahme, dass die Erdungswiderstände sehr viel größer als die Leitungsimpedanzen sind, gilt die Spannungsteilergleichung:

$$\frac{U_F}{U_{PEN}} = \frac{R_{B2}}{R_{B1} + R_{B2}}$$

Das bedeutet, die Spannung am PEN-Leiter teilt sich entsprechend dem Verhältnis der Erdungswiderstände auf (Bild 6.26). Ist $R_{B1} = R_{B2}$, so beträgt die maximale Fehlerspannung nur noch ca. 58 V.

Übung 6.10

Untersuchen Sie die Größe der Fehlerspannung für $R_{B1} \gg R_{B2}$ und $R_{B1} \ll R_{B2}$ durch Wahl geeigneter Zahlenwerte.

Je häufiger die Erdung des PEN-Leiters durchgeführt wird, desto geringer ist die Wahrscheinlichkeit, dass die maximal mögliche Fehlerspannung auftritt. Aufgabe der EVU ist es daher, im Verteilungsnetz für die häufige Erdung des PEN-Leiters zu sorgen. Mindestens erfolgt die zusätzliche Erdung am Fundamenterder der Verbraucheranlage. Ein Kurzschluss bzw. Körperschluss kann sowohl in einer Verbraucheranlage als auch im Verteilungsnetz auftreten.

Tritt ein Körperschluss in einer Verbraucheranlage auf, kann die Fehlerspannung dann nicht als Berührungsspannung anstehen, wenn der Hauptpotentialausgleich durchgeführt ist. Der Hauptpotentialausgleich hebt alle leitfähigen Teile annähernd auf das Potential der Fehlerspannung an, so dass als Berührungsspannung nur der Spannungsabfall am Schutz- bzw. PEN-Leiter zwischen dem Körper des Betriebsmittels und der Hauptpotentialausgleichsschiene wirksam wird (Bild 6.27).

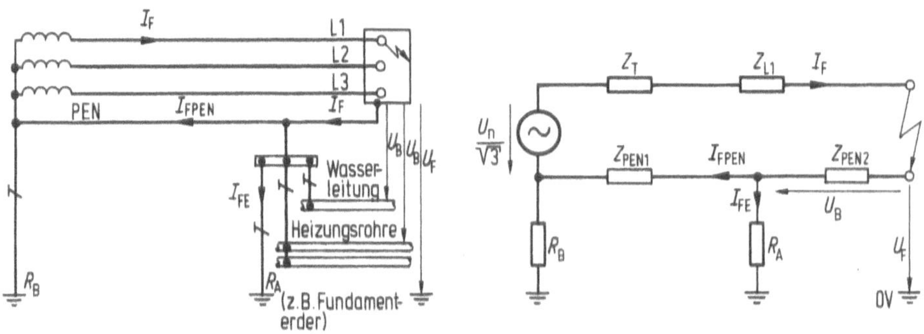

Bild 6.27 Berührungsspannung U_B und Fehlerspannung U_F durch Körperschluss in einer Verbraucheranlage

Tritt der Kurzschluss im Verteilungsnetz oder innerhalb eines anderen Verbrauchernetzes auf, wird wegen des Hauptpotentialausgleichs die Berührungsspannung praktisch Null. Über den Schutzleiter bzw. PEN-Leiter innerhalb der Verbraucheranlage fließt kein Strom (Bild 6.28).

Der Hauptpotentialausgleich verhindert, dass bei einem Kurzschluss bzw. Körperschluss eine zu hohe Berührungsspannung in einer Verbraucheranlage anstehen kann.

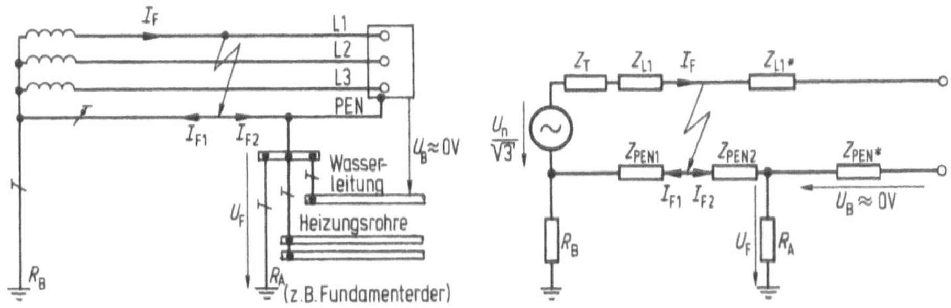

Bild 6.28 Fehlerspannung und Berührungsspannung in einer Verbraucheranlage bei Kurzschluss im Verteilungsnetz

In komplexen Netzsystemen ist die Bestimmung der Fehlerspannung bzw. der Berührungsspannung so schwierig, dass in der Praxis ein rechnerischer Nachweis nicht mehr geführt werden kann. Weil aber die Fehlerspannung den Wert von 50 V übersteigen kann, bleibt nur noch die Möglichkeit, die Zeit für das Anstehen der Fehlerspannung zu begrenzen. Es wird deshalb für Verbraucheranlagen folgende Forderung erhoben:

! Abschaltbedingung

Die Kennwerte der Schutzeinrichtungen und die Schleifenimpedanz sind so abzustimmen, dass im Fehlerfall (Kurzschluss bzw. Körperschluss) eine Abschaltung innerhalb der festgelegten Zeit erfolgt.

Die folgende Bedingung erfüllt diese Anforderung:

$$Z_S \cdot I_A \leqq U_0 \qquad (6.12)$$

Es bedeuten:

U_0 Nennspanung gegen Erde,

Z_S Impedanz der Fehlerschleife,

I_A Strom, der das automatische Abschalten bewirkt, wobei die Abschaltzeiten nach Tabelle 6.3 einzuhalten sind.

Ergänzend zu Tabelle 6.3 ist in Verteilerstromkreisen und Stromkreisen > 32 A eine Abschaltzeit $\leqq$ 5 s einzuhalten. Können die Abschaltbedingungen für Überstromschutzeinrichtungen nicht erfüllt werden, ist ein zusätzlicher Potentialausgleich (siehe S. 336) erforderlich. Alternativ ist für die Abschaltung der Stromversorgung eine RCD (Fehlerstromschutzeinrichtung) vorzusehen (Bild 6.29).

Fehlerstromschutzeinrichtungen können in TN-S-Netzystemen und TN-C-S-Netzsystemen (wenn auf der Lastseite der Fehlerstromschutzeinrichtung kein PEN-Leiter vorhanden ist) zum Einsatz kommen. Sie bieten den Vorteil, dass sie schon bei geringen Fehlerströmen ein Abschalten herbeiführen. Dies bedeutet, dass zur Erfüllung der Abschaltbedingung nach Gleichung (6.12) sehr viel größere Schleifenimpedanzen als bei Überstromschutzorganen

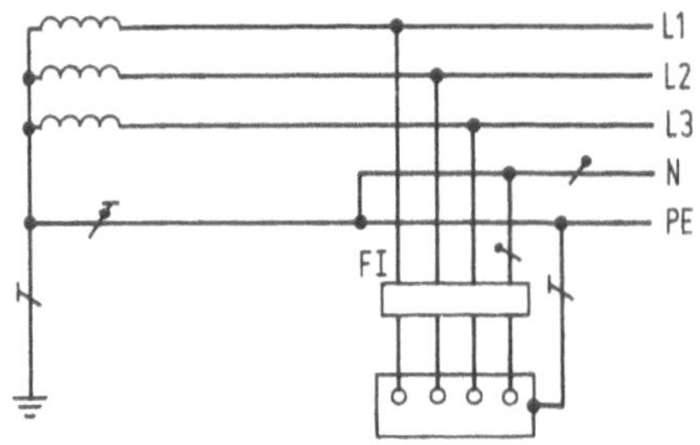

Bild 6.29
Fehlerstromschutzeinrichtung im TN-Netzsystem

zugelassen werden können, wie folgende einfache Rechnung für einen Fehlerstromschutzschalter mit einem Bemessungs-Differenzstrom von $I_{\Delta n} = 0{,}5\,\text{A}$ bei einer Nennspannung des Netzes von 400 V beweist:

$$Z_S \leqq \frac{U_0}{I_A} = \frac{U_0}{I_{\Delta n}} = \frac{400\,\text{V}}{\sqrt{3}\cdot 0{,}5\,\text{A}} = 462\,\Omega$$

Derartig hohe Schleifenimpedanzen kommen praktisch nicht vor, so dass sich bei der Verwendung von Fehlerstromschutzschaltern die Überprüfung der Bedingung nach Gleichung (6.12) bei Nennspannungen gegen Erde $\leqq$ 400 V erübrigt. Fehlerstromschutzschalter kommen daher in TN-Netzsystemen dort zum Einsatz, wo durch lange Leitungslängen die Abschaltbedingung nicht erfüllbar ist.

Erdschluss

Erfährt ein Außenleiter eine niederohmige Verbindung mit Erde, so wird dies als Erdschluss bezeichnet, im TN-Netzsystem aufgrund der niederohmigen Schleifenimpedanz auch als „Erdkurzschluss" (s.a. Abschnitt 3.4.4 , Bild 6.30).

In diesem Fall kann die Spannung gegen Erde längs des PEN-Leiters oder Schutzleiters auf gefährliche Werte ansteigen. Da der PEN-Leiter bzw. Schutzleiter am Körper der Betriebsmittel angeschlossen ist, kann diese Fehlerspannung ganz oder teilweise als Berührungsspannung auftreten. Das folgende Beispiel soll dies verdeutlichen.

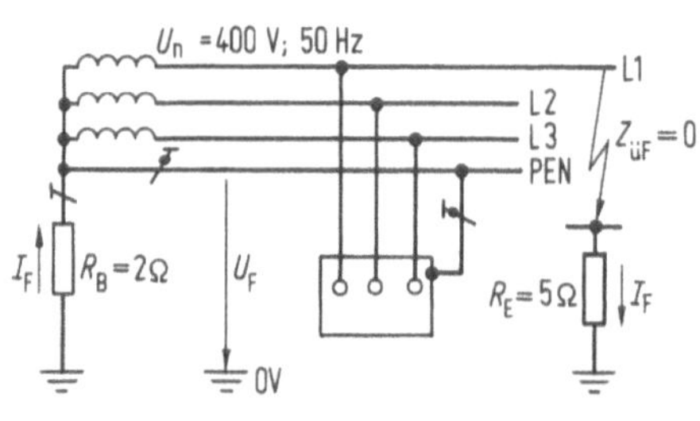

Bild 6.30
Erdschluss eines Außenleiters

Beispiel 6.2

Der Erdungswiderstand am Netztransformator (Betriebserde) betrage $R_B = 2\,\Omega$ und der Erdschlussübergangswiderstand $R_E = 5\,\Omega$. Die Leitungs- und Transformatorimpedanzen sollen gegenüber den Erdwiderständen vernachlässigbar klein sein (Bild 6.30).

Welche Spannung nimmt der PEN-Leiter gegen Erde an (Fehlerspannung)?

Lösung:

Der Fehlerstrom ergibt sich zu:

$$I_F = \frac{U_n}{\sqrt{3} \cdot (R_E + R_B)} = \frac{400\,\mathrm{V}}{\sqrt{3} \cdot 7\,\Omega} = 33\,\mathrm{A}$$

Die Spannung des PEN-Leiters gegen Erde entspricht dem Spannungsabfall an R_B:

$$U_F = U_{R_B} = I_F \cdot R_B = 33\,\mathrm{A} \cdot 2\,\Omega = 66\,\mathrm{V}$$

Die Fehlerspannung ist also größer als die zulässige Berührungsspannung von 50 V, ohne dass eine Abschaltung erfolgen muss. Damit bei $R_B = 2\,\Omega$ die Fehlerspannung den Wert von 50 V nicht übersteigt, darf der Erdschlussübergangswiderstand entsprechend der Spannungsteilergleichung folgenden Wert nicht unterschreiten:

$$\frac{U_F}{\frac{U_n}{\sqrt{3}}} = \frac{R_B}{R_E + R_B} \quad \Rightarrow \tag{6.13}$$

$$R_E = R_B \cdot \left(\frac{U_n}{\sqrt{3} \cdot U_F} - 1 \right) = 2\,\Omega \cdot \left(\frac{400\,\mathrm{V}}{\sqrt{3} \cdot 50\,\mathrm{V}} - 1 \right) = 7{,}2\,\Omega \tag{6.14}$$

■

Ist R_B kleiner als $2\,\Omega$, sind nach Gleichung (6.14) auch kleinere Erdschlussübergangswiderstände zulässig. Man kann nun davon ausgehen, dass Erdschlüsse mit einem Übergangswiderstand $< 7\,\Omega$ nur selten vorkommen. Außerdem sind alle guten Erder mit dem PEN-Leiter zu verbinden. Somit ist die Wahrscheinlichkeit gering, dass Erdschlüsse über sehr kleine Erdungswiderstände auftreten und die Fehlerspannung den Grenzwert der Berührungsspannung von 50 V übersteigt.

Setzt man voraus, dass in den Verbraucheranlagen, die von dem erdschlussbehafteten Netz versorgt werden, der Hauptpotentialausgleich vorschriftsmäßig durchgeführt ist, ist anzunehmen, dass auch dann, wenn die Fehlerspannung 50 V übersteigt, die Berührungsspannung unter dem Wert von 50 V bleiben wird.

Trotzdem muss nach DIN VDE 0100 Teil 410 bzw. ÖVE ÖNORM E 8101-4-41 für außergewöhnliche Fälle, z.B. für Freileitungen folgende Bedingung – die sich aus Gleichung (6.14) ergibt – erfüllt sein:

$$\frac{R_B}{R_E} \leq \frac{50\,\mathrm{V}}{U_0 - 50\,\mathrm{V}} \tag{6.15}$$

Darin bedeuten:

- R_B Gesamterdungswiderstand aller parallel geschalteten Erder (einschließlich derjenigen des Versorgungsnetzes).
- R_E Kleinster Erdübergangswiderstand der nicht mit einem Schutzleiter verbundenen fremden leitfähigen Teile, über die ein Fehler zwischen Außenleiter und Erde entstehen kann.
- U_0 Nennwechselspannung gegen Erde.

Übung 6.11

Berechnen Sie bei Erdschluss eines Außenleiters die Strangspannungen der gesunden Außenleiter, wenn die Fehlerspannung am PEN-Leiter 50 V beträgt.

Zeichnen Sie das Zeigerdiagramm aller Spannungen.

Unterbrechung des PEN-Leiters

In der Vergangenheit war eine Unterbrechung des PEN-Leiters sehr gefürchtet. Der Grund dafür lag darin, dass bei einer PEN-Leiter-Unterbrechung nicht allein die Schutzmaßnahme aufgehoben wird, sondern vielmehr bei allen hinter der Fehlerstelle liegenden Betriebsmitteln praktisch die Strangspannung als Fehlerspannung anstehen kann (Bild 6.31). Entschärft wird diese Gefahr durch den heute allgemein vorgeschriebenen Hauptpotentialausgleich.

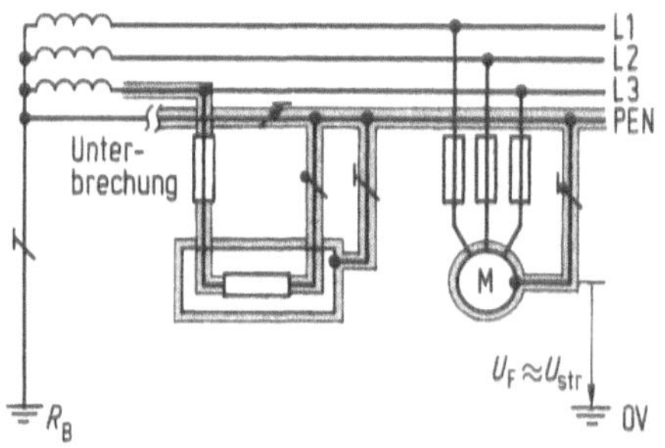

Bild 6.31
Fehlerspannung bei Unterbrechung des PEN-Leiters

Als weitere Vorbeugungsmaßnahme wird bei einem Leiterquerschnitt < 10 mm² Cu die Verlegung eines besonderen Schutzleiters gefordert (TN-S-Netzsystem). Damit ist eine Unterbrechung des Schutzleiters natürlich immer noch möglich. Es besteht jedoch nicht mehr die Gefahr, dass hierdurch eine hohe Fehlerspannung auf fehlerfreie Betriebsmittel übertragen wird.

Bei Querschnitten ab 10 mm² Cu werden die Leiter und deren Anschlüsse als mechanisch robust genug angesehen, so dass eine Unterbrechung des PEN-Leiters weniger zu befürchten ist (TN-C-Netzsystem).

6.4 Erdungsanlagen

Erder sind metallische Leiter, die in Erdreich oder Beton eingebettet sind und mit der Erde großflächig in Berührung stehen. Werden elektrisch leitfähige Teile mit einem Erder verbunden, so spricht man von „erden“. Je nach Aufgabenstellung unterscheidet man zwischen Betriebserdung, Schutzerdung und Funktionserdung.

- Betriebserdung:
  Erdung eines zum Betriebsstromkreis gehörenden Anlagenteils.
- Schutzerdung:
  Erdung eines nicht zum Betriebsstromkreis gehörenden Anlagenteils zum Schutz von Personen und Nutztieren.
- Funktionserdung:
  Erdung zu anderen Zwecken als die elektrische Sicherheit.

Die Verbindungsleitung zwischen Erder und Anlagenteil ist die Erdungsleitung. Nicht isolierte im Erdreich liegende Verbindungsleitungen sind keine Erdungsleitungen, sondern Teil des Erders. Mehrere Erder oder in gleicher Weise wirkende Metallteile (z.B. Stahlbetonbewehrungen, Rohrleitungen, Kabelmäntel), die miteinander leitend verbunden sind, bilden einschließlich der Erdungsleitungen die Erdungsanlage.

Eine Erdungsanlage besteht aus:

- Erder,
- mit den Erdern leitend verbundenen Metallteilen und
- Erdungsleitungen.

Die Aufgabe eines Erders besteht darin, bei bestimmten Betriebszuständen – im Allgemeinen im Fehlerfall – einen Stromübergang aus dem Leiter in das Erdreich zu ermöglichen. Hierzu werden verschiedene Erderarten, wie Oberflächen-, Fundament- und Tiefenerder angewendet. Oberflächenerder sind Erder, die in mindestens 0,5 bis 1 m Tiefe waagerecht im Erdboden verlegt werden. Besondere Ausführungsarten zeigt Bild 6.32.

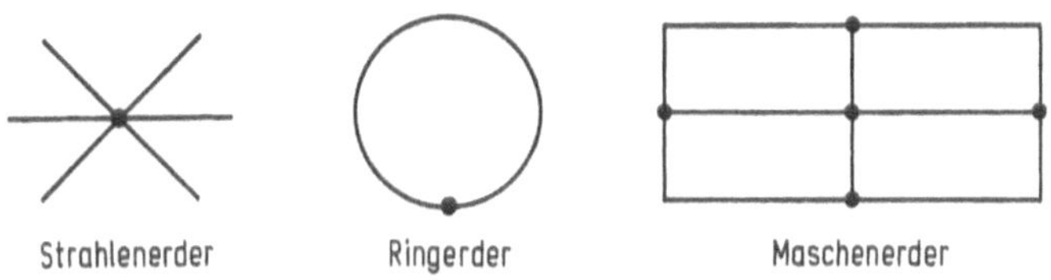

Bild 6.32 Erderarten

Fundamenterder sind Ringerder, die in das Betonfundament eines Gebäudes eingebettet werden. Zu den Tiefenerdern zählen:

- Staberder aus Rohr oder Profilstahl, die in den Erdboden eingetrieben werden.
- Plattenerder aus Stahlblechplatten, die in größerer Tiefe eingegraben werden (selten).

Der Werkstoff und die Abmessungen der Erder sind so auszuwählen, dass sie gegen korrodierende Einflüsse beständig und den mechanischen und thermischen Beanspruchungen gewachsen sind. Als Werkstoff wird feuerverzinkter Stahl mit einer Mindestzinkauflage von 63 µm (Bandstahl) bevorzugt verwendet. Unter besonderen Bedingungen kommen nichtrostender Stahl, Kupfer oder Stahl mit Kupferauflage zur Anwendung. Als Mindestabmessungen sind beispielsweise die Werte der Tabelle 6.4 einzuhalten.

Während in Netzen über 1 kV mit niederohmiger Sternpunkterdung die Bemessung des Erders auch nach der Strombelastbarkeit erfolgen muss (siehe ÖVE/ÖNORM EN 50522 bzw.

Tabelle 6.4 Mindestabmessungen von Stahlerdern bezüglich Korrosion und mechanischer Festigkeit

Erderform	Mindestquerschnitt / Mindestdurchmesser	Mindestdicke	sonst. Bedingungen
Band	90 mm²	3 mm	-
Rundstahl	10 mm	-	waagrecht errichtet
	16 mm	-	senkrecht errichtet
Rohr	25 mm	2 mm	-

DIN VDE 0101-2), ist dies in Niederspannungsanlagen bei den in Tabelle 6.4 gegebenen Mindestabmessungen im Allgemeinen nicht erforderlich. Die Planung von Erdungsanlagen wird durch die Forderung bestimmt, einen möglichst geringen Erdungswiderstand zu erreichen. Im Folgenden soll daher die Abhängigkeit des Erdungswiderstandes von den verschiedenen Faktoren beleuchtet werden.

Grundsätzlich kann gesagt werden, dass der Erdungswiderstand von der Art und Beschaffenheit des Erdreichs, also vom spezifischen Widerstand des Erdbodens, und von den Abmessungen und der Anordnung der Erder bestimmt wird. Der spezifische Widerstand ρ_E wird in $\frac{\Omega \cdot m^2}{m} = \Omega \cdot m$ angegeben. Er schwankt je nach Bodenzusammensetzung und -feuchtigkeit. In Tabelle 6.5 sind einige Anhaltswerte angegeben. Für Berechnungen legt man sicherheitshalber die oberen Werte der Tabelle zugrunde.

Tabelle 6.5 Spezifische Erdwiderstände für verschiedene Bodenarten

Bodenart	Spezifischer Erdwiderstand ρ_E in $\Omega \cdot m$
Moorboden	5 bis 40
Lehm, Ton, Humus	20 bis 200
Sand	200 bis 2500
Gebirge	
Verwittertes Gestein	meist unter 1000
Granit	2000 bis 3000

Die Abmessungen und Anordnung der Erder bestimmen die Stromverteilung und den Potentialverlauf der Erder und damit den Erdungswiderstand. Folgende Überlegungen sollen die Verhältnisse verdeutlichen:

Wird z.B. infolge eines Isolationsfehlers ein Fehlerstrom über einen Erder abgeleitet, so breitet sich der Strom über die Oberfläche des Erders verteilt nach allen Seiten in das Erdreich aus. Der Widerstand wird umso geringer sein, je größer die Oberfläche des Erders bzw. je großflächiger die Berührung mit der Erde ist. Der Erdungswiderstand wird also umso kleiner, je größer die Stromaustrittsfläche ist. Auch die Stromverteilung wird in Erdernähe von dessen Form und Oberflächengröße abhängen, während dieser Einfluss mit zunehmendem Abstand abnimmt.

Da der Ausbreitungsquerschnitt mit zunehmendem Abstand vom Erder zunimmt, muss die Widerstandszunahme und damit auch der Spannungsabfall immer geringer werden. Das heißt, in der Nähe des Erders wird zunächst der Spannungsabfall groß sein, während er mit zunehmendem Abstand vom Erder kleiner wird. Die Zusammenhänge lassen sich am einfachsten mathematisch darstellen, wenn man einen halbkugelförmigen Erder betrachtet (Bild 6.33), der allerdings in der Praxis nicht verwendet wird. Die grundsätzlichen Aussagen, die sich daraus ableiten, lassen dennoch Rückschlüsse auf die technisch ausgeführten Erderarten zu.

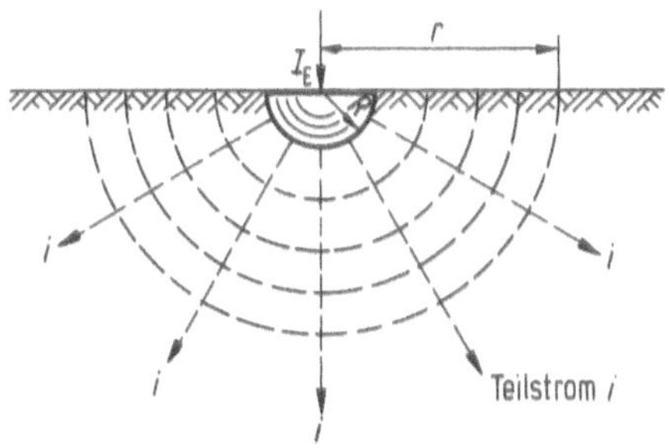

Bild 6.33
Stromverteilung bei einem Halbkugelerder

Zur Durchführung der Betrachtung wird der spezifische Erdwiderstand ρ_E als konstant und das den Erder umgebende Erdreich als homogen vorausgesetzt. Bei dem angenommenen Halbkugelerder tritt der Strom radial gleichmäßig verteilt von der Kugeloberfläche in das Erdreich ein und erzeugt im Erdreich ein Potentialgefälle.

Stellt man sich das umgebende Erdreich in konzentrischen Kugelschalen mit unendlich kleiner Dicke vor, so ist die Stromaustrittsfläche (Stromaustrittsquerschnitt) für jeden Abstand r die Oberfläche einer Halbkugel mit dem Radius r. Es gilt:

$$A = 2 \cdot \pi \cdot r^2$$

Die Stromdichte ist auf einer konzentrischen Kugelschale konstant. Somit ergibt sich:

$$S_r = \frac{I_E}{A} = \frac{I_E}{2 \cdot \pi \cdot r^2} \tag{6.16}$$

Aus der Gleichung geht hervor, dass die Stromdichte proportional mit dem Quadrat der Entfernung vom Erder geringer wird. Für die elektrische Feldstärke (Spannungsabfall je Längenelement) gilt:

$$E_r = \frac{\Delta U}{\Delta r} = S_r \cdot \rho_E \tag{6.17}$$

Damit ist:

$$\Delta U = I_E \cdot \frac{\rho_E \cdot \Delta r}{2 \cdot \pi \cdot r^2} = I_E \cdot \Delta R_E \tag{6.18}$$

Der Quotient $\frac{\rho_E \cdot \Delta r}{2 \cdot \pi \cdot r^2}$ stellt das Widerstandselement (Teilwiderstand) ΔR_E dar, an dem der Spannungsabfall ΔU entsteht. Den Gesamtwiderstand R_E, an dem die gesamte Spannung abfällt, erhält man durch Summenbildung aller Widerstandselemente ΔR_E von der Oberfläche des Halbkugelerders mit dem Radius R bis zu einem entsprechend weit entfernten Punkt r_x zu:

$$R_E = \frac{\rho_E}{2 \cdot \pi} \cdot \sum_{R}^{r_x} \frac{\Delta r}{r^2}$$

Mit Hilfe der Integralrechnung ergibt sich:

$$R_E = \frac{\rho_E}{2 \cdot \pi} \cdot \left(\frac{1}{R} - \frac{1}{r_x} \right) \tag{6.19}$$

Stellt man nach Gleichung (6.19) R_E in Abhängigkeit von r_x in einem Diagramm dar, so erhält man bei einem spezifischen Erdwiderstand $\rho_E = 100\,\Omega \cdot \text{m}$ und für einen Radius des Halbkugelerders von $R = 1\,\text{m}$ den Kurvenverlauf in Bild 6.34.

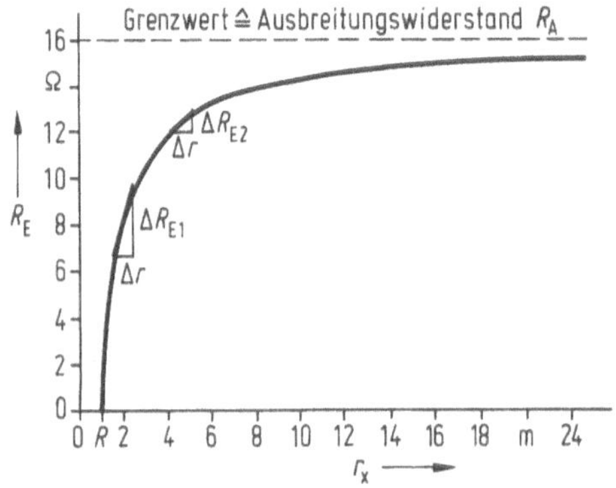

Bild 6.34
Widerstand des Erdreichs R_E in Abhängigkeit vom Abstand r_x

Wie man erkennt, nähert sich die Widerstandskennlinie einem bestimmten Grenzwert, der theoretisch erst für einen unendlich weit entfernten Punkt des Erdreichs erreicht wird. Diesen Grenzwert des Widerstandes nennt man den Ausbreitungswiderstand R_A des Erders. Er ergibt sich für $r_x \rightarrow \infty$ aus Gleichung (6.19) zu:

$$R_A = \frac{\rho_E}{2 \cdot \pi \cdot R} \tag{6.20}$$

$$R_A = \frac{100\,\Omega \cdot \text{m}}{2 \cdot \pi \cdot 1\,\text{m}} = 16\,\Omega$$

Bild 6.34 zeigt außerdem, dass die Widerstandsänderung ΔR_E mit zunehmendem Abstand von der Erderoberfläche kleiner wird. Damit muss auch der Spannungsabfall ΔU kleiner werden. Die gesamte Spannung am Ausbreitungswiderstand des Erders – die sogenannte Erdungsspannung – ergibt sich zu:

$$U_E = R_A \cdot I_E = \frac{\rho_E}{2 \cdot \pi \cdot R} \cdot I_E \tag{6.21}$$

Für einen Erdungsstrom von 100 A erhält man damit $U_E = 16\,\Omega \cdot 100\,\text{A} = 1600\,\text{V}$.

Theoretisch nimmt der Erder diese Spannung gegen einen unendlich weit entfernten Punkt an. Praktisch zeigt sich aber, dass bereits in einem Abstand von etwa 20 m vom Erder (je nach der räumlichen Ausdehnung des Erders) kein Potentialunterschied mehr feststellbar ist. Dieser Teil der Erde, dessen Potential sich durch den Erdungsstrom I_E nicht mehr ändert, wird als „ideelle Erde" oder als „Bezugserde" bezeichnet. Im Bereich der Bezugserde kann also keine Potentialdifferenz (Spannungsabfall) mehr auftreten. Man ordnet diesem Bereich daher das Potential Null $(\varphi = 0)$ zu.

> **!** Nach DIN VDE 0100 Teil 200 bzw. ÖVE/ÖNORM E 8101-2 ist die Bezugserde der elektrisch leitfähig angesehene Teil der Erde, der außerhalb des Einflussbereichs von Erdungsanlagen liegt und dessen elektrisches Potential vereinbarungsgemäß gleich null gesetzt wird. ■

Der Spannungsverlauf ist in Abhängigkeit vom Abstand r_x in Bild 6.35 entsprechend Gleichung (6.19) für einen Erdungsstrom von 100 A, einem spezifischen Erdwiderstand von 100 Ω · m und einem Radius des Erders von $R = 1$ m graphisch dargestellt.

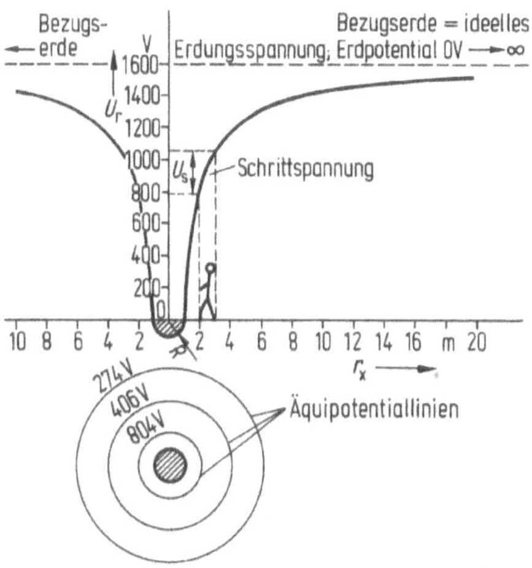

Bild 6.35 Spannungstrichter und Potentialfeld eines Halbkugelerders

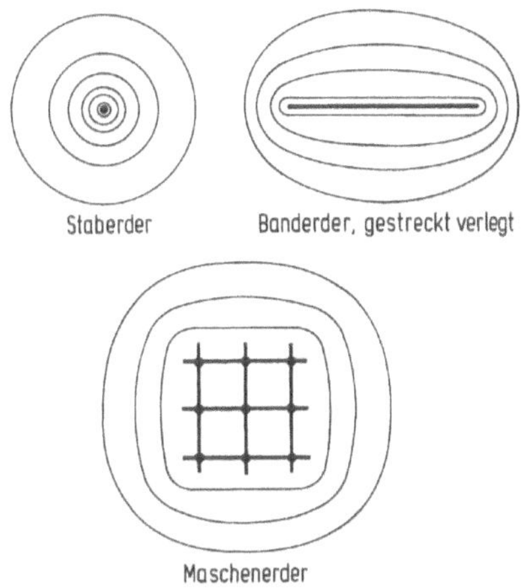

Bild 6.36 Potentialfeld von Erdern

Man muss sich nun vergegenwärtigen, dass dieser Spannungsverlauf radial in jeder Richtung um den Erder herum gilt. Damit ergibt sich das Raumbild eines Trichters. Man bezeichnet deshalb den Spannungsverlauf um den Erder als „Spannungstrichter". Wie man erkennt, ist der Spannungsabfall in der näheren Umgebung des Erders groß, um dann mit zunehmender Entfernung langsam abzunehmen. Verbindet man in der Draufsicht des Spannungstrichters alle Punkte gleichen Potentials, so ergeben sich für den Halbkugelerder konzentrische Äquipotentiallinien.

Je nach Bauart des Erders haben die Äquipotentiallinien und somit auch die Spannungstrichter verschiedene Formen. Ist das Potentialfeld um einen Erder z.B. durch Messung bekannt, so lässt sich hieraus auf die Lage und die Bauart des verwendeten Erders schließen. Bild 6.36 zeigt die Potentialfelder verschiedener Erderarten.

Ein Mensch, der im Potentialfeld eines Erders ausschreitet, überbrückt mit seinen Beinen dabei die sogenannte „Schrittspannung" U_S (Bild 6.35). Die höchsten Schrittspannungen treten in der Nähe des Erders auf. Nimmt man als Schrittweite 1 m an, so ergibt sich im Abstand $r_1 = 2$ m vom Erdermittelpunkt eine Schrittspannung von:

$$U_S = I_E \cdot \frac{\rho_E}{2 \cdot \pi} \cdot \left(\frac{1}{r_1} - \frac{1}{r_2} \right) \qquad (6.22)$$

$$U_S = 100\,\text{A} \cdot \frac{100\,\Omega \cdot \text{m}}{2 \cdot \pi} \cdot \left(\frac{1}{2\,\text{m}} - \frac{1}{3\,\text{m}}\right) = 265{,}26\,\text{V}$$

Die Schrittspannungen können besonders in Hochspannungsanlagen eine gefährliche Größe annehmen. Durch zusätzliche Erder lassen sich die Schrittspannungen vermindern. Die Erder werden dazu im Allgemeinen als Ringerder um den Haupterder verlegt und mit diesem leitend verbunden. Häufig verlegt man dabei die Ringerder, die auch Steuererder genannt werden, in nach außen zunehmend größerer Tiefe (Bild 6.37). Diese Maßnahme der Potentialbeeinflussung nennt man Potentialsteuerung.

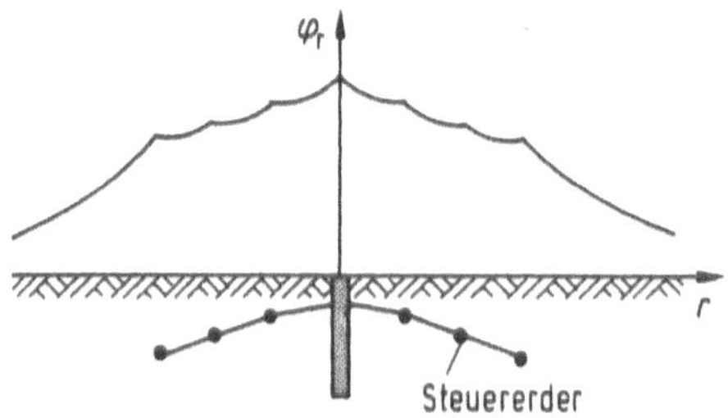

Bild 6.37
Potentialsteuerung

> Die Potentialsteuerung verhindert, dass gefährliche Schrittspannungen auftreten.

In Niederspannungs-Verbraucheranlagen wird die Potentialsteuerung z.B. in Schwimmbädern und zum Schutz von Nutztieren in Stallungen landwirtschaftlicher Betriebsstätten angewendet.

Übung 6.12

Das Fundament eines Hochspannungsmastes kann man idealisiert als Halbkugelerder auffassen. Bei einem Blitzschlag werden 20 kA durch den Mast zur Erde abgeleitet.

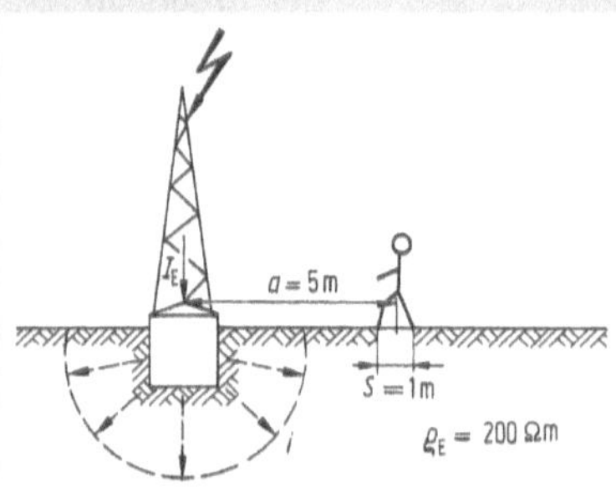

a) Wie groß ist die Erderspannung, wenn der Erderdurchmesser mit 1,8 m angenommen wird?
b) Wie groß ist der Körperstrom im Abstand $a = 5\,\text{m}$, wenn man einen Widerstand des menschlichen Körpers von $1000\,\Omega$ und eine Schrittweite von 1 m voraussetzt?

Die vorstehenden Ausführungen bezogen sich wegen der relativ leichten mathematischen Berechenbarkeit hauptsächlich auf halbkugelförmige Erder. Praktisch kommt der Halbkugelerder, wie schon erwähnt, jedoch nicht vor.

Häufig angewendete Erderarten sind Staberder, Ringerder und Fundamenterder. Ohne Ableitung sollen für diese Erderarten nachfolgend die Berechnungsgleichungen für den Ausbreitungswiderstand angegeben werden.

Staberder

$$R_A = \frac{\rho_E}{2 \cdot \pi \cdot l} \cdot \ln \frac{4 \cdot l}{d} \tag{6.23}$$

l wirksame Länge des Erders
d Stabdurchmesser

Näherungsweise kann folgende Formel angewendet werden:

$$R_A \approx \frac{\rho_E}{l} \tag{6.24}$$

Banderder, Fundamenterder

$$R_A = \frac{\rho_E}{\pi \cdot l} \cdot \ln \frac{2 \cdot l}{d} \tag{6.25}$$

l Erderlänge (bei Fundamenterdern ist der Umfang des Erders einzusetzen)
d Durchmesser eines oberflächengleichen Runddrahtes

Als Näherungsformeln gelten:

$$\text{für } l \leqq 10\,\text{m} \qquad R_A \approx \frac{2 \cdot \rho_E}{l} \tag{6.26}$$

$$\text{für } l > 10\,\text{m} \qquad R_A \approx \frac{3 \cdot \rho_E}{l} \tag{6.27}$$

Es soll noch darauf hingewiesen werden, dass genau genommen der Erdungswiderstand die Summe aus dem Widerstand der Erdungsleitung und dem Ausbreitungswiderstand ist. Der Widerstand der Erdungsleitung ist jedoch in der Regel selbst bei kleinen Leiterquerschnitten vernachlässigbar klein, so dass Erdungswiderstand und Ausbreitungswiderstand im Allgemeinen gleichgesetzt werden können.

Beispiel 6.3

Für ein Gebäude mit der Länge $l = 20\,\text{m}$ und der Breite $b = 15\,\text{m}$ ist der Ausbreitungswiderstand eines Fundamenterders aus Bandstahl 30 mm x 3,5 mm zu bestimmen. Der spezifische Erdwiderstand wird für Lehmboden mit $\rho_E = 200\,\Omega \cdot \text{m}$ angenommen.

Lösung:

Mit Gleichung (6.25) ergibt sich:

$$R_A = \frac{\rho_E}{\pi \cdot 2 \cdot (l+b)} \cdot \ln \frac{4 \cdot (l+b)}{d}$$

Für ein Band mit der Breite b und der Dicke s ergibt sich der äquivalente Durchmesser d zu:

$$d = \frac{2 \cdot (b+s)}{\pi} = \frac{2 \cdot (30+3,5)\,\text{mm}}{\pi} = 21,33\,\text{mm}$$

$$R_A = \frac{200\,\Omega \cdot \text{m}}{\pi \cdot 70\,\text{m}} \cdot \ln \frac{140\,\text{m}}{0,021\,\text{m}} = 8\,\Omega$$

Die Überschlagsrechnung nach Gleichung (6.27) ergibt:

$$R_A \approx \frac{3 \cdot \rho_E}{l} = \frac{3 \cdot 200\,\Omega\text{m}}{70\,\text{m}} = 8{,}6\,\Omega$$

Übung 6.13

Innerhalb welcher Grenzen wird der Ausbreitungswiderstand in Sandboden liegen, wenn ein Rohrerder aus 2 Zoll verzinktem Stahlrohr mit 3 m wirksamer Länge verwendet wird?

Übung 6.14

Wie ändert sich der Ausbreitungswiderstand in Übung 6.13, wenn ein weiterer gleicher Rohrerder außerhalb des Spannungstrichters des ersten Erders gesetzt wird?

6.5 Lernzielorientierter Test zu Kapitel 6

1. Welche Schutzmaßnahmen können zum Schutz bei indirektem Berühren angewendet werden?
2. Welche Schutzeinrichtungen können im IT-Netzsystem zur automatischen Abschaltung der Stromversorgung eingesetzt werden?
3. Geben Sie die ungefähren Grenzwerte der Wirkungsbereiche des elektrischen Stromes auf den menschlichen Körper für $t \geqq 10\,\text{s}$ an.
4. Welche Faktoren beeinflussen die Körperimpedanz?
5. Skizzieren Sie ein Ersatzschaltbild des menschlichen Körperwiderstandes.
6. Welche Widerstände können außer dem Körperwiderstand die Höhe des Körperstromes wesentlich beeinflussen?
7. Im TN-Netz 400 V, 50 Hz wird von einer Person, $Z_K = 1000\,\Omega$, die auf einem PVC-Boden mit $R_{st} = 200\,\text{k}\Omega$ steht, aus Versehen ein Außenleiter berührt.
   Wie groß sind Fehlerstrom und Berührungsspannung?
8. Erklären Sie, weshalb im IT-Netz die Bedingung $R_A \cdot I_F \leqq U_L$ erfüllt sein muss.

9. Welche Fehlerspannung ergibt sich bei der Fehlerkonstellation des dargestellten Netzes für $R_B / R_A = 2$?

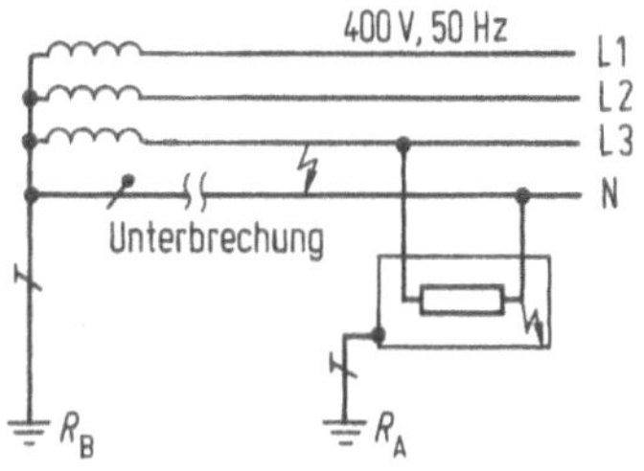

Anmerkung:
Die Impedanzen des Transformators und der Leitungen sind zu vernachlässigen.

10. Gegeben ist folgende Fehlerkonstellation in einem TT-Netz:

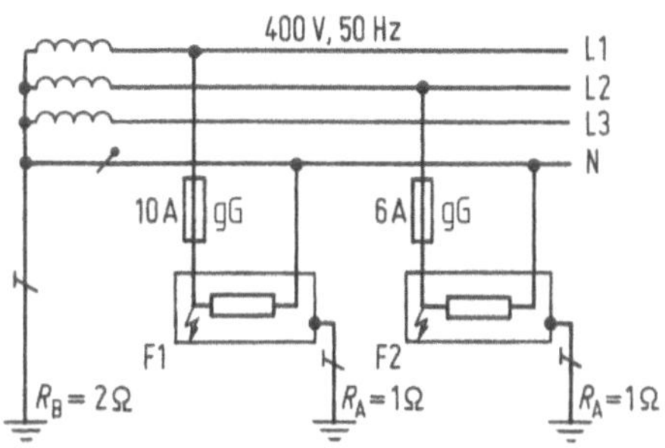

Anmerkung:
Die Impedanzen des Transformators und der Leitungen sind zu vernachlässigen.

a) Berechnen Sie den Fehlerstrom, wenn nur der Fehler F1 auftritt.

b) Welche Fehlerspannung steht hierbei an?

c) Berechnen Sie die Fehlerströme bei gleichzeitigem Auftreten der Fehler F1 (Körperschluss der Phase L1) und F2 (Körperschluss der Phase L2).

d) Zeichnen Sie das Zeigerdiagramm der Ströme.

e) Wie groß sind beim Auftreten beider Fehler die Fehlerspannungen?

f) Ermitteln Sie die maximale Ausschaltzeit beider Sicherungen.

11. Weshalb sind Überstromschutzorgane im TT-Netzsystem zum Schutz bei indirektem Berühren nur selten anwendbar?

12. Im TN-Netz 400 V, 50 Hz wird ein Stromkreis mit einem LS-Schalter C 16 A abgesichert, die Schleifenimpedanz der Anlage wird zu 1,9 Ω gemessen.
Entspricht die Anlage den normativen Vorgaben, wenn die Ausschaltzeit 0,4 s betragen darf?

13. Weisen Sie die Einhaltung der Abschaltbedingung für folgende Netzanordnung nach!

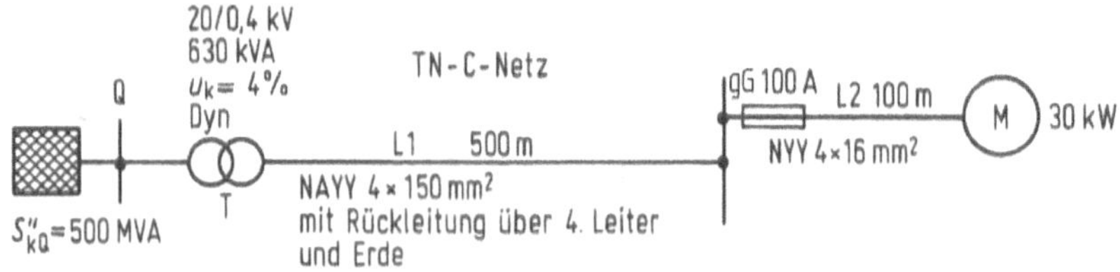

14. Weshalb nimmt die vom Spannungsmesser angezeigte Spannung in der dargestellten Messschaltung mit zunehmender Entfernung vom Erder ab?

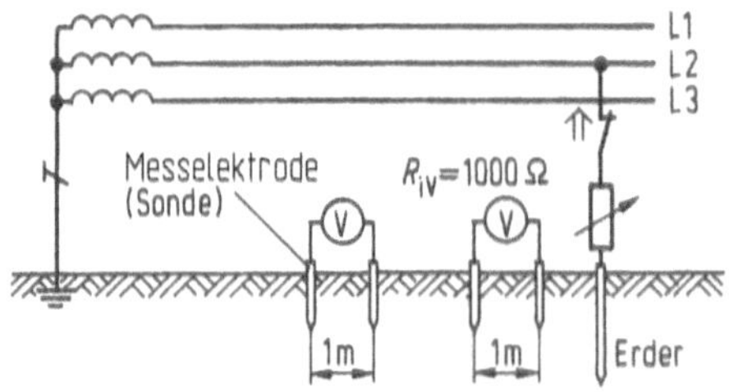

15. Im TN-C-S-Netz 400 V, 50 Hz wird an einer Schukosteckdose eine Spannung von 224 V gemessen. Bei Belastung mit 10 A sinkt die Spannung an der Steckdose auf 218 V. Der Steckdosenstromkreis ist mit einem LS-Schalter B 16 A abgesichert.
Entspricht die Anlage den normativen Vorgaben?

7 Kompensationsanlagen

Lernziele

Nach Durcharbeitung dieses Kapitels können Sie

- die Einrichtung von Kompensationsanlagen begründen,
- die Kompensation mittels Kondensatoren erläutern,
- die Gefahr einer Überkompensation begründen,
- die Kompensationsarten unterscheiden sowie ihre Vorteile und Nachteile aufzeigen,
- Kompensationsanlagen bemessen,
- das Entstehen induktiver Blindleistung durch Stromrichter begründen,
- die Netzrückwirkung durch Stromrichter erklären und Maßnahmen zu deren Begrenzung beschreiben,
- die Resonanzfähigkeit von Netzen berechnen,
- die Auswirkungen von Saug- und Filterkreisen auf Tonfrequenzsignale in Netzen aufzeigen.

7.1 Allgemeines

Die elektrische Energie muss nicht nur in ausreichender Menge dem Abnehmer zur Verfügung gestellt, sondern auch mit möglichst geringen Verlusten und geringsten Kosten übertragen werden. Man muss deshalb dafür Sorge tragen, dass der Einfluss von Faktoren, welche die Verluste erhöhen, möglichst ausgeschlossen, zumindest aber gering gehalten wird. Wesentlichen Einfluss auf die Verluste hat die Blindleistung, die über die Leitungen transportiert werden muss, ohne dass sie in nutzbare Arbeit umgewandelt werden kann. Einrichtungen zur Blindleistungskompensation reduzieren die Blindleistung in den Speiseleitungen (Bild 7.1). Die Zusammenhänge sollen nachfolgend erläutert werden.

Netze können nur mit einem bestimmten Strom belastet werden und damit nur eine bestimmte Scheinleistung $\underline{S} = \underline{U} \cdot \underline{I}^*$ übertragen. Wie Bild 7.2 zeigt, ist bei gegebener Scheinleistung der Anteil der nutzbaren Wirkleistung um so größer, je geringer der Anteil der Blindleistung ist. Mit abnehmendem Phasenwinkel φ nimmt der Anteil der übertragbaren Wirkleistung zu. Maximale Wirkleistung kann bei $\varphi = 0$ bzw. $\cos\varphi = 1$ übertragen werden.

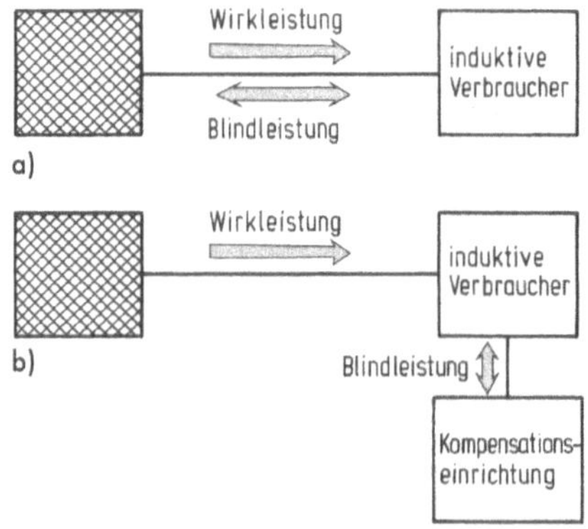

Bild 7.1 Prinzip der vollständigen Kompensation:
a) unkompensierte Anlage
b) kompensierte Anlage

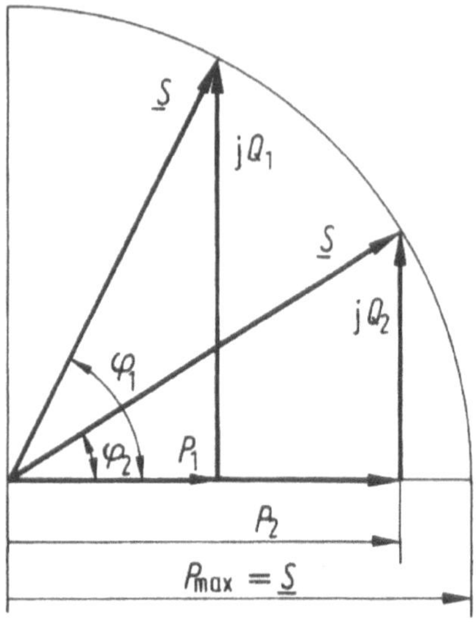

Bild 7.2 Übertragbare Wirkleistung bei gegebener Scheinleistung und unterschiedlicher induktiver Blindleistung

Wird also der Phasenwinkel kleiner bzw. der Leistungsfaktor größer, so bedeutet das, dass anstelle von Blindleistung zusätzlich Wirkleistung übertragen werden kann.

Bei gleichbleibender Wirkleistungsentnahme und einem Blindleistungsaustausch unmittelbar am induktiven Verbraucher (Bild 7.1) verringert sich die zu übertragende Scheinleistung. Damit werden der Scheinstrom, der Spannungsabfall und die Leistungsverluste kleiner (Bild 7.3). Das Netz wird also bei sinkenden Verlusten entlastet.

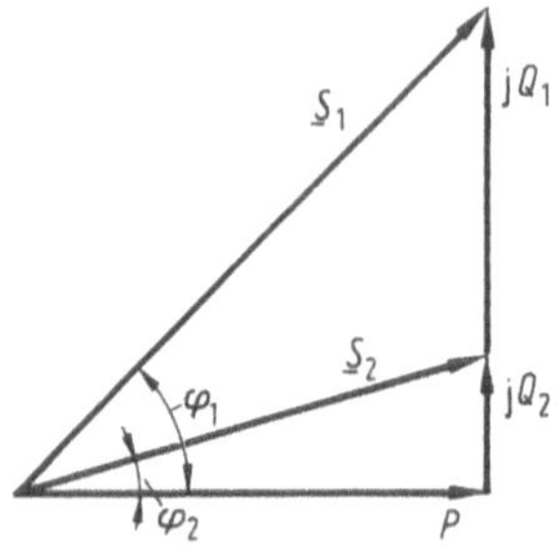

Bild 7.3
Übertragene Scheinleistung bei gegebener Wirkleistung und unterschiedlicher induktiver Blindleistung

Einrichtungen zur Blindleistungskompensation kommt die Aufgabe zu, die Blindleistungsversorgung möglichst nahe am Abnehmer sicherzustellen, so dass:

- der Anteil der übertragbaren Wirkleistung möglichst groß ist,
- die Übertragungsverluste bei gegebener Wirkleistung möglichst gering sind.

So verlangen die EVU z.B. von ihren Kunden, dass der Energiebezug mit einem Leistungsfaktor zwischen $\cos\varphi = 0,8$ induktiv und $\cos\varphi = 0,9$ kapazitiv erfolgen muss. (Für Sonderabnehmer gelten besondere Regelungen.) Geschieht dies nicht, wird der Bezug von „Blindenergie“ in Rechnung gestellt (Blindarbeitszähler). Die Einrichtung von Anlagen zur Blindleistungskompensation kann somit für den Abnehmer eine Senkung der elektrischen Energiekosten bewirken.

Induktive Blindleistung kann kompensiert werden durch:

- Kondensatoren,
- leistungselektronische Kompensatoren,
- Synchronmaschinen.

Eine wirtschaftliche Maßnahme der Blindleistungskompensation ist die Installation von Kondensatoren, die einen hohen und noch wachsenden Anteil an der Bereitstellung der benötigten Blindleistung haben. Die nachfolgend durchgeführten Überlegungen konzentrieren sich daher auf die Blindleistungskompensation durch Kondensatoren.

7.2 Kompensation bei sinusförmigen Strömen

Kondensatoren können induktive Blindleistung kompensieren, weil die kapazitive Blindleistung gegenüber der induktiven Blindleistung um 180 ° verschoben ist. Wählt man die kapazitive Blindleistung genauso groß wie die induktive Blindleistung, dann wird ihre Summe zu jedem Zeitpunkt gleich Null (Bild 7.4).

Die Blindleistung pendelt periodisch in der Leitung zwischen Kondensator und induktivem Verbraucher hin und her. Elektrische Feldenergie wird in magnetische Feldenergie umgewandelt und umgekehrt (Schwingkreis). Das Netz wird durch diesen ständigen Austausch von Blindleistung entlastet.

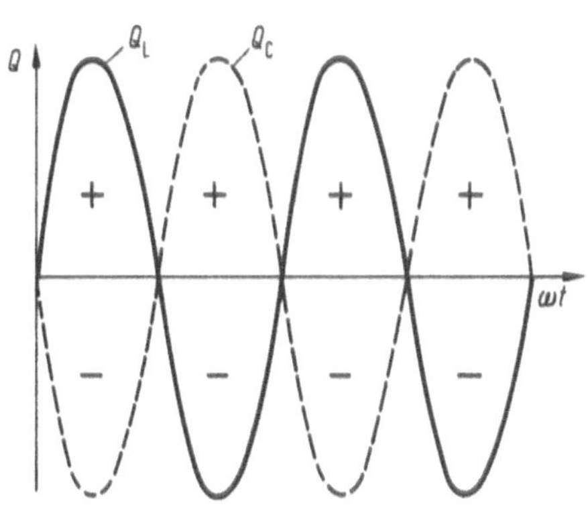

Bild 7.4
Überlagerung von induktiver und kapazitiver Blindleistung

Beispiel 7.1

In einem Betrieb zeigt der Leistungsmesser durchschnittlich 85 kW an, während auf dem Leistungsfaktormesser $\cos\varphi_1 = 0{,}75$ abgelesen wird.

a) Welche Kondensatorleistung ist zur vollständigen Kompensation ($\cos\varphi = 1$) erforderlich?
b) Welche Kondensatorleistung ist notwendig, wenn eine Kompensation auf $\cos\varphi_2 = 0{,}9$ vorgenommen wird?
c) Welche Kapazität müssen Kondensatoren bei einer Spannung des Drehstromnetzes von 400 V, $f = 50\,\text{Hz}$ und $\cos\varphi_2 = 0{,}9$ für Dreieckschaltung bzw. Sternschaltung haben?

Lösung:

a) Für vollständige Kompensation muss $Q_\text{C} = Q_\text{L}$ sein. Somit ist:

$$Q_\text{C} = P \cdot \tan\varphi_1 \tag{7.1}$$

$$Q_\text{C} = 85\,\text{kW} \cdot \tan 41{,}41° = 74{,}96\,\text{kvar}$$

b) Es wird das Zeigerdiagramm nach Bild 7.5 gezeichnet. Daraus ergibt sich:

$$Q_\text{C} = P \cdot (\tan\varphi_1 - \tan\varphi_2) \tag{7.2}$$

$$Q_\text{C} = 85\,\text{kW} \cdot (\tan 41{,}41° - \tan 25{,}84°) = 33{,}8\,\text{kvar}$$

Die Kompensationsblindleistung kann auch in Abhängigkeit von $\cos\varphi_1$ für verschiedene $\cos\varphi_2$ Diagrammen entnommen werden (Bild 7.6).

c) Es gilt allgemein:

$$Q_\text{C} = \frac{U_\text{C}^2}{X_\text{C}} = U_\text{C}^2 \cdot \omega \cdot C \quad \text{und damit:} \tag{7.3}$$

$$C = \frac{Q_\text{C}}{U_\text{C}^2 \cdot \omega} \tag{7.4}$$

Im Drehstromsystem ist die gesamte Blindleistung Q_C gleich der Summe der Blindleistungen der drei Stränge $Q_\text{C} = 3 \cdot Q_{\text{C Str}}$. Damit erhält man für die Kapazität je Strang bei Dreieckschaltung:

$$C_{\text{Str}\Delta} = \frac{Q_\text{C}}{3 \cdot U_\text{n}^2 \cdot \omega} \tag{7.5}$$

$$C_{\text{Str}\Delta} = \frac{33{,}8 \cdot 10^3\,\text{var}}{3 \cdot (400\,\text{V})^2 \cdot 2 \cdot \pi \cdot 50\,\text{Hz}} = 224\,\mu\text{F}$$

Die Kapazität je Strang bei Sternschaltung ergibt sich zu:

$$C_{\text{Str Y}} = \frac{Q_\text{C}}{3 \cdot \left(\frac{U_\text{n}}{\sqrt{3}}\right)^2 \cdot \omega} = \frac{Q_\text{C}}{U_\text{n}^2 \cdot \omega} \tag{7.6}$$

$$C_{\text{Str Y}} = \frac{33{,}8 \cdot 10^3\,\text{var}}{(400\,\text{V})^2 \cdot 2 \cdot \pi \cdot 50\,\text{Hz}} = 672\,\mu\text{F}$$

Damit ist: $C_\text{Y} = 3 \cdot C_\Delta$ (7.7)

■

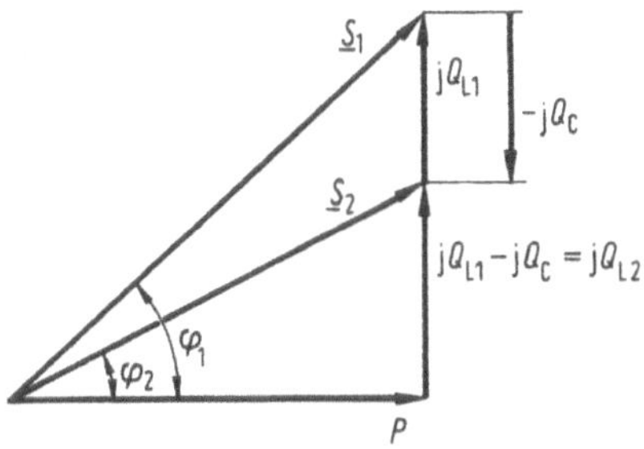

Bild 7.5 Zeigerdiagramm zur Berechnung der Kompensationsblindleistung

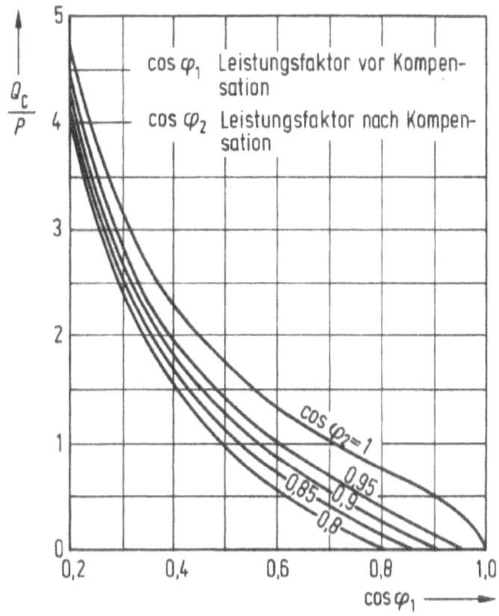

Bild 7.6 Diagramm zur Ermittlung der Kompensationsblindleistung

Wie aus dem Beispiel hervorgeht, wird für die vollständige Kompensation ($74,96\,\text{kvar} - 33,8\,\text{kvar} = 41,16\,\text{kvar}$) 22 % mehr Kompensationsleistung benötigt als bei der Kompensation auf $\cos\varphi_2 = 0,9$. Die Scheinleistung verringert sich dabei von $S_2 = \frac{P}{\cos\varphi_2} = \frac{85\,\text{kW}}{0,9} = 94,4\,\text{kVA}$ auf $P = S = 85\,\text{kVA}$.

Für eine Verringerung der Scheinleistung um 9,4 kVA≙10 % ist demnach 22 % mehr Kompensationsleistung erforderlich. Eine Kompensation auf $\cos\varphi_2 = 1$ ist somit unwirtschaftlich. Zudem ist sie aus technischen Gründen zu vermeiden, da sich bei veränderten Lastverhältnissen (z.B. abnehmender Blindlast) eine Überkompensation ergeben würde.

> Eine Kompensation auf $\cos\varphi = 1$ ist wegen der Gefahr der Überkompensation zu vermeiden.

Das Beispiel zeigt weiter, dass bei der Dreieckschaltung der Kondensatoren nur ein Drittel der Kapazität gegenüber der Sternschaltung erforderlich ist. Aus diesem Grund wird die Dreieckschaltung bevorzugt angewendet.

Betriebliche Gegebenheiten und wirtschaftliche Gesichtspunkte, worauf im Folgenden noch eingegangen wird, bedingen drei Arten der Kompensation:

- Einzelkompensation,
- Gruppenkompensation,
- Zentralkompensation.

In größeren Anlagen kommen häufig alle genannten Kompensationsarten gemeinsam vor. Bild 7.7 zeigt die Kompensationsanlage eines Betriebes mit Einzelkompensation des Transformators und größerer Motoren, Gruppenkompensation der Beleuchtungsanlage sowie Zentralkompensation mit 5-stufiger Regelanlage.

Übung 7.1

Erklären Sie anhand des Zeigerdiagramms der Spannungen, welche Gefahr eine Überkompensation mit sich bringt. Legen Sie dabei die Ersatzschaltung des Netzes in nebenstehendem Bild zugrunde.

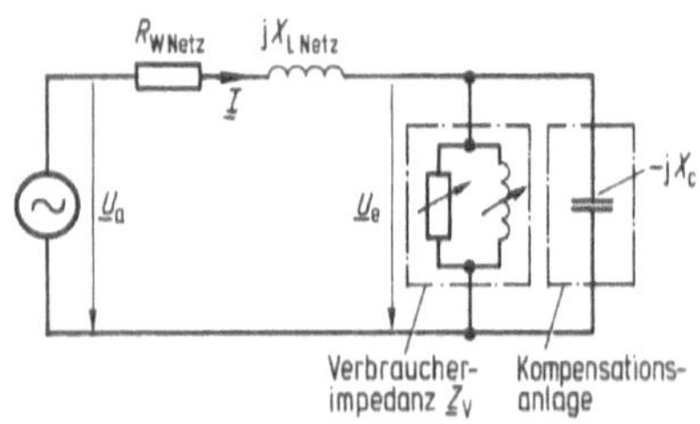

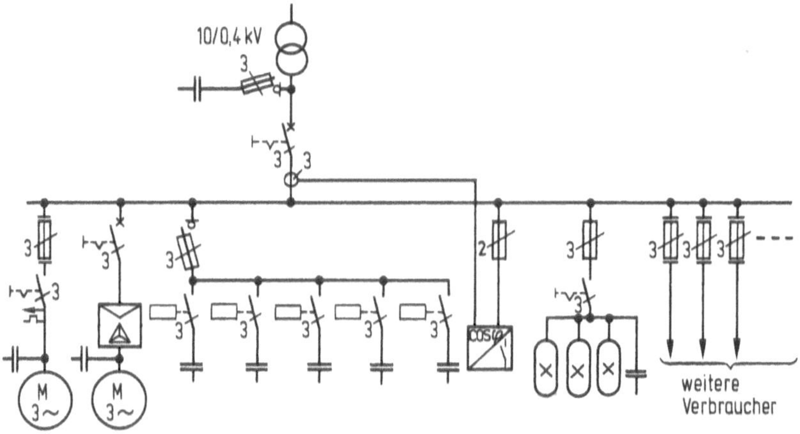

Bild 7.7 Übersichtsschaltplan einer Kompensationsanlage

7.2.1 Einzelkompensation

Bei der Einzelkompensation wird jedem induktiven Verbraucher ein eigener Kondensator bzw. Kondensatorsatz zugeordnet. Sie wird vorzugsweise bei Motoren mit größerer Leistung und hoher Einschaltdauer sowie Transformatoren angewendet. Vorteile der Einzelkompensation sind:

- Entlastung aller Zuleitungen von Blindleistung, damit geringe Verluste,
- häufig sind keine besonderen Schaltgeräte erforderlich, deshalb preiswert.

Nachteile der Einzelkompensation sind:

- Vielzahl von Einzelkondensatoren,
- Regelung bei Teillast der Verbraucher ist zu aufwendig.

Einzelkompensation von Drehstromasynchronmotoren

Beispiel 7.2

Ein Drehstromasynchronmotor, der bei Leerlauf und Bemessungslast betrieben wird, soll optimal kompensiert werden. Die Kondensatoren sollen nach untenstehendem Bild in Dreieck geschaltet und zusammen mit dem Motor aus- und eingeschaltet werden. Der Motor hat folgende Daten:

Bemessungsbetrieb:

$U_r = 400\,\text{V}$

$f = 50\,\text{Hz}$

$P_r = 22\,\text{kW}$

$n_r = 975\,\text{min}^{-1}$

$\cos\varphi_r = 0{,}83$

$\eta_r = 0{,}9$

Leerlauf:

$\cos\varphi_0 \approx 0$

$Q_0 = 9\,\text{kvar}$

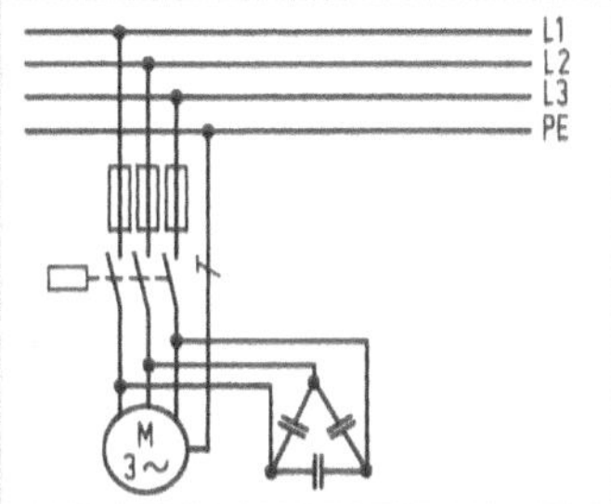

Lösung:

Es wird zunächst die für Bemessungslast erforderliche Kompensationsleistung ermittelt. Dazu wird $\cos\varphi_2 = 0{,}95$ angenommen. Nach Gleichung (7.2) ergibt sich die erforderliche Kompensationsblindleistung zu:

$$Q_{Cr} = \frac{P_r}{\eta_r} \cdot (\tan\varphi_r - \tan\varphi_2)$$

$$Q_{Cr} = \frac{22\,\text{kW}}{0{,}9} \cdot (\tan 33{,}9° - \tan 18{,}2°) = 8{,}4\,\text{kvar}$$

Nach Herstellerliste stehen eine Typenleistung von $7{,}5\,\text{kvar}$ und $10\,\text{kvar}$ zur Wahl. Die Typenleistung von $10\,\text{kvar}$ kann jedoch nicht gewählt werden, weil der Motor eine Leerlaufblindleistung von $9{,}0\,\text{kvar}$ besitzt und somit im Leerlauf überkompensiert wäre. Außerdem besteht die Gefahr der Selbsterregung des Motors beim Auslaufen. Die Selbsterregung tritt dann auf, wenn der Kondensator soviel Blindenergie liefert, wie der Motor zur Erzeugung des Magnetisierungsstromes benötigt.

Tritt dieser Fall ein, läuft der Motor auch nach dem Abschalten vom Netz noch kurzzeitig weiter. Das Nachlaufen des Motors kann gefährliche Folgen haben, wenn es sich um Antriebe von Hebezeugen, Krananlagen, Aufzügen, Seilbahnen u.ä. handelt. Auch in derartigen Anlagen vorhandene elektromechanische Bremsen können den Nachlauf nicht verhindern, da auch der elektromagnetische Bremslüfter durch die Selbsterregungsspannung verzögert reagiert. Um dieser Gefahr vorzubeugen, sind in solchen Anlagen die Kondensatoren durch besondere Schaltgeräte zusammen mit dem Motor abzuschalten (Bild 7.8).

Die Gefahr der Selbsterregung durch Überkompensation wird vermieden, wenn Motoren nur mit maximal 90 % ihrer Leerlaufblindleistung kompensiert werden.

$$Q_C \leqq 0{,}9 \cdot Q_0 \tag{7.8}$$

Für das Beispiel ergibt sich damit $Q_C \leqq 0{,}9 \cdot 9\,\text{kvar} = 8{,}1\,\text{kvar}$. Es wird demnach gewählt:

$$Q_C = 7{,}5\,\text{kvar}$$

■

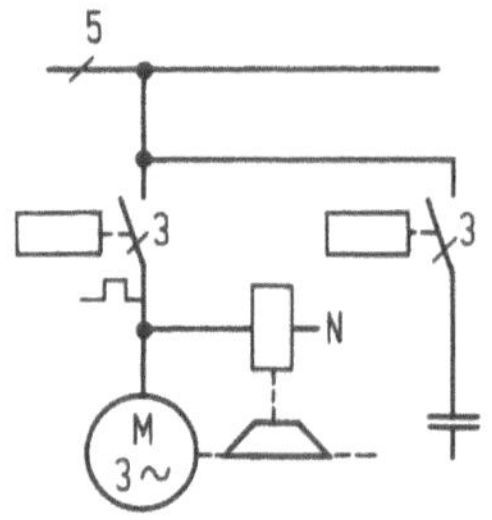

Bild 7.8
Kompensierter Motor mit Bremslüfter

Ist die Leerlaufblindleistung nicht bekannt, so kann diese unter der Annahme $\cos\varphi_0 \approx 0$ $(\sin\varphi_0 \approx 1)$ mit dem Leerlaufstrom berechnet werden. Es gilt dann:

$$Q_0 = \sqrt{3} \cdot I_0 \cdot U_r \tag{7.9}$$

Für Drehstrommotoren bis 30 kW kann die erforderliche Kompensationsblindleistung auch dem Diagramm in Bild 7.9 entnommen werden.

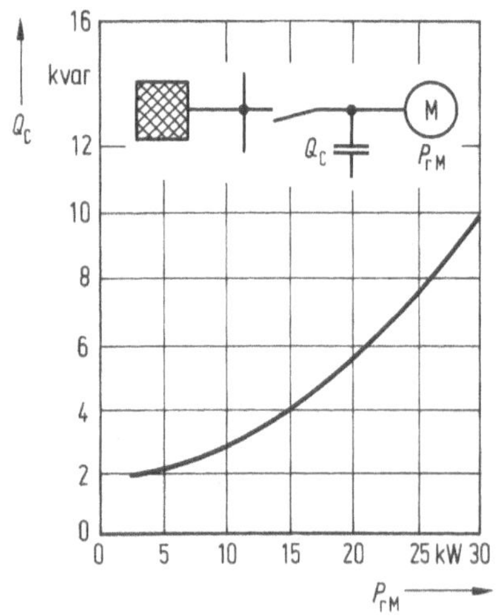

Bild 7.9
Kompensationsblindleistung für Drehstrommotoren nach VDEW-Richtlinien

Bei der Kompensation von Motoren größerer Leistung, die in Stern-Dreieck-Schaltung angelassen werden, sind spezielle Stern-Dreieck-Schalter bzw. Schützkombinationen zu verwenden. Diese Geräte verhindern, dass während der stromlosen Pause beim Umschalten von Stern auf Dreieck hohe Ausgleichsströme fließen, welche die Betriebsmittel gefährden.

Übung 7.2

Der Drehstromasynchronmotor im Beispiel 7.2 ändert bei Halblast seine Daten wie folgt: $\cos\varphi_H = 0{,}69$; $\eta_H = 0{,}89$.

Berechnen Sie für diesen Fall den Leistungsfaktor nach der Kompensation, wenn der Motor mit 7,5 kvar kompensiert wird.

Einzelkompensation von Transformatoren

Im Leerlauf nehmen Transformatoren eine konstante Blindleistung, die Magnetisierungsblindleistung, auf (konstante Betriebsspannung und Frequenz vorausgesetzt). Wird der Transformator belastet, nimmt er zusätzliche Blindleistung, die Streublindleistung, auf. Diese ist nicht konstant, sondern von der Belastung abhängig.

Da die Gesamtblindleistung somit vom jeweiligen Belastungszustand abhängt, kann sich die zur Kompensation erforderliche Kondensatorleistung zunächst nicht nach dem maximalen Blindleistungsbedarf richten, weil dann bei geringerer Auslastung des Transformators eine Überkompensation eintreten würde. Im Folgenden soll für einen beliebigen Lastzustand die erforderliche Kompensationsleistung berechnet werden.

> Der Blindleistungsbedarf eines Transformators ist lastabhängig. Er setzt sich aus der Leerlaufblindleistung und der Streublindleistung zusammen.

Die Berechnung soll an dem folgenden Beispiel veranschaulicht werden:

Beispiel 7.3

Gegeben sei ein Transformator Dyn 5, 630 kVA, 20/0,4 kV, 50 Hz, $u_{kr} = 4\%$. Die Kompensation soll auf der Sekundärseite des Transformators durch fest angeschlossene Kondensatoren erfolgen. Zu berechnen ist die Kondensatorleistung:

a) für den Leerlauf,
b) für 70 % Auslastung des Transformators.

Lösung:

a) Die Leerlaufblindleistung Q_0 wird durch die Größe und die Bauart des Transformators bestimmt. Sie beträgt je nach Transformatorleistung zwischen 1 % und 4 % der Transformatorbemessungsleistung. Da der Leistungsfaktor im Leerlauf sehr klein ist, kann sie näherungsweise nach Gleichung (7.9) ermittelt werden:

$$Q_0 = S_0 = \sqrt{3} \cdot I_0 \cdot U_{rT} \quad \text{bzw.} \tag{7.10}$$

$$Q_0 = \frac{I_0}{I_r} \cdot S_r \tag{7.11}$$

Häufig wird der Leerlaufstrom in Prozent von I_r entsprechend $i_0 = \frac{I_0}{I_r} \cdot 100\,\%$ angegeben. Damit ergibt sich:

$$Q_0 = \frac{i_0}{100\,\%} \cdot S_r \tag{7.12}$$

Für den vorliegenden Fall wird $i_0 = 2\,\%$ angenommen. Damit ist die Leerlaufblindleistung bzw. die erforderliche Kondensatorleistung:

$$Q_0 = Q_C = \frac{2\,\%}{100\,\%} \cdot 630\,\text{kvar} = 12{,}6\,\text{kvar}$$

Wird von dem einspeisenden EVU in lastfreien Zeiten bzw. in Schwachlastzeiten ein kapazitiver Betrieb untersagt, darf diese Kondensatorleistung nicht überschritten werden. So lassen z.B. manche EVU nur eine maximale Kondensatorleistung von 5 % der Transformatorbemessungsleistung zu.

Es sind jedenfalls die Vorschriften des jeweiligen EVU zu beachten. Für das vorliegende Beispiel wird angenommen, dass keine derartige Einschränkung besteht.

b) Die Streublindleistung Q_k des Transformators ergibt sich für Bemessungslast zu $Q_{kr} = 3 \cdot I_r^2 \cdot X_T = 3 \cdot U_{xr} \cdot I_r$. Mit dem relativen Blindspannungsabfall:

$$u_{xr} = \frac{U_{xr}}{\frac{U_{rT}}{\sqrt{3}}} \cdot 100\% \tag{7.13}$$

wird damit:

$$Q_{kr} = \frac{u_{xr}}{100\%} \cdot S_r \tag{7.14}$$

Für einen beliebigen Lastfall, bei dem der Transformator die Scheinleistung S liefert, gilt damit:

$$Q_k = \frac{u_x}{100\%} \cdot S \tag{7.15}$$

Setzt man Q_k zu Q_{kr} ins Verhältnis, so ergibt sich:

$$\frac{Q_k}{Q_{kr}} = \frac{S}{S_r} \cdot \frac{u_x}{u_{xr}}$$

Mit:

$$u_{xr} = \frac{X_T \cdot I_r}{\frac{U_{rT}}{\sqrt{3}}} \cdot 100\% \quad \text{und} \quad u_x = \frac{X_T \cdot I}{\frac{U_{rT}}{\sqrt{3}}} \cdot 100\% \quad \text{folgt:}$$

$$Q_k = Q_{kr} \cdot \left(\frac{S}{S_r}\right)^2 \tag{7.16}$$

Näherungsweise kann der relative Streuspannungsabfall u_{xr} gleich der Bemessungskurzschlussspannung u_{kr} gesetzt werden ($u_{kr} \approx u_{xr}$), so dass nach Gleichung (7.14) gilt:

$$Q_{kr} = \frac{u_{kr}}{100\%} \cdot S_r$$

Damit ist mit Gleichung (7.16) für beliebige Belastung annähernd:

$$Q_k \approx \frac{u_{kr}}{100\%} \cdot \left(\frac{S}{S_r}\right)^2 \cdot S_r \tag{7.17}$$

Die gesamte Transformatorblindleistung ergibt sich aus der Summe der Leerlaufblindleistung und der Streublindleistung mit $Q_T = Q_0 + Q_k$ zu:

$$Q_T \approx Q_0 + \frac{u_{kr}}{100\%} \cdot \left(\frac{S}{S_r}\right)^2 \cdot S_r \tag{7.18}$$

Für das gewählte Beispiel erhält man damit für eine Auslastung des Transformators von 70 %:

$$Q_T \approx 12{,}6\,\text{kvar} + \frac{4\%}{100\%} \cdot \left(\frac{0{,}7 \cdot 630\,\text{kvar}}{630\,\text{kvar}}\right)^2 \cdot 630\,\text{kvar} \approx 24{,}95\,\text{kvar}$$

■

Manchmal wird eine größere Kondensatorleistung gewünscht, als es für die Kompensation des Transformators erforderlich ist, um damit auch einen Teil der Blindleistung der angeschlossenen Niederspannungsverbraucher zu kompensieren. Dies könnte sich in zweifacher Hinsicht nachteilig auswirken:

1. Spannungserhöhung auf der Niederspannungsseite des Transformators als Folge der Überkompensation,
2. Resonanzerscheinungen durch im Netz vorhandene Oberschwingungen in Schwachlastzeiten (siehe Abschnitt 7.3).

Die durch die Überkompensation verursachte Spannungserhöhung kann näherungsweise wie folgt berechnet werden:

$$\Delta u \approx u_{\mathrm{kr}} \cdot \frac{Q_{\mathrm{C}}}{S_{\mathrm{r}}} \qquad (7.19)$$

Nimmt man einmal an, der Transformator des Beispiels wäre mit $Q_c = 50\,\mathrm{kvar}$ kompensiert, so würde sich eine Spannungserhöhung von nur $\Delta u = 4\,\% \cdot \frac{50\,\mathrm{kvar}}{630\,\mathrm{kVA}} = 0{,}32\,\%$ ergeben. Auch für andere Transformatorleistungen und Kurzschlussspannungen zeigt die Nachprüfung, dass eine Überkompensation meistens nicht zu einer kritischen Spannungsüberhöhung führt.

Übung 7.3

Weisen Sie für den Transformator im Beispiel 7.3 nach, dass die Spannungserhöhung selbst dann vernachlässigbar gering ist, wenn im Extremfall die kapazitive Blindleistung den Wert der Transformatorbemessungsleistung annimmt. ■

Übung 7.4

Berechnen Sie für einen Transformator Dyn 5; 400 kVA; 10/0,4 kV; 50 Hz; $u_{\mathrm{kr}} = 6\%$; $i_0 = 1{,}9\%$ die für Bemessungslast erforderliche Kompensationsleistung. ■

7.2.2 Gruppenkompensation

Bei der Gruppenkompensation wird einer Verbrauchergruppe, z.B. einer Gruppe von Motoren oder Leuchtstofflampen, die gemeinsam zu- bzw. abgeschaltet werden, eine Kondensatorbatterie zugeordnet. Besitzen die Verbraucher Einzelschaltgeräte, so muss die Schaltung so erfolgen, dass der Kondensator erst dann eingeschaltet wird, wenn alle Verbraucher in Betrieb sind (z.B. über ein stromabhängiges Relais plus Schütz).

Handelt es sich um eine Gruppe von Motoren, so darf natürlich auch hier die Kondensatorleistung wegen der Gefahr der Selbsterregung die Summe der Leerlaufblindleistungen der Motoren nicht überschreiten. Die Berechnung der Kondensatorleistung erfolgt entsprechend den bereits bekannten Gleichungen.

Der Vorteil der Gruppenkompensation ist, dass weniger Kondensatoren als bei der Einzelkompensation erforderlich sind.

Nachteilig ist, dass die Zuleitungen zu den einzelnen Verbrauchern blindleistungsbelastet sind und entsprechend bemessen werden müssen.

7.2.3 Zentralkompensation

In Industrie- und Gewerbeanlagen mit vielen induktiven Verbrauchern kleiner und mittlerer Leistung sowie wechselnder Einschaltdauer empfiehlt es sich, die insgesamt zur Kompensation erforderliche Kondensatorleistung durch eine Zentralkompensationsanlage bereitzustellen. Begünstigt wird die Entscheidung, die Kondensatoren an zentraler Stelle unterzubringen, oft durch die Umgebungsbedingungen (Temperatur, Feuchtigkeit, aggressive Atmosphäre, Platzmangel usw.), die eine Einzelaufstellung erschweren. Als zentraler Aufstellungsort bietet sich im Allgemeinen die Hauptverteilung an.

Die Gesamtkompensationsleistung der zentralen Anlage kann in der Regel geringer sein als die Summe der Kondensatorleistungen bei Einzelkompensation, da nicht alle Verbraucher gleichzeitig im Betrieb sind (Gleichzeitigkeitsfaktor). Weil bei vielen Verbrauchern meist mit ständigen Laständerungen zu rechnen ist und damit bei Festkompensation eine Überkompensation möglich wäre, werden Zentralkompensationsanlagen regelbar ausgeführt. Die Kondensatoren werden dazu in verschiedene Stufen gleich großer oder auch unterschiedlicher Leistung unterteilt. Die Zu- und Abschaltung der Leistungseinheiten erfolgt dabei über Stufenschütze, die von einer Blindleistungsregeleinrichtung entsprechend dem eingestellten $\cos\varphi_2$ geschaltet werden (siehe Bild 7.7).

Weil die Zentralkompensationsanlage das betriebsinterne Leitungsnetz nicht von der Blindleistung entlastet, wird sie oft durch Einzel- und/oder Gruppenkompensation ergänzt (gemischte Kompensation).

Vorteile der Zentralkompensation sind:

- insgesamt geringere Kondensatorleistung als bei Einzelkompensation,
- Vermeidung von Überkompensation durch Regelung der Kompensationsleistung,
- leichte Überwachung und einfache Wartung durch die übersichtliche Anordnung der Kondensatoren.

Nachteil der Zentralkompensation ist, dass Netzteile, die der Kondensatorbatterie nachgeschaltet sind, von der Blindleistung nicht entlastet werden.

Beispiel 7.4

Ein Betrieb wird über einen eigenen Transformator 20/0,4 kV; 630 kVA; $u_{kr} = 6\%$; $i_0 = 2\%$ versorgt. Die mittlere Höchstleistung beträgt 440 kW bei einem Leistungsfaktor von 0,73. Die Bemessungsleistungen der vier größten Motoren betragen 22 kW; 22 kW; 30 kW; 30 kW. Der Leistungsfaktor soll auf $\cos\varphi_2 = 0,9$ verbessert werden. Es soll eine gemischte Kompensation vorgesehen werden.

Lösung:
Für die Anlage wird eine Gesamtkompensationsleistung benötigt von:

$$Q_C = P \cdot (\tan\varphi_1 - \tan\varphi_2) = 440\,\text{kW} \cdot (\tan 43{,}1° - \tan 25{,}84°) = 198{,}8\,\text{kvar}$$

Nach Rücksprache mit dem zuständigen EVU wird der Transformator entsprechend seiner Leerlaufblindleistung niederspannungsseitig fest kompensiert (siehe Beispiel 7.3), damit ist $Q_{CT} = 12{,}6\,\text{kvar}$.

Die vier Motoren werden einzeln kompensiert. Aus dem Diagramm in Bild 7.9 ergibt sich für die 22 kW-Motoren $Q_{CM1} = Q_{CM2} = 6\,\text{kvar}$, und für die 30 kW-Motoren $Q_{CM3} = Q_{CM4} = 10\,\text{kvar}$.

Für die Zentralkompensation verbleiben somit:

$$Q_{CZ} = Q_C - (Q_{CM} + Q_{CT}) = 198{,}8\,\text{kvar} - (32\,\text{kvar} + 12{,}6\,\text{kvar}) = 154{,}2\,\text{kvar}$$

Es wird eine geregelte Anlage von 160 kvar gewählt, womit eine Reserveleistung von $\approx 6\,\text{kvar}$ vorgehalten wird. Nach Herstellerliste ist die Kondensatorbatterie wie folgt gestuft: 20 kvar, 20 kvar, 40 kvar, 40 kvar, 40 kvar. Damit ist eine Regelung in 8 Leistungsstufen möglich. ■

Übung 7.5

Der durchschnittliche monatliche elektrische Energiebedarf eines Betriebes beträgt 30000 kWh. Die Blindenergie wird mit 38000 kvarh gemessen. Die monatliche Betriebszeit beträgt 170 h. Das EVU verlangt eine Kompensation auf $\cos\varphi = 0{,}9$ induktiv. Welche Kondensatorleistung ist erforderlich? ■

7.3 Kompensation in Netzen mit Stromrichtern

7.3.1 Allgemeines

Durch den zunehmenden Einsatz von Stromrichtern, z.B. zur Drehfrequenzsteuerung von Motoren, werden Stromschwingungen höherer Frequenz als die Netzfrequenz – sogenannte Oberschwingungen – in elektrischen Anlagen erzeugt und das Netz mit Blindleistung belastet. Dies erfordert die Beachtung besonderer Effekte.

Auch andere Verbraucher mit nichtlinearem Verhalten können Oberschwingungserzeuger sein, wie z.B. Transformatoren mit gesättigten Eisenkernen, Gasentladungslampen, Induktions- und Lichtbogenöfen. Diese Verbraucher spielen jedoch eine untergeordnete Rolle. Die folgenden Betrachtungen konzentrieren sich daher auf die Probleme der Blindleistungskompensation in Netzen mit Stromrichtern.

Oberschwingungen werden durch den nicht sinusförmigen Verlauf des Stromes erzeugt, während die Belastung des Netzes mit Blindleistung hauptsächlich durch die Phasenanschnittsteuerung entsteht. Die Höhe der Blindleistung hängt dabei vom Steuerwinkel α

ab. Der Einfachheit halber sollen am Beispiel eines Wechselstromstellers, der mit einem Wirkwiderstand belastet sein soll, die Zusammenhänge verdeutlicht werden.

Bild 7.10 zeigt den Verlauf des „angeschnittenen“ Laststromes bei einem Steuerwinkel von $\alpha = 60°$. Dieser nicht mehr sinusförmige Strom fließt im gesamten Stromkreis, also nicht nur hinter dem Wechselstromsteller, sondern auch im speisenden Wechselstromnetz.

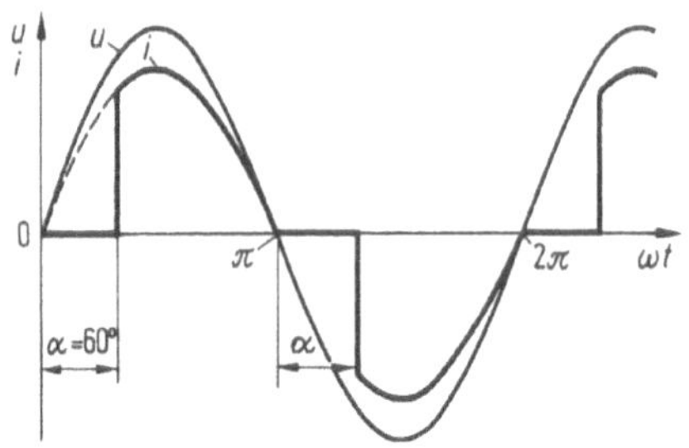

Bild 7.10 Verlauf des Laststromes bei Phasenanschnittsteuerung (Wechselstromsteller bei Wirklast)

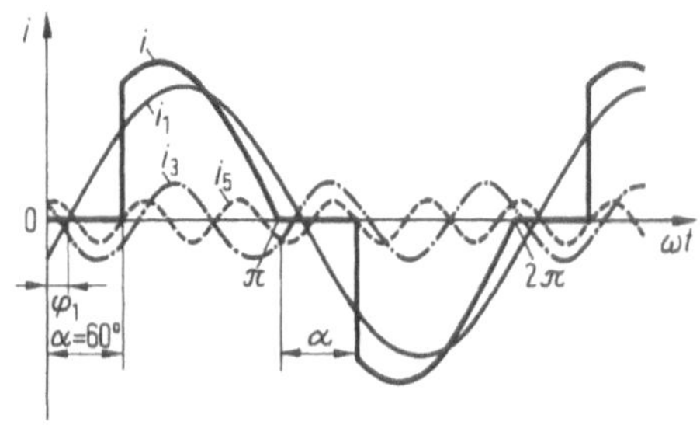

Bild 7.11 Grund- und Oberschwingungen bei $\alpha = 60°$

Wie aus den Grundlagen der Elektrotechnik bekannt ist, können nicht sinusförmige Funktionen nach der Methode von Fourier in eine unendliche Reihe sinusförmiger Teilschwingungen zerlegt werden. Dabei entstehen eine Grundschwingung mit Netzfrequenz und Oberschwingungen, deren Frequenzen je einem ganzzahligen Vielfachen der Netzfrequenz entsprechen, wobei die Amplituden mit höherer Frequenz abnehmen. Der Koeffizient ν, der mit der Frequenz der Grundschwingung multipliziert die Oberschwingungsfrequenz ergibt, heißt Ordnungszahl der Oberschwingung $(f_\nu = \nu \cdot f_1)$. Bild 7.11 zeigt den Laststrom aus Bild 7.10 mit zugehöriger Grundschwingung i_1, Oberschwingung i_3 (Ordnungszahl 3) und Oberschwingung i_5 (Ordnungszahl 5).

Wie Bild 7.11 zeigt, entsteht bei Wirklast eine Phasenverschiebung φ_1 der Stromgrundschwingung i_1 gegenüber der Spannung u. Durch die Phasenanschnittsteuerung wird das Netz also mit Blindleistung belastet. Man bezeichnet diese Blindleistung als Verschiebungsblindleistung. Neben der Verschiebungsblindleistung tritt noch eine sogenannte Verzerrungsblindleistung auf – was hier nicht näher erläutert werden soll –, die das Verhältnis von Wirkleistung zu Scheinleistung und damit den Leistungsfaktor weiter verschlechtert. Die Gesamtblindleistung bezeichnet man als Steuerblindleistung. Von der Steuerblindleistung kann nur der Anteil der Verschiebungsblindleistung durch Kondensatoren kompensiert werden.

> **!** Stromrichter belasten das Netz mit ihrer Steuerblindleistung. Nur ein Teil der Steuerblindleistung, die Verschiebungsblindleistung, kann durch Kondensatoren kompensiert werden.

Der am häufigsten vorkommende Stromrichter ist die 6-pulsige Brückenschaltung B6. Sie erzeugt Strom-Oberschwingungen der Ordnungszahlen 5, 7, 11, 13 usw. Neben der Frequenz der Oberschwingungen sind ihre Amplituden von Bedeutung. Tabelle 7.1 gibt das in der Praxis auftretende Verhältnis des maximalen Oberschwingungsstromes zum Grundschwingungsstrom in Abhängigkeit von der Ordnungszahl ν an.

Tabelle 7.1 Verhältnis des maximalen Oberschwingungsstromes zum Grundschwingungsstrom in Abhängigkeit von der Ordnungszahl ν

ν	f_ν in Hz bei $f_N = 50$ Hz	I_ν/I_1
5	250	0,30
7	350	0,12
11	550	0,06
13	650	0,05

Wie die Tabelle zeigt, sind die Oberschwingungen mit steigender Ordnungszahl von abnehmender Bedeutung. Die Amplituden der Oberschwingungsströme hängen ab:

- von der Höhe des Grundschwingungsstromes,
- von der Ordnungszahl ν,
- vom Aussteuerwinkel α,
- von den Induktivitäten.

Da die Oberschwingungsströme auch im speisenden Netz fließen, rufen sie dort Spannungsabfälle hervor, welche die Netzspannung so stark verzerren können (Bild 7.12), dass bei Betriebsmitteln, die sinusförmige Spannungen für ihren Betrieb benötigen, Störungen und Fehlfunktionen ausgelöst oder gar Ausfälle herbeigeführt werden.

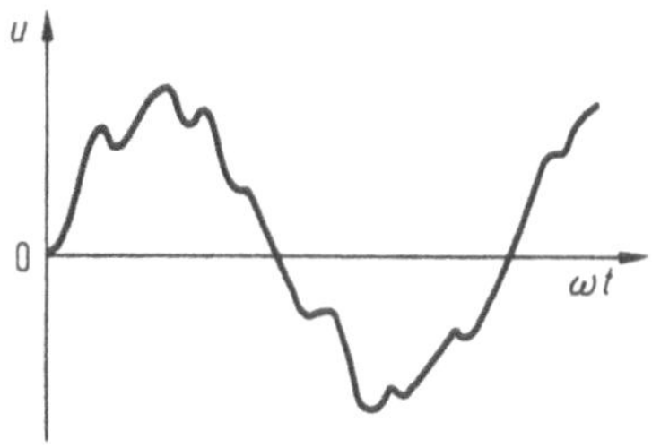

Bild 7.12
Durch Oberschwingungen verzerrte Netzspannung

Besteht diese Gefahr, muss durch entsprechende Maßnahmen, die nachfolgend erläutert werden, der Einfluss der Oberschwingungen vermindert werden. Da die Netzinduktivitäten mit den Kapazitäten der Kompensationsanlage einen Schwingkreis bilden, können die Stromoberschwingungen auch zu Resonanzerscheinungen führen, welche die Betriebsmittel hoch belasten und beschädigen, zum Ansprechen der Schutzeinrichtungen führen und damit den Ausfall von Anlagenteilen oder der gesamten Anlage bewirken können. Besonders häufig wird eine Schädigung der Kondensatoren beobachtet.

> Entstehen im Netz Spannungsverzerrungen und Resonanzen durch Oberschwingungen, dann spricht man von „Netzrückwirkungen".

Damit Netzrückwirkungen vermieden werden können, muss die Resonanzfähigkeit des Netzes für die auftretenden Stromoberschwingungen untersucht werden.

7.3.2 Ermittlung der Resonanzfähigkeit von Netzen

Die Ermittlung der Resonanzfähigkeit soll an dem Netzbeispiel in Bild 7.13 erläutert werden. Berücksichtigt man für das Netz in diesem Bild näherungsweise nur den induktiven Blindwiderstand $X_{Q\nu}$, ergibt sich die einphasige Ersatzschaltung in Bild 7.14 mit einer Ersatzstromquelle, welche die Oberschwingungsströme $I_\nu (\nu = 5, 7, 11, 13)$ liefert.

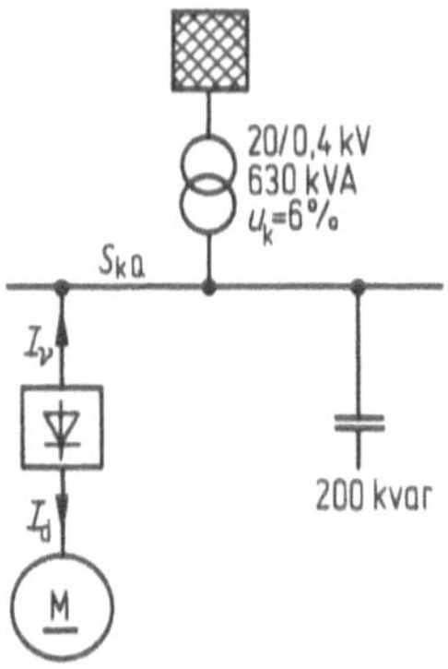

Bild 7.13 Netzschaltung zur Berechnung der Resonanz

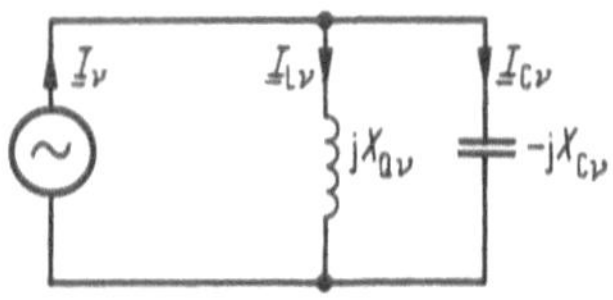

Bild 7.14 Ersatzschaltung des Netzes für ν = 5, 7, 11, 13

Die einphasige Ersatzschaltung ist zulässig, weil für das Drehstromnetz die Oberschwingungen in allen drei Leitern symmetrisch zueinander auftreten. Das Ersatzschaltbild lässt erkennen, dass der induktive Blindwiderstand des Netzes und der kapazitive Blindwiderstand des Kompensationskondensators einen Parallelschwingkreis bilden (Stromresonanz). Der induktive und kapazitive Blindwiderstand hängen dabei von der Frequenz der Oberschwingungen ab.

Für eine bestimmte Oberschwingung mit der Ordnungszahl ν ist der induktive Blindwiderstand des Netzes $X_{Q\nu}$ gleich dem Produkt aus der Ordnungszahl ν und dem induktiven Blindwiderstand X_{Q1} bei Netzfrequenz (Frequenz der Grundschwingung).

$$X_{Q\nu} = \nu \cdot X_{Q1} \tag{7.20}$$

Für den kapazitiven Blindwiderstand gilt bei einer bestimmten Oberschwingung:

$$X_{C\nu} = \frac{X_{C1}}{\nu} \tag{7.21}$$

Für den Resonanzfall muss $X_{Q\nu} = X_{C\nu}$ sein. Mit Gleichung (7.20) und (7.21) ergibt sich die Resonanzbedingung:

$$\nu^2 = \frac{X_{C1}}{X_{Q1}} \tag{7.22}$$

Da im Allgemeinen die Kurzschlussleistung des NS-Netzes $S_{kQ} = \sqrt{3} \cdot U_n \cdot I_k$ und die Leistung der Kondensatorbatterie bekannt sind, wird Gleichung (7.22) entsprechend umgeformt. Näherungsweise gilt (vgl. Gleichung (3.82)):

$$X_{Q1} = \frac{U_n^2}{S_{kQ}} \tag{7.23}$$

Für den kapazitiven Blindwiderstand bei der Grundschwingungsfrequenz gilt:

$$X_{C1} = \frac{U_n^2}{Q_C} \tag{7.24}$$

Setzt man die Gleichungen (7.23) und (7.24) in Gleichung (7.22) ein, so erhält man als Resonanzbedingung:

$$\nu^2 = \frac{S_{kQ}}{Q_C} \tag{7.25}$$

Die Kondensatorleistung, bei der sich Resonanz für eine bestimmte Oberschwingung einstellt, errechnet sich damit zu:

$$Q_C = \frac{S_{kQ}}{\nu^2} \tag{7.26}$$

Für das gewählte Beispiel soll nun die Kondensatorleistung, bei der sich für die 5. und 7. Oberschwingung Resonanz ergibt, berechnet werden. Da in diesem Fall die Kurzschlussleistung des Niederspannungsnetzes nicht bekannt ist, wird sie näherungsweise mit der Impedanz des Transformators ermittelt. Dabei wird die Kurzschlussimpedanz des Netzes der OS-Seite vernachlässigt. Es ist:

$$S_{kQ} \approx \frac{U_{rT}^2}{Z_T} = \frac{S_{rT}}{u_{kr}} \cdot 100\,\% = \frac{630\,\text{kVA}}{6\,\%} \cdot 100\,\% = 10{,}5\,\text{MVA}$$

Für die 5. und 7. Oberschwingung ergibt sich mit Gl. (7.26) die Kondensatorleistung zu:

$$Q_{C5} = \frac{10{,}5\,\text{MVA}}{5^2} = 420\,\text{kvar} \qquad Q_{C7} = \frac{10{,}5\,\text{MVA}}{7^2} = 214{,}3\,\text{kvar}$$

Soll für die gegebene Kondensatorleistung die Resonanzfrequenz ermittelt werden, so berechnet sich diese mit der Thomsonschen Schwingungsformel zu:

$$f_0 = \frac{1}{2 \cdot \pi \cdot \sqrt{L_Q \cdot C}} = f_N \cdot \sqrt{\frac{X_{C1}}{X_{Q1}}} \qquad f_N \ldots \text{Netzfrequenz} \tag{7.27}$$

Mit Gleichung (7.23) und (7.24) folgt daraus:

$$f_0 = f_N \cdot \sqrt{\frac{S_{kQ}}{Q_C}} \tag{7.28}$$

Für die Kondensatorleistung von 200 kvar erhält man damit als Resonanzfrequenz:

$$f_0 = 50\,\text{Hz} \cdot \sqrt{\frac{10{,}5\,\text{MVA}}{0{,}2\,\text{Mvar}}} = 362{,}3\,\text{Hz}$$

Es kann in der Anlage also durchaus zur Resonanz mit der Frequenz der 7. Oberschwingung von 350 Hz kommen, wodurch hohe Schwingkreisströme angeregt werden. Für Oberschwingungen anderer Ordnungszahl ist die Gefahr gering, da ihre Frequenzen von der Resonanzfrequenz weit entfernt liegen.

Bei vorstehender Rechnung wurde die Dämpfung des Schwingkreises durch Wirkwiderstände vernachlässigt. Die praktischen Erfahrungen haben jedoch gezeigt, dass sich dies nur geringfügig auf die Resonanzfrequenz auswirkt. Nach den bisherigen Ausführungen kann Resonanz verhindert werden, wenn die Kondensatorleistung vermindert wird. Dies bedeutet dann allerdings, dass der geforderte Leistungsfaktor nicht mehr eingehalten werden kann.

In der Praxis hat sich jedoch gezeigt, dass eine Verringerung der rechnerisch ermittelten Kondensatorleistung oft keine Abhilfe schafft, da sich bei veränderter Netzimpedanz, die vom Belastungs- und Schaltzustand des Netzes abhängt, dennoch Resonanz einstellt. Die Möglichkeit von Stromüberhöhungen und der damit verbundenen Gefahren ist deshalb insbesondere bei großer Stromrichterleistung immer gegeben. Um das Risiko der Zerstörung von Anlagenteilen, zumindest aber das unerwünschte Auslösen von Schutzeinrichtungen auszuschließen, müssen Maßnahmen getroffen werden, die Resonanzen verhüten.

Übung 7.6

Bestimmen Sie die Gleichung $f_0 = f_N \cdot \sqrt{\frac{X_{C1}}{X_{Q1}}}$ ausgehend von der Thomsonschen Schwingungsformel.

■

Übung 7.7

Für ein Drehstromnetz sind gegeben:
$U_n = 400\,V$; $f_N = 50\,Hz$; $S_{kQ} = 16\,MVA$; $Q_C = 250\,kvar$; aufgenommener Grundschwingungsstrom (Bemessungsstrom) der Kondensatorbatterie:
$I_{C1} = \frac{Q_C}{\sqrt{3} \cdot U_n} = 361\,A$
Für die Oberschwingungsströme werden folgende Werte angenommen:
$I_5 = 108\,A$; $I_7 = 43\,A$; $I_{11} = 21\,A$; $I_{13} = 18\,A$, vgl. Tabelle 7.1.
Berechnen Sie:

a) die resultierenden Impedanzen des Schwingkreises $\underline{Z}_\nu$,
b) die Oberschwingungsspannungen $U_\nu = I_\nu \cdot Z_\nu$,
c) die Schwingkreisströme $I_{C\nu}$ über den Kondensator,
d) den Effektivwert des Kondensatorstromes nach folgender Gleichung:
$I_C = \sqrt{I_{C1}^2 + \sum_{\nu=5}^{13} I_{C\nu}^2}$.

■

7.3.3 Maßnahmen zur Begrenzung von Netzrückwirkungen

Resonanzen können nur durch Veränderung der Kenngrößen L und C, welche die Resonanzfrequenz bestimmen, vermieden werden. Schaltet man Drosselspulen mit den Leistungskondensatoren in Reihe – man spricht von verdrosselten Kondensatoren – (Bild 7.15), so wird die Resonanzlage der Anlage „verstimmt". Die Drosselspule und der Leistungskondensator bilden dabei einen Reihenschwingkreis, dessen Resonanzfrequenz nun so abgestimmt wird, dass sie unterhalb der 5. Oberschwingung liegt. In der Praxis haben sich Reihenresonanzfrequenzen von 189 Hz, 204 Hz und 223 Hz bewährt.

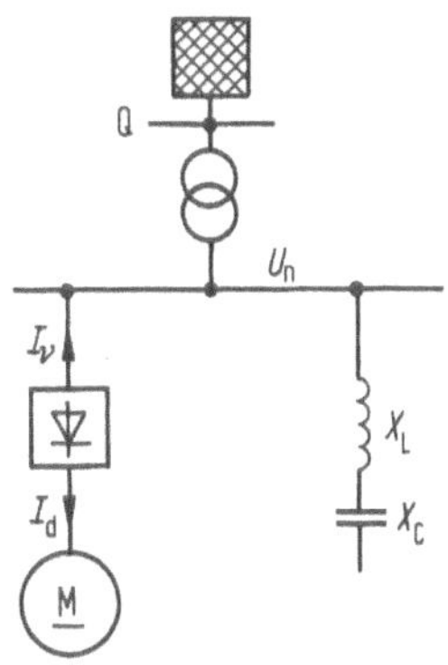

Bild 7.15 Kompensation der Grundschwingungsblindleistung mit verdrosselten Kondensatoren

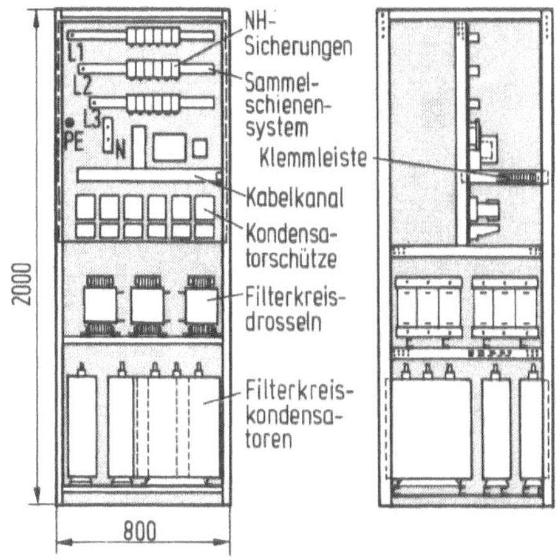

Bild 7.16 Kompensationsanlage mit verdrosselten Kondensatoren

Da für die resultierende Impedanz der Reihenschaltung $\underline{Z} = \mathrm{j}\,X_\mathrm{L} - \mathrm{j}\,X_\mathrm{C}$ und die Resonanzbedingung $X_\mathrm{L} = X_\mathrm{C}$ gilt, wird für alle durch den Stromrichter erzeugte Oberschwingungen die Impedanz induktiv, so dass keine Resonanz entstehen kann. Unterhalb der Resonanzfrequenz, also für die Netzfrequenz, wird die Reihenschaltung kapazitiv, womit die induktive Blindleistung der Grundschwingung kompensiert wird.

Da die Reihenschaltung für die Oberschwingungen, insbesondere die 5. Oberschwingung, eine kleine resultierende Impedanz darstellt, wird ein Teil der Oberschwingungsströme in die Kompensationsanlage „abgesaugt". Man spricht deshalb auch von Saugkreisen. Das Netz wird somit also von Oberschwingungen entlastet.

> **!** Saugkreise kompensieren die Verschiebungsblindleistung und reduzieren die Oberschwingungen im speisenden Netz. ■

Zu beachten ist, dass Kondensatoren und Drosselspulen für die erhöhte Oberschwingungsbelastung ausgelegt sein müssen. Saugkreise können sowohl für die Einzelkompensation als auch in zentralen Kompensationsanlagen eingesetzt werden. Eine weitere Möglichkeit, die Oberschwingungsbelastung des Netzes bei gleichzeitiger Blindleistungskompensation zu vermindern, ist der Einsatz von Reihenschwingkreisen, die genau auf die Frequenzen der Oberschwingungen abgestimmt sind (Bild 7.17). Die Kondensatorbatterie wird dazu in mehrere parallele Gruppen aufgeteilt, denen dann jeweils eine Induktivität vorgeschaltet wird.

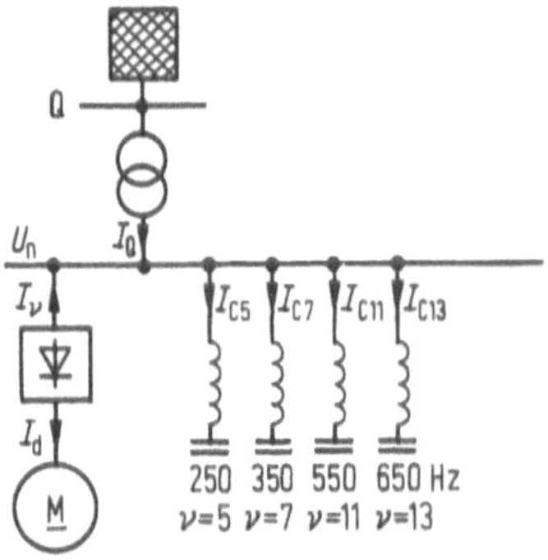

Bild 7.17
Aufteilung der Kondensatorbatterie zu abgestimmten Filterkreisen

Weil die Resonanzfrequenz genau der Frequenz der Oberschwingungsströme entspricht, wird die Impedanz der Reihenschwingkreise für diese zu Null, so dass sie kurzgeschlossen werden. Die Oberschwingungen können sich somit auf das speisende Netz nicht mehr auswirken, sie werden „ausgefiltert". Man spricht deshalb von Filterkreisen. Für die Grundschwingung sind die Filterkreise kapazitiv ($X_L \ll X_C$), so dass gleichzeitig die Verschiebungsblindleistung kompensiert wird.

Filterkreise kompensieren die Grundschwingungsblindleistung und verringern die Verzerrungsblindleistung im speisenden Netz.

Abgestimmte Filterkreise müssen im Allgemeinen jedoch erst installiert werden, wenn der Anteil der Stromrichterlast mehr als etwa 50 % der Netzlast ausmacht.

7.3.4 Beeinflussung von Tonfrequenz-Rundsteueranlagen

Rundsteueranlagen sind Fernwirkanlagen der EVU, die vorwiegend der Steuerung von Geräten im Niederspannungsnetz, z.B. der Ansteuerung von Nachtstromspeicherheizungen oder dem Schalten der Straßenbeleuchtung, dienen. Die Tonfrequenzsignale werden mit Hilfe von Ankopplungseinrichtungen über das Hoch- und/oder das Mittelspannungs- bzw. Niederspannungsnetz übertragen (Bild 7.18). Rundsteueranlagen arbeiten mit Frequenzen im Bereich von 150 Hz bis 750 Hz. Eine häufig verwendete Frequenz ist $216\frac{2}{3}$ Hz.

Stimmt die von einem Stromrichter ausgesendete Oberschwingungsfrequenz mit der Tonfrequenz überein, so können Tonfrequenzempfänger angesteuert und damit Fehlfunktionen ausgelöst werden. In solchen Fällen schreiben die EVU entsprechende Entstörungsmaßnahmen vor (Bild 7.19). Tonfrequenzsignale können aber auch durch netzparallele Kompensationskondensatoren wegen ihres bei hoher Frequenz geringen Blindwiderstandes ($X_C = \frac{1}{\omega \cdot C}$) aus dem Netz abgesaugt werden. Das kann zur Folge haben, dass die Rundsteuerempfänger nicht ansprechen. Besteht diese Gefahr, sind den Kondensatoren Tonfrequenzsperrkreise vorzuschalten.

Auch Saugkreise (bzw. Filterkreise) können als Tonfrequenzsperre wirken, wenn ihre Resonanzfrequenz von der vorhandenen Tonfrequenz verschieden genug ist. Liegen jedoch

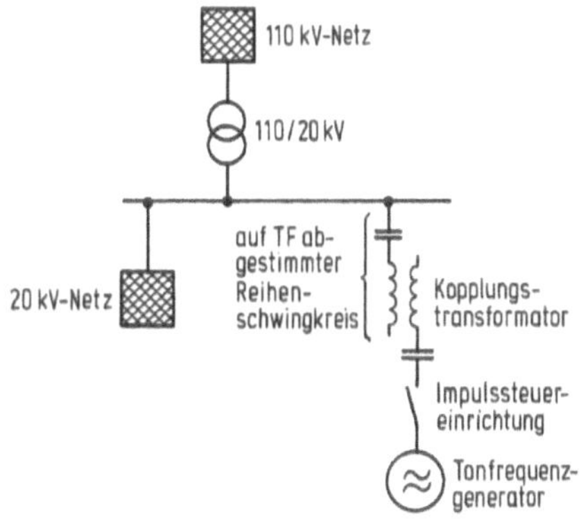

Bild 7.18 Prinzip der Tonfrequenzübertragung

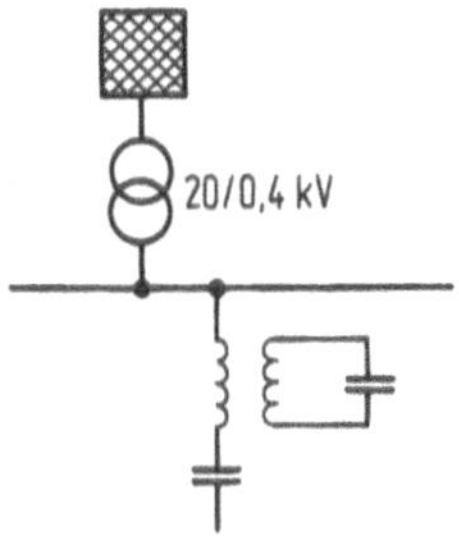

Bild 7.19 Entstörung durch Tonfrequenzsperrkreis

Tonfrequenz und Resonanzfrequenz dicht beieinander, werden Tonfrequenzsignale von den Saugkreisen (bzw. Filterkreisen) kurzgeschlossen.

Der Betrieb von Rundsteueranlagen kann beeinträchtigt werden durch:

- Oberschwingungen der Stromrichter,
- Kondensatoren,
- Saugkreise bzw. Filterkreise.

Um bei einer Rundsteuerfrequenz von z.B. 217 Hz diese Gefahr auszuschließen, sind Reihenresonanzfrequenzen der verdrosselten Kondensatoren von 134 bis 139 Hz zu wählen.

7.4 Lernzielorientierter Test zu Kapitel 7

1. Welche Vorteile hat die Einzelkompensation?
2. Weshalb lassen die EVU eine Transformatorfestkompensation, die für den Bemessungsbetrieb eines Transformators ausgelegt ist, in der Regel nicht zu?
3. Weshalb muss ein schwankender Blindleistungsbedarf durch geregelte Kondensatoren kompensiert werden?
4. Weshalb soll bei der Festkompensation von Motoren die Kompensationsblindleistung keinesfalls mehr als 90 % der induktiven Leerlaufblindleistung betragen?
5. Eine Kondensatorbatterie hat bei einer Bemessungsspannung von 500 V, 50 Hz eine Bemessungsleistung von 100 kvar.
   Welche Bemessungsleistung hat die Batterie bei 400 V, 50 Hz?

6. Ein Betrieb wird über einen Transformator 20/0,4 kV, 50 Hz, 630 kVA, $u_{kr} = 6\,\%$ versorgt. Die mittlere Höchstlast beträgt 400 kW. Der Transformator ist mit 30 kvar fest kompensiert. Darüber hinaus ist die Anlage mit einer Kompensations-Regelanlage von 100 kvar ausgestattet, die den Leistungsfaktor auf 0,9 verbessert.
   Berechnen Sie den Leistungsfaktor ohne Kompensations-Regelanlage.
7. Durch eine Betriebserweiterung wird der Transformator der Aufgabe 6 zusätzlich mit 90 kW bei einem $\cos\varphi = 0,8$ belastet.
   Welche Kondensatorleistung ist für die Erweiterung der Regelanlage noch erforderlich, wenn auf einen Gesamtleistungsfaktor von 0,9 kompensiert werden soll?
8. Begründen Sie den Blindleistungsbedarf von Stromrichteranlagen.
9. Weshalb können Kondensatoren in Anlagen mit Stromrichtern überlastet werden?
   (a) Weil die Kondensatoren die Stromrichter kapazitiv belasten.
   (b) Weil durch Oberschwingungen mit dem Netz Stromresonanzen entstehen.
   (c) Weil die Kondensatoren bei 50 Hz einen geringen Widerstand besitzen.
   (d) Weil durch den Einfluss der Stromrichter die Anlage überkompensiert wird.
   (e) Weil durch die Gleichrichterwirkung der Stromrichter die Kondensatoren zusätzlich gleichstrommäßig belastet werden.
   (f) Weil Kondensatoren für Oberschwingungen einen geringen Widerstand haben.
10. Weshalb werden Kondensatoren in Anlagen mit Stromrichtern verdrosselt?
   (a) Weil die Kondensatoren dann weniger Blindleistung aufnehmen.
   (b) Um Resonanzerscheinungen im Netz zu vermeiden.
   (c) Durch Verdrosselung der Kondensatoren wird die Gesamtnetzimpedanz erhöht.
   (d) Weil dadurch die Oberschwingungsströme im Netz reduziert werden.
11. Weshalb können Saugkreise durch Oberschwingungsströme überlastet werden?
   (a) Weil durch Kondensatoren und Drosselspulen zusätzlich Oberschwingungsströme erzeugt werden.
   (b) Weil die Kurzschlussleistung des Netzes durch Kondensatoren und Drosseln verringert wird.
   (c) Weil die Saugkreise für die Oberschwingungen in der Nähe der Resonanzfrequenz eine kleine resultierende Impedanz darstellen.
   (d) Weil durch die Induktivitäten die Amplituden der Oberschwingungsströme erhöht werden.
12. Unter welcher Bedingung entsteht in oberschwingungsbehafteten kompensierten Netzen Resonanz?
13. Ein NS-Netz wird über einen Transformator 20/0,4 kV, 50 Hz, 1000 kVA, $u_{kr} = 6\,\%$ gespeist. Die Kompensationsleistung der Kondensatoren beträgt 250 kvar.
   Wie groß ist die Resonanzfrequenz des Netzes?

Bildquellennachweis

Bilder stellten freundlicherweise zur Verfügung:

- EFEN GmbH, Eltville, vormals Peterreins Schalttechnik, Schwabach
- Energieversorgung Mittelrhein (EVM), vormals Koblenzer Elektrizitätswerk und Verkehrs-AG (KEVAG), Koblenz
- SERW, Starý Plzenec
- Siemens AG, Regensburg
- Siemens Energy, Berlin

Literatur

[Bal01] Balzer, Gerd; Nelles, Dieter; Tuttas, Christian: *Kurzschlussstromberechnung nach VDE 0102*. VDE Verlag, Berlin, 2001.

[Bie03] Biegelmeier, Gottfried; Kieback, Dieter; Kiefer, Gerhard; Krefter, Karl-Heinz: *Schutz in elektrischen Anlagen in 5 Bd.*. VDE Verlag, Berlin, 1996–2003.

[Boy11] Boy, Hans-G; Dunkhase, Uwe: *Elektroinstallationstechnik (Die Meisterprüfung)*. Vogel Verlag, Würzburg, 2011.

[Cat17] Cater, Rudolf; Drebenstedt, Helmut; Noe, Heinz; Isberg, Martin; Borchert, Ronald: *Niederspannungs-Schaltgerätekombinationen*. 5. Auflage. VDE Verlag, Berlin, 2017.

[Cic14] Cichowski, Rolf Rüdiger (Hrsg.); Primus, Illo-Frank: *Netzstationen*. 2. Auflage. VDE Verlag, Berlin, 2014.

[Cic17] Cichowski, Rolf Rüdiger (Hrsg.); Dresel, Christian; Große-Gehling, Martin; Reese, Jürgen; Schlabbach, Jürgen: *Blindleistungskompensation und Energieversorgungsqualität*. 3. Auflage. VDE Verlag, Berlin, 2017.

[Cih14] Cichowski, Rolf Rüdiger (Hrsg.); Schlabbach, Jürgen: *Kurzschlussstromberechnung*. 2. Auflage. VDE Verlag, Berlin, 2014.

[Con97] Constantinescu-Simon, Liviu (Hrsg.): *Handbuch Elektrische Energietechnik*. 2. Auflage. Vieweg Verlag, Braunschweig/Wiesbaden, 1997.

[Cras15] Crastan, Valentin: *Elektrische Energieversorgung 1*. 4. Auflage. Springer Verlag, Berlin, 2015.

[Cras17] Crastan, Valentin: *Elektrische Energieversorgung 2*. 4. Auflage. Springer Verlag, Berlin, 2017.

[Dor13] Dorner, Hartmut; Fender, Manfred: *Wissenswertes über Netzrückwirkungen*. VDE Verlag, Berlin, 2013.

[Flos05] Flosdorff, René; Hilgarth, Günther: *Elektrische Energieverteilung*. 9. Auflage. Teubner Verlag, Stuttgart, 2005.

[Hau08] Hau, Erich: *Windkraftanlagen*. 4. Auflage. Springer Verlag, Berlin, 2008.

[Hei99] Heinhold, Lothar; Stubbe, Reimer: *Kabel und Leitungen für Starkstrom*. 5. Auflage. Publicis Verlag, Paris, 1999.

[Heu10] Heuck, Klaus; Dettmann, Klaus-Dieter: *Elektrische Energieversorgung*. 8. Auflage. Vieweg+Teubner Verlag, Wiesbaden, 2010.

[Hof18] Hofmann, Hansgeorg; Spindler, Jürgen: *Werkstoffe in der Elektrotechnik.* Hanser Verlag, München, 2018.

[Hos01] Hosemann, G. (Hrsg): *Elektrische Energietechnik Bd. 3 Netze.* 30. Auflage. Springer Verlag, Berlin, 2001.

[Hot98] Hotopp, Rolf; Kammler, Manfred; Lange-Hüsken, Manfred: *Schutzmaßnahmen gegen elektrischen Schlag.* 11. Auflage. VDE Verlag, Berlin, 1998.

[Hoe10] Hörmann, Werner; Schröder, Bernd: *Schutz gegen elektrischen Schlag in Niederspannungsanlagen.* 4. Auflage. VDE Verlag, Berlin, 2010.

[Kal19] Kalide, Wofgang †; Sigloch, Herbert: *Energieumwandlung in Kraft- und Arbeitsmaschinen.* 11. Auflage. Hanser Verlag, München, 2019.

[Kal20] Kaltschmitt, Martin; Streicher, Wolfgang; Wiese, Andreas (Hrsg.): *Erneuerbare Energien.* 6. Auflage. Springer Verlag, Berlin, 2020.

[Kae11] Kämpfer, Stefan; Kopatsch, Gerald (Hrsg.): *ABB Schaltanlagen Handbuch.* 12. Auflage. Cornelsen Verlag, Berlin, 2011.

[Kas18] Kasikci, Ismail: *Projektierung von Niederspannungsanlagen.* 4. Auflage. Hüthig Verlag, Heidelberg, 2018.

[Mer18] Mertens, Konrad; *Photovoltaik.* 4. Auflage. Hanser Verlag, München, 2018.

[Nel13] Nelles, Dieter; Tuttas, Christian: *Elektrische Energietechnik.* Vieweg+Teubner Verlag, Wiesbaden, 2013.

[Nie06] Nienhaus, Heinz; Spindler, Ulrich; Vogt, Dieter: *Schutz bei Überlast und Kurzschluss in elektrischen Anlagen.* 2. Auflage. VDE Verlag, Berlin, 2006.

[Noa03] Noack, Friedhelm: *Einführung in die elektrische Energietechnik.* Hanser Verlag, München, 2003.

[Oed16] Oeding, Dietrich; Oswald, Bernd Rüdiger: *Elektrische Kraftwerke und Netze.* 8. Auflage. Springer Verlag, Berlin, 2016.

[Pis16] Pistora, Gunter: *Berechnung von Kurzschlussströmen und Spannungsfällen.* 4. Auflage. VDE Verlag, Berlin, 2016.

[Qua19] Quaschnig, Volker: *Regenerative Energiesysteme.* 10. Auflage. Hanser Verlag, München, 2019.

[Sch16] Schaffarczyk, Alois (Hrsg.): *Einführung in die Windenergietechnik.* 2. Auflage. Hanser Verlag, München, 2016.

[Sch09] Schlabbach, Jürgen: *Elektroenergieversorgung.* 3. Auflage. VDE Verlag, Berlin, 2009.

[Sie12] Siemens (Hrsg.): *Von 72,5 kV bis 800 kV: Hochspannungs-Leistungsschalter.* Energy Sector, Siemens AG, Erlangen, 2012.

[Zie08] Ziegler, Gerhard: *Digitaler Distanzschutz.* 2. Auflage. Publicis Verlag, Paris, 2008.

[Zie13] Ziegler, Gerhard: *Digitaler Differentialschutz.* 2. Auflage. Publicis Verlag, Paris, 2013.

Normen

IEC/EN	DIN	OVE/ÖNORM
A: Titel Österreich, D: Titel Deutschland		
HD 60364	VDE 0100	E 8101
A: Elektrische Niederspannungsanlagen; D: Errichten von Niederspannungsanlagen.		
IEC 60050-826	VDE 0100-200	E 8101-2
Begriffe		
IEC 60364-4-41	VDE 0100-410	E 8101-4-41
Schutz gegen elektrischen Schlag		
IEC 60364-4-43	VDE 0100-430	E 8101-4-43
Schutz bei Überstrom		
HD 60364-4-46	VDE 0100-460	E 8101-4-46
Trennen und Schalten		
IEC 60364-5-51	VDE 0100-510	E 8101-5-51
A: Auswahl, Montage und Installation elektrischer Betriebsmittel – Allgemeine Bestimmungen, D: Auswahl und Errichtung elektrischer Betriebsmittel – Allgemeine Bestimmungen.		
HD 60364-5-52	VDE 0100-520	E 8101-5-52
Kabel- und Leitungsanlagen		
	VDE 0100-530	E 8101-5-53
Schalt- und Steuergeräte		
IEC 60364-5-54	VDE 0100-540	E 8101-5-54
A: Erdungsanlage, Schutzleiter und Schutzpotentialausgleichsleiter, D: Erdungsanlagen und Schutzleiter.		
IEC 60364-6	VDE 0100-600	E 8101-6
A: Prüfung; D: Prüfungen		
IEC 60364-7-704	VDE 0100-704	E 8101-7-704
Baustellen		
HD 60364-7-712	VDE 0100-712	E 8101-7-712
A: Photovoltaische Anlagen (PV-Anlagen), D: Photovoltaik-(PV)-Stromversorgungssysteme.		
EN 61936	VDE 0101	E 8383
Starkstromanlagen mit Nennwechselspannungen über 1 kV		

IEC/EN	DIN	OVE/ÖNORM
A: Titel Österreich, D: Titel Deutschland		
EN 50522	VDE 0101-2	EN 50522
Erdung von Starkstromanlagen mit Nennwechselspannungen über 1 kV		
EN 60909	VDE 0102	EN 60909
Kurzschlussströme in Drehstromnetzen		
EN 60865-1	VDE 0103	EN 60865-1
Kurzschlussströme – Berechnung der Wirkung: Teil 1: Begriffe und Berechnungsverfahren		
EN 50110	VDE 0105	EN 50110
Betrieb von elektrischen Anlagen		
EN 50341	VDE 0210	EN 50341
Freileitungen über AC 1 kV		
–	VDE 0211	L 1
A: Errichtung von Starkstromfreileitungen bis 1000 V, D: Bau von Starkstrom-Freileitungen mit Nennspannungen bis 1000 V		
–	VDE 0276-1000	–
Starkstromkabel: Strombelastbarkeit, Allgemeines, Umrechnungsfaktoren		
HD 603	VDE 0276-603	E 8200-603
A: Energieverteilungskabel mit Nennspannung 0,6/1 kV, D: Verteilerkabel mit Nennspannung 0,6/1 kV		
	VDE 0298-4	
Verwendung von Kabeln und isolierten Leitungen für Starkstromanlagen: Empfohlene Werte für die Strombelastbarkeit von Kabeln und Leitungen für feste Verlegung in und an Gebäuden und von flexiblen Leitungen.		
–	VDE 0603-1	E 8016 bzw. TAEV*)
A: Elektroinstallationen: Hausanschlüsse, Hauptleitungen, Messeinrichtung; bzw. *) TAEV: Technischen Anschlussbedingungen für den Anschluss an öffentliche Versorgungsnetze mit Betriebsspannungen bis 1000 Volt, D: Zählerplätze.		
EN 60269	VDE 0636	EN 60269
Niederspannungssicherungen		
EN 60898	VDE 0641	EN 60898
Leitungsschutzschalter für Hausinstallationen und ähnliche Zwecke		
–	VDE 0660	–
Niederspannungsschaltgeräte		
EN 60947-1	VDE 0660-100	EN 60947-1
Allgemeine Festlegungen		
EN 60947-2	VDE 0660-101	EN 60947-2
Leistungsschalter		
EN IEC 60947-4-1	VDE 0660-102	EN 60947-4-1
Schütze und Motorstarter -- Elektromechanische Schütze und Motorstarter		

IEC/EN	DIN	OVE/ÖNORM
A: Titel Österreich, D: Titel Deutschland		
EN 60947-3	VDE 0660-107	EN 60947-3
Lastschalter, Trennschalter, Lasttrennschalter und Schalter-Sicherungs-Einheiten		
EN 61439-1	VDE 0660-600-1	EN 61439-1
Niederspannungs-Schaltgerätekombinationen: Allgemeine Festlegungen		
EN 61439-3	VDE 0660-600-3	EN 61439-3
Installationsverteiler für die Bedienung durch Laien (DBO)		
EN 61439-4	VDE 0660-600-4	EN 61439-4
Besondere Anforderungen für Baustromverteiler (BV)		
EN 62271	VDE 0671	EN 62271
Hochspannungs-Schaltgeräte und -Schaltanlagen		
EN 62271-1	VDE 0671-1	EN 62271-1
Gemeinsame Bestimmungen für Wechselstrom-Schaltgeräte und -Schaltanlagen		
EN 62271-100	VDE 0671-100	EN 62271-100
Wechselstrom-Leistungsschalter		
EN 62271-102	VDE 0671-102	EN 62271-102
Wechselstrom-Trennschalter und -Erdungsschalter		
EN 62271-103	VDE 0671-103	EN 62271-103
Lastschalter für Bemessungsspannungen über 1 kV bis einschließlich 52 kV		
EN 62271-104	VDE 0671-104	EN 62271-104
Wechselstrom-Lastschalter für Bemessungsspannungen über 52 kV		
EN 62271-105	VDE 0671-105	EN 62271-105
Wechselstrom-Lastschalter-Sicherungs-Kombinationen für Bemessungsspannungen über 1 kV bis einschließlich 52 kV		
EN 60027-7	EN 60027-7	EN 60027-7
Formelzeichen für die Elektrotechnik: Energieerzeugung, -übertragung und -verteilung		
–	DIN 18015	E 8015
Elektrische Anlagen in Wohngebäuden		
IEC 60050	IEC 60050	IEC 60050
International Electrotechnical Vocabulary (IEV)		
EN 60038	VDE 0175-1	EN 60038
CENELEC-Normspannungen		
EN 60617	EN 60617	EN 60617
Graphische Symbole für Schaltpläne		

Stichwortverzeichnis

Z